KB212964

✦ 생물 1타강사 **노용관**

편입생물 비밀병기

출제되는 생물의 모든 것 **심화편 2권**

노용관 편저

도서출판 **오스틴북스**

목 차
CONTENTS

PART 04

분자생물학(molecular biology)

PART 05

생명활동의 조절

비밀병기

심화편 ❷

PART 04

분자생물학 (molecular biology)

13 유전자의 화학적 특성

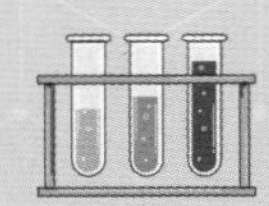

1 핵산이 유전물질이라는 증거

(1) 실험적 증거 - 핵산이 유전물질임을 알게 한 실험 몇 가지

㉠ 세균의 형질전환 실험

ⓐ 그리피스의 실험: 세균을 형질전화시키는 물질의 존재를 확인한 실험

「그리피스 실험과정 및 결론」

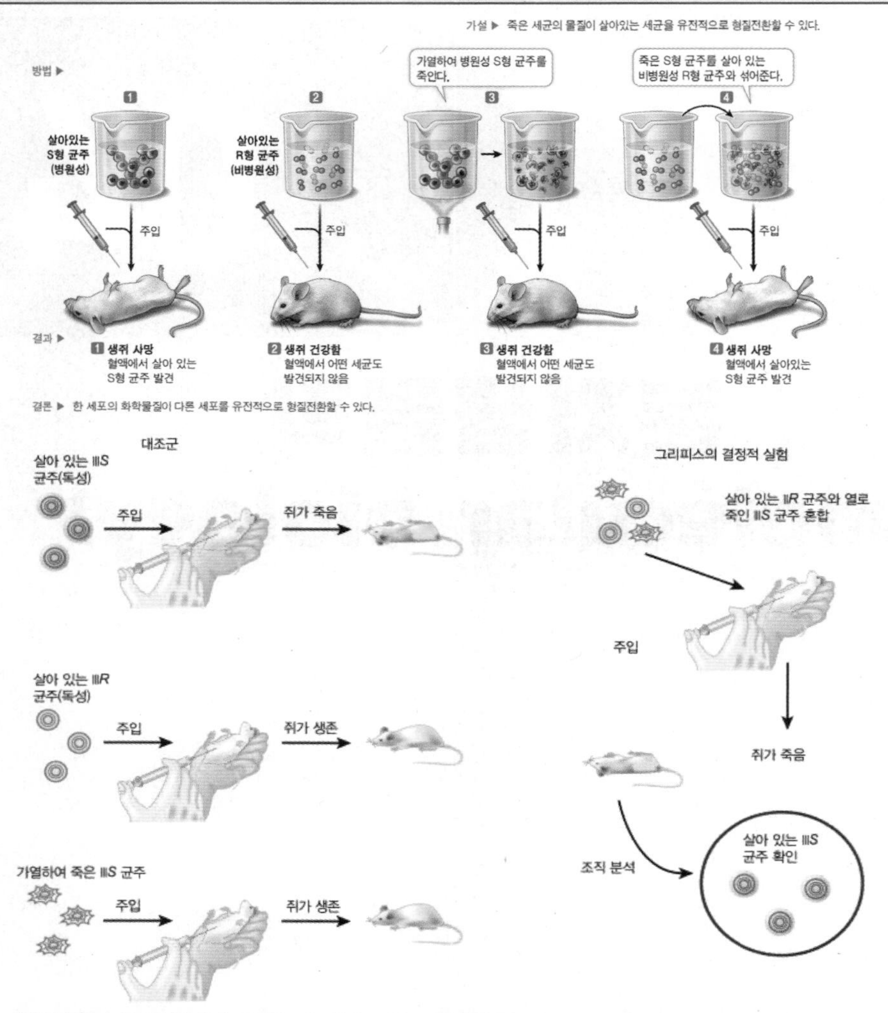

열처리로 죽인 유전적으로 다른 계통의 세포 첨가로 인한 세균세포(폐렴쌍구균, Streptococcus pneumoniae) 유전 특성의 형질전환 이 그림은 *R* 세포가 열처리된 *S* 세포의 캡슐 유전자를 포함한 염색체 조각을 받는 과정을 보여주고 있다. 대부분의 *R* 세포들은 다른 염색체 조각들을 받기 때문에 주어진 유전자의 형질전환 효율은 보통 1%보다 낮다.

Ⓐ 실험과정

1. 살아 있는 R형균을 쥐에게 주입 → 쥐가 죽지 않음
2. 살아 있는 S형균을 쥐에게 주입 → 쥐가 죽음
3. 가열하여 살균한 S형균을 쥐에게 주입 → 쥐가 죽지 않음
4. 가열하여 살균한 S형균과 R현균과 함께 쥐에게 주입 → 쥐가 죽음(죽은 쥐의 혈액에서 살아 있는 S형균을 발견함)

Ⓑ 결론: 죽은 S형균의 어떤 물질(형질전환인자)이 R형균을 S형균으로 전환시킨 것임

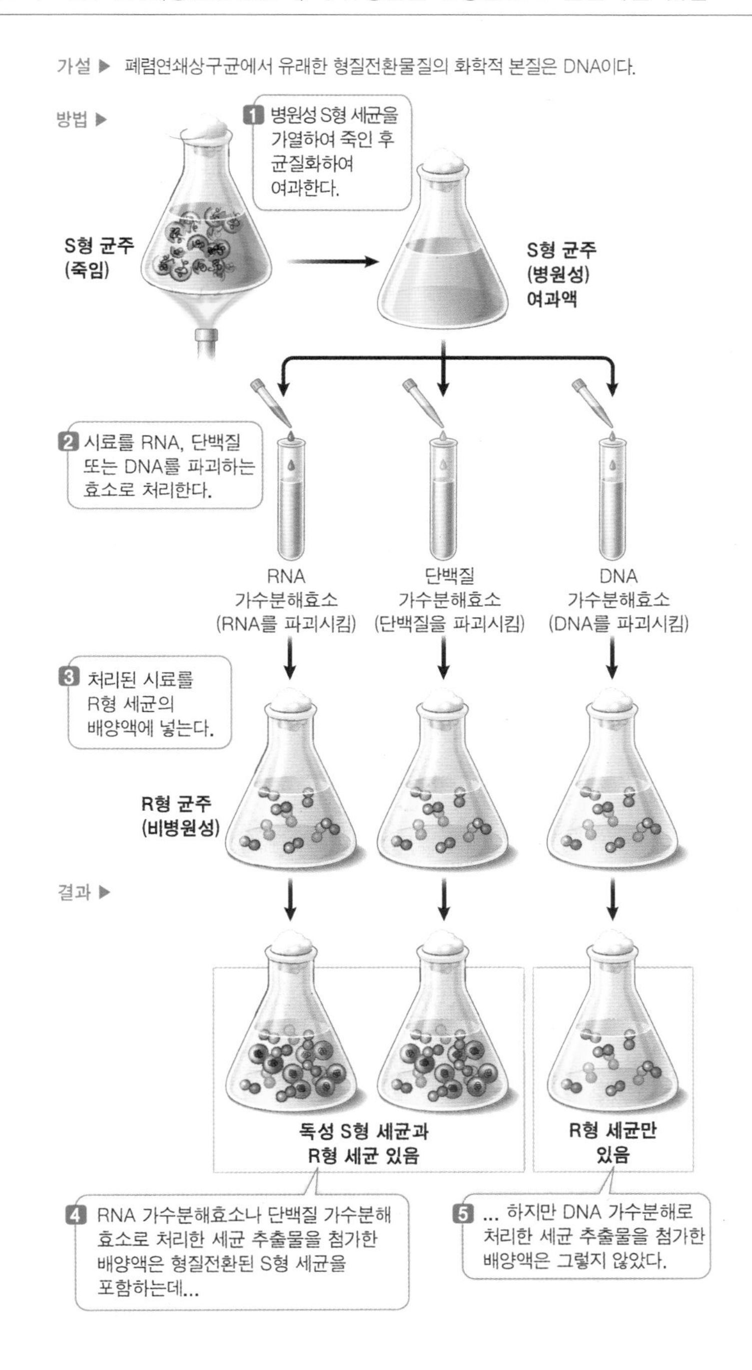

ⓑ 에이버리의 실험: 그리피스가 알아내지 못했던 형질전환인자를 찾아낸 실험

「에이버리 실험과정 및 결론」

Ⓐ 실험과정
1. S형균 추출물에 탄수화물 분해효소, 단백질 분해효소, 지방분해효소 처리 후 R형균과 섞어서 쥐에게 주입했더니 쥐가 죽음
2. S형균 추출물에 DNA 분해효소 처리 후 R형균과 섞어서 쥐에게 주입했더니 쥐가 죽지 않음

Ⓑ 결론: 형질전환인자는 죽은 S형균의 DNA임

ⓒ 박테리오파지의 증식 실험: 박테리오파지(bacteriophage)란 세균에 감염하는 바이러스로 DNA와 단백질 껍질로 구성되는데 본 실험은 이러한 파지를 세균에 감염하여 파지의 증식을 가능하게 한 유전물질은 DNA라는 사실을 알게 한 것에 의의가 있음

「박테리오파지의 증식 실험과정 및 결론」

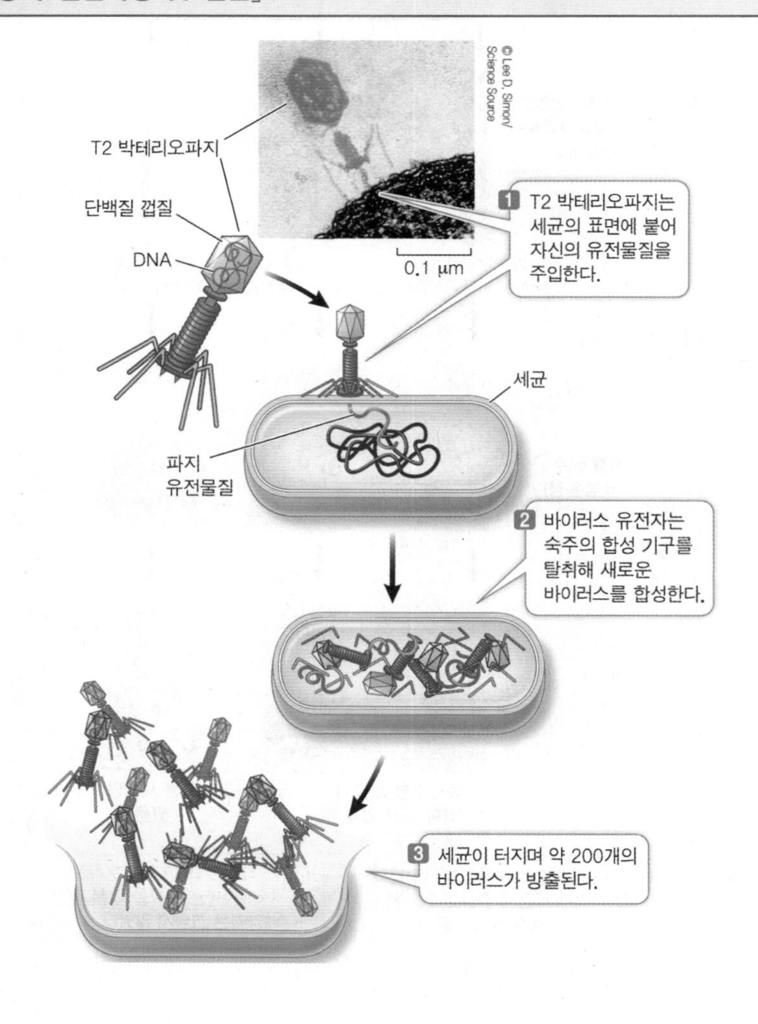

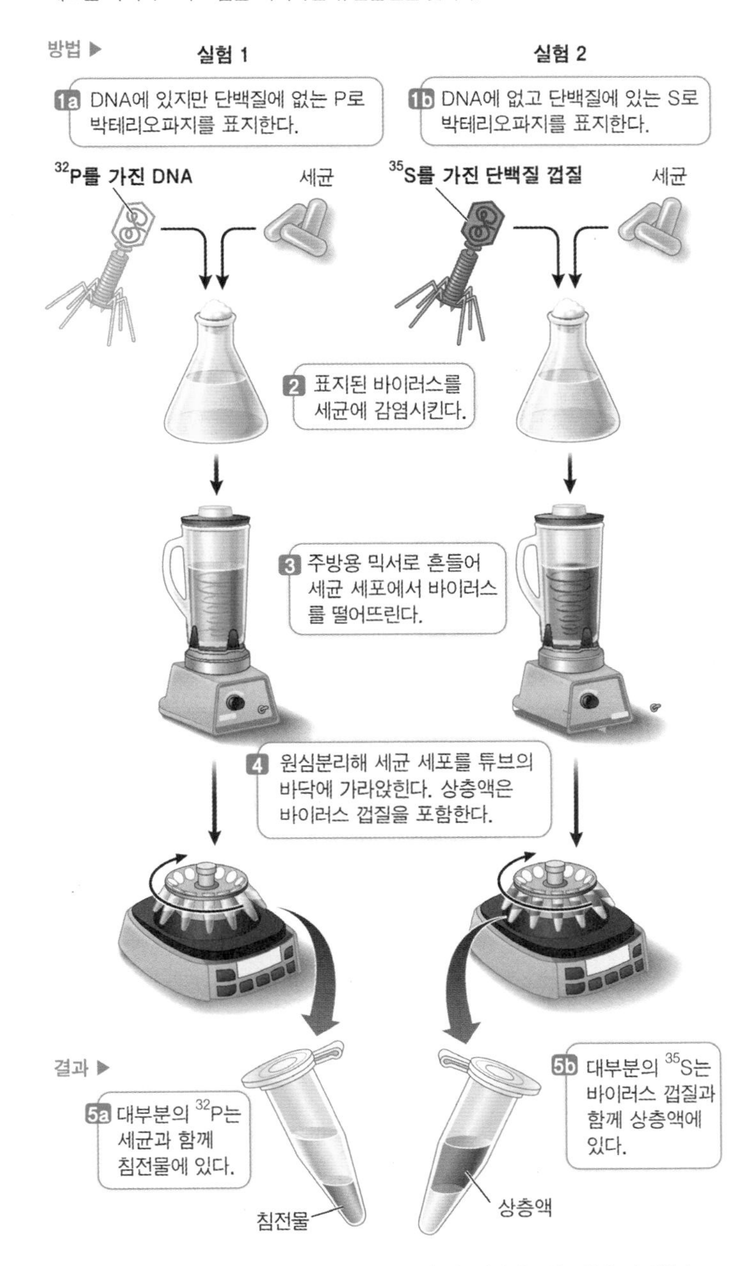

Ⓐ 실험과정

1. 방사성 동위원소 ^{35}S로 단백질 껍질이 표지된 박테리오파지와 방사성 도위원소 ^{32}P로 핵산이 표지된 박테리오파지를 구분하여 서로 다른 시험관의 대장균에 감염시킴
2. 감염시킨 후 원심분리를 통해 대장균 층과 박테리오파지 층을 구분함 → ^{35}S에 기인한 방사능은 대장균 층에서 검출되지 않고, ^{32}P에 기인한 방사능은 대장균 층에서 검출

Ⓑ 결론: 대장균 내로 감염하여 자신의 증식을 가능하게 한 유전물질은 DNA임

㉢ Theodore Boveri의 실험: 핵이 제거된 Sphaerechius 난자 세포질에 Echius 정자를 수정 시킨 후 발생을 시켰을 때 Echius의 유생 형태를 가진 것으로 볼 대 핵 속에 유전물질이 들어있음을 알 수 있음

㉣ Heinz Fraenkel-Conrat의 실험: TMV와 HRV에서 각각 단백질과 RNA를 분리한 후 섞어서 혼성 바이러스 입자를 만들었는데 이렇게 조립된 바이러스를 단배잎에 발라주었더니 HRV 유형의 바이러스와 병해가 관찰됨. 이로 미루어 볼 때 바이러스에 대한 유전정보는 단백질이 아니라 RNA임을 알 수 있음

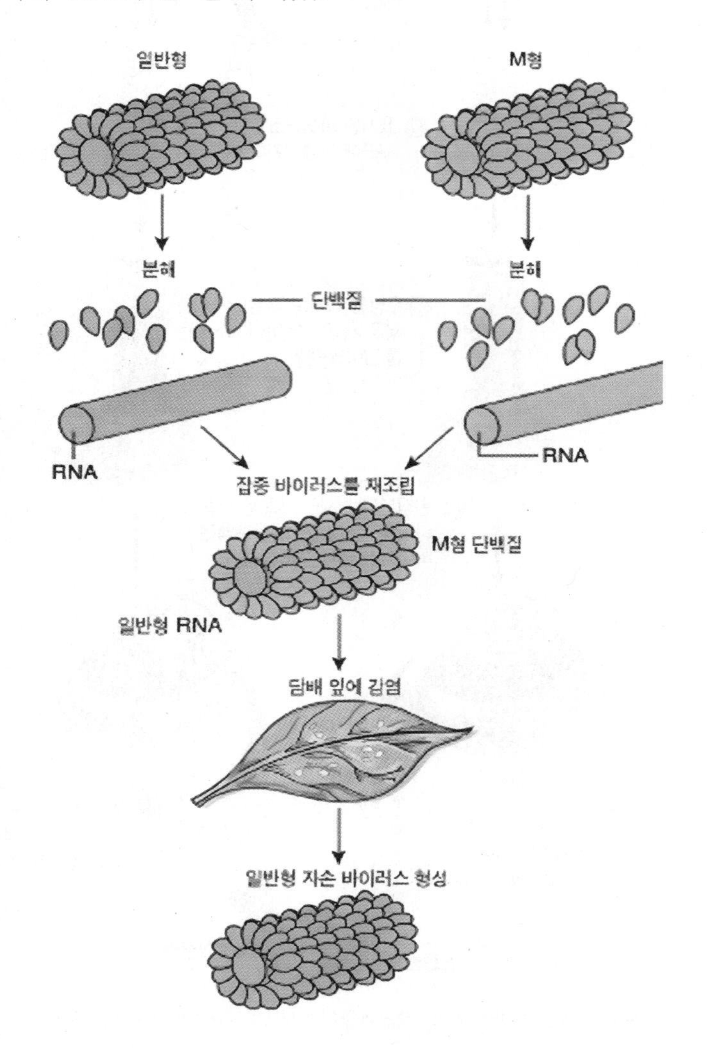

(2) 비실험적인 간접적 증거 몇 가지

㉠ 세포당 염색체의 수와 세포당 DNA량 간에는 정확한 상관관계가 존재함

㉡ 체세포의 DNA량은 모두 동일하고 생식세포의 DNA량은 체세포의 절반임

㉢ 세포의 DNA 대부분이 핵 내에 존재함

2 핵산의 화학 – 핵산의 구성 물질과 입체구조

(1) 핵산과 뉴클레오티드

핵산은 뉴클레오티드가 길게 반복되어 있는 입체적인 구조로서 뉴클레오티드는 인산, 당, 염기의 세 부분으로 이루어져 있음. 핵산 분장서 뉴클레오티드는 인산, 당, 염기를 하나씩 포함하게 되나 뉴클레오티드 형태로 존재할 때는 보통 세 개의 인산기를 지님. 여분의 인산기에 포함되어 있는 에너지는 중합체를 합성하는 과정에서 사용됨

㉠ 뉴클레오티드의 구조: 뉴클레오티드는 당과 염기로 이루어진 뉴클레오시드와 인산기가 결합된 형태를 의미함

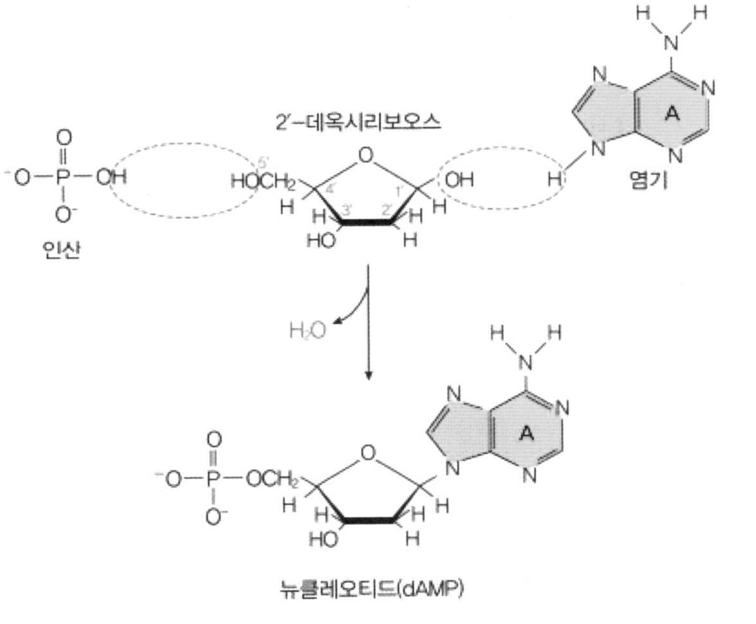

인산 + 2'-데옥시리보오스 + 염기 → (H_2O) →

뉴클레오티드(dAMP)

	염기 아데닌	뉴클레오시드 2'-데옥시아데노신	뉴클레오티드 2'-데옥시아데노신 5'-인산
구조	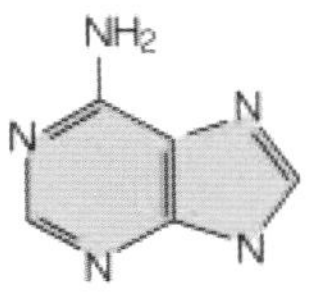	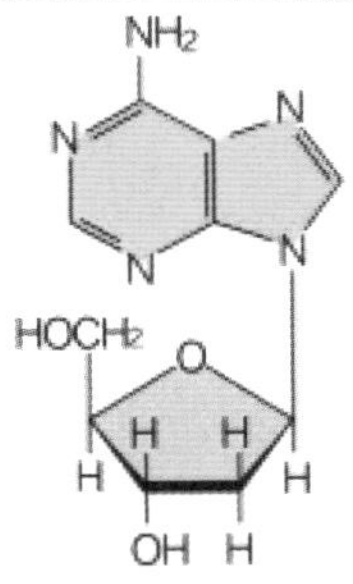	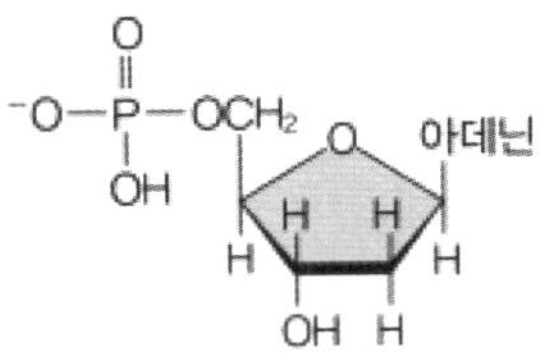
분자량	135.1	251.2	331.2

ⓐ 당(sugar): DNA의 경우 5탄당인 디옥시리보오스를 포함하나 RNA의 경우 5탄당인 리보오스를 포함함

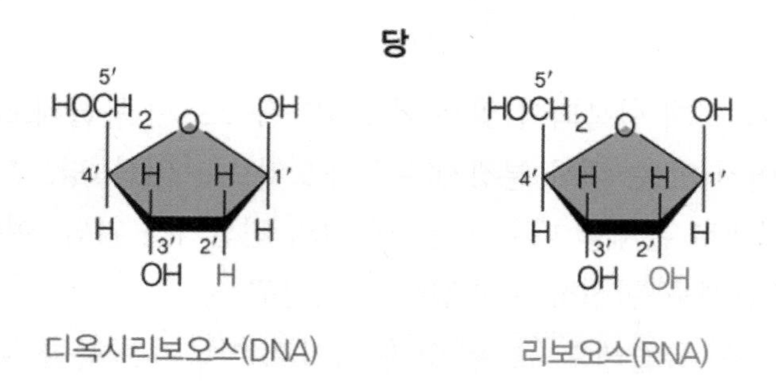

ⓑ 질소염기(nitrogenous base): 퓨린 계열의 염기인 아데닌(A), 구아닌(G)과 피리미딘 계열의 염기인 시토신(C), 티민(T)으로 구성

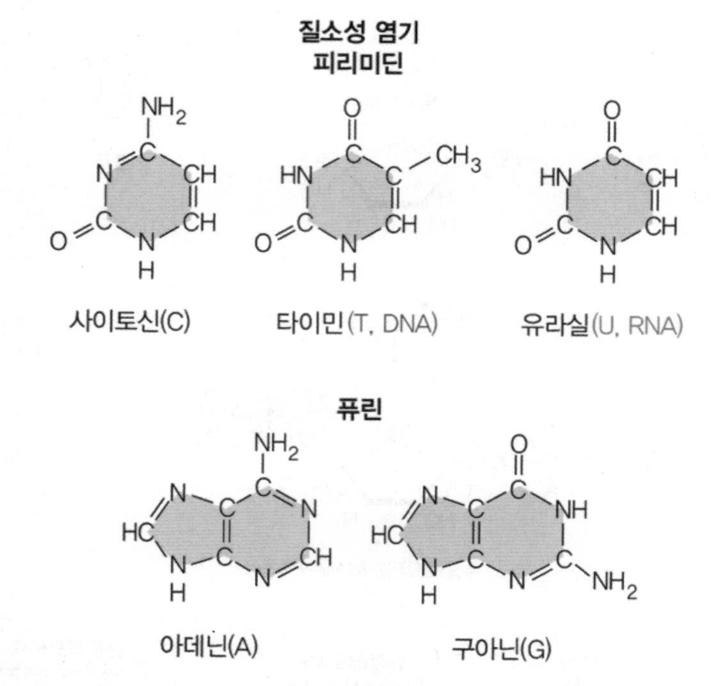

ⓒ 인산(phosphate): 음전하를 띠며 뉴클레오티드 간 결합에 관여함

㉡ 뉴클레오티드 중합을 통해 형성된 당 인산 골격

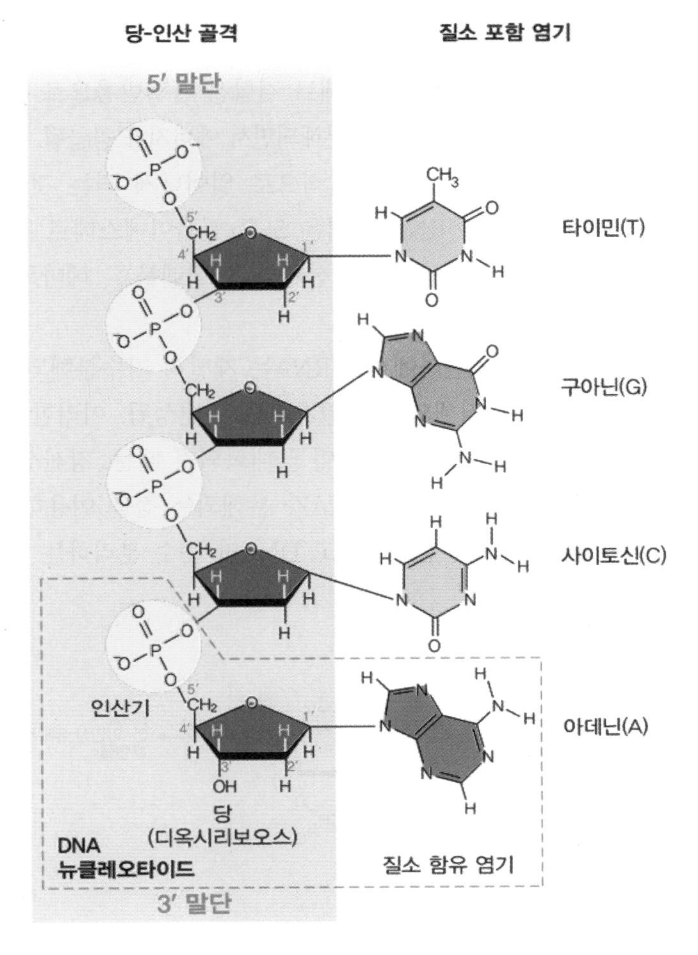

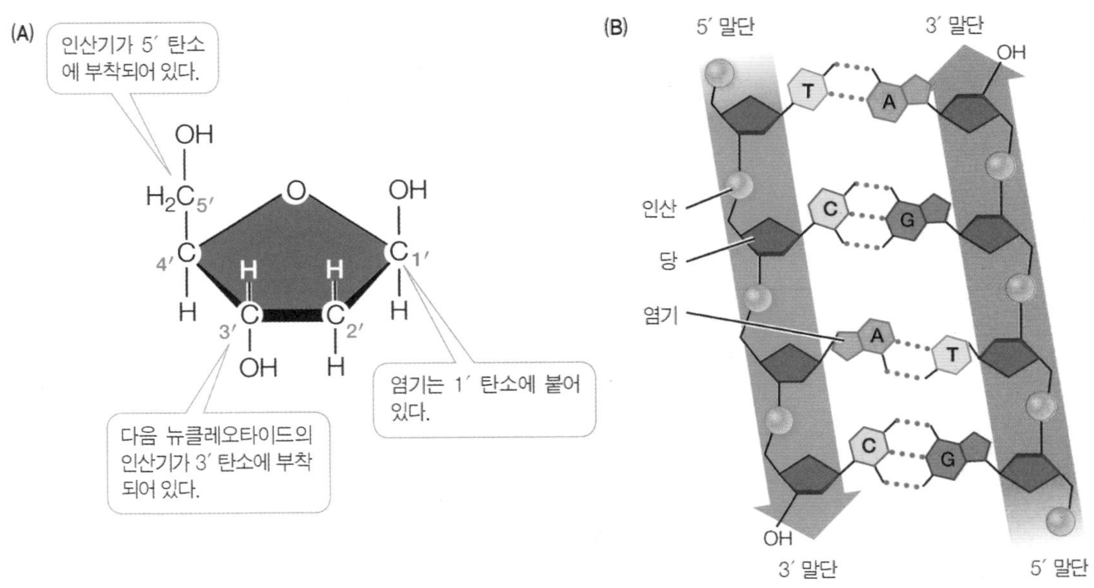

ⓐ 뉴클레오티드의 중합방향: 뉴클레오티드의 연결은 첫 번째 뉴클레오티드에 존재하는 디옥시리보오스의 3'-OH와 두 번째 뉴클레오티드의 5'-Ⓟ 사이에 일어나는 탈수축합반응인 인산이에스테르 결합으로 이루어짐. 5'→3' 방향으로 중합이 이루어짐

ⓑ 뉴클레오티드의 중합 자발성: 인산이에스테르 결합은 흡열반응으로 두 번째 뉴클레오티드의 3인산 중에서 pyrophosphate가 이탈되어 분해되면서 에너지가 공급됨. 분해된 phyrophosphate가 다시 가수분해되면서 중합반응이 자발적으로 일어나게 되는 것임

ⓒ 핵산 골격의 음전하성: DNA와 RNA 골격은 모두 인산이에스테르 결합의 음전하로 양전하를 갖는 히스톤 단백질이나 염색약(아세트산카민, 메틸렌블루, 헤마톡실린)과 이온결합이 가능함

ⓓ RNA의 불안정성: 알칼리성 조건하에서는 RNA는 재빨리 가수분해되어 분해되는 반면 DNA는 염기쌍 간의 수소결합만 저해되어 단일가닥으로 변성됨. 이러한 이유는 RNA가 지니고 있는 2'-OH가 알칼리성 조건에서 반응성이 극대화되기 때문. 강산성에서는 DNA, RNA 분자의 염기가 모두 분해됨. 알칼리에서 RNA가 분해되는 점을 이용하여 DNA, RNA 혼합물에서 알칼리를 처리하여 RNA는 분해시키고 DNA만 순수 분리하는 알칼리 분해법을 이용함

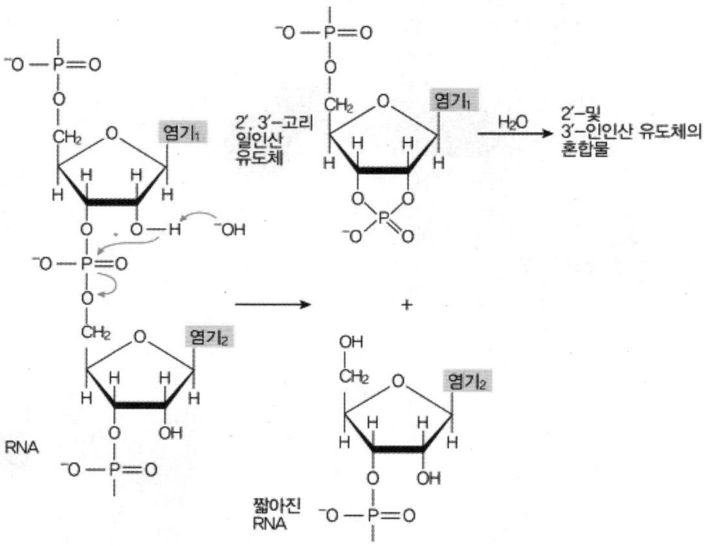

㉢ DNA와 RNA의 구조적 차이점

구분	DNA	RNA
당	deoxyribose(2'-H)	ribose(2'-OH)
염기	A, G, C, T	A, G, C, U
가닥 형태	이중가닥	단일가닥
길이	RNA에 비하여 김	상대적으로 짧음
안정성	알칼리성 환경에서 상대적으로 안정함	알칼리성 환경에서 불안정함

(2) 왓슨과 크릭의 B형 DNA의 입체구조: 이중나선 구조

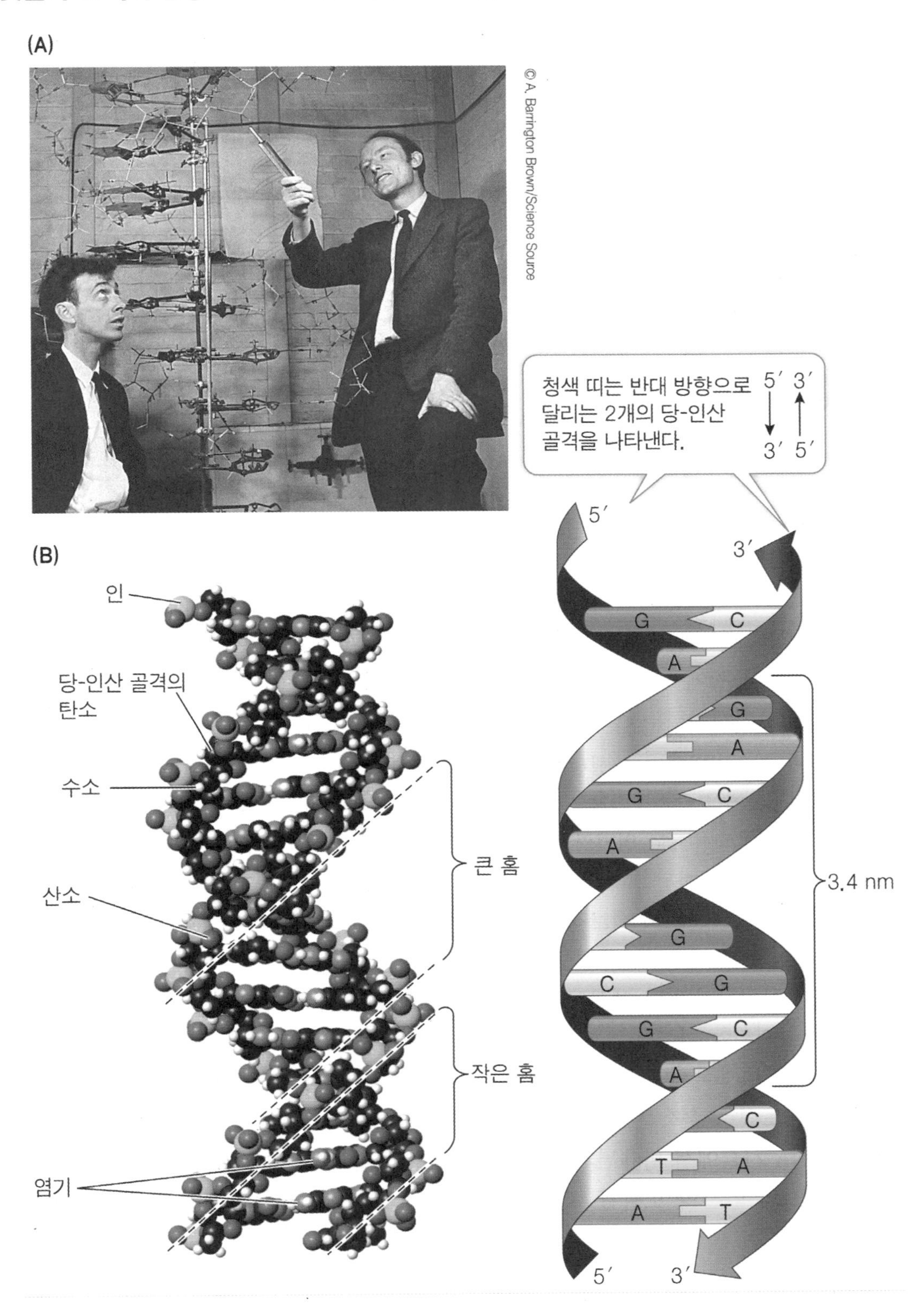

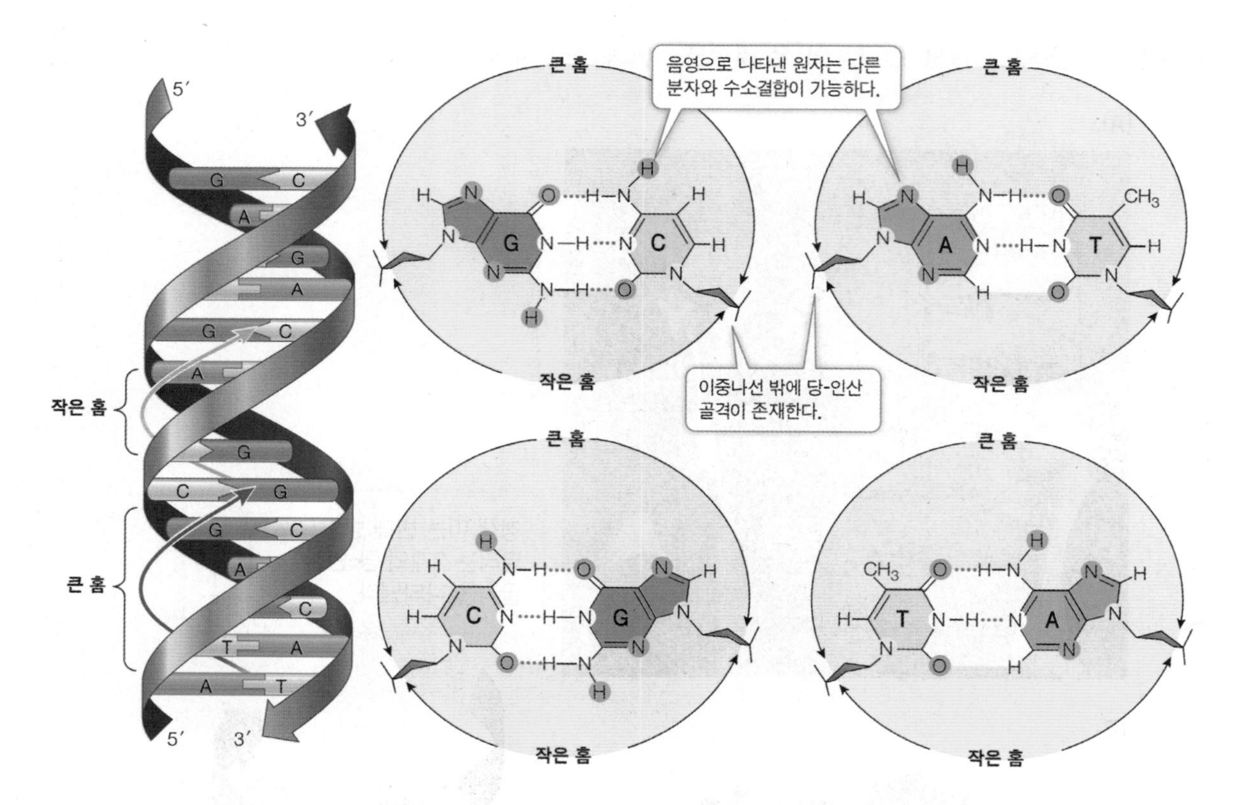

㉠ 전체적 구조: DNA 사슬의 폭은 2.0mm이고 DNA 사슬이 한 바퀴 도는데 3.4mm인데 한 바퀴 돌 동안에 10개의 염기쌍이 포함되어 있음

㉡ 질소염기의 화학적 특성

ⓐ 퓨린과 피리미딘염기는 생리적 pH(7.4)의 수용액에 불용성임

ⓑ 생리적 pH에서 수소결합으로 연결된 염기쌍의 평면들이 나란히 쌓이게 되면 염기간의 반데르발스 상호작용으로 염기쌍과 무링 접촉이 극소화되면서 이중나선을 형성하여 핵산의 3차원 구조가 안정화됨

ⓒ A와 T(U), G와 C간의 상보적 결합은 이중가닥의 DNA 및 DNA-RNA 혼성체에서 형성되어 유전정보의 복제 및 전사가 가능함

ⓓ 산성이나 알칼리성 pH에서는 염기가 전하를 띠므로 물에 대한 용해도는 증가하면서 수소결합이 파괴되어 변성됨

㉢ 질소염기간 상보적 수소결합과 샤가프 법칙: 아데닌은 티민과 수소결합을 2개 형성하고 구아닌과 시토신은 수소결합을 3개 형성하여 DNA의 이중나선 구조가 안정화되도록 함. 따라서 DNA 사슬에서 아데닌의 수는 티민의 수가 같고 구아닌의 수는 시토신의 수와 같다는 샤가프의 법칙의 도출됨

인산

디옥시리보오스

구아닌 시토닌

티민 아데닌

폴리뉴클레오티드 중합체의 세부 구조

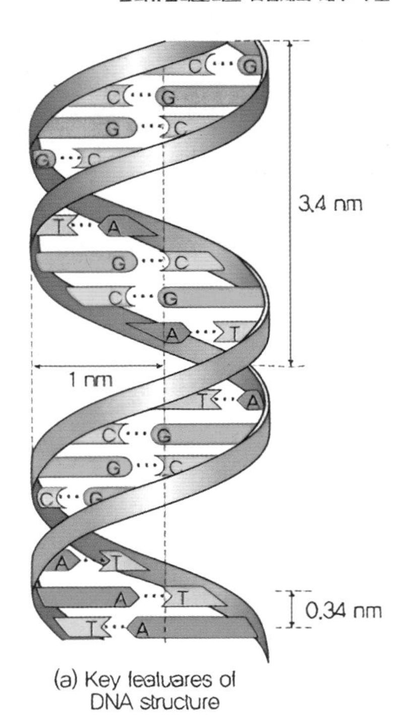

(a) Key fealuares of DNA structure

1. B형 DNA의 구조, 지름이 일정한 이중나선이다.
2. 오른쪽 방향이다.
3. 역평행이다.
4. 질소염기의 바깥쪽 가장자리는 큰 홈(major groove)과 작은 홈(minor groove)에 노출된다.

㉣ B형 DNA의 X선 결정 구조: 규칙적인 배열을 하고 있는 결정 구조에 X선을 조사하면 일정한 패턴으로 산란되는데 X선이 산란되는 양상은 감광 필름이나 컴퓨터에 기록될 수 있음. 아래 사진의 중심부에 보이는 X자 형은 분자가 나선 구조를 하고 있다는 사실을 의미하며 위쪽과 아래쪽의 어두운 부분은 분자의 주축에 직각 방향으로 포개어져 있는 염기에 의해 나타남

(3) 다른 형태의 DNA 구조

㉠ A형 DNA: 결정구조의 수분 함량이 75% 정도로 증가되면 형성되는 구조로서 A형 DNA에서는 염기가 축에서 약간 뒤틀어져 있으며 회전당 염기수가 많아짐

㉡ Z형 DNA: 좌선성의 DNA 구조로서 이 구조는 당-인산 골격이 지그재그(zigzag) 모양을 이루어 Z형 DNA라는 이름이 붙음. Z형 DNA에는 GC 염기가 반복되는 작은 DNA 분자의 결정구조에서 발견되었는데 염분의 농도가 높은 상태에서 안정하며 시토신에 메틸기가 부착되면 생리적인 구조에서도 안정함. 현재 Z형 DNA는 진핵세포에서 유전자 발현조절에 관여하는 것으로 여겨지고 있음

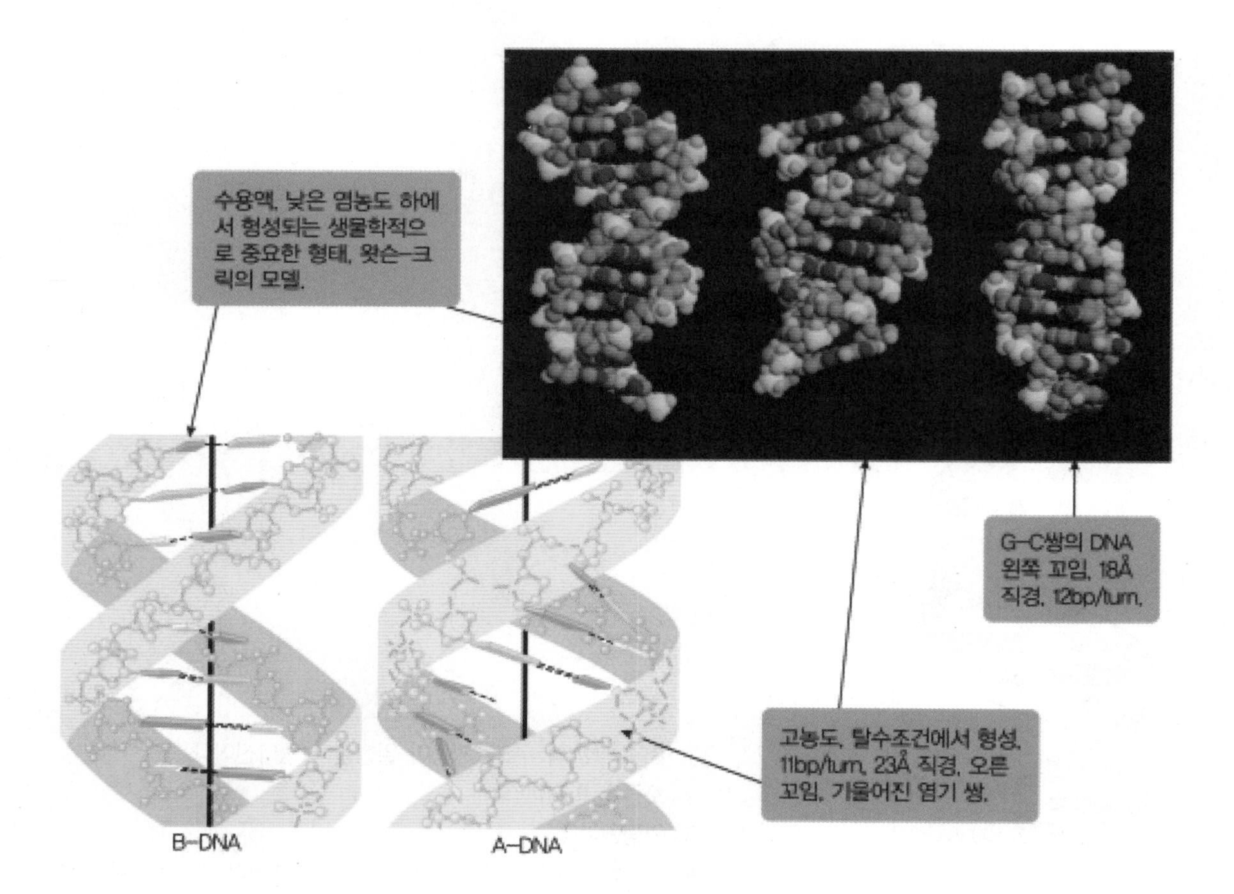

3 DNA 복제(DNA replication)

(1) DNA의 복제방식

㉠ DNA의 복제방식의 3가지 모형

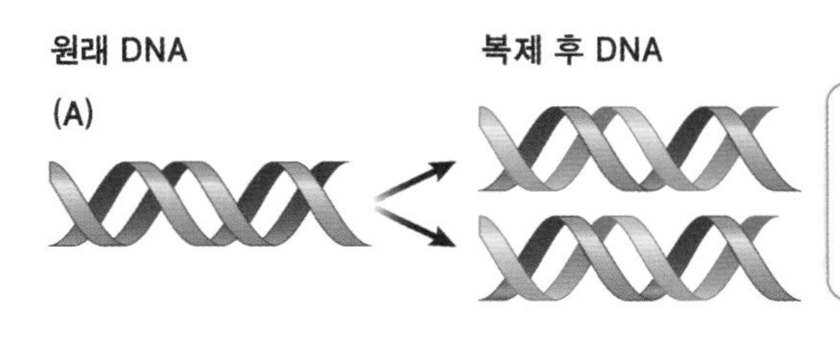

반보전적 복제는 원래의 DNA와 새로 합성된 DNA 가닥을 모두 가진 분자를 만들 것이다.

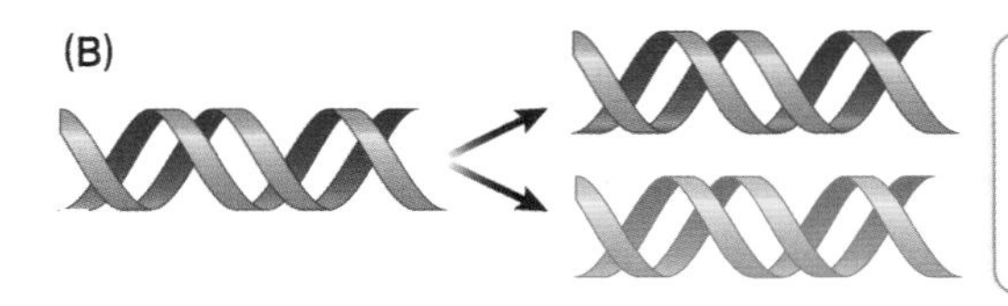

보전적 복제는 원래의 DNA 두 가닥 또는 새롭게 합성된 DNA 두 가닥을 가진 분자를 만들 것이다.

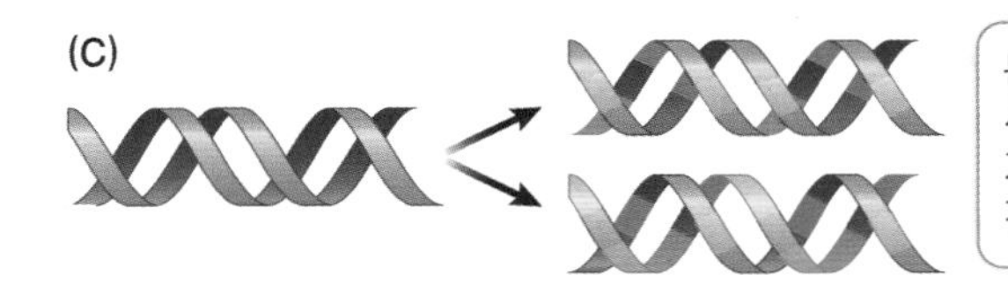

분산적 복제는 원래의 DNA와 새롭게 합성된 DNA가 혼합된 가듣을 가진 분자를 만들 것이다.

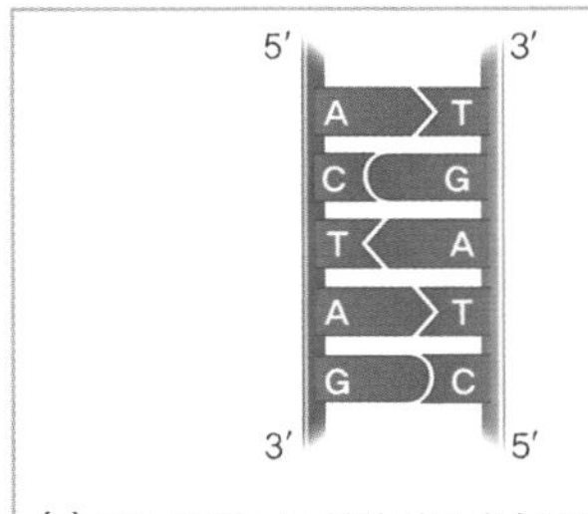

(a) 양친 분자는 두 개의 상보적인 DNA 가닥을 가지고 있다. 각 염기는 A와 T, G와 C가 특이적 수소 결합을 통해 쌍을 이룬다.

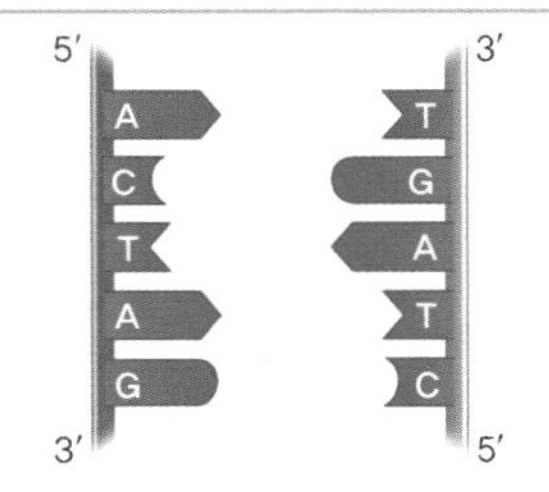

(b) 복제의 첫 번째 단계는 두 가닥 DNA의 분리이다. 각각의 부모가닥은 새로운 상보적인 가닥의 염기순서를 결정하는 주형으로 작용한다.

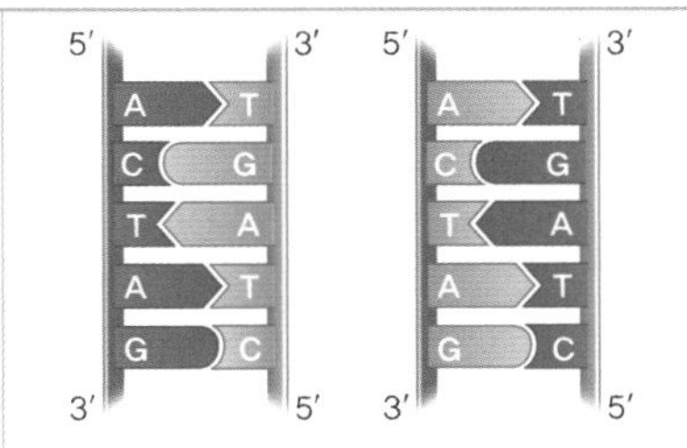

(c) 부모가닥(어두운 파란색)에 상보적인 뉴클레오타이드들이 연결되어, 새로운 "딸" 가닥(밝은 파란색)의 당-인산 골격을 형성한다.

ⓐ 보존적 모델(conservative model): 양친 DNA가 새로운 가닥에 대한 주형으로 작용한 후, 다시 재결합하여 이중나선구조를 형성함

ⓑ 반보존적 모델(semiconservative model): 양친사슬이 분리되고 주형으로 작용하여 각각에 대해 상보적인 가닥을 합성함

ⓒ 분산적 모델(dispersive model): 두 개의 자손 분자의 각 가닥이 옛것과 새것이 혼합되어 있는 상태

ⓛ Meselson-Stahl의 실험 - DNA 복제 방식의 실험적 규명

「DNA의 복제 방식 규명 실험과정과 결론」

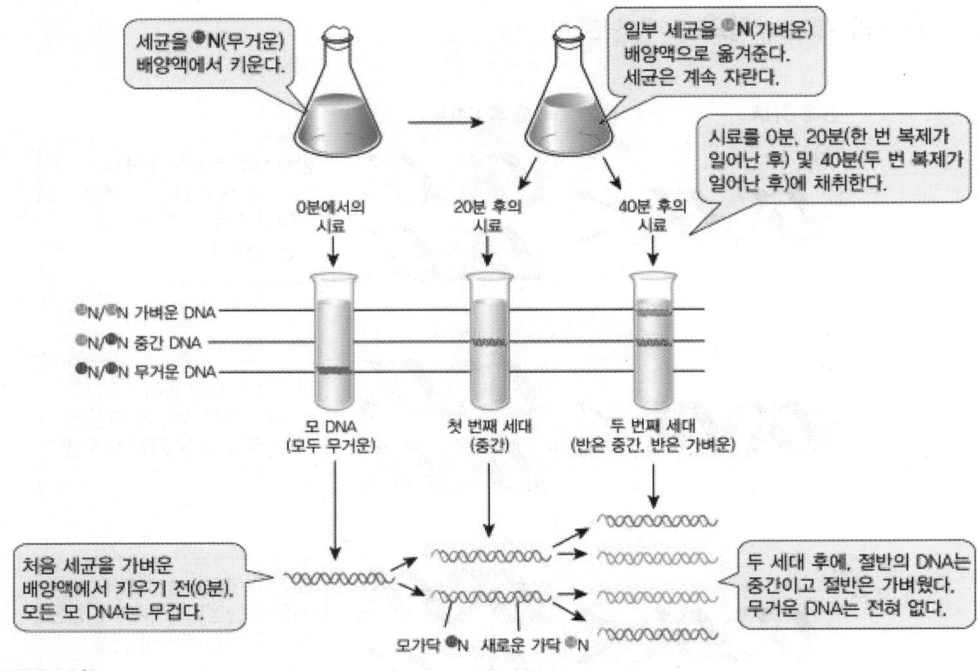

메셀슨-스탈의 실험

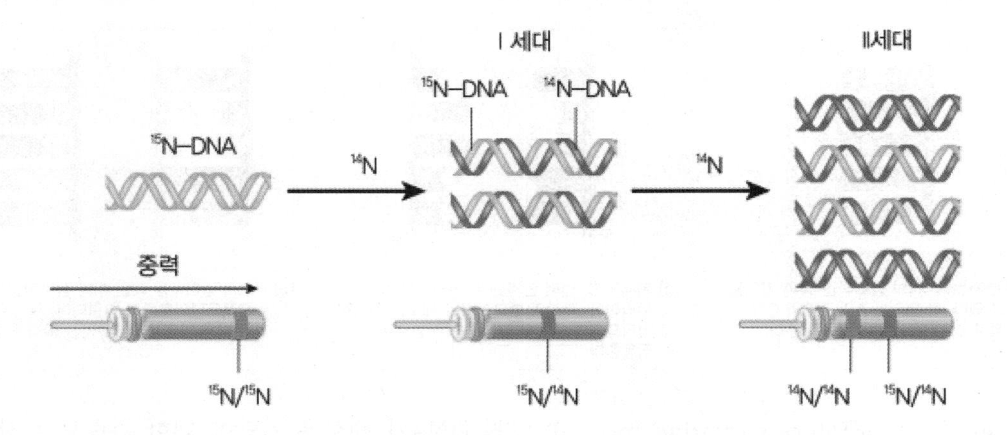

Ⓐ 실험과정 및 결과

1. ^{15}N을 포함하는 DNA를 지닌 대장균을 ^{14}N이 포함된 배지에서 배양함
2. 배양한 1세대, 2세대 대장균의 DNA를 CsCl이 함유된 용액을 이용한 농도구배 원심분리하여 확인하였더니 1세대의 DNA는 모두 ^{15}N-^{14}N 이중나선을 형성했고, 2세대의 DNA는 절반이 ^{15}N-^{14}N 나머지 절반은 ^{14}N-^{14}N의 이중나선을 형성함. 시험관 상의 띠는 260mm의 파장을 이용하여 감지함

Ⓑ 결론: DNA의 복제 방식은 주형가닥과 새로 합성된 가닥이 짝을 형성하는 반보존적 복제 방식임

(2) DNA 전형적인 복제 과정

㉠ DNA 중합효소: 모든 대사과정과 마찬가지로 DNA 복제 역시 효소에 의해 조절됨

ⓐ DNA 중합효소의 일반적 기능

1. 5'→3' polymerase 활성: 기존에 존재하는 핵산 가닥의 뉴클레오티드 3'-OH가 존재해야만 그 뒤에 뉴클레오티드를 중합할 수 있음. 10^{-4}~10^{-5} 정도의 오류발생률을 가지고 있지만 잘못 짝지음 수복기작에 의해 10^{-9}~10^{-10} 정도로 낮춰짐

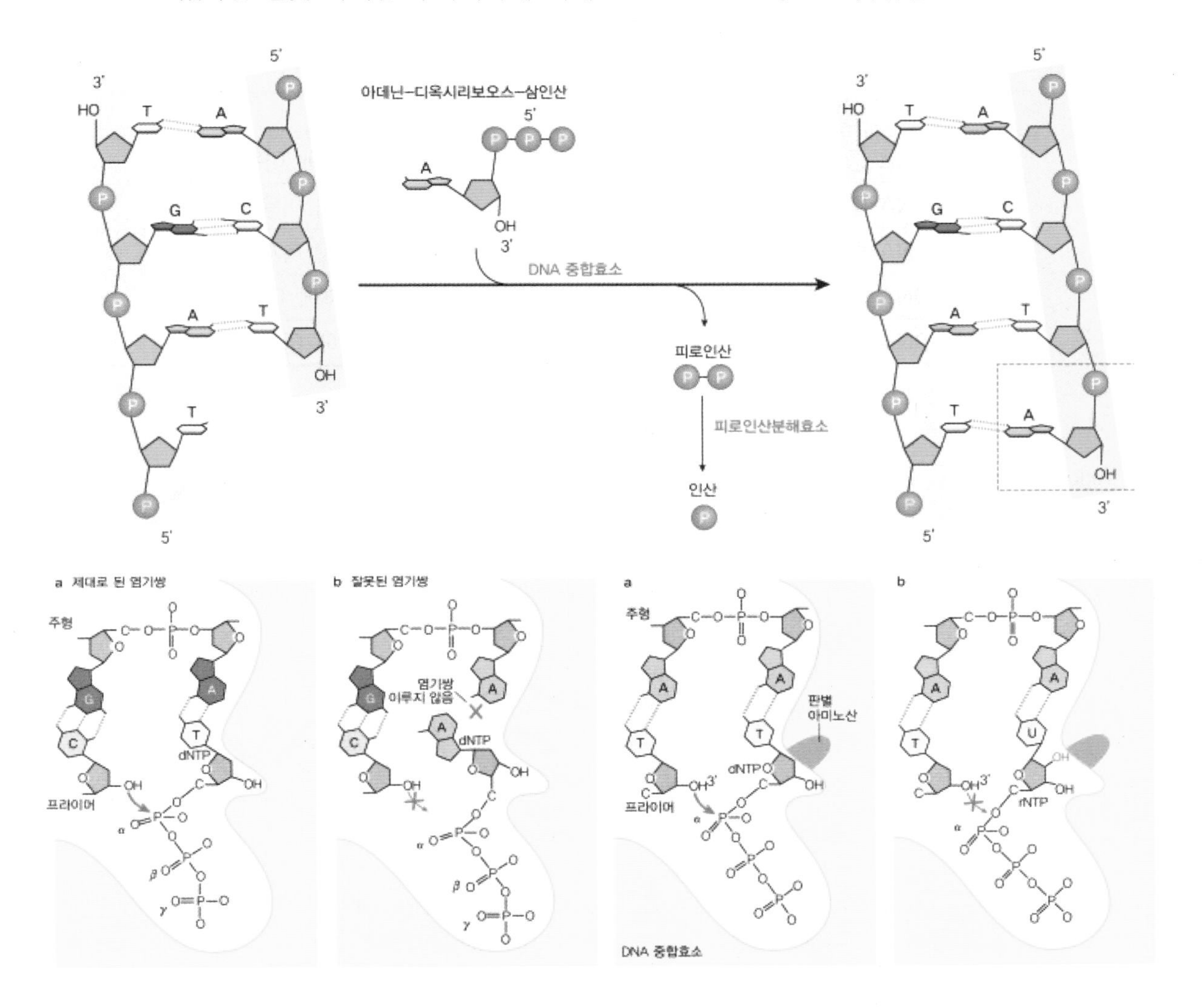

2. 3'→5' exonuclease 활성: DNA 중합효소에 의한 교정기능을 수행하게 됨

3. 5'→3' exonuclease 활성: 지연가닥에서의 RNA primer 제거 등에 이용됨

ⓑ DNA 중합효소의 종류 1 - 원핵세포의 DNA 중합효소 종류: 원핵생물의 경우 DNA 중합효소는 3종류가 존재하는데 특히 DNA 중합효소 Ⅰ은 대소단위체와 소소단위체 둘로 구분되는데 그 중 5'→3' 중합효소 활성, 3'→5' 뉴클레오티드 제거 활성을 지니고 있는 대소단위체를 클레노우 절편(Klenow fragment)라고 함

구분	DNA 중합효소 Ⅰ	DNA 중합효소 Ⅱ	DNA 중합효소 Ⅲ
유전자	polA	polB	polC
5'→3' polymerase 활성	○	○	○
3'→5' exonuclease 활성	○	○	○
5'→3' exonuclease 활성	○	×	×

ⓒ DNA 중합효소의 종류 2 - 진핵세포의 DNA 중합효소 종류: 원핵생물 보다 여러 종류가 존재하며 그 중 핵심적인 기능을 수행하는 DNA 중합효소를 정리한 것임

종류	기능
DNA 중합효소 α	지연가닥 복제에 이용됨
DNA 중합효소 β	DNA 수선에 이용됨
DNA 중합효소 γ	미토콘드리아 유전자 복제에 관여함
DNA 중합효소 δ	선도가닥 복제에 이용됨
DNA 중합효소 ε	DNA 수선에 이용됨

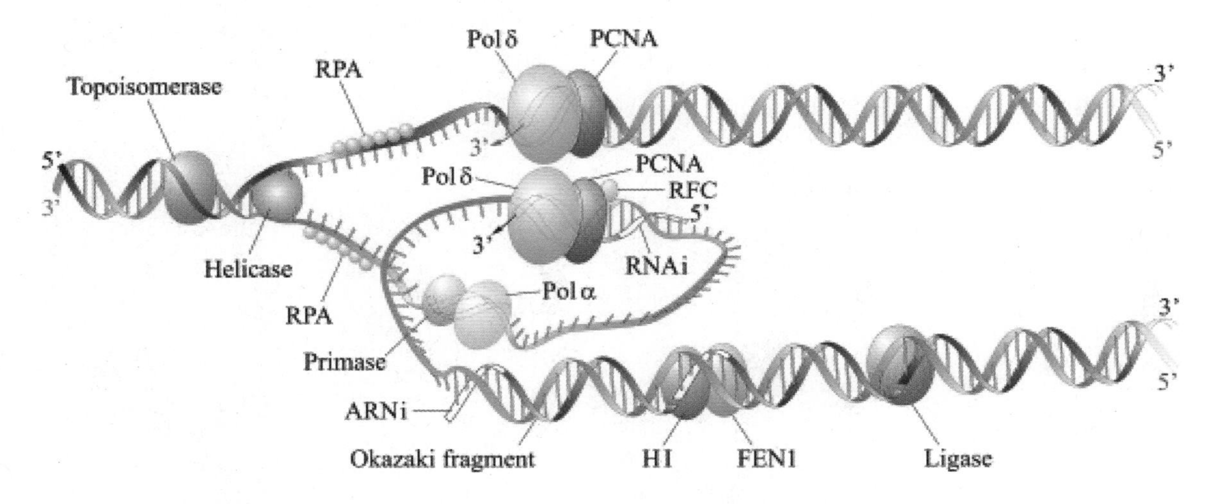

ⓛ 복제원점과 DNA 복제개시: 복제원점(origin of replication)에서 복제가 시작됨. 원핵생물의 DNA는 환형이면서 복제원점의 수가 하나인 반면 진핵생물의 DNA는 선형이면서 복제원점의 수가 여럿이며 복제원점을 기준으로 해서 복제는 양방향적으로 진행됨

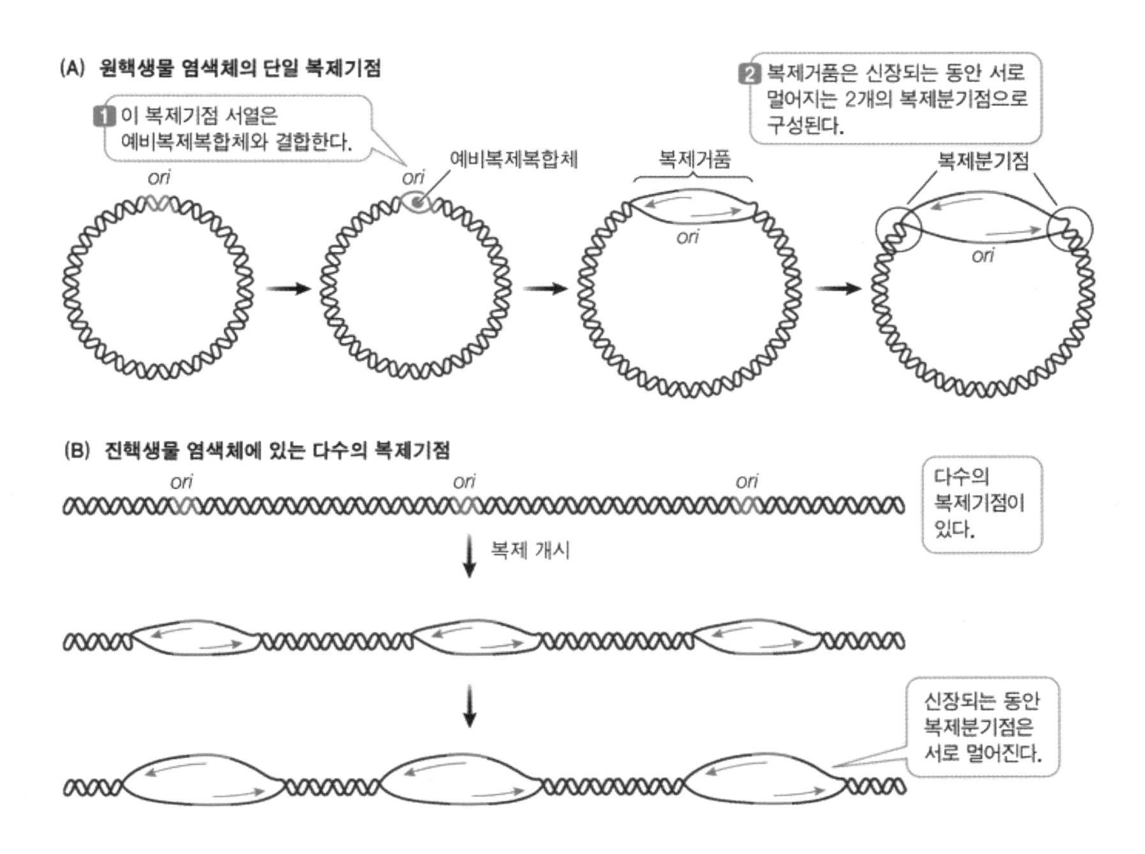

ⓐ 대장균의 복제원점(OriC) 구조와 복제개시 관련 단백질의 기능

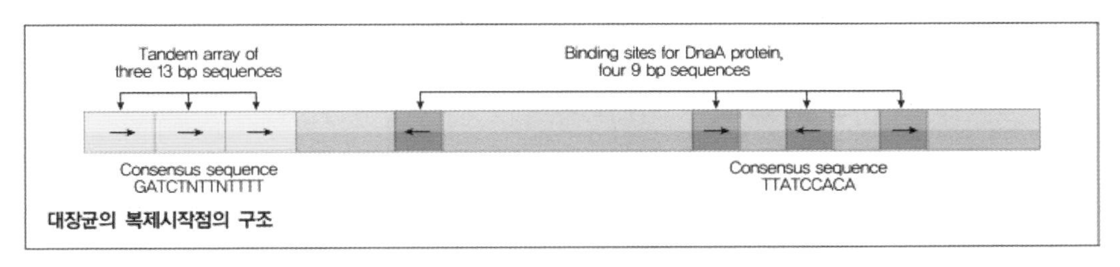

대장균의 복제시작점의 구조

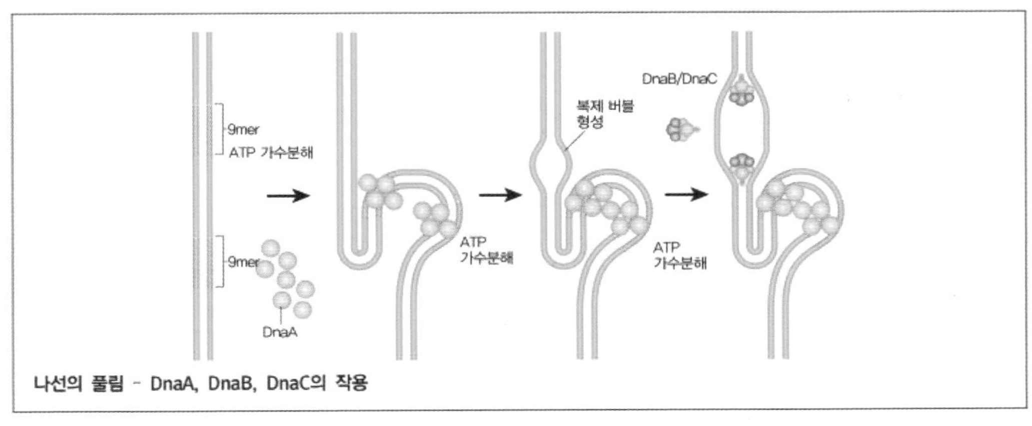

나선의 풀림 - DnaA, DnaB, DnaC의 작용

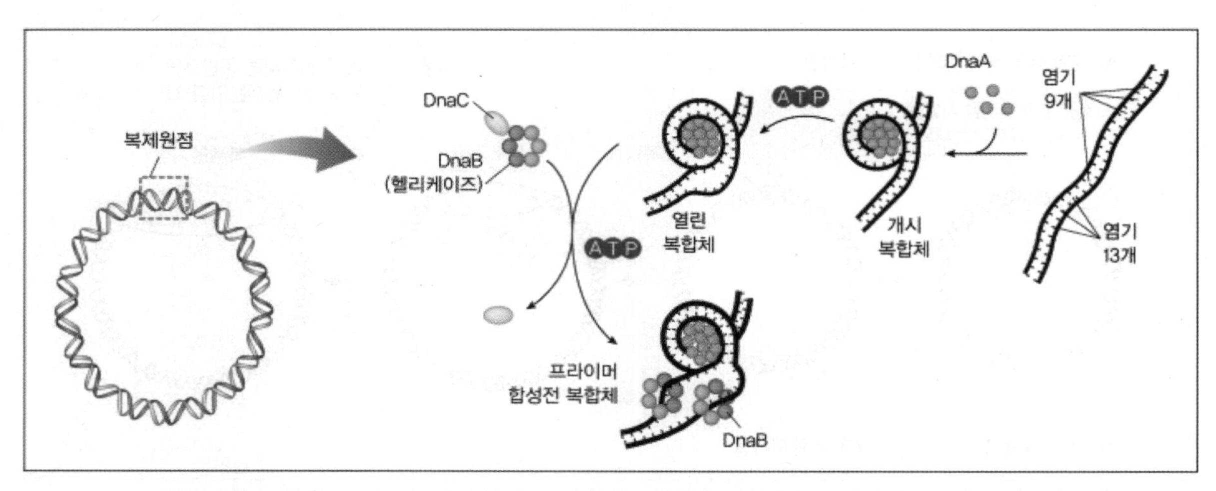
복제원점
DnaC
DnaB
(헬리케이즈)
ATP
열린
복합체
개시
복합체
DnaA
염기
9개
염기
13개
프라이머
합성전 복합체
DnaB

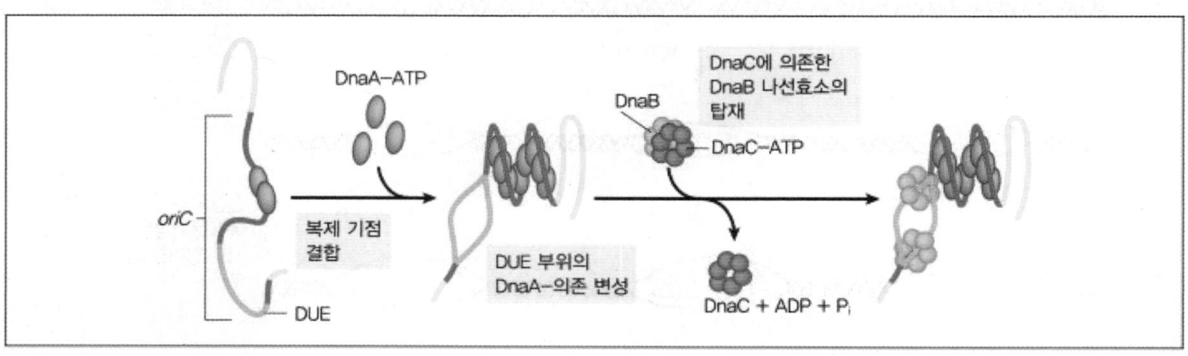
oriC
DUE
DnaA-ATP
복제 기점
결합
DUE 부위의
DnaA-의존 변성
DnaB
DnaC에 의존한
DnaB 나선효소의
탑재
DnaC-ATP
DnaC + ADP + Pi

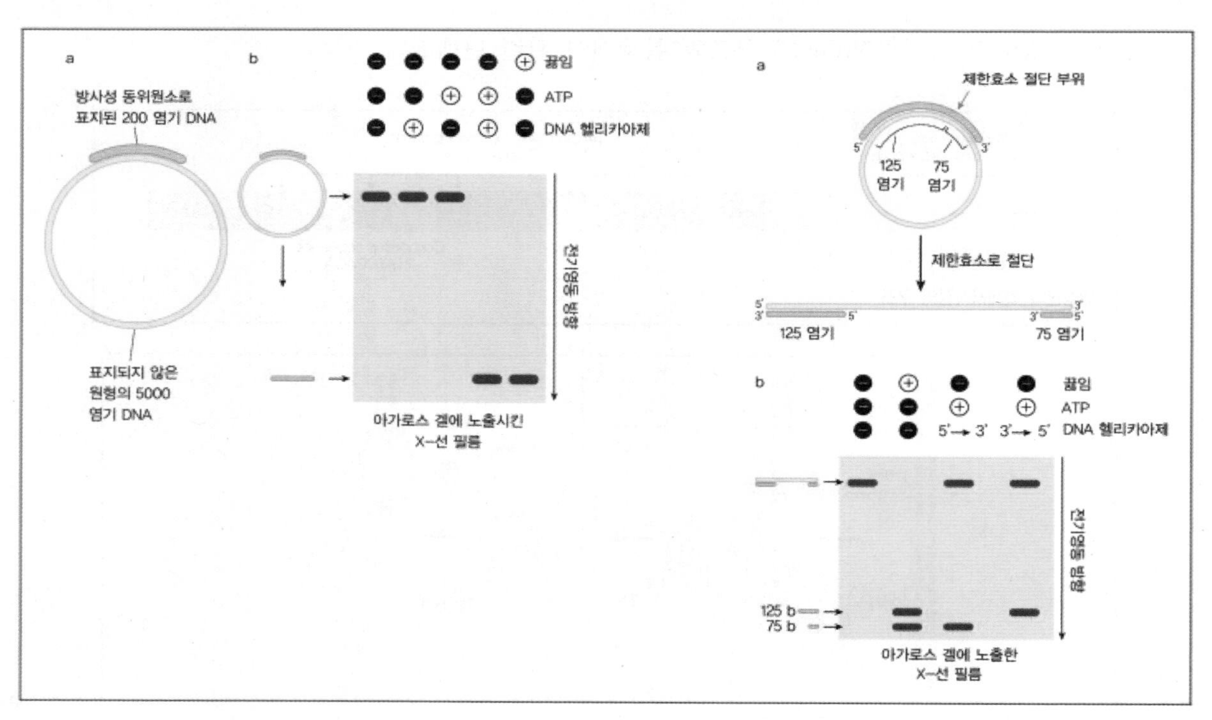
a
b
방사성 동위원소로
표지된 200 염기 DNA
표지되지 않은
원형의 5000
염기 DNA
끓임
ATP
DNA 헬리카아제
전기영동 방향
아가로스 겔에 노출시킨
X-선 필름
제한효소 절단 부위
125
염기
75
염기
제한효소로 절단
125 염기
75 염기
5'→ 3'
3'→ 5'
125 b
75 b
아가로스 겔에 노출한
X-선 필름

1. 대장균 복제원점의 구조: 245bp로 되어 있으며 13개 서열의 3회 반복부위(반복서열: GATCTNTTNTTTT)와 9개 서열의 4회 반복부위(반복서열: TTATCCACA)가 존재함
2. DnaA 단백질, ATP, HU의 기능: DnaA 단백질 등이 9개 서열 4회 반복부의에 결합하여 ATP, HU 단백지확 함께 DNA의 13개 서열의 3회 반복부위를 변성시킴
3. DnaB 단백질의 기능: DnaB 단백질이 DnaC 단백질의 도움을 다아 변성된 DNA 부위에 결합하여 이중나선을 단일가닥 형태로 풀어가는데 DnaB 단백질을 helicase라고도 함
4. 단일가닥 결합(single strand binding; SSB) 단백질과 gyrase의 기능: SBS 단백질은 외가닥 DNA에 결합하여 분리된 DNA 가닥을 안정화시키고 Ⅱ형 위상이성질화효소(위상이성질화효소 Ⅳ: gyrase)가 Dna B(helicase)에 의해 생긴 위상학적 긴장을 해제시키는 동안 풀어진 DNA 가닥의 복원을 막음

ⓑ 효모의 복제원점(autonomously replicating sequence; ARS) 구조와 복제개시

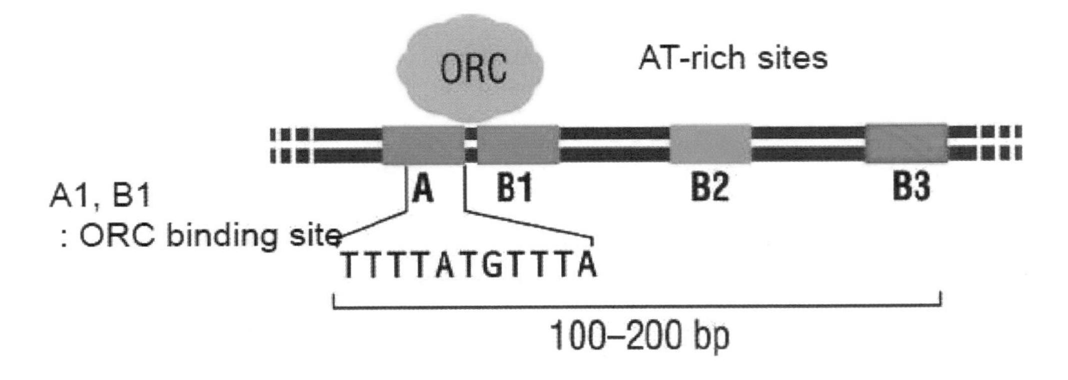

1. 한 개의 ORC 결합 자리를 가지며 몇 개의 단백질이 복제원점 인식 복합체(origin recognition complex; ORC)를 형성하여 항상 결합하고 있음
2. DNA 복제가 시작되기 위해서는 다른 단백질이 작용해야 하는데 세포주기를 조절하는 Cdk 단백질이 복제 개시를 조절하는 단백질 가운데 하나인 것으로 여겨짐

ⓒ 복제원점 관련 실험

1. 효모에서의 복제원점 규명 실험

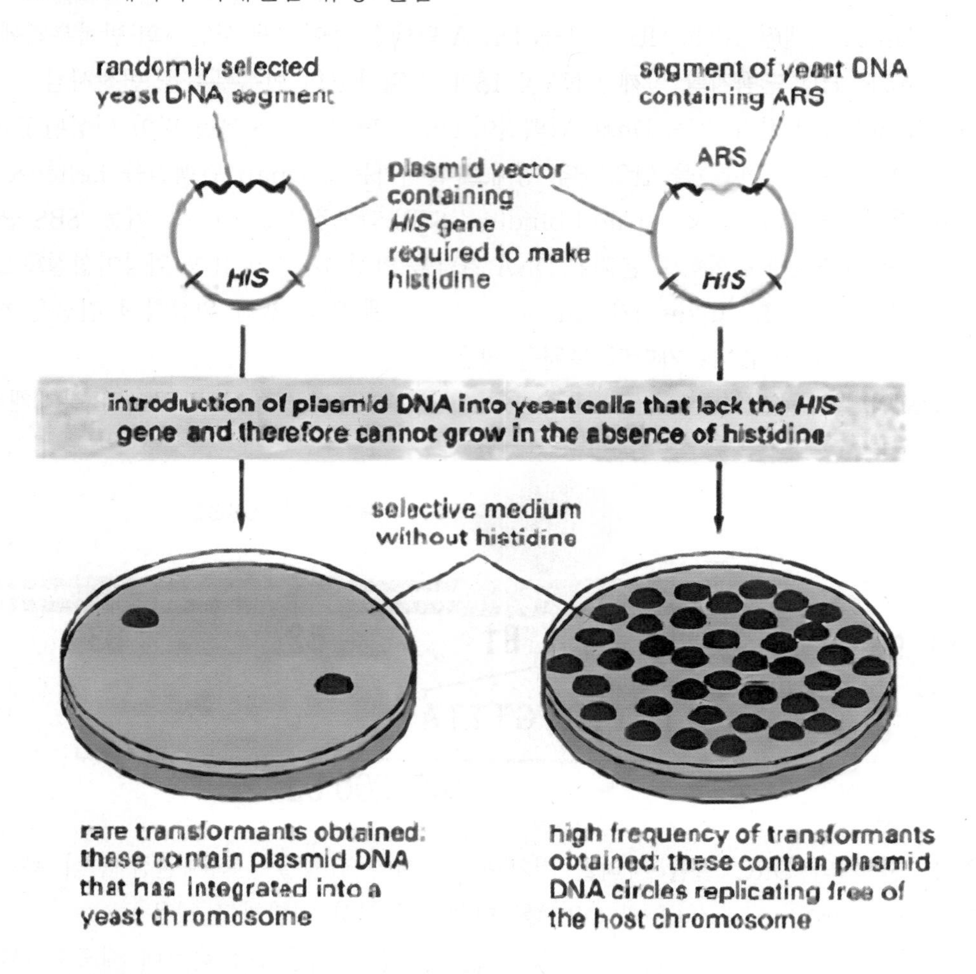

2. 진핵생물 염색체 상에서의 복제분기점 형성과 이동 패턴 규명 실험

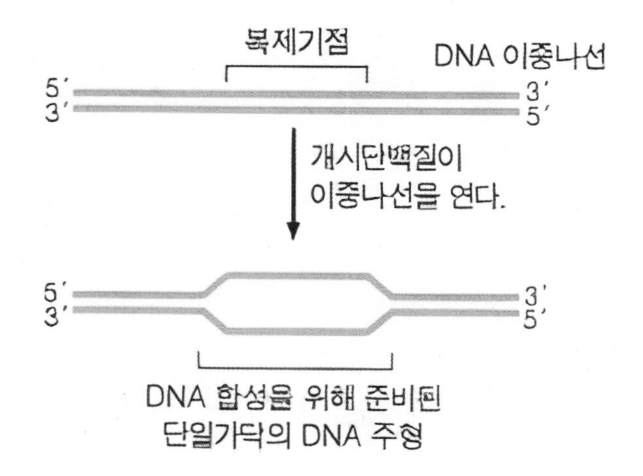

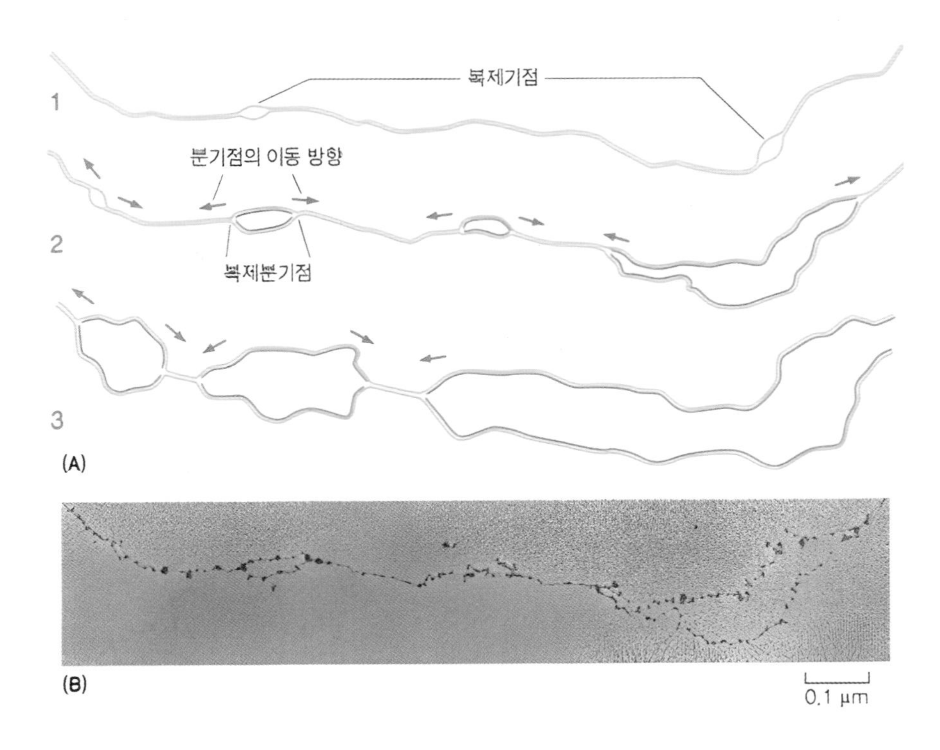

㉢ 원핵세포의 DNA 복제 신장: DNA의 복제신장이 일어나기 위해서는 여러 단백질이 협력하여 DNA 복제를 수행해야 함

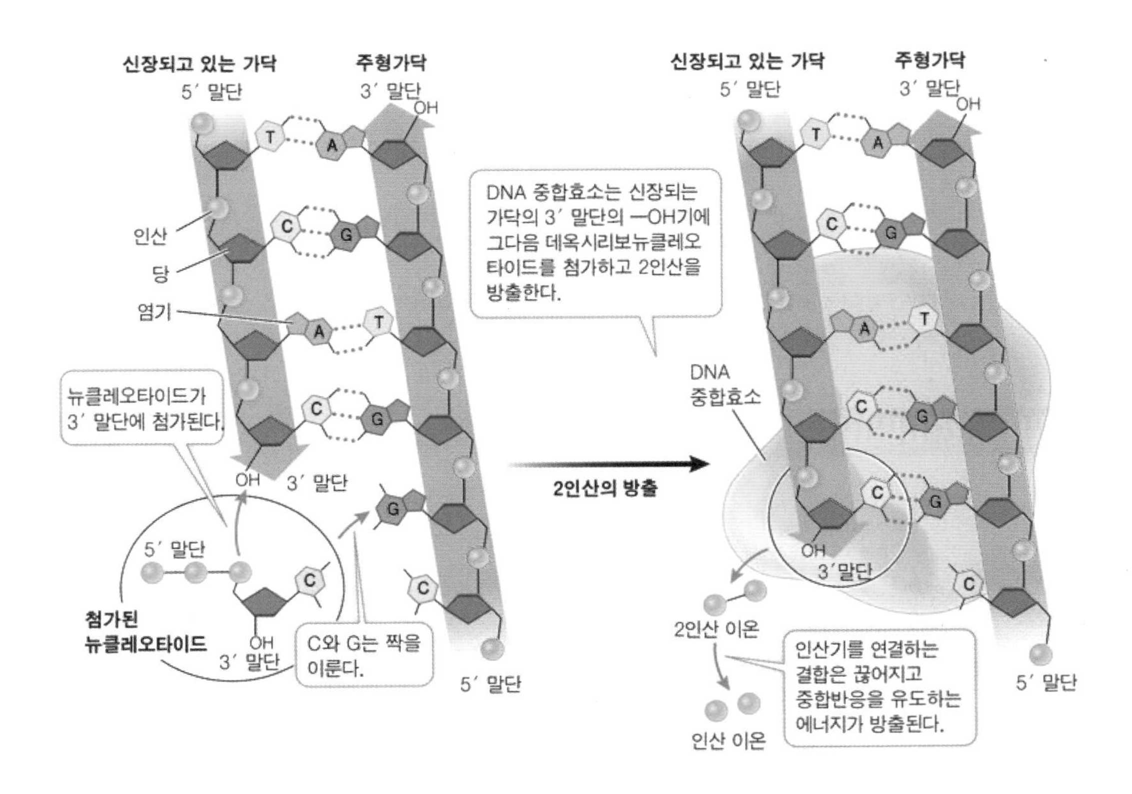

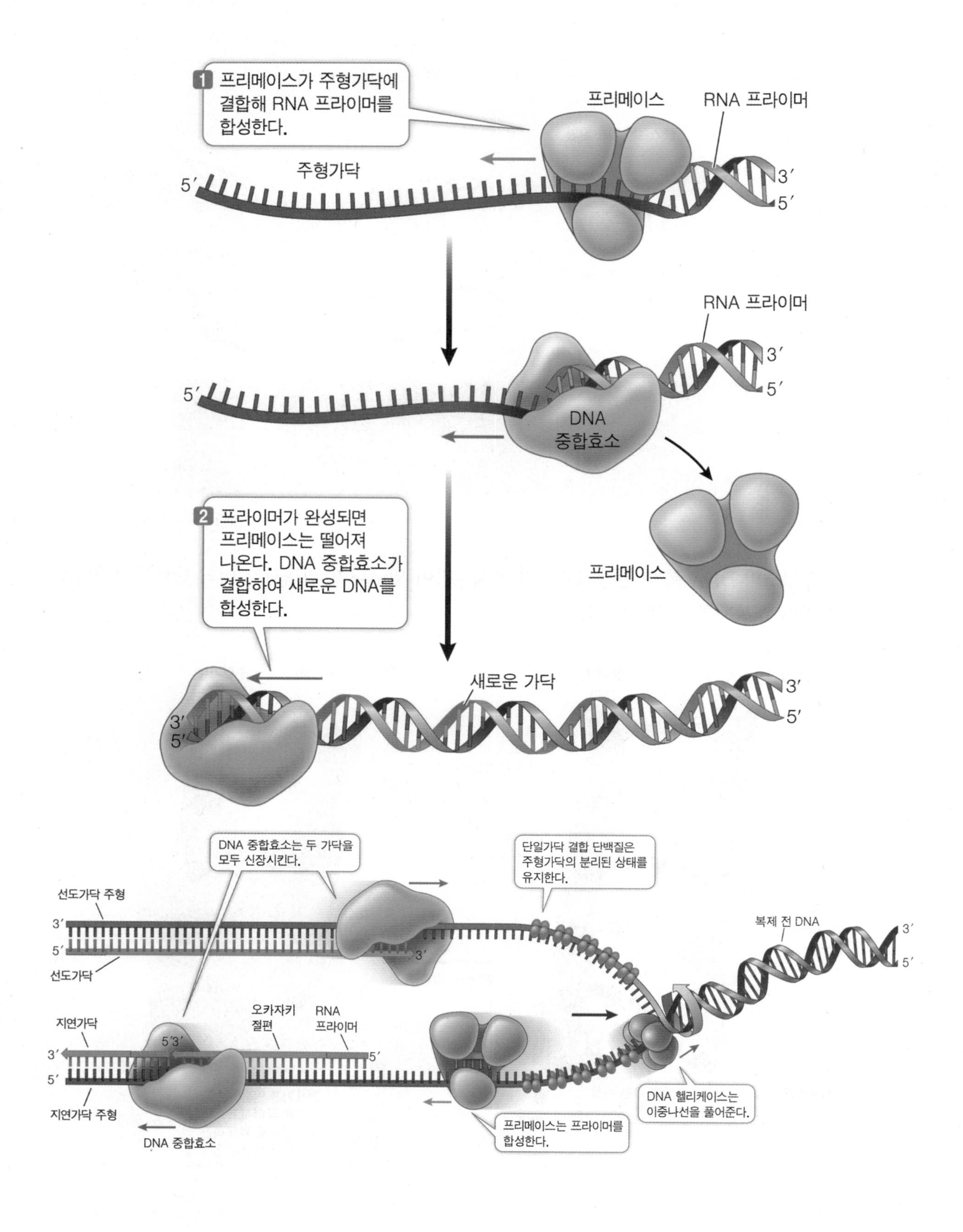

1 프리메이스가 주형가닥에 결합해 RNA 프라이머를 합성한다.
프리메이스
RNA 프라이머
주형가닥
5′
3′
5′
RNA 프라이머
5′
3′
5′
DNA 중합효소
2 프라이머가 완성되면 프리메이스는 떨어져 나온다. DNA 중합효소가 결합하여 새로운 DNA를 합성한다.
프리메이스
새로운 가닥
3′
5′
3′
5′
DNA 중합효소는 두 가닥을 모두 신장시킨다.
단일가닥 결합 단백질은 주형가닥의 분리된 상태를 유지한다.
선도가닥 주형
3′
5′
선도가닥
복제 전 DNA
3′
5′
지연가닥
오카자키 절편
RNA 프라이머
5′3′
5′
3′
5′
지연가닥 주형
DNA 중합효소
DNA 헬리케이스는 이중나선을 풀어준다.
프리메이스는 프라이머를 합성한다.

ⓐ 원핵세포의 복제분기점에서 복제신장에 관여하는 단백질의 종류와 기능

단백질	기능
SSB 단백질	단일가닥 DNA에 결합하여 단일가닥 상태를 안정화시킴
DnaB 단백질(heicase)	DNA 이중가닥을 풀어냄
DnaG 단백질(primase)	RNA primer를 합성함
DNA 중합효소 Ⅰ	primer를 제거하고 dNTP로 교체함
DNA 중합효소 Ⅲ	DNA가닥을 신장시킴
DNA 리가아제	끊어진 DNA가닥을 연결시킴
DNA 위상이성질화효소 Ⅱ	DNA 풀림에 의한 비틀림의 긴장을 완화시킴

ⓑ 원핵세포의 역평행 복제 신장 과정: 원핵세포 복제신장의 핵심요소는 프리모솜과 DNA 중합효소임. 합성되는 서로 다른 종류의 두 가닥은 중합 방향이 반대인데 합성되는 DNA가닥 중 복제분기점의 진행방향과 dNTP의 중합방향이 같은 것을 선도가닥(leading strand)라고 하고 반대방향인 것을 지연가닥(lagging strand)라고 함. 지연가닥 합성시 형성되는 절편을 오카자키 절편(Okazaki fragment)이라 함. 실제로 선도가닥과 지연가닥의 합성은 따로 진행되지 않는데 복제복합체 모형에 따르면 두 분자의 DNA 중합효소 Ⅲ가 서로 결합한 채로 복제분기점에서 프리모솜과 함께 작용함

1. helicase와 gyrase의 기능: helicase가 복제분기점에서 양친이중나선을 풀어주며 단일가닥-결합 단백질(SSB)이 풀어진 가닥이 주형가닥으로 사용될 때까지 단일가닥 DNA에 결합하여 안정화를 유지함. helicase가 이중나선을 풀수록 DNA에는 뒤틀림이 발생하는데 gyrase는 이러한 뒤틀림을 완화시킴
2. SSB 단백질의 기능: SSB는 복제가 진행되는 동안 DNA 가닥이 단일가닥으로 풀어져 있는 상태로 유지되게 함
3. primase의 기능: primase는 RNA primer를 합성하여 DNA 중합효소가 중합과정을 개시할 수 있도록 3'-OH를 제공해줌
4. DNA 중합효소 Ⅲ의 기능: primer가 합성되어 존재하는 상황에서 선도가닥, 지연가닥의 DNA는 DNA 중합효소 Ⅲ에 의해 합성됨5. DNA 중합효소 Ⅰ과 지연가닥의 Nick translation: 지연가닥의 사슬 중간에 존재하는 RNA primer를 염기가 동일한 DNA 가닥으로 DNA 중합효소 Ⅰ이 바뀌주게 됨

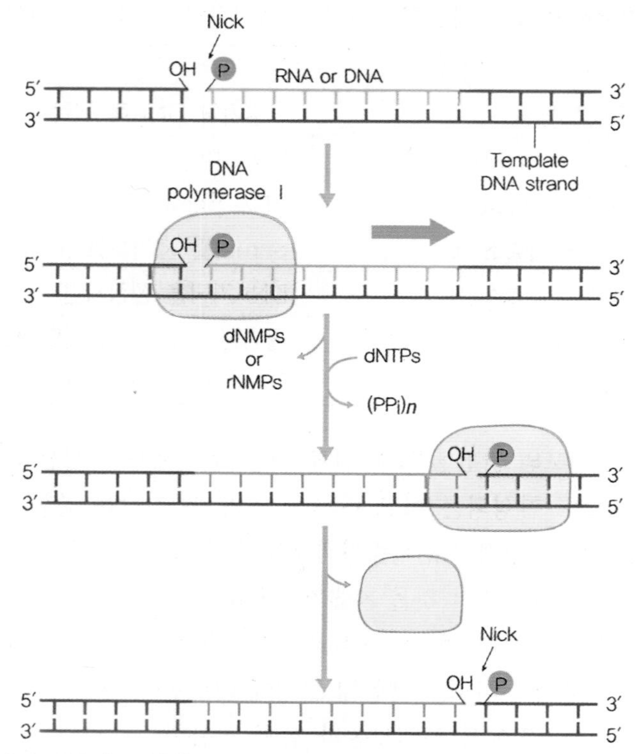

DNA 중합효소 I 에 의한 nick translation 과정

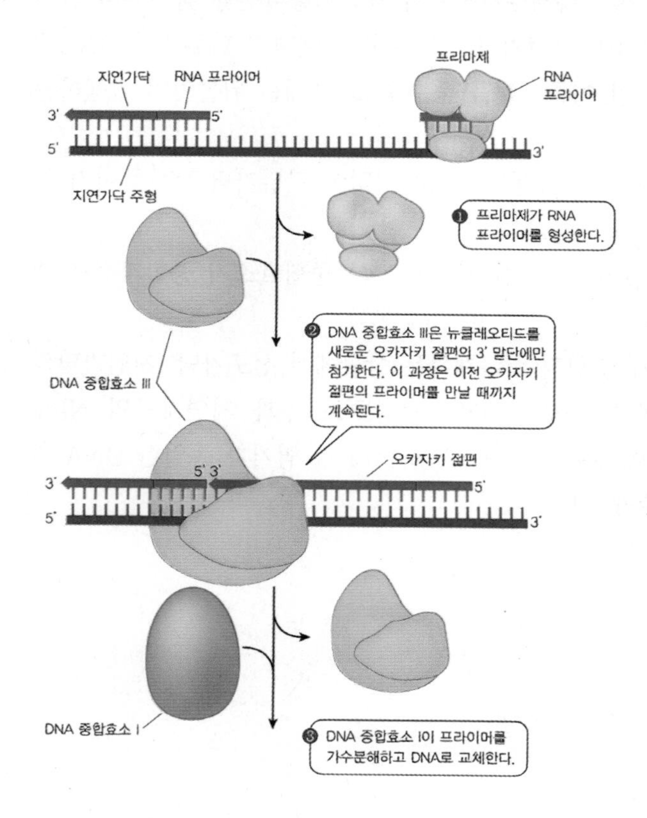

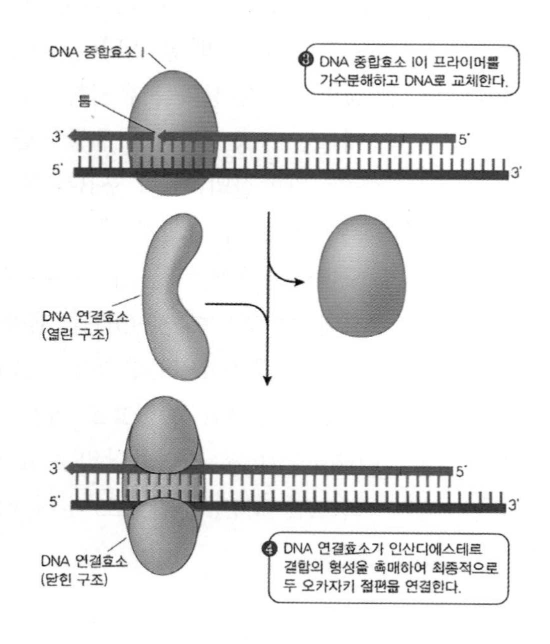

5. 지연가닥에서의 리가아제에 의한 인산이에스테르 결합 형성: DNA 중합효소의 Ⅰ의 nick translation 후에도 남게 된 틈을 DNA 리가아제가 인산이에스테르 결합을 형성하여 지연가닥 간의 틈을 메꿔 줌

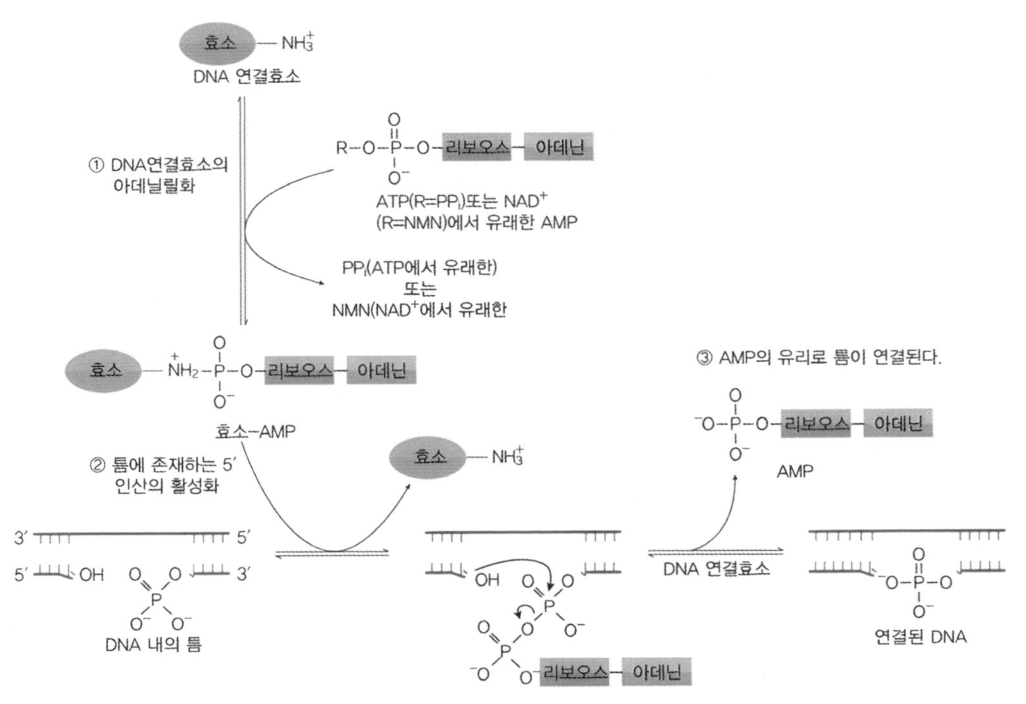

DNA 리가아제 작용기작

ⓒ 초나선과 위상이성질화효소

1. 초나선(supercoil): DNA의 꼬임이 증가한 경우를 양성 초나선(positive supercoil)이라고 하고 DNA의 꼬임이 감소한 경우를 음성 초나선(negative supercoil)이라고 함. 환형의 이중나선을 나선 방향과 같은 방향(오른쪽 방향)으로 감아주면 양성 초나선이 형성되고 이중 나선이 진행하는 방향과 반대 방향(왼쪽 방향)으로 감아주면 음성 초나선이 형성됨. 이완된 형태와 각 초나선을 위상이성질체(topoisomer)라고 함
2. 위상이성질화효소(topoisomerase): 초나선의 상태를 증가시키거나 감소시키는 효소를 말하는데 위상이성질화효소는 두 가지 방법으로 초나선 구주에 영향을 줌. Ⅰ형 위상이성질화효소(type Ⅰ topoisomerase)는 이중나선의 한 가닥을 절제한 다음 잘려진 끝 부분에 결합하고 잘리지 않은 가닥을 가닥이 잘려진 틈 사이로 통과시킨 후 다시 인산이에스테르 결합을 형성하여 틈을 이어줌. Ⅱ형 위상이성질화효소(type Ⅱ topoisomerase)도 기본적으로는 동일하게 작용하지만 이중나선의 한 가닥만을 절제하는 Ⅰ형과는 달리 이중나선 가닥 둘을 모두 절제하고 이 사이로 이중나선의 다른 부분을 통과시킴. DNA 복제가 진행되는 동안 복제분기점 앞쪽으로 양성 초나선이 축적되는데 음성 초나선을 형성하는 위상이성질화효소가 복제분기점 진행방향 앞쪽에서 작용하여 양성 초나선을 완화시킴

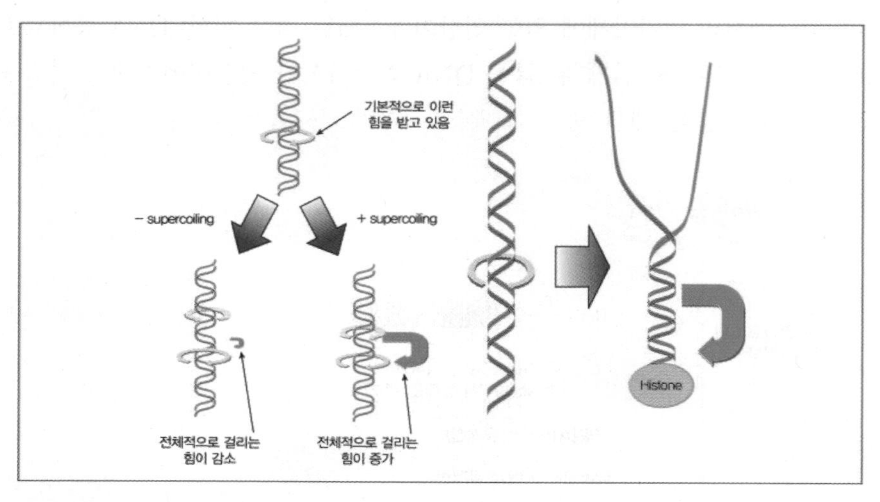

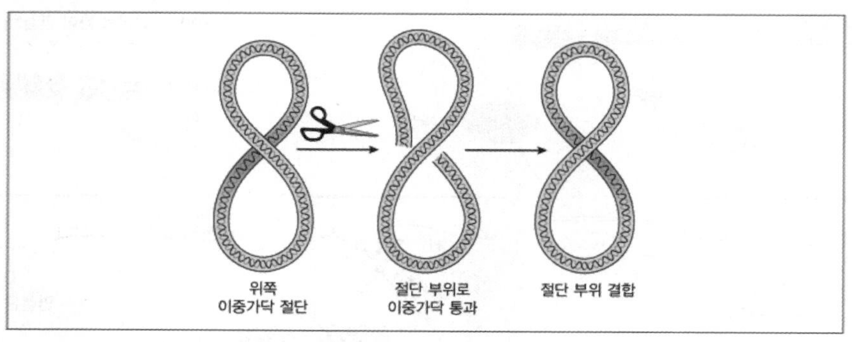

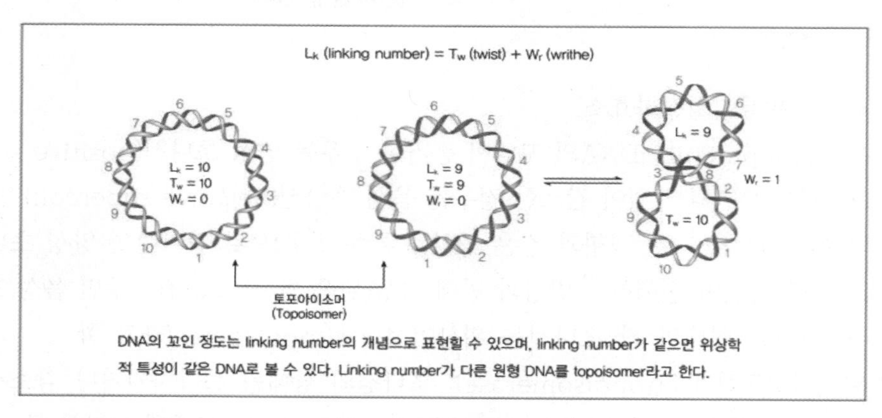

DNA의 꼬인 정도는 linking number의 개념으로 표현할 수 있으며, linking number가 같으면 위상학적 특성이 같은 DNA로 볼 수 있다. Linking number가 다른 원형 DNA를 topoisomer라고 한다.

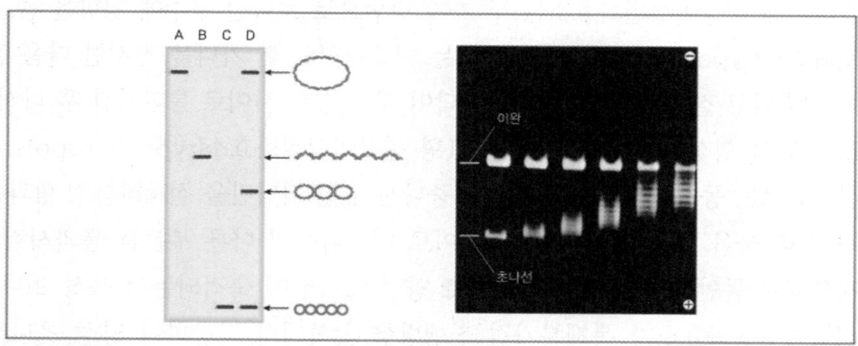

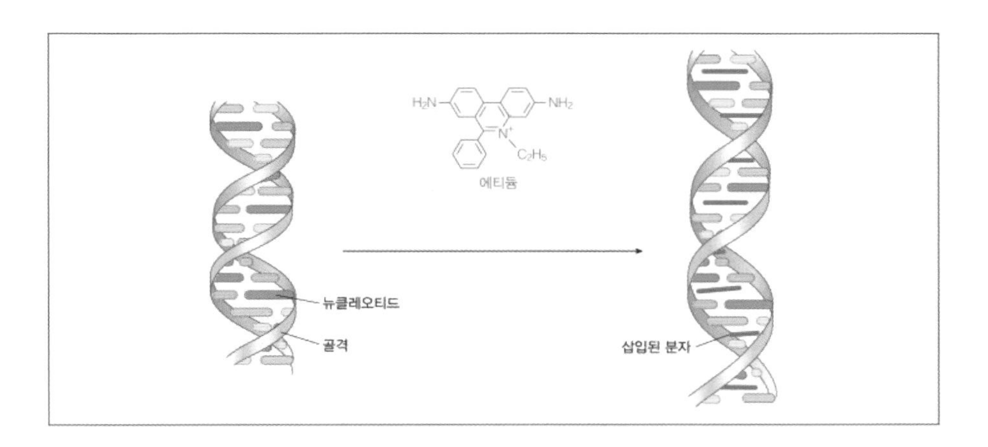

㉣ 원핵세포의 DNA 복제 종결: 원핵생물의 경우 DNA 복제의 종결은 Ter 서열과 관계 있음

ⓐ 복제 종결 기작: 종결부위 서열인 Ter서열에는 종결 단백질인 Tus(terminus utilization substance) 단백질이 결합하여 Ter-Tus 복합체를 형성하는데 이것은 복제복합체가 한쪽 방향으로만 이동하는 것을 허용하여 원핵생물 DNA 복제종결이 특정 부위에서 종료 될 수 있도록 함

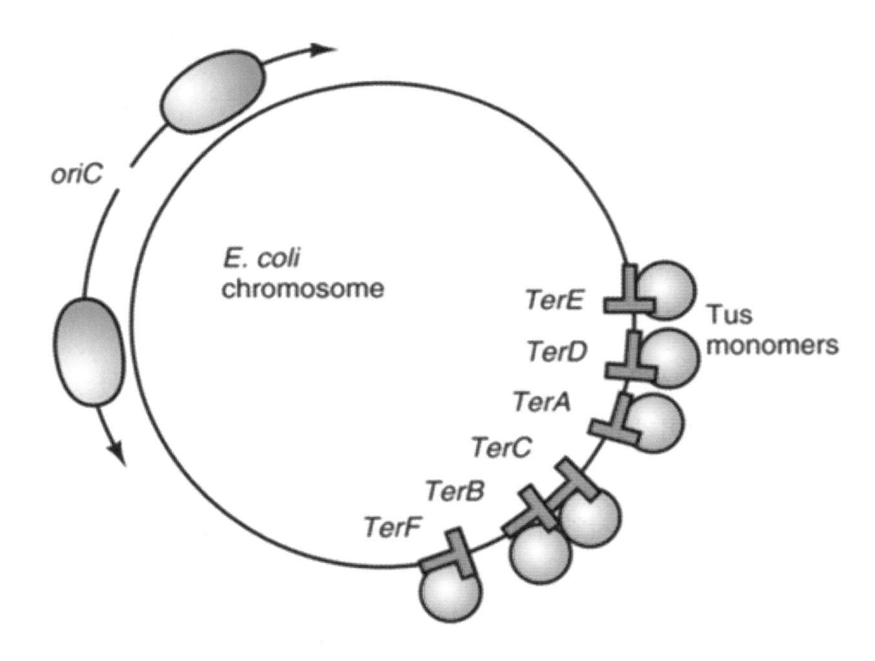

ⓑ 복제 종결 후의 DNA 사슬 분리 과정; 복제가 종결된 후에 위상학적으로 연결된 고리(catanated chromosome)가 형성되는데 이 고리들은 공유결합으로 연결되어 있지는 않으나 닫힌 고리가 서로 엉켜 있기 때문에 분리할 수 없음. 쇠사슬형 고리의 분리에는 II형 위상이성질화효소인 gyrase가 이용되는데 이 효소는 한쪽 염색체의 두 DNA가닥을 일시적으로 끊어 주어 다른 쪽 염색체가 끊긴 틈을 통과하도록 하여 쇠사슬형 염색체를 분리하는데 중요한 역할을 수행하게 됨

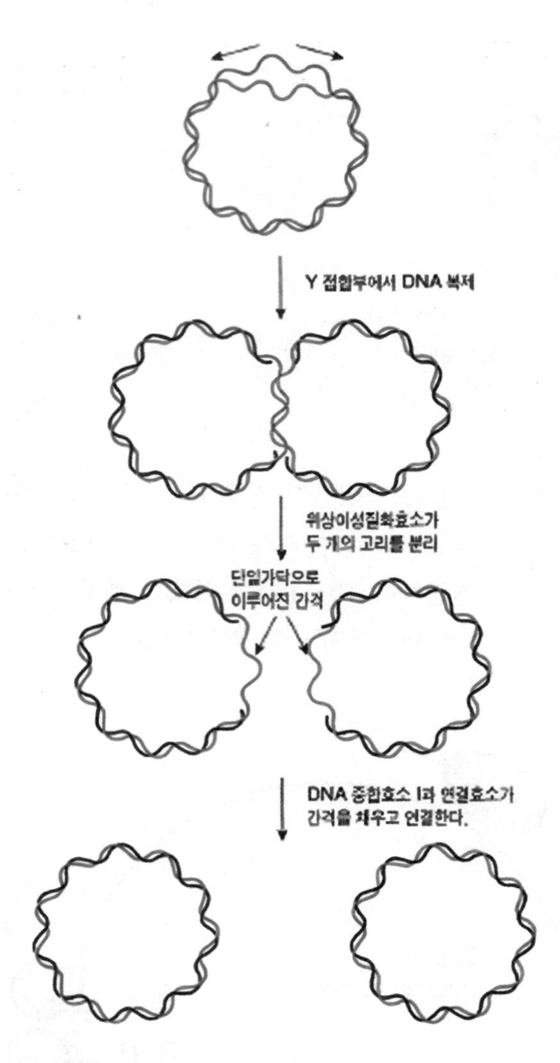

ⓜ 진핵세포 염색체 DNA의 말단부위인 텔로미어(telomere): 진핵생물 염색체는 선형이므로 각 염색체는 텔로미어라고 하는 양 끝을 갖게 됨

ⓐ 텔로미어의 서열: 지금까지 분리된 대부분의 텔로미어는 5~8개의 염기쌍이 반복된 것으로 사람에게서는 텔로미어 서열이 TTAGGG이며 각 염색체의 끝에서 300 내지 5000번 정도 반복되어 있음

ⓑ 텔로미어의 기능: 텔로미어는 선형 염색체의 양 끝을 표시할 뿐만 아니라 몇 가지 특수한 기능을 갖게 됨. 텔로미어는 DNA 말단이 핵산말단가수분해효소(exonuclease)에 의해 분해되는 것을 막아야 하며 염색체의 끝 부분이 적절하게 복제될 수 있도록 해야 함

ⓒ DNA 복제 과정 상에서 텔로미어가 짧아지는 이유: 선형 DNA가 복제될 때 모가닥을 주형으로 하여 중합된 선도가닥은 끝까지 합성되나 지연가닥의 경우 5‘ 말단의 RNA 프라이머가 분해되는데 분해된 부분이 DNA로 복구되지 않으면 딸가닥은 복제 시에 계속 말단 부위가 짧아지게 되어 있음

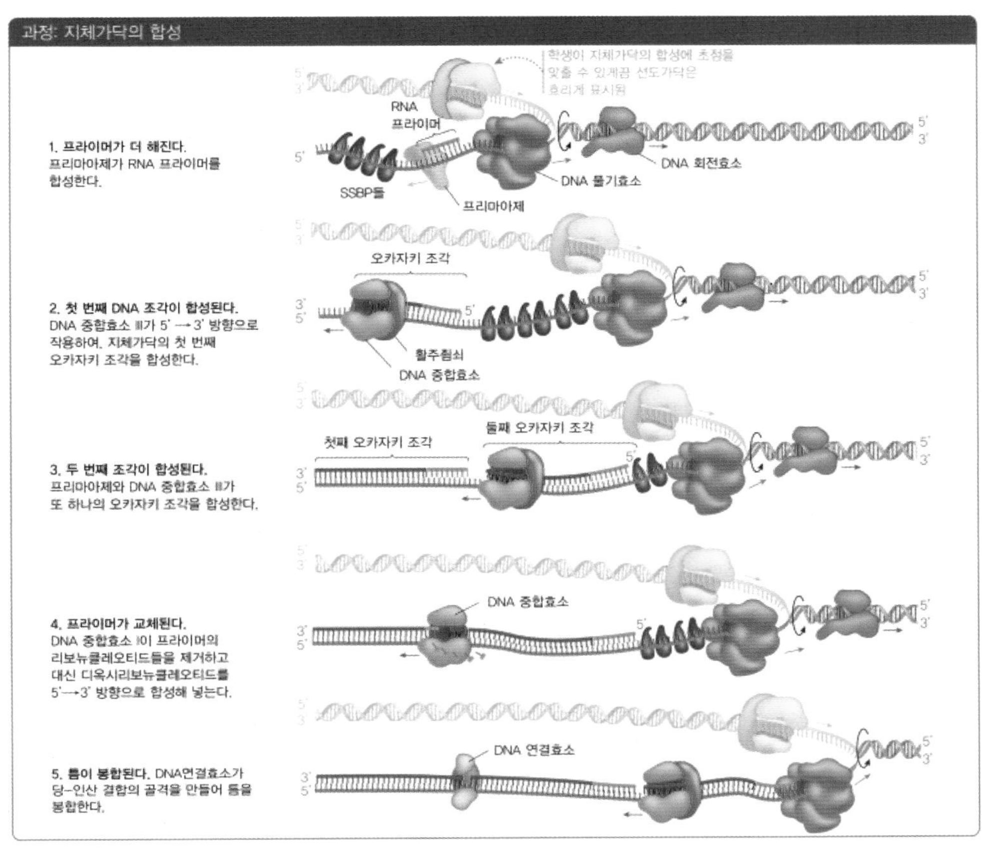
과정: 지체가닥의 합성
학생이 지체가닥의 합성에 초점을 맞출 수 있게끔 선도가닥은 흐리게 묘사됨
RNA 프라이머
1. 프라이머가 더 해진다.
프리마아제가 RNA 프라이머를 합성한다.
SSBP들
프리마아제
DNA 풀기효소
DNA 회전효소
오카자키 조각
2. 첫 번째 DNA 조각이 합성된다.
DNA 중합효소 Ⅲ가 5' → 3' 방향으로 작용하여, 지체가닥의 첫 번째 오카자키 조각을 합성한다.
활주죔쇠
DNA 중합효소
둘째 오카자키 조각
첫째 오카자키 조각
3. 두 번째 조각이 합성된다.
프리마아제와 DNA 중합효소 Ⅲ가 또 하나의 오카자키 조각을 합성한다.
DNA 중합효소
4. 프라이머가 교체된다.
DNA 중합효소 Ⅰ이 프라이머의 리보뉴클레오티드들을 제거하고 대신 디옥시리보뉴클레오티드를 5'→3' 방향으로 합성해 넣는다.
DNA 연결효소
5. 틈이 봉합된다. DNA연결효소가 당-인산 결합의 골격을 만들어 틈을 봉합한다.

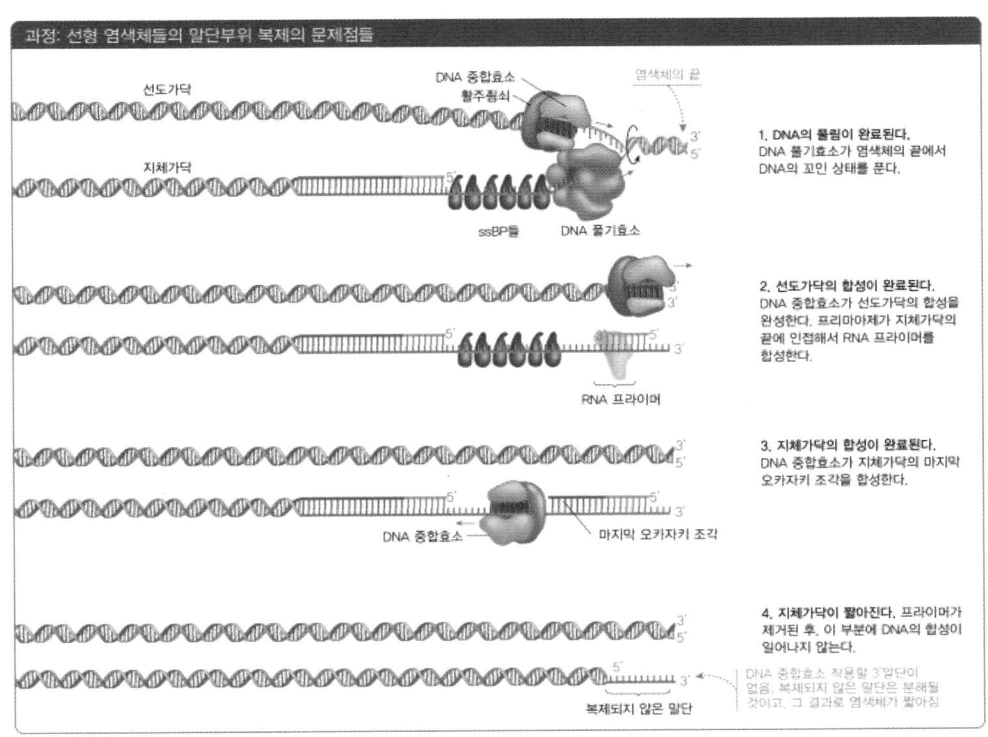
과정: 선형 염색체들의 말단부위 복제의 문제점들
선도가닥
지체가닥
DNA 중합효소
활주죔쇠
염색체의 끝
ssBP들
DNA 풀기효소
1. DNA의 풀림이 완료된다.
DNA 풀기효소가 염색체의 끝에서 DNA의 꼬인 상태를 푼다.
RNA 프라이머
2. 선도가닥의 합성이 완료된다.
DNA 중합효소가 선도가닥의 합성을 완성한다. 프리마아제가 지체가닥의 끝에 인접해서 RNA 프라이머를 합성한다.
DNA 중합효소
마지막 오카자키 조각
3. 지체가닥의 합성이 완료된다.
DNA 중합효소가 지체가닥의 마지막 오카자키 조각을 합성한다.
복제되지 않은 말단
4. 지체가닥이 짧아진다. 프라이머가 제거된 후, 이 부분에 DNA의 합성이 일어나지 않는다.
DNA 중합효소 작용할 3'말단이 없음: 복제되지 않은 말단은 분해될 것이고, 그 결과로 염색체가 짧아짐

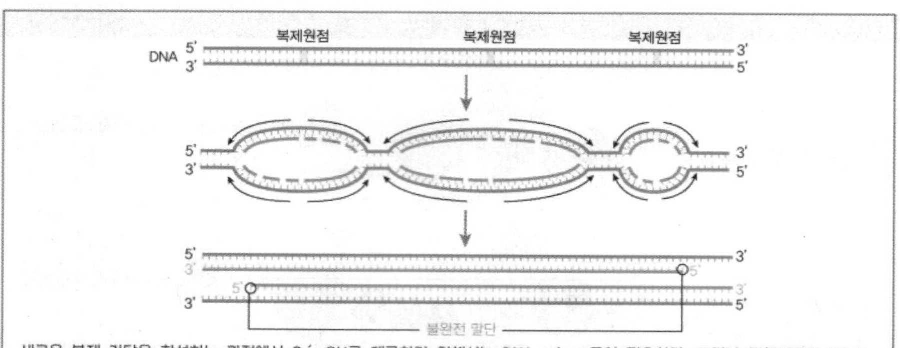

새로운 복제 가닥을 합성하는 과정에서 3´-OH를 제공하기 위해서는 RNA primer들이 필요하다. 그러나 진핵생물의 DNA는 선형이기 때문에 새로 복제된 가닥의 5´ 말단 쪽에 위치한 RNA primer 부분은 DNA 가닥으로 교체할 수가 없다. 따라서 복제가 거듭될수록 새로 합성된 가닥의 5´ 말단 쪽이 조금씩 짧아져서, 세포 분열이 지속되면 결국 염색체 내의 중요한 유전 정보들을 소실해 세포가 유지될 수 없다.

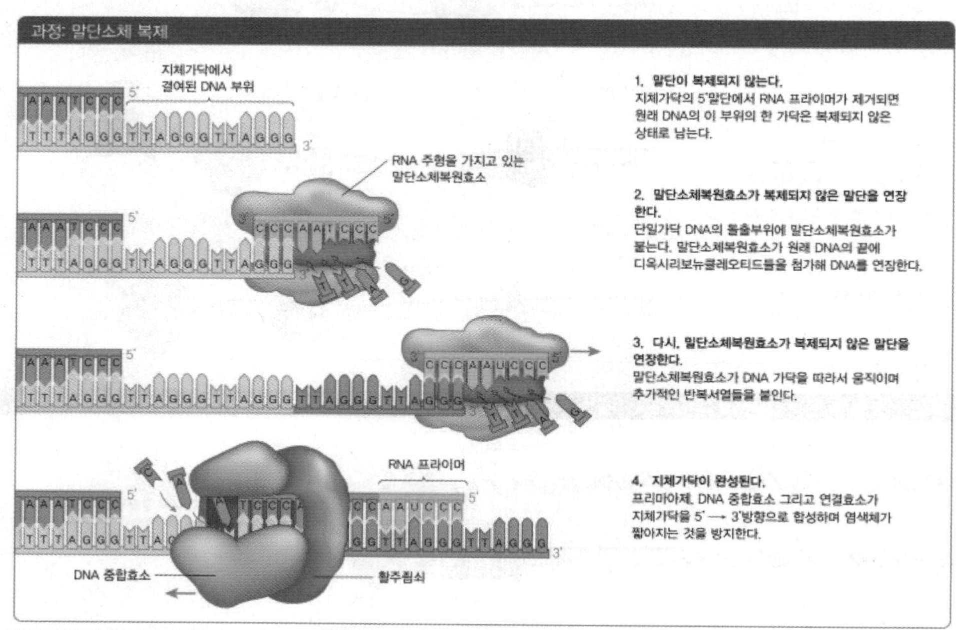

말단소체복원효소가 염색체의 복제 시에 말단소체가 짧아지는 것을 방지한다. 5´→ 3´ 방향으로 반복되는 서열을 늘림으로써, 말단소체복원효소는 효소들이 지체가닥에 RNA 프라이머를 붙일 주형가닥 부위를 제공한다. DNA 중합효소는 지체가닥의 합성되지 못했던 부위를 채워 넣을 수 있다.

ⓓ 텔로머라아제(telomerase)의 기능: 텔로미어 서열은 DNA 주형의 도움 없이 텔로머라아제라는 효소에 의해 새롭게 더해짐. 텔로머라아제는 텔로머라아제 RNA를 주형으로 하여 염색체 텔로미어를 신장시키며 DNA 중합효소와 DNA 리가아제에 의한 틈메우기로 이중나선 구조가 완성됨

(3) 환형 DNA의 기타 복제방식

환형 DNA가 복제되는 방식에는 전형적인 방식 외에도 회전환 복제와 D 루프를 형성하는 복제 방식이 있음

㉠ 회전환 복제(rolling circle replication): 환형 DNA의 한 가닥에 틈이 형성된 다음 한쪽 끝이 계속 풀리면서 복제가 진행됨. F 플라스미드 또는 대장균의 Hfr 염색체가 접합과정에서 이와 같은 형태로 복제됨. 몇몇 파지도 회전환 복제를 하여 환형 모분자에서 합성된 선상 DNA를 단백질 머리에 채워 넣음

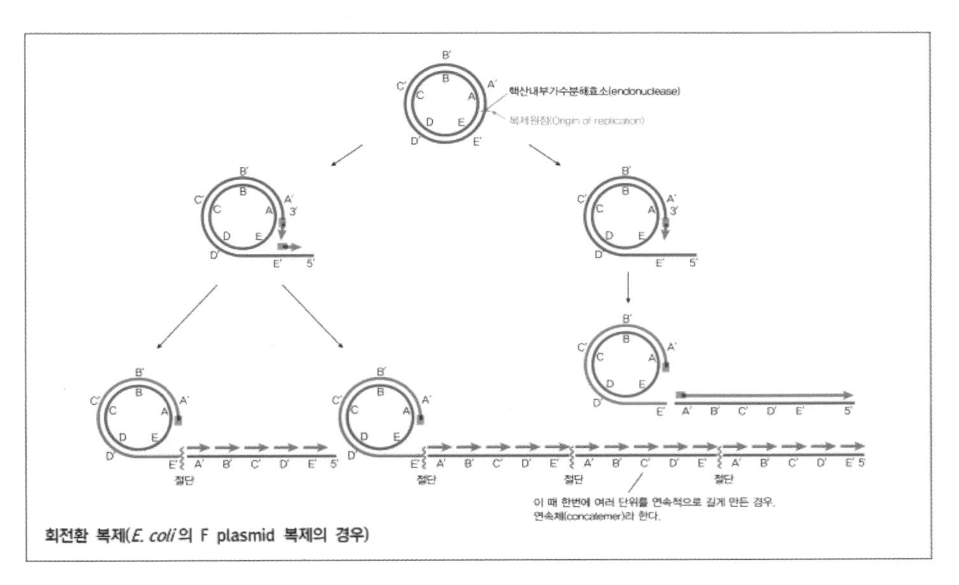

회전환 복제(*E. coli*의 F plasmid 복제의 경우)

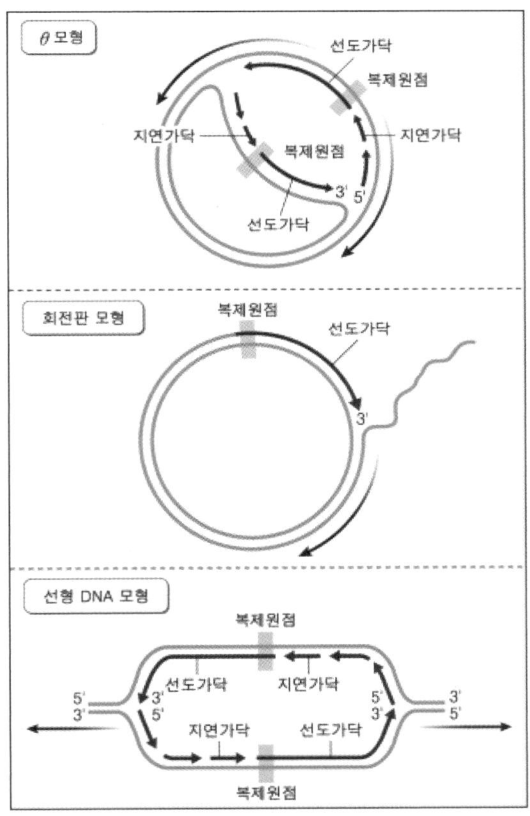

14 유전자 발현 - 전사와 번역

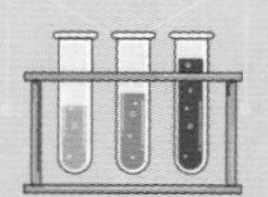

1 유전자 발현 서론

(1) Beadle-Tatum 실험

붉은빵 곰팡이 돌연변이체 실험으로서 하나의 유전자는 하나의 효소를 발현한다는 이론인 1 유전자 1효소설이 추론되었고 이 이론은 나중에 하나의 유전자는 하나의 폴리펩티드를 발현한다는 1 유전자 1 폴리펩티드설로 수정되었음

「붉은빵 곰팡이 돌연변이체 실험과정 및 결론」

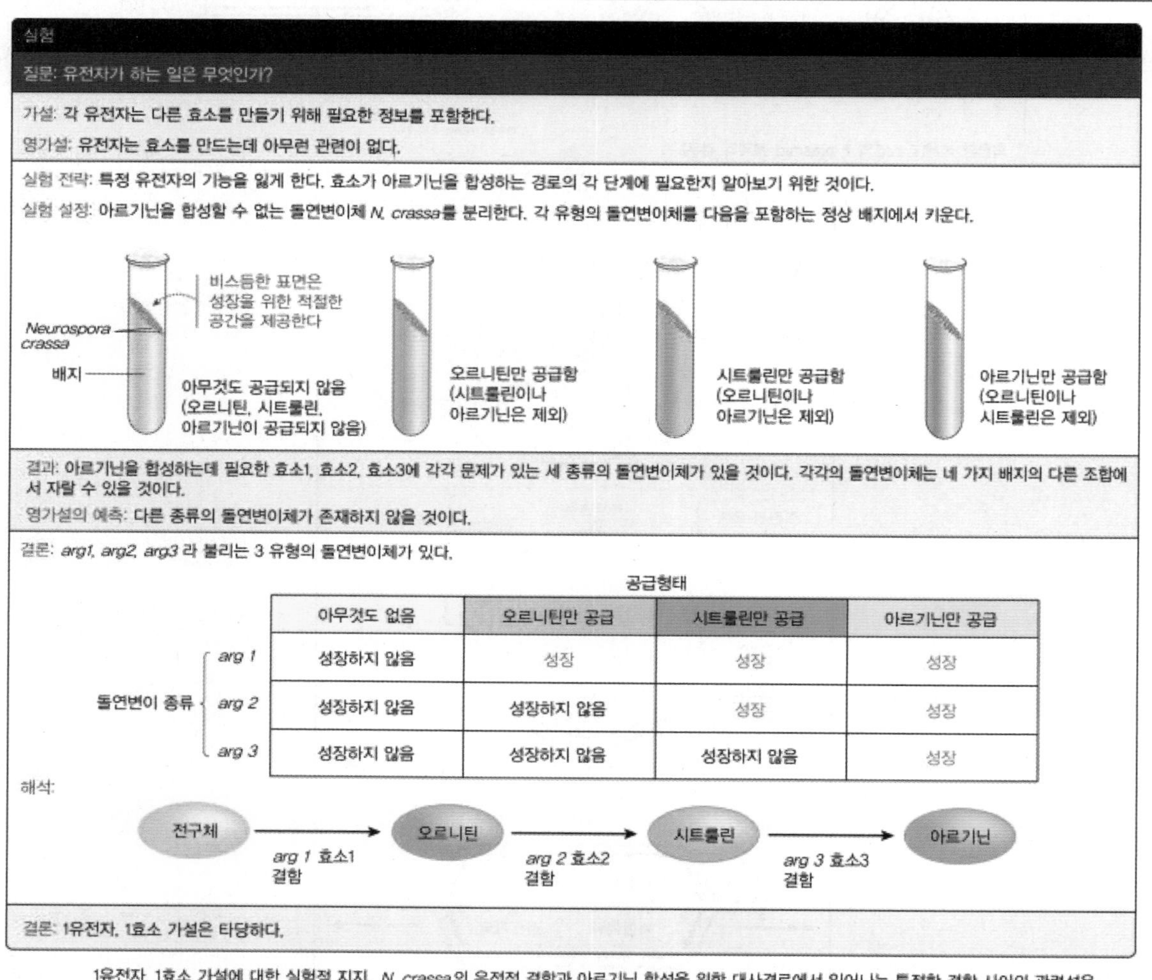

1유전자, 1효소 가설에 대한 실험적 지지. *N. crassa*의 유전적 결함과 아르기닌 합성을 위한 대사경로에서 일어나는 특정한 결함 사이의 관련성은 1유전자, 1효소 가설이 맞다는 근거를 제공해 준다.

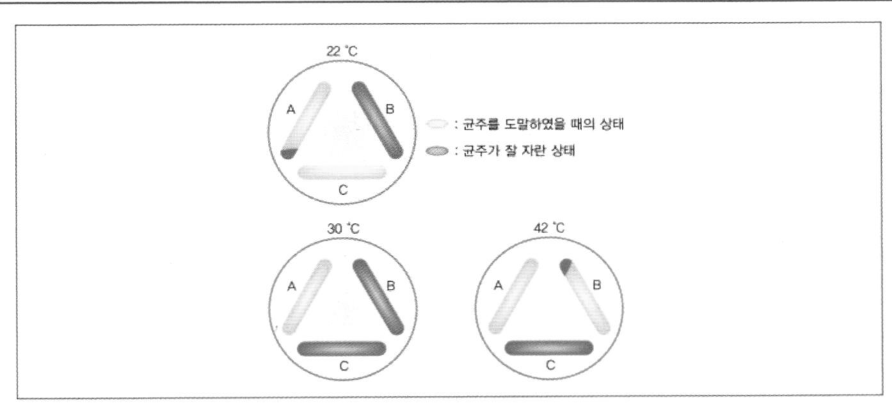

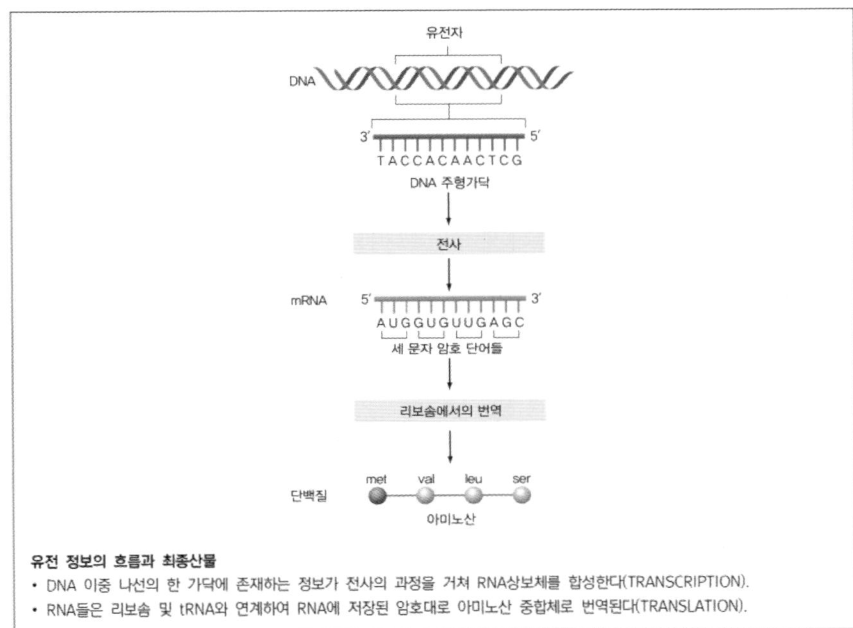

유전 정보의 흐름과 최종산물

- DNA 이중 나선의 한 가닥에 존재하는 정보가 전사의 과정을 거쳐 RNA상보체를 합성한다(TRANSCRIPTION).
- RNA들은 리보솜 및 tRNA와 연계하여 RNA에 저장된 암호대로 아미노산 중합체로 번역된다(TRANSLATION).

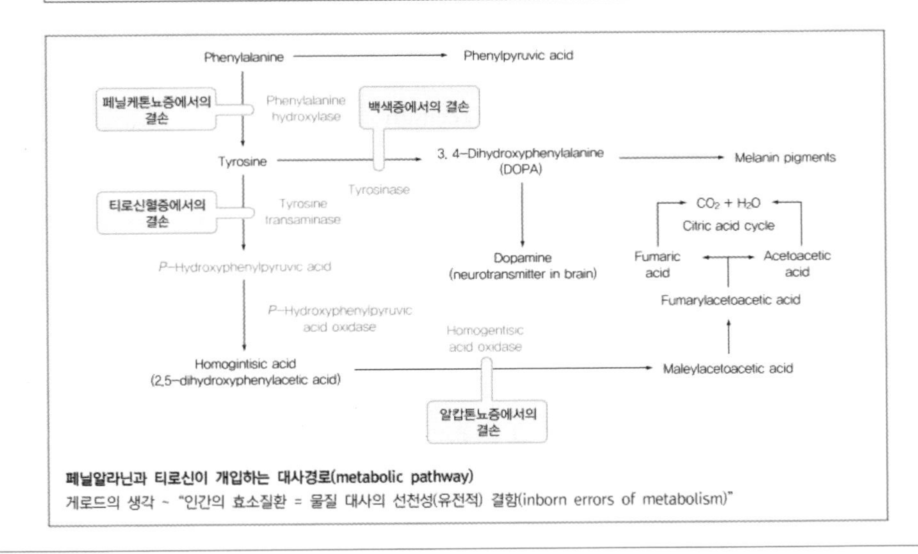

페닐알라닌과 티로신이 개입하는 대사경로(metabolic pathway)

게로드의 생각 ~ "인간의 효소질환 = 물질 대사의 선천성(유전적) 결함(inborn errors of metabolism)"

Ⓐ 실험과정: 최소배지에 오르느틴, 시트룰린, 아르기닌 중 한 가지만 넣고 아르기닌 영양요구주의 생장정도를 조사
Ⓑ 결과: 서로 다른 돌연변이를 가진 아르기닌 영양요구주는 아르기닌 합성의 서로 다른 단계가 진행되지 않음

구분	야생형	아르기닌 영양요구주 1	아르기닌 영양요구주 2	아르기닌 영양요구주 3
최소배지	○	×	×	×
최소배지 + 오르니틴	○	○	×	×
최소배지 + 시트룰린	○	○	○	×
최소배지 + 아르기닌	○	○	○	○

Ⓒ 결론: 서로 다른 아르기닌 영양요구주가 최소 배지에서 생장하지 못하는 것은 아르기닌 합성의 서로 다른 단계에 관여하는 효소가 결여되었기 때문이고 이것은 각각의 서로 다른 돌연변이에 기이한 것임

(2) 유전물질과 중심 원리

㉠ 유전물지로가 단백질: 모든 생명체는 단백질을 합성하는데 사실상 세포에서 합성되는 단백질의 종류가 세포의 종류를 결정하게 됨. 그러므로 유전물질은 세포에서 합성되는 단백질의 종류와 양을 결정하는 정보를 갖고 있어야 함

㉡ 중심원리(central dogma): DNA는 정보를 RNA로 전달하고 RNA로 전달된 정보는 단백질 합성과정을 제어하게 되며 DNA는 또한 자신의 복제 과정을 제어한다는 설로 유전 정보의 발현 단계를 설명하려 함. 전사(transcription)는 DNA 주형으로부터 상보성의 원리를 이용해 RNA를 합성하는 과정이며 RNA는 번역(translation) 과정을 통해 단백질 합성을 제어하게 됨

「중심원리의 예외」

Ⓐ 역전사(reverse transcription): 레트로바이러스와 같은 일부 바이러스나 진핵생물 telomere의 경우 역전사효소(reverse transcriptase) 활성을 지니고 있어서 RNA를 주형으로 하여 DNA를 합성함
Ⓑ RNA-의존성 RNA 중합: 일부 RNA 바이러스의 경우 RNA를 주형으로 하여 RNA를 합성함
Ⓒ 개정된 Crick의 중심원리 그림

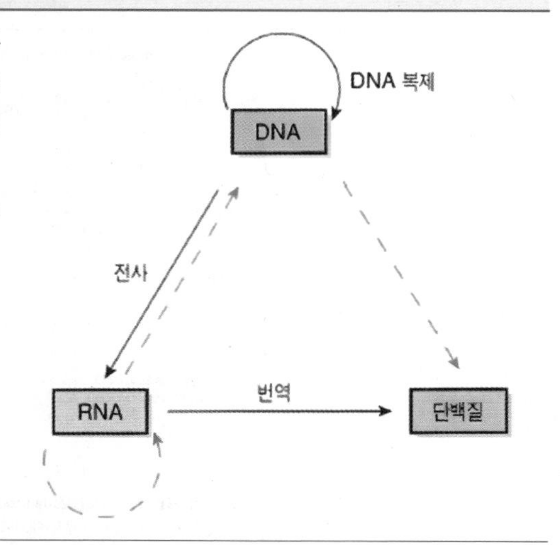

2 전사(transcription)

(1) RNA 중합효소(RNA polymerase)의 특징과 구조

RNA 중합효소는 DNA 가닥을 주형으로 하여 RNA를 중합하는 효소임

㉠ RNA의 중합효소의 특징

ⓐ RNA 중합효소의 일반적인 기능: RNA 중합효소가 DNA의 RNA 중합효소 결합자리인 프로모터(promoter)에 결합하여 RNA 합성 전구체인 NTP를 5'→3' 방향으로 전사함

ⓑ 전사가닥과 반전사 가닥의 구분: DNA 두 가닥 모두 RNA 합성의 주형으로 이용될 수 있지만 특정한 좁은 범위에 국한해 보았을 때 DNA 두 닥 중 한 가닥만이 RNA 합성의 주형으로 이용되는데 전사된 RNA와 동일한 서열을 포함하고 있는 DNA 가닥을 전사 가닥(sense strand) 또는 암호 가닥(coding strand)라고 하고 전사된 RNA와 상보적인 서열을 포함하고 있는 DNA 가닥을 반전사 가닥(antisense strand) 또는 주형 가닥(template strand)이라고 함 (5')CGCTATAGCGTTT(3') DNA nontemplate (coding) strand (3')GCGATATCGCAAA(5') DNA template strand (5')CGCUAUAGCGUUU(3') RNA transcript

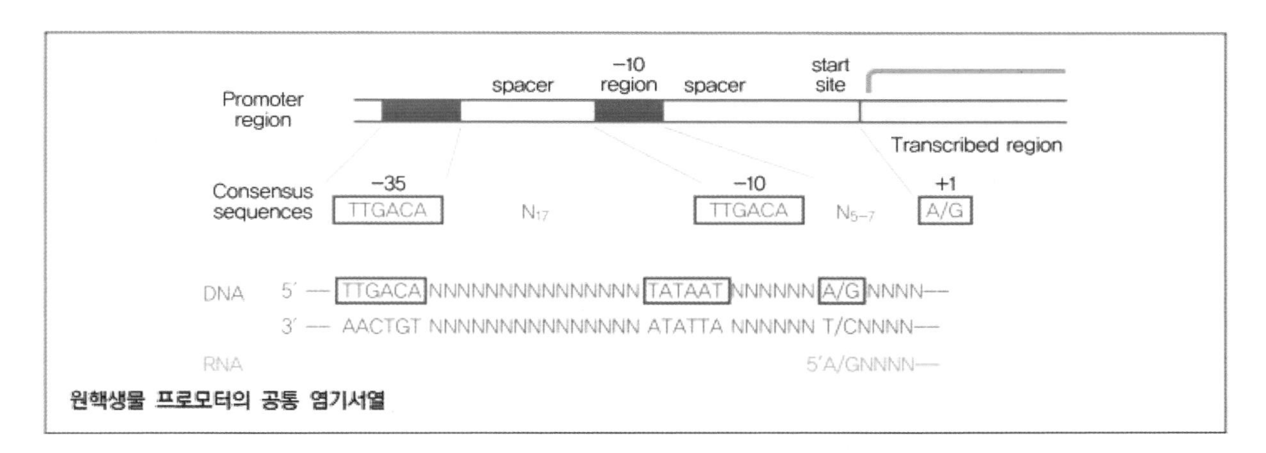

원핵생물 프로모터의 공통 염기서열

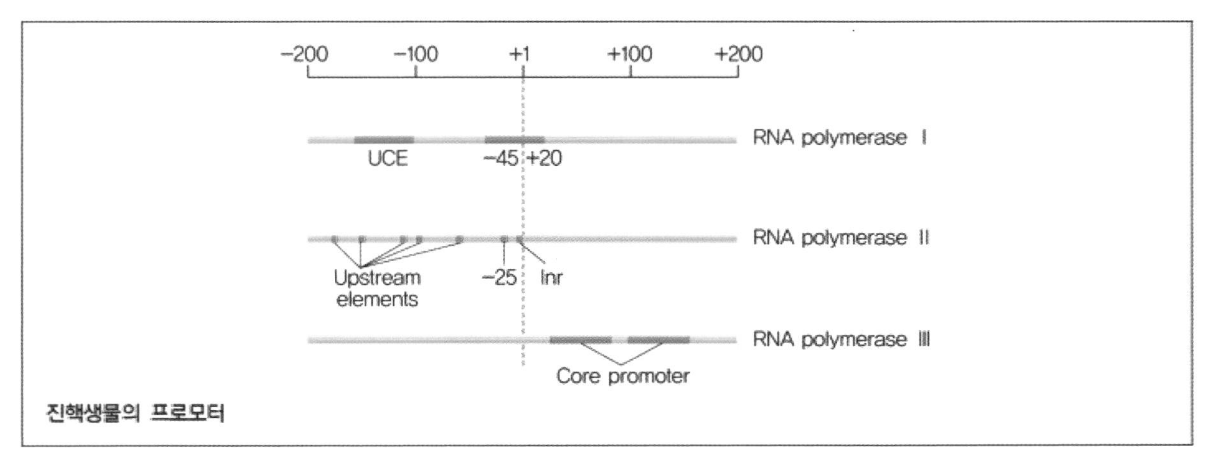

진핵생물의 프로모터

ⓒ 프라이머의 부재: DNA 복제와는 달리 프라이머 없이 뉴클레오티드 중합이 개시됨

ⓓ 교정 활성의 부재: 3'→5' exonuclease 활성을 지니고 있지 않아서 교정(proofreading)이 진행되지 않으므로 전사는 복제에 비해 오류발생률이 높음

ⓔ 원핵생물의 RNA 중합효소는 helicase 활성을 지니고 있어서 DNA 이중가닥을 풀어내며 RNA 합성하는 것으로 추측함. 진핵생물은 RNA 중합효소 외의 단백질이 helicase의 역할을 수행함

ⓕ RNA 중합효소의 종류: 원핵세포의 경우 RNA 중합효소는 한 종류이지만 진핵세포의 경우 RNA 중합효소는 세 종류임

「진핵세포의 RNA 중합효소」

Ⓐ RNA 중합효소 Ⅰ: 핵인(nucleolus)에서 활성을 가지며 45S rRNA 전사체를 합성함. 45S rRNA는 편집과정을 통해 5.8S rRNA, 18S rRNA, 28S rRNA를 형성하게 됨
Ⓑ RNA 중합효소 Ⅱ: mRNA 전구체와 특수 기능의 일부 snRNA를 합성함
Ⓒ RNA 중합효소 Ⅲ: tRNA와 5S rRNA, 일부 snRNA를 합성함

ⓖ RNA 중합효소의 활성 억제: 원핵세포의 RNA 중합효소는 rifampicin에 의해 활성이 억제되며 진핵세포의 RNA 중합효소 Ⅱ는 α-amanitin에 의하여 활성이 억제됨. actinomycin D는 DNA에 결합하여 RNA 중합효소의 이동을 저해하는데 원핵생물과 진핵생물 RNA 중합 모두를 저해함

㉡ RNA 중합효소의 구조: 원핵생물과 진핵생물의 RNA 중합효소는 구조는 조금 다르나 상동성을 지니고 있음

ⓐ 원핵생물의 RNA 중합효소: 전효소(holoenzyme)는 $\alpha 2\beta\beta'\sigma$로 구성되어 있는데 $\alpha 2\beta\beta'$는 핵심효소(core enzyme)로서 RNA 중합을 담당하고 σ는 RNA 중합효소의 프로모터 결합을 촉진시키는 역할을 수행하는데 핵심효소가 프로모터에 결합하는 것을 도운 뒤 RNA 중합을 시작하면 먼저 떨어지게 됨. σ소단위는 분자량에 따라 다양한 변형체들이 존재하는데 상이한 σ소단위를 사용함으로써 원핵세포는 생리적인 주요 변화가 가능하도록 유전자군의 발현을 조절함

「원핵생물 RNA 중합효소의 일반적 구조와 작용/완전효소와 핵심효소의 DNA 결합률과 온도에 따른 RNA 중합효소의 DNA 결합률」

Ⓐ 원핵생물 RNA 중합효소의 일반적인 구조와 기능 - σ소단위의 결합과 분리를 중심으로 살펴보기 바람

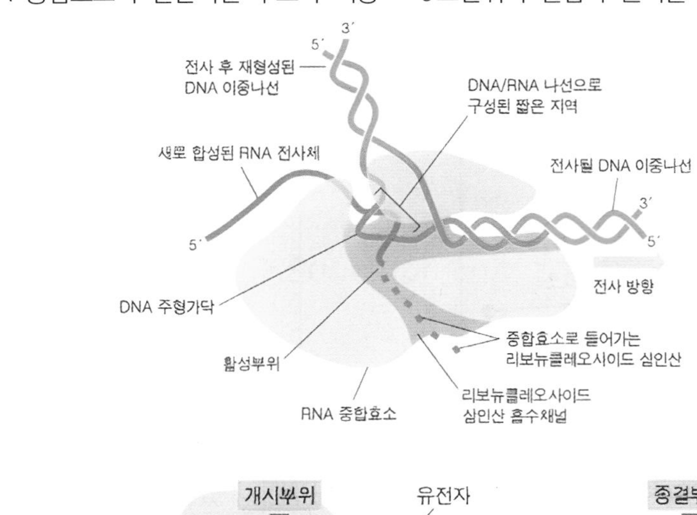

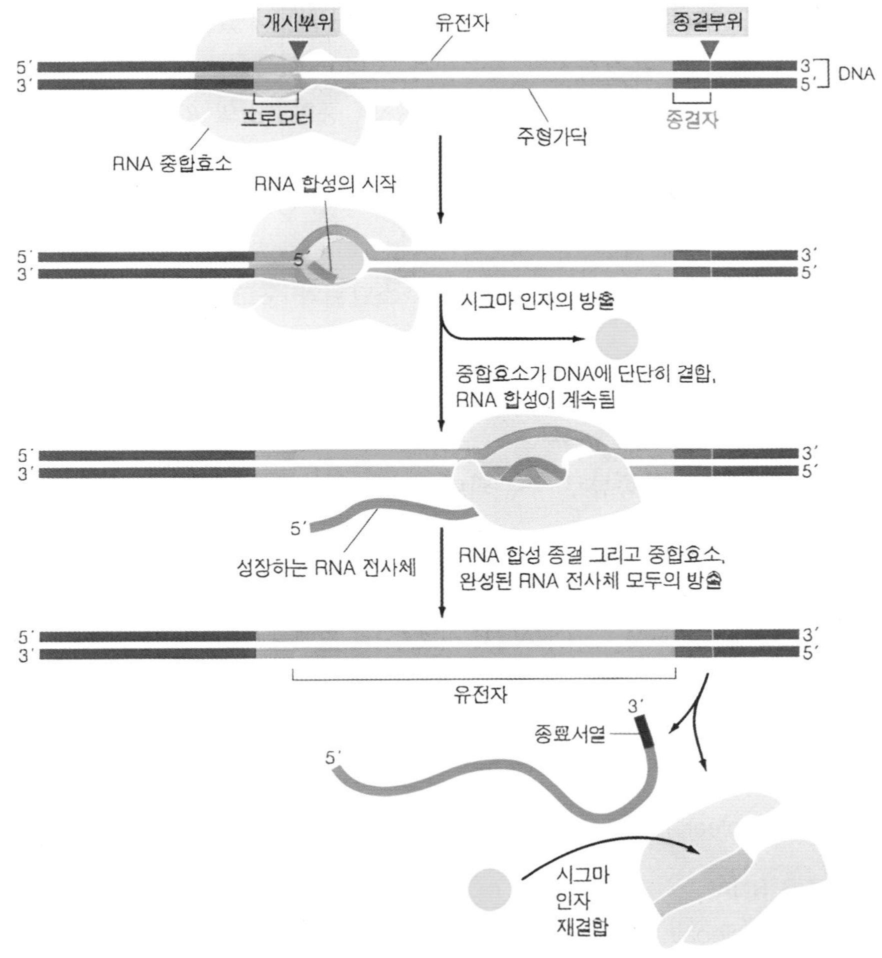

Ⓑ 완전효소와 핵심효소의 DNA 결합률(왼쪽)과 온도에 따른 RNA 중합효소의 DNA 결합률(오른쪽)

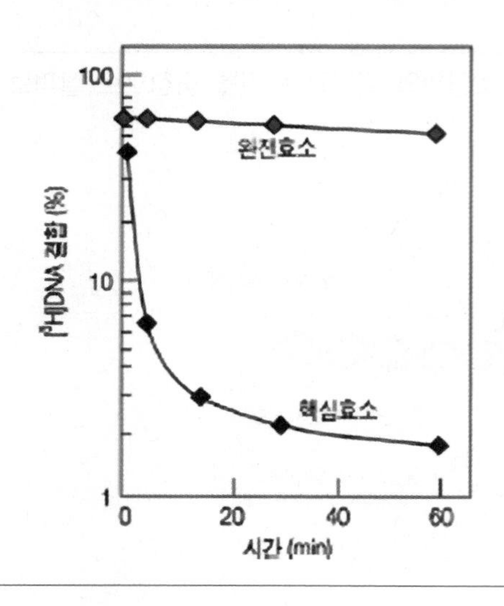

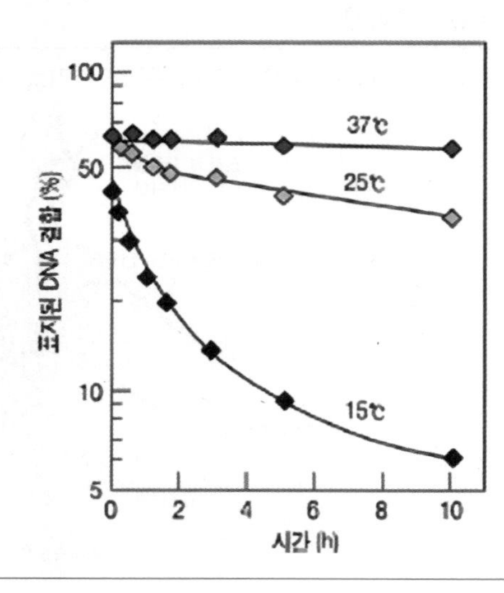

ⓑ 진핵생물의 RNA 중합효소: 12개의 소단위로 이루어져 있는 RNA 중합효소 II의 경우 세균의 것보다 훨씬 더 복잡하지만 상동성을 지니고 있음

1. RBP1: 제일 큰 소단위로서 원핵생물 RNA 중합효소의 β' 소단위와 높은 상동성을 지니며 공통적인 일곱 개의 아미노산 서열(YSPTSPS)이 많이 반복되는 카르복실말단 영역(carboxyl terminal domain; CTD)을 지님. CTD는 전사의 개시와 신장에서 중요한 역할을 수행하게 됨
2. RBP2: 원핵세포 RNA 중합효소의 β 소단위와 구조적으로 유사함
3. RBP3, RBP11: 원핵세포 RNA 중합효소의 α 소단위와 구조적 상동성을 지님

(2) RNA의 종류와 기능

RNA는 아래와 같이 여러 종류로 구분되며 특히 mRNA, tRNA, rRNA는 단백질 합성과정에 이용됨

진핵세포 RNA 종류	기능
mRNA(messenger RNA)	DNA에서 리보솜으로 단백질 아미노산 서열을 지정하는 정보를 운반함
tRNA(trnasfer RNA)	아미노산을 리보솜으로 수송하여 단백질 합성과정에서 연결 분자로서의 역할을 수행함
rRNA(ribosomal RNA)	리보솜에서 촉매역할과 구조적 역할을 수행함
snRNA(small nuclear RNA)	mRNA 전구체를 스플라이싱하는 단백질과 RNA의 복합체인 스플라이싱 복합체에서 구조적이고 촉매적인 역할을 수행함
SRP RNA	단백질-RNA 복합체인 SRP의 구성요소임
snoRNA(small nucleoalr RNA)	인에서 리보솜의 소단위 형성을 위한 rRNA 전구체 가공에 관여함
siRNA, miRNA	유전자 발현 조절에 관여함

(3) 전사 과정

원핵세포의 전사과정과 진핵세포의 전사과정을 비교하여 공부하기 바람

㉠ 프로모터와 전사 방향

ⓐ 표기 가닥과 전사 방향을 기준으로 한 용어 정리: 암호 가닥과 mRNA의 서열이 같기 때문에 암호가닥의 서열을 나타내는 것이 일반적인 관례인데 암호가닥을 기준으로 할 때 전사가 시작되는 첫 번째 뉴클레오티드를 +1이라고 표기하며 +1의 3'쪽은 하단부(downstream)라고 하고 양수로 표기하고, +1의 5'쪽은 상단부(upstream)이라고 음수로 표기함

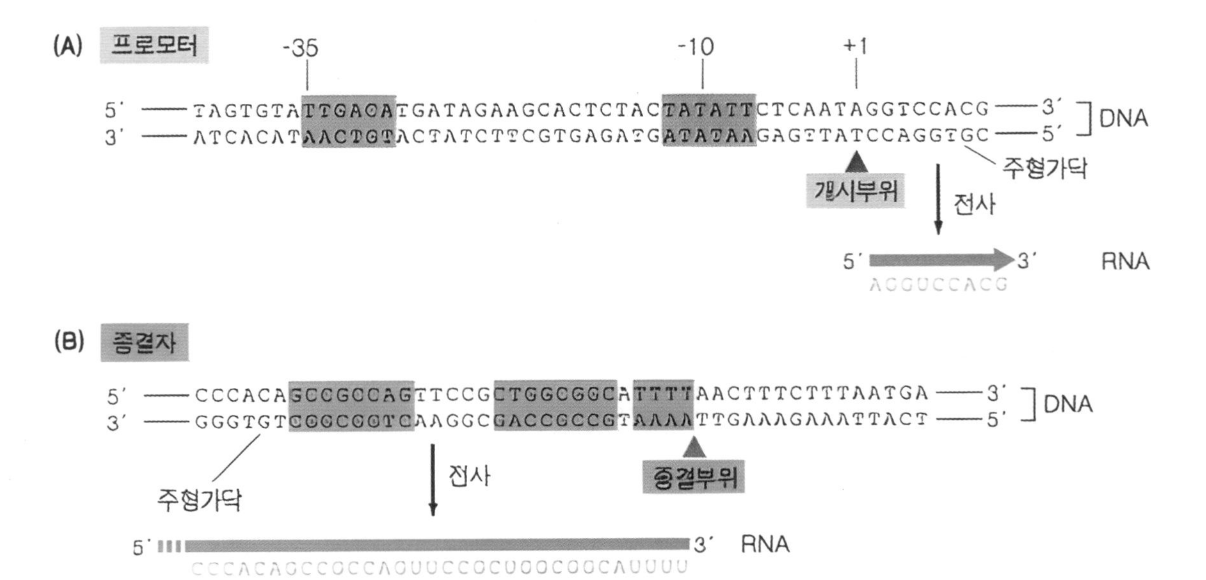

ⓑ 프로모터(promoter)의 구조: RNA 중합효소가 결합하는 부의로 전사시작 부위로부터 상류에 존재하며 생물체마다 조금씩 그 서열이 다르지만 보존이 상당히 잘 되어 상동성이 존재하는 서열(consesus sequence)임. RNA 중합효소가 프로모터에 결합하여 전사를 개시하는 정도(promoter strength)는 프로모터 서열의 존재유무, 프로모터의 전사 시작부위로부터의 거리 등에 의존함. 원핵세포의 프로모터 종류는 한가지이지만 진핵세포의 프로모터 종류는 세가지임

「원핵세포의 프로모터와 진핵세포의 프로모터 비교」

Ⓐ σ^{70}을 포함한 RNA 중합효소에 의하여 인식되는 E.coli의 promoter: 전사시작 부위 상류지역 -35 부위와 -10 부위가 상당히 보존이 잘 된 공통서열(consensus sequence)이며 특히 -10 부위를 Pribnow box라고 함

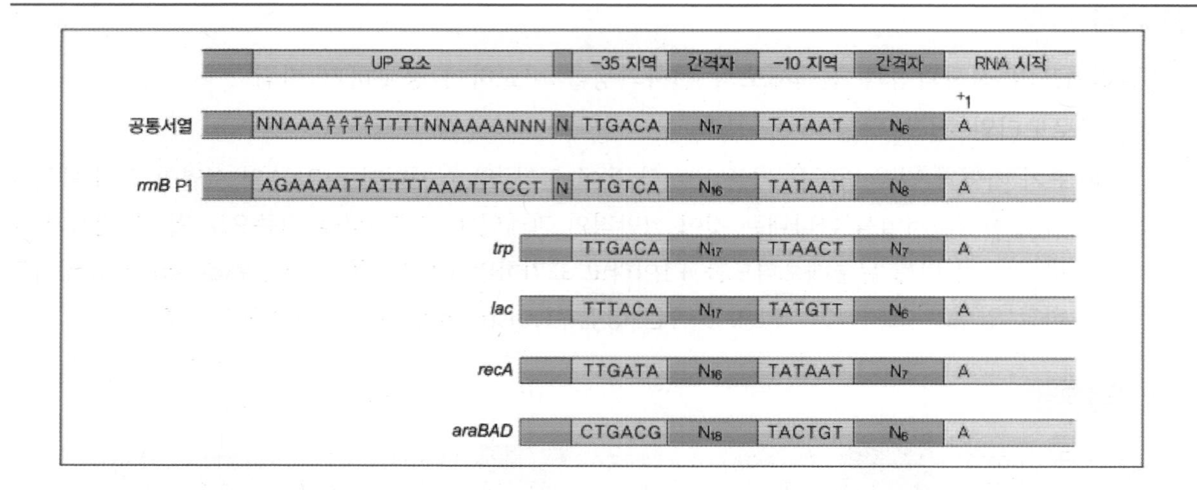

	UP 요소		-35 지역	간격자	-10 지역	간격자	RNA 시작
							+1
공통서열	NNAAA(A/T)(A/T)T(A/T)TTTTNNAAAANNN	N	TTGACA	N_{17}	TATAAT	N_6	A
rrnB P1	AGAAAATTATTTTAAATTTCCT	N	TTGTCA	N_{16}	TATAAT	N_8	A
trp			TTGACA	N_{17}	TTAACT	N_7	A
lac			TTTACA	N_{17}	TATGTT	N_6	A
recA			TTGATA	N_{16}	TATAAT	N_7	A
araBAD			CTGACG	N_{18}	TACTGT	N_6	A

Ⓑ 진핵세포 RNA 중합효소가 인식하는 프로모터의 일반적 서열: 진핵세포의 경우 서로 다른 RNA 중합효소가 인식하는 프로모터가 서로 다름. 특히 RNA 중합효소 Ⅱ가 인식하는 공통서열은 -25부위에 있으며 TATA box라고 함

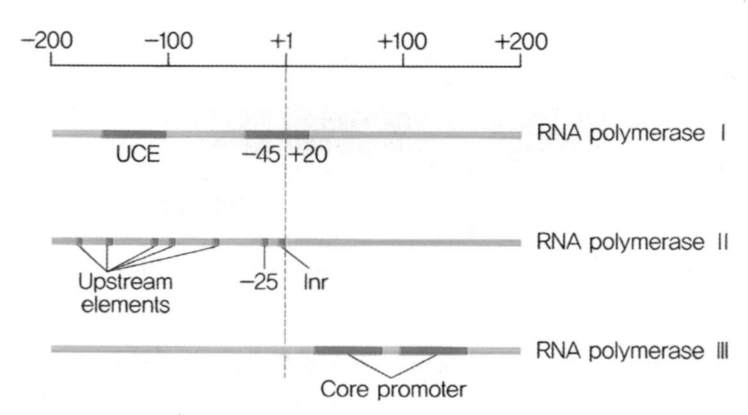

진핵생물의 프로모터

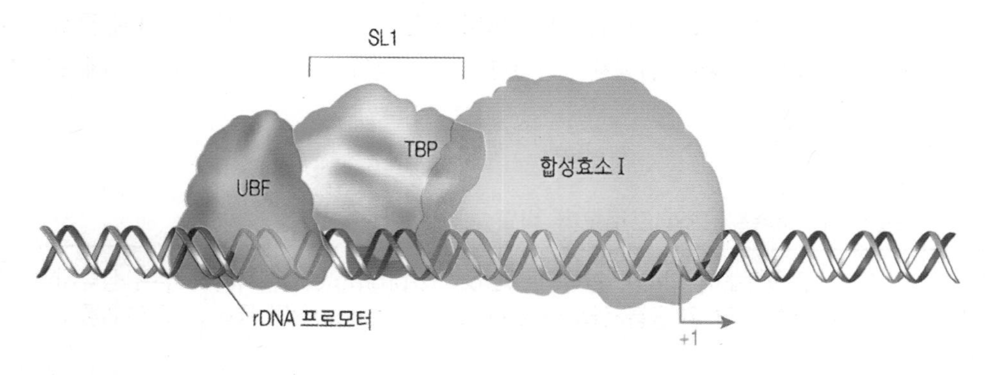

RNA polymerase Ⅰ의 작용 발현되는 유전자의 상단부 -80~-120 지역의 공통서열을 인식하여 작용하게 된다.

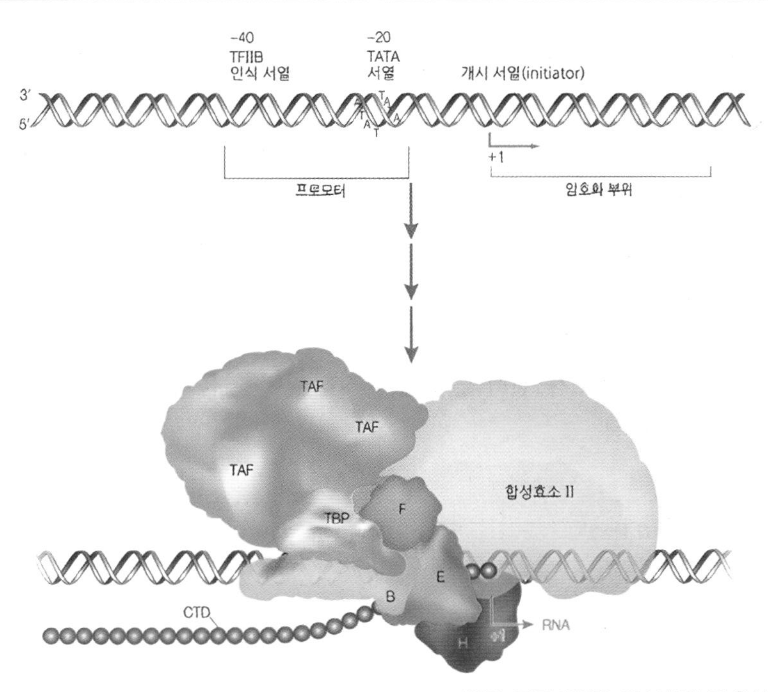

RNA polymerase II의 작용 발현되는 유전자의 상단부 -20~-40 지역의 공통서열을 인식하여 작용하게 된다.

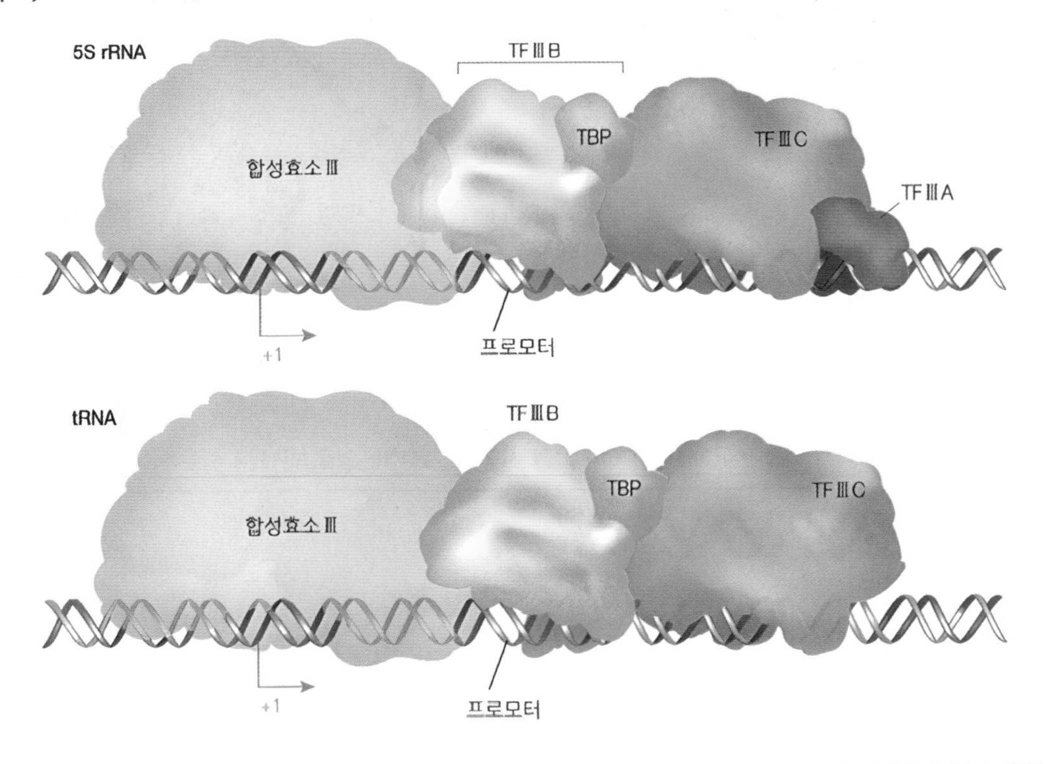

RNA polymerase III의 작용 발현되는 유전자의 하단부 +20~+40 지역의 공통서열을 인식하여 작용하게 된다. 유전자 발현 하단부에 공통서열을 인식하여 발현시키는 것이 특징이다.

㉡ 원핵세포의 전사 과정

ⓐ 전사 개시와 신장: 전사의 개시는 보통 결합과 개시의 두 단계로 나뉨

1. 결합기: RNA 중합효소와 프로모터의 초기 상호작용이 닫힌 복합체를 형성하게 되고 여기에 프로모터는 안정되게 결합하여 풀리지 않음. 이후 12~15bp(-10에서 +2 또는 +3 사이)의 DNA 부위가 풀려 열린 복합체를 형성하게 됨
2. 개시기와 촉진자 비움(promoter clearance): 복합체 내에서 전사가 개시되고 이것은 복합체의 구조적 변화를 일으켜 전사 복합체가 프로모터로부터 그 자리를 비우게 되도록 함. 이것을 촉진자 비움이라고 함
3. 신장: RNA 중합효소가 전사 연장을 시작하면서 처음 8~9개의 뉴클레오티드가 중합되면 σ소단위는 분리됨

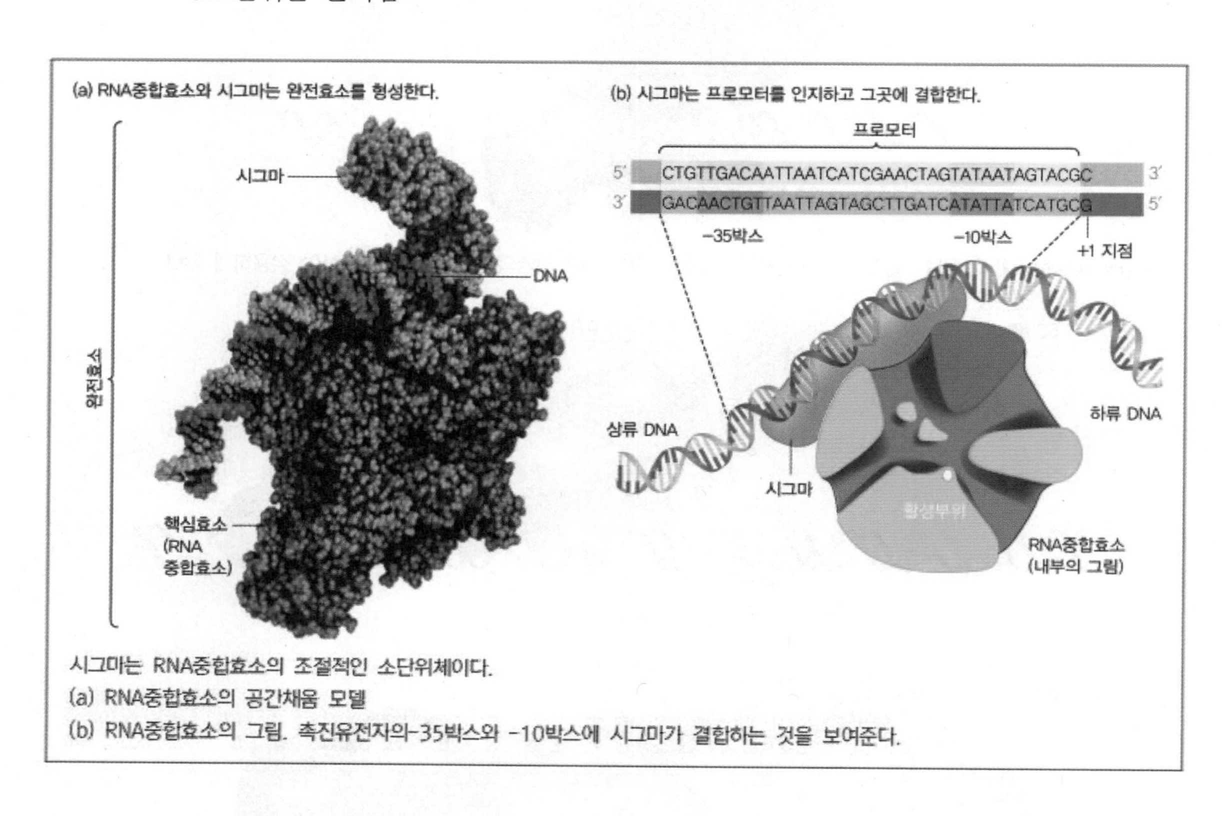

시그마는 RNA중합효소의 조절적인 소단위체이다.
(a) RNA중합효소의 공간채움 모델
(b) RNA중합효소의 그림. 촉진유전자의-35박스와 -10박스에 시그마가 결합하는 것을 보여준다.

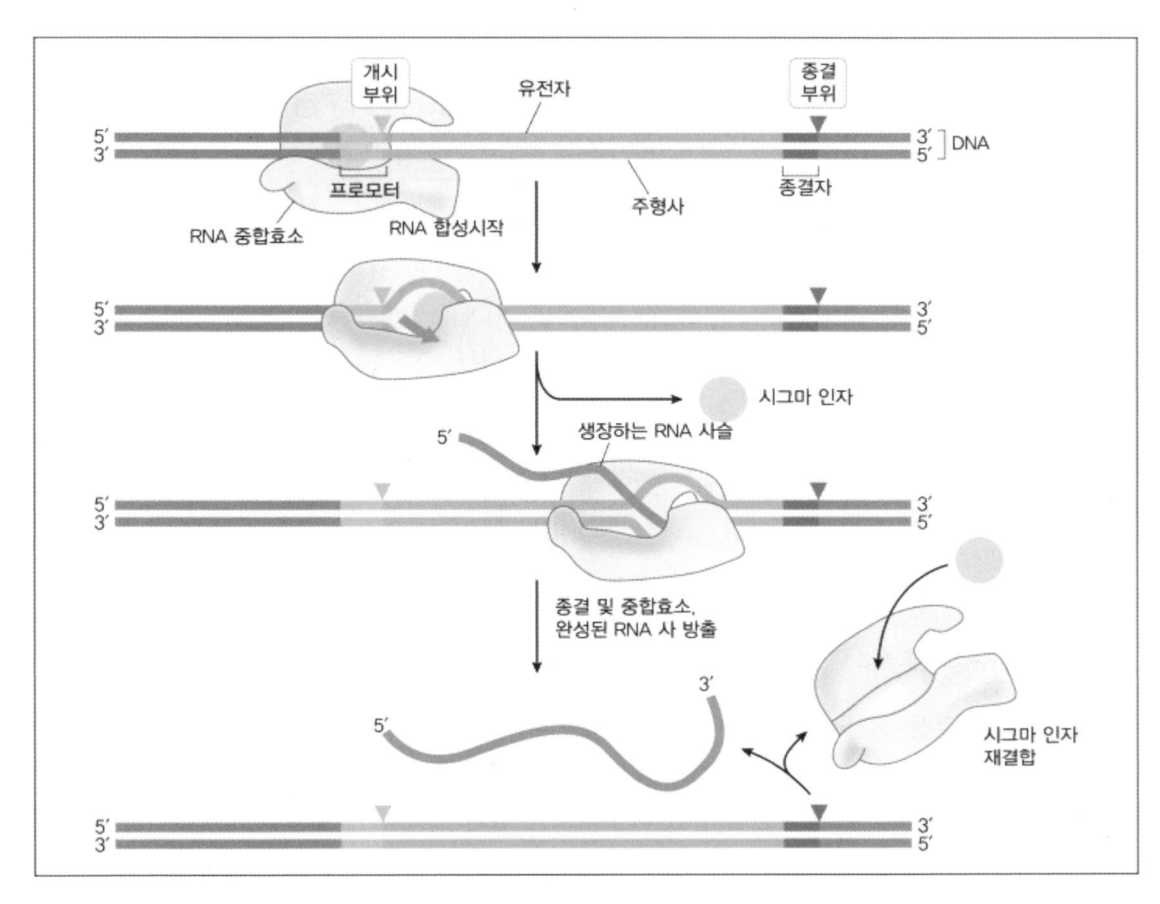

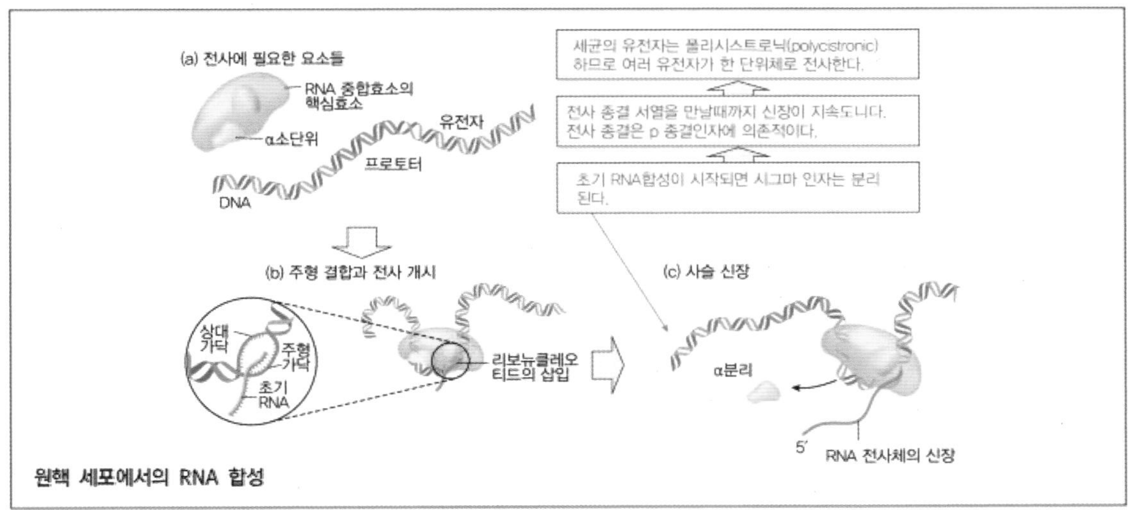

원핵 세포에서의 RNA 합성

ⓑ 전사 종결: 원핵생물의 경우 두 종류의 전사종결신호가 있는데 공통적으로 역반복서열의 형태를 띠며 역반복서열이 전사되면 mRNA 분자에서 서로 상보적인 염기가 짝을 이루어 머리핀 구조(hairpin structure; stem-loop structure)를 이루어 RNA 중합의 일시 정지를 유도함

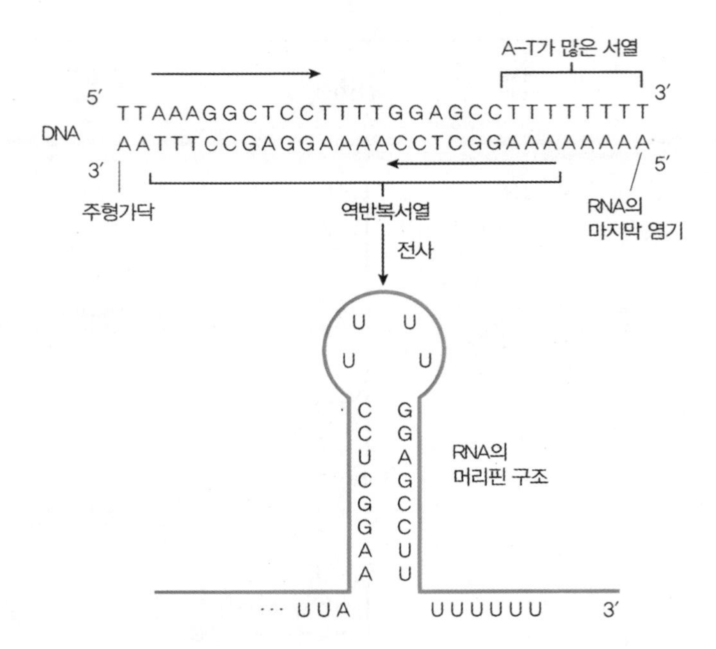

RNA의 머리핀 구조 형성

1. ρ-의존성 전사 종결: 전사가 종결되기 위해서 ρ인자가 필요한 전사 종결로서 ρ인자가 없으면 전사종결이 되지 않고 ρ-의존성 종결자에는 역반복서열 다음에 우라실 염기가 나타나지 않는 것이 특징임. ρ인자는 새로 합성되는 RNA에 결합하여 ATP 에너지를 이용하여 RNA를 따라 전사되는 속도와 같은 속도로 이동하다가 RNA 중합효소가 머리핀 구조 다음에서 일시 정지하면 ρ인자가 중합효소를 따라잡아 DNA-RNA 혼성체를 풀어줌으로써 DNA, RNA, RNA 중합효소를 모두 해리하는 것으로 생각하고 있음

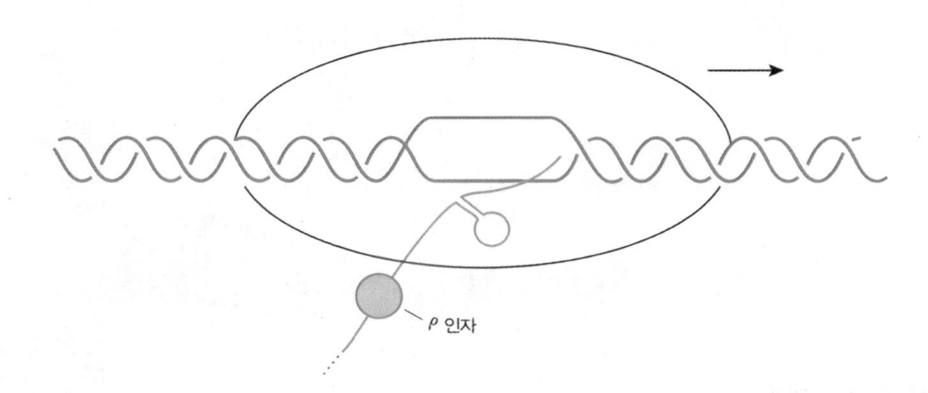

2. ρ-비의존성 전사 종결: 전사의 종결에 ρ인자가 필요 없는 전사 종결로서 ρ-비의존성 종결자에는 역반복서열 다음에 우라실 염기가 나타나는 것이 특징임. ρ-비의존성 전사종결 시 RNA 중합효소가 일시 정지한 다음 일련의 우라실 뉴클레오티드를 종합하는데 우라실과 아데닌 염기쌍은 매우 불안정하여 쉽게 떨어져나가므로 그 결과 전사된 RNA 분자가 DNA 주형에서 해리되고 전사는 종결됨

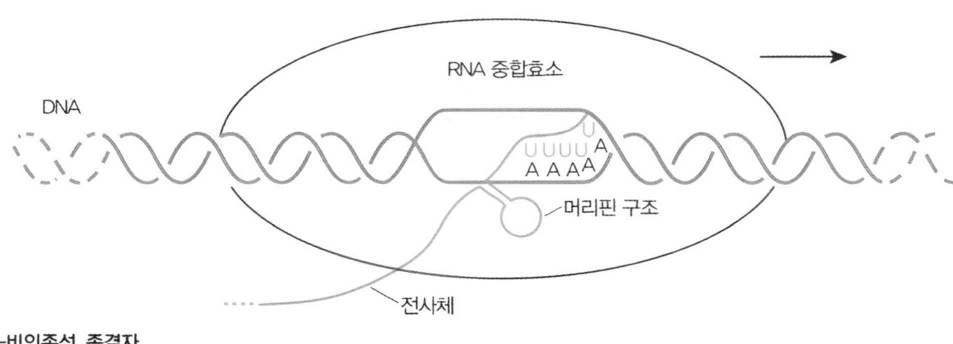

Rho-비의존성 종결자

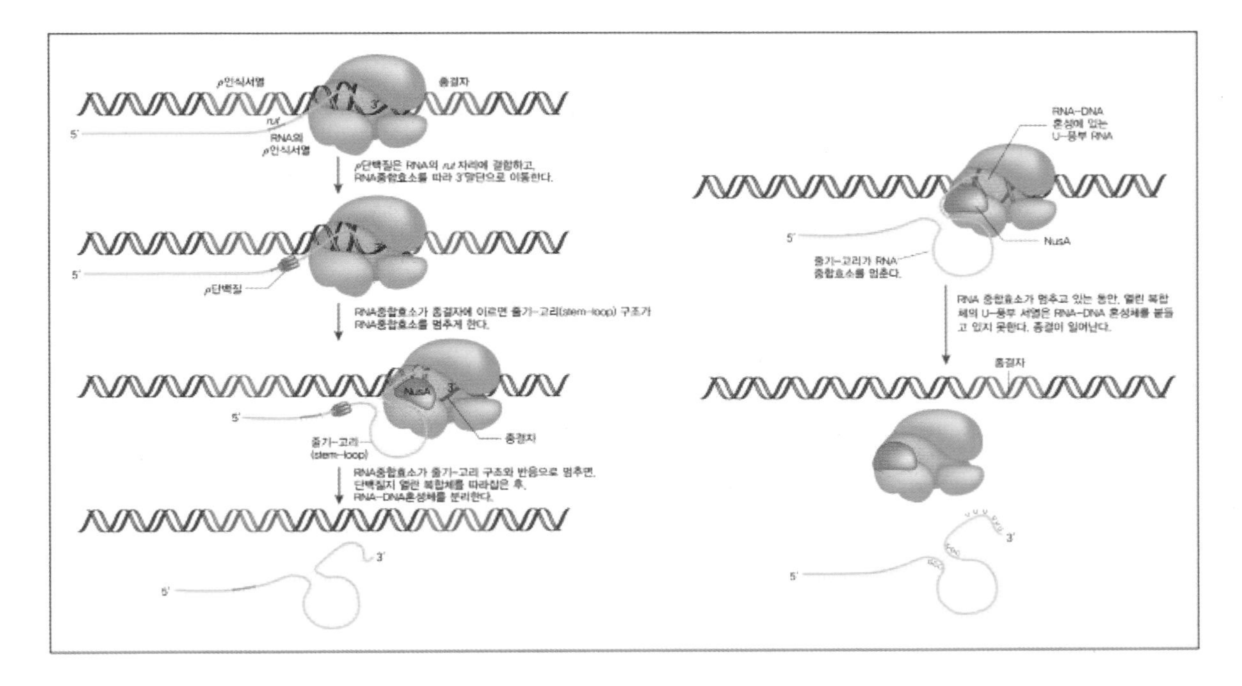

㉢ 진핵생물의 전사와 전사 인자

ⓐ 전사 과정: 진핵생물의 전사과정의 가장 중요한 특징은 RNA 중합효소가 활성화된 전사 복합체를 형성하기 위해서 전사인자(transcription factor)라고 불리는 일련의 단백질을 필요로 한다는 것임

1. 개시: TBP → TFIIB → TFIIF - RNA 중합효소 II → TFIIE → TFIIH 순으로 프로모터에 결합하여 닫힌 복합체를 형성하게 됨. 이후 RNA 중합효소 II의 CTD가 인산화되면서 전체 복합체의 구조적 변화가 일어나면서 전사가 개시됨

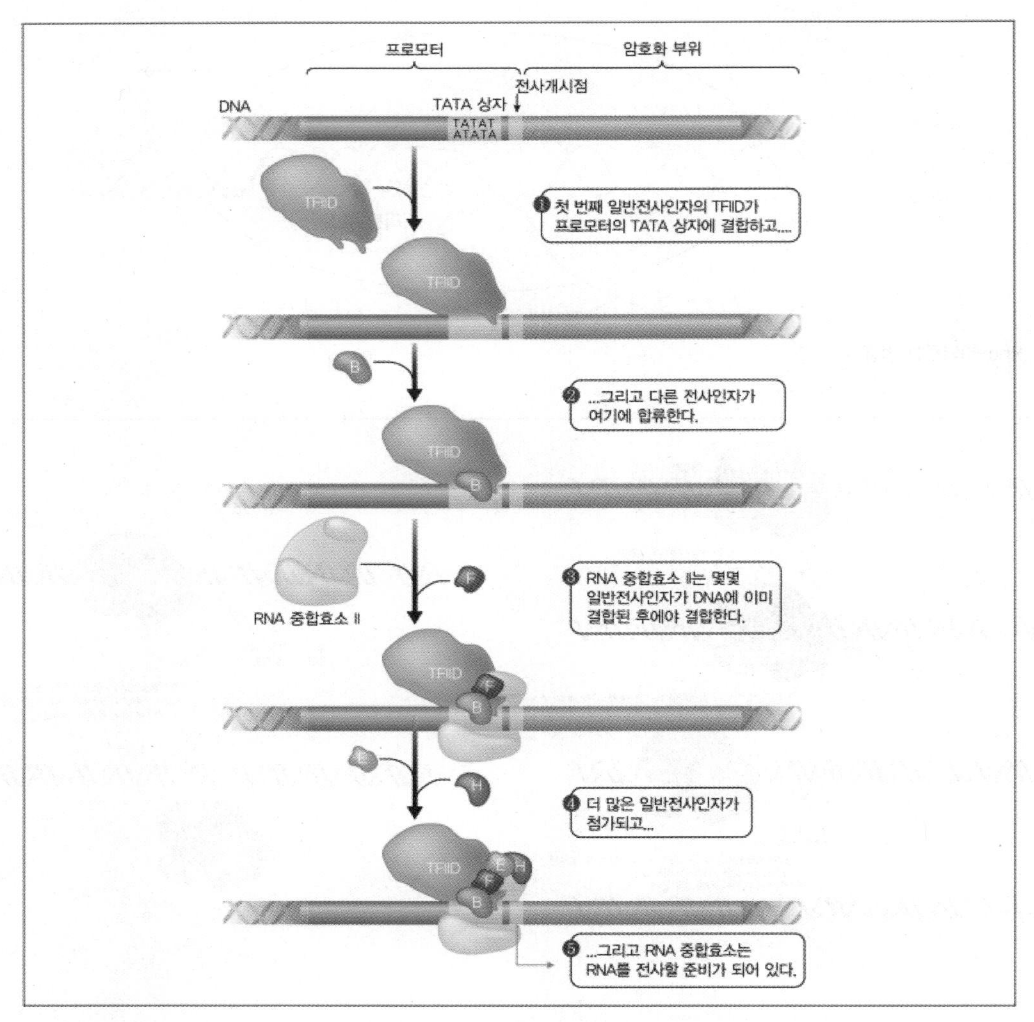
프로모터
암호화 부위
전사개시점
DNA
TATA 상자
TATAT
ATATA
TFIID
❶ 첫 번째 일반전사인자의 TFIID가 프로모터의 TATA 상자에 결합하고...
B
❷ ...그리고 다른 전사인자가 여기에 합류한다.
F
RNA 중합효소 II
❸ RNA 중합효소 II는 몇몇 일반전사인자가 DNA에 이미 결합된 후에야 결합한다.
E
H
❹ 더 많은 일반전사인자가 첨가되고...
❺ ...그리고 RNA 중합효소는 RNA를 전사할 준비가 되어 있다.

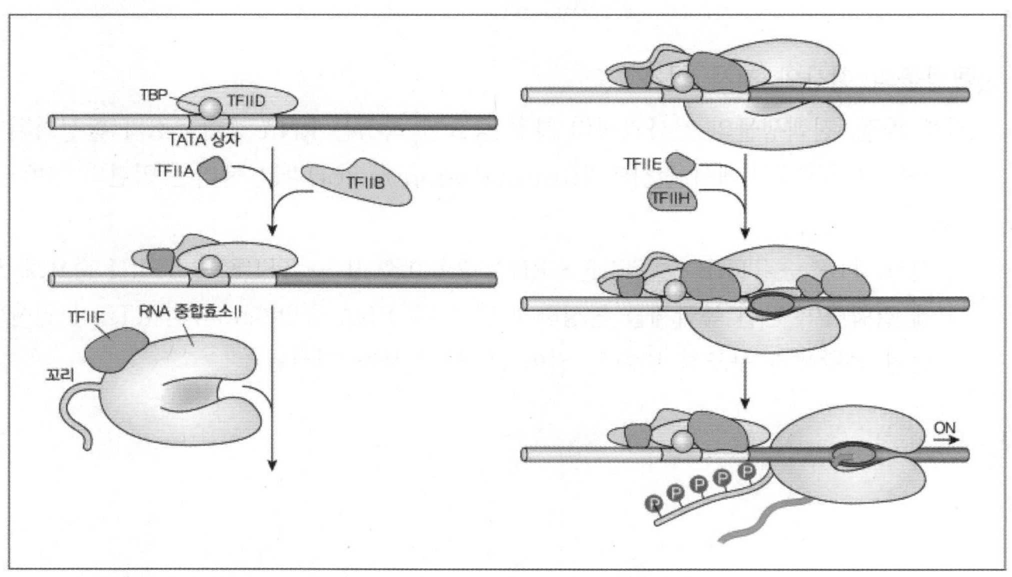
TBP
TFIID
TATA 상자
TFIIA
TFIIB
TFIIF
RNA 중합효소II
꼬리
TFIIE
TFIIH
ON
P

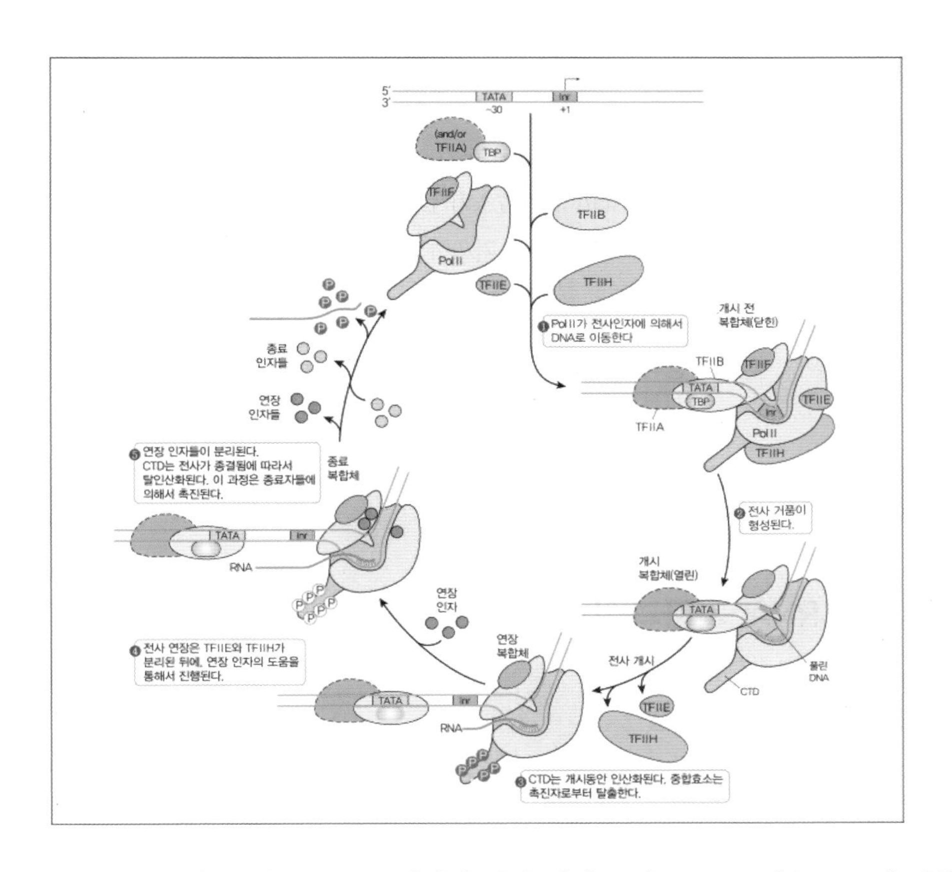

2. 전사의 신장과 종결: TFIIF는 신장의 전체 과정 동안 RNA 중합효소 Ⅱ와 결합되어 있음. 이 과정동안 RNA 중합효소 Ⅱ의 활성은 신장인자(elongation factor; EF)라 불리는 단백질들에 의해 크게 향상됨. 신장인자들은 전사가 일어나는 동안 멈추는 것을 억제하고 또한 mRNA 전사 후 가공에 관여하는 단백질 복합체들 간의 상호작용도 조율함. 일단 RNA 전사물의 합성이 완결되면 전사는 종료되는데 RNA 중합효소 Ⅱ는 탈인산화되고 재활용되어 또 다른 전사를 개시할 준비를 하게 됨

ⓑ 각 전사 인자의 역할 정리

RNA 중합효소 II 전사인자	기능
TBP(TATA-binding protein)	TATA box를 특이적으로 인식하여 결합한 후 전사가 시작될 수 있도록 하여 TFIIB와 결합함
TFIIB	TBP 양쪽의 DNA와 결합하고 RNA 중합효소-TFIIF 복합체를 형성함
TFIID	TBP와 특정 TBP-결합인자(TBP-associated factor : TAF)들을 포함한 약 12개의 단백질로 이루어진 복합체이며 상류와 하류 조절 단백질과 상호작용함
TFIIE	TFIIH를 유도하여 ATPase와 helicase의 활성이 작용하도록 함

RNA 중합효소 II 전사인자	기능
TFIIF	신장의 전 과정동안 RNA 중합효소 II와 결합되어 있으며 TFIIB와 상호작용하여 RNA 중합효소가 DNA의 비특이적 부위에 결합하는 것을 저해함
TFIIH	RNA 시작 부위 가까이 위치한 DNA 가닥의 풀어짐을 촉진시키는 DNA helicase 활성을 갖고 있어 열린 복합체를 형성할 수 있음. RNA 중합효소 II에 의한 전사가 DNA 손상부위에서 멈추면 TFIIH가 이 손상부위와 상호작용하여 뉴클레오티드 절제수복 복합체를 유도함. 또한 RNA 중합효소 II를 인산화하여 인산화된 단백질 꼬리에 RNA 가공과정에 관여하는 인자들이 결합할 수 있도록 함

3 전사 후 RNA 가공과정

(1) 진핵생물의 mRNA 가공과정

진핵생물의 1차 전사체는 5' capping, splicing, 3' polyadenylation 과정을 거쳐 최종적인 mRNA를 완성함

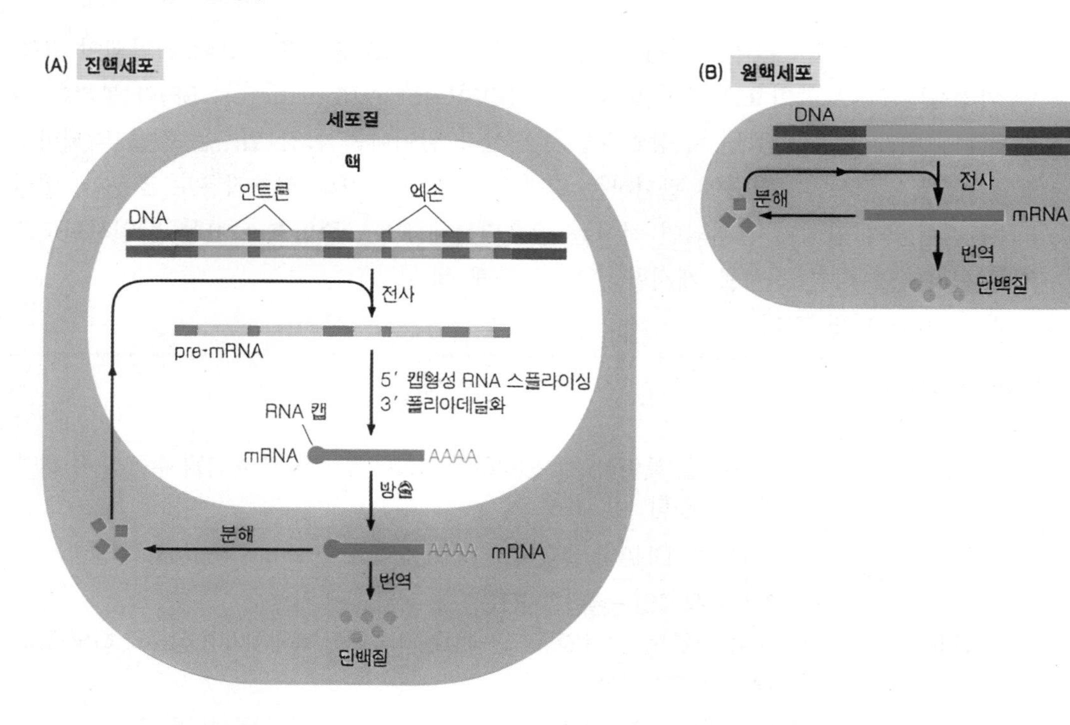

㉠ 5'-capping: RNA 5' 말단에 구아닌(G) 뉴클레오티드를 결합시킴

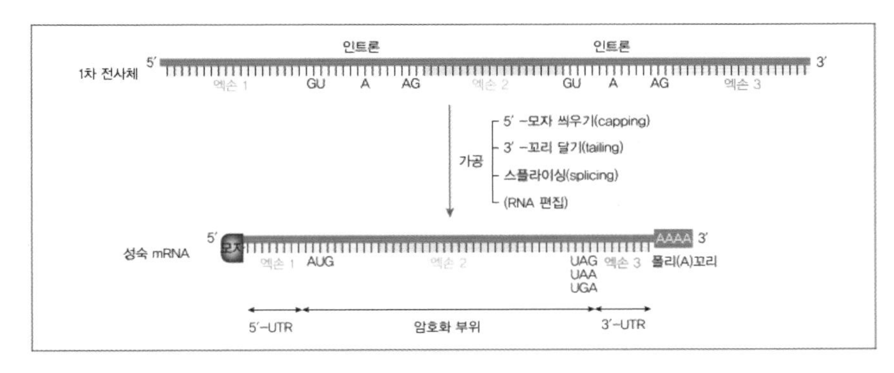

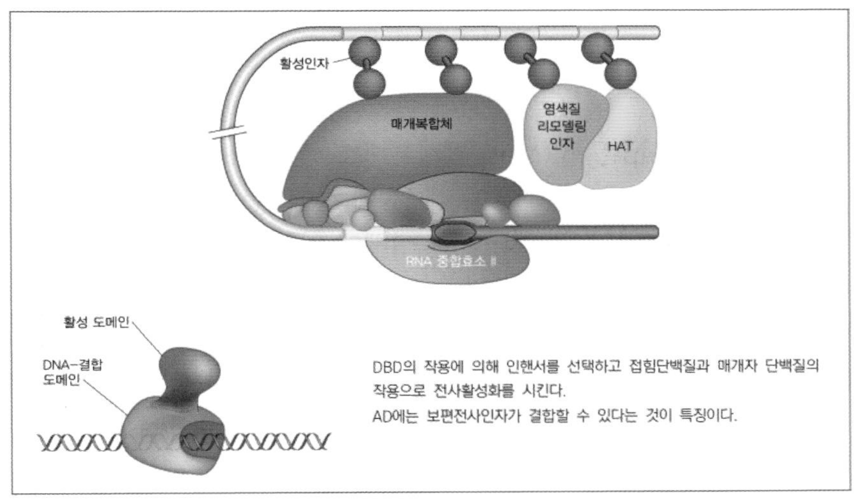

DBD의 작용에 의해 인핸서를 선택하고 접힘단백질과 매개자 단백질의 작용으로 전사활성화를 시킨다.
AD에는 보편전사인자가 결합할 수 있다는 것이 특징이다.

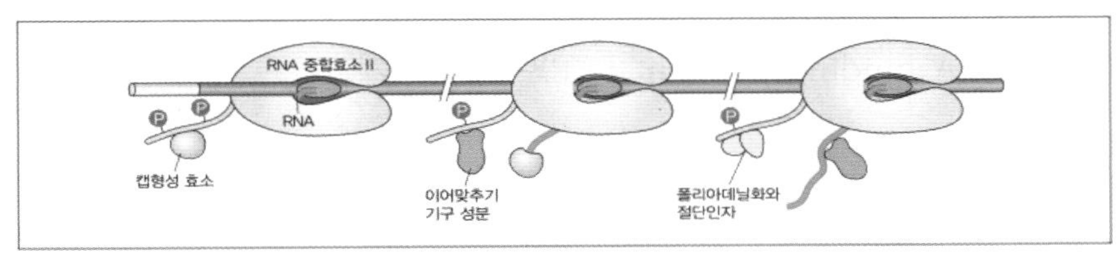

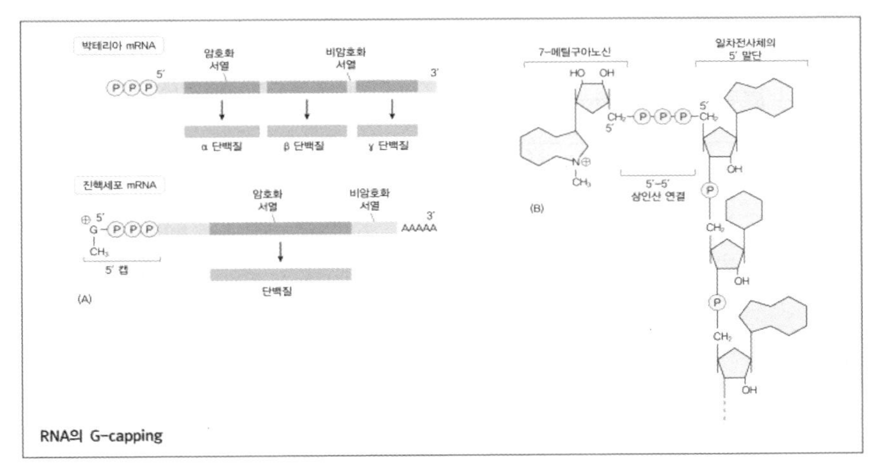

RNA의 G-capping

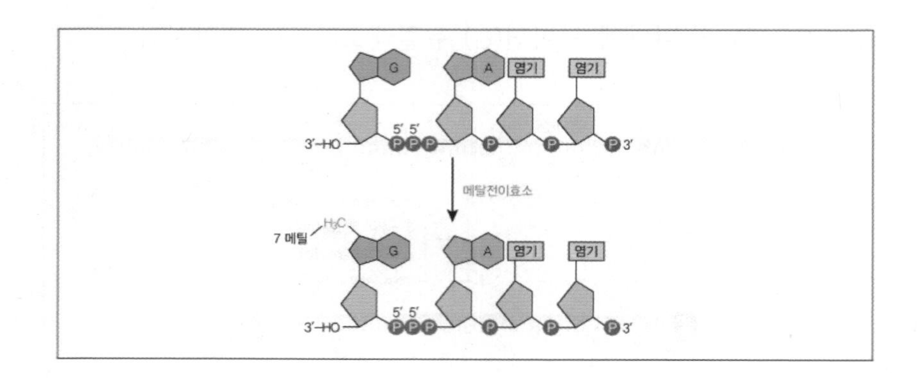

ⓐ 5'-cap의 합성: 1차 전사체의 5'말단에 메틸화된 구아노신 유도체인 7-메틸구아노신(7-methylguanosine; 7-MeG)이 5'-5'결합으로 연결되는데 cap의 합성은 RNA 중합효소 Ⅱ의 CTD에 결합되어 있는 효소들에 의해 수행되며 cap은 CBC(cap-binding complex)와의 연합을 통하여 CTD에 결합된 상태로 남아 있음

ⓑ 5'-cap의 기능: 5'-cap은 mRNA를 핵산분해효소의 작용으로부터 보호하고 CBC와도 결합하며 mRNA가 번역을 개시하기 위해 리보솜에 결합하는데에도 관여함. 또한 mRNA가 핵으로부터 세포질로 이동하기 위해서 핵공복합체에 인식될 수 있도록 하는데에 CBC가 중요한 인식부위로 작용하며 mRNA 스플라이싱 효율성을 증가시키는데도 관여함

ⓛ poly(A) 꼬리의 형성: 1차 전사체의 3'쪽을 절단하고 긴 아데닌 사슬을 첨가하는 과정임

ⓐ pol(A) 꼬리의 형성 과정: 전사물은 poly(A) 꼬리가 첨가되는 위치를 넘어서 길게 전사되고 RNA 중합효소 Ⅱ의 CTD와 연관된 효소 복합체의 endonuclease 성분에 의해 poy(A) 첨가 부위에서 절단됨. 절단 후 mRNA 3'말단에 수산기가 노출되고 여기에 A 전기들이 폴리아데닐산 중합효소(polyadenylate polymerase; PAP)에 의해 즉시 첨가되고 폴리-A 결합단백질(poly-A binding protein; PBP)이 결합하게 됨

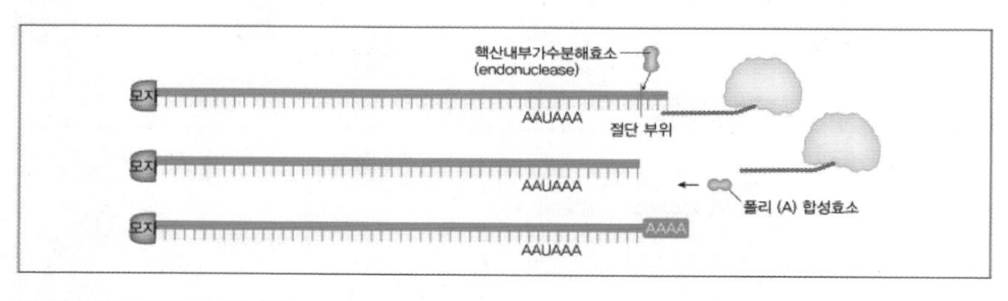

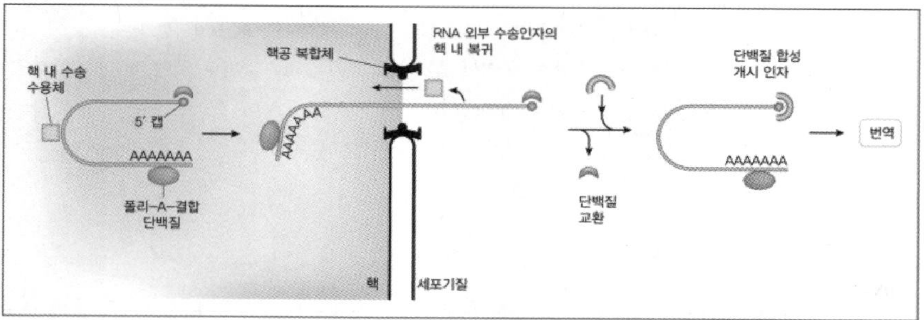

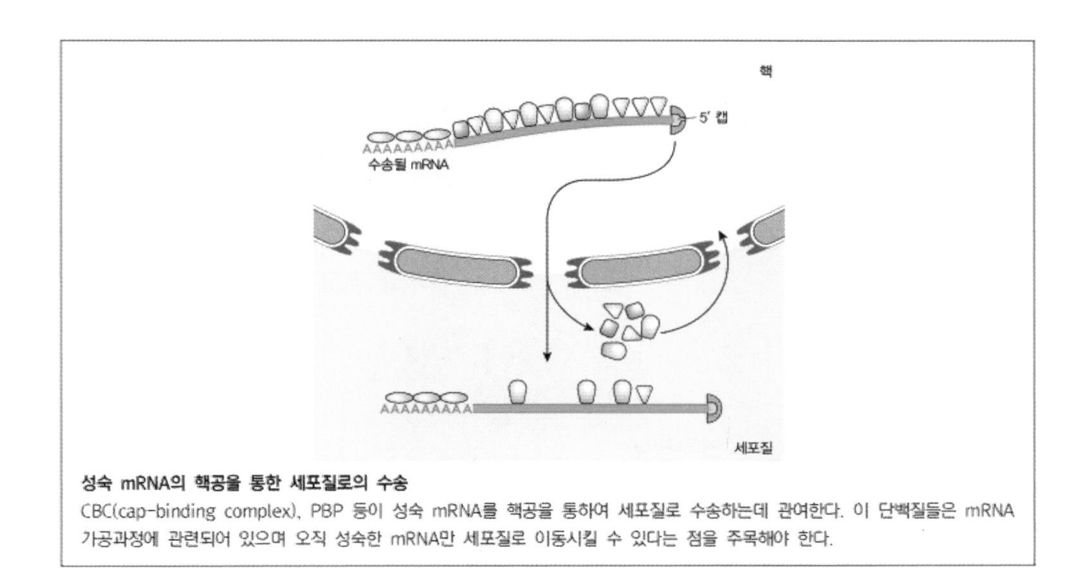

성숙 mRNA의 핵공을 통한 세포질로의 수송

CBC(cap-binding complex), PBP 등이 성숙 mRNA를 핵공을 통하여 세포질로 수송하는데 관여한다. 이 단백질들은 mRNA 가공과정에 관련되어 있으며 오직 성숙한 mRNA만 세포질로 이동시킬 수 있다는 점을 주목해야 한다.

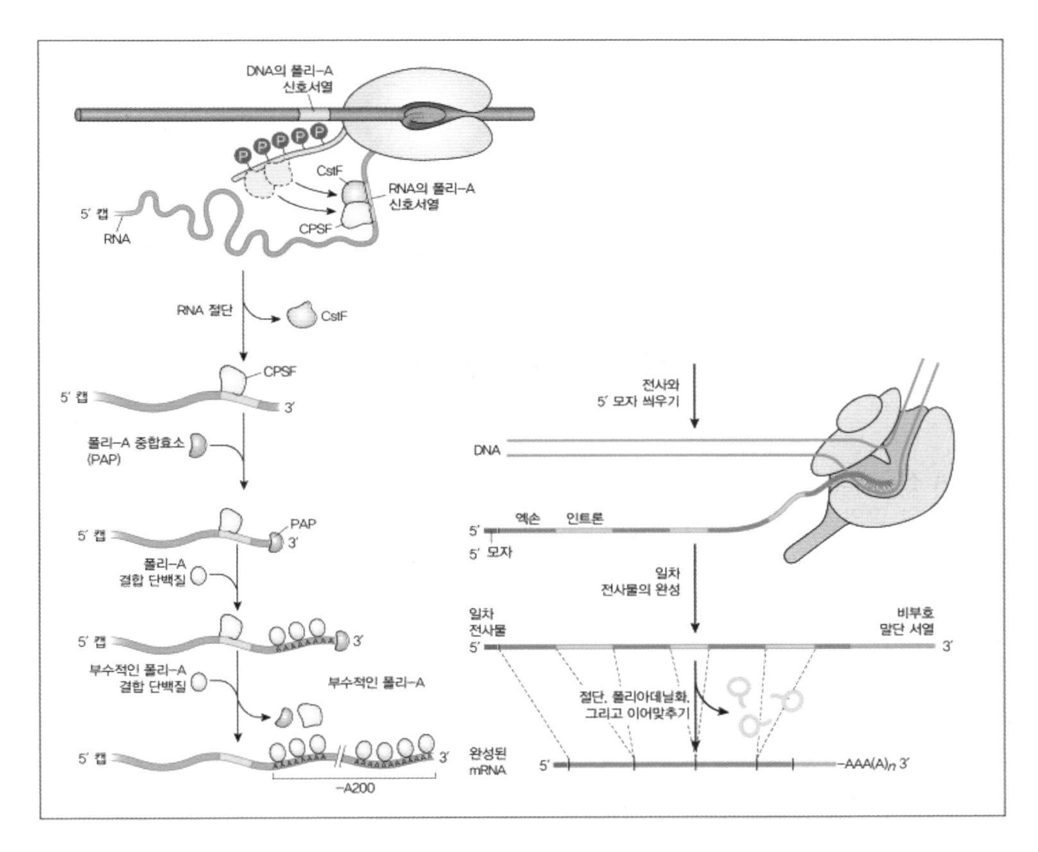

ⓑ 절단 부위 서열의 특징: 절단이 일어나는 mRNA는 두 개의 서열에 의해 표시되는데 하나는 절단 부위에서 상류쪽으로 10~30 뉴클레오티드 떨어진 5'-AAUAAA-3' 서열이며 다른 하나는 절단 부의에서 하류쪽으로 약 30 뉴클레오티드 떨어진 G와 U가 풍부한 서열임

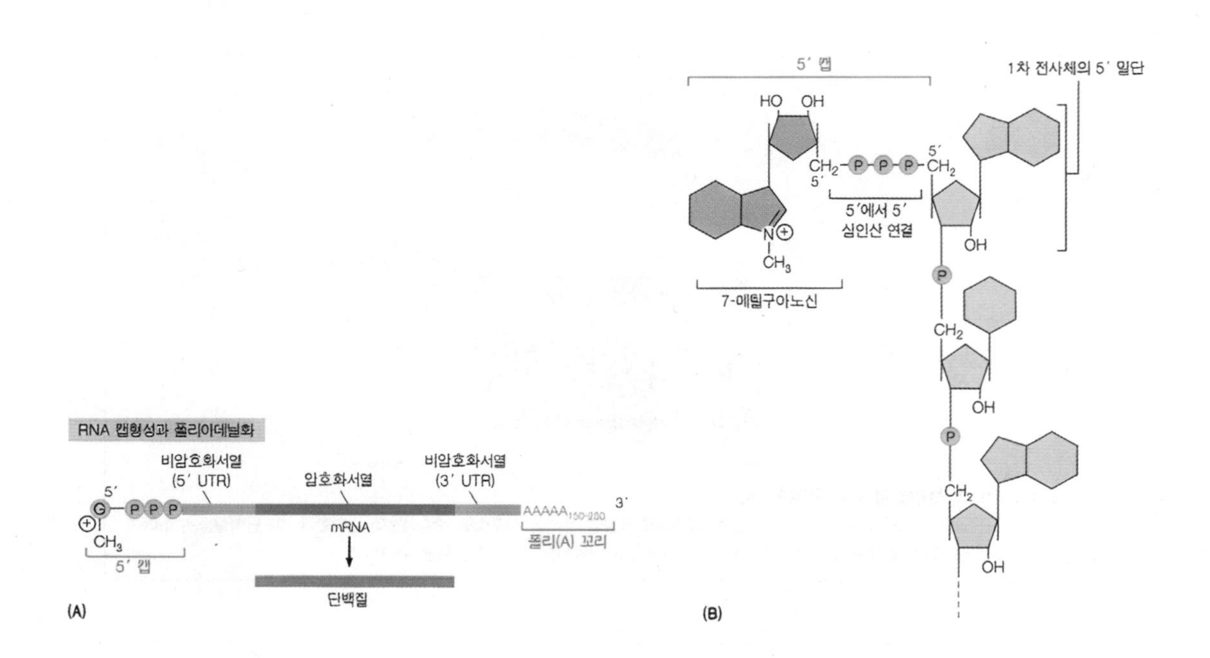

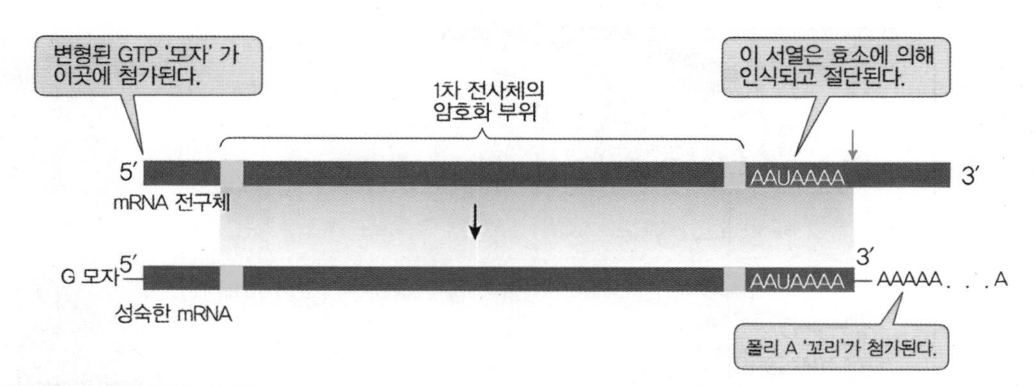

진핵생물 mRNA 전구체의 말단 가공

mRNA 전구체의 양 끝의 변형인 G 모자와 폴리 A 꼬리는 mRNA의 기능에 중요하다.

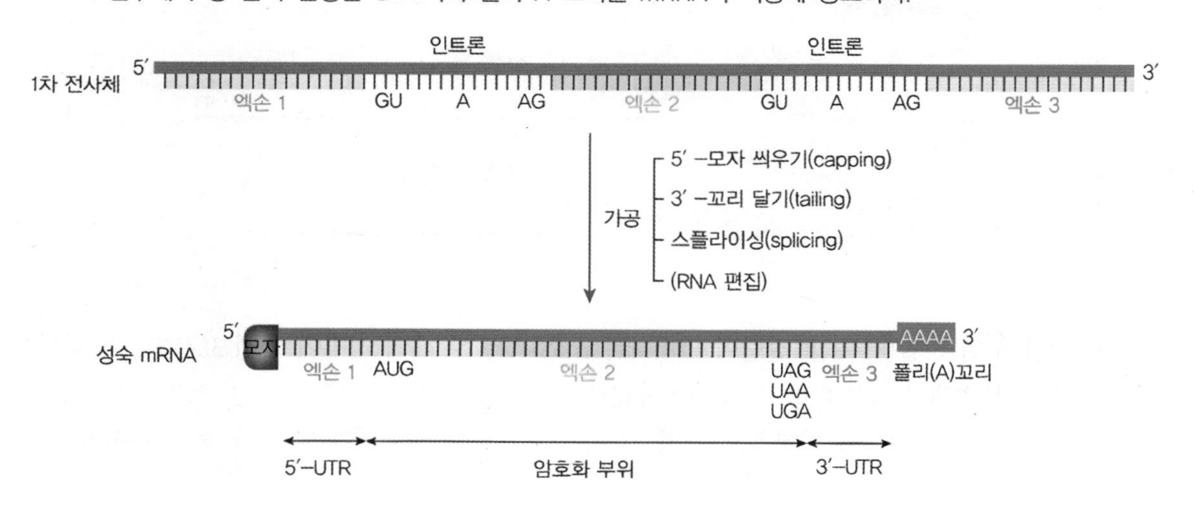

ⓒ poly(A) 꼬리의 기능: poly(A) 꼬리는 mRNA가 핵에서 세포질로 이동하는 데 관여하고 mRNA가 효소에 의해 분해되는 것을 막아 안정성을 증가시키며 해독과정에도 관여하는 것으로 알려짐

ⓒ 스플라이싱(splicing): 인트론을 제거하여 엑손을 이어붙임

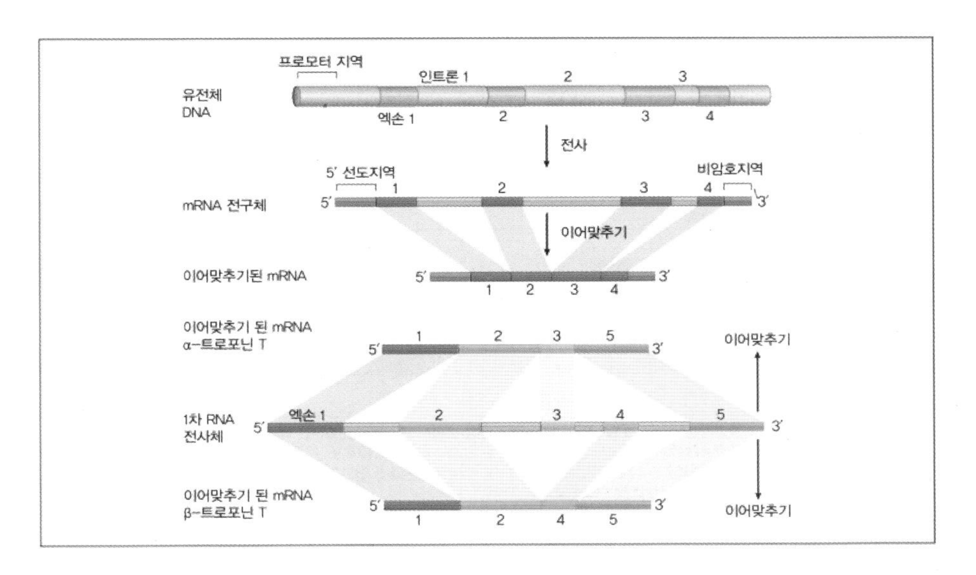

ⓐ 전형적인 mRNA 스플라이싱 과정 - spliceosome이 촉매하는 스플라이싱 과정

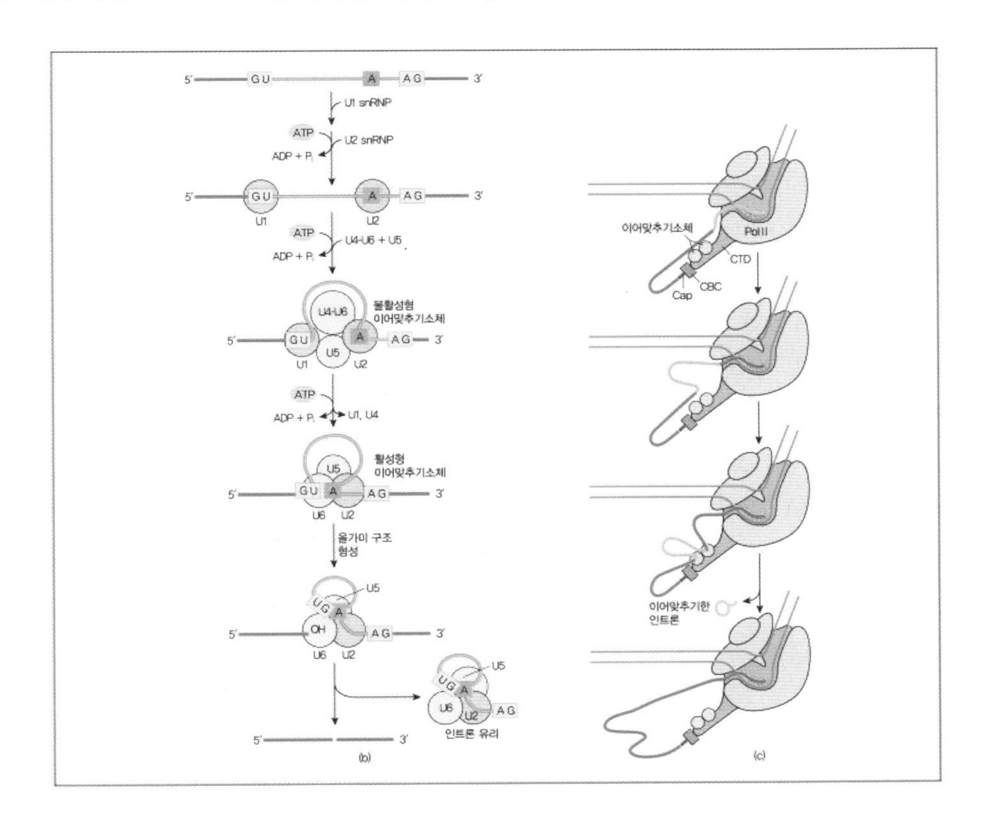

1. 전사된 직후 mRNA 전구체에 여러 가지 snRNP가 결합하면서 스플라이싱이 일어나게 됨
2. U1 snRNP는 5‘ 엑손-인트론 경계에 있는 공통서열에 상보적인 염기쌍을 형성함으로써 mRNA 전구체에 결합하며 U2 snRNP는 3’ 인트론-엑손 경계 근처 인트론 내의 A과 결합함. 이후 ATP가 이용되면서 단백질들이 조립되면 spliceosome이라는 커다란 RNA-단백질 복합체가 형성됨
3. spliceosome의 촉매작용에 의해 인트론이 갈고리모양(lariat)으로 잘려져 나가게 되고 엑손 말단이 서로 연결로디면서 성숙한 mRNA가 형성됨

㉣ 진핵세포의 가공과정 후 mRNA의 구조

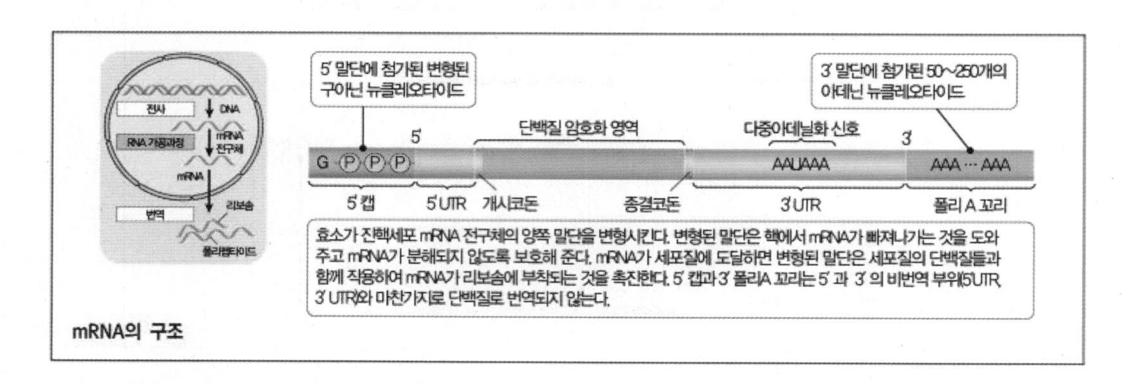

mRNA의 구조

ⓐ 5‘-UTR: mRNA ORF 상류에 존재하는 부위로서 단백질로 해독이 되지 않고 해독을 조절하는 부위가 존재함

ⓑ 열린 해독틀(open reading frame; ORF): 단백질의 아미노산 서열에 대한 정보를 갖고 있는 암호화 부위

ⓒ 3‘-UTR: 종결코돈 하류에 존재하는 부위로서 단백질로 해독되지 않으며 아데닐산중 합반응 신호(polyadenylation signal; AAUAAA)를 포함하고 있으며 mRNA의 수명을 결정하는 부위와 난모세포에서의 mRNA의 위치를 결정하는 부위가 존재함

㉤ 원핵생물과 진핵생물 mRNA의 구조적 차이점

ⓐ mRNA의 수명: 진핵생물의 mRNA는 상대적으로 수명이 긴데 반하여 원핵세포의 mRNA는 수명이 2~3분으로 짧음

ⓑ 폴리시스트론성(polycistronic)과 모노시스트론성(monocistronic): 원핵세포의 mRNA는 하나의 mRNA 가닥에 여러 개의 암호화 부위가 있는 폴리시스트론성이나 진핵생물의 mRNA는 대부분 하나의 mRNA 가닥에 하나의 암호화 부위가 있는 모노시스트론성임

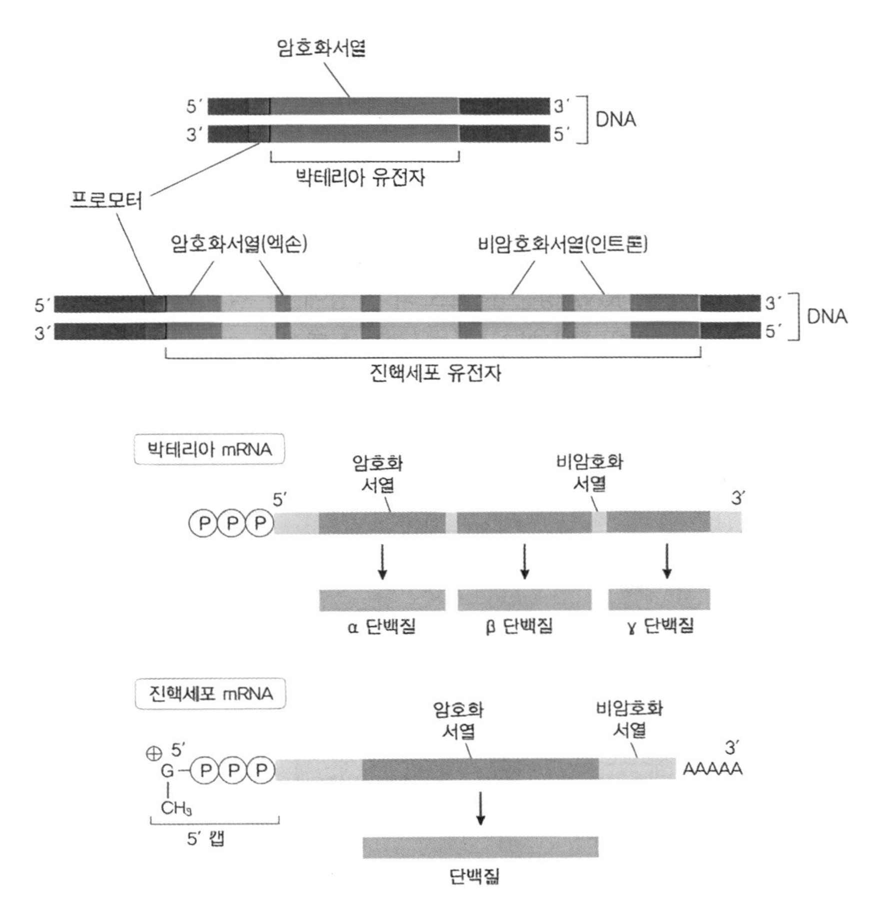

ⓒ 인트론의 유무: 원핵세포의 전사체에는 인트론이 거의 없으나 진핵생물의 전사체에는 존재함

ⓓ 전사와 해독의 동시진행 유무: 원핵생물에서는 1차 전사체의 가공 과정 없이 곧바로 단백질 합성이 일어나게 되나 진핵세포에서는 1차 전사체가 핵 내에서 가공과정을 거쳐 세포질로 수송된 후 단백질 합성이 일어나게 됨

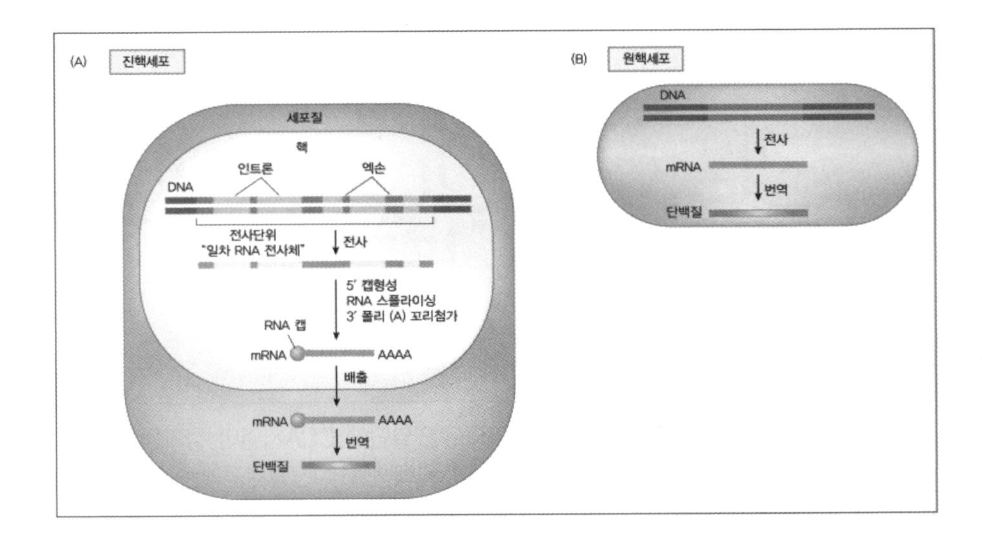

(2) tRNA 가공과정

일부 tRNA에서 일어나고 있으며 스플라이싱 과정시 ATP와 endonuclease를 필요로 한다는 점에서 Ⅰ형 및 Ⅱ형 자가스플라이싱 과정과는 구분됨. tRNA들은 보다 긴 RNA 전구체로부터 5'과 3' 말단의 뉴클레오티드가 효소에 의해 제거되어 형성되는데 모든 생물체에서 발견되는 endonuclease인 RNase P는 tRNA의 5'말단에 있는 RNA를 제거하는데 이 효소는 단백질과 RNA를 모두 함유하고 있음. RNA성분은 효소의 활성에 꼭 필요한 성분이며 세균에서 이 효소는 단백질 성분이 없이도 정확하게 자신의 기능을 수행하는 리보자임인 것임. tRNA의 3'말단은 exonuclease의 일종인 RNase D를 포함하는 nuclease에 의하여 가공됨

「진정세균과 진핵생물의 tRNA 가공 상세과정」

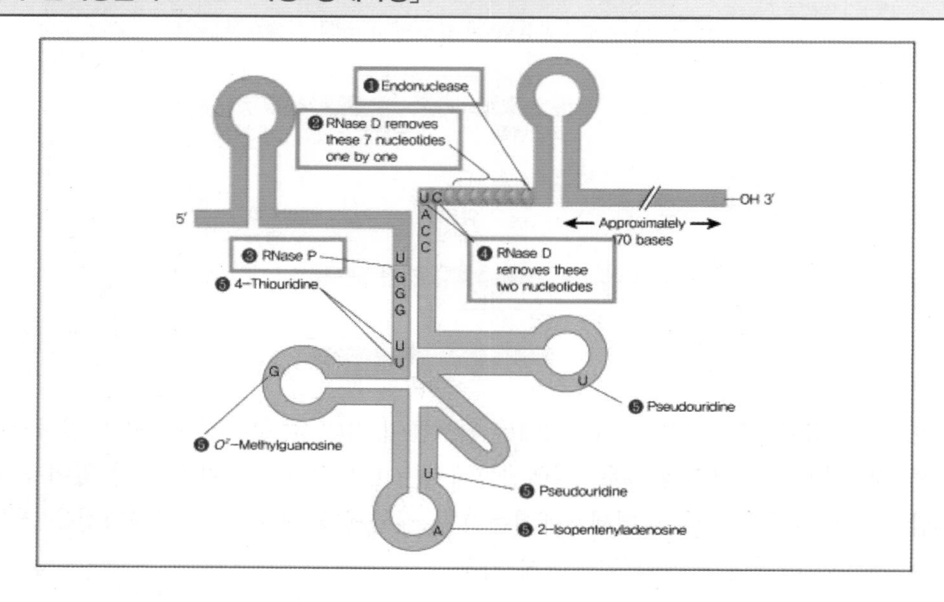

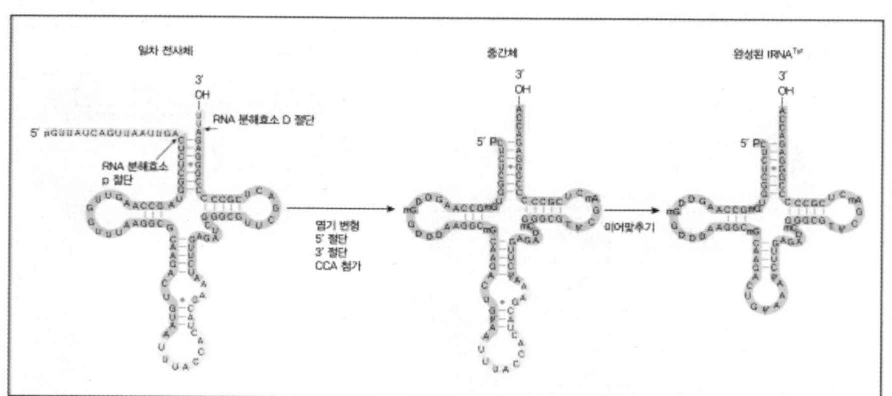

말단 뉴클레오티드 서열들이 일차 전사물로부터 먼저 제거되고 3'말단에 CCA서열이 첨가됨. 진핵생물의 tRNA의 경우 일부 인트론에 존재하여 스플라이싱 과정이 수행되지만 원핵생물인 진정세균에는 인트론이 존재하지 않기 때문에 스플라이싱 과정이 수행되지 않음

(3) rRNA 가공과정

㉠ 세균의 전구 rRNA 전사물의 가공과정: 세균에서 16S rRNA, 23S rRNA, 5S rRNA는 약 6500 뉴클레오티드로 이루어진 하나의 30S rRNA 전구체로부터 형성됨. rRNA 가공과정에서 30S 전구체의 양쪽 끝과 rRNA 사이 부분이 제거되는데 절단 전에 30S RNA 전구체는 특정 염기들이 메틸화되고 메틸화되지 않은 부분이 절단되면 rRNA와 tRNA의 전구체가 유리됨. 1, 2, 3으로 표시된 지점에서의 절단은 각각 RNase Ⅲ, RNase P, RNase E에 의해 이루어지는데 RNase P는 리보자임에 속하는 효소임

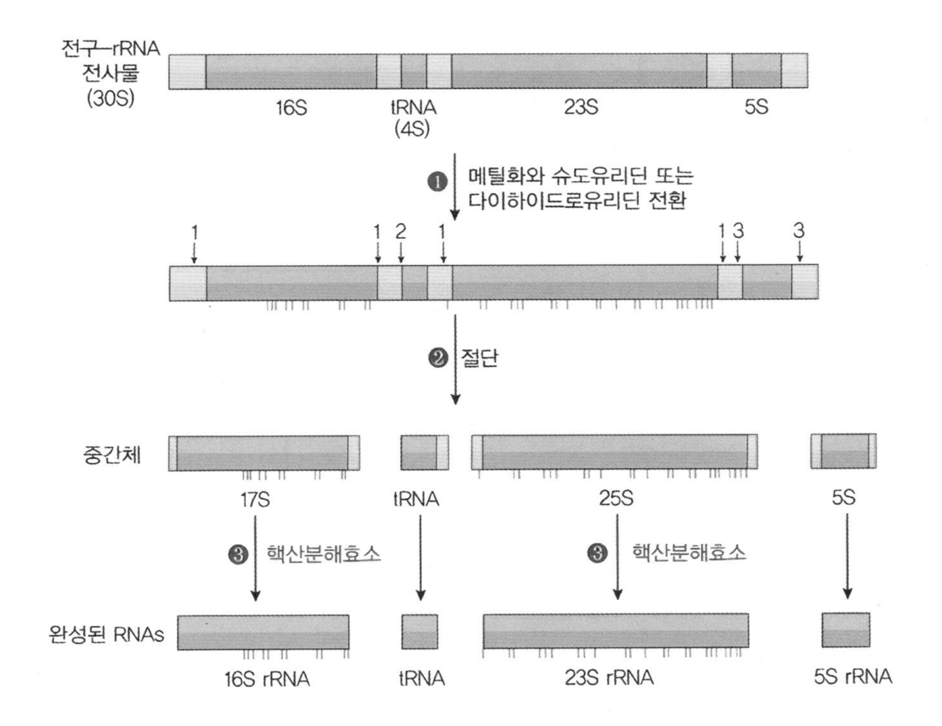

㉡ 진핵세포의 전구 rRNA 전사물의 가공과정 - 척추동물의 전구 rRNA 전사물 가공과정: 45S 전구 rRNA 전사물이 핵인(nucleolus)에서 메티로하, 절단 등의 가공과정이 일어나 진핵세포 리보솜의 특징적인 18S, 28S, 5.8S rRNA가 형성됨. 절단 반응이 일어나기 위해서는 작은 핵인 RNA(small nucleolar RNA; snoRNA)라고 불리는 핵인에 존재하는 RNA가 필요한데 이것은 spliceosome을 연상시키는 단백질 복합체 내에 존재함. 대부분의 진핵세포 5S rRNA는 RNA 중합효소 Ⅲ에 의해 완전히 독립적인 전사물로 만들어짐

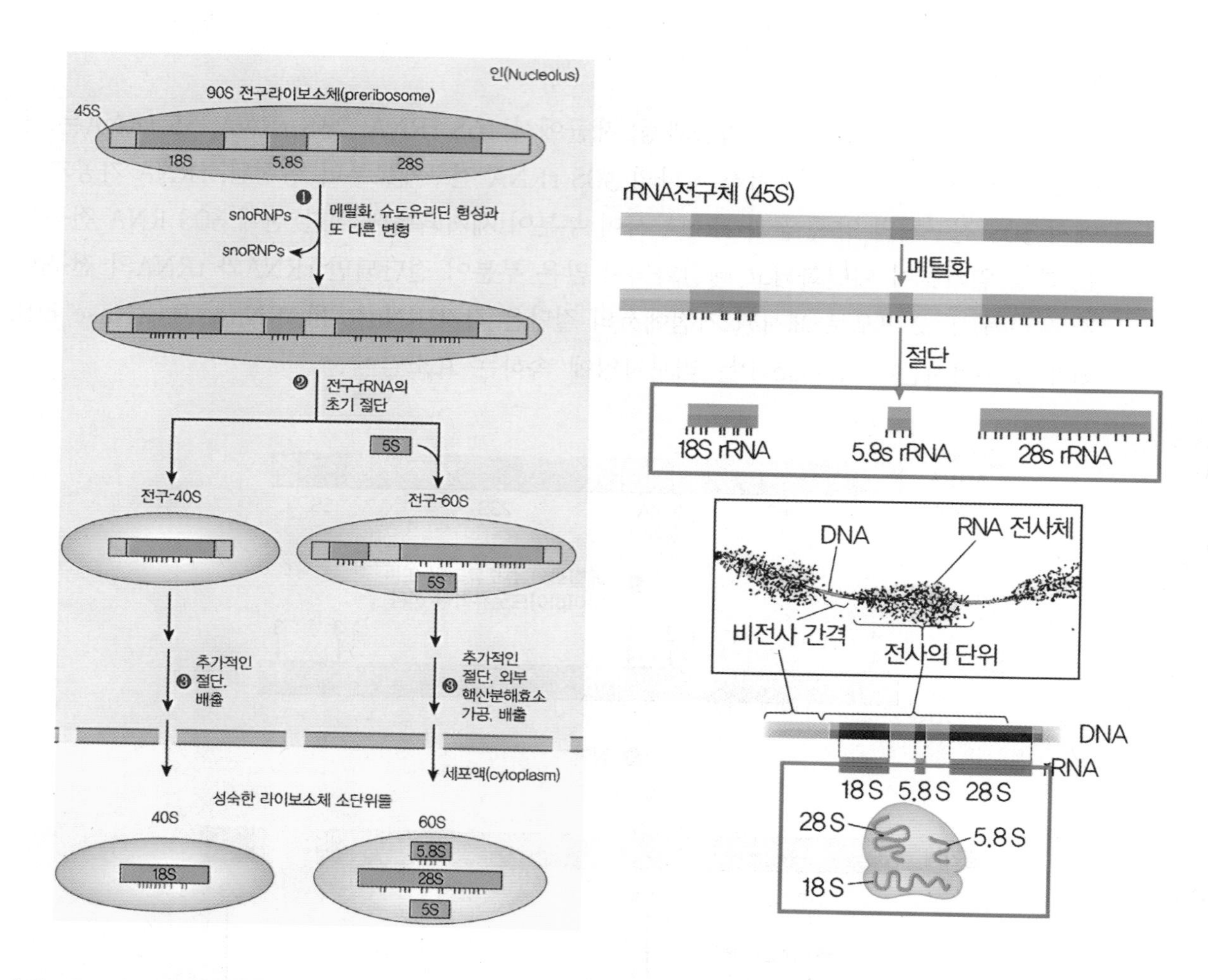

(4) 성숙 mRNA의 핵공을 통한 세포질로의 수송

CBC(cap-binding complex), PBP 등이 성숙 mRNA를 핵공을 통하여 세포질로 수송하는 데 관여함. 이 단백질들은 mRNA 가공과정에 관련되어 있으며 오직 성숙한 mRNA만 세포질로 이동시킬 수 있다는 점을 주목해야 함

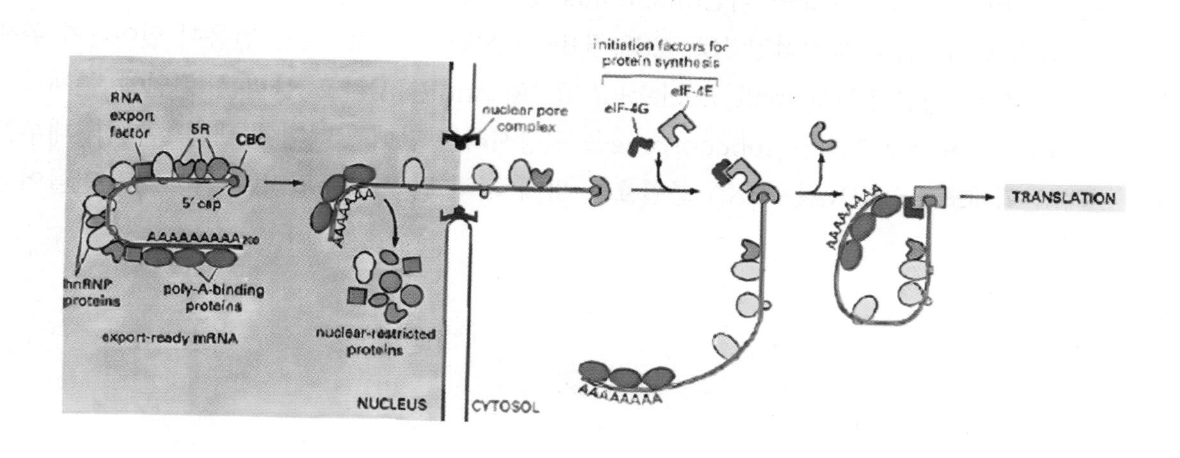

4 단백질 합성

(1) 코돈(codon)

3개의 뉴클레오티드로 이루어진 유전암호로서 61개의 코돈이 20개의 아미노산을 지정하고 나머지 3개의 코돈은 어떤 아미노산도 암호화하지 않음

UUU UUC	페닐알라닌 (Phe)	UCU UCC UCA UCG	세린 (Ser)	UAU UAC	티로신 (Tyr)	UGU UGC	시스테인 (Cys)
UUA UUG	류신 (Leu)			UAA UAG	정지코돈	UGA	정지코돈
						UGG	트립토판(Trp)
CUU CUC CUA CUG	류신 (Leu)	CCU CCC CCA CCG	프롤린 (Pro)	CAU CAC	히스티딘 (His)	CGU CGC CGA CGG	아르기닌 (Arg)
				CAA CAG	글루타민 (Gln)		
AUU AUC AUA	이소류신 (Ile)	ACU ACC ACA ACG	트레오닌 (Thr)	AAU AAC	아스파라긴 (Asn)	AGU AGC	세린 (Ser)
AUG	메티오닌(Met)			AAA AAG	리신 (Lys)	AGA AGG	아르기닌 (Arg)
GUU GUC GUA GUG	발린 (Val)	GCU GCC GCA GCG	알라닌 (Ala)	GAU GAC	아스파르트산 (Asp)	GGU GGC GGA GGG	글리신 (Gly)
				GAA GAG	글루탐산 (Glu)		

㉠ 개시코돈과 종결코돈 - 특별한 기능을 지니는 코돈

ⓐ 개시코돈: 단백질 합성이 시작되는 신호서열이며 개시코돈인 AUG는 원핵세포에서는 N-포르밀메티오닌(N-formylmethionine)을 암호화하고 있으며 진핵세포에서는 메티오닌을 암호화함

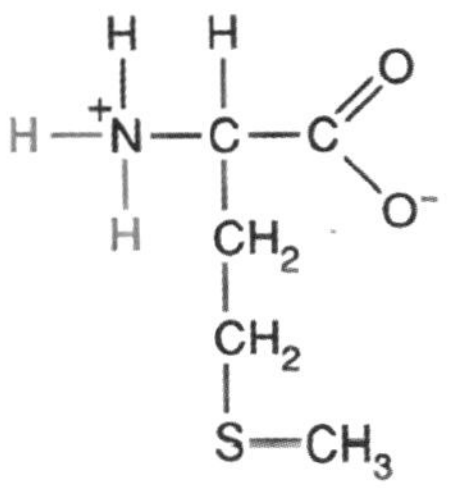

메티오닌

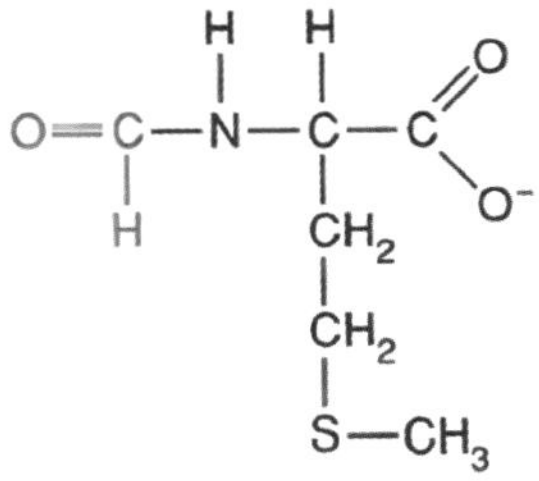

N-포밀 메티오닌

ⓑ 종결코돈: 단백질 합성이 종결되는 신호서열이며 종결코돈인 UAA, UAG, UGA는 어떤 아미노산도 암호화하지 않음

㉡ 코돈의 특성

ⓐ 코돈은 중복되긴 하지만 모호하지는 않음. 즉, 두 종류 이상의 코돈이 하나의 아미노산을 지정할 수는 있지만 하나의 코돈이 두 개 이상의 아미노산을 암호화하지는 않음

ⓑ 열린 해독틀(open reading frame): 일반적으로 50개 이상의 코돈에서 종결 코돈이 없는 서열로서 일종의 암호화 부위임

(2) tRNA

mRNA의 코돈에 상보적으로 수소결합하는 안티코돈이 있어 아미노산과 결합하여 아미노산을 리보솜으로 운반해주는 역할을 수행

㉠ tRNA의 구조: 성숙한 tRNA는 3개의 고리와 1개의 줄기를 갖는 꼬인 L자 형태를 갖는데, 이것은 뉴클레오티드 염기 사이와 리보오스의 -OH기 사이에서 수소결합이 일어나기 때문에 생기는 형태임. tRNA의 2차원적 모양은 평면적 클로버 잎(planar cloverleaf) 모양이며 mRNA의 codon과 상보적인 수소결합이 가능한 안티코돈(anticodon)이 존재함

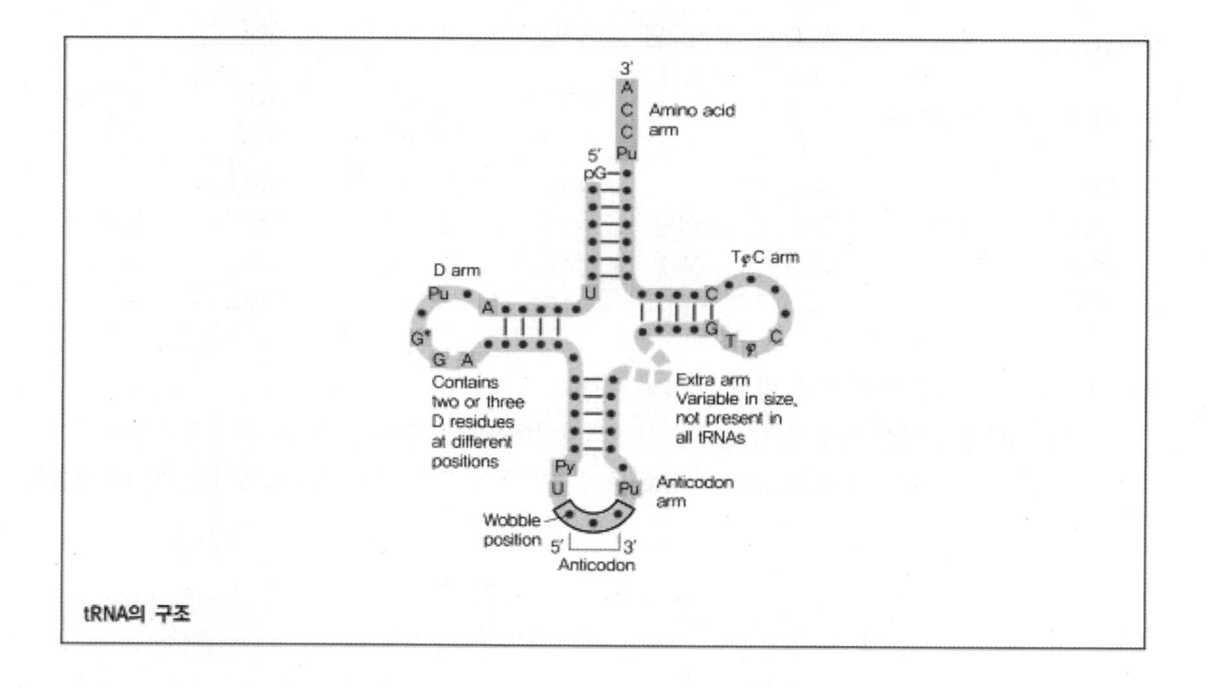

tRNA의 구조

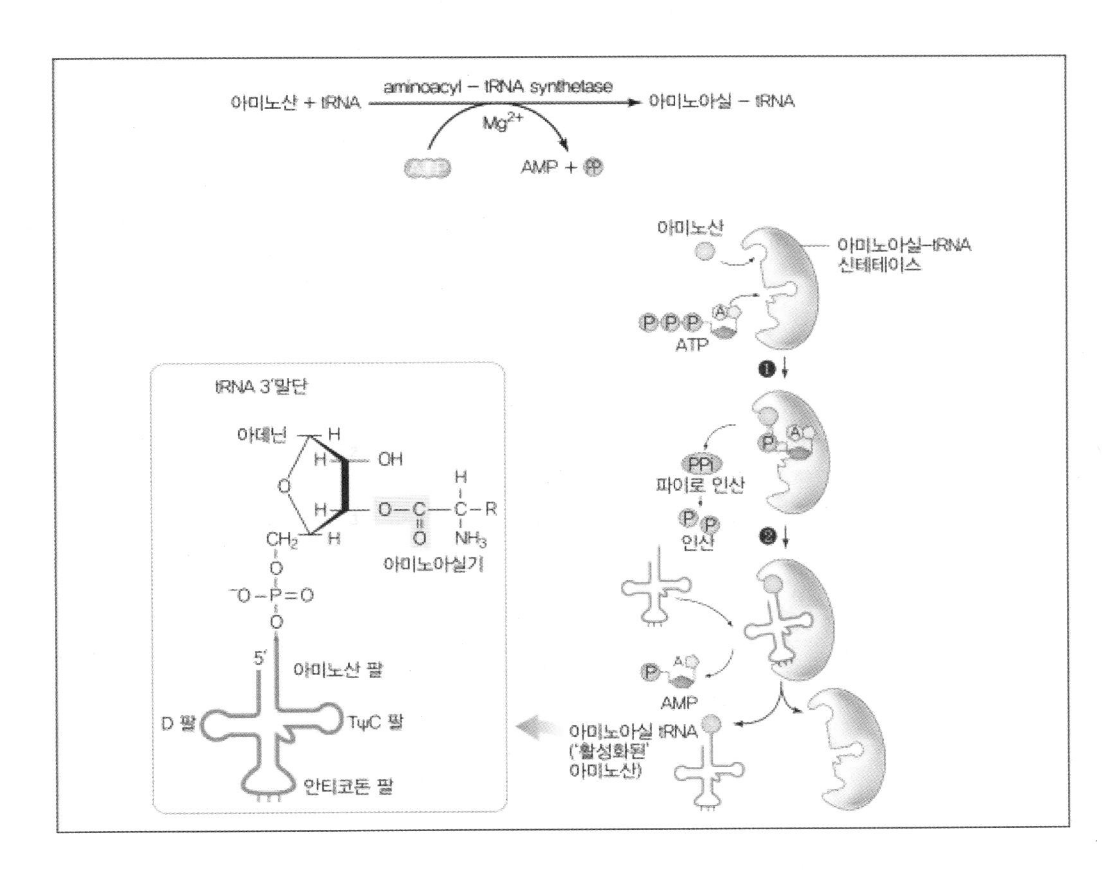

㉡ aminoacyl-tRNA(=charged tRNA)의 합성 - 아미노산의 활성화: 올바른 tRNA에 올바른 아미노산이 붙는 것이 중요함. tRNA 3'말단에 존재하는 A의 3'-OH와 아미노산의 -COOH기 간에 공유결합 형성이 형성되어 합서오디는데 이 과정에서 ATP가 AMP와 PPi로 분해됨

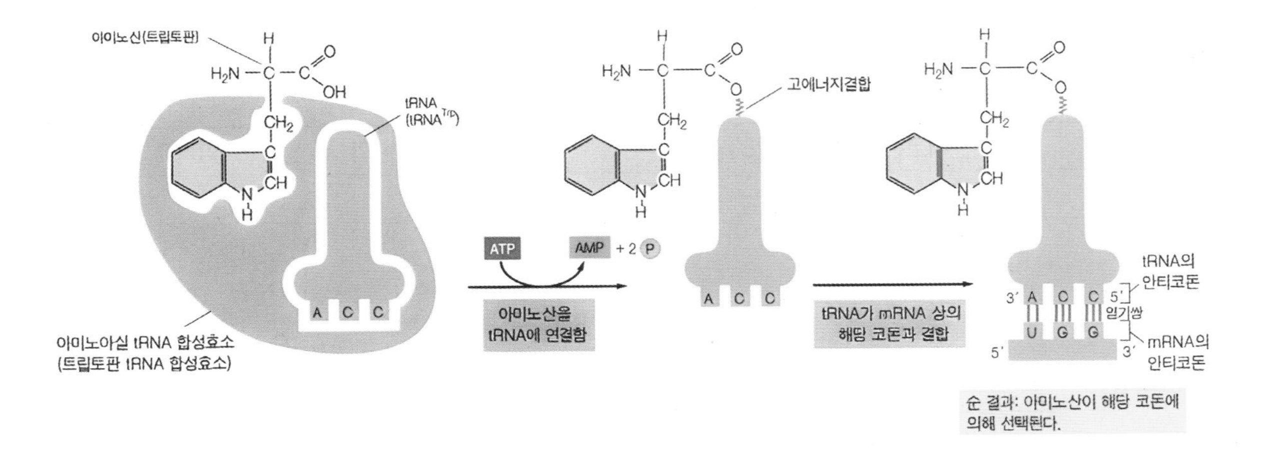

ⓐ aminoacyl-tRNA의 합성 과정: 아미노산 + tRNA + ATP → aminoacyl-tRNA + AMP + PPi

ⓑ aminoacyl-tRNA 합성효소(aminoacyl-tRNA synthetase): aminoavyl-tRNA 합성과정에 참여하는 효소로서 생명체에는 여러 종류가 존재하며 각 aminoacyl-tRNA 합성효소의 활성부위는 오직 특정 조합의 아미노산과 tRNA에만 들어맞음

㉢ 코돈이 아미노산을 암호화하게 되는 기작과 특성

ⓐ 코돈과 안티코돈 간의 대응: 2가지의 RNA는 서로 반대 방향으로 배치되며 adaptor인 tRNA를 통해 특정 코돈이 아미노산과 대응할 수 있는 것임. 다시 말하면 단백질 합성과정에서 리보솜은 tRNA에 부착된 아미노산을 인식하는 것이 아니라 tRNA를 인식하는 것으로 생각해야 함

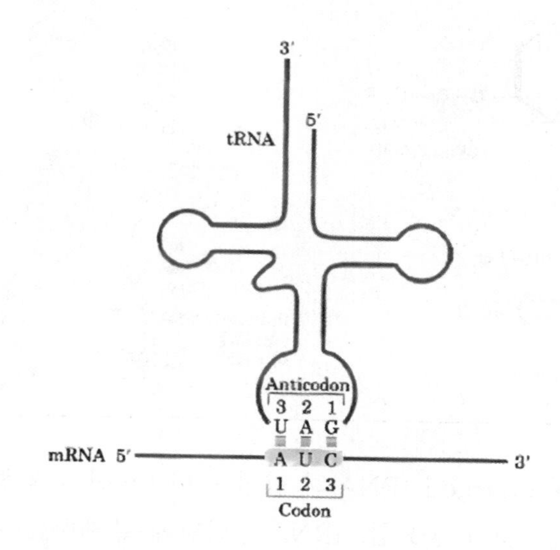

ⓑ 유전암호의 축퇴성과 동요가설(wobble hypothesis): 만약 한 종류의 tRNA가 아미노산을 규정하는 mRNA의 각 코돈을 위해 존재한다면 61종류의 tRNA가 있어야 하는데, 실제로는 45종류의 tRNA가 있음. 이는 어떤 tRNA는 하나 이상의 코돈과 결합해야 함을 함축하는 것임. 이러한 융통성이 가능한 것은 코돈의 세 번째 염기와 안티코돈의 첫 번째 염기 간의 결합이 엄격하지 않기 때문인데 이것을 동요가설이라고 함

안티코돈의 첫 번째(5′)염기	코돈의 세 번째(3′)염기
G	U, C
C	G
A	U
U	A, G
I	A, U, C

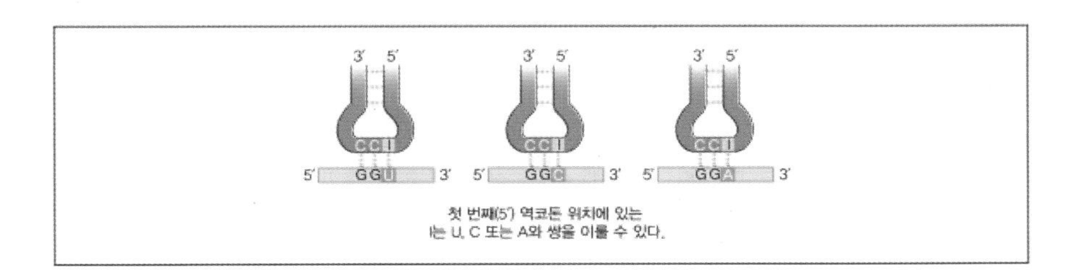

첫 번째(5′) 역코돈 위치에 있는
I는 U, C 또는 A와 쌍을 이룰 수 있다.

Wobble 가설(Crick)

- Anticodon의 두 염기는 mRNA codon의 처음 두 개와 정확한 염기쌍을 형성하지만, 나머지 한 개는 동일한 아미노산의 정보를 담은 codon 한 개 이상과 결합할 수 있다. 따라서 아미노산을 할당하는 61개의 codon을 번역하기 위해 최소 32가지의 tRNA가 필요하며, 한 염기가 느슨하게 결합함으로써 아미노산을 실어 나른 tRNA가 mRNA로부터 신속하게 떨어질 수 있어 단백질 합성 속도가 빠르게 유지된다.

20가지
3′
5′
32가지
64가지

- 세 번째는 느슨한 결합 형성(축퇴성, degeneracy)

이노신산(하이포잔틴 지님)

U (A,G) G (C,U) I (A,U,C)

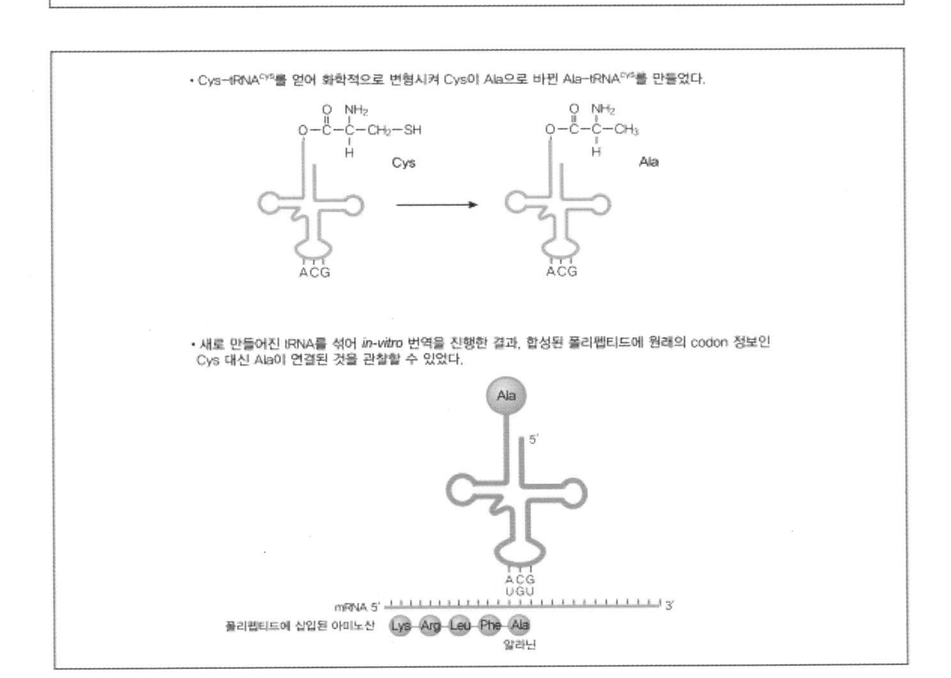

(3) 리보솜(ribosome)

대소단위체(large subunit)와 소소단위체(small subunit)로 구성됨. 각각의 소단위체를 구성하는 단백질이 세포질에서 합성된 이후 핵인(nuvleolus)으로 이동하여 대소단위체와 소소단위체를 구성한 이후 다시 세포질로 나와 단백질 합성을 수행함

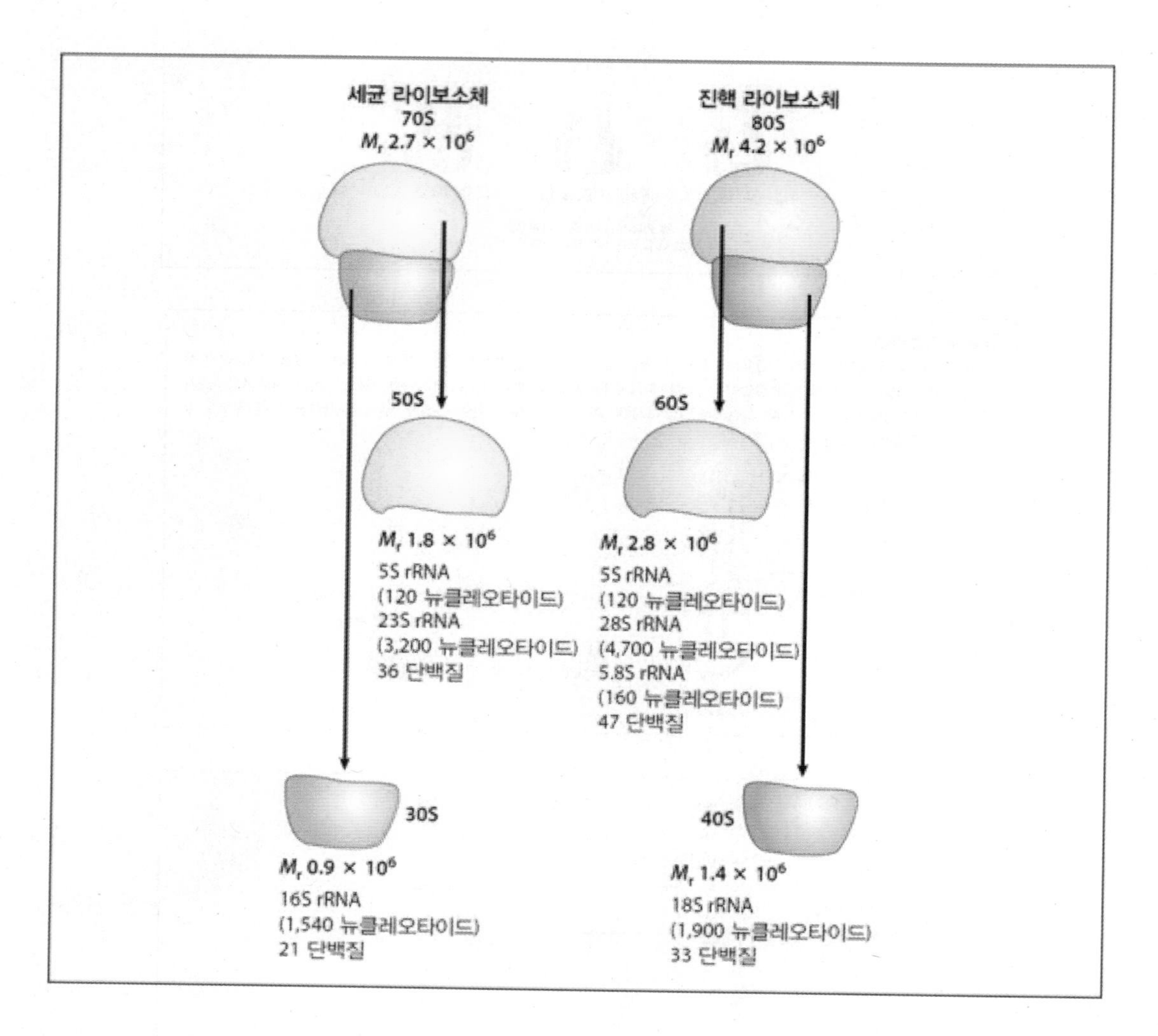

㉠ 개시코돈의 인식 부위: 30S 소소단위체를 구성하는 16S rRNA가 mRNA 개시코돈의 상류에 존재하는 특정 서열과 상보적이니 수소결합을 수행하여 개시코돈을 찾는데 관여함

㉡ tRNA 결합부위: A 자리, P 자리, E 자리로 구분하는데 이중 A 자리와 P 자리가 소소단위체와 대소단위체에 걸쳐 존재한다면 E 자리는 대개 대소단위체에 한정되어 있음

ⓐ A 자리(A site; aminoacyl site): 최초의 aminoacyl-tRNA를 제외한 모든 aminoacyl-tRNA가 도입되는 곳

ⓑ P 자리(P site; peptidyl site): peptidyl-tRNA가 도입되는 자리

ⓒ E 자리(E site; exit site): tRNA가 방출되는 자리

㉢ 원핵세포와 진핵세포의 리보솜 구조: 원핵세포의 리보솜은 70S이고, 진핵세포의 리보솜은 80S임

(4) 해독 과정 - 원핵세포의 해독과정을 중심으로 하여 기술함

㉠ 개시(initiation): mRNA와 첫 번째 아미노산이 붙어 있는 개시 tRNA, 그리고 두 개의 리보솜 단위체를 불러 모으는 과정임

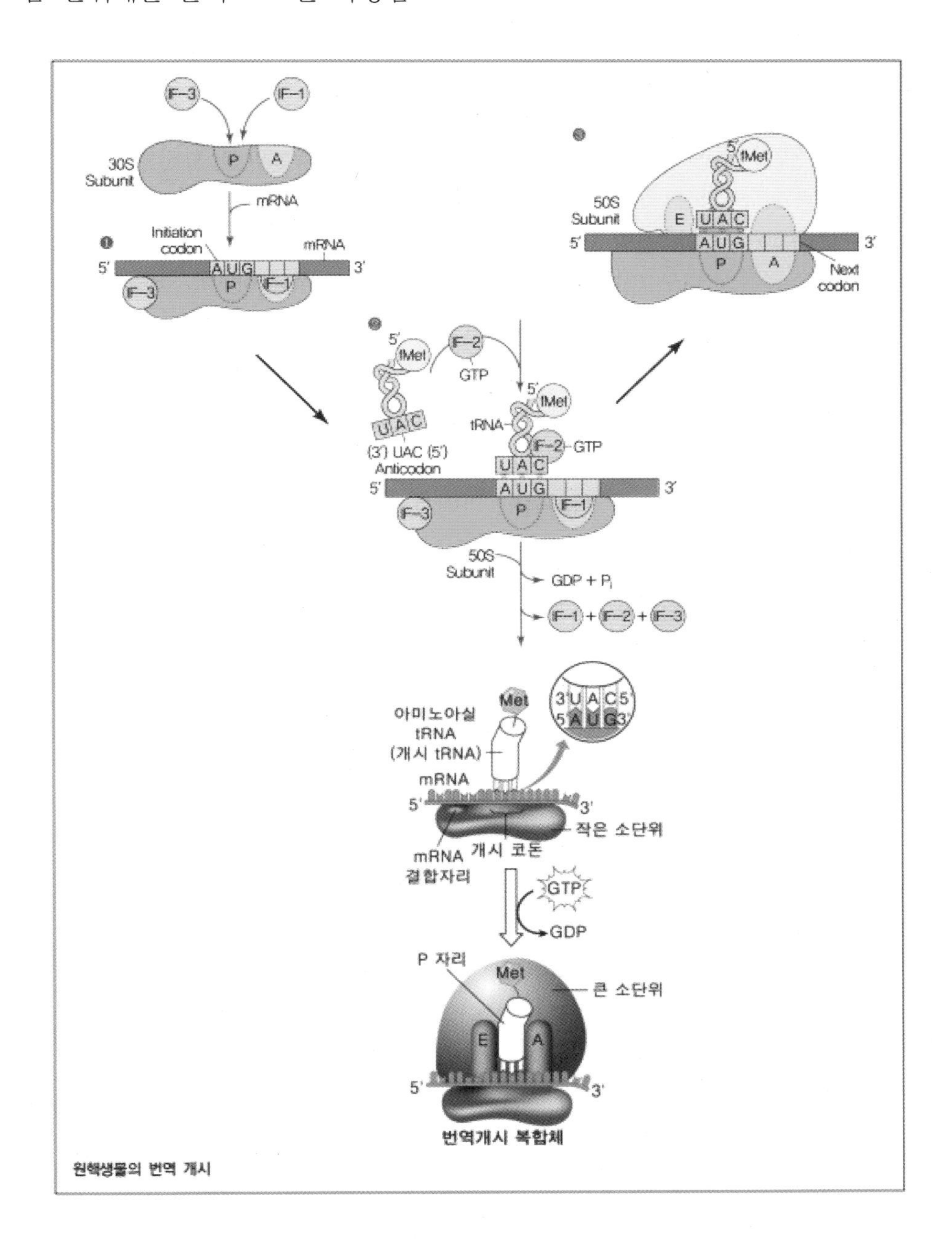

원핵생물의 번역 개시

ⓐ 원핵세포의 해독 개시

① 개시는 mRNA 선도자에 존재하는 특정 서열인 샤인-달가노 서열(Shine-Dalgarno sequence; SD sequence)에 리보솜 30S 소소단위체가 결합하여 SD 서열 하류쪽으로 첫 번째 mRNA의 개시코돈 AUG로 미끄러져 이동한 이후에 3'-UAC-5'의 안티코돈을

가지는 개시 tRNA(fMet-tRNA)가 mRNA의 개시코돈 5'-AUG-3'을 인식하여 결합하고 GTP도 결합함으로써 이루어지며 개시 tRNA는 개시인자(initiation factor; IF) 1, 2, 3의 도움으로 리보솜 소소단위체와 결합함

② 3개의 IF와 리보솜 30S 소소단위체, fMet-tRNA, GTP, mRNA로 구성된 개시 복합체(initiation complex)가 형성됨

③ 개시복합체가 형성된 이후 50S 대소단위체가 결합함으로써 완전한 리보솜이 형성되는데 이 때 개시 tRNA는 50S 대소단위체의 P자리에 결합하게 됨

ⓑ 진핵세포의 해독 개시: 진핵세포의 mRNA는 특이한 결합 단백질들과 결합한 복합체의 상태에서 리보솜과 결합함. 결합 단백질들은 mRNA의 5' 및 3'말단에 붙어 있는데 mRNA 3'말단에는 폴리-A 결합단백질(PAB)가 결합되어 있고 그 이외에 최소한 9개의 개시인자들이 mRNA에 결합함. eIF4E, eIF4G, eIF4A로 이루어진 eIF4F라 불리는 복합체는 eIF4E를 통해 5'-cap에 결합하는데 eIFG 단백질은 eIF4E와 PAB에 결합하여 이들 개시인자들을 효과적으로 묶어줌. eIF4A는 RNA helicase의 활성을 갖고 있으며 eIF4F 복합체는 eIF3 및 40S 소소단위체와 관련되어 있음. 해독의 효율성은 3'poly-A 꼬리의 길이를 포함하는 복합체 내의 단백질과 mRNA의 많은 특성들에 의해서 영향을 받는데 일반적으로 3' poly-A 꼬리의 길이가 길수록 해독의 효율성이 좋음. 진핵세포의 mRNA에는 SD서열이 없기 때문에 리보솜이 개시코돈인 AUG를 정확히 인식하기위해서는 eIF4F 복합체를 필요로 하게 되는데 eIF4F 복합체의 구성요소인 eIF4A는 5'-UTR에 존재하는 2차 구조를 제거할 수 있는 RNA helicase의 활성을 갖고 있음. 리보솜이 AUG를 찾아가는 것은 eIF4B에 의해서도 촉진됨

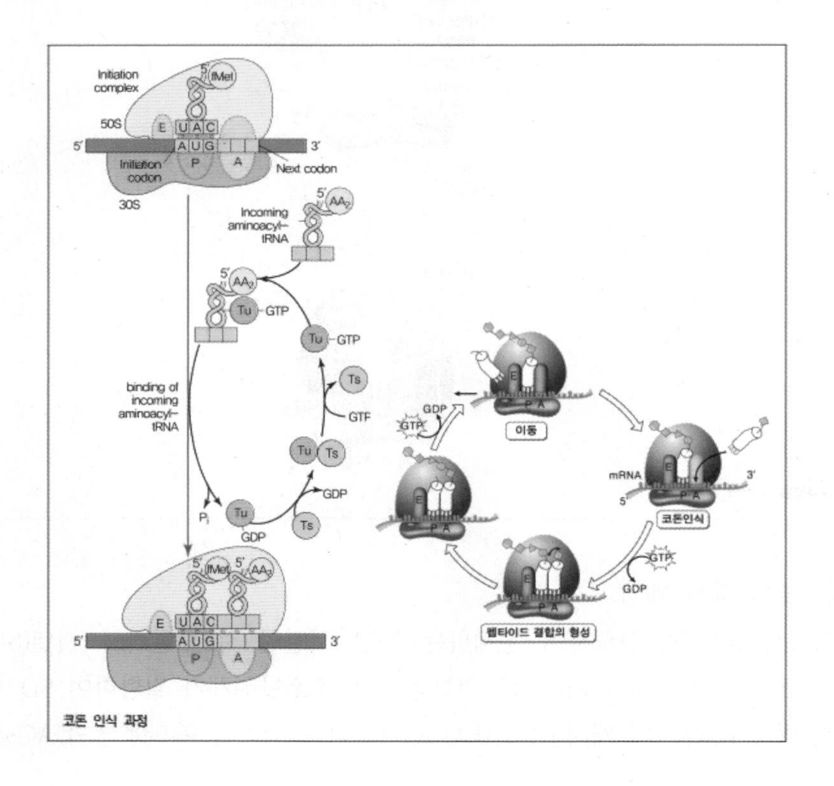

코돈 인식 과정

㉡ 신장(elongation): 아미노산이 유전암호의 순서에 따라 연결되는 과정으로서 코돈 인식, 펩티드결합 형성, 전위의 3단계 과정으로 세분화됨

ⓐ 코돈인식(codon recognition)

① mRNA의 AUG 다음의 코돈에 상보적인 안티코돈을 갖는 aminoacyl-tRNA가 신장인자(elongation factor; EF)의 도움으로 리보솜의 A 자리에서 복합체와 결합함으로써 이루어짐

② 신장인자인 EF-Tu와 Ts에 의해 2개의 GTP가 가수분해됨

ⓑ 펩티드 결합의 형성(peptide bond formation): 리보솜의 대소단위체에 있는 rRNA 분자가 A자리에 있는 아미노산과 P자리에 있는 성장하는 폴리펩티드의 카르복실기 말단 간에 펩티드 결합을 촉매함. 펩티드 결합을 촉매하는 rRNA 분자는 효소의 역할을 수행하는 RNA로서 리보자임(ribozyme)에 속함. 이 단계에서 P자리에 있는 tRNA의 폴리펩티드가 떨어져 A자리에 있는 tRNA의 아미노산에 부착됨

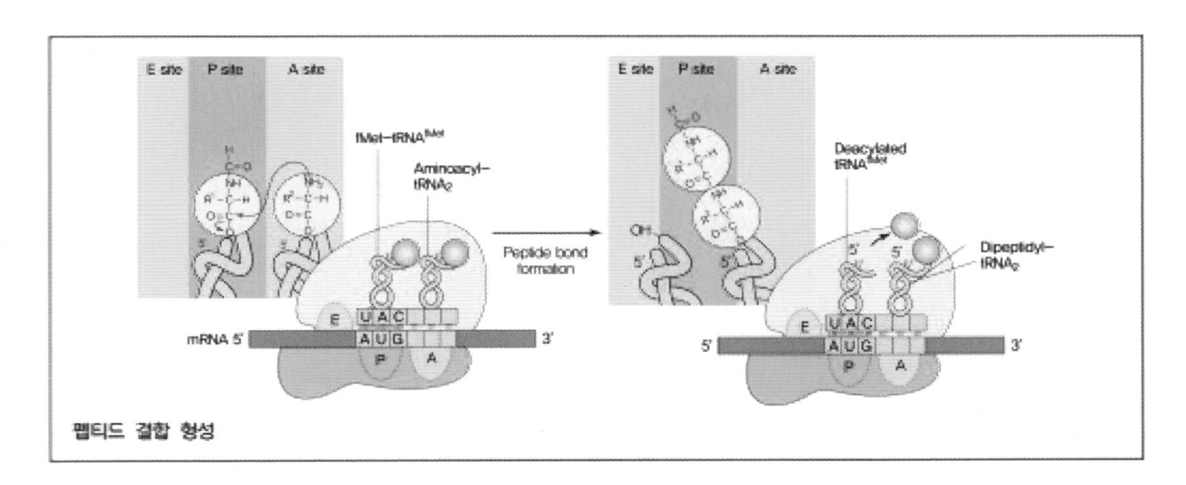

펩티드 결합 형성

「리보자임(ribozyme)」

Ⓐ 리보자임의 특성

1. RNA는 단일가닥이기 때문에 RNA 분자의 한 부분이 같은 분자의 상보적인 다른 부분과 염기쌍을 이루어, 결국 전체적으로 RNA 분자의 특이한 3차 구조 형성이 가능해짐
2. 효소 단백질의 특정 아미노산처럼 RNA에서 어떤 염기들은 촉매작용을 수행하는 기능기를 가짐
3. RNA가 다른 핵산 분자와 수소결합을 할 능력을 가지는 것은 촉매활동에 특이성을 갖게 함

Ⓑ 리보자임의 예

1. peptidyl transferase: 원핵세포의 경우 30S 소소단위체의 구성 RNA(23S rRNA)로서 펩티드 결합 형성에 관여함
2. snRNA: snRNP를 구성하는 RNA로서 mRNA 스플라이싱에 관여함
3. RNase P: 세균의 전구 rRNA 전사물을 가공하는데 관여함

ⓒ 전위(translocation): 리보솜이 mRNA의 3'말단을 향해 한 코돈씩 이동하는 과정

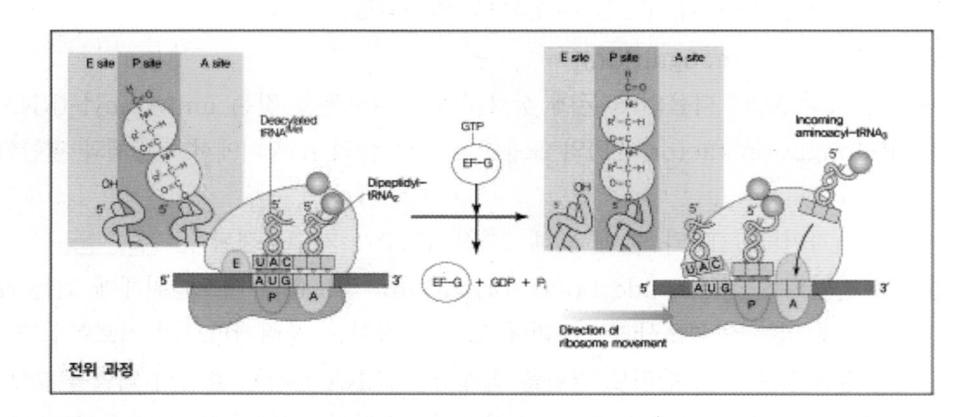

전위 과정

① 리보솜이 mRNA를 따라 3 뉴클레오티드만큼 전위하면서 P 자리에 있던 formyl-메티오닌과 떨어지게 된 개시 tRNA가 E자리에서 리보솜으로부터 방출되고 A 자리에 있던 dipeptidyl-tRNA가 P 자리로 이동함

② A 자리에서 P 자리로의 전위에는 translocase인 EF-G에 결합된 GTP의 가수분해가 필요함

ⓒ 종결(termination): 리보솜이 신장을 진행하다가 정지코돈(UAA, UAG, UGA)을 만나게 되면 정지코돈과 결합할 수 있는 안티코돈을 가진 tRNA가 없으므로 A 자리가 비어 있게 되어 신장이 더 이상 진행되지 않음

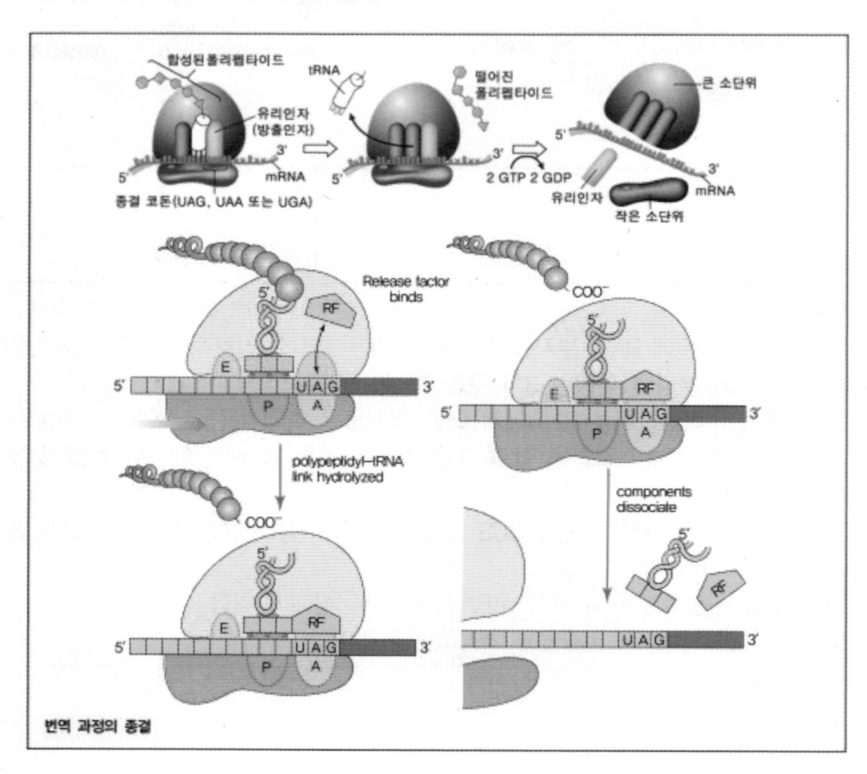

번역 과정의 종결

① 리보솜이 mRNA상의 종결코돈에 도달하면 리보솜의 A자리는 아미노아실 tRNA 대신에 tRNA와 구조가 유사한 방출인자(releasing factor; RF)라고 불리는 단백질을 받아들이는데 방출인자는 말단의 펩티딜-tRNA의 결합을 가수분해하고 유리된 폴리펩티드와 아미노산과 결합하지 않은 tRNA를 P자리로부터 해리하며 70S 리보솜을 30S와 50S로 분리시킴

② RF가 종결코돈에 결합하게 되면 peptidyl transferase는 방출인자로 인해 신장하는 폴리펩티드의 C 말단에 아미노산 대신 물 분자를 첨가하여 세포질로 폴리펩티드를 방출시킴

㉣ 단백질 합성 종결 후 변형 과정: 당, 지질, 인산기 또는 다른 첨가물이 부착되어 합성된 단백질이 화학적으로 변형되거나 폴리펩티드 사슬의 앞쪽 아미노기 말단에서 아미노산 일부를 제거하는 경우도 있음. 어떤 경우는 단일 폴리펩티드 사슬이 효소에 의해 끊어져 두 개나 그 이상의 조각으로 나뉨. 또 다른 사례는 두 개 이상의 폴리펩티드가 별도로 합성된 이후 함께 모여 4차 구조를 형성하기도 하고 보결족이 도입되기도 함

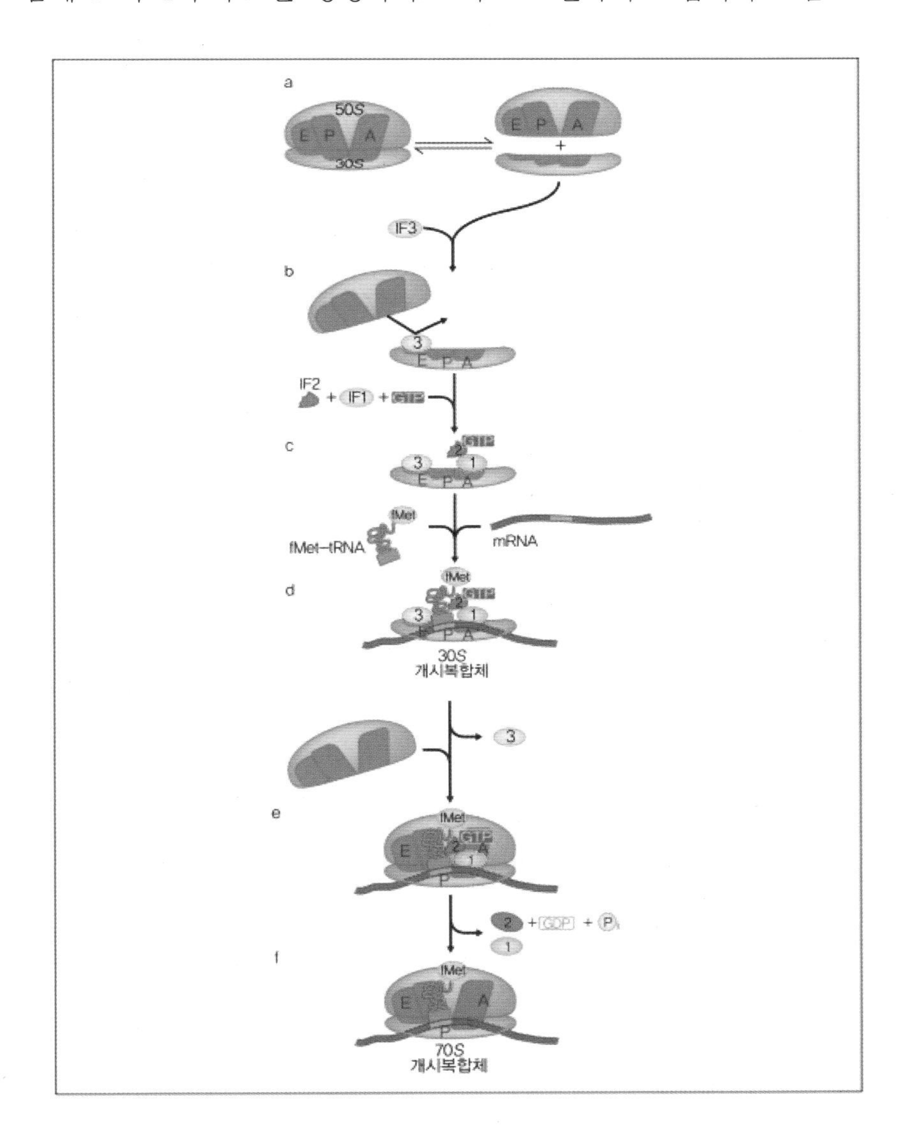

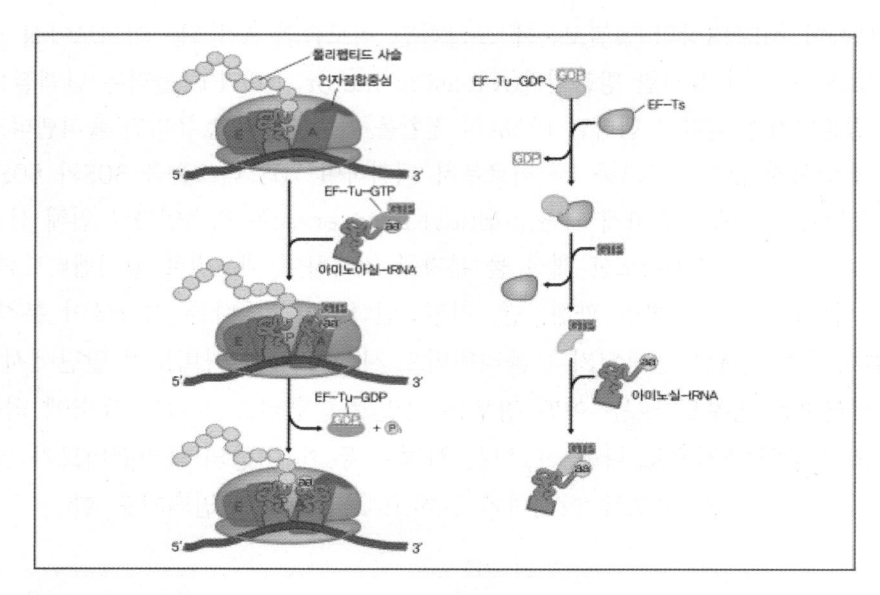

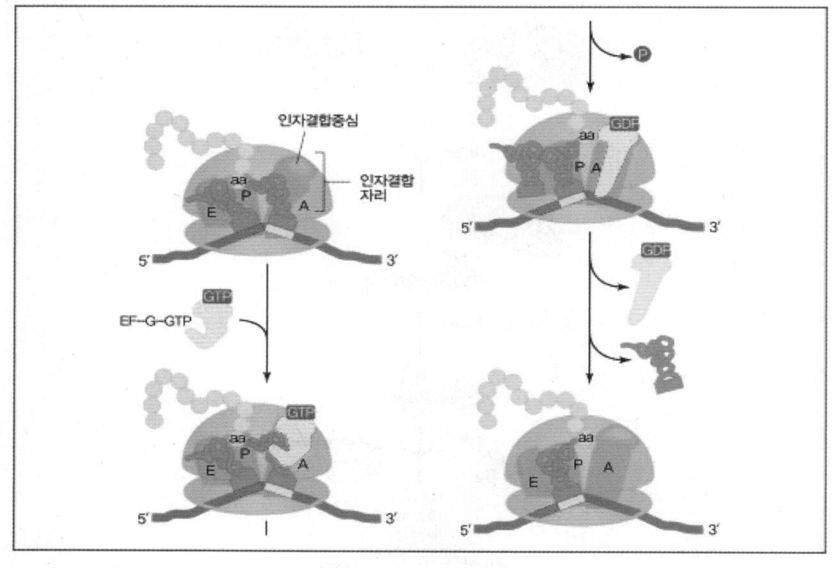

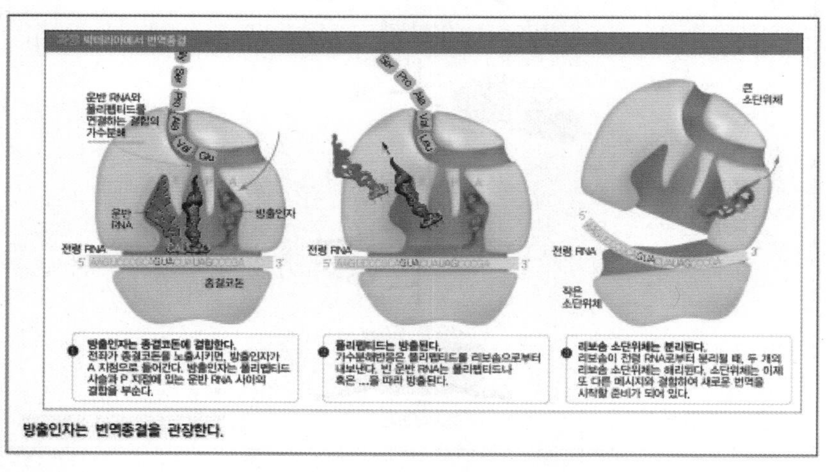

방출인자는 번역종결을 관장한다.

(5) 폴리솜의 형성

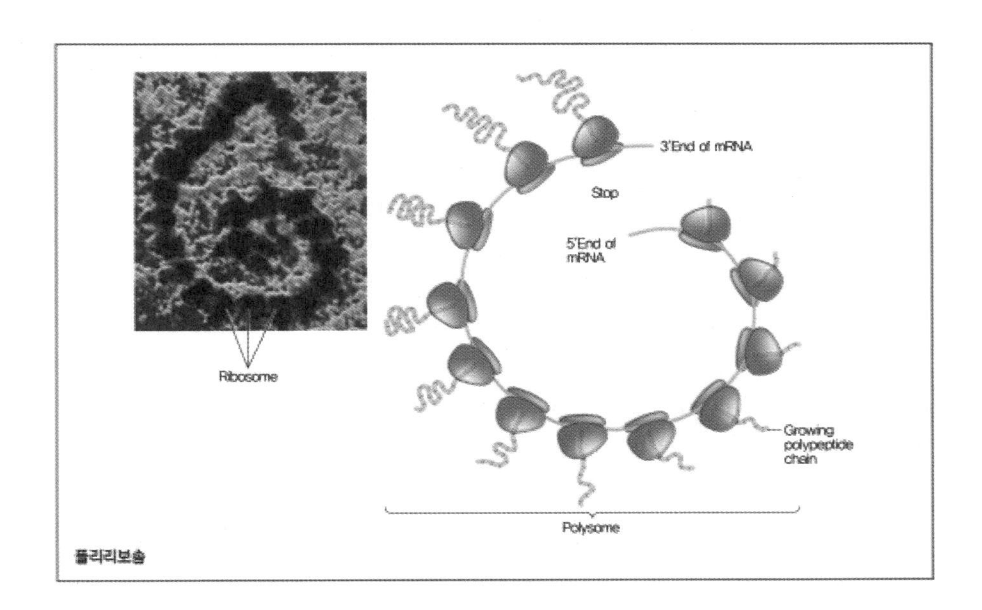

폴리리보솜

㉠ 여러 개의 리보솜이 하나의 mRNA에서 동시에 번역을 수행하는 경우임

㉡ 일단 리보솜이 개시코돈을 떠나면 두 번째 리보솜이 mRNA에 부착하고 결국 여러 개의 리보솜이 한 mRNA 상에서 앞선 리보솜을 따라 움직임

㉢ 폴리솜은 원핵세포와 진핵세포 모두에서 발견되며 이들은 세포가 여러 개의 폴리펩티드 복사물을 빠르게 만들 수 있도록 함

(6) 원핵생물에서의 전사-해독 동시진행

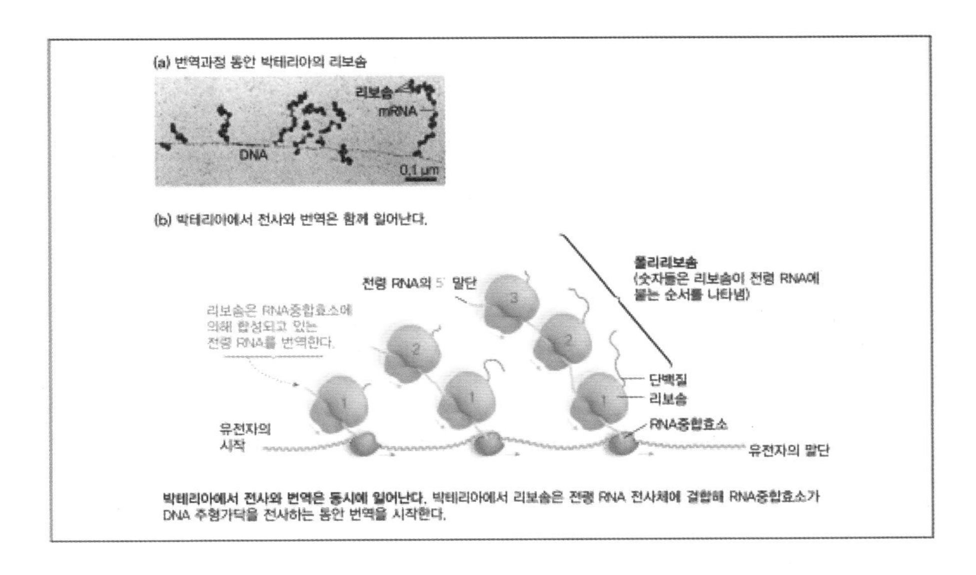

박테리아에서 전사와 번역은 동시에 일어난다. 박테리아에서 리보솜은 전령 RNA 전사체에 결합해 RNA중합효소가 DNA 주형가닥을 전사하는 동안 번역을 시작한다.

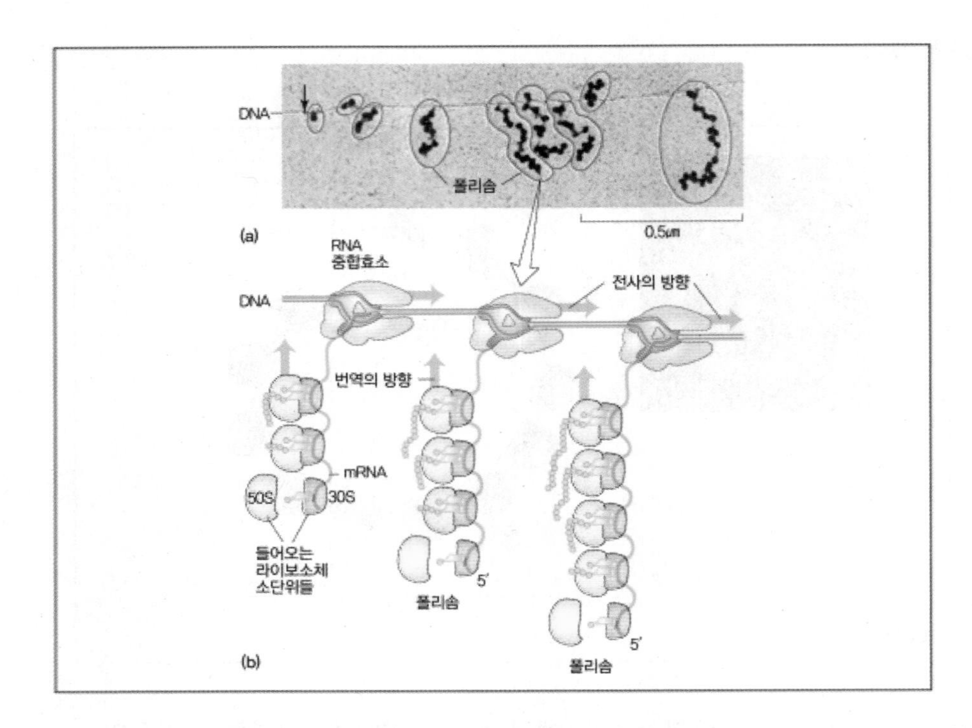

㉠ 원핵생물에서는 mRNA의 번역이 mRNA의 앞쪽 5' 끝이 DNA 주형에서 떨어져 나가자마자 시작됨

㉡ RNA 중합효소에 붙어 있는 것이 길어지는 mRNA 가닥인데, 이는 이미 리보솜에 의해 해독이 진행되고 있는 것임

㉢ 진핵생물에서는 핵 내부에서 전사가 종결된 후 형성된 mRNA가 가공과정이 끝나야 핵공을 통해 세포질로 빠져 나갈 수 있기 때문에 전사와 해독이 동시에 진행될 수 없음

(7) 각종 항생제의 종류와 작용

항생제	표적 세포	효과
1. 단백질 합성을 저해하는 항생제		
streptomycin	원핵세포	개시 저해 및 misleading 유발
tetracycline	원핵세포	aminoacyl tRNA의 결합 저해
chloramphenicol	원핵세포	peptidyl transferase 활성 저해
erythromycin	원핵세포	translocation 저해
puromycin	원핵 및 진핵세포	단백질 합성의 조기 종결
cycloheximide	진핵세포	peptidyl transferase 활성 저해
diphtheria toxin	포유류	eEF2 불활성화
ricin	포유류	60S 소단위체 불활성화
2. RNA 합성을 저해하는 항생제		
actinomycin D	원핵 및 진핵세포	RNA 신장 저해
acridine	원핵 및 진핵세포	RNA 신장 저해
α-amanitin	동물세포	RNA 중합효소 II 억제
3. 세포벽 합성을 저해하는 항생제		
penicillin	원핵세포	펩티도글리칸 합성 저해
vancomycin	원핵세포	세포벽 합성 저해

15 DNA 돌연변이

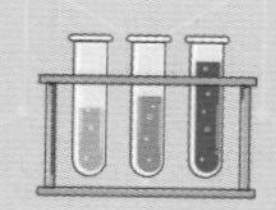

1 DNA 돌연변이(DNA mutation): DNA 염기서열의 변화

(1) 생리적 유도와 돌연변이의 차이 - 방황검정을 통한 규명

㉠ T_1 파지에 민감한 Ton^s 야생형 대장균이 T_1 파지에 저항적인 Ton^r 대장균으로 변화하는 이유에 대한 2가지 가설

ⓐ 생리적 유도설: 어떤 대장균도 T_1 파지에 저항성을 갖도록 유도될 수 있으나 실제로는 매우 적은 수만이 그렇게 되는데 다시 말해 모든 세포는 유전적으로 동일하며 각 세포는 매우 낮은 확률로 T_1 파지에 저항성을 보이며 일단 저항성이 유도되면 그 세균과 그것의 자손은 계속 저항성을 갖게 됨

ⓑ 돌연변이설: 배양시에 이미 T_1 파지에 저항성을 갖는 적은 수의 세균이 존재했거나 돌연변이가 일어나 저항성을 획득한 돌연변이체가 존재하기 때문에 T_1 파지가 존재해도 그 세포들은 살아남을 수 있음

㉡ 가설에 따른 결과 예측

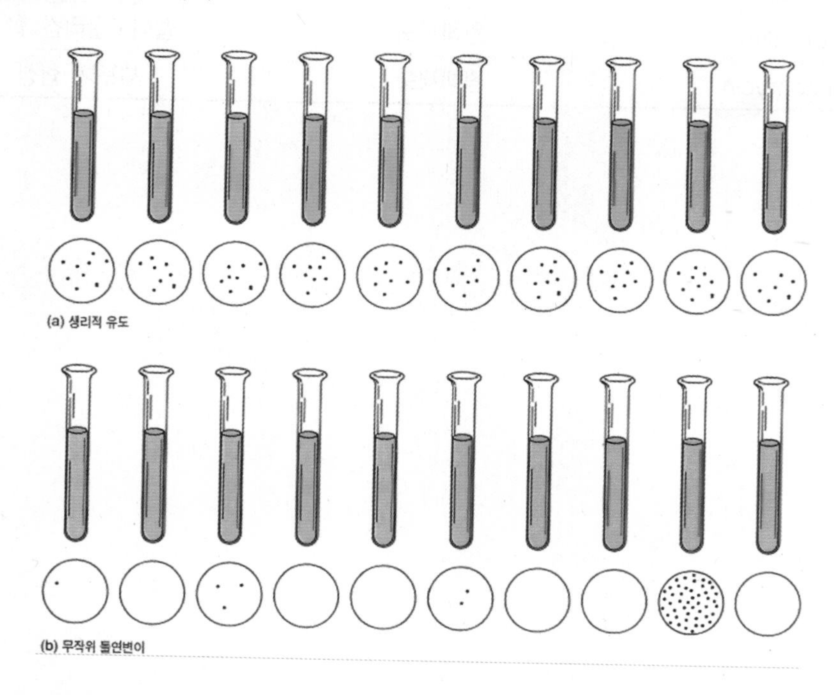

ⓐ 생리적 유도설에 따른 결과 예측: 만약 T1 저항성이 생리적으로 유도된다면 배양되는 세포의 숫자나 배양 기간에 관계없이 정상 세포(Ton^s)의 배양에서 생기는 저항성 세균의 상대적 비율은 일정해야 함

ⓑ 돌연변이설에 따른 결과 예측: 만약 저항성이 무작위적인 돌연변이에 의해서 생긴다면 돌연변이 세포(Ton^r)의 비율은 돌연변이가 얼마나 일어나느냐에 의존할 것임

㉢ 결과: 개별 배양시에 돌연변이 가설에서 예상된 바와 같이 아주 큰 변이가 존재함

㉣ 결론: Ton^s 대장균이 Ton^r 대장균으로 변화하는 것은 생리적인 유도에 의해서가 아니라 돌연변이에 의한 것임

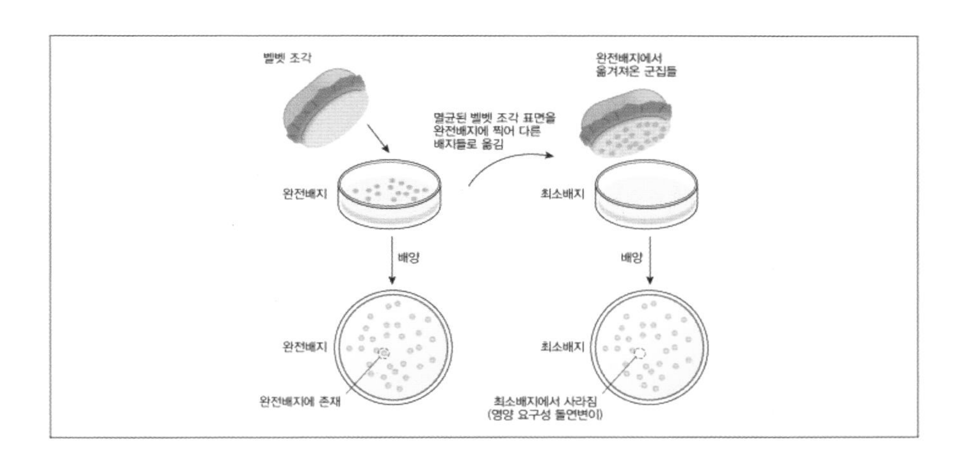

(2) 상보성(complementation) 검사

하나의 표현형에 관여하는 복수의 돌연변이가 유전자와 같은 기능단위에 속하는지 여부를 조사하는 방법임

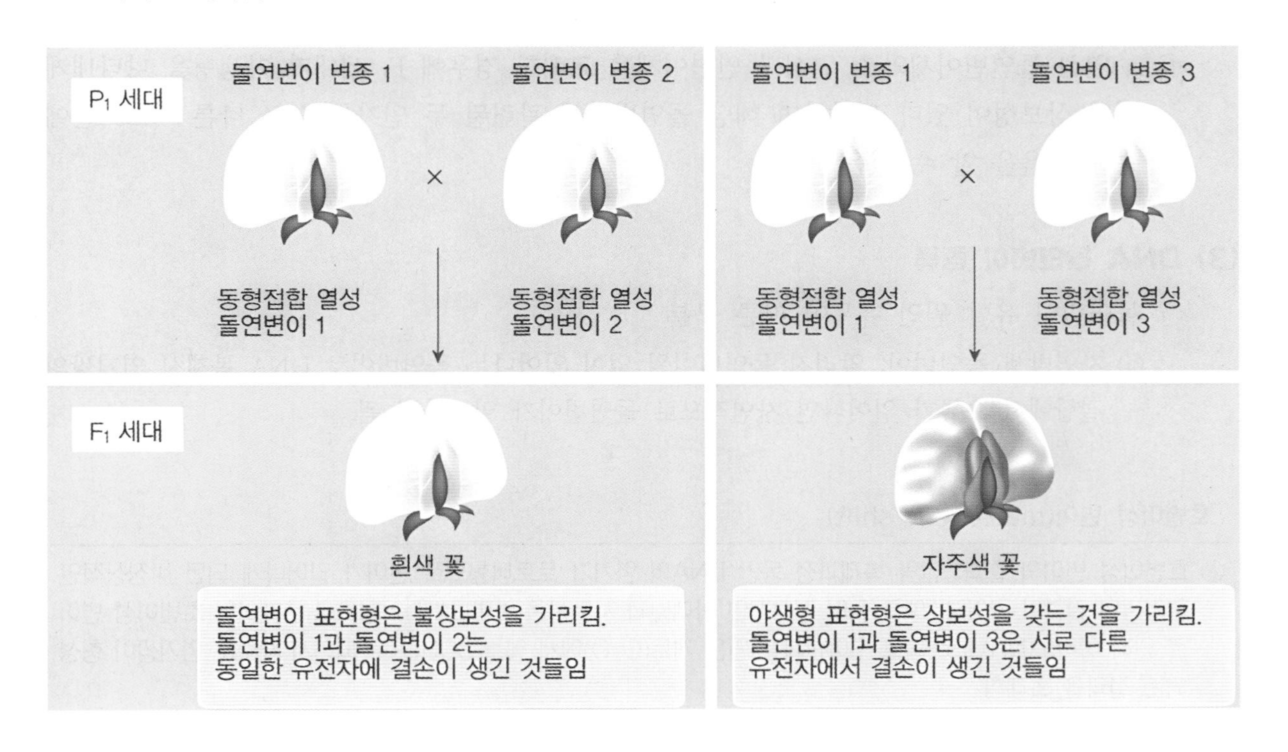

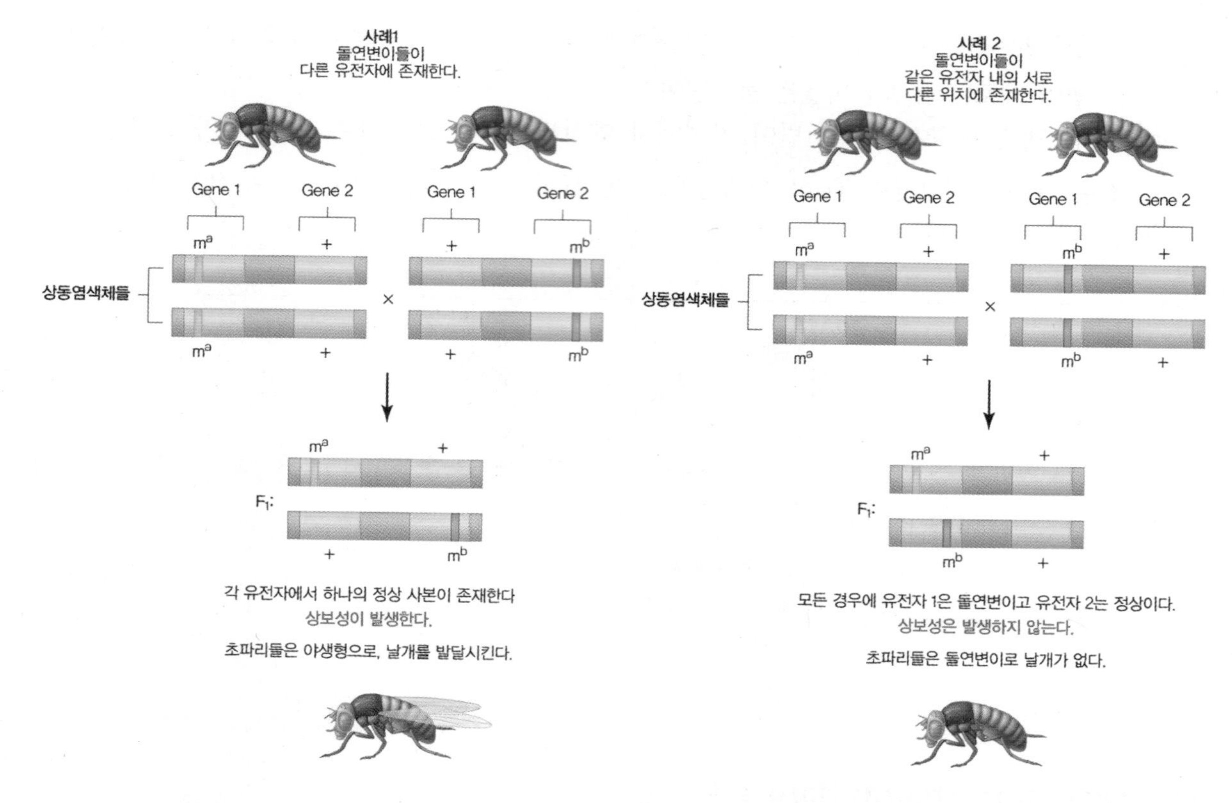

㉠ a 열성 돌연변이체와 b 열성 돌연변이체를 교배한 경우에 F_1 세대가 돌연변이형을 나타내게 되면 상보성이 없다고 말하며 해당 돌연변이에 관련된 두 인자는 서로 동일한 시스트론에 속해 있음을 알 수 있음

㉡ a 열성 돌연변이체와 b 열성 돌연변이체를 교배한 경우에 F_1 세대가 야생형을 나타내게 되면 상보성이 있다고 말하며 해당 돌연변이에 관련된 두 인자는 서로 다른 시스트론에 속해 있음을 알 수 있음

(3) DNA 돌연변이 종류

㉠ 돌연변이 유발 원인 유무에 따른 구분

ⓐ 자연발생 돌연변이: 알려진 돌연변이원 없이 일어나는 돌연변이로 DNA 복제시 염기쌍의 결합에서 오류가 일어나면 자연적으로 돌연변이가 일어나게 됨

「호변이성 변이(tautomeric shift)」

Ⓐ 호변이성 변이의 결과: 만약 복제과정 동안 DNA의 염기가 토토머형으로 변이가 일어나게 되면 비정상적인 염기쌍의 결합이 일어남. 예를 들어 정상적인 아데닌과 시토신은 아미노(NH2)형으로 존재하나 호변이성 변이로 인해 이미노(NH)으로 되고 구아닌과 티민은 케토(C=O)에서 에놀(COH)으로 되어서 새로운 염기쌍이 형성되는 결과를 초래함

Ⓑ DNA 염기의 정상형과 토토머형

A. 아데닌의 호변체 – 아미노형 vs 이미노형

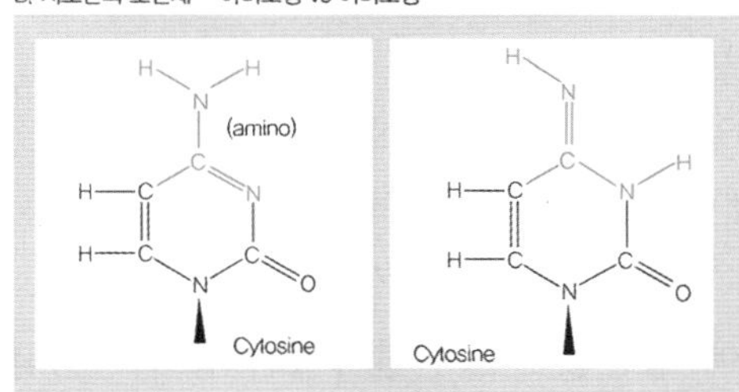

B. 시토닌의 호변체 – 아미노형 vs 이미노형

(amino)

Cytosine

Cytosine

D. 티민의 호변체 – 케토형 vs 에놀형

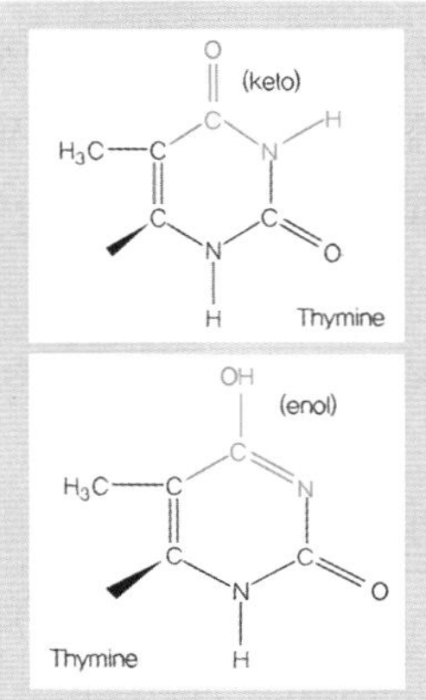

C. 구아닌의 호변체 – 케토형 vs 에놀형

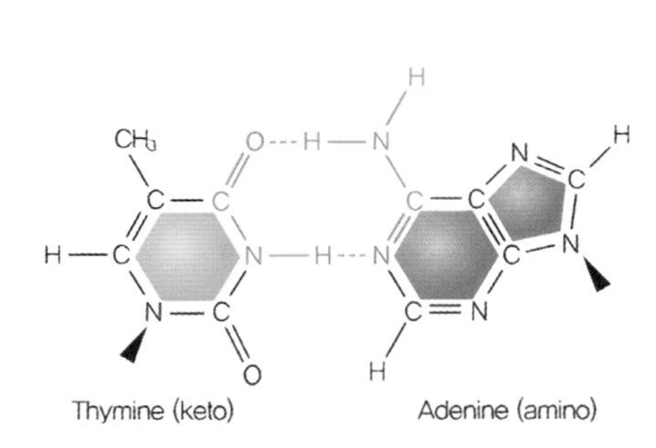

(a) 표준 염기쌍 배열

Thymine (keto) Adenine (amino)

Cytosine (amino) Guanine (keto)

(b) 비정상 염기쌍 배열

Thymine (enol) Guanine (keto)

Cytosine (imino) Adenine (amino)

ⓒ 정상형과 토토머형에 있어서의 DNA 염기의 결합 관계

염기	정상일 경우의 염기쌍	토토머 상태의 염기쌍
A	T	C
T	A	G
G	C	T
C	G	A

ⓑ 유도 돌연변이: 알려진 돌연변이원을 통해 발생하는 돌연변이

㉡ 세포의 종류에 따른 구분

ⓐ 체세포 돌연변이: 체세포에서 일어나는 돌연변이로 유전되지 않음

ⓑ 생식세포 돌연변이: 생식세포에서 일어나는 돌연변이로 유전됨

㉢ 조건에 따라 돌연변이 표현형이 발현되느냐의 근거한 구분

ⓐ 무조건 돌연변이: 조건의 변화에 상관없이 돌연변이 표현형이 나타남

ⓑ 조건 돌연변이: 제한조건하에서만 표현되는 돌연변이

「조건 돌연변이의 예 - 온도민감성 돌연변이(temperature-sensitive mutation)」

Ⓐ 허용온도(permissive temperature)와 제한온도(restrictive temperature): 허용온도란 돌연변이 표현형이 드러나지 않는 온도이고 제한온도란 돌연변이 표현형이 드러나는 온도임

Ⓑ 온도민감성 돌연변이의 특성: 많은 경우 온도민감성 돌연변이는 허용온도인 25℃에서는 표현형이 완전히 정상이나 제한온도인 42℃에서는 DNA를 합성할 수 없는 돌연변이형을 표현함. 온도민감성 돌연변이가 발생하면 효소에서 아미노산 치환이 일어나 정상온도 이상에서는 단백질 변성을 일으키기 때문이라고 여겨짐

㉣ 기능에의 영향에 따른 구분

ⓐ 기능손실 돌연변이: 완전한 유전자 불활성화 또는 완전히 비기능적인 유전자 산물을 만드는 돌연변이

ⓑ 기능획득 돌연변이: 유전자의 활동을 정상적으로 변경하는 돌연변이

ⓒ 저활성 돌연변이: 유전자의 발현수준이나 유전자 산물의 활성을 감소시키는 돌연변이

ⓓ 과활성 돌연변이: 유전자의 발현수준이나 유전자 산물의 활성을 증가시키는 돌연변이

㉤ 분자변화에 따른 구분

ⓐ 염기치환(base substitution): 이중나선 DNA에 있는 한 염기쌍이 다른 염기쌍으로 대체되는 돌연변이를 가리키며 퓨린이 퓨린으로 전환되고 피리미딘이 피리미딘으로 전화되는 염기전이(transition)와 퓨린이 피리미딘으로 전환되고 피리미딘이 퓨린으로 전환되는 염기전환(transwersion)으로 구분함

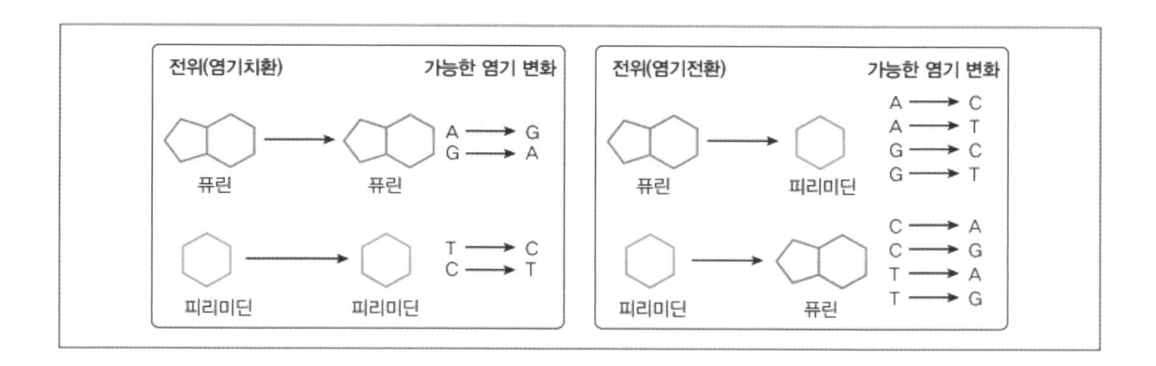

ⓑ 틀변환 돌연변이(frame-shift mutation): 염기가 삽입되거나 결실되면서 삼염기성에 의거한 해독틀이 변환되는 돌연변이

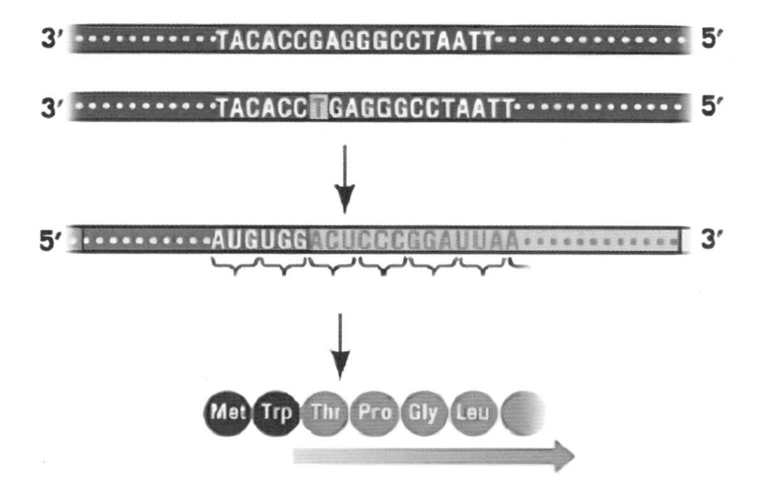

㉥ 해독에의 영향에 따른 구분

ⓐ 침묵 돌연변이(silent mutation): 아미노산의 변화가 수반되지 않는 돌연변이

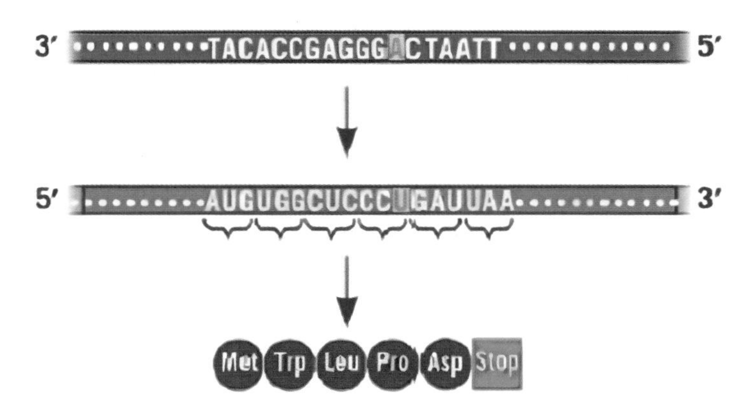

ⓑ 미스센스 돌연변이(missense mutation): 아미노산 변화가 수반되는 돌연변이

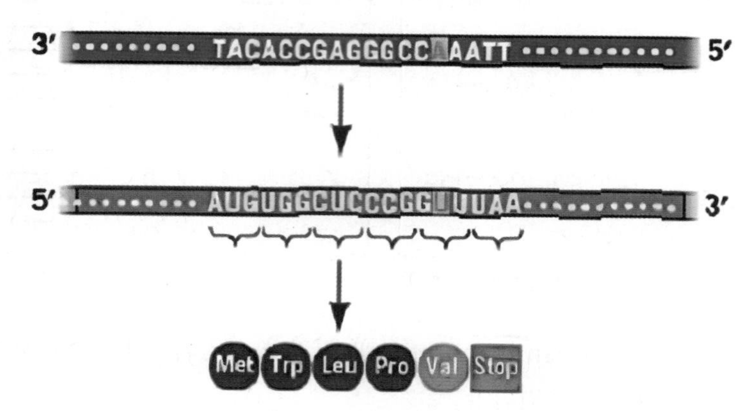

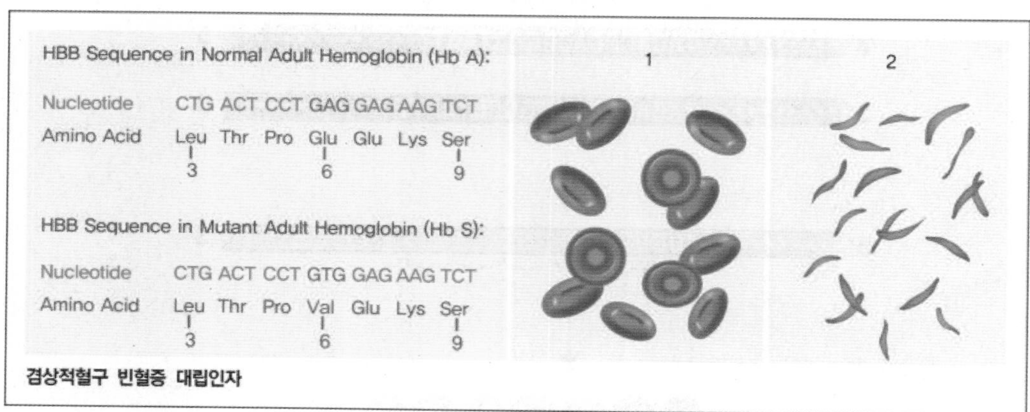

겸상적혈구 빈혈증 대립인자

ⓒ 넌센스 돌연변이(nonsense mutation): 종결코돈을 형성하게 되는 돌연변이

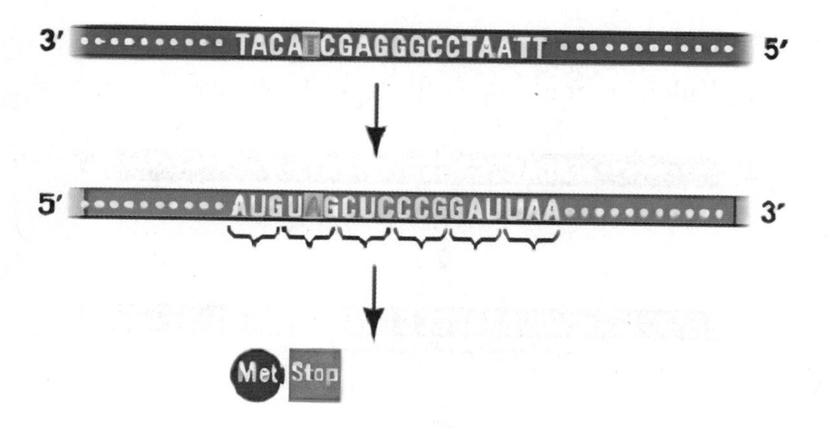

「넌센스 돌연변이의 억제 현상」

Ⓐ 억제 tRNA의 형성: 정상적인 tRNA를 암호화하는 유전자에 돌연변이가 일어나게 되는 경우 종결코돈과 상보적인 염기서열을 지니는 tRNA가 형성됨

Ⓑ 종결코돈과 상보적인 안티코돈을 지니는 tRNA가 있는 존재하는 경우 종결코돈에서 단백질 합성이 종료되지 않고 계속되는 것을 볼 수 있음

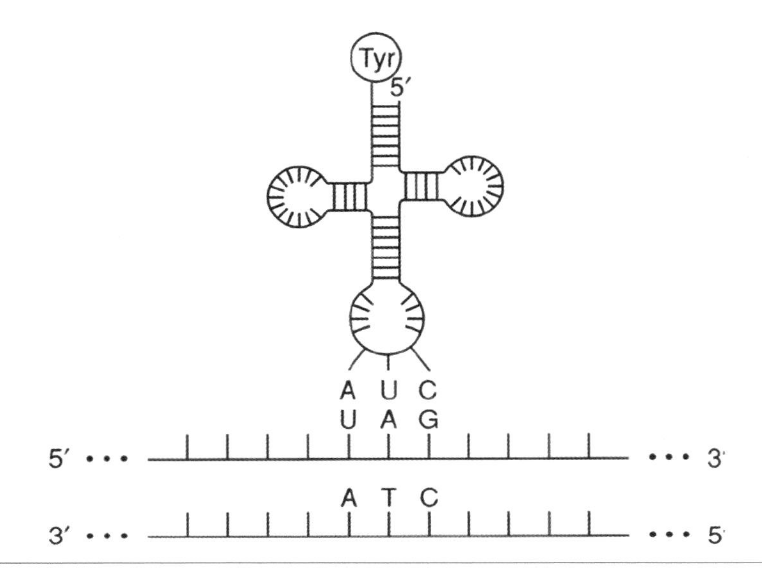

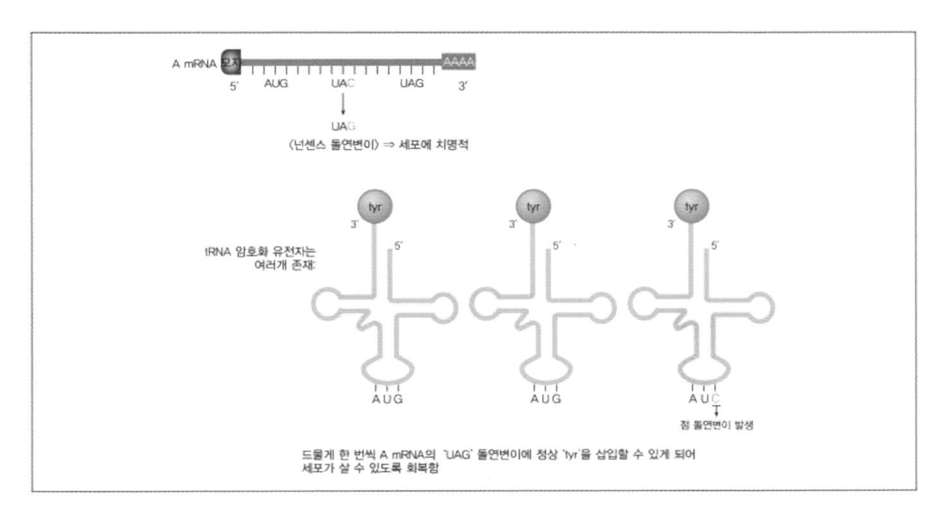

(4) 돌연변이 집중 탐구 - 연약 X 염색체 증후군(fragile-X syndrome)

㉠ 증상과 원인 개관: DNA 전구물질이 부족한 배양세포에서 X염색체가 부러지는 경향으로 인한 질환으로 3염기 반복에 기인함. 일반적으로 남성이 여성보다 심각하게 영향으로 받으며 앉았다 일어나기나 걷기 같은 운동 기능에서의 지연은 물론 언어와 의사소통 기능의 발달지연이 흔히 나타남

㉡ 연약 X염색체 증후군 분석: FMR1 유전자의 CGG 반복서열의 반복단위 수가 증가하게 되면서 FMR1 유전자의 전사를 차단하게 됨

ⓐ GCC 3염기 반복서열이 증가하면서 해당 부위가 메틸화되는 과정

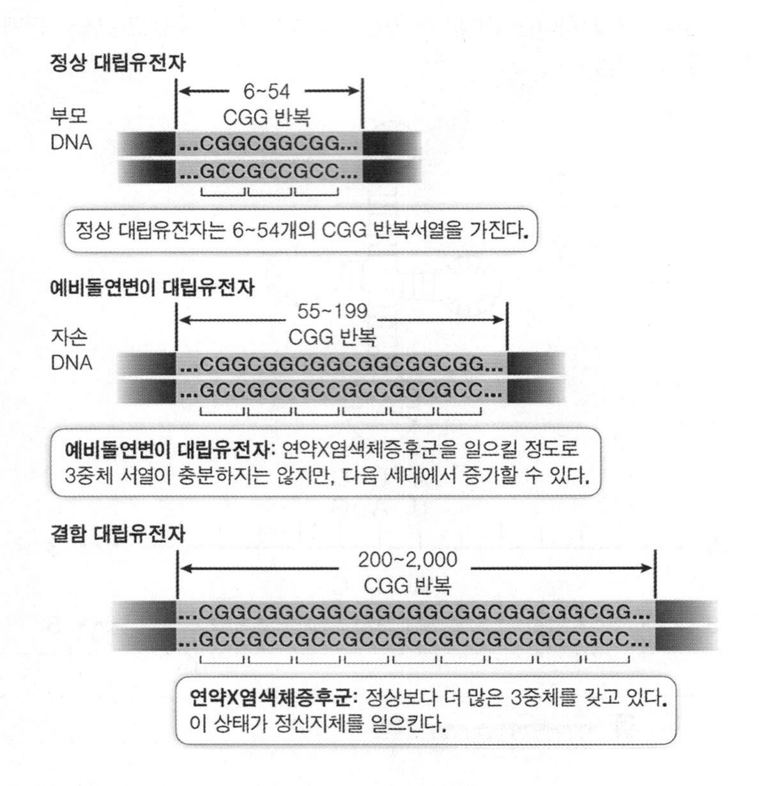

ⓑ 3염기 반복의 원인이 되는 복제 미끄러짐 기작

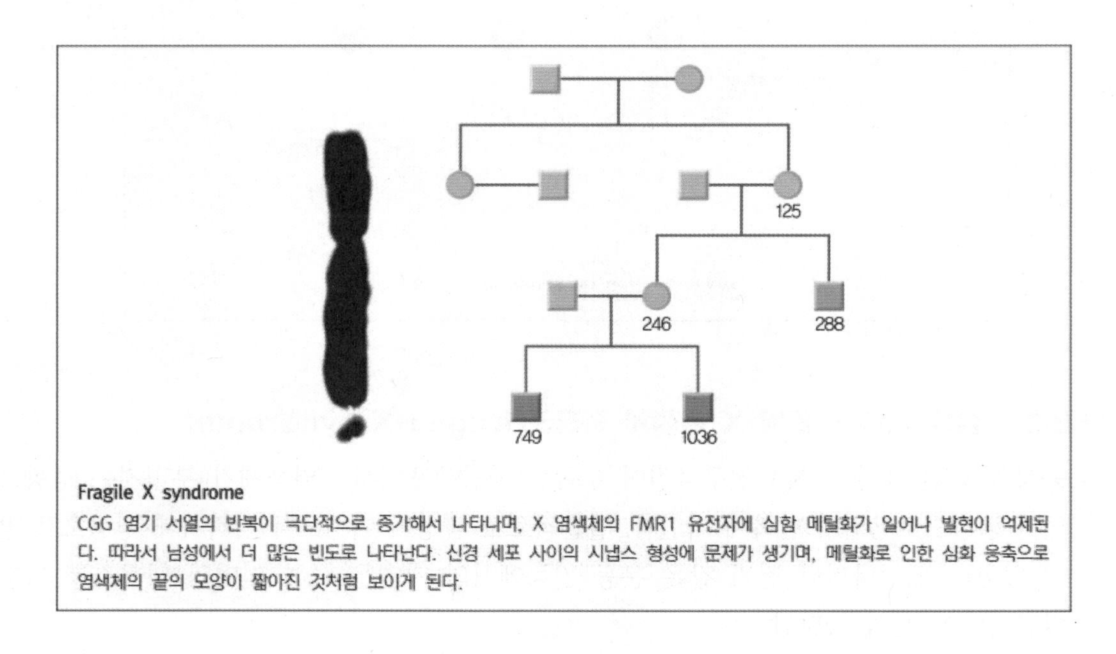

Fragile X syndrome

CGG 염기 서열의 반복이 극단적으로 증가해서 나타나며, X 염색체의 FMR1 유전자에 심한 메틸화가 일어나 발현이 억제된다. 따라서 남성에서 더 많은 빈도로 나타난다. 신경 세포 사이의 시냅스 형성에 문제가 생기며, 메틸화로 인한 심화 응축으로 염색체의 끝의 모양이 짧아진 것처럼 보이게 된다.

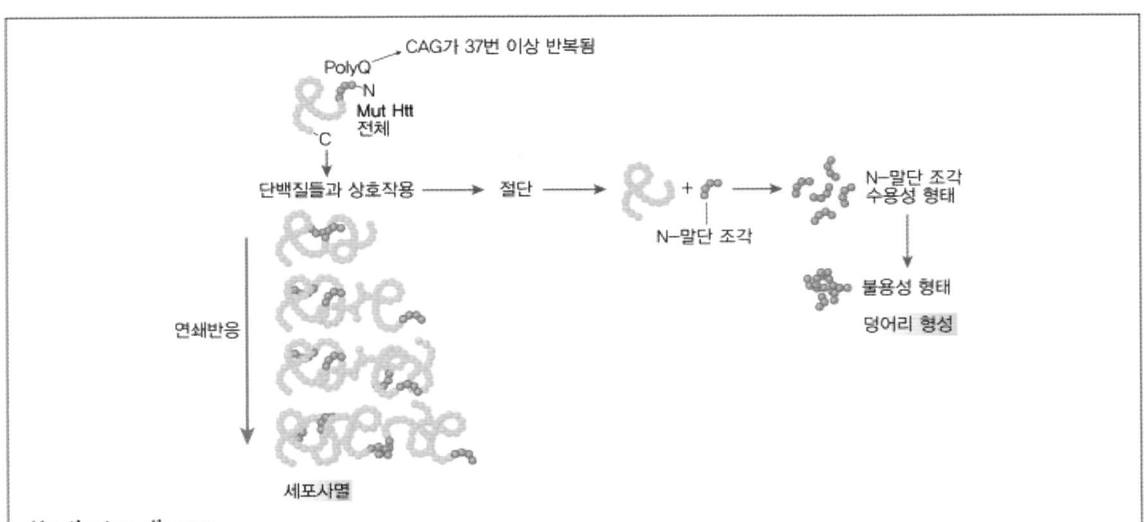

Huntington disease
CAG 서열이 크게 증가해 번역된 huntingtin 단백질에 Gln이 반복된다. 그 결과 단백질의 번역 후 가공 과정 중 poly-Gln 조각이 생긴 후, 세포질 속에서 뭉쳐 세포 사멸을 유발하게 된다.

(5) 돌연변이원과 유도 돌연변이

돌연변이 유발 물질	예	돌연변이 유발 기작
물	가수분해	탈퓨린화: 아데닌(A) 또는 구아닌(G)이 디옥시리보오스 당으로부터 탈락함
산화제	NO_2	탈아미노화를 유발함
염기유사체	5-브로모디옥시우리딘	염기치환을 유발함
알킬화제	EMS	염기 위의 곁사슬에 부피가 큰 부착물을 형성하여 염기치환을 유발함
삽입성 물질	아크리딘 오렌지	II형 DNA 위상이성질화효소 II를 방해함으로써 DNA 끊김을 유발: 착오수선이 하나 또는 몇 개의 뉴클레오티드가 삽입되거나 결손되게 함
자외선	자외선	DNA 가닥에 피리미딘 이량체를 형성시킴
이온화 방사선	X선, 라돈가스, 방사능 물질	DNA 단일가닥과 이중가닥 절단시킴

㉠ 탈퓨린화(dequrination): 퓨린 뉴클레오티드에서 당과 퓨린간의 결합은 비교적 약해서 가수분해되기 쉬움. 탈퓨린화는 돌연변이를 반드시 일으키지는 않는데 염기가 없는 위치는 우라실이 제거된 위치를 수선하는 동일한 시스템에 의해 회복될 수 있기 때문임

Guanosine residue (in DNA)

H_2O

Guanine + Apurinic residue

㉡ 산화제인 아질산의 돌연변이 유발: 탈아모니화를 유발하여 염기전이를 발생케 함

ⓐ 탈아미노화에 의한 염기의 변환: 시토신은 우라실로 아데닌은 하이포크산틴으로 변환됨

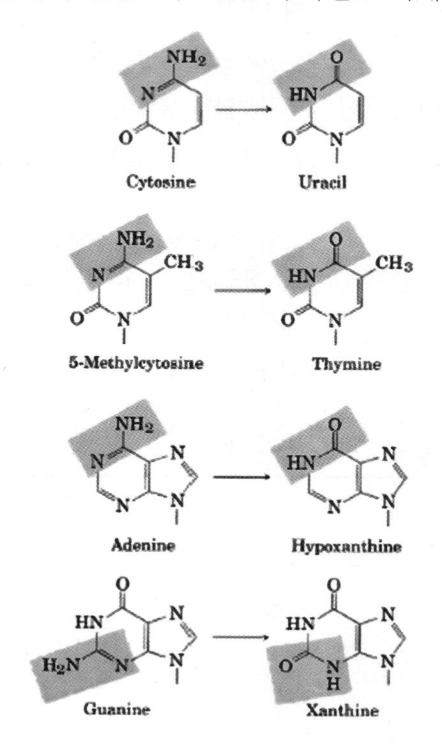

ⓑ 염기 변환의 결과 시토신은 구아닌과 염기쌍을 형성하고 아데닌은 티민과 염기쌍을 형성하지만 아질산에 의해 탈아미노화된 시토신인 우라실은 아데닌과 염기쌍을 형성하고 탈아미노화된 아데닌인 하이포크산틴은 시토신과 염기쌍을 형성하므로 염기전이가 일어난 것임

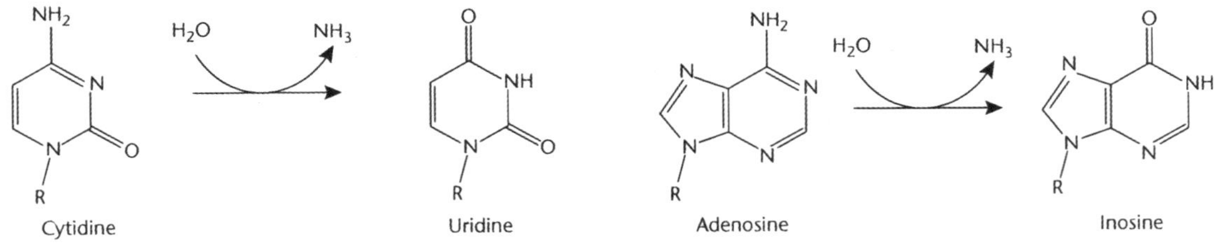

Cytidine → Uridine (H_2O → NH_3)
Adenosine → Inosine (H_2O → NH_3)

ⓒ 염기유사체 5-브로모우라실의 돌연변이 유발: 5-브로모우라실은 티민 대신 DNA 속으로 침투하는데 이것은 DNA 복제시 티민처럼 행동하고 수소결합을 변화시키지 않으므로 이때는 돌연변이가 유발되지 않음. 하지만 브롬 원자는 5-브로모우라실을 쉽게 토토머화시키는데 따라서 5-브로모우라실은 티민보다 더 쉽게 케토형에서 에놀형으로 바뀌어서 염기전이가 유발됨

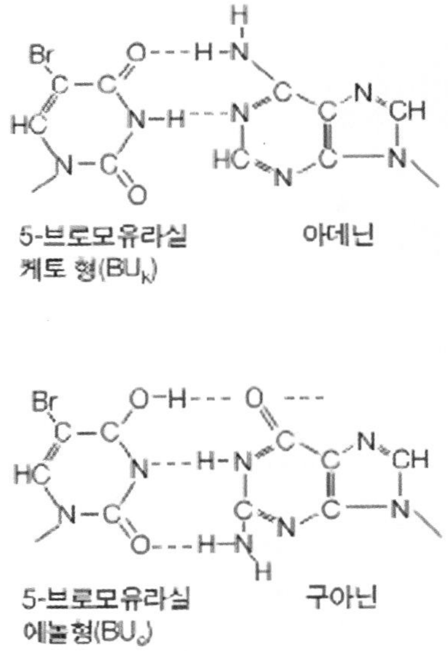

5-브로모유라실 케토 형(BU_k) 아데닌
5-브로모유라실 에놀형(BU_e) 구아닌

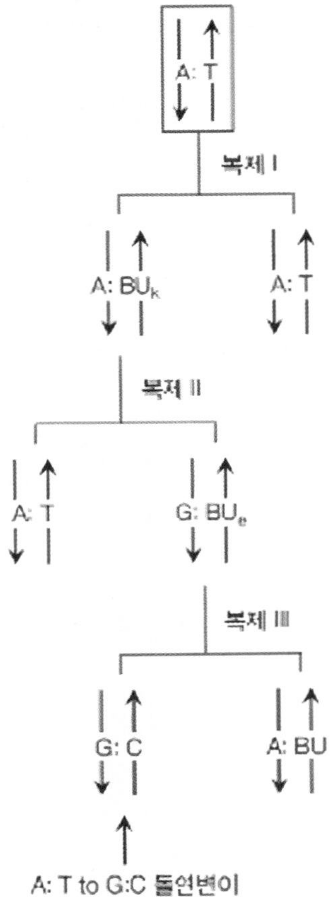

A: T
복제 I
A: BU_k A: T
복제 II
A: T G: BU_e
복제 III
G: C A: BU
A: T to G:C 돌연변이

㉣ 알킬화제: DNA의 특정 염기 구조를 변화시킬 수 있는데 예를 들어 대단히 반응성이 높은 시약인 다이메틸황산염(dimethylsulfate)은 구아닌을 메틸화시켜 O^6-메틸구아닌(O^6-—nethylguanine)을 형성하는데 이것은 시토신과 염기쌍을 형성하지 않고 티키노가 염기쌍을 형성하게 되므로 염기전이가 발생하게 됨

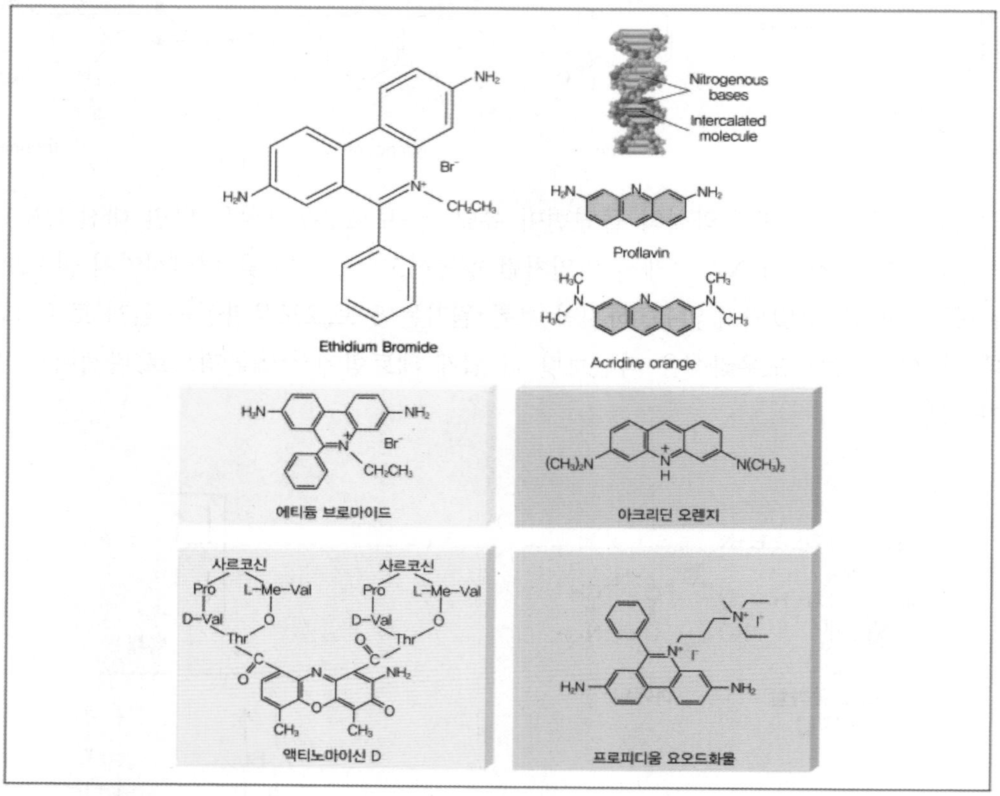

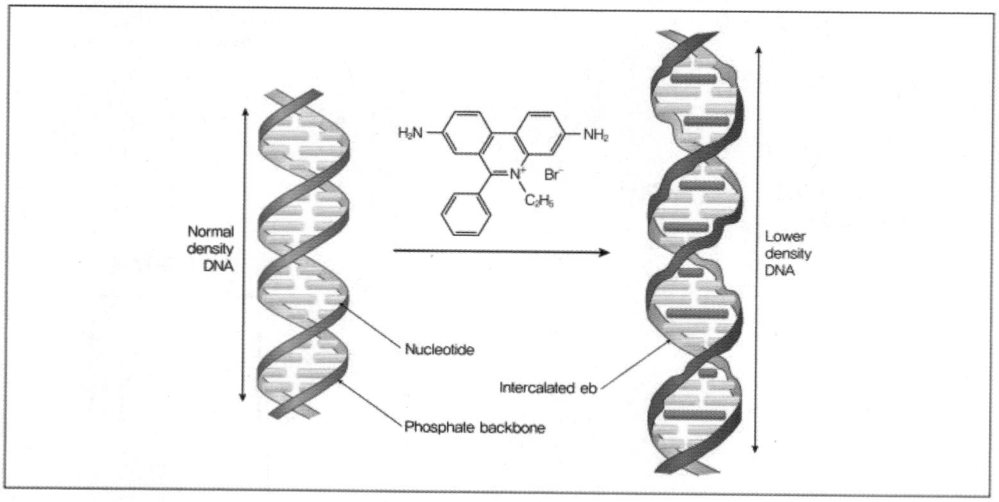

ⓐ 알킬화제의 종류

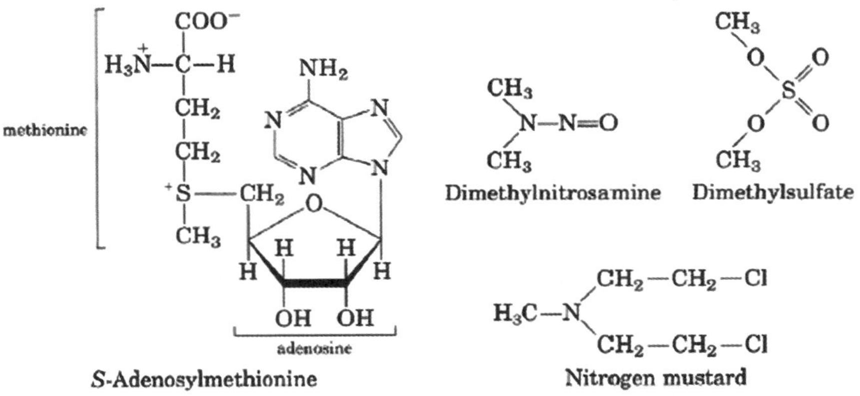

methionine

COO^-

$H_3\overset{+}{N}-C-H$

CH_2

CH_2

$^+S-CH_2$

CH_3

NH_2

N N N N O

H H H H

OH OH

adenosine

S-Adenosylmethionine

CH_3

N—N=O

CH_3

Dimethylnitrosamine

CH_3

O S O O O

CH_3

Dimethylsulfate

CH_2-CH_2-Cl

H_3C-N

CH_2-CH_2-Cl

Nitrogen mustard

ⓑ 다이메틸황산염에 의한 구아닌의 메틸화 과정

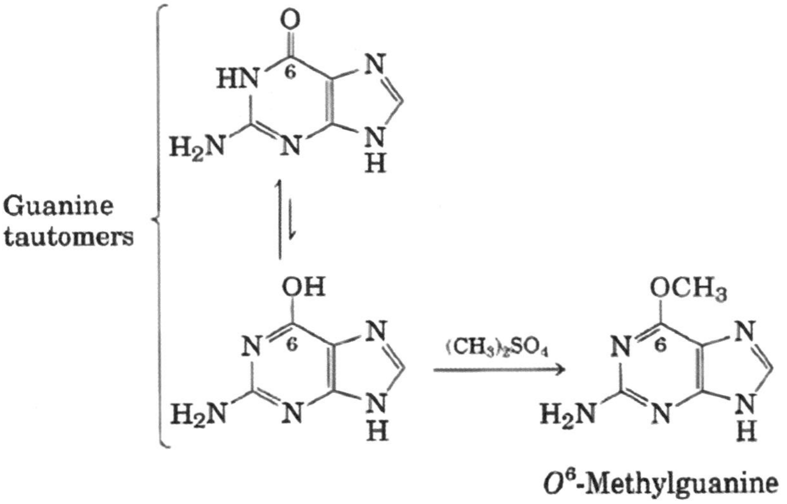

Guanine tautomers

O

HN 6 N

H_2N N N H

OH

N 6 N

H_2N N N H

$(CH_3)_2SO_4$

OCH_3

N 6 N

H_2N N N H

O^6-Methylguanine

ⓒ 아크리딘에 의한 돌연변이 유발: II형 위상이성질화효소를 방해함으로써 DNA의 끊김을 유발하여 몇 개의 뉴클레오티드가 삽입되거나 결손되게 함

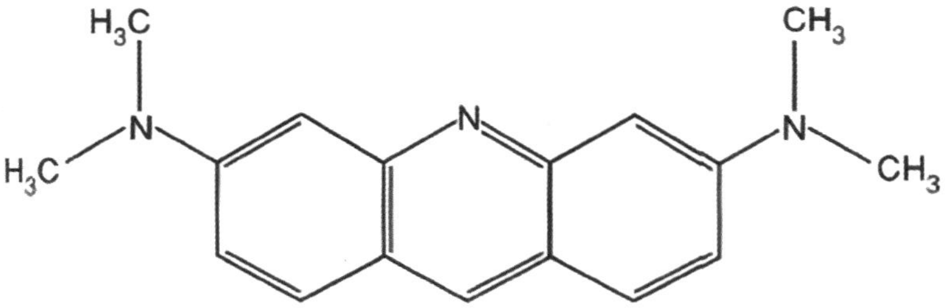

H_3C CH_3

H_3C N N N CH_3

아크리딘 오렌지

ⓑ 자외선에 의한 돌연변이 유발: 자외선은 DNA 상에서 인접한 피라미딘 염기를 연결시켜 이량체화시킴. 비록 시토신-시토신과 시토신-티민 이량체가 가끔씩 만들어지기도 하지만 자외선에 의한 주요 돌연변이 결과는 티민-티민 이량체임

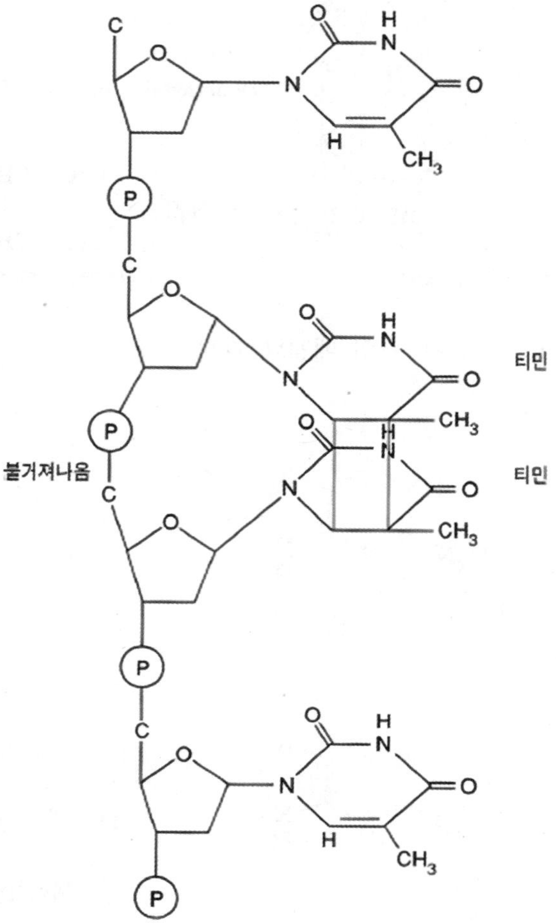

(6) 돌연변이원 검사 - Ames test

발암물질 또는 돌연변이 유발물질의 검정에 세균을 사용할 수 있는데 Ames test는 돌연변이 유발물질을 선별하기 위해 세균을 사용하는 간단하고 저렴한 방법임. 실험에는 Salmonella typhimurium his^- 영양요구성 균주를 사용함. 이것이 his^+로 복귀 돌연변이가 일어나지 않는다면 히스티딘을 함유하지 않은 배지에서는 성장할 수 없음. 또한 돌연변이 유발 효과는 생물체의 효소대사 과정에 의해 영향을 받기도 하는데 비 돌연변이 유발물질이 대사 과정 중 돌연변이 유발물질로 전환되기도 함. 이러한 과정은 포유류에 있어서 주로 간에서 일어나게 되므로 Ames test에서는 세균 체계가 포유류의 검정 체계와 유사하도록 분쇄된 간조직 효소를 활성 효소원으로 첨가해 줌

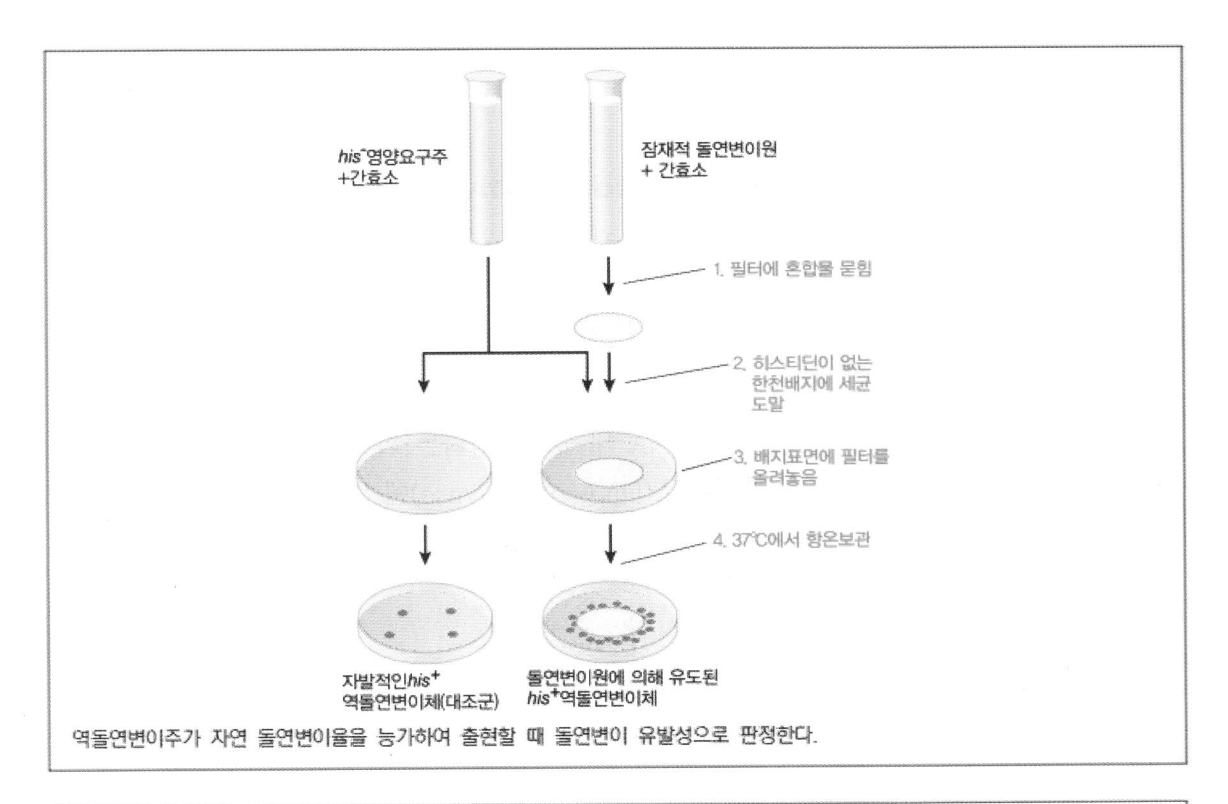

역돌연변이주가 자연 돌연변이율을 능가하여 출현할 때 돌연변이 유발성으로 판정한다.

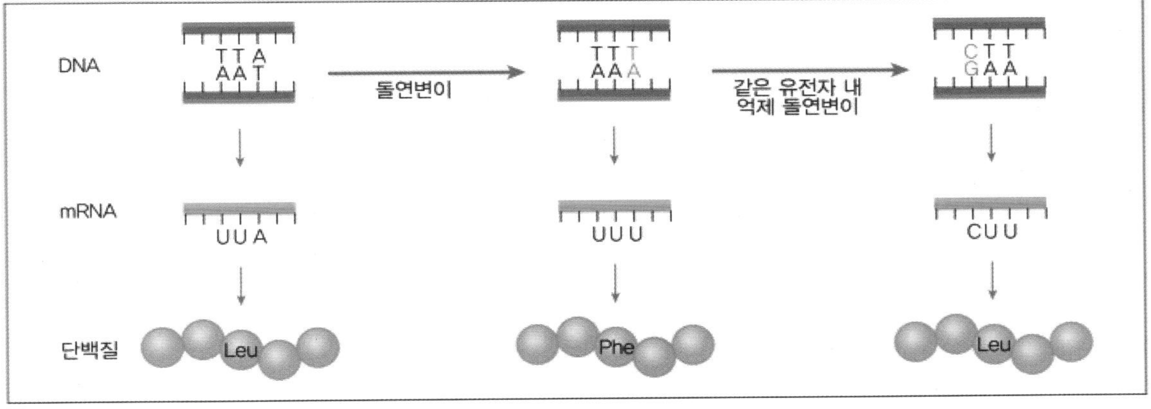

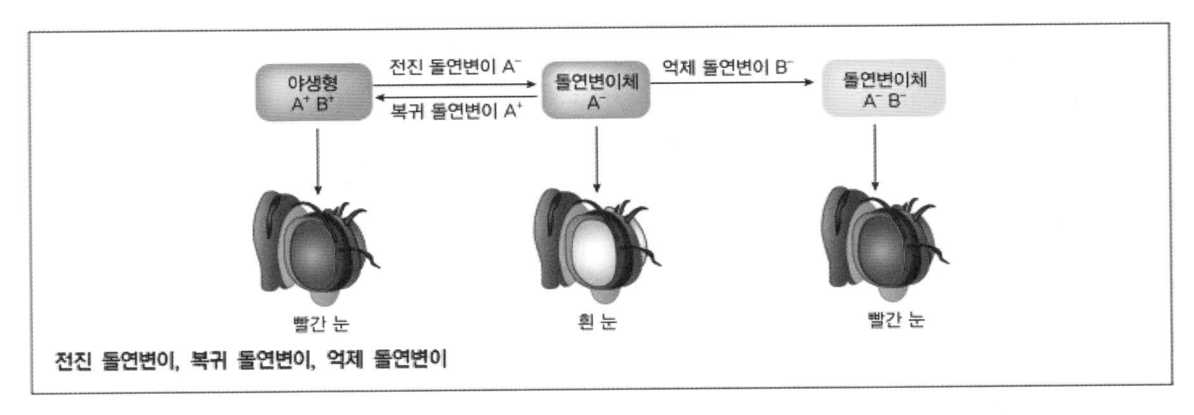

전진 돌연변이, 복귀 돌연변이, 억제 돌연변이

2 돌연변이 수선

(1) 교정(proofreading; 3'→5' exonuclease activity)

DNA 중합효소 Ⅰ, Ⅲ에 의해 잘못된 뉴클레오티드를 수정하는 교정과정이 수행됨

(2) 직접 복구(direct repair)

염기나 뉴클레오티드의 제거 없는 수선되는 복구 방식임

㉠ 광재활성화(photoreactivation): DNA 내에서 형성되는 피리미딘 이합체의 경우 가시광선에 의해 활성화된 DNA 광분해효소(DNA photolyase)에 의한 수선되는데 사람을 포함한 유태반류에게는 존재하지 않는 경우임

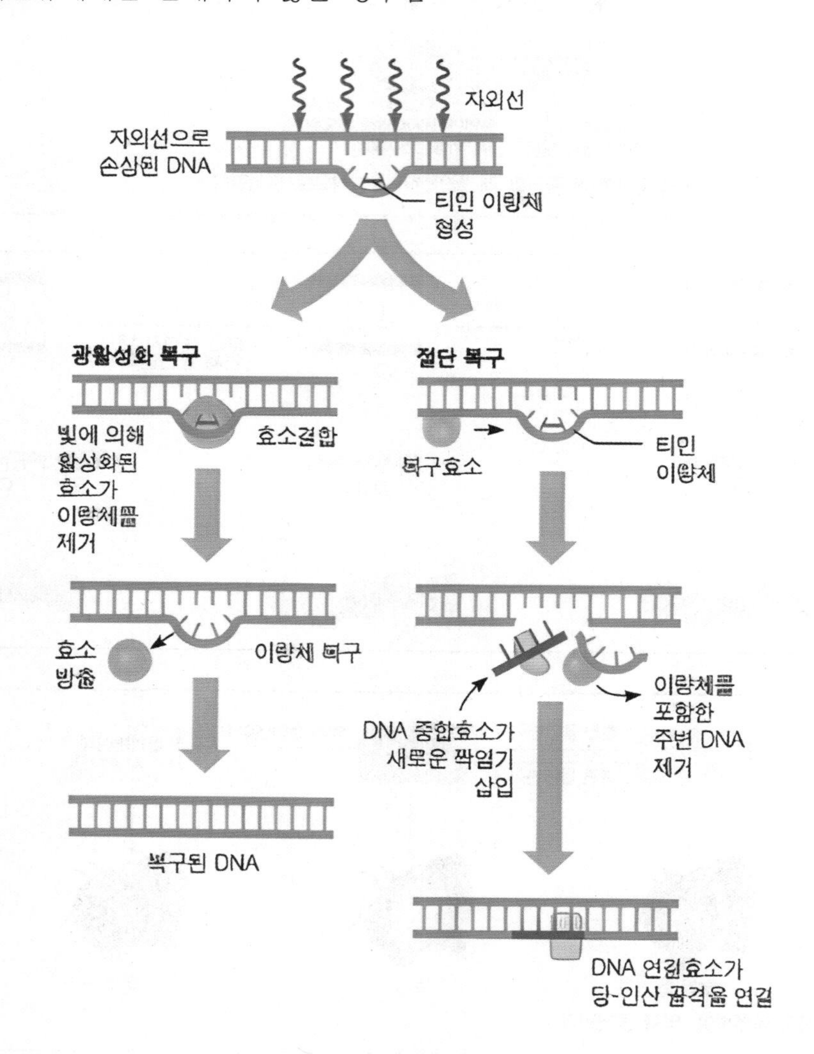

㉡ O^6-메틸구아닌-DNA 메틸트랜스퍼라아제(O^6-methylguanine-DNA methyltransferase)에 의한 작용: DNA 메틸화 물질에 의해 생기는 O^6-메틸구아닌에서 메틸기를 제거함

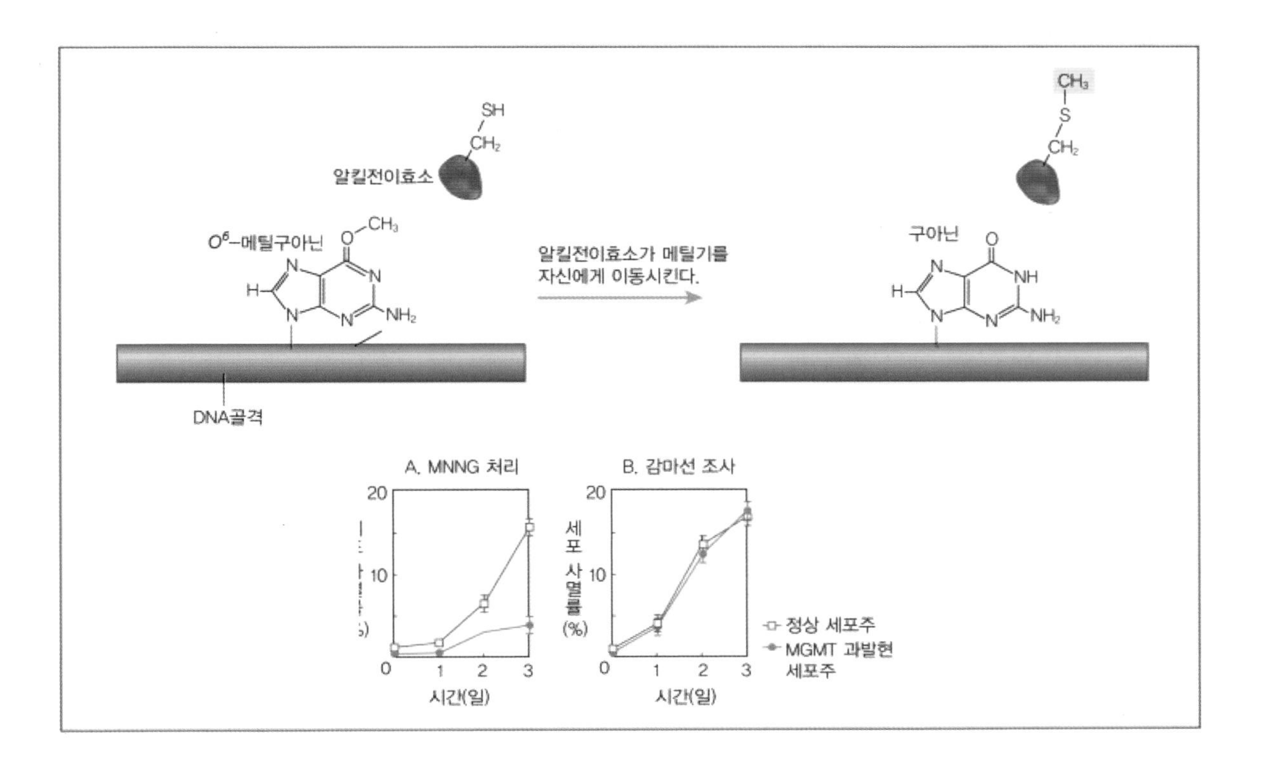

(3) 제거 복구(excision repair)

제거 복구는 DNA 분자에서 손상된 부분을 제거해서 이루어지는 일반적인 DNA 수선 수단을 일컫는데 제거복구 동안 염기와 뉴클레오티드는 손상된 가닥에서 제거되고 이 때 생긴 틈은 남아 있는 다른 가닥에 상보적으로 메워지게 됨

㉠ 염기 제거 복구(base excision repair)

① DNA glycosylase는 손상된 염기를 인식하고 염기와 DNA 골격의 디옥시리보오스 사이를 절단함

② AP endonuclease는 AP자리 근처의 인산이에스테르 결합을 절단함

③ DNA polymerase Ⅰ은 틈의 유리 3'-OH로부터 상보적인 합성을 개시하여 손상된 가닥의 일부를 제거하고 손상되지 않은 DNA로 치환함. 포유류에서는 DNA 중합효소 β가 이 일을 진행하게 됨

④ DNA polymerase Ⅰ이 해리된 후에 남아 있는 틈은 DNA ligase에 의해 연결됨

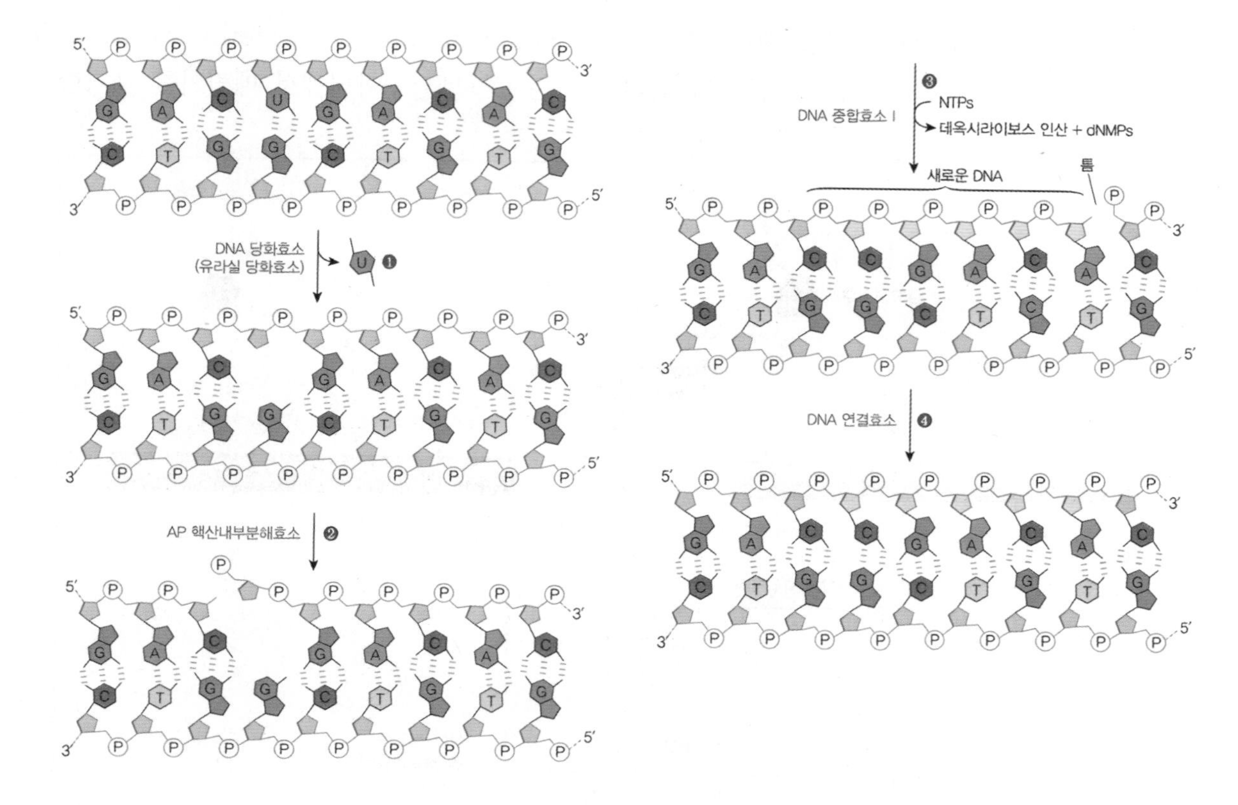

㉡ 뉴클레오티드 제거 복구(nucleotide excision repair): 염기 제거 복구가 glycosylase에 의해 시작되고 보통 하나의 뉴클레오티드를 치환하는 반면에 뉴클레오티드 제거 복구는 DNA의 뼈대에서의 변화를 감지하는 효소에 의해 시작되며 짧은 범위의 뉴클레오티드를 치환함

① exinuclease가 DNA 손상 부위와 결합하여 손상된 DNA가닥 양쪽을 절단함
② DNA 분절 13 뉴클레오티드 또는 29 뉴클레오티드가 DNA helicase에 의해 제거됨
③ 간격은 DNA polymerase에 의해 채워짐. 원핵생물의 경우 DNA 중합효소 Ⅰ에 의해 진행되고 진핵생물의 경우 DNA 중합효소 ε에 의해 진행됨
④ 남겨진 틈은 DNA ligase에 의해 연결됨

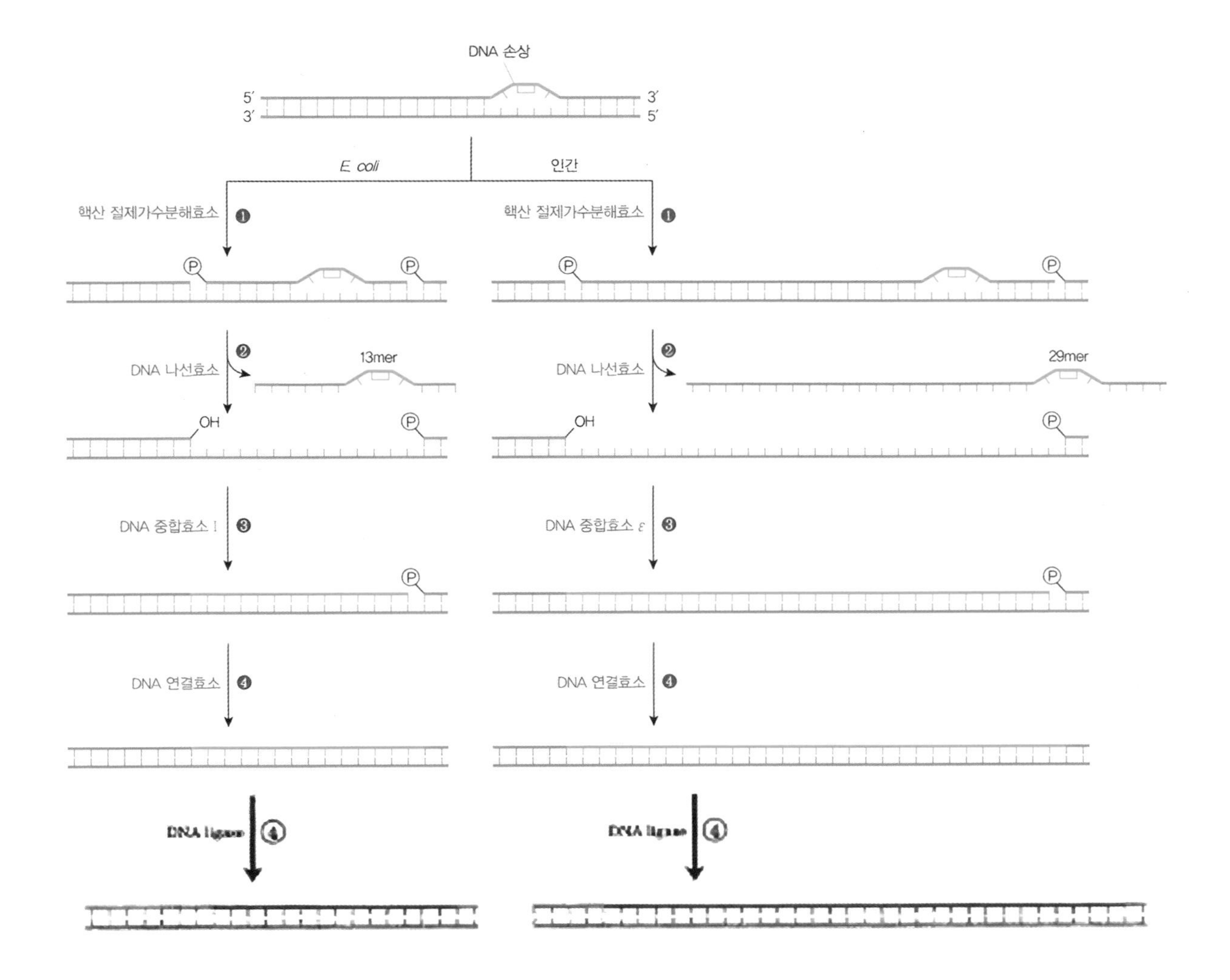

(4) 불일치 수선(mismatch repair)

DNA 메틸화효소가 대장균에서 비교적 흔한 염기서열인 5'-GATC-3'의 아데닌을 메틸화시키는데 주형가닥은 메틸화되어 있으나 새로 합성된 가닥은 메틸화되어 있지 않으므로 아직 메틸화되지 않은 가닥을 수선하는 방식임

① MutL 단백질은 MutS 단백질과 복합체를 형성하여 모든 잘못짝지움 염기쌍에 결합함

② MutL-MutS 복합체는 MutH와 결합하고 GATC 염기서열과 결합하여 잘못 짝지움 염기쌍이 형성된 부위를 중심으로 고리구조를 형성함

③ MutH 단백질은 반메틸화된 GATC 염기서열과 만나면 부위 특이적 핵산내부가수분해효소(site-specific endonuclease)가 활성화되어 메틸화되지 않은 DNA 가닥의 GATC 염기서열에 작용하여 G의 5'쪽 인산이에스테르결합을 가수분해하여 신생가닥의 절단을 촉매함

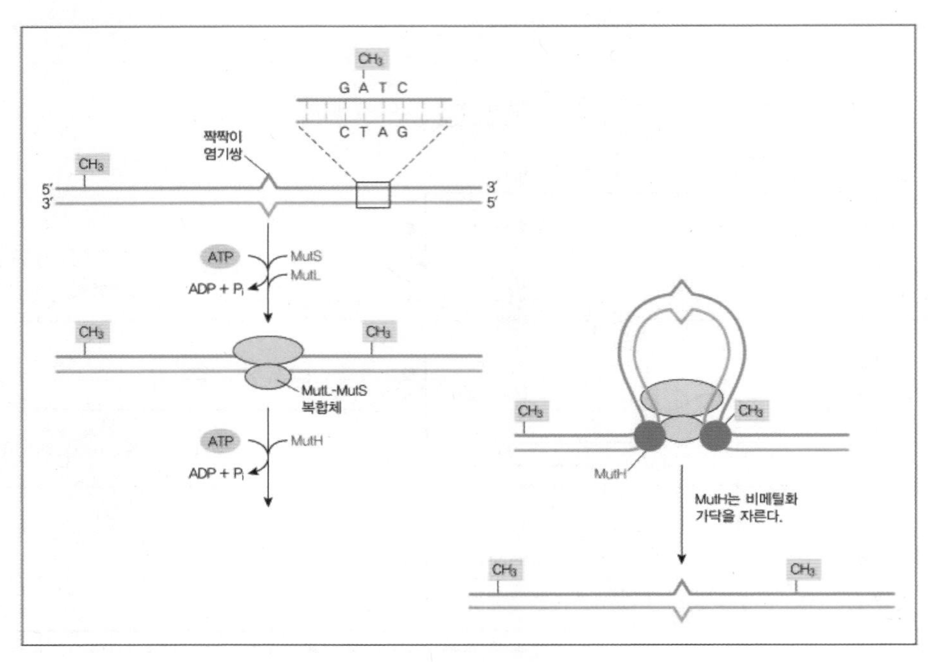

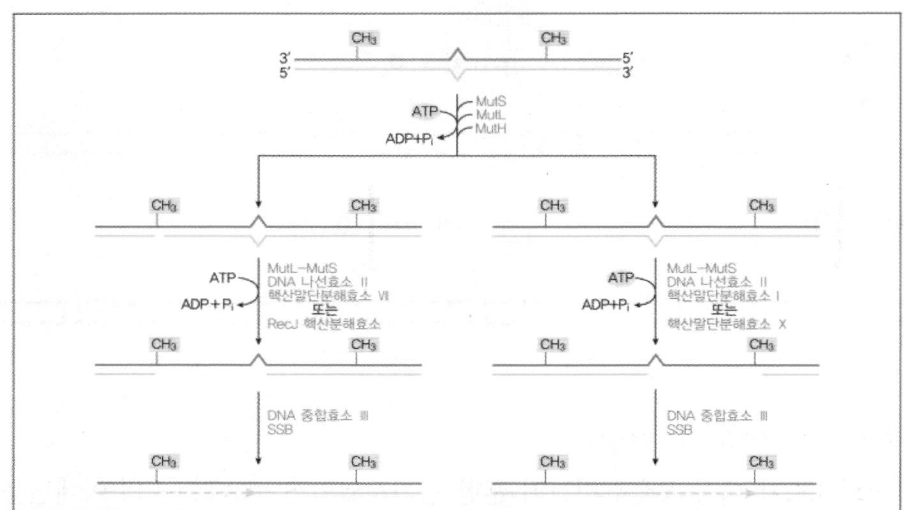

④ 잘못짝지움 염기쌍에 대해 절단이 3'쪽에서 형성되면 DNA 나선효소 II가 SSBP의 도움을 받아 메틸화되지 않은 가닥을 풀고 이어서 exonuclease I 또는 exonuclease X가 5'→3' 방향으로 뉴클레오티드를 제거해나감. 이와 같은 뉴클레오티드의 제거는 잘못짝지움 염기쌍을 바로 지날 때까지 지속됨. 잘못짝지움 염기쌍에 대해 절단이 5'쪽에서 형성되면 3'→5' 방향으로 뉴클레오티드를 제거하는 exonuclease VII 또는 RecJ exonuclease가 뉴클레오티드 제거에 이용됨

⑤ exonuclease에 의해 제거된 지역은 DNA 중합효소 III의 중합활성을 통해 DNA가 다시 채워지며 이후 DNA 리가아제가 절단된 부위를 연결시켜 수선은 완성됨

(5) 복제후 수선(postreplicative repair)

DNA 복제의 실패로 인해 생기는 틈에서 일어나는 DNA 수선 과정으로 때때로 재조합 수선이라고도 불림

㉠ RecA 단백질과 LexA 단백질

ⓐ RecA 단백질: DNA 수선 과정 상에서 손상된 단일가닥이 자매 이중가닥을 침입하게 하는 역할을 수행하며 LexA와 반응하여 LexA의 활성을 억제하는 역할도 수행함. 상해나 심한 스테레스가 세포에 가해졌을 경우 단일가닥 DNA가 생성되는데 이런 단일가닥 DNA에 의해 활성화되어 LexA를 불활성화시키는 것임

ⓑ LexA 단백질: SOS 수선에 관련된 유전자의 발현을 억제하는 인자로서 SOS 상자(SOS box; 5'-CTGX$_{10}$CAG-3')라는 공통서열에 결합하여 전사를 억제함

㉡ RecA 의존적인 복제 후 DNA 수선 과정

① DNA 복제 동안 DNA 중합효소 Ⅲ가 티민 이량체를 지나침

② RecA 단백질의 도움으로 티민 이량체가 있는 단일가닥 DNA가 새로 생긴 정상적인 이중가닥을 공격함

③ 핵산중간분해효소(endonuclease)가 티민 이량체의 양 옆에 새로 생긴 이중가닥 틈을 형성하여 티민 이량체가 존재하는 이중가닥을 형성하게 하고 새로 생긴 이중가닥은 단일 가닥으로 남게 함

④ DNA 중합효소 Ⅰ과 리가아제의 작용으로 수선과정이 완료됨

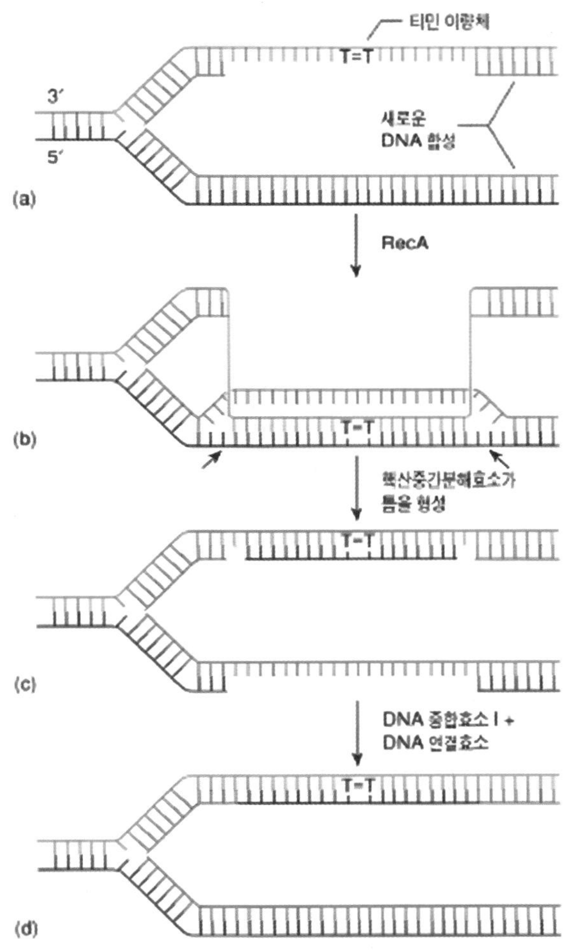

㉢ SOS 반응(SOS reponse): DNA 손상에 대응하여 세포가 수행하는 다양한 반응으로 DNA 손상을 세포가 보내는 신호로 간주하여 국제조난신호인 SOS에 비유해서 명명하였음. SOS 수선, 돌연변이나 용원파지의 용균성 생활사 유발, 세포분열의 저해 등 SOS 반응에 관여하는 다양한 SOS 기능이 알려져 있음. 대장균은 DNA에 장애가 생기면 20가지 이상의 유전자가 발현하여 수선하는데 SOS 신호가 없을 때에는 SOS 상자에 LexA 단백질이 결합하여 유전자 발현을 억제함. DNA 손상이 일어나서 그 곳에

외가닥 부위가 생기거나 복제장치의 고장 등으로 외가닥 부위가 생기면 RecA 단백질이 활성화되어 LexA 단백질과 상호작용하여 LexA는 SOS 상자에 대한 결합능력을 상실함. 그 결과 SOS 상자 하류의 유전자가 발현되며 회복이 완료되어 단일가닥 부분이 소실되면 LexA의 농도도 회복되어 유전자 발현은 억제되고 원래 상태로 되돌아감

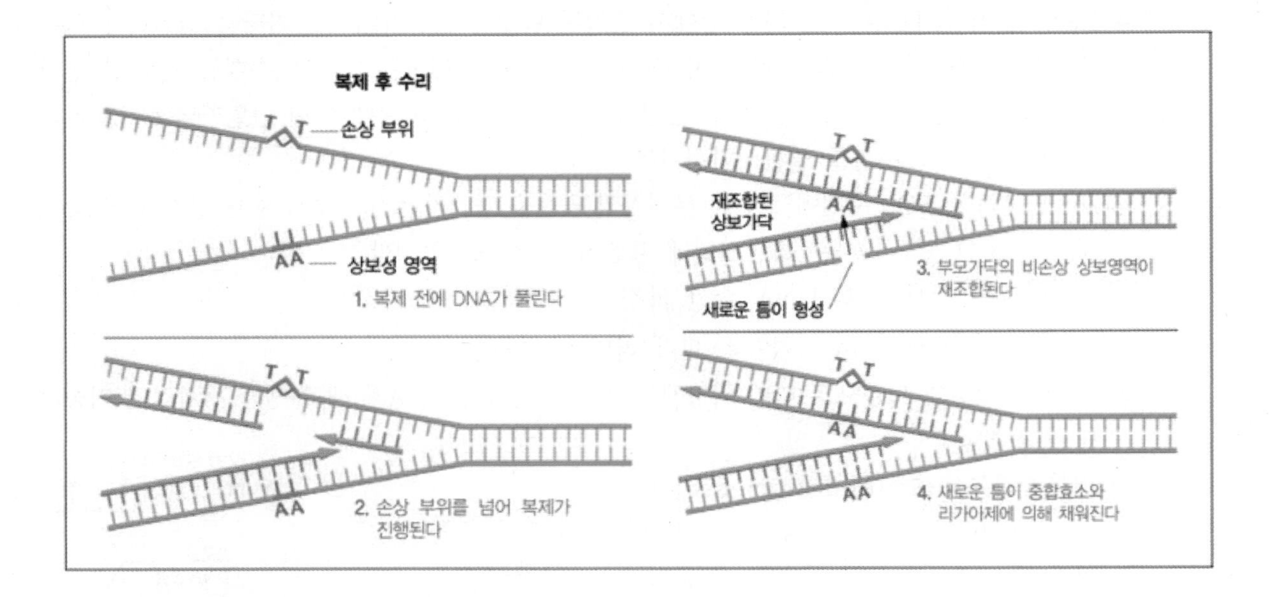

16 바이러스

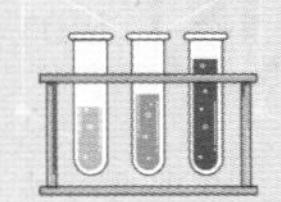

1 바이러스의 발견

(1) 바이러스(virus)

생물체의 기본단위인 세포보다 작은 존재로서 숙주세포 내에서만 증식하고 흔히 숙주에 질병을 유발함

(2) 바이러스의 존재 발견

19세기 말에 네덜란의 과학자 베이에르닉은 담배모자이크병을 연구하고 있었는데 이 질병은 감염성이 있으므로 세균성이라고 믿어지고 있었음. 그러나 추출물이 세균을 살균할 수 있는 여과지를 통과한 후에도 감염성이 없어지지 않는 것을 관찰했음

실험 1800년대 후반 네덜란드 델프트의 기술학교에서 베이에링크(Martinus Beijerinck)는 담배모자이크병을 일으키는 감염체의 특성을 조사했다[당시에는 이를 반점병(spot disease)이라 불렀다].

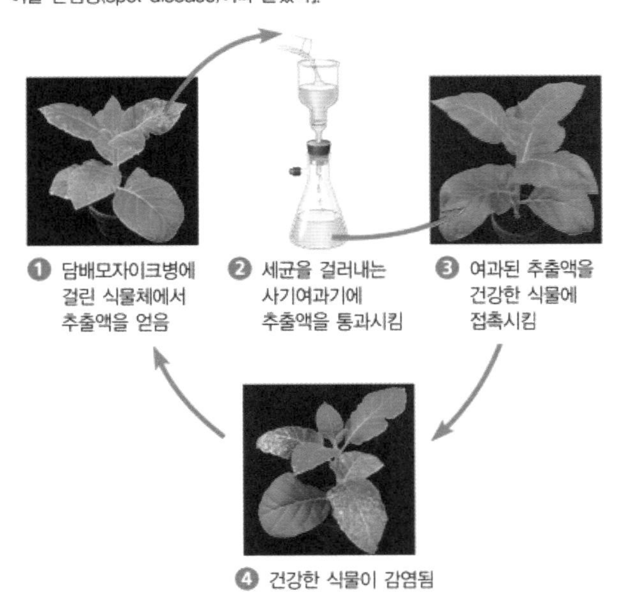

결과 여과된 추출액을 건강한 식물체에 문질렀을 때 건강한 식물이 감염되었다. 병든 식물에서 추출하여 여과한 여과액은 또 다시 다른 식물체를 감염시킬 수 있었다. 이 과정을 여러 차례 반복하여도 같은 결과를 얻었다.

결론 감염체가 세균을 걸러내는 여과기를 통과한 것으로 보아 세균은 아닌 것으로 보인다. 감염체가 식물체 사이를 여러 차례에 걸쳐 옮겨가도 여전히 병을 일으키는 것에서 감염체는 식물체 내에서 증식할 수 있어야 한다.

2 바이러스의 일반적 특징

(1) 생물과 무생물의 중간형

핵산과 이를 둘러싸고 있는 단백질 및 경우에 따라 몇가지 효소로 이루어진 생물학적 활성을 가진 작은 입자임

㉠ 생물적 특성

ⓐ 핵산과 단백질로 구성됨. 일부의 바이러스는 외피를 갖는데 외피는 숙주의 지질막에서 얻어지고 지질막은 바이러스의 당단백질(envelope glycoprotein)을 지님

ⓑ 숙주세포 내에서 자기증식과 유전을 수행됨

ⓒ 돌연변이를 통해 유전적 변이를 나타냄

㉡ 무생물적 특성

ⓐ 숙주 밖에서는 단백질 결정체로 존재함

ⓑ 숙주 밖에서는 물질대사를 수행하지 못함

(2) 바이러스의 항생제 내성

숙주세포 내에서만 번식하는 절대적 세포내 기생자로서 자신의 효소체계에 의해 물질대사를 수행하지 못하므로 항생제에 의해서도 영향을 받지 않음

(3) 바이러스 일반적 생활사

① 바이러스가 숙주세포로 들어간 다음 껍질을 벗고 바이러스 DNA와 캡시드 단백질을 방출함

② 숙주 효소가 바이러스 유전체를 복제함

③ 그동안 숙주 효소는 바이러스 유전체에서 바이러스 mRNA를 전사하고 여기에 또 다른 숙주의 효소가 작용하여 바이러스 단백질을 합성함

④ 바이러스 유전체와 캡시드 단백질이 새로운 바이러스 입자로 조립되어 세포 바깥으로 방출됨

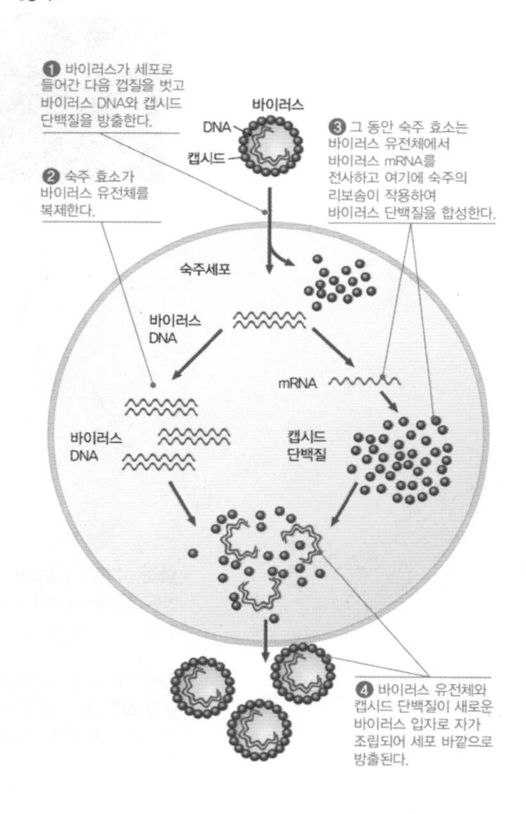

3 바이러스의 분류

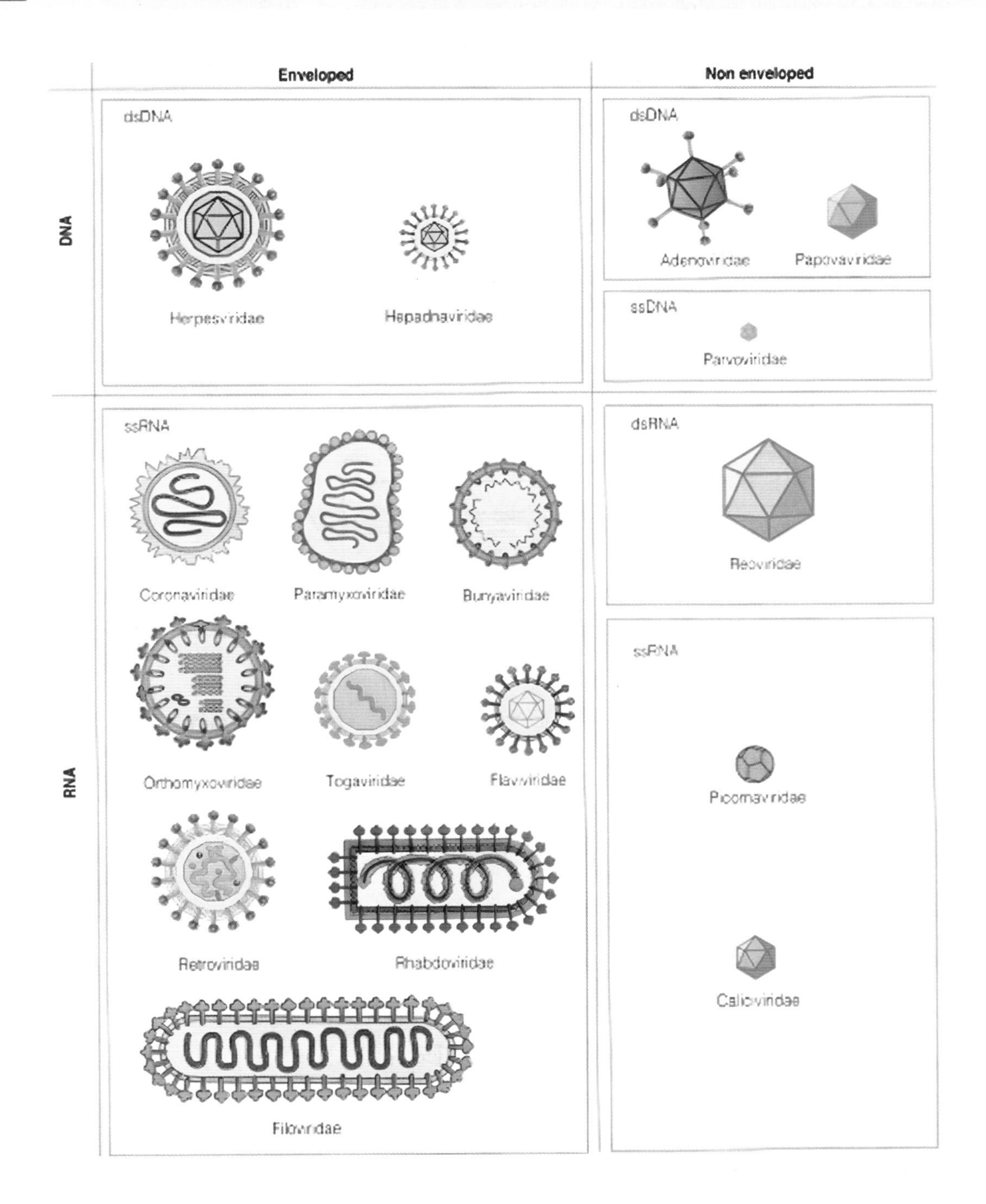

Enveloped
Non enveloped
DNA
RNA
dsDNA
Herpesviridae
Hepadnaviridae
dsDNA
Adenoviridae
Papovaviridae
ssDNA
Parvoviridae
ssRNA
Coronaviridae
Paramyxoviridae
Bunyaviridae
Orthomyxoviridae
Togaviridae
Flaviviridae
Retroviridae
Rhabdoviridae
Filoviridae
dsRNA
Reoviridae
ssRNA
Picornaviridae
Caliciviridae

(1) 유전체의 종류에 따른 바이러스 분류

바이러스는 게놈의 특성에 따라 크게 7가지 종류로 나눌 수 있음

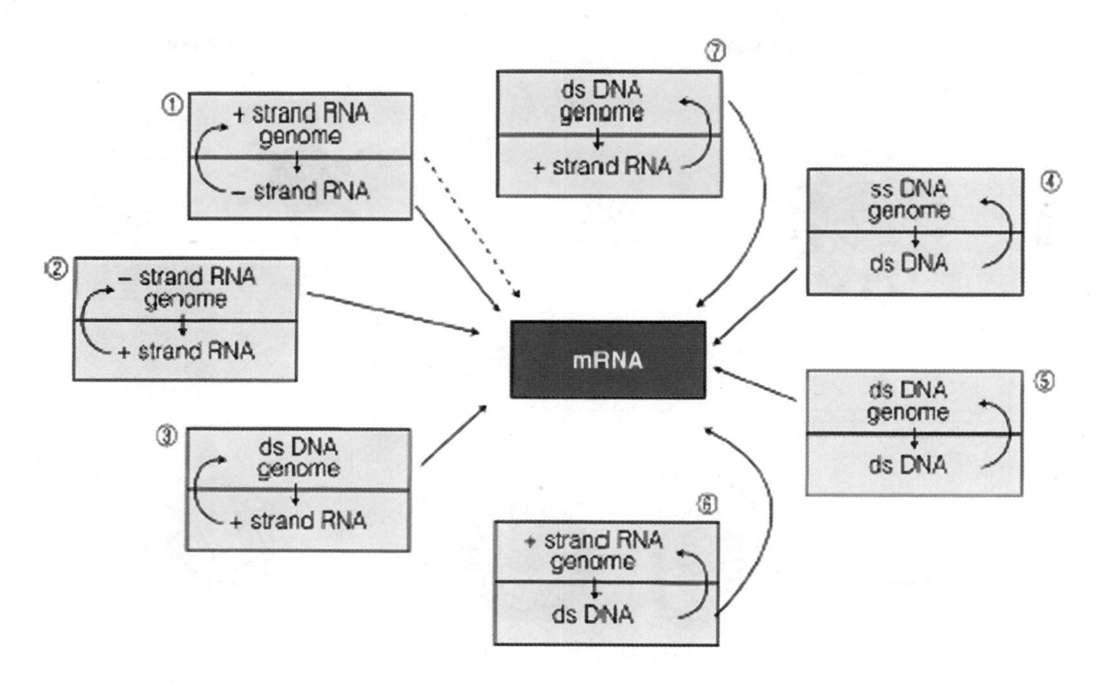

① 이중가닥 DNA 바이러스: 이중가닥 DNA 게놈을 지님. 게놈 DNA가 mRNA 전사와 DNA 복제에 주형으로 이용됨

② 단일가닥 DNA 바이러스: 단일가닥 DNA를 게놈으로 가짐. DNA 게놈을 일단 이중가닥으로 DNA로 전환한 후 mRNA 전사 및 DNA 게놈 복제를 시작함

③ 이중가닥 RNA 바이러스: 게놈 RNA가 이중가닥 RNA임. 양성가닥 RNA를 중간체로 하여 유전자 복제가 수행됨. 즉, 2개의 가닥을 갖고 있지만 사실상 복제 메커니즘은 음성가닥 RNA 바이러스와 유사함

④ 양성, 단일가닥 RNA 바이러스: 게놈 RNA가 mRNA와 동일한 극성을 지님. 또한 게놈 RNA가 직접 mRNA로 이용됨. 즉, 양성가닥 RNA 바이러스라고 불림. 게놈 RNA의 보완적 가닥인 음성가닥 RNA를 중간체로 하여 유전자 복제가 수행됨. 복제의 중간체인 음성가닥 RNA가 mRNA 전사의 주형으로 이용되기도 함

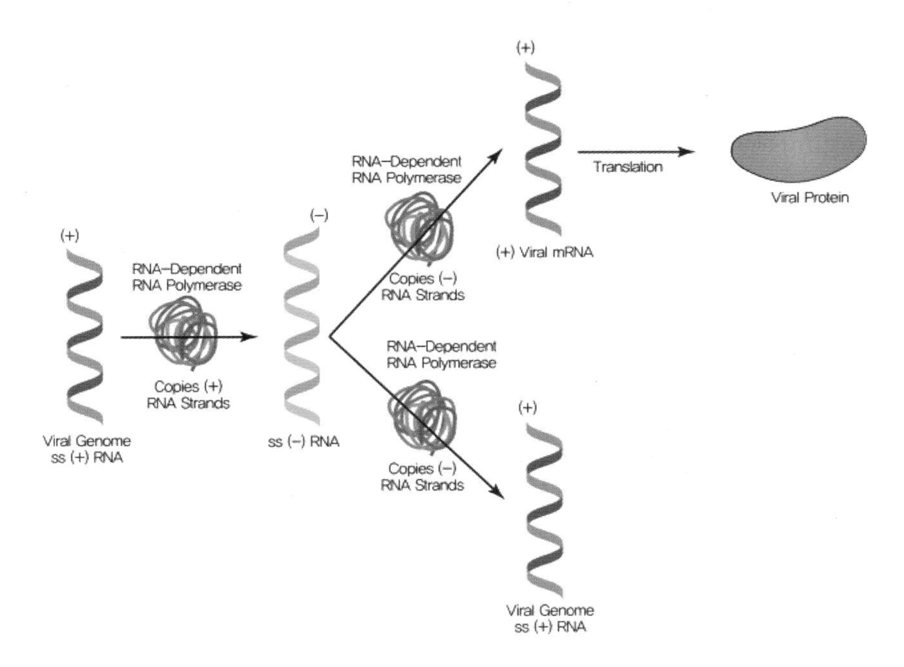

⑤ 음성, 단일가닥 RNA 바이러스: 게놈 RNA가 mRNA의 반대 극성을 지님. 그래서 음성가닥 RNA 바이러스라고 불림. 게놈 RNA인 음성가닥 RNA를 주형으로 mRNA가 전사됨. 양성가닥 RNA를 중간체로 하여 게놈 복제가 수행됨

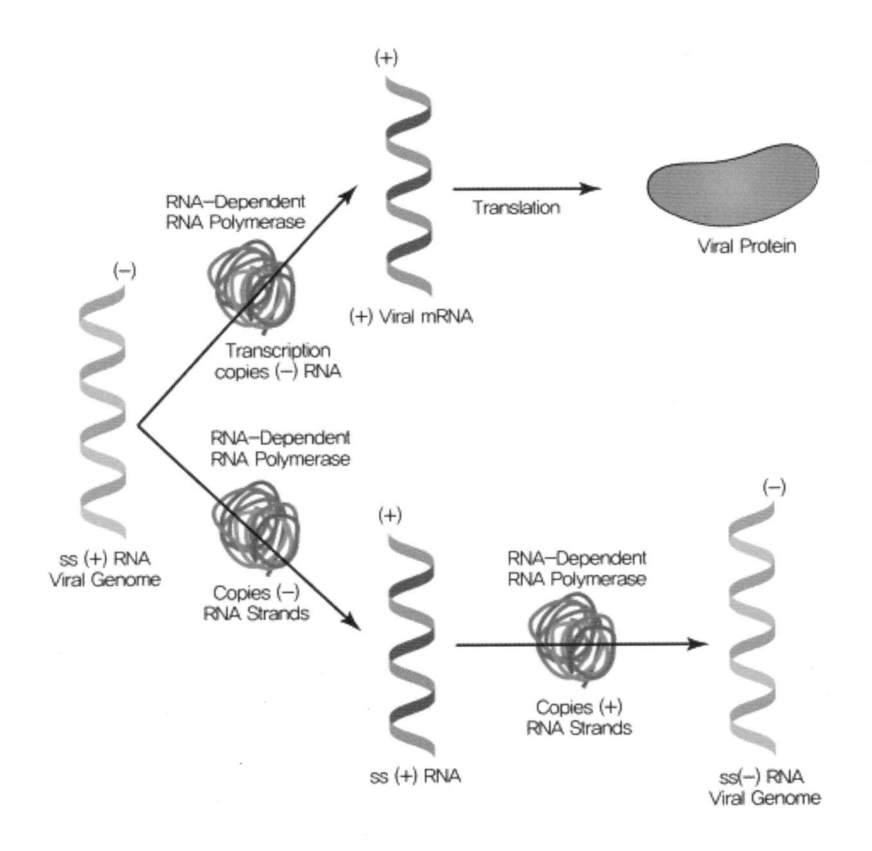

⑥ 역전사바이러스: RNA 게놈을 갖지만 다른 RNA 바이러스와는 달리 역전사 반응으로 복제함. 역전사로 DNA를 얻은 후 이 DNA가 mRNA 전사에 주형으로 작용함. 이 RNA는 입자에 packaging된 후 세포 밖으로 방출되므로 바이러스 입자는 RNA 게놈을 갖게 됨. 게놈 RNA는 mRNA와 동일한 극성이지만 mRNA로 이용되지는 않음

(2) 캡시드의 모양

나선형이나 정이십면체 등 다양한 모양을 형성함

(3) 막성 외피의 존재 유무

㉠ 노출 바이러스(naked virus): 핵산과 단백질 껍질인 캡시드로 구성되며 외피가 없음

㉡ 외피 바이러스(enveloped virus): 핵산과 단백질 껍질 주위를 숙주세포막에서 유래한 바이러스 외피가 둘러싸고 있음

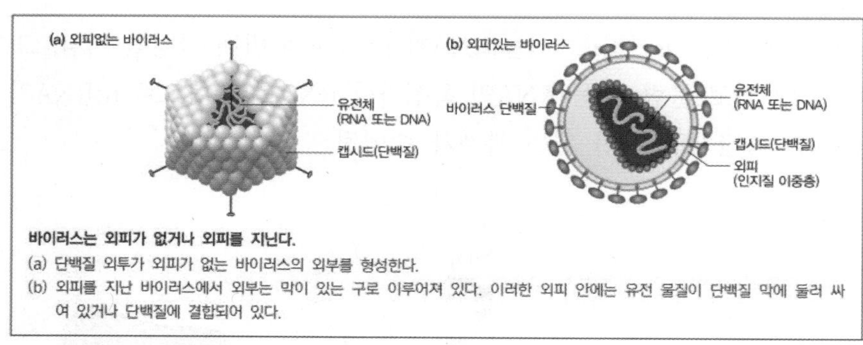

바이러스는 외피가 없거나 외피를 지닌다.
(a) 단백질 외투가 외피가 없는 바이러스의 외부를 형성한다.
(b) 외피를 지닌 바이러스에서 외부는 막이 있는 구로 이루어져 있다. 이러한 외피 안에는 유전 물질이 단백질 막에 둘러 싸여 있거나 단백질에 결합되어 있다.

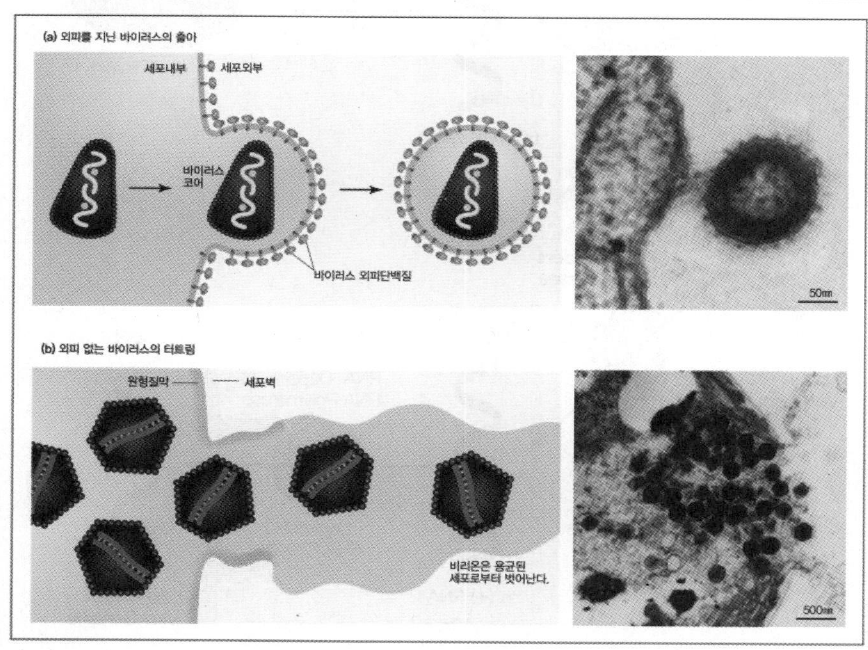

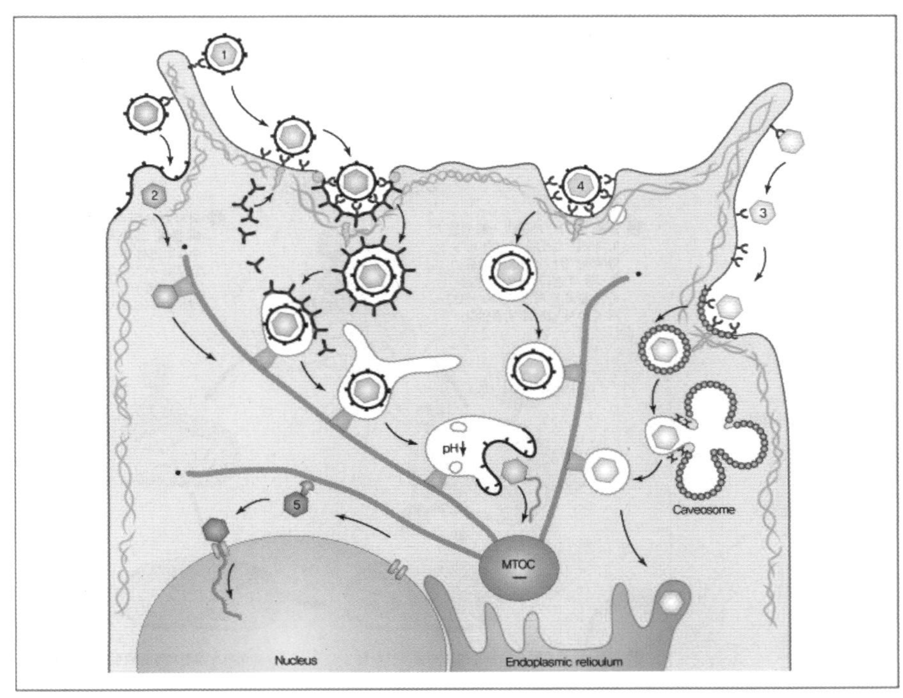

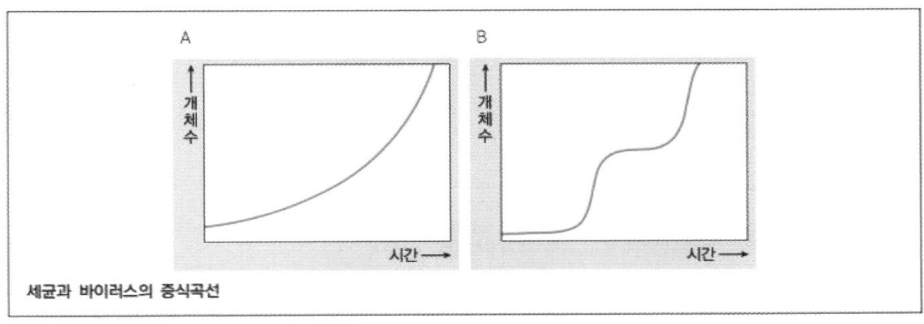

세균과 바이러스의 증식곡선

(4) 숙주의 종류

세균, 식물, 동물 등에 감염하며 특히 세균에 감염하는 바이러스를 박테리오파지 또는 파지라고 함

4 박테리오파지의 생활사와 λ 파지

(1) 용균성 생활사(lytic cycle)

박테리오파지가 증식하면서 최종적으로 숙주세포를 사멸시키는 증식 경로로 감염의 마지막 단계를 의미하며 세균이 파괴되면서 세포 안에서 생성된 파지 입자들을 방출하게 됨. 용균성

생활사만을 영위할 수 있는 파지를 독성 파지(virulent phage)라고 하며 T2, T4 파지 등이 이에 속함

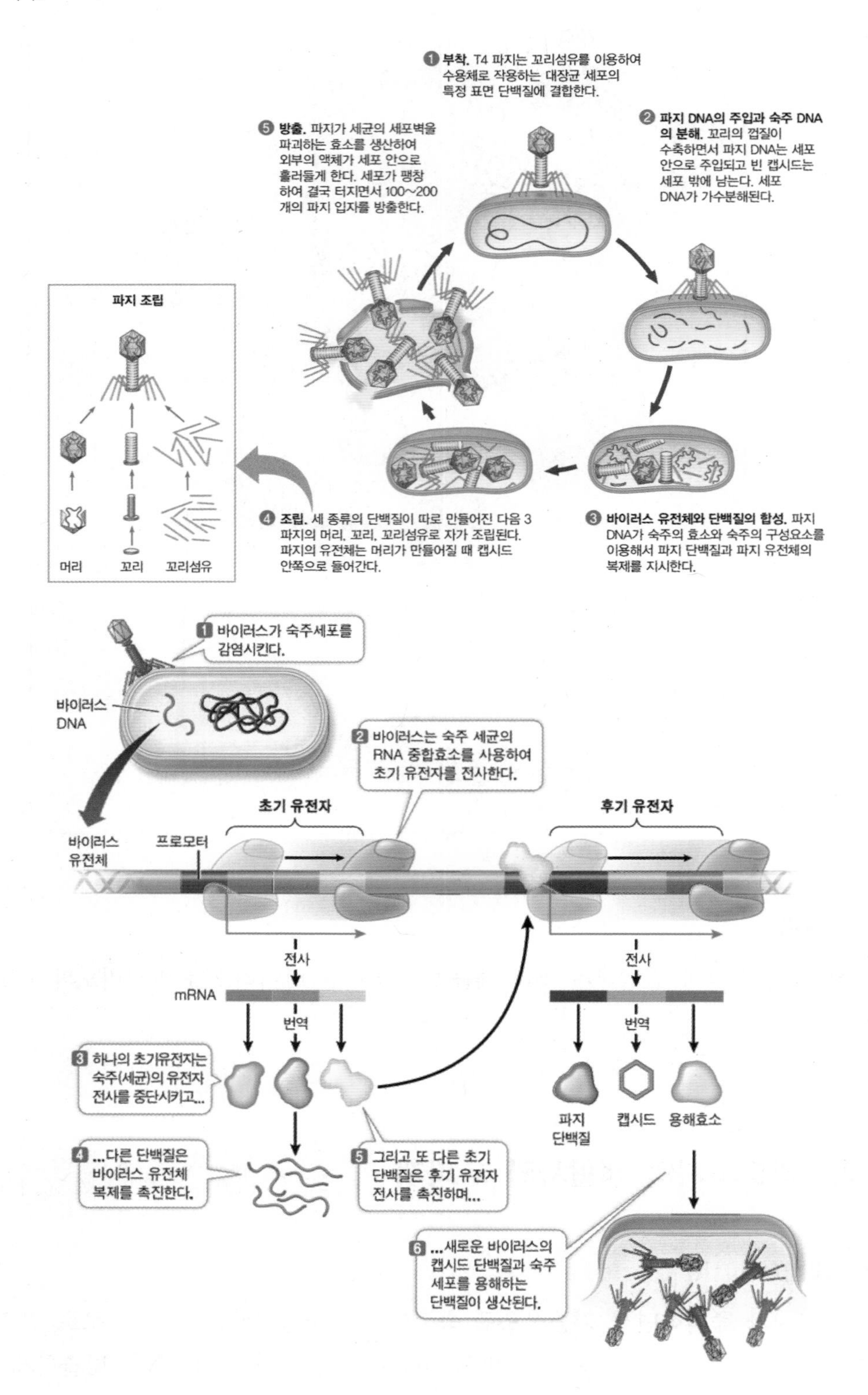

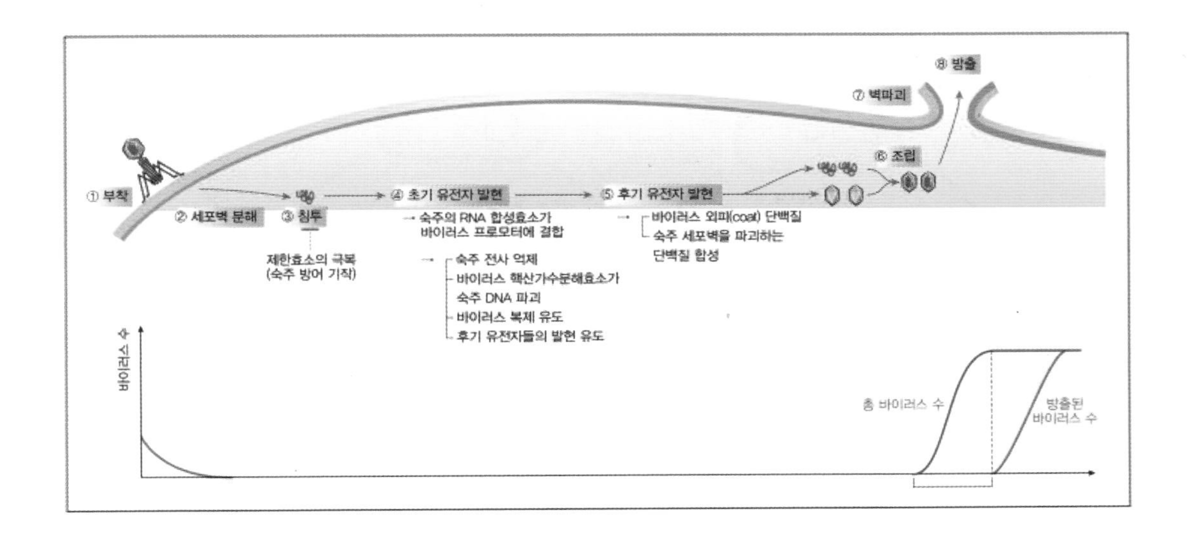

① 부착: 숙주세포 표면 세포벽에 존재하는 특정한 수용체에 꼬리를 부착함

② 침투: 바이러스 DNA를 숙주세포 내로 도입하는 과정으로 파지의 캡시드는 세포 밖에 남게 됨

③ 복제 및 유전자 발현: 숙주의 리보솜과 RNA 중합효소 등을 이용하여 바이러스의 mRNA 및 바이러스 단백질을 생산하고 생산된 바이러스 중합효소에 의하여 바이러스 DNA 복제가 일어나는 과정으로 이 때 생산된 바이러스 단백질 중 일부는 숙주의 염색체 DNA를 절단하여 바이러스 유전물질 합성에 이용될 수 있게 함

④ 조립: 새로 합성된 바이러스 캡시드와 바이러스 DNA 등이 함께 조립되어 파지 입자가 완성됨

⑤ 방출: 파지가 생산한 세포막분해효소에 의하여 숙주의 세포막의 분해되고 세포가 파열되면서 조립된 100~300개의 파지 입자가 방출됨

(2) 용원성 생활사(lysogenic cycle)

숙주세포를 파괴하지 않은 채 파지의 유전체가 복제될 수 있는 생활사임. 용균성 생활사와 용원성 생활사를 모두 지니는 파지를 온건성 파지(temperate phage)라고 하며 λ파지가 이에 속함

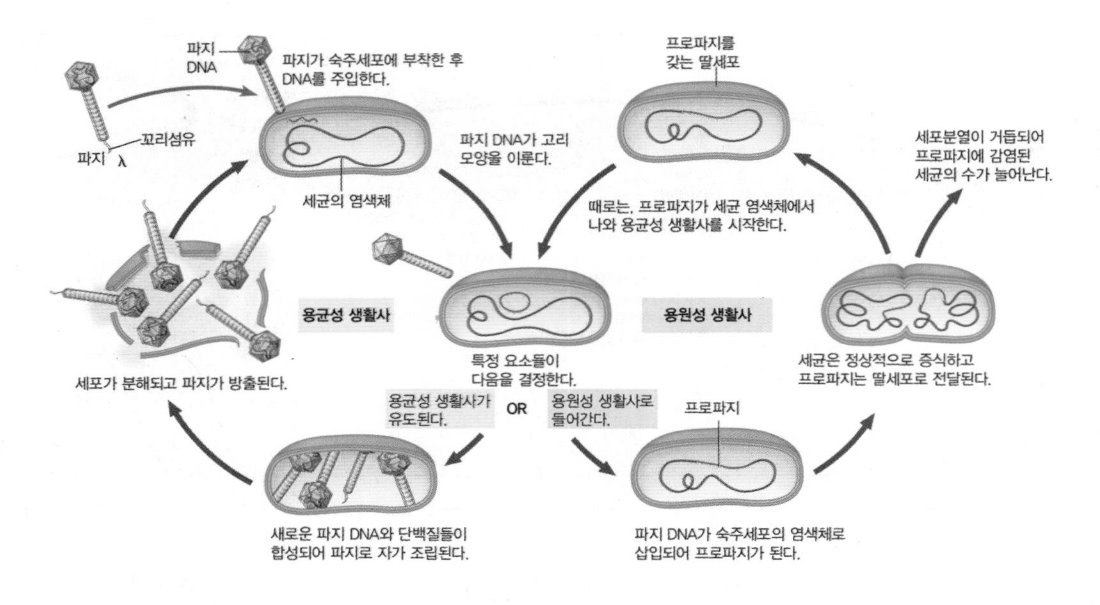

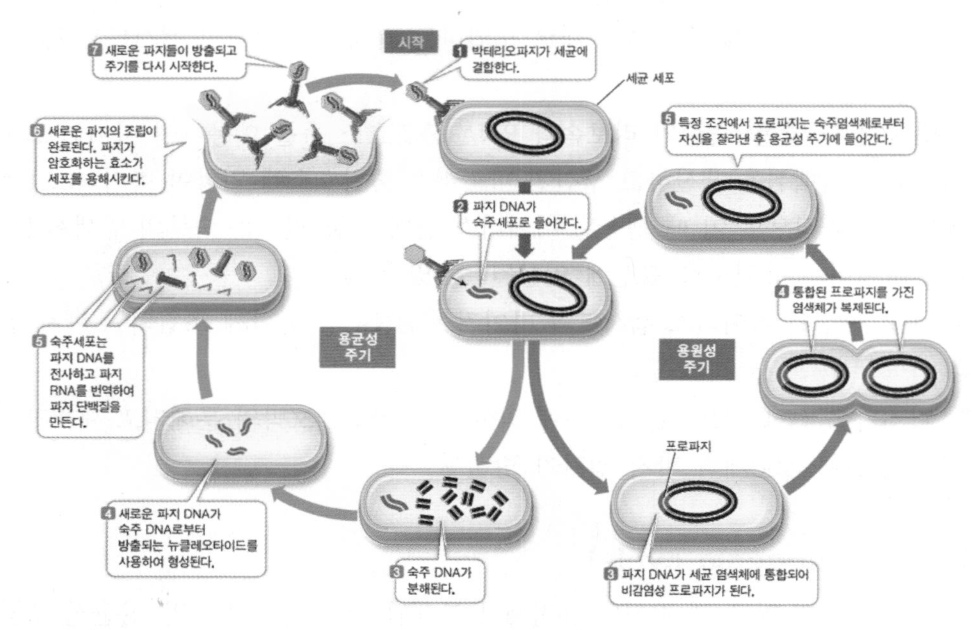

① λ파지가 세포 표면에 결합하여 선형 DNA 유전체를 도입함

② 숙주 안에서 λ DNA 분자는 환형으로 전환됨

③ 용원성 생활사를 따르게 되면 λ DNA 분자는 대장균 염색체의 특정한 자리에 삽입되는데 삽입된 파지의 DNA를 프로파지(prophage)라고 함. 파지에서 만들어 내는 단백질인 λ 삽입효소가 세균과 파지의 환형 DNA 특정 부위가 재조합에 관여하며 이를 위치 특이적 재조합이라고 함. 재조합이 일어나게 되는 파지의 재조합 부위는 POP'라고 하고 세균의 염색체 재조합 부위는 BOB'라고 함

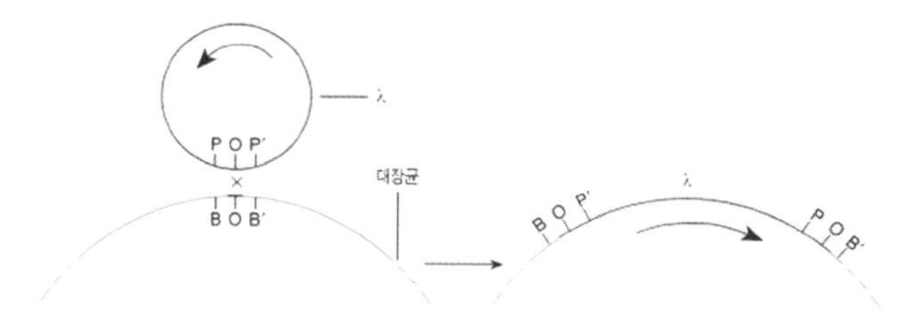

④ 용균성 생활사를 따르게 되면 바이러스 유전자는 즉시 숙주세포를 λ-생성공장으로 변환시켜 세포가 곧 용해되면서 바이러스 산물을 방출함

(3) λ파지의 유전적 전환

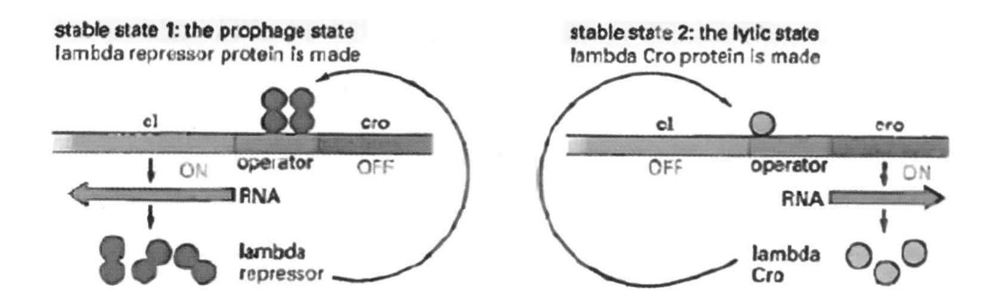

㉠ c I 와 cro의 작용: 초기 유전자(c I , cro)의 산물인 조절단백질 c I , Cro는 파지 DNA 상의 작동유전자(operator) 부위에 결합하여 서로의 유전자 발현을 억제함. λ 억제자라고 불리는 c I 는 cro 유전자의 발현을 억제하여 용원성 생활사 관련 유전자의 발현을 활성화시키는 반면 Cro 단백질은 c I 유전자의 발현을 억제하여 용균성 생활사 관련 유전자 발현을 활성화시킴

㉡ 용원성 생활사와 용균성 생활사: 건강한 대장균 숙주에서는 c I 의 합성이 높고 그로 인해 Cro의 합성이 낮아져 파지는 용원성 생활사에 돌입하나 숙주 세포가 돌연변이원에 의해 손상받았다거나 다른 스트레스를 받게 되면 c I 는 분해되어 기능을 잃게 되고 따라서 Cro의 합성은 높아져 파지는 용균성 생활사에 돌입함

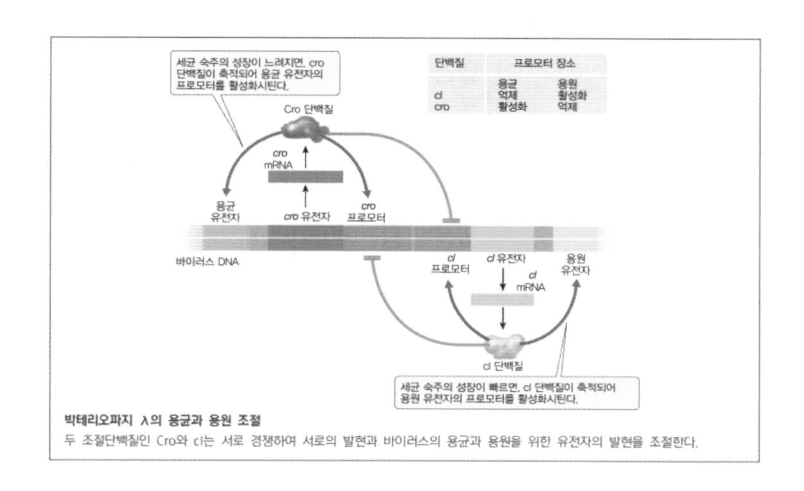

박테리오파지 λ의 용균과 용원 조절
두 조절단백질인 Cro와 cI는 서로 경쟁하여 서로의 발현과 바이러스의 용균과 용원을 위한 유전자의 발현을 조절한다.

5 동물 바이러스(animal virus)

(1) 동물 바이러스의 분류

	분류군	외피 유무	바이러스 예시 및 유발 질환
Ⅰ.	이중가닥 DNA (dsDNA)		
	아데노바이러스(adenovirus)	없음	호흡기 질환
	파포바바이러스(papovavirus)	없음	파필로마바이러스(자궁경부암), 폴리오마바이러스(동물종양)
	허피스바이러스(herpesvirus)	있음	단순허피바이러스 1형과 2형(단순포진, 생식기포진), 엡스타인-바 바이러스(전염성단핵구증가증, 버킷림프종)
	폭스바이러스(poxvirus)	있음	두창바이러스, 우두 바이러스
Ⅱ.	단일가닥 DNA (ssDNA)		
	파보바이러스(parvovirus)	없음	B19 파보바이러스(심하지 않은 발진)
Ⅲ.	이중가닥 RNA (dsRNA)		
	레오바이러스(reovirus)	없음	로타바이러스(설사), 콜라라도 진드기 바이러스
Ⅳ.	단일가닥 RNA (ssRNA): mRNA와 극성일 동일한 양성(+) 가닥임		
	피코나바이러스(picornavirus)	없음	리노바이러스(일반감기), 소아마비바이러스, A형간염바이러스
	코로나바이러스(coronavirus)	있음	SARS(severe acute respiratory stndrome)
	플라비바이러스(flavivirus)	있음	황열병바이러스, 웨스트나일바이러스, C형간염바이러스
	토가바이러스(togavirus)	있음	루벨라바이러스, 말뇌염바이러스
Ⅴ.	단일가닥 RNA (ssRNA): mRNA 합성의 주형(-)으로 작용		
	필로바이러스(filovirus)	있음	에볼라바이러스(출혈열)
	오소믹소바이러스(orthomyxovirus)	있음	독감바이러스
	파라믹소바이러스(paramyxovirus)	있음	홍역바이러스, 유행성이하선염바이러스
	랍도바이러스(rhabdovirus)	있음	광견병바이러스
Ⅵ.	단일가닥 RNA (ssRNA): DNA 합성의 주형으로 작용		
	레트로바이러스(retrovirus)	있음	인간면역결핍바이러스(HIV: AIDS유발), RNA종양바이러스(백혈병)

(2) 동물 바이러스의 일반적인 생활사

바이러스의 생활사는 크게 7단계로 나뉨

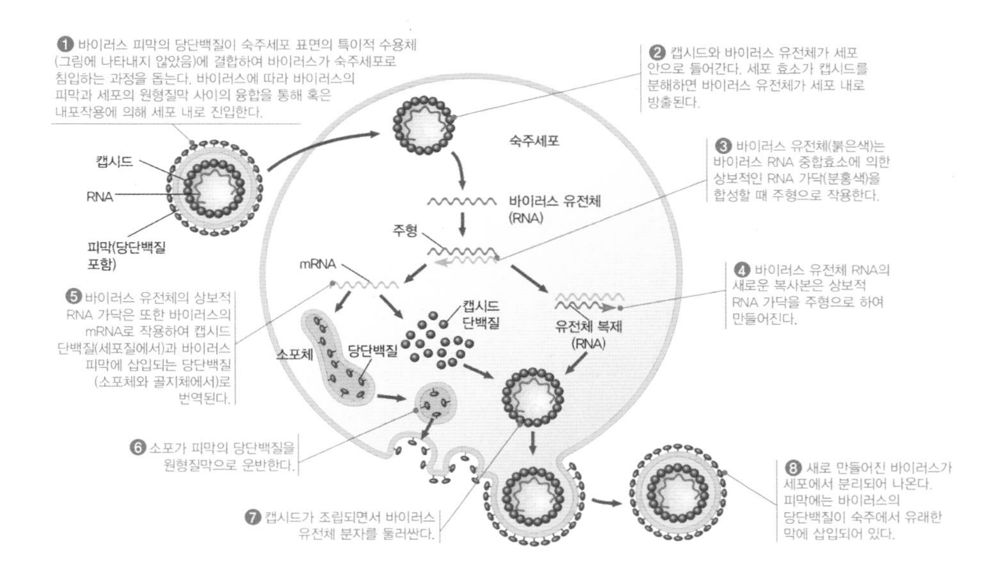

① 부착: 세포막에 위치한 두 종류의 분자 수용체 및 부착인자가 작용함. 부착인자는 단순히 바이러스 입자에 붙어서 세포 표면에 바이러스 입자를 모아주는 역할을 하지만 수용체는 입자에 붙은 후 입자의 세포 내 진입을 촉진하는 작용을 함

② 진입: 바이러스가 부착한 후의 단계로서 바이러스 입자의 진입 과정과 캡시드가 벗겨지는 탈피 과정은 흔히 연결되어 수행됨. 바이러스에 따라 진입과정은 크게 세 가지로 구분됨

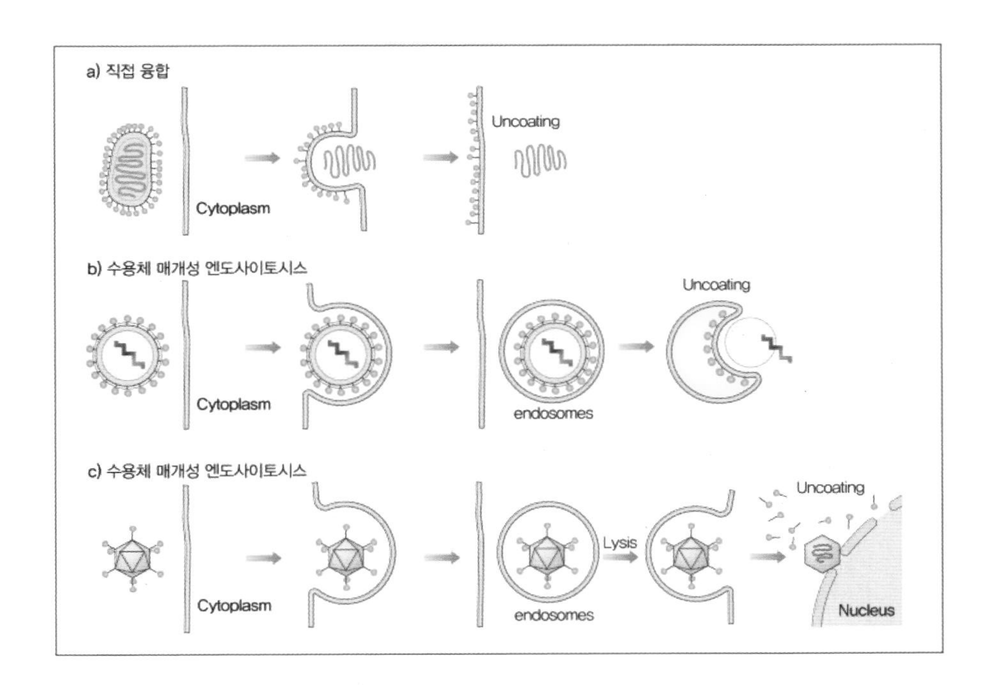

ⓐ 외피 바이러스: HIV 등 일부 외피 바이러스는 직접융합을 통해 진입하는데 바이러스 입자가 세포막에 있는 수용체에 붙은 후 바이러스 외피막과 세포막 간의 융합으로 캡시드가 세포질로 진입하게 되며 이 경우 바이러스 막 단백질이 세포막에 남게 됨. 독감바이러스 등의 대다수 외피 바이러스는 수용체 매개 내포작용을 통해 진입하는데 수용체가 세포막의 특정부위에 모여 coated pit를 형성하고 이곳이 세포 안쪽으로 진입하면서 엔도솜이 형성됨. 이 때 외피 당단백질이 엔도솜의 낮은 pH에 의해 구조 변화가 일어나고 융합 단백질이 활성화되어 막 융합이 일어나게 됨

ⓑ 노출 바이러스: 막 융합을 할 수 없으므로 수용체 매개 내포작용을 통해 진입하며 외피 바이러스와 마찬가지로 엔도솜 내의 산성 pH에 의해 탈피가 일어남

ⓒ 탈피: 바이러스 입자가 세포 내로 진입한 후 바이러스 게놈이 노출되는 과정으로서 흔히 진입 단계와 연결되어 일어남. 세포 내 진입 후 캡시드가 바이러스 유전자가 발현 또는 복제되는 장소로 이동해야 하는데 일부 바이러스는 캡시드의 이동에 숙주세포의 세포골격이 작용한다고 알려짐. 한편 핵에서 게놈 복제가 일어나는 바이러스는 게놈을 둘러싸고 있는 캡시드가 핵 근처로 이동해야 하며 핵으로 이동하는 캡시드의 경우에 뉴클레오시드 구성 단백질이 흔히 NLS 서열을 갖고 있음

ⓓ 유전자 발현 및 복제: 유전자 발현 및 복제의 경우 바이러스의 종류마다 그 양상이 다양함. 다만 번역 및 스플라이싱은 전적으로 숙주에 의존하는 것이 특징임

ⓔ 조립: 조립은 캡시드 조립 단계와 지질막으로 둘러싸이는 착외피 과정으로 구분됨. 캡시드 조립과 착외피가 순차적으로 진행되는 경우도 있지만 이 두 과정이 공조되면서 수행되기도 함

ⓕ 방출: 노출 바이러스는 캡시드가 형성된 후 대개의 경우 세포 용해에 의해 세포 밖으로 방출되나 대부분의 외피형은 세포막이나 소포체, 골지체와 같은 세포소기관의 막을 통해 세포 밖으로 나가게 되며 이를 출아라고 함

ⓖ 성숙: 레트로바이러스에서 잘 알려진 과정으로 캡시드에 packaging된 바이러스의 프로테아제에 의해 캡시드 단백질이 절단되며 캡시드의 형태적 변화가 수반됨

(3) 대표적인 동물 바이러스의 구조와 특성 - HIV와 독감 바이러스

㉠ HIV의 구조와 특성

ⓐ 입자구조: HIV는 외피를 가지며 외피에는 당단백질인 SU 단백질 gp120, gp41와 TM (transmembrane)단백질이 존재함. 외피 속에는 캡시드가 있고 외피와 캡시드 사이의 공간에는 MA(matrix) 단백질이 존재함. 캡시드는 p24로 불리는 단백질 소단위(CA)로 구성되며 캡시드 내에는 두 분자의 RNA 게놈과 RNA 결합 단백질이 RNA를 둘러싸고 있음. 그 외에 RT(reverse transcriptase), IN(integrase), PR(protease) 등이 캡시드내에 존재함

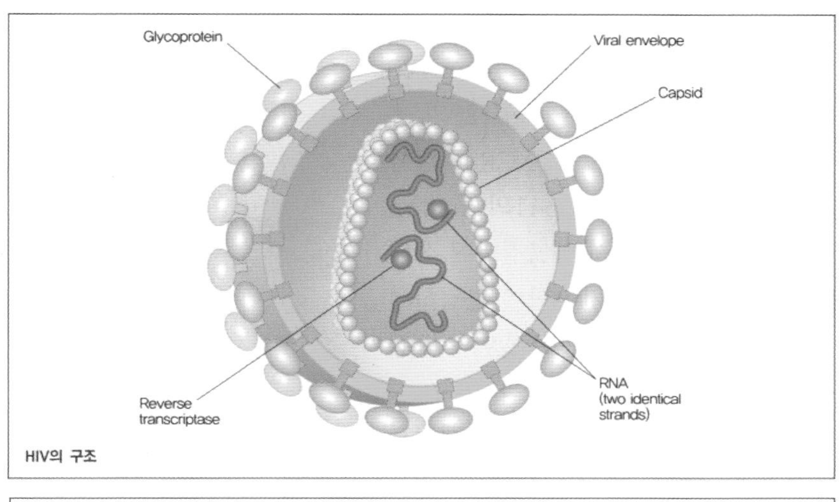

HIV의 구조

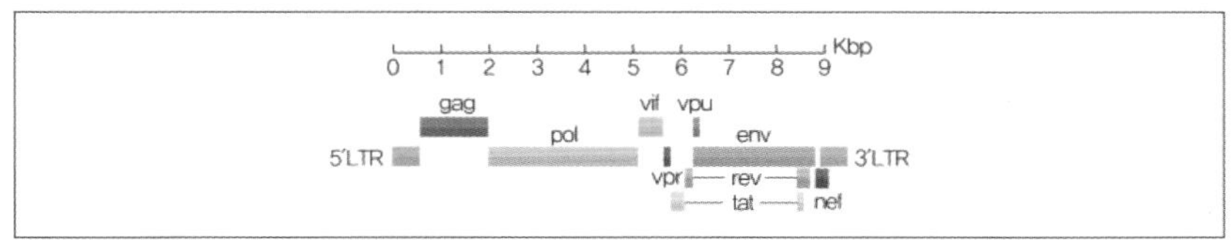

ⓑ 게놈 RNA와 mRNA: HIV는 특이하게도 동일한 게놈 RNA를 두 분자 가지고 있음. mRNA는 게놈 RNA와 동일한 극성을 지니며 Gag, Pol, Env의 ORF를 암호화함. Gag는 MA, CA, NC 단백질로 각각 잘리며 Pol은 PR, RT, IN 단백질로, Env는 SU와 TM 단백질로 잘림

ⓒ 숙주 세포: HIV의 수용체인 CD4와 공수용체인 CCR5, CXCR4를 발현하는 보조 T세포에 감염하게 됨

ⓓ 감염 주요 증상: CD4 T세포 수가 서서히 감소하여 면역결핍이 유발되는데 이로 인해 기회 감염이 발생하여 다수의 폐렴 등의 감염성 질환을 갖게 됨

ⓔ HIV의 생활사

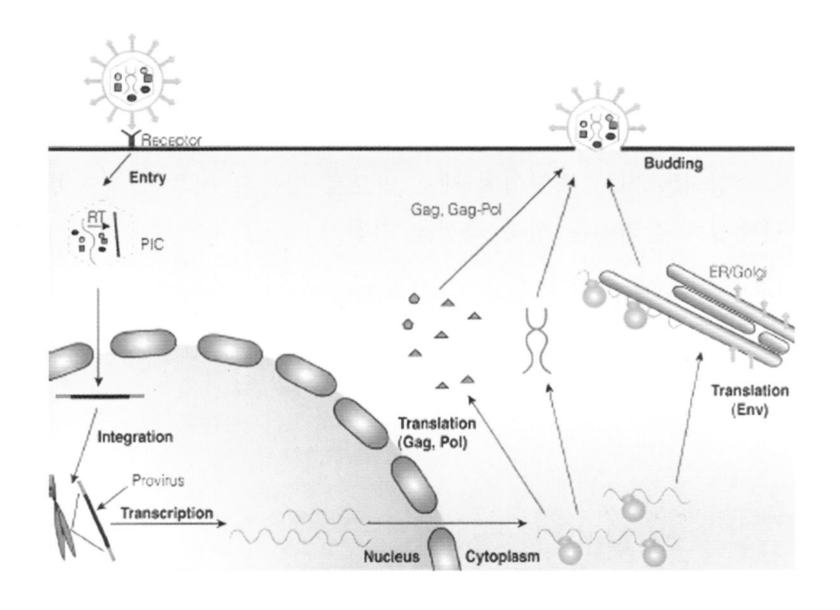

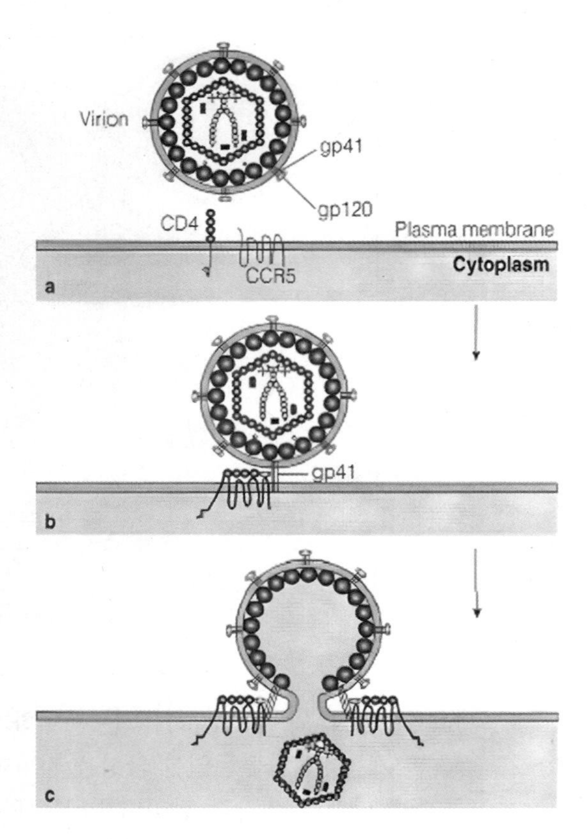

① 진입: HIV의 외피 단백질인 gp120이 HIV의 수용체인 CD4에 결합함. gp120이 구조 변화를 일으키면서 gp120의 공동수용체인 CCR5(또는 CXCR4) 결합 부위가 노출됨. 이후 gp41의 fusion domain이 노출되면서 세포질막에 삽입됨. 바이러스 외피와 세포막이 근접하면서 두 지질막 간에 막융합이 일어나며 캡시드가 세포내로 진입하게 됨

② DNA 합성: HIV의 게놈 RNA는 캡시드의 제거 후 세포질로 진입하게 된 이후에 RT 단백질에 의해 역전사되어 되면서 이중가닥 DNA가 합성되고 합성된 DNA는 핵으로 이동함. 다만 세포분열 시 핵막이 사라지는 틈을 이용해 핵에 진입하기 때문에 HIV는 세포분열 중인 세포에만 감염 가능하며 간기 상태의 세포에는 감염할 수 없음

③ 염색체 삽입과 RNA 합성: 합성된 이중가닥 DNA가 IN 단백질의 화성에 의해 염색체에 삽입되는데 염색체에 삽입된 HIV의 게놈을 바이러스 증식의 전구체라는 의미에서 프로바이러스라고 함. 프로바이러스가 RNA 분자로 전사되고 이것이 다음 세대 바이러스의 유전체가 되는 동시에 바이러스 단백질을 번역하는 데 mRNA로 이용됨

④ 단백질 합성 및 가공: mRNA는 세포질에서 번역되는데 캡시드 단백질 및 캡시드 내 효소들은 세포질에서 합성된 이후 원형질막을 향해 수송되며 외피 단백질은 세포질에서 번역되고 나서 소포체, 골지체에서 가공된 이후 소포에 싸여서 원형질막을 향해 수송됨

⑤ 조립 및 성숙: 캡시드 조립 및 방출은 세포막에서 이루어지게 되는데 조립되면서 출아가 동시에 수행되는 점이 특징이며 세포 밖으로 방출된 이후 캡시드 단백질은 PR에 의해 개별 단백질로 잘려지는 성숙 과정을 거침

ⓕ HIV의 항바이러스제 표적: RT의 억제제인 AZT, PR 억제제, IN 억제제, gp120의 막융합 활성 억제제

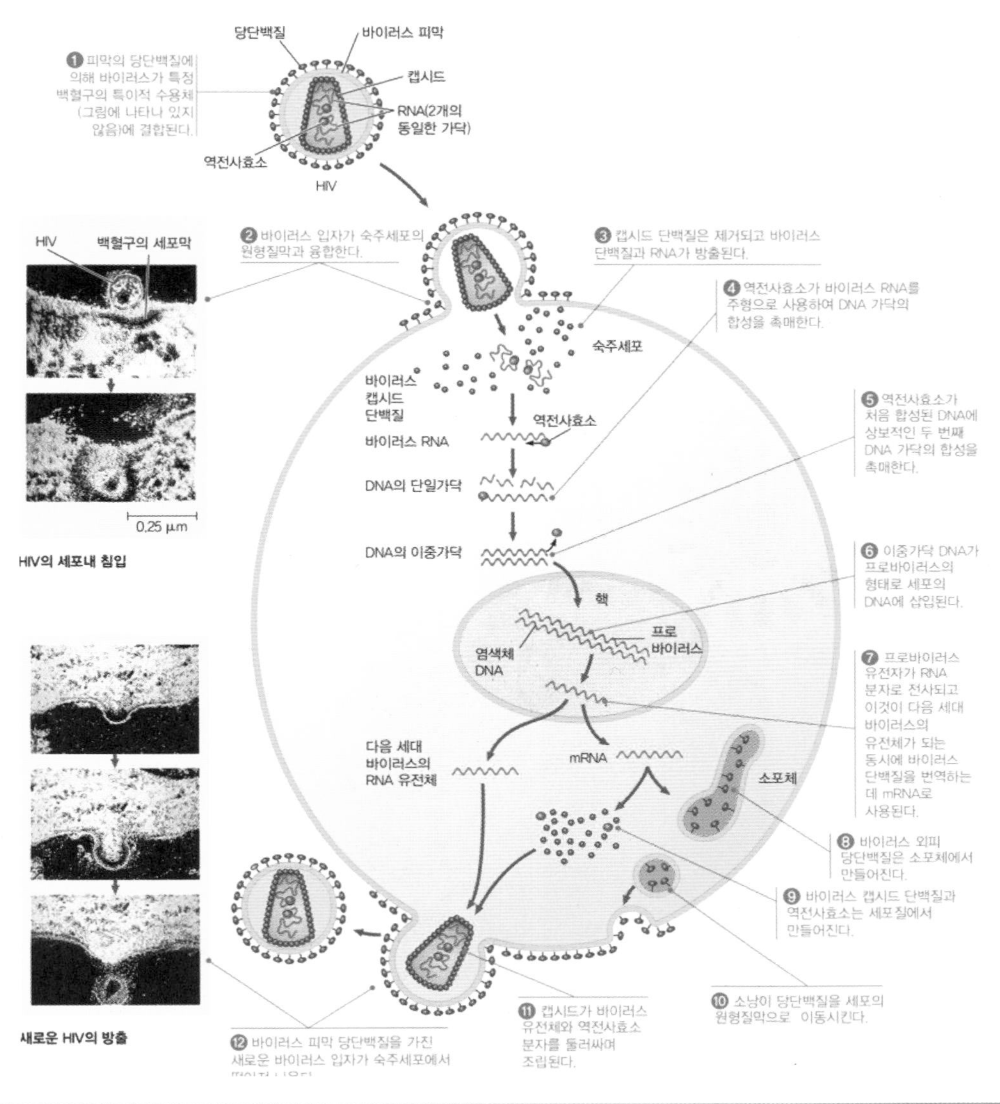

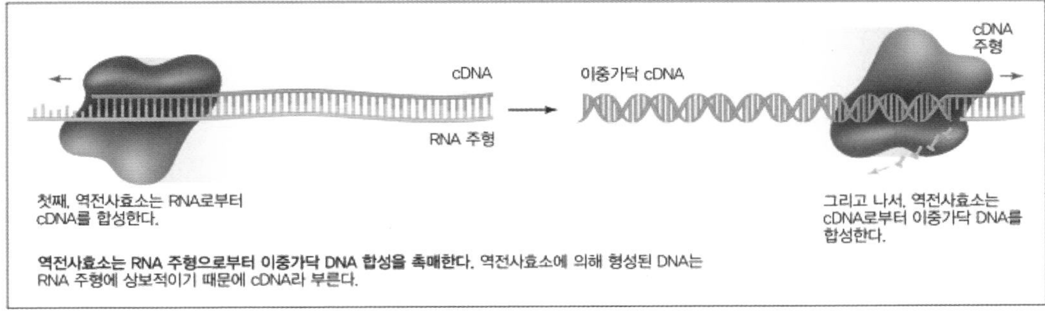

역전사효소는 RNA 주형으로부터 이중가닥 DNA 합성을 촉매한다. 역전사효소에 의해 형성된 DNA는 RNA 주형에 상보적이기 때문에 cDNA라 부른다.

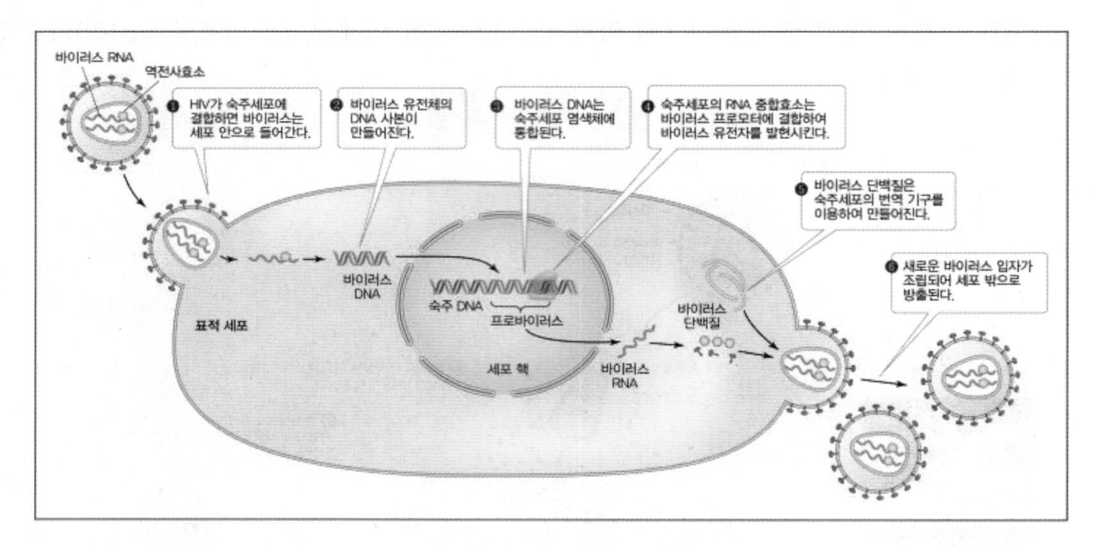

바이러스 RNA
역전사효소
❶ HIV가 숙주세포에 결합하면 바이러스는 세포 안으로 들어간다.
❷ 바이러스 유전체의 DNA 사본이 만들어진다.
❸ 바이러스 DNA는 숙주세포 염색체에 통합된다.
❹ 숙주세포의 RNA 중합효소는 바이러스 프로모터에 결합하여 바이러스 유전자를 발현시킨다.
❺ 바이러스 단백질은 숙주세포의 번역 기구를 이용하여 만들어진다.
❻ 새로운 바이러스 입자가 조립되어 세포 밖으로 방출된다.
바이러스 DNA
숙주 DNA
프로바이러스
표적 세포
세포 핵
바이러스 RNA
바이러스 단백질

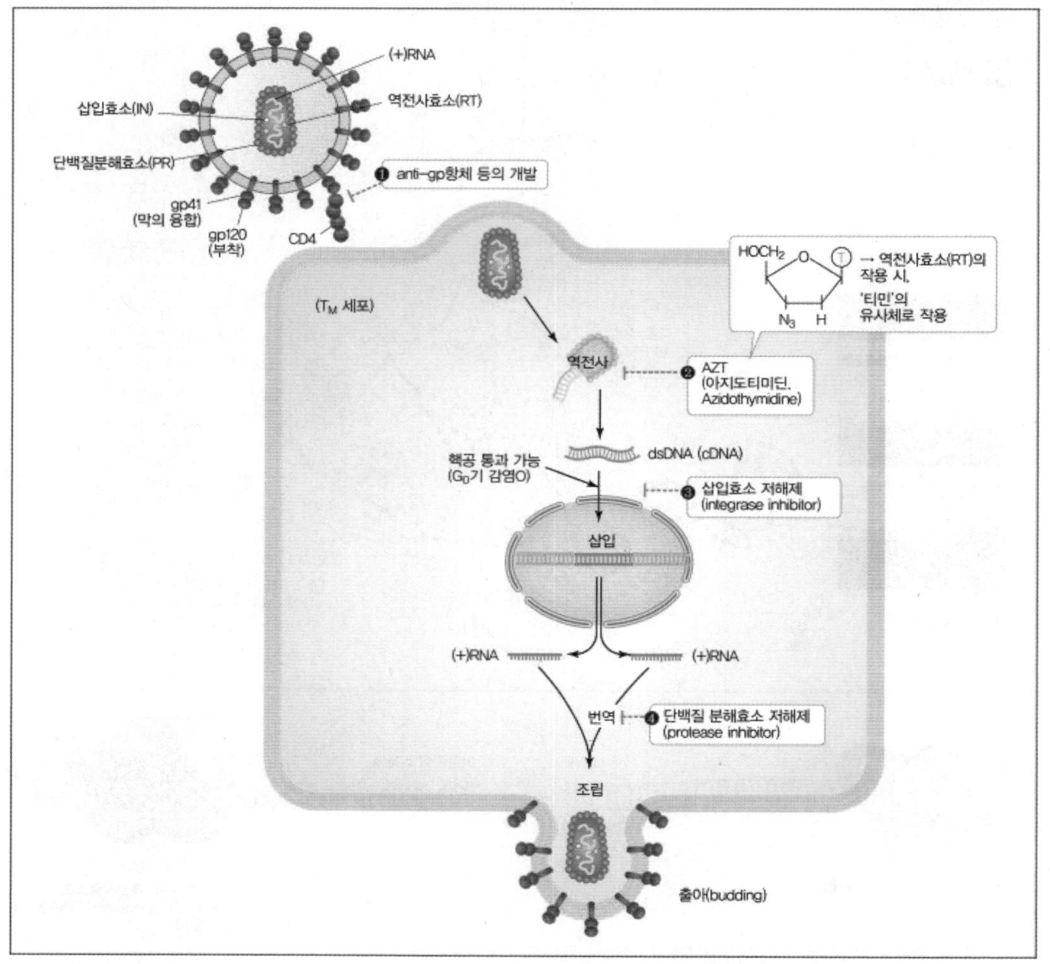

(+)RNA
삽입효소(IN)
역전사효소(RT)
단백질분해효소(PR)
❶ anti-gp항체 등의 개발
gp41
(막의 융합)
gp120
(부착)
CD4
(T_M 세포)
HOCH2
N3
H
T
→ 역전사효소(RT)의 작용 시, '티민'의 유사체로 작용
역전사
❷ AZT (아지도티미딘, Azidothymidine)
dsDNA (cDNA)
핵공 통과 가능 (G0기 감염O)
❸ 삽입효소 저해제 (integrase inhibitor)
삽입
(+)RNA
(+)RNA
번역
❹ 단백질 분해효소 저해제 (protease inhibitor)
조립
출아(budding)

ⓛ 독감 바이러스의 구조와 특성

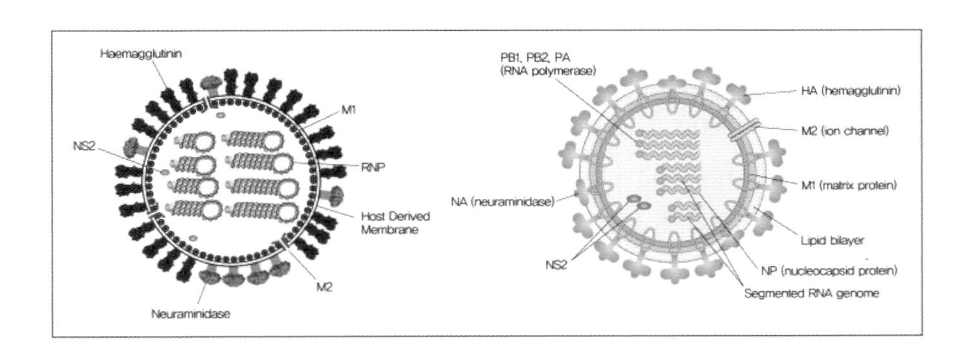

ⓐ 입자구조: 외피를 가지며 약 80~120nm 지름의 다소 길쭉한 원통 모양으로서 외피에는 HA(hemagglutinin)와 NA(neuraminidase) 단백질이 위치함. HA는 원래 적혈구에 흡착하여 적혈구의 응집을 형성하는 특성이 있으며 이 특성에서 그 이름이 유래한 것인데 이러한 특성을 이용하여 HA는 독감바이러스의 정량에 사용되며 이를 적혈구 응집검사라고 함. 한편 외피에는 이온 채널로 알려진 막단백질 M2 단백질이 있으며 외피 안쪽 면에는 MI(matrix) 단백질이 붙어 있음. 외피 내에는 8개의 게놈을 싸고 있는 나선형 모양의 캡시드가 존재하는데 바이러스의 RNA 중합효소가 캡시드에 붙어 있음

ⓑ 게놈 구조: 독감 바이러스는 입자 내에 8개의 분절 게놈을 지니는데 각 게놈은 단일가닥 RNA로 구성되어 있음

ⓒ 분류: 독감 바이러스는 A, B, C 3개의 속으로 나뉘는데 B, C형이 사람만 감염하는 것과는 달리 A형은 사람 뿐만 아니라 다수의 동물에 감염함. A형 독감 바이러스의 경우 HA와 NA의 항원성에 따라 다수의 subtype로 분류됨

ⓓ 독감 바이러스의 생활사

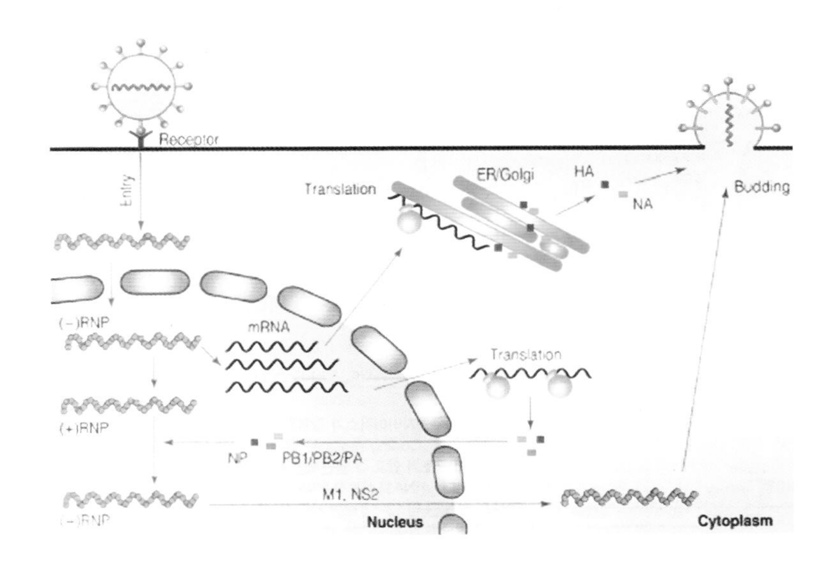

① 진입: 독감 바이러스 입자는 세포막 표면의 당단백질에 수식화된 탄수화물 잔기인 시알산 잔기를 인지하여 세포에 부착함. 엔도솜의 낮은 pH에 의해 막 융합이 촉진되는데 낮은 pH에 의해 HA 단백질이 conformational change가 일어나 fusion peptide가 노출되며 노출된 fusion peptide에 의해 막융합이 일어나면서 캡시드가 세포질로 노출됨

② mRNA 전사와 게놈 복제: 독감 바이러스의 전사와 복제는 핵에서 일어나며 합성된 mRNA는 다시 세포질로 나가 단백질 합성의 주형으로 작용하며 RNA 게놈도 세포질로 나가 바이러스 조립에 쓰임

③ 단백질 합성: 바이러스의 mRNA는 세포질로 이동한 후 번역에 이용되는데 HA 단백질과 NA 단백질은 당단백질로서 소포체, 골지체를 거쳐 당화작용을 겪게 됨. HA와 NA는 주요외피 단백질로서 입자의 진입과 방출에 관여함

④ 조립: 핵에서 복제된 RNA을 싸고 있는 캡시드(vRNP)는 핵공을 통해 세포질로 방출되어 조립에 이용됨

⑤ 방출: 핵에서 방출되어 세포질로 이동한 vRNP는 세포질막에 위치한 HA, NA 단백질의 작용으로 출아하게 됨. NA 단백질인 뉴라민 분해효소 활성은 시알산을 절단하여 입자의 세포 표면부착을 방지하여 방출을 촉진함. 이 때 2개의 항원성이 독감 바이러스가 한 세포에 감염 시 두 바이러스 게놈의 조합이 packaging 과정에서 일어날 수 있음. 이러한 유전적 재조합을 통해 독감 바이러스는 항원성이 전혀 다른 변이체를 쉽게 생성하는 특성일 지니게 됨

ⓔ 독감 바이러스에 대한 항바이러스제: 뉴라민 분해효소 활성을 표적으로 두 가지 항인플루엔자 저해제인 RelenzaTM과 TamifluTM가 개발되었는데 이것들은 각각 뉴라민 분해효소의 기질인 시알산 잔기와 구조적으로 유사하여 경쟁적 저해제로 작용하게 됨

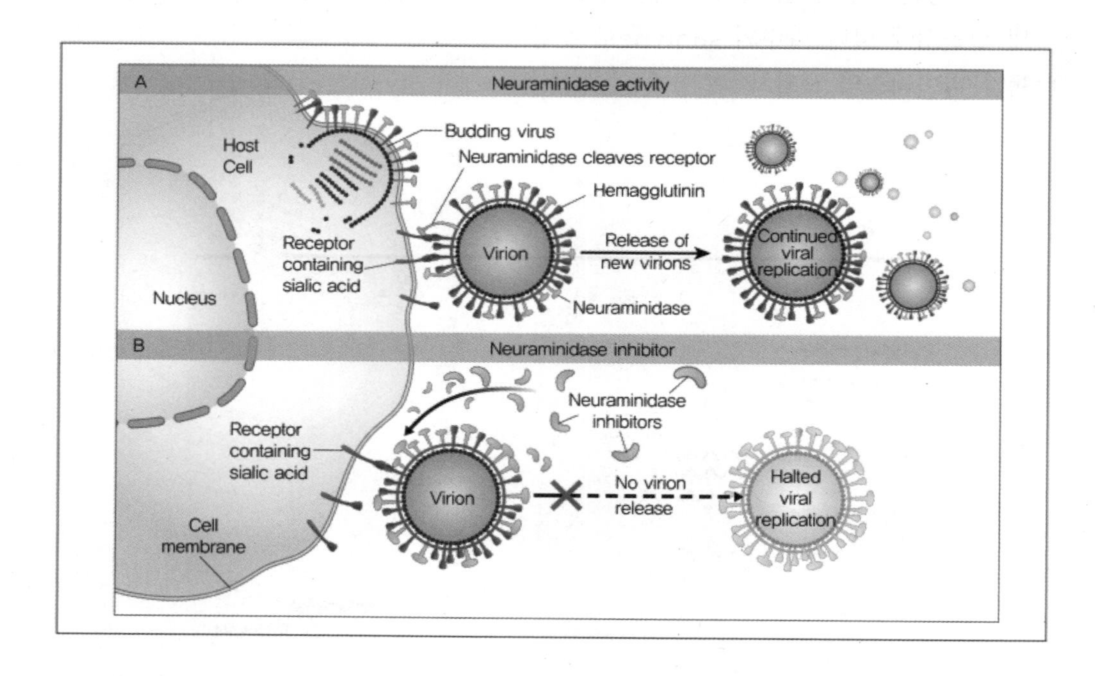

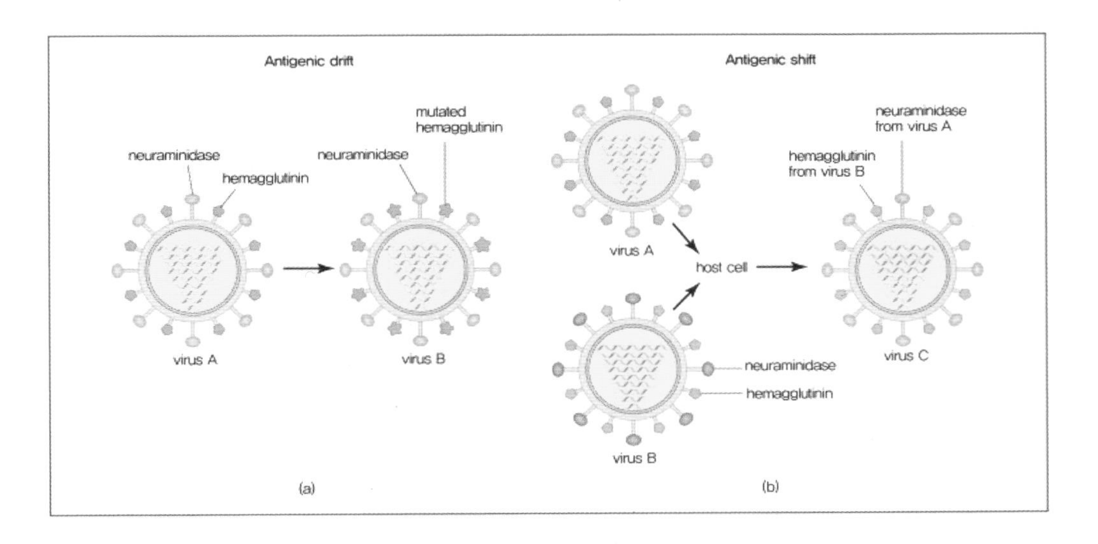

㉢ + Strand의 코로나 Virus의 구조와 특성

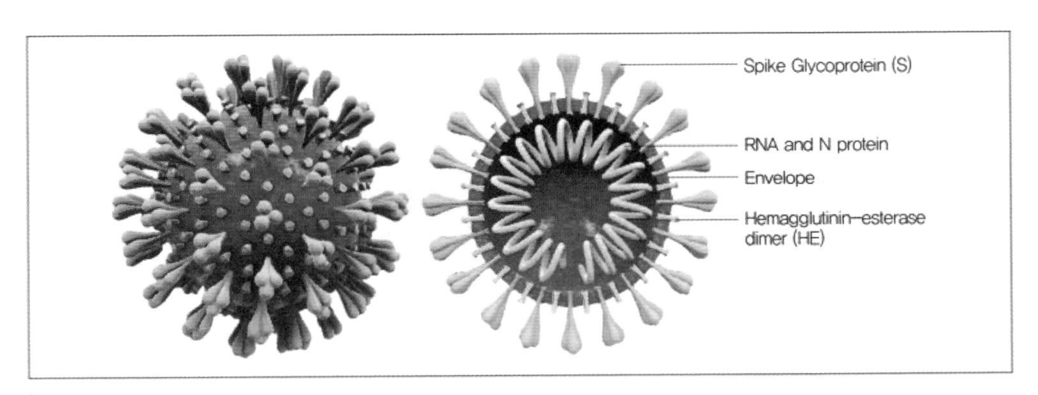

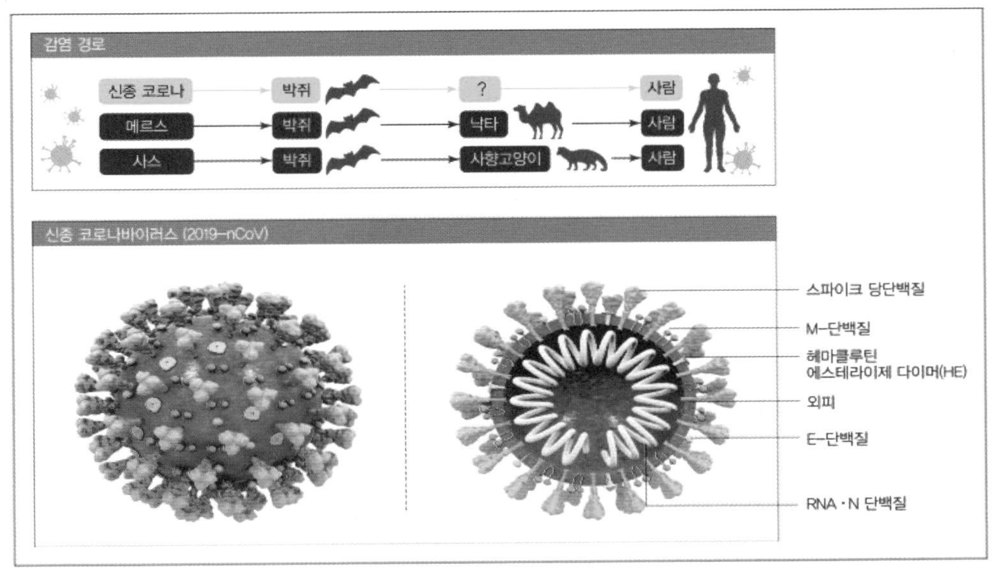

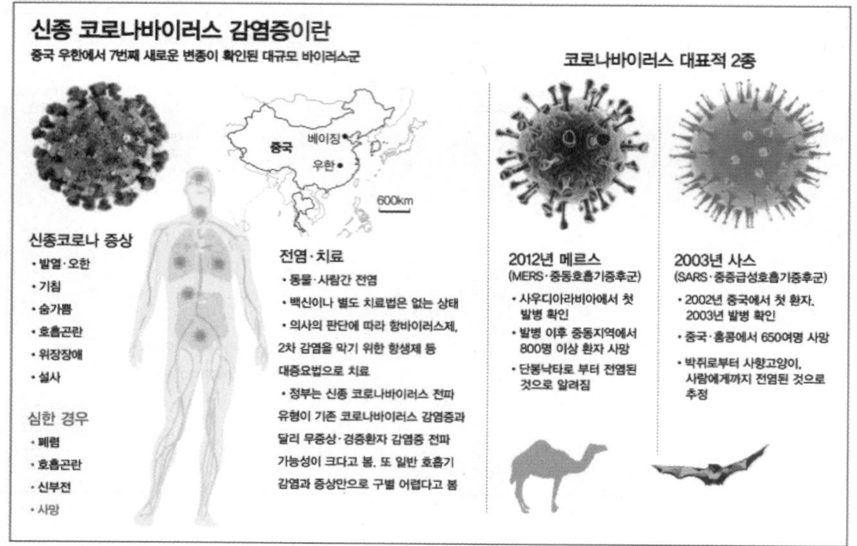
신종 코로나바이러스 감염증이란
중국 우한에서 7번째 새로운 변종이 확인된 대규모 바이러스군
중국
베이징
우한
600km
신종코로나 증상
• 발열·오한
• 기침
• 숨가쁨
• 호흡곤란
• 위장장애
• 설사
심한 경우
• 폐렴
• 호흡곤란
• 신부전
• 사망
전염·치료
• 동물·사람간 전염
• 백신이나 별도 치료법은 없는 상태
• 의사의 판단에 따라 항바이러스제, 2차 감염을 막기 위한 항생제 등 대증요법으로 치료
• 정부는 신종 코로나바이러스 전파 유형이 기존 코로나바이러스 감염증과 달리 무증상·경증환자 감염증 전파 가능성이 크다고 봄. 또 일반 호흡기 감염과 증상만으로 구별 어렵다고 봄
코로나바이러스 대표적 2종
2012년 메르스
(MERS·중동호흡기증후군)
• 사우디아라비아에서 첫 발병 확인
• 발병 이후 중동지역에서 800명 이상 환자 사망
• 단봉낙타로 부터 전염된 것으로 알려짐
2003년 사스
(SARS·중증급성호흡기증후군)
• 2002년 중국에서 첫 환자, 2003년 발병 확인
• 중국·홍콩에서 650여명 사망
• 박쥐로부터 사향고양이, 사람에게까지 전염된 것으로 추정

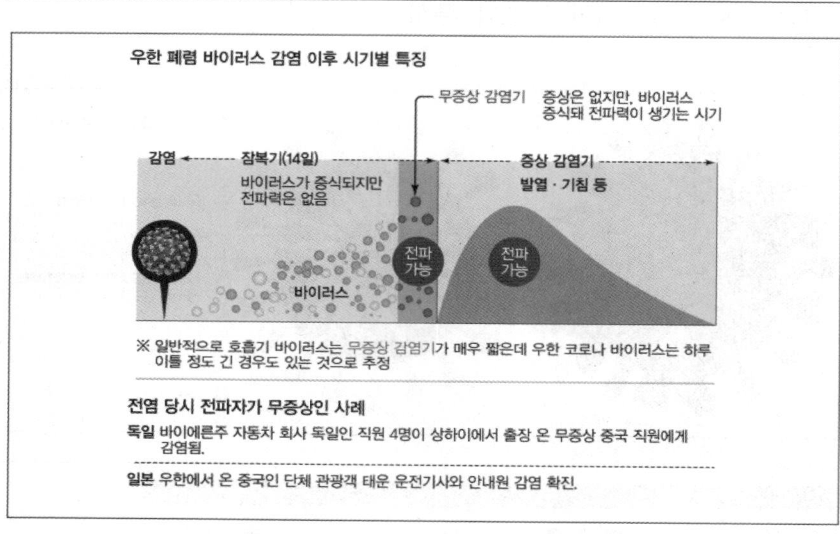
우한 폐렴 바이러스 감염 이후 시기별 특징
무증상 감염기 증상은 없지만, 바이러스 증식돼 전파력이 생기는 시기
감염
잠복기(14일)
증상 감염기
바이러스가 증식되지만 전파력은 없음
발열 · 기침 등
전파 가능
전파 가능
바이러스
※ 일반적으로 호흡기 바이러스는 무증상 감염기가 매우 짧은데 우한 코로나 바이러스는 하루 이틀 정도 긴 경우도 있는 것으로 추정
전염 당시 전파자가 무증상인 사례
독일 바이에른주 자동차 회사 독일인 직원 4명이 상하이에서 출장 온 무증상 중국 직원에게 감염됨.
일본 우한에서 온 중국인 단체 관광객 태운 운전기사와 안내원 감염 확진.

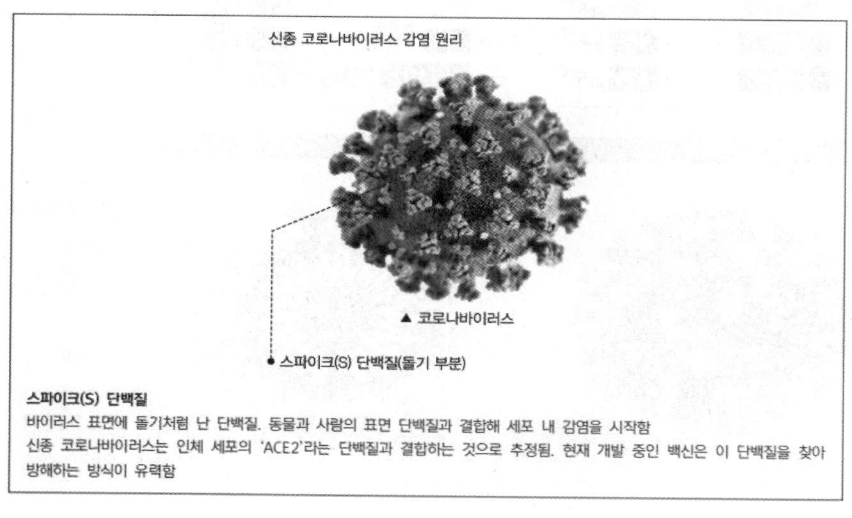
신종 코로나바이러스 감염 원리
▲ 코로나바이러스
스파이크(S) 단백질(돌기 부분)
스파이크(S) 단백질
바이러스 표면에 돌기처럼 난 단백질. 동물과 사람의 표면 단백질과 결합해 세포 내 감염을 시작함
신종 코로나바이러스는 인체 세포의 'ACE2'라는 단백질과 결합하는 것으로 추정됨. 현재 개발 중인 백신은 이 단백질을 찾아 방해하는 방식이 유력함

(4) 식물 바이러스

㉠ 식물 바이러스의 구조: 나선형 캡시드를 지니는 것이 많으나 정이십면체 캡시드 구조를 지니고 있는 것도 있음

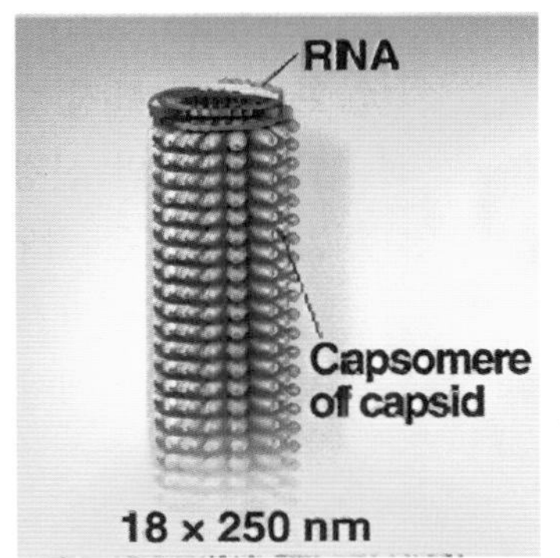

㉡ 식물 바이러스의 유전체: 대부분 단일가닥 RNA이지만 이중가닥 RNA, 단일가닥 DNA, 2중가닥 DNA를 갖는 종류도 있음

㉢ 식물 바이러스의 감염 방식: 식물바이러스의 감염에 필요한 수용체는 알려져 있지 않음

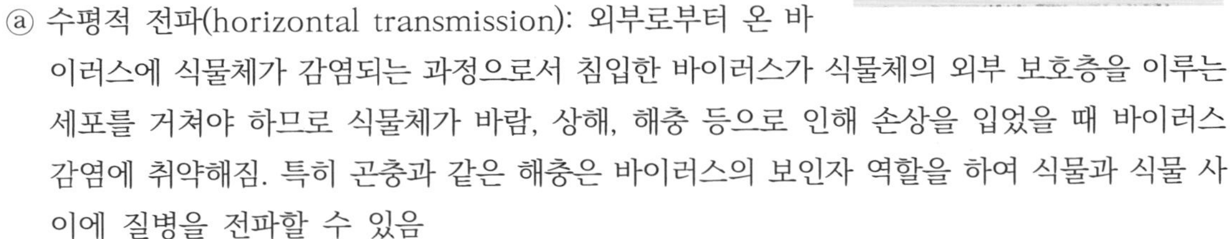

ⓐ 수평적 전파(horizontal transmission): 외부로부터 온 바이러스에 식물체가 감염되는 과정으로서 침입한 바이러스가 식물체의 외부 보호층을 이루는 세포를 거쳐야 하므로 식물체가 바람, 상해, 해충 등으로 인해 손상을 입었을 때 바이러스 감염에 취약해짐. 특히 곤충과 같은 해충은 바이러스의 보인자 역할을 하여 식물과 식물 사이에 질병을 전파할 수 있음

ⓑ 수직적 전파(vertical transmission): 식물체가 부모세대에서 감염된 바이러스를 물려받는 과정. 주로 무성생식을 통해서 일어나며, 유성생식에서도 감염된 종자로부터 바이러스가 감염되어 전파될 수 있음

ⓒ 식물체 내에서의 이동 방식: 식물 바이러스가 일단 식물체 내로 진입하면 원형질 연락사를 통해 이동할 수 있음. 바이러스에서 유래한 고분자(movement protein)가 세포와 세포 사이로 이동하는 것을 촉진하기 위해 원형질연락사를 확장시킴

㉣ 바이러스에 감염된 식물의 증상: 바이러스에 감염된 식물의 대부분은 모자이크, 반점, 괴사 등의 증상을 나타내며 생육이 나쁨

(5) 비로이드와 프리온

㉠ 비로이드(viroid): 식물에서만 발견되는 가장 작은 감염성 물질

ⓐ 비로이드의 구조: 200~300 뉴클레오티드 정도의 단일가닥 환상 RNA로 단백질 캡시드를 포함하지 않고 RNA는 단백질을 암호화하지도 않음

ⓑ 비로이드의 복제: 숙주 식물세포 안에서 RNA 중합효소 II를 이용하여 자신을 복제하게 되는데 복제 방식은 회전환복제 방식을 채택함. 회전환복제 기작이 수행되려면 복제의 산물인 연쇄체를 한 단위 게놈으로 잘라주는 RNase와 선형의 RNA를 환형으로 이어주는 RNA ligase가 필요한데 비로이드는 그 자체로 이 모든 기능을 수행하는 리보자임의 역할을 수행하는 것으로 믿어지고 있음

ⓒ 비로이드 감염 식물의 증상: 식물의 성장을 조절하는 조절체계에서 이상을 일으키는 것으로 간주되는데 비로이드성 질병의 전형적인 증상은 비정상적인 발달과 성장저해임

ⓛ 프리온(prion): 감염성 단백질로 전이성 해면상 뇌증(transmissible spongiform encephalopathy; TSE)을 유발함

ⓐ 프리온의 특징

1. 뇌조직의 신경세포가 소실되는 해면 뇌병증으로 나타남
2. 다른 모든 감염성 질환과는 달리 염증 등의 면역반응이 존재하지 않음. 프리온을 암호화하는 유전자가 숙주유전자이기 때문임
3. 초기 감염에서 질환 발생까지의 잠복기가 수개월에서 수십년이 소요되는 지발성 감염질환임
4. 일단 증세가 시작되면 모두 사망하게 되는 치명적인 질환임

ⓑ 프리온이 증폭되는 과정에 대한 가설: 프리온이 뇌세포 안으로 침입하면 정상 단백질인 PrPc가 비정상단백질인PrP^{sc}로 2차구조가 전환되는데 여러 분자의 PrPsc가 서로 사슬형태로 합쳐지면서 다른 정상 단백질을 비정상으로 전환시키며 복합체를 형성하게 됨

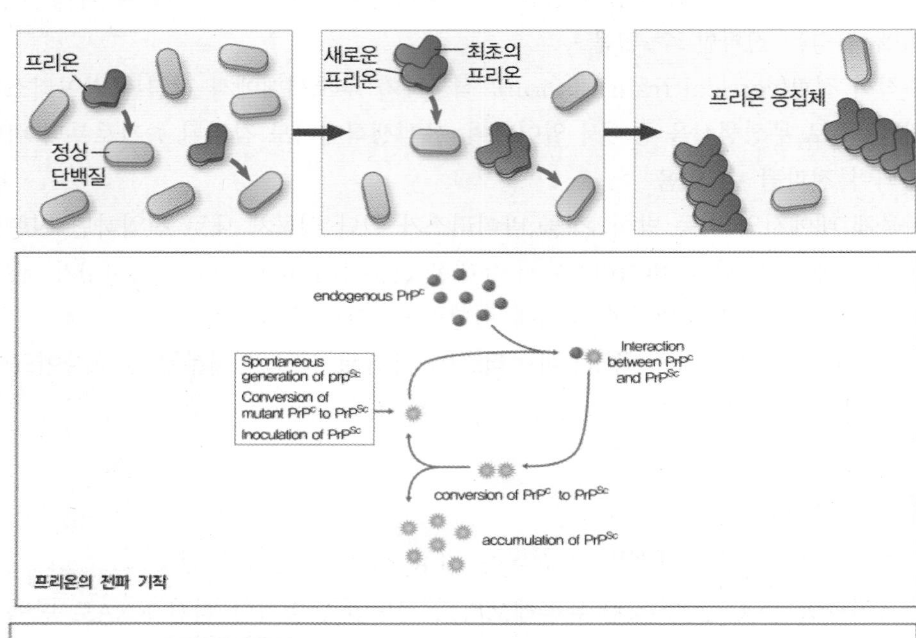

프리온의 전파 기작

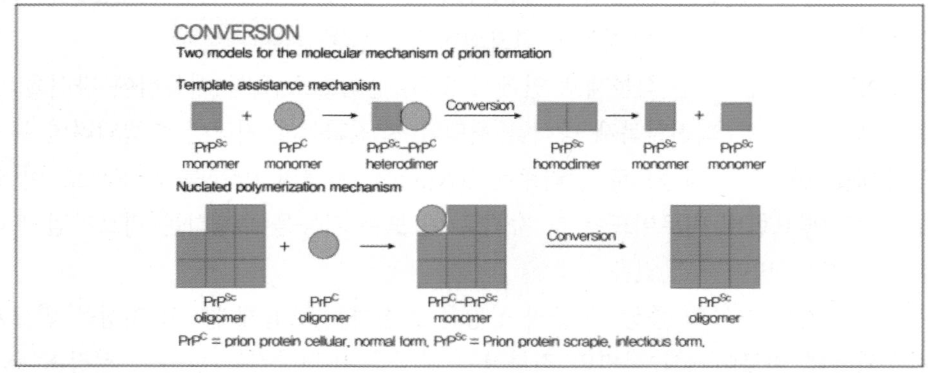

ⓒ 전이성 해면상 뇌염의 예: 스크래피(양, 염소), 소해면상뇌증, 쿠루병, 크로이츠펠트-야콥병

원핵생물의 분자유전학

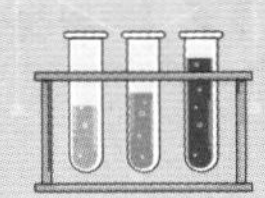

1 세균의 유전자 재조합

(1) 형질전환(transformation)

외부 환경으로부터 다른 개체의 DNA를 받아들여 세균의 유전형과 표현형이 변하는 과정

㉠ 형질전환 기작: 외부 DNA 두 가닥 중 하나만이 세포 안으로 들어가는데 세포 내로 진입한 단일가닥의 DNA는 두 군데에서 교차가 일어나 세균 유전체 안으로 합병됨

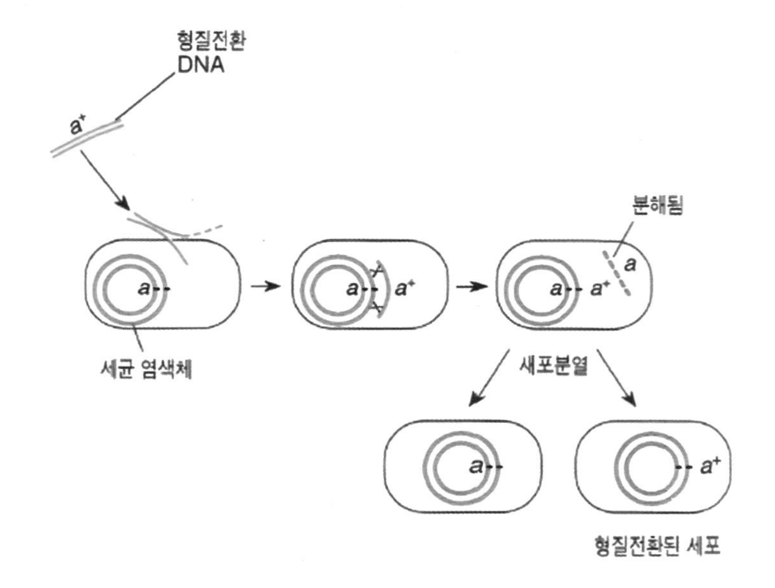

㉡ 형질전환을 이용한 지도 작성: 유전자형이 알려진 세균의 DNA를 역시 유전자형이 알려진 다른 세균에 넣는 것임. 이 때 두 균주의 유전자형은 두 좌위 이상에서 다른 대립 인자를 가져야하는데 형질전환을 통해 들어온 대립유전자가 수여받은 세균의 유전체로 합병되었는가를 조사하는 것임

ⓐ 두 좌위의 지도거리와 공동출현 빈도와의 관계: 두 좌위의 대립유전자가 숙주세포 염색체로 함께 합병되는 빈도가 높을수록 두 좌위는 서로 더 가까이 인접해 있는 것임 따라서 두 좌위의 지도거리와 공동출현 빈도는 반비례 관계로 공동출현 빈도가 높을수록 두 좌위의 거리는 짧고 두 좌위가 가까울수록 재조합 빈도가 낮아 공동출현의 빈도가 높아지는 것임

ⓑ B. subtilus를 이용한 형질전환 실험: tyrA- cysC- 균주가 TyrA+ cysC+ 균주의 DNa로 형질전환됨. 그 결과 혈질전환이 일어나지 않은 균주와 형질전환이 일어난 3종류의 균주가 나옴

1. 형질전환 세포와 형질전환되지 않은 세포의 유전자형 검정: 형질전환 실험을 거친 세균을 완전배지에 배양하여 모든 균들이 자라도록 한 뒤 최소배지, 최소배지+티로신, 최소배지+시스테인이 배지가 들어있는 페트리접시에 평판복사하여 37℃ 항온기에서 하룻밤 넣고 콜로니 수를 셈

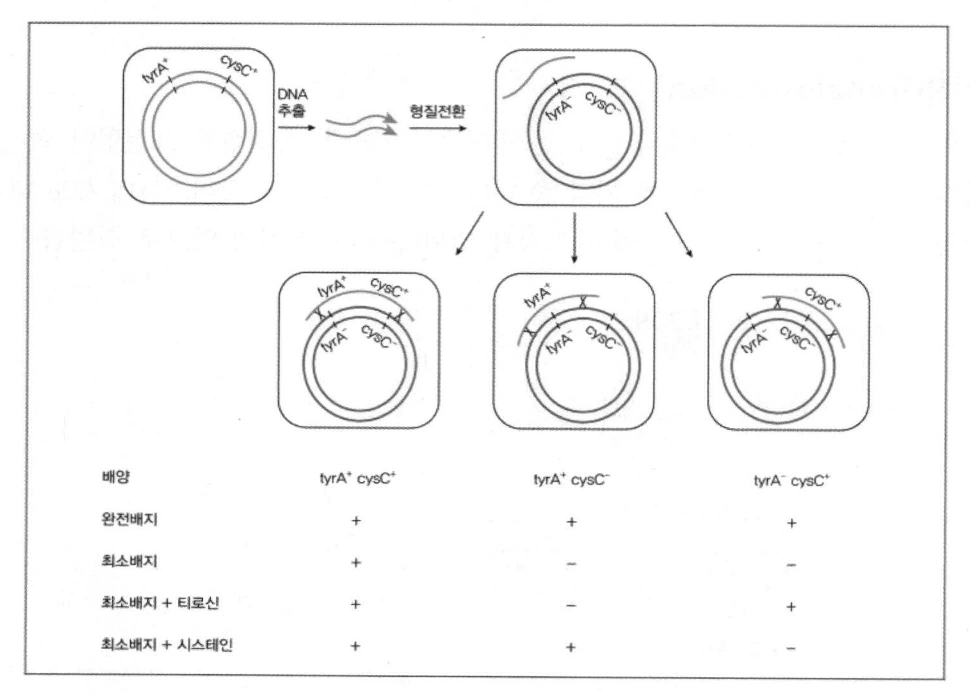

배양	tyrA+ cysC+	tyrA+ cysC−	tyrA− cysC+
완전배지	+	+	+
최소배지	+	−	−
최소배지 + 티로신	+	−	+
최소배지 + 시스테인	+	+	−

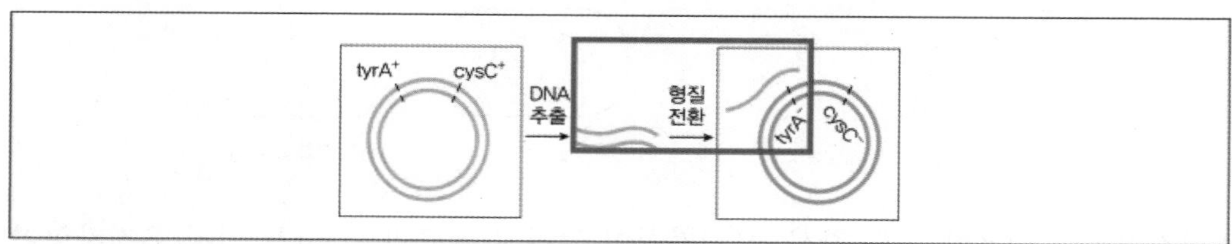

2. 공동출현율 또는 공동전이지수(r)의 계산: 만약 형질전환 실험을 통해 12개의 이중돌연변이 tyrA+ cysC+, 31개의 tyrA+ cysC-, 27개의 tyrA- cysC+를 얻었다면 r은 다음과 같이 계산됨

$$r = \frac{\text{이중형질전환체수}}{\text{이중형질전환체수} + \text{단일형질전환체수}}$$

$$=12/(12+31+27)=0.17$$

(2) 형질도입(transduction)

박테리오파지가 한 숙주 세균으로부터 다른 숙주 세균으로 유전자를 옮기는 과정

㉠ 형질도입의 구분: 형질도입은 일반 형질도입과 특수 형질도입으로 구분됨

ⓐ 일반 형질도입(generalized transduction): 분해된 세균의 DNA가 임의적으로 파지에 포장되어 특정 세균의 임의의 유전자가 다른 세균으로 도입되는 경우로 파지 자신의 DNA 대신에 세균 DNA를 갖고 있는 비정상적인 파지를 형질도입 입자(transducing particle)라고 함

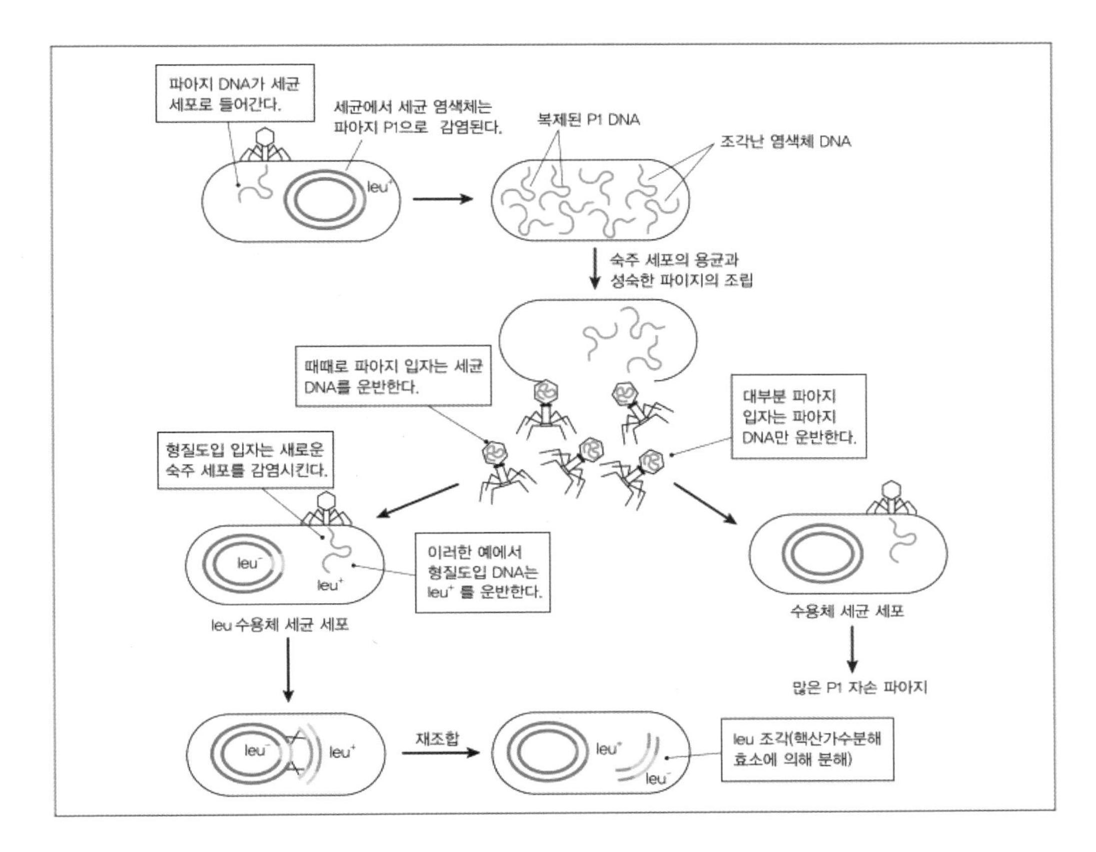

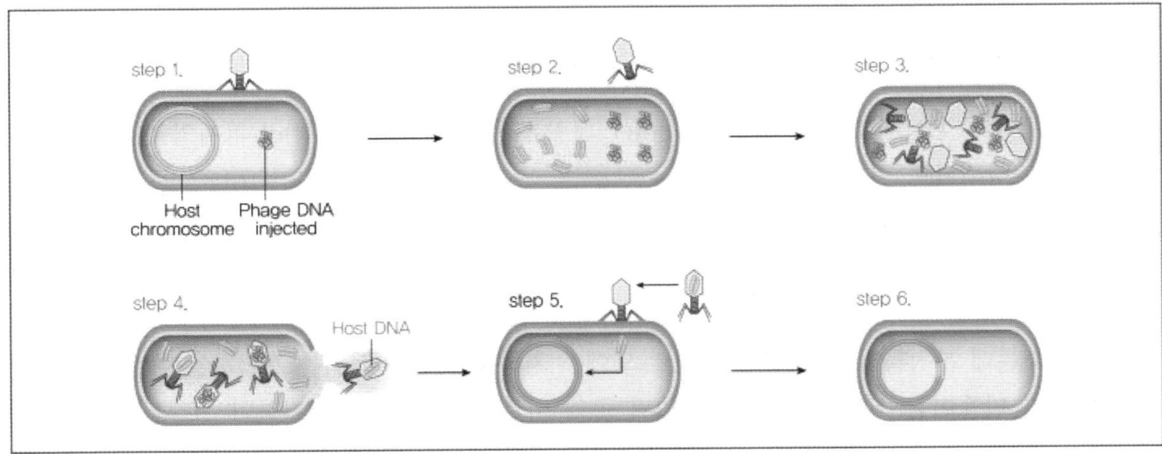

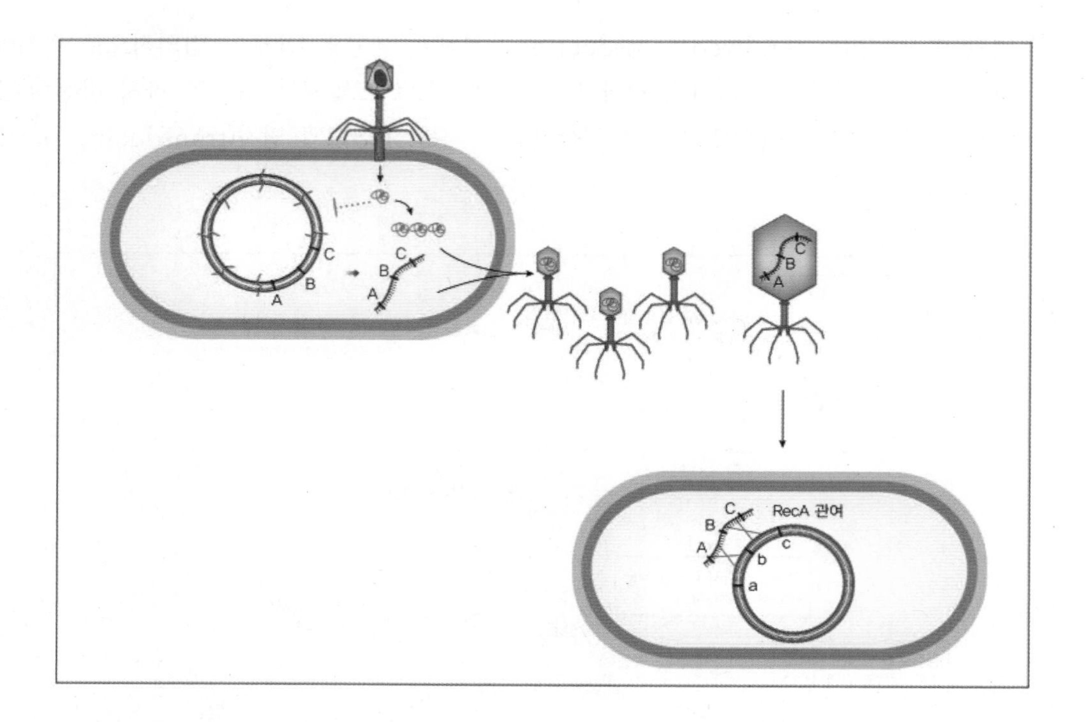

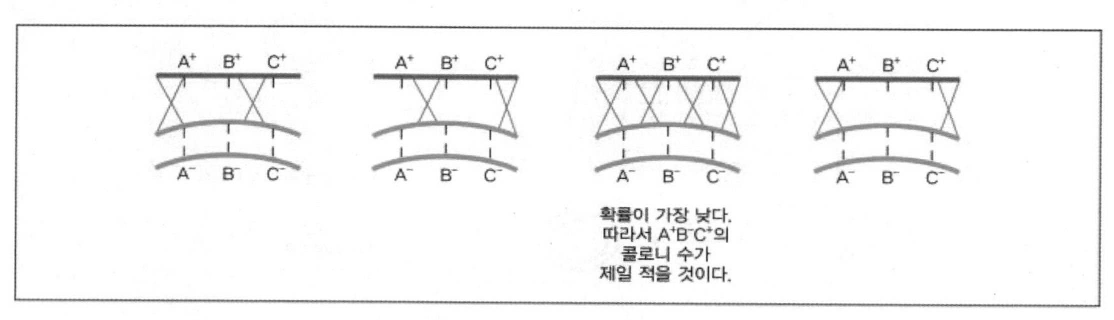

① 파지가 대립유전자 leu+를 지니는 세균의 세포를 감염시킴

② 숙주 DNA가 분절되고 파지 DNA와 단백질이 합성됨. 이 세균이 공여체 세포가 됨

③ 세균 DNA 조각(이 경우에는 leu+ 대립유전자를 지니는 조각)dl 파지의 캡시드 안에 포장되기도 함

④ leu+ 대립유전자를 지니는 파지가 leu- 수여체 세포를 감염시키면, 공여체 DNA와 수여체 DNA 사이에 두 군데에서 재조합이 일어남

ⓑ 특수형질도입(specialized transduction): 루프를 만들어 빠져나오는 과정 도중 실수로 생기는데 부정확한 루프 돌출로 바로 옆에 위치하는 유전자 좌위를 포함하는 비정상적인 파지가 만들어짐. 파지 유전자가 삽입된 곳의 바로 옆에 있는 유전자만이 형질도입될 수 있기 때문에 특수 형질도입은 숙주염색체 지도 작성에 이용되지 않음

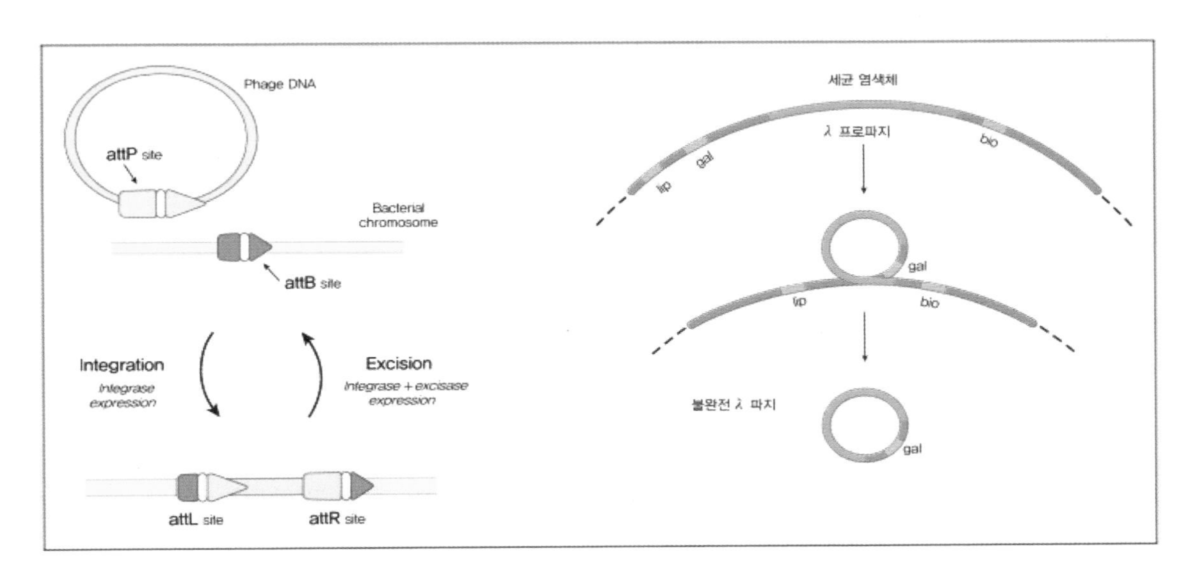

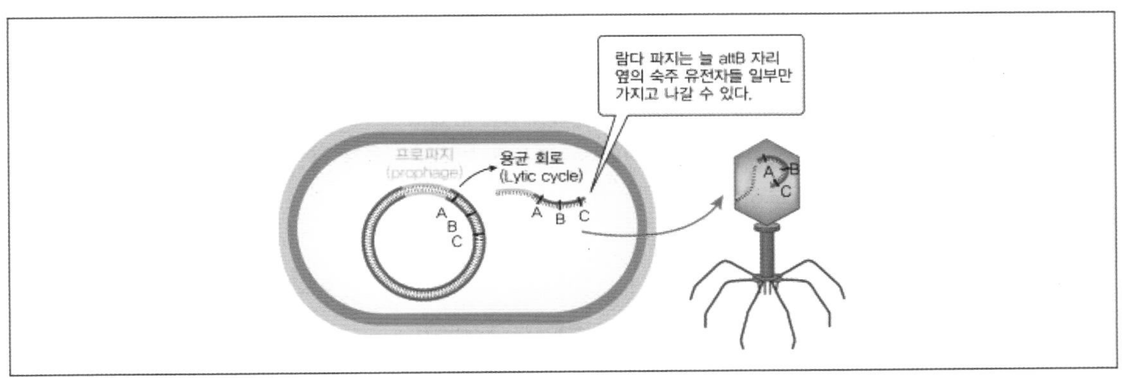

㉡ 형질도입을 이용한 유전자 지도 작성: 삼인자 형질도입을 통해 유전자 순서와 상대적 거리를 알 수 있음

ⓐ 다중교차의 희귀성: 예를 들어 $A^+B^+C^+$ DNA가 $A^-B^-C^-$ DNA에 교차되어 통합되는 경우에 교차를 통해 형성된 $A^+B^-C^+$는 네 번의 교차가 일어나 형성된 형질도입체로 가장 드물게 형성됨

ⓑ 동시형질도입 상대지수: 두 유전자 좌위의 대립유전자들 사이에서 동시 발생빈도가 높을수록 두 유전자 좌위는 가깝게 위치하는 것임. 즉, 두 유전자 좌위가 가까울수록 교차율이 낮고 유전자 지도 단위값이 적음. 형질전환에서와 같이 동시 발생을 직접 측정하는 것이므로 형질도입으로부터 얻은 값은 유전자 지도 거리와 반비례함. 동시형질도입 비율이 클수록 두 유전자 좌위는 가깝다는 것임

ⓒ 유전자 ABC의 배열순서를 결정하기 위한 실험에서 나타난 형질도입체수와 동시형질도입 상대빈도 계산

종류	수
A+B+C+	50
A+B+C-	75
A+B-C+	1
A+B-C-	300

1. 유전자의 순서: A - B - C
2. 동시형질도입 상대지수(A-B): (50+75)/426 = 0.29

(3) 접합(conjugation)

일시적으로 연결된 두 개의 세균세포 사이에서 유전물질이 직접 전달되는 현상

㉠ 관련 실험

ⓐ 세균에서 유전자 재조합이 일어남을 보여주는 실험: 영양요구주인 균주 A와 균주 B가 동시에 접종된 최소배지 플레이트에서는 콜로니가 형성되었지만 별도로 접종한 양 옆의 배지에서는 콜로니 형성이 되지 않았음을 볼 때에 동시 접종된 배지 상의 균주 A와 B 간에 유전자 도입이 일어난 것을 알 수 있음. 여기서는 유전자 재조합 방식이 형질전환된 것일 수도 있을 가능성을 배제하지 못함

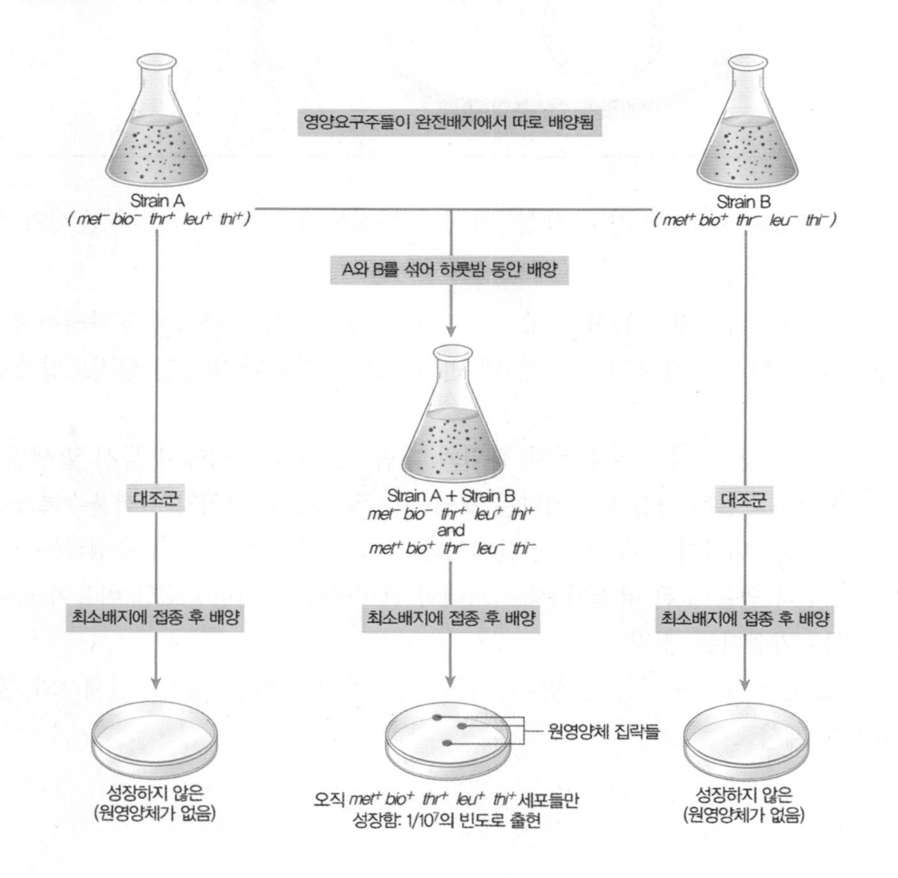

ⓑ U자 관 실험: U자관의 중앙을 유리필터로 좌우를 분리하고 영양배지를 넣은 후 왼쪽 관에는 균주 A를, 오른쪽 관에는 균주 B를 각각 접종함. 액체와 DNA를 포함한 거대 분자들은 유리필터를 통해 좌우로 이동할 수 있으나 대장균들은 유리필터를 통과하지 못하여 좌우로 분리된 상태로 유지됨. 본 실험에서는 오직 형질전환을 통한 유전자 재조합만이 가능함

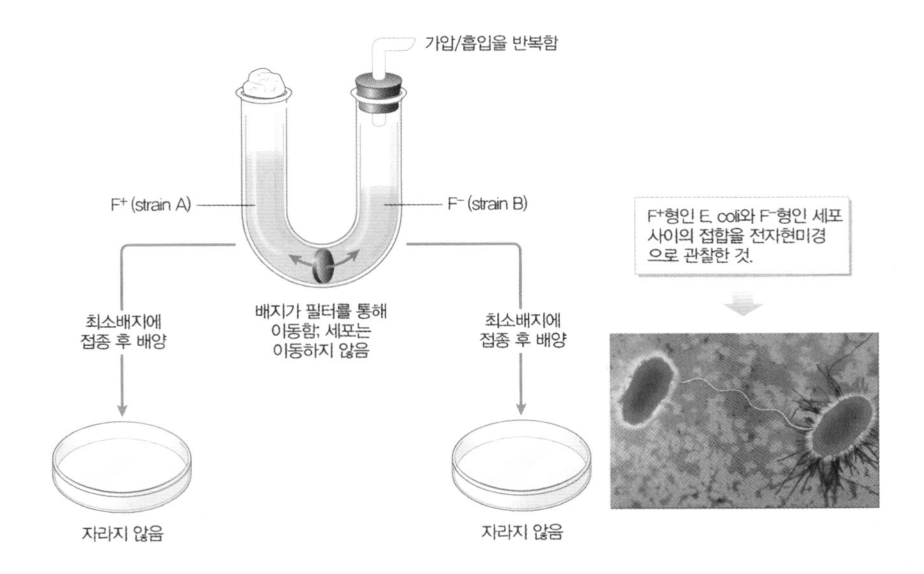

㉡ 세균에서의 접합과 유전자 재조합 과정

ⓐ 접합과 F 플라스미드의 전달: F인자는 성선모를 형성하고 DNA를 공여할 수 있는 능력을 암호화하는 플라스미드로서 F인자를 가진 F+에서 F인자가 없는 F-로 전달됨

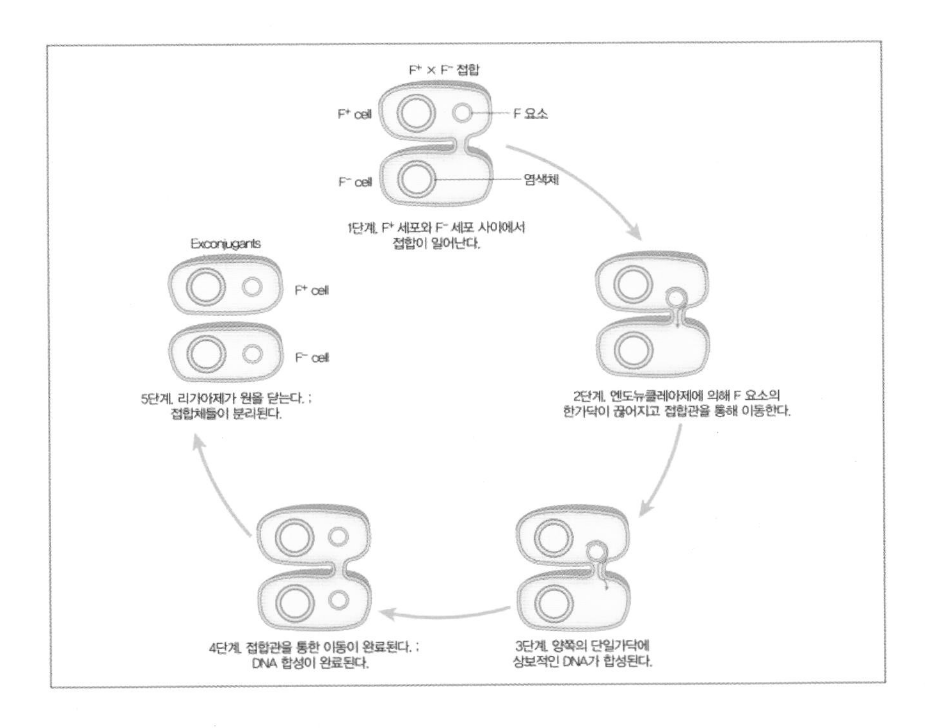

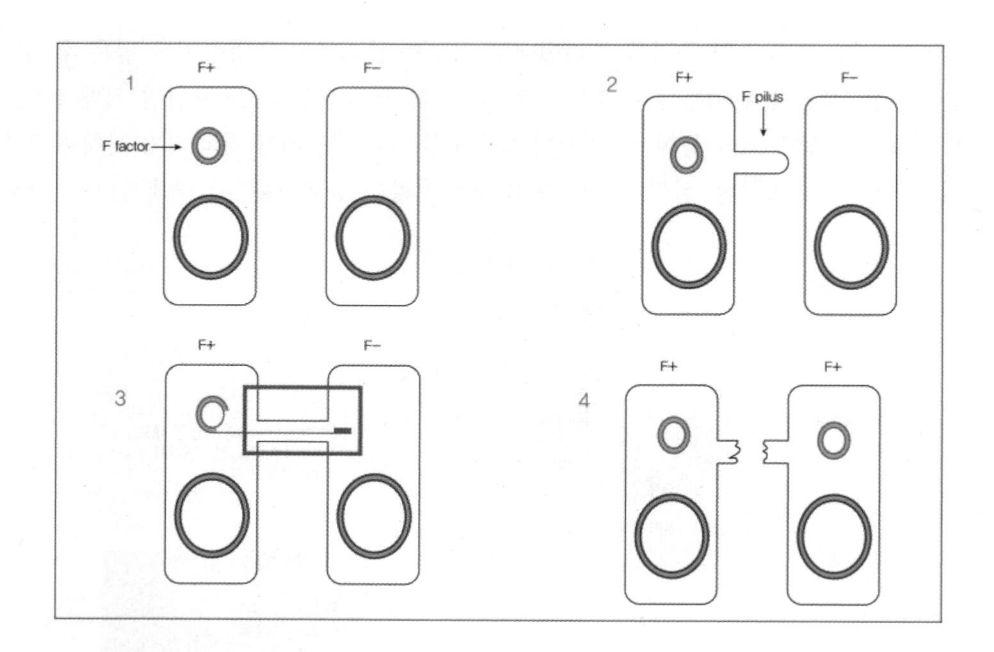

1. F 플라스미드를 지니는 F+ 세포는 접합통로를 형성하여 F- 세포로 F 플라스미드를 전달할 수 있음
2. F 플라스미드의 특정한 위치에서 한 가닥의 DNA가 잘라져서 수여 세포로 이동하기 시작함. DNA가 전달되면서 공여 세포의 플라스미드는 계속 회전함
3. 공여 세포와 수여 세포에서 각각 F 플라스미드의 단일 가닥 DNA를 주형으로 DNA가 복제됨
4. 수여 세포의 플라스미드가 원형으로 연결됨. 접합이 일어나는 동안 F 플라스미드의 전달과 복제가 끝나면 각각의 세포에 모두 완전한 F 플라스미드가 생김. 이제 두 세포가 모두 F+ 세포가 된 것임

ⓑ 접합과 Hfr 세균 염색체 일부의 전달되면서 일어나는 재조합: Hfr(high frequency of recombination)이란 공여 세포의 F인자가 염색체 안에 삽입되어 있는 경우로서 접합과정에 염색체 유전자까지 전달될 수 있는데 염색체 안에 F 인자가 삽입되어 있는 형태의 세균을 Hfr 균주라고 함

	F인자의 특징	접합에서의 역할
F^+	분리된 플라스미드로 존재	공여세포
F^-	세포내 F인자가 존재하지 않는다.	수여세포
Hfr	세균 염색체에 삽입된 상태로 존재한다.	고빈도 재조합 공여세포
F'	분리된 플라스미드로 존재하며 일부 세균 DNA를 포함한다. (오페론의 이합체 형성)	공여세포

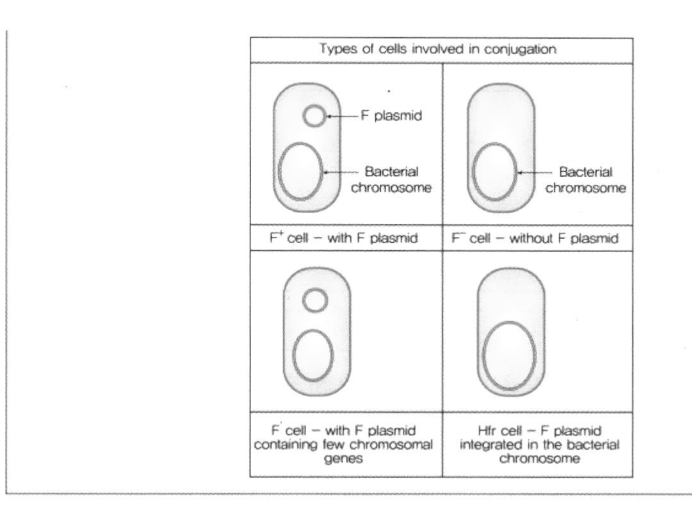

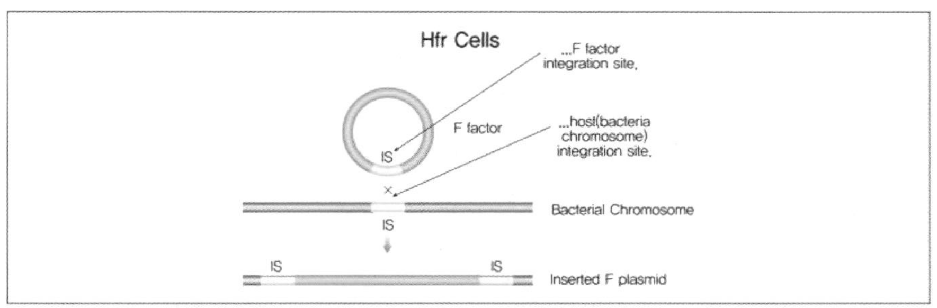

1. Hfr 세포에는 F인자가 세균 염색체에 삽입되어 있음. Hfr 세포에도 F 인자의 유전자가 있으므로 접합통로를 형성하여 F- 세포로 DNA를 전달할 수 있음
2. F 인자의 특정 지점에서 단일 가닥이 끊어지고 접합통로를 통하여 이동하기 시작함. 공여 세포와 수여 세포 모두에서 복제가 진행되어 이중가닥이 형성됨
3. 접합 통로는 보통 전체 염색체와 나머지 F 인자의 DNA가 완전하게 전달되기 전에 떨어져 나감. DNA 재조합이 일어나 전달된 조각과 수여 세포의 염색체 사이에서 상동 유전자가 서로 교환됨
4. 수여 세포의 염색체에 삽입되지 않은 DNA 조각은 세포 내 효소에 _이해 분해됨. 이러한 과정을 거쳐 수여 세포는 F 인자는 없으나 공여세포의 일부를 포함하는 재조합 세포로 바뀜. 수여 세포는 재조합된 F- 세포가 됨

㉢ 교배 중단 기술과 유전자 지도 작성

ⓐ 교배 중단 기술: 교배중단은 유전자 사이의 거리가 짧지 않은 유전자들의 상대적 위치를 결정하는 좋은 방법인데 F-와 Hfr을 섞어서 믹서기에 넣고 일정시간이 경과한 후 믹서기를 작동시키면 접합하고 있던 세균의 교배를 중단시키는 방법을 채택함

Hfr strain	전달 순서 (earliest)							(latest)
H	*thr*	*leu*	*azi*	*ton*	*pro*	*lac*	*gal*	*thi*
1	*leu*	*thr*	*thi*	*gal*	*lac*	*pro*	*ton*	*azi*
2	*pro*	*ton*	*azi*	*leu*	*thr*	*thi*	*gal*	*lac*
7	*ton*	*azi*	*leu*	*thr*	*thi*	*gal*	*lac*	*pro*

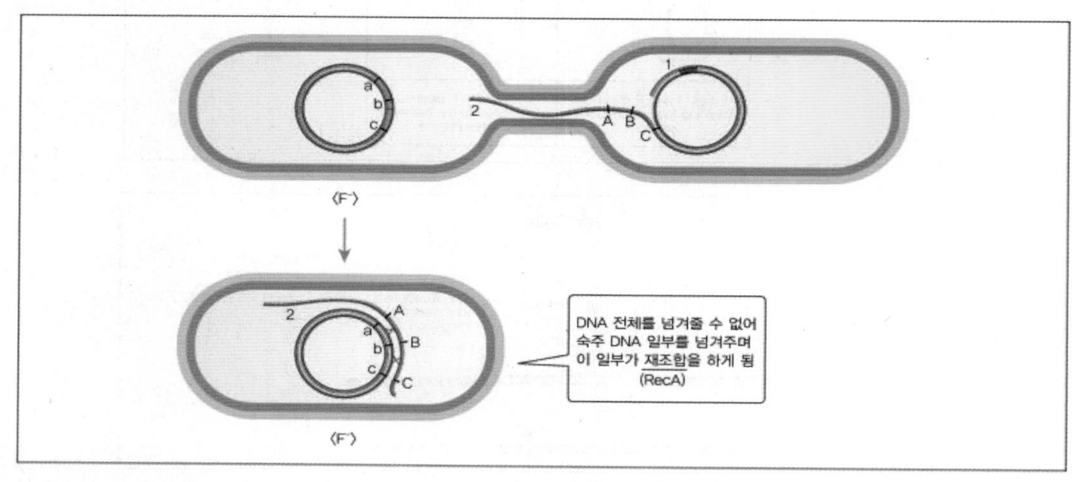

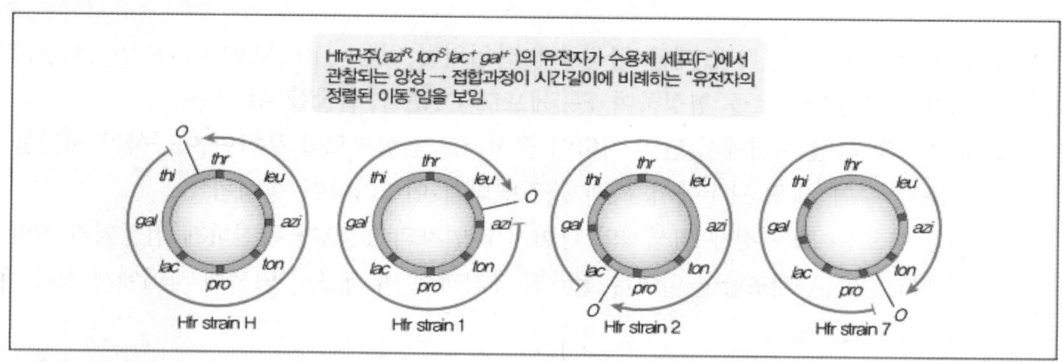

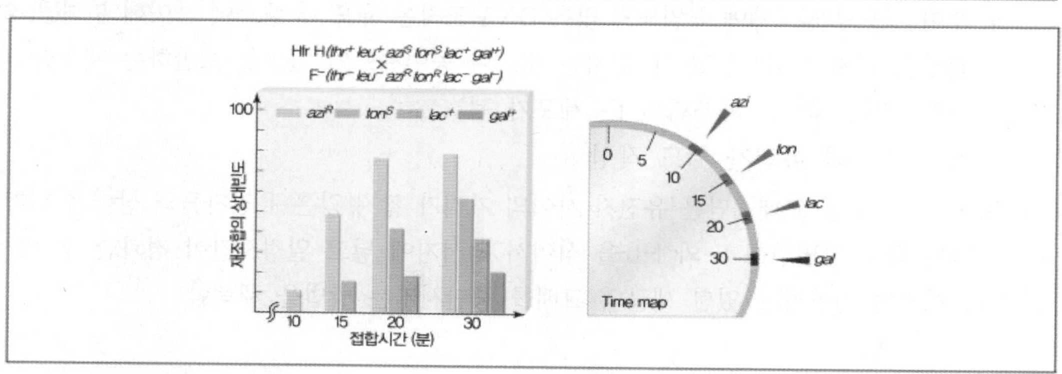

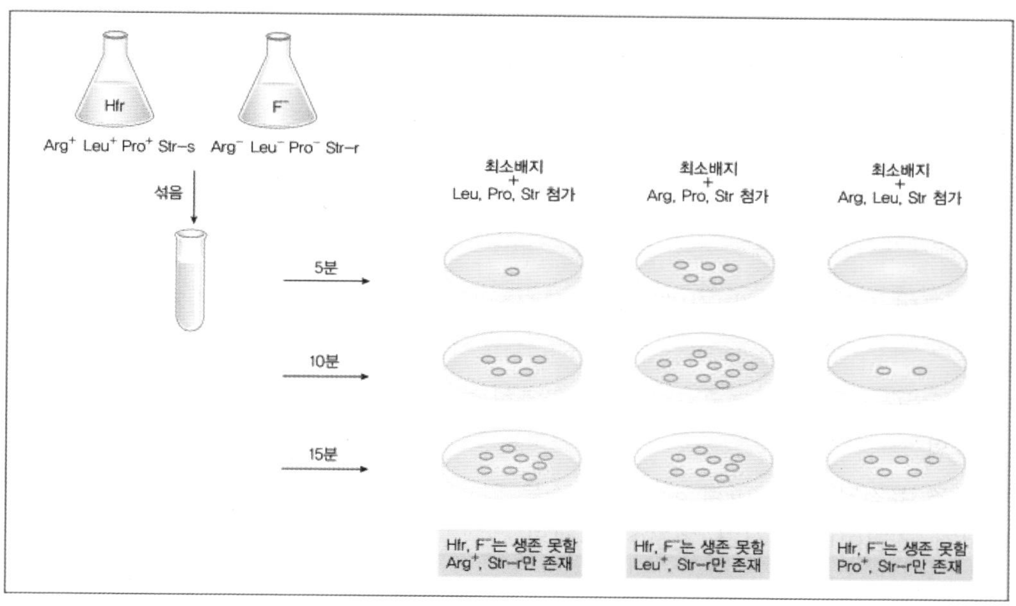

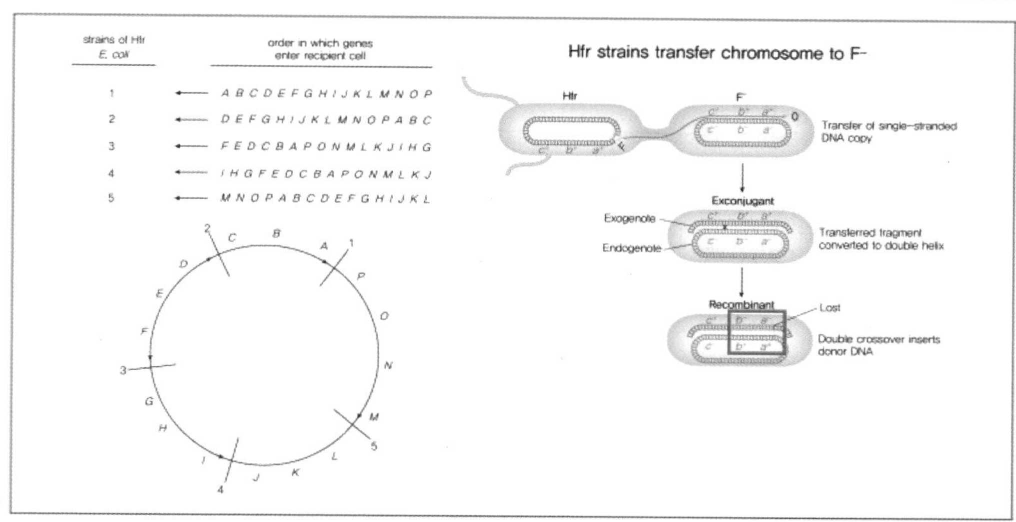

1. 예를 들어 Hfr은 항생제 민감성 균주를 이용하고 F-는 항생제 저항성 균주를 이용하는데 접합을 강제로 멈추게 한 후 세포들은 항생제가 들어 있는 배지에서 배양하여 모든 Hfr 균주를 죽게 만든 다음 F-의 유전자형을 조사함
2. 일정한 시간이 경과한 후 믹서기를 작동시켜 접합을 통한 교배를 중단시키는데 교배 시간이 길어질수록 두 가지 현상이 일어남. 첫째 새로운 대립유전자들이 Hfr로부터 F-로 단계적으로 진입하는 것을 볼 수 있고 둘째 시간이 경과하면서 Hfr로부터 옮겨오는 대립유전자를 갖는 재조합체들의 비율이 증가하는 것을 볼 수 있는데 늦게 전이되는 유전자들의 최대 재조합 비율은 점차 낮아짐
3. 유전자지도 단위: 교배중단 실험으로 밝혀진 시간으로 표시함

2 원핵생물의 유전자 발현 조절

(1) 세균의 유전자 발현 조절의 특징

㉠ 세균 유전체의 특징: 하나의 전사단위에 여러 개의 유전자가 존재하는 폴리스트론성이며 오페론을 구성하여 유전자 발현을 조절함. 오페론은 서로 연관된 기능을 가진 유전자들이 함께 모여 있는 유전자 집단으로 프로모터, 작동유전자, 구조 유전자로 이루어져 있음

ⓐ 프로모터(promoter): RNA 중합효소가 결합하는 부위

ⓑ 작동자(operator): 프로모터에 RNA 중합효소가 결합하는 것을 조절하여 전사를 통제하는 부위

ⓒ 구조 유전자(structural gene): 효소를 암호화하는 유전자

㉡ 양성적 조절이나 음성적 조절이 수행됨

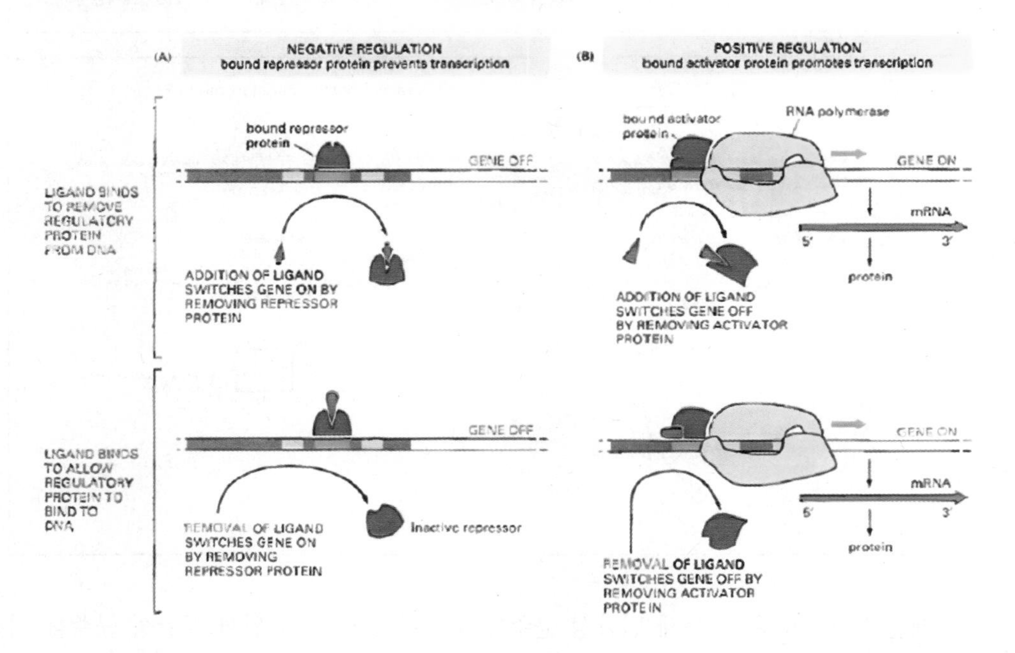

ⓐ 음성적 조절(negative regulation): 음성적 조절에 의해 유전자 발현이 조절되는 경우 일반적으로 해당 유전자는 프롬모터와 RNA 중합효소와의 친화력이 높아서 RNA 중합효소가 프로모터에 결합하는 것을 저해하는 억제인자(repressor)가 필요함. 억제자가 작동자(operator)에 결합하면 RNA 중합효소가 프로모터에 결합하지 못하게 되어 전사가 억제됨

ⓑ 양성적 조절(positive regulation): 양성적 조절에 의해 유전자 발현이 조절되는 경우 일반적으로 해당 유전자는 프로모터와 RNA 중합효소와의 친화력이 낮으므로 프로모터에 RNA 중합효소가 결합하기 위해 활성인자(activator)가 필요함. 활성인자는 RNA 중합효소의 프로모터에 대한 친화력을 높여 유전자 발현량을 증가시키게 됨

(2) lac 오페론의 구조와 유전자 발현 조절

㉠ lac 오페론의 구조

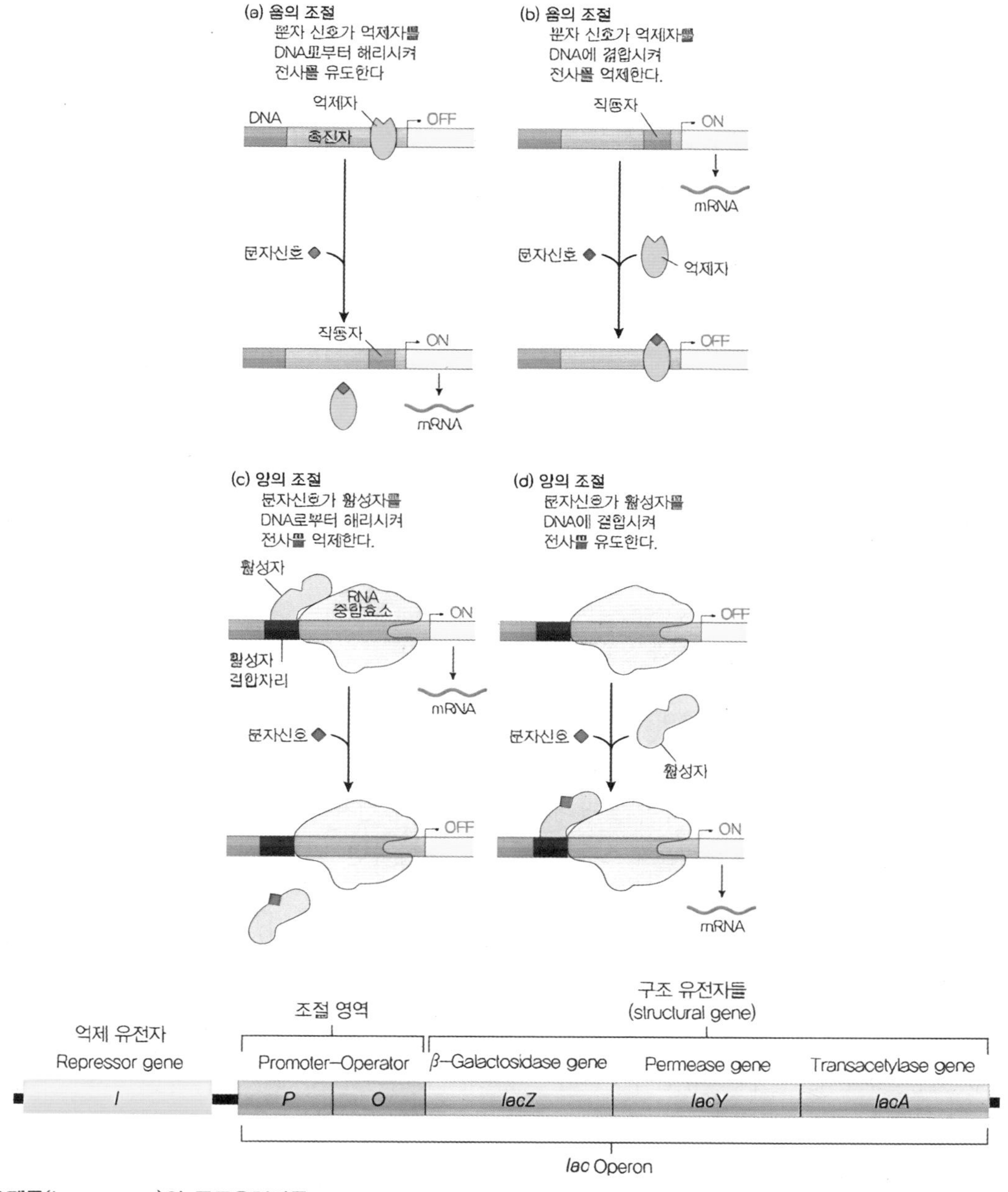

젖당 오페론(lac operon)의 구조유전자들

- 주의 1 : 억제 유전자는 젖당 오페론의 구성 성분이 아니다.
- 주의 2 : 젖당 오페론에서 전사된 한 분자의 mRNA는 세 종류의 단백질로 번역된다.
- 주의 3 : 세 구조 유전자중 베타-갈락토시다아제 유전자의 산물인 젖당 분해 효소는 이 오페론의 발현 여부와 정도를 측정하는 주요 지표로 사용된다.

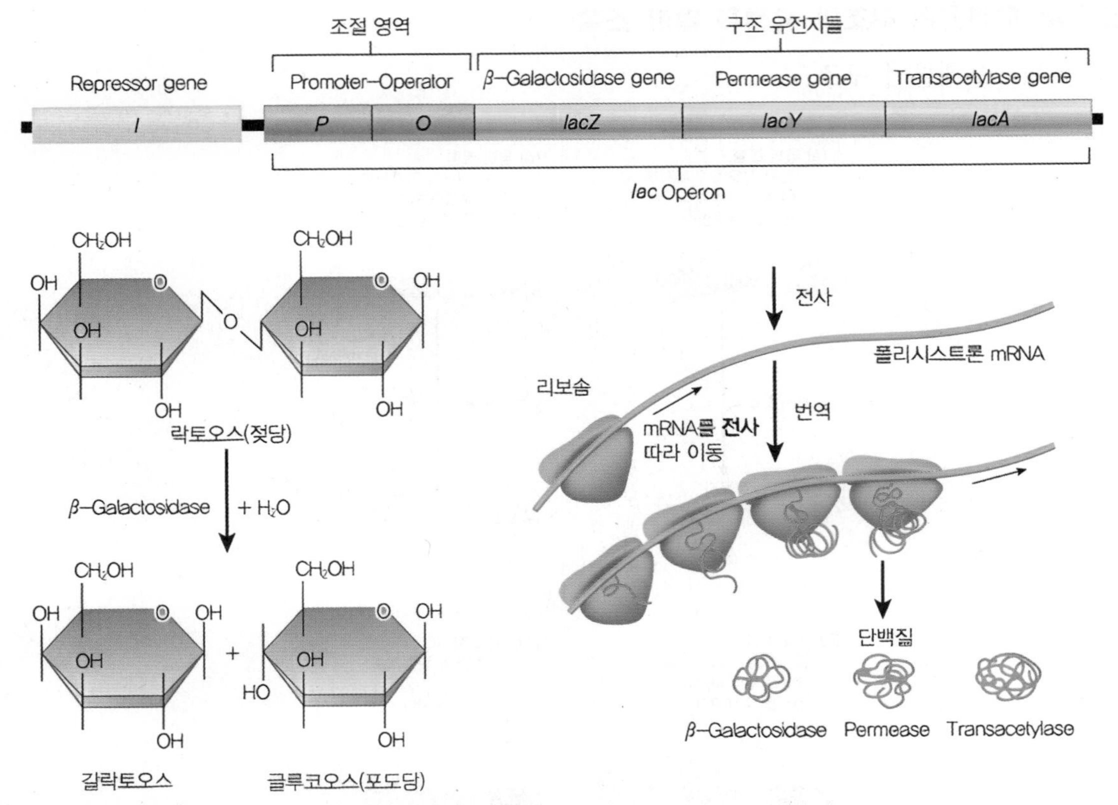

Lac operon : polycistronic mRNA의 생산과 산물들

ⓐ 조절유전자: 구조 유전자의 합성이 조절되기 위해서는 조절유전자 lac I 의 산물이 필요함. 조절유전자는 구조유전자와는 독립적으로 전사되고 조절유전자로부터 항상적으로 발현된 억제자는 작동자에 결합하여 젖당대사 관련 구조유전자의 전사를 억제함. 억제자는 알로스테릭 단백질로서 알로락토오스가 억제자에 결합하면 억제자의 구조가 변화하여 작동자 DNA 염기서열에 대한 친화력을 잃어버리게 됨

ⓑ 작동자: 억제자가 인식하는 DNA 염기서열로 억제자가 작동자에 결합하면 RNA 중합효소가 프로모터에 결합하는 것이 저해되거나 RNA 중합효소가 열린 프로모터 복합체를 형성하는 과정이 저해됨

ⓒ 젖당 대사 관련 구조 유전자

1. lacZ: 젖당 분해효소인 β-galactosidase를 암호화하는 유전자이며 발현된 β-galactosidase는 젖당을 갈락토오스와 포도당으로 분해하는 역할을 수행하기도 하지만 동시에 젖당을 알로락토오스 이성질체로 전환시키기도 함

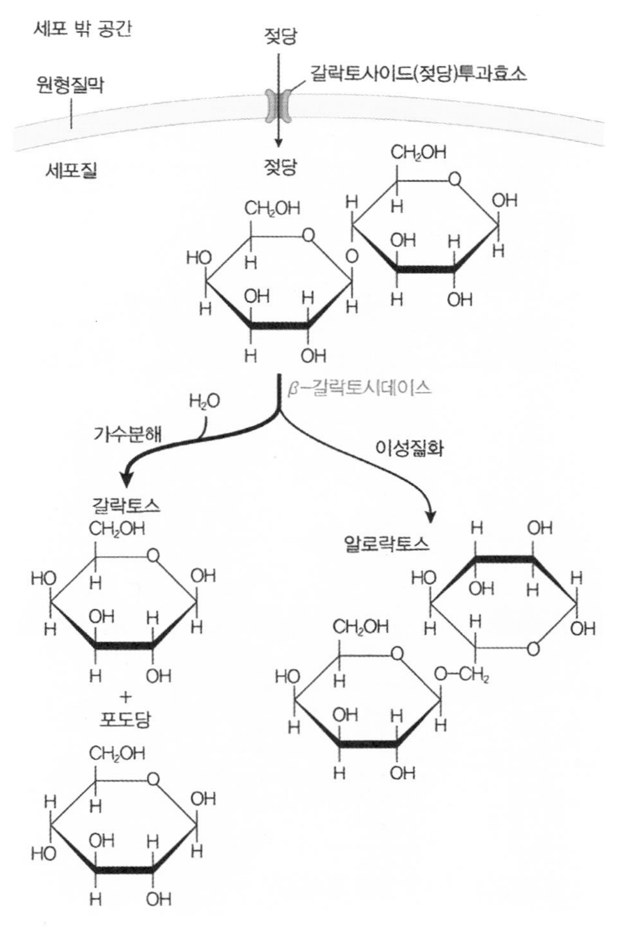

2. lacY: β-galactoside permease를 암호화하는 유전자이며 발현된 β-galactoside permease는 주변 환경에 있는 젖당을 세포 안으로 수송하는 역할을 수행함
3. lacA: β-galactoside acetyltransferase를 암호화하는 유전자이며 발현된 β-galactoside acetyltransferase는 세포가 알로락토오스를 분해하면서 생기는 독성산물을 제거하는 것으로 보임

ⓓ CAP 결합부위: cAMP와 결합한 CAP가 결합하는 DNA 서열로서 CAP가 결합하는 RNA의 중합효소의 프로모터 결합률이 높아짐

ⓛ lac 오페론의 유전자 발현 조절 방식: lac 오페론은 음성적 조절과 양성적 조절이 모두 수행됨

ⓐ 음성적 조절(negative regulation): 발현된 억제자의 활성화/불활성화 여부를 통하여 유전자 발현이 조절되는 방식임

1. 젖당이 저농도로 존재할 경우: 조절 유전자에서 만들어진 억제자가 작동 부위에 결합하여 RNA 중합효소가 프로모터에 결합하는 것을 방해하거나 RNA 중합효소가 열린 프로모터 복합체를 형성하는 것을 방해하기 때문에 젖당 오페론의 구조 유전자가 거의 발현되지 않음

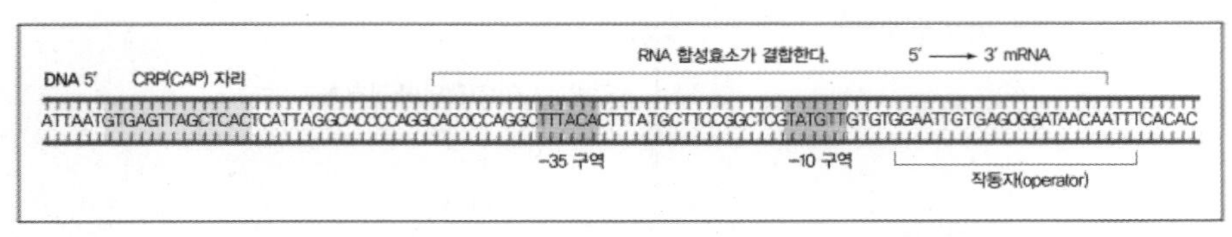

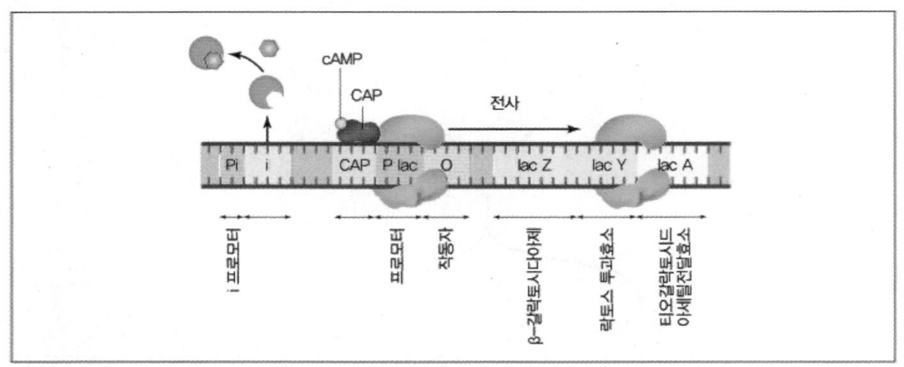

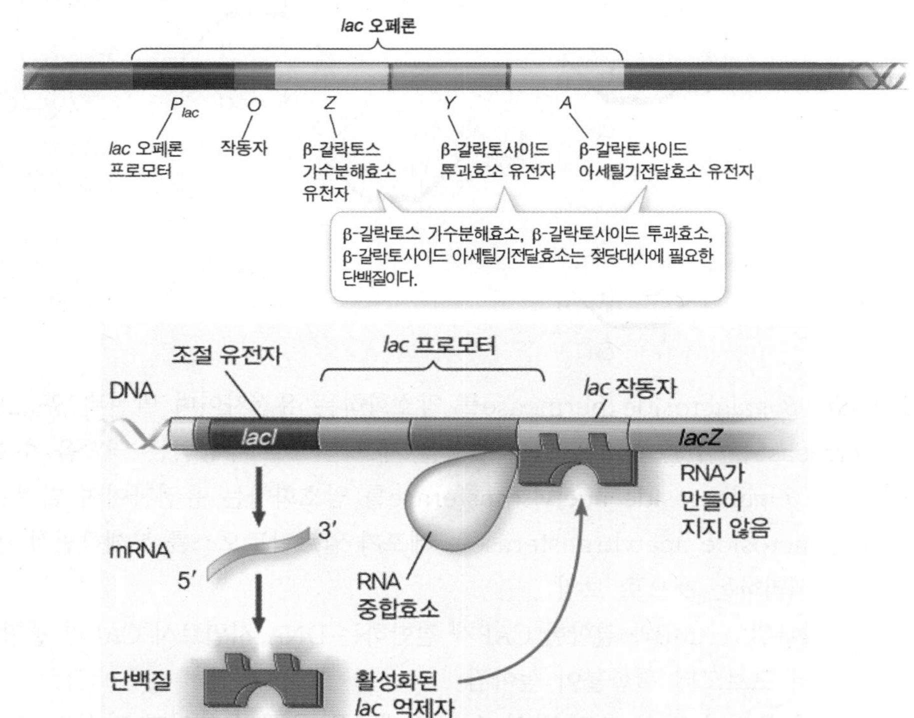

2. 젖당이 고농도로 존재할 경우: 젖당이 존재하면 세포 내로 일부 진입하여 β-galactosidase에 의해 일부 젖당이 알로락토오스로 전환되는데 알로락토오스는 억제자에 결합하게 되고, 그 결과 억제자의 형태가 변형되어 작동자에 결합하지 못하게 됨. 따라서, 작동자 서열이 비게 되고, 프로모터에 RNA 중합효소가 결합하여 전사가 시작됨. 전사를 통해서 만들어진 mRNA는 번역 과정을 거쳐 젖당을 분해하는 데 필요한 효소가 만들어짐. 이 때 억제자에 결합하여 억제자를 불활성화시킨 알로락토오스를 유조다(inducer)라 하고 lac 오페론을 유도성 오페론이라고 함

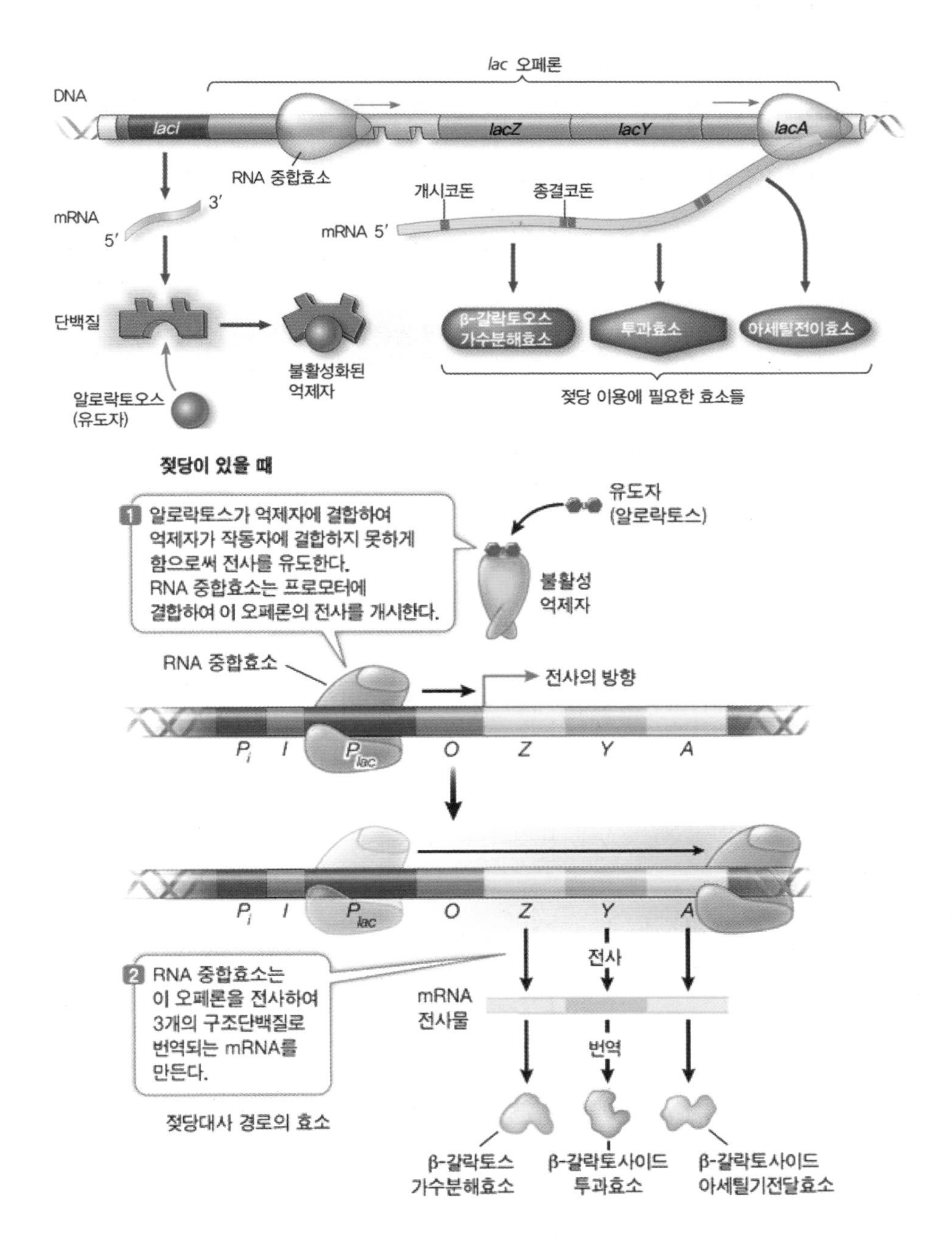

ⓑ 양성적 조절(positive regulation): 발현된 활성자의 활성화/불활성화 여부를 통하여 유전자 발현을 조절하는 방식. lac 오페론의 경우 활성자는 이화물질 활성화 단백질(catabolic activator protein; CAP)임. CAP는 cAMP와 결합해야 활성화되는데 CAP-cAMP 이량체는 활성부위에 결합함과 동시에 RNA 중합효소 α 소단위체의 CTD에 결합하여 자극함으로써 RNA 중합효소로 하여금 프로모터 활성에 용이하게 결합하게 함. cAMP의 농도는 세포 내 포도당의 농도에 따라서 결정되는데 포도당의 농도가 높으면 cAMP의 농도가 낮아지고 포도당의 농도가 높으면 cAMP의 농도가 높아짐

1. 이화산물 억제(catabolite repression): 포도당과 젖당이 같이 존재하는 경우 포도당을 먼저 사용하고 젖당을 나중에 이용하는 이화산물 억제가 일어나게 됨

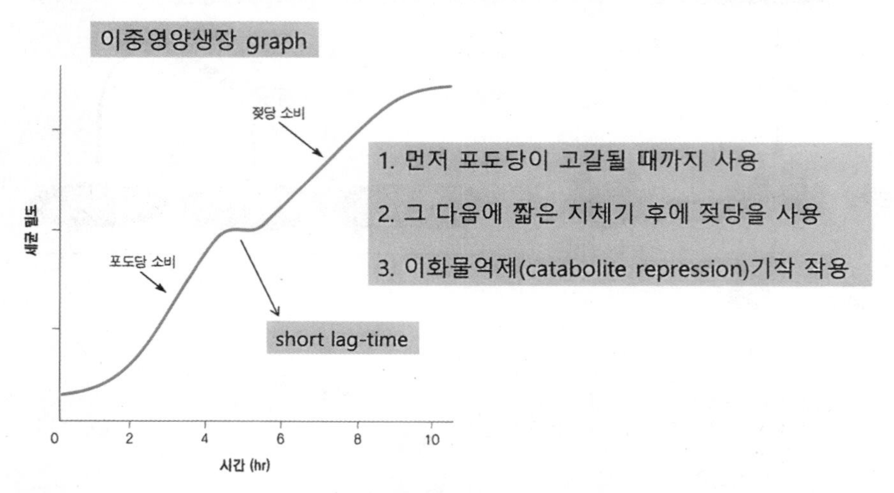

2. 양성적 조절 기작: 젖당이 존재하고 포도당이 저농도로 존재할 경우 다량의 cAMP가 형성되어 활성화된 CAP의 양이 증가하여 젖당분해효소 발현량이 증가하게 됨. 젖당이 존재하고 포도당이 고농도로 존재할 경우 cAMP의 농도가 낮아져 활성화된 CAP의 양이 줄어들어 젖당분해효소 발현량이 줄어들게 됨

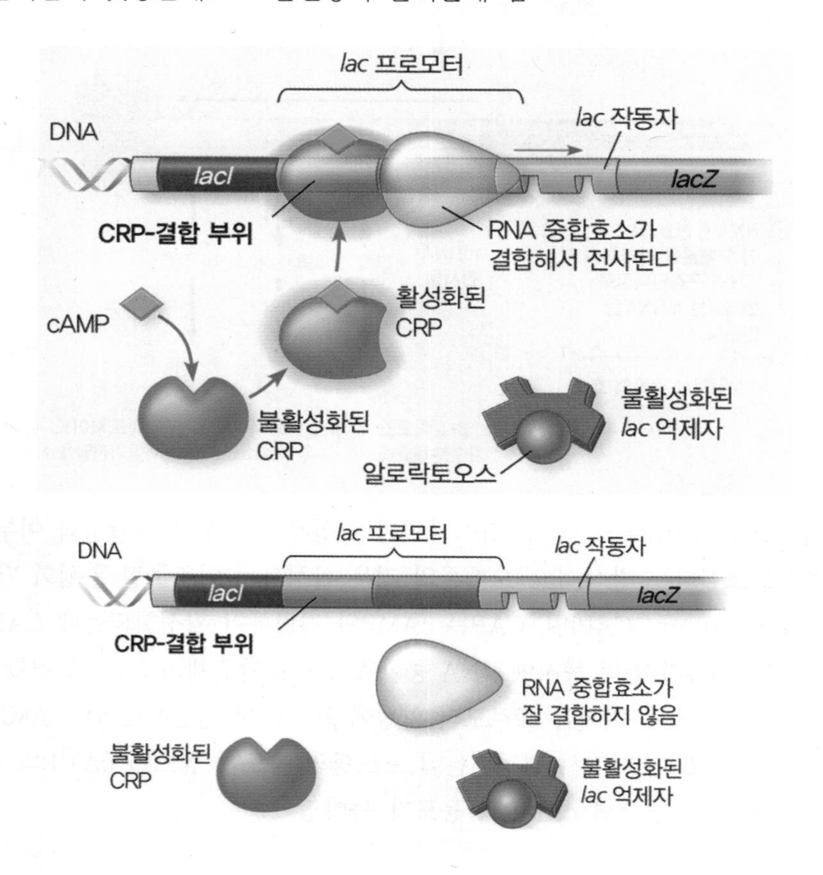

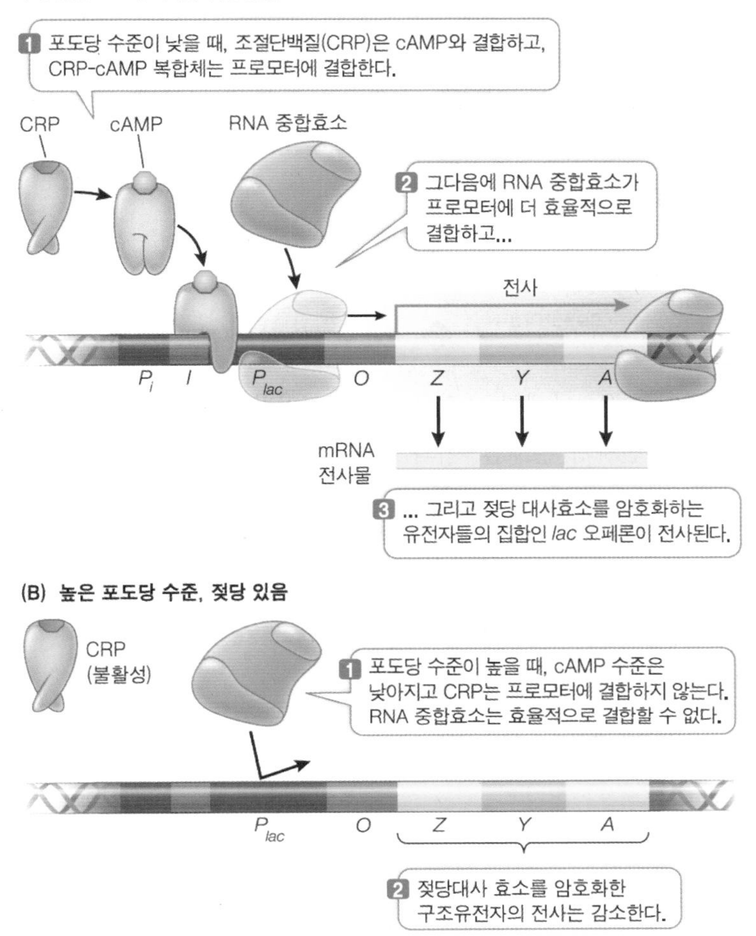

㉢ lac 오페론 돌연변이 연구: lac 오페론에 대한 연구는 부분 이배체와 돌연변이체를 이용하여 이루어져 왔음. 여러 가지 기법을 이용하여 여러 돌연변이의 조합을 이배체 형태로 만들어 그 특성을 연구함

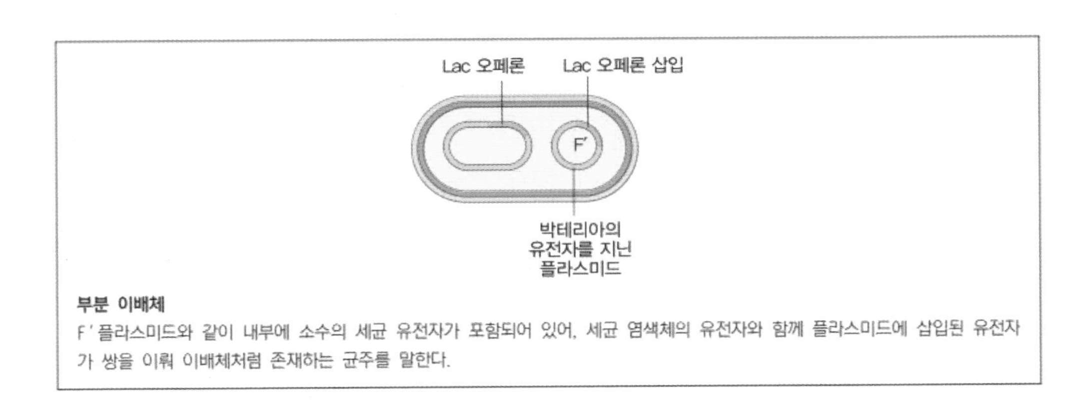

부분 이배체

F' 플라스미드와 같이 내부에 소수의 세균 유전자가 포함되어 있어, 세균 염색체의 유전자와 함께 플라스미드에 삽입된 유전자가 쌍을 이뤄 이배체처럼 존재하는 균주를 말한다.

ⓐ 조절 유전자 돌연변이: 조절 유전자에서 발현된 억제자 단백질은 트랜스 작용(trans acting)을 나타냄

1. 부분 이배체가 아닌 경우: 조절 유전자에 돌연변이가 발생하면 활성이 없는 억제자가 만들어지는데 따라서 세포에서는 lac 오페론이 항상 발현됨

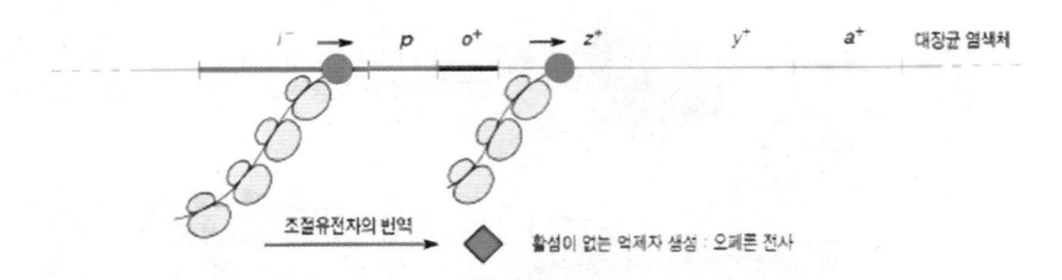

2. 부분 이배체인 경우: 야생형 조절유전자가 F'인자에서 제공될 때 세균의 염색체와 F'인자에 모두 조절유전자가 존재함. 이와 같은 부분이배체에서 표현형은 정상임. F'에 있는 조절유전자에 억제자가 충분히 만들어져서 두 군데 작동자 모두에 결합할 수 있기 때문임

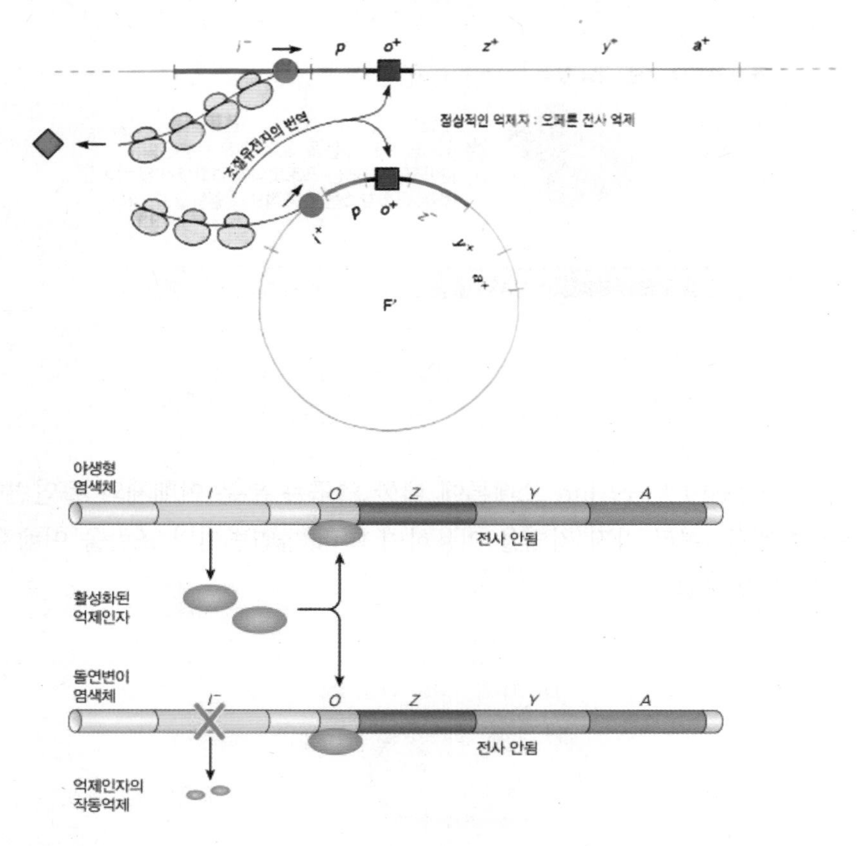

ⓑ 작동자 돌연변이: 작동자 돌연변이는 물리적으로 연결되어 있는 오페론의 발현에만 영향을 주는데 이것을 시스-우성(cis-dominant) 돌연변이라고 함

1. 부분 이배체가 아닌 경우: 야생형 억제자가 돌연변이 작동자에 결합하지 못하므로 세포에서는 lac 오페론이 항구적으로 발현됨

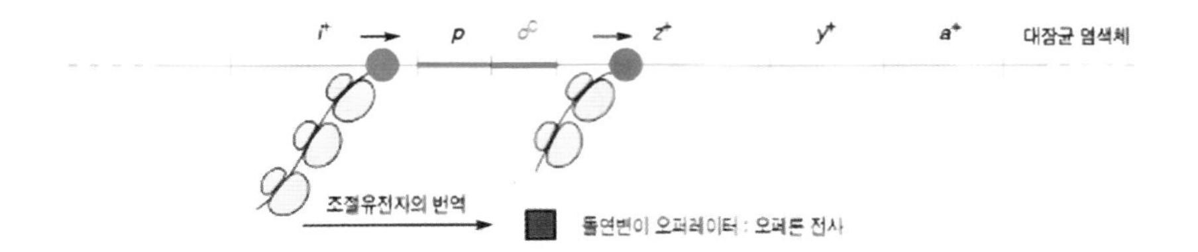

2. 부분 이배체인 경우: 세균의 염색체와 F'인자에 모두 작동자가 포함되어 있음. F'인자에 위치한 작동자는 세포의 표현형을 바꿀 수 없음. 야생형 작동자가 염색체상의 작동자에 아무런 영향을 주지 못하기 때문인데 이와 같은 현상을 시스 우성이라고 함. 작동자에 돌연변이가 일어나면 다른 오페론에 위치한 작동자의 영향을 받지 않음

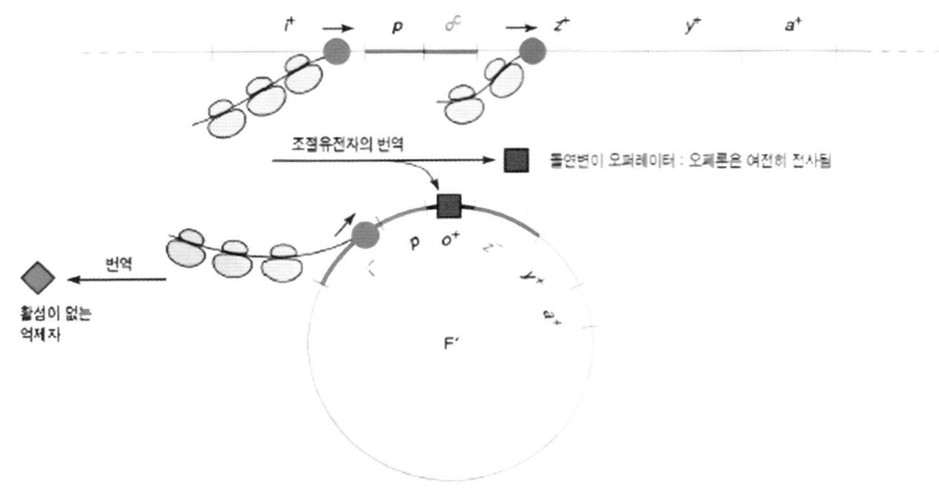

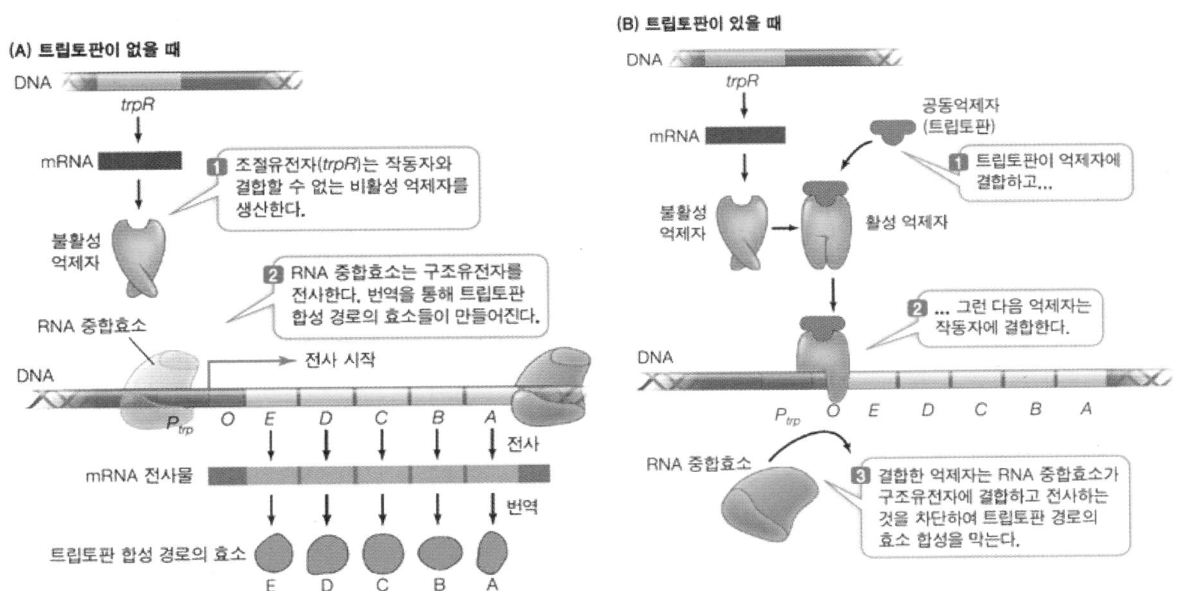

(3) trp 오페론의 구조와 유전자 발현 조절

억제성 오페론으로서 음성적 조절 및 전사감쇄를 통해 유전자 발현조절이 진행됨

㉠ trp 오페론의 구조: lac 오페론의 구조와 거의 유사함. 구조 유전자는 trpE, trpD, trpC, trpB, trpA가 있는데 여기서 발현되는 단백질 효소는 코리슴산을 다섯 단계에 걸쳐 트립토판으로 전환시킴. trpR은 억제자 암호 유전자이며 P는 프로모터, O는 작동자를 가리킴

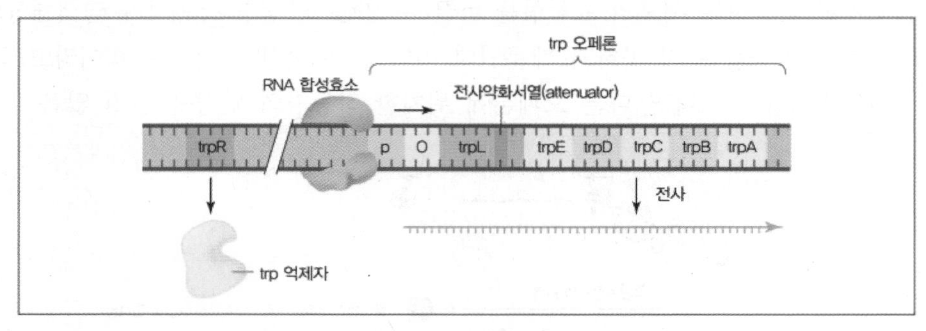

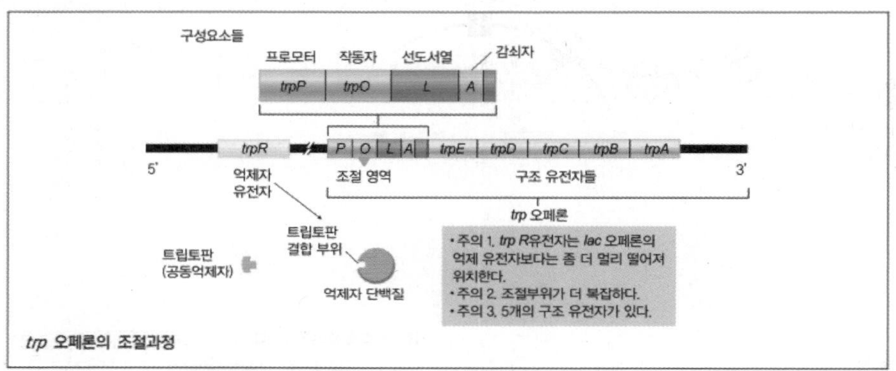

trp 오페론의 조절과정

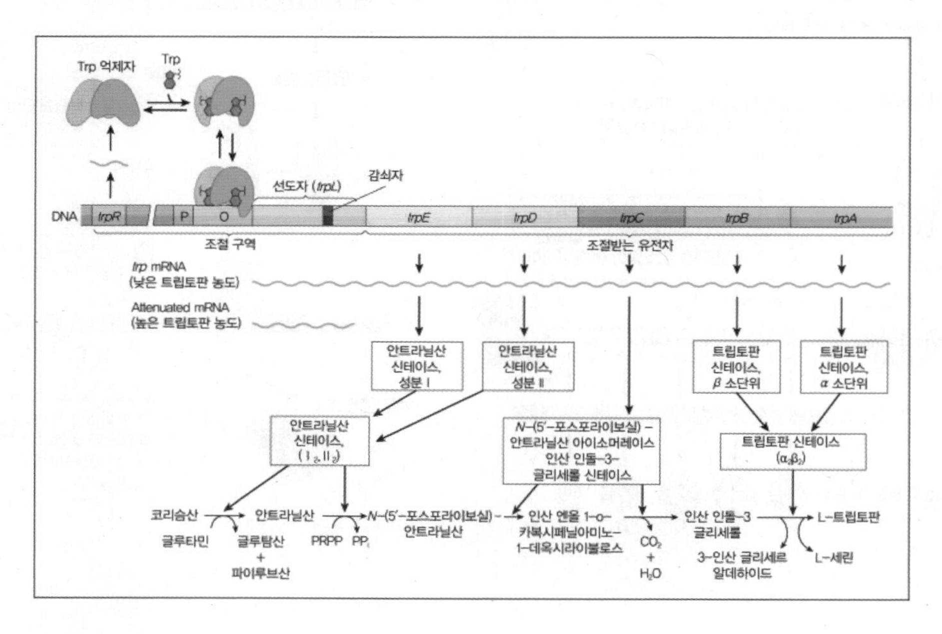

ⓛ trp 오페론의 유전자 발현 조절 방식: trp 오페론은 작동자와 관련된 음성적 조절과 전사 감쇄 조절체계에 의한 조절방식이 있음

ⓐ 음성적 조절(negative regulation): 발현된 억제자의 활성화/불활성화 여부를 통하여 유전자 발현을 조절하는 방식

1. 트립토판이 저농도로 존재할 경우: 트립토판과 결합하지 않은 억제자는 불활성화되며 오페론은 활성화되어 트립토판 합성 효소들이 생성됨

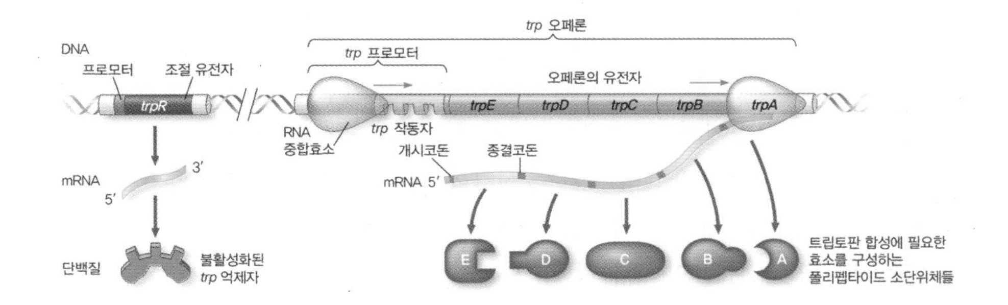

2. 트립토판이 고농도로 존재할 경우: 트립토판이 축적됨에 따라 트립토판이 결합한 억제자는 활성화되고 작동부위에 결합하게 되어 트립토판 합성 효소들의 생성이 억제됨. 이 때 트립토판은 공동억제자(corepressor)로 작용한 것임

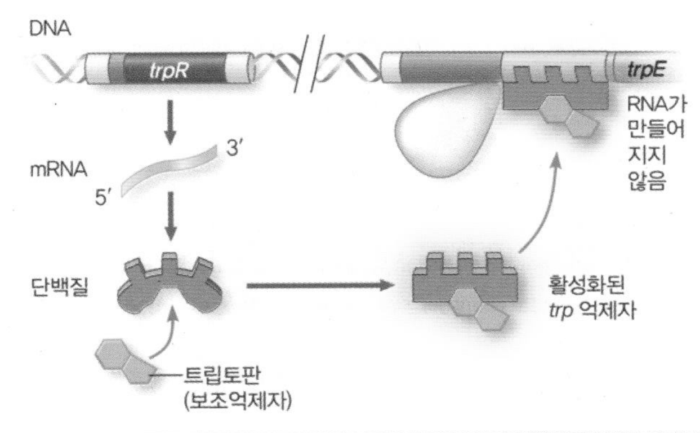

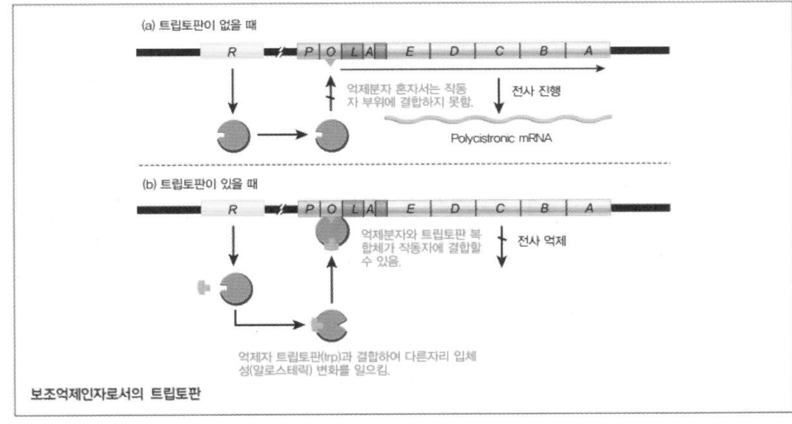

보조억제인자로서의 트립토판

ⓑ 전사감쇄를 통한 유전자 발현 조절: DNA상의 프로모터에서 RNA 중합효소에 의해 개시된 전사반응이 오페론 내부의 특정 영역에서 대부분 정지하여 전사량이 현저하게 감소하는 것을 전사감쇄라 부르는데 전사감쇄가 발생하면 전사개시는 정상적으로 일어나지만 오페론의 구조 유전자는 전사되지 않게 됨

1. 선도전사체(leader transcript)의 구조: 작동자와 첫 번째 구조유전자 사이에 전사감쇄 조절 부위가 존재함. 전사감쇄 조절 부위에서 전사되는 mRNA를 선도전사체라고 부르는데 선도전사체의 발단부분에는 서로 상보적인 서열을 가진 제 부분이 존재하여 서로 다른 머리핀 구조를 형성하는 것이 가능함. 조건에 따라 3과 4가 서로 결합한 머리핀 구조를 형성하거나 또는 2와 3의 부분서열이 서로 결합한 머리핀 구조를 형성하게 됨. 또한 선도전사체의 27번에서 68번 염기 사이에서 짧은 폴리펩티드 암호서열이 존재하는 이것을 선도펩티드 유전자라고 함. 이 유전자에서는 14개의 아미노산으로 된 펩티드가 형성되며 이 가운데 두 개의 트립토판이 나란이 위치하게 됨. 나란히 존재하는 두 개의 트립토판이 전사감쇄 조절의 핵심임

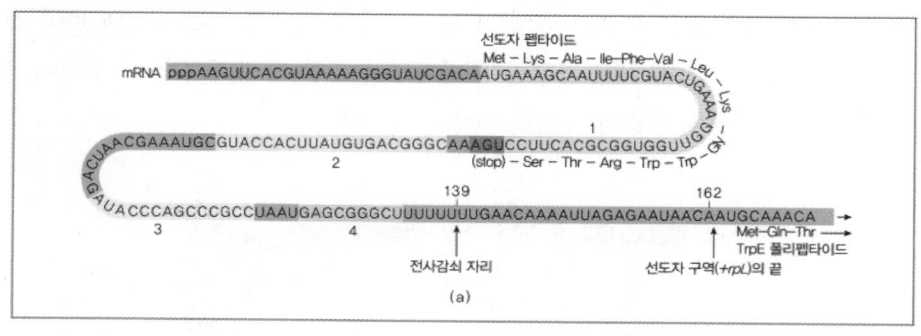

(a)

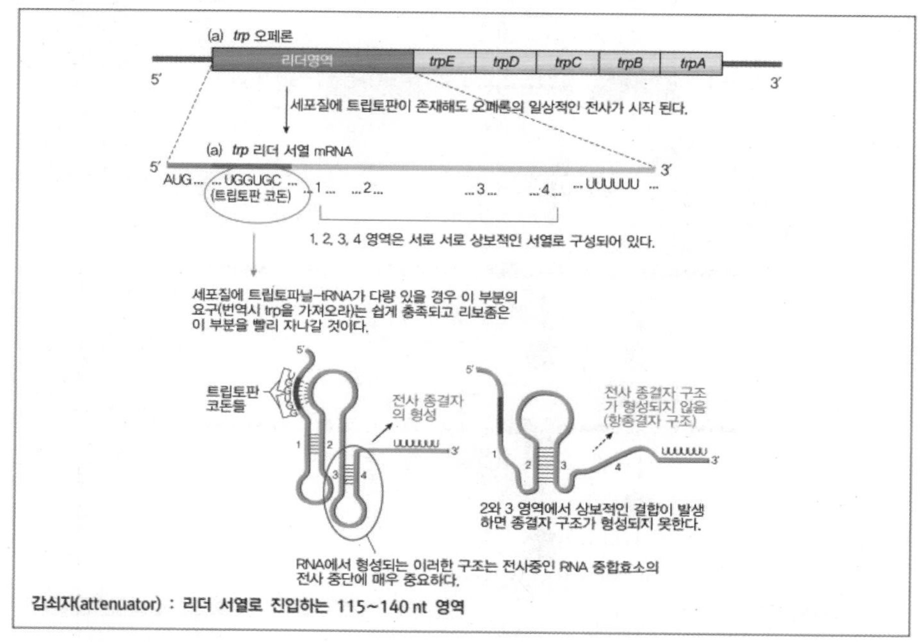

감쇠자(attenuator) : 리더 서열로 진입하는 115~140 nt 영역

2. 트립토판이 고농도로 존재할 경우: 작동자에 억제자가 결합하지 않아서 RNA 중합효소가 trp 오페론의 전사를 시작하게 되면 전사감쇄 조절 부위가 전사됨. 선도펩티드 유전자에 해당하는 mRNA의 5' 말단이 전사되면 리보솜이 부착하여 선도펩티드를 번역하기 시작함. 세포 내의 트립토판 농도가 높아서 충분한 양의 Trp-tRNA^{trp}가 존재하면 선도펩티드 유전자의 번역이 순조롭게 진행되기 때문에 선도펩티드를 합성하는 리보솜이 1과 2의 서열을 차지하고 있으므로 3-4 머리핀 구조가 형성됨. 여러개의 우라실 염기 앞쪽에 오는 머리핀 구조는 전사종결신호로 이와 같은 구조가 형성되면 전사가 종결되며 이와 같은 종결구조를 전사감쇄자(attenuator)라고 함

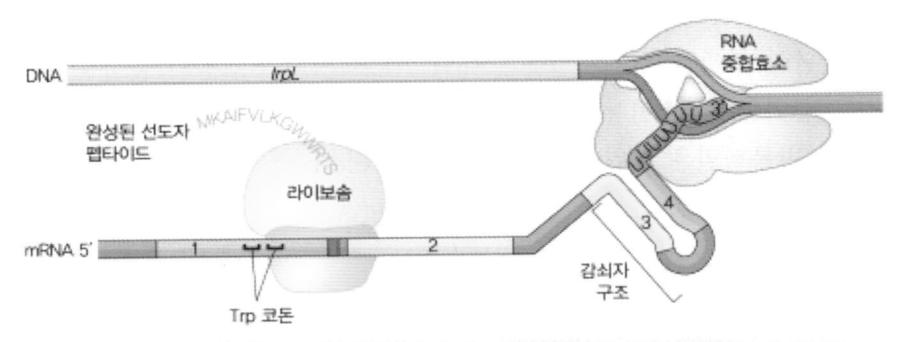

트립토판 농도가 높을 때, 라이보소체는 서열 1(선도 펩타이드를 부호화하는 열린 판독)을 빠르게 번역하고, 서열 3이 전사되기 전에 서열 2를 차단한다. 계속되는 전사는 서열 3과 4가 형성하는 종료자와 유사한 전사감쇠자 구조에서 전사감쇠를 일으킨다.

3. 트립토판이 저농도로 존재할 경우: Trp-tRNATrp가 부족하면 선도펩티드를 합성하는 리보솜은 첫 번째 트립토판 코돈에서 멈추어 Trp-tRNATrp이 채워질 때까지 기다리는데 리보솜이 여기서 멈추면 mRNA의 2와 3이 서로 결합하여 머리핀 구조를 이루고 그 결과 전사를 종결시키는 종결자는 형성되지 않음. 구조유전자는 계속 전사되므로 트립토판 합성효소들의 합성이 이루어지게 됨

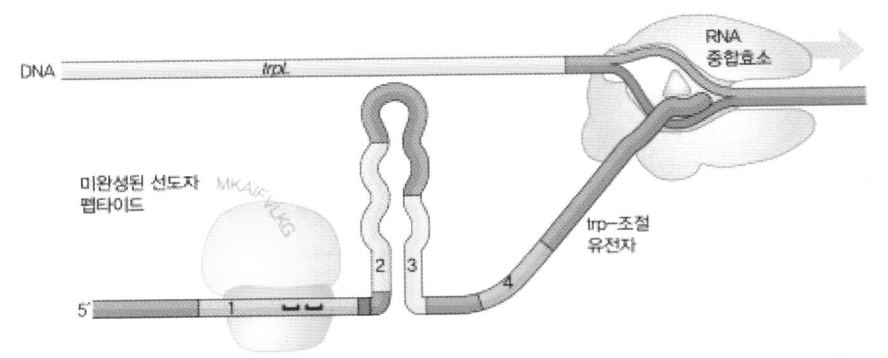

트립토판 농도가 낮을 때, 라이보소체는 서열 1의 Trp 코돈에서 정지한다. 서열 2와 3간의 염기쌍 구조가 형성되면, 서열 3과 4는 더 이상 전사감쇠자 구조를 형성하지 못하게 되어 전사감쇠가 억제된다. 3:4 전사감쇠자와 다르게 2:3 구조는 전사를 억제하지 못한다.

3 세균의 전이성 인자(transposable element; transposon)

(1) 삽입서열과 복합 전이성 인자

세균의 전위인자는 DNA를 중간 매개체로 유전체 사이를 이동할 수 있는 전이성 인자로서 양 말단에 짧은 역반복 서열을지님. 자르고 붙이기(cut-and-paste) 방식으로 기존의 위치에서 제거되어 이동하거나 복사 후 붙이기(copy-and-paste) 방식으로 기존의 위치에 트랜스포존을 남겨두고 새로운 곳으로 복제되어 이동함

㉠ 삽입서열(insertion sequence element; IS elemenr): 세균에서 처음 발견된 전위인자로서 가장 간단한 형태임. 삽입서열에는 대략 700~1500 염기쌍의 중심부 양쪽에 10~30 염기쌍 정도의 역반복서열이 존재함. 역반복서열의 반복횟수는 삽입서열마다 다르며 말단에 위치하는 역반복서열은 전위효소(transposing element; transposase와 resolvase가 포함됨)가 인지하는 신호임

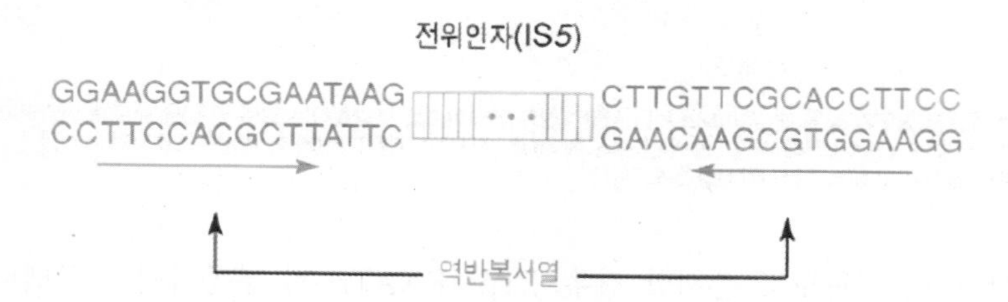

㉡ 복합 전위인자(composite transposon): 더 복잡한 형태의 전위인자로서 두 개의 삽입서열 사이에 중심부 서열이 존재함. 복합 전위인자의 중심부에는 대개 세균 유전자가 존재하는데 흔히 항생제 저항성 유전자가 위치함. 두 개의 삽입서열은 그 둘 사이에 있는 어떤 DNA라도 이동시킬 수 있는데 사실상 복합 전위인자는 두 개의 삽입서열이 서로 가까이 위치하여 생긴 것이라고 생각됨

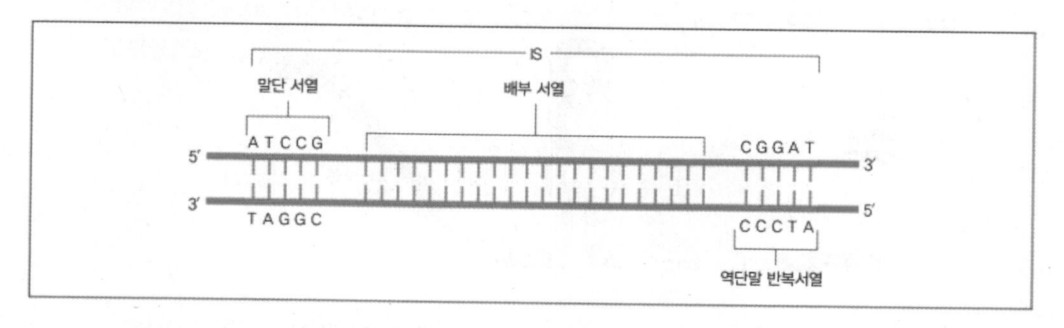

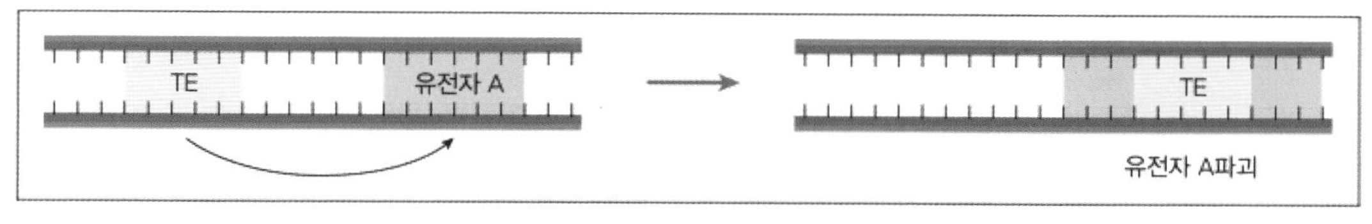

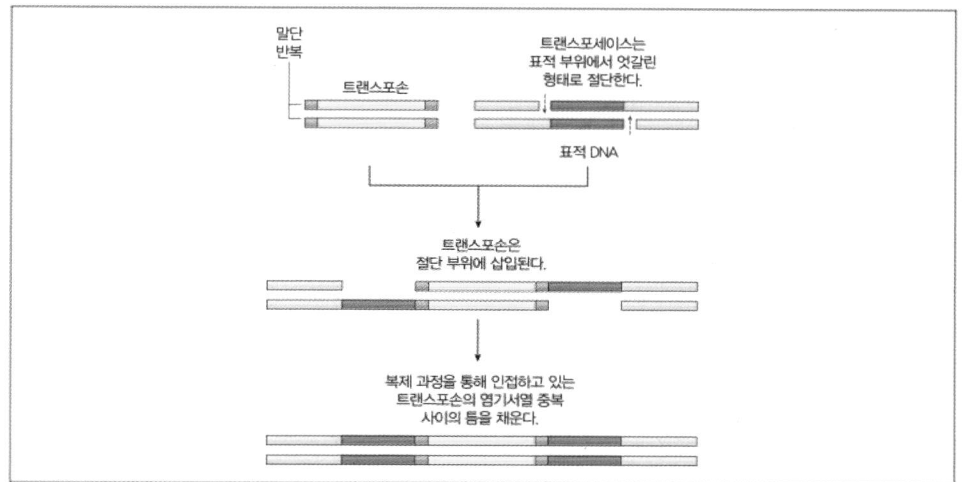

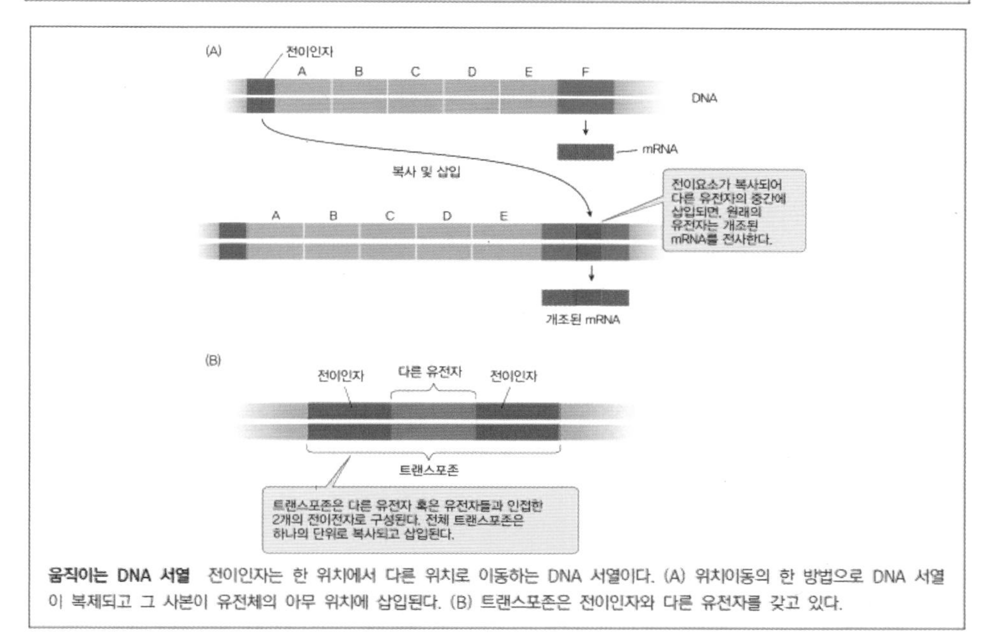

움직이는 DNA 서열 전이인자는 한 위치에서 다른 위치로 이동하는 DNA 서열이다. (A) 위치이동의 한 방법으로 DNA 서열이 복제되고 그 사본이 유전체의 아무 위치에 삽입된다. (B) 트랜스포존은 전이인자와 다른 유전자를 갖고 있다.

ⓐ 중심부 유전자: 복합 전위인자의 하나인 Tn10의 경우 중심부에는 전위효소와 해리효소 뿐만 아니라 β-락탐분해효소(β-lactaminase)를 암호화하는 세균 유전자가 포함되어 있음

ⓑ 말단 삽입서열: 양 끝에 위치한 삽입서열은 동일한 경우도 있고 서로 다른 경우도 있음. 삽입서열의 방향이 같은 경우와 다른 경우 모두 발견됨. 또한 삽입서열은 기존에 알려진 삽입서열인 경우도 있고 기존의 것과 다른 경우도 있는데 후자의 경우를 유사 삽입서열(IS-like element)이라고 함

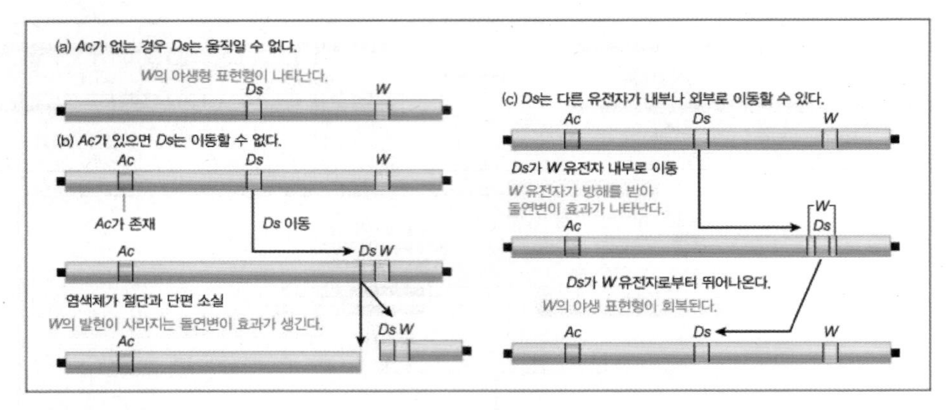
(a) Ac가 없는 경우 Ds는 움직일 수 없다.
W의 야생형 표현형이 나타난다.
Ds
W
(b) Ac가 있으면 Ds는 이동할 수 없다.
Ac
Ds
W
Ac가 존재
Ds 이동
Ds W
염색체가 절단과 단편 소실
W의 발현이 사라지는 돌연변이 효과가 생긴다.
(c) Ds는 다른 유전자가 내부나 외부로 이동할 수 있다.
Ds가 W 유전자 내부로 이동
W 유전자가 방해를 받아 돌연변이 효과가 나타난다.
Ds가 W 유전자로부터 뛰어나온다.
W의 야생 표현형이 회복된다.

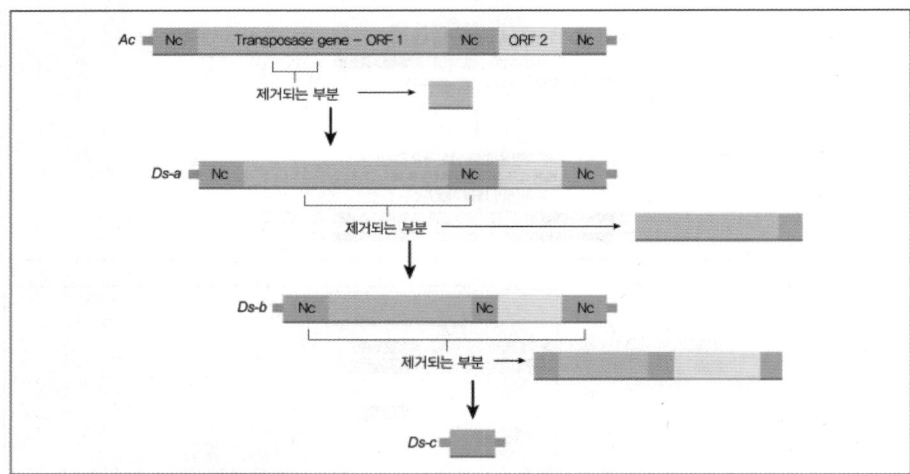
Ac
Nc
Transposase gene – ORF 1
ORF 2
제거되는 부분
Ds-a
Ds-b
Ds-c

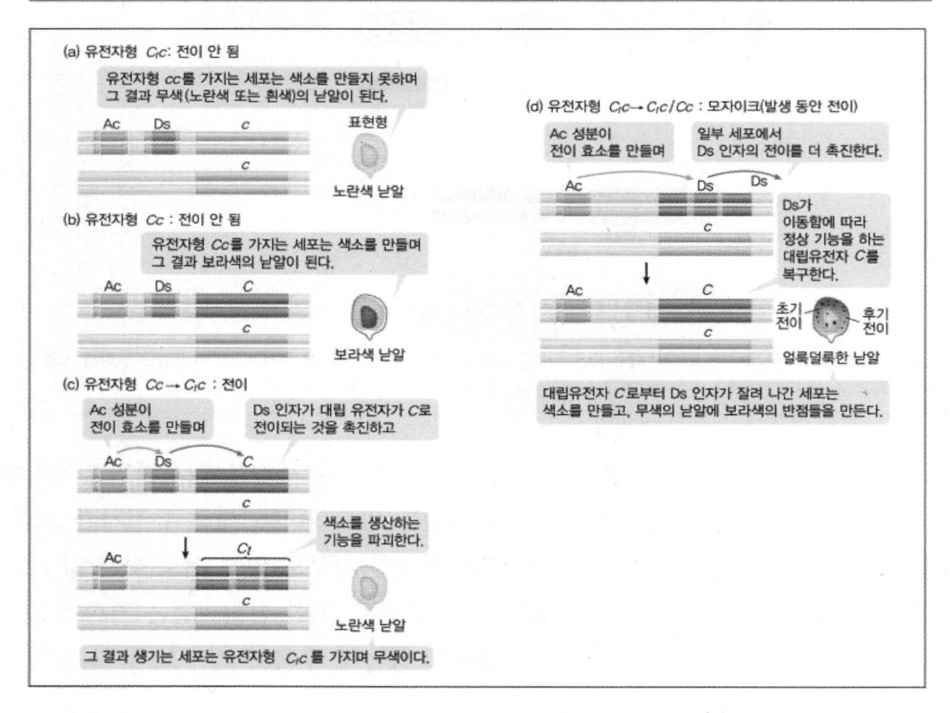
(a) 유전자형 Cic: 전이 안 됨
유전자형 cc를 가지는 세포는 색소를 만들지 못하며 그 결과 무색(노란색 또는 흰색)의 낟알이 된다.
표현형
노란색 낟알
(b) 유전자형 Cc : 전이 안 됨
유전자형 Cc를 가지는 세포는 색소를 만들며 그 결과 보라색의 낟알이 된다.
보라색 낟알
(c) 유전자형 Cc → Cic : 전이
Ac 성분이 전이 효소를 만들며
Ds 인자가 대립 유전자가 C로 전이되는 것을 촉진하고
색소를 생산하는 기능을 파괴한다.
노란색 낟알
그 결과 생기는 세포는 유전자형 Cic 를 가지며 무색이다.
(d) 유전자형 Cic → Cic / Cc : 모자이크(발생 동안 전이)
Ac 성분이 전이 효소를 만들며
일부 세포에서 Ds 인자의 전이를 더 촉진한다.
Ds가 이동함에 따라 정상 기능을 하는 대립유전자 C를 복구한다.
초기 전이
후기 전이
얼룩덜룩한 낟알
대립유전자 C로부터 Ds 인자가 잘려 나간 세포는 색소를 만들고, 무색의 낟알에 보라색의 반점들을 만든다.

(2) 유전자 전위에 따른 효과

전위현상은 개체의 유전자형과 표현형에 여러 가지 영향을 미침. 전위인자가 구조 유전자 또는 프로모터로 전위되면 표적 유전자가 발현되지 않음. 또한 전위인자의 방향에 따라 결실이나 역위가 발생할 수도 있음

㉠ 결실: 정반복 서열 간에 단일 교차가 발생하면 그 사이의 DNA가 결실됨

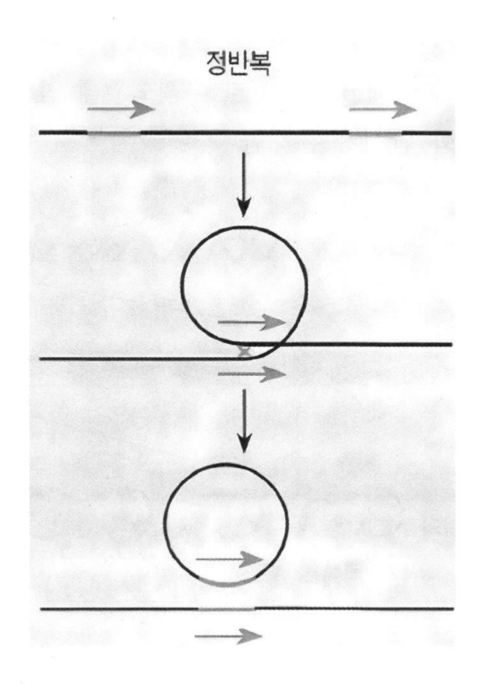

㉡ 역위: 역반복 서열 간에 단일 교차가 발생하면 역위가 발생함

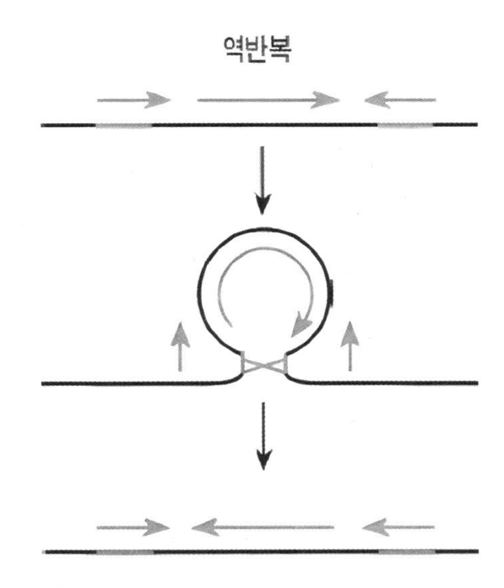

진핵생물의 분자유전학

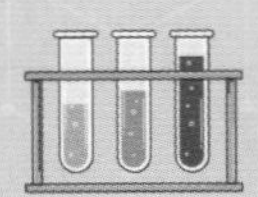

1 진핵생물의 염색체

(1) 진핵생물 염색질과 염색체 조직화 단계

진핵생물의 염색질은 DNA와 단백질 복합체로 구성되는데 염색체의 분리와 유전자 발현 조절을 위해 여러 수준의 조직화 단계가 존재함

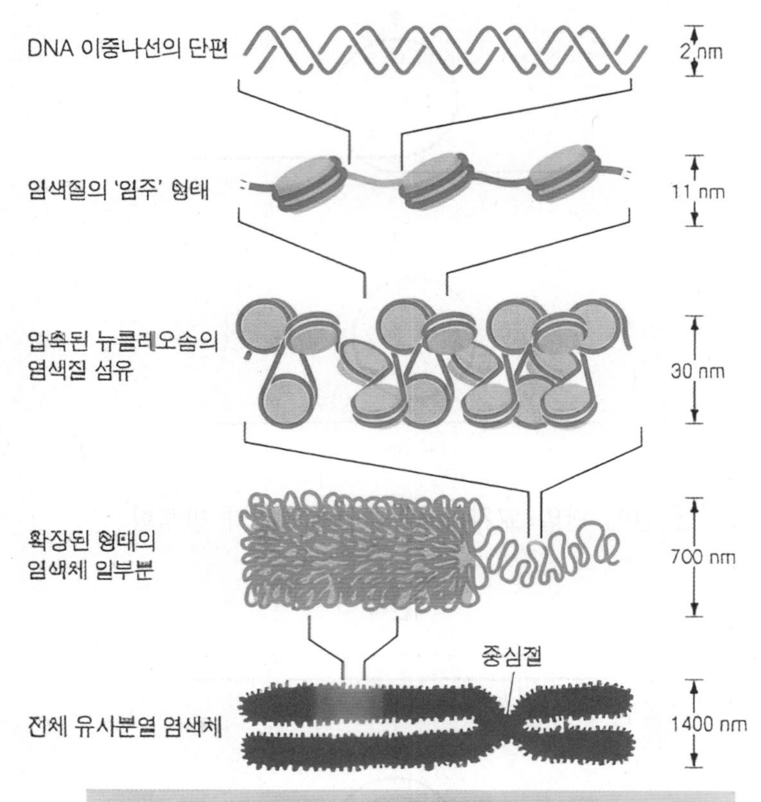

㉠ 뉴클레오솜(nuvleosome): 진핵생물 염색체의 가장 기본적인 구조로서 각 뉴클레오솜 핵심 입자와 연결자는 약 200bp의 DNA를 포함하고 있으며 전자현미경 하에서 이 구조는 실에 구슬이 꿰어 있는 것처럼 보이며 구슬처럼 보이는 뉴클레오솜의 지름 때문에 10nm 염색질 섬유라고 함

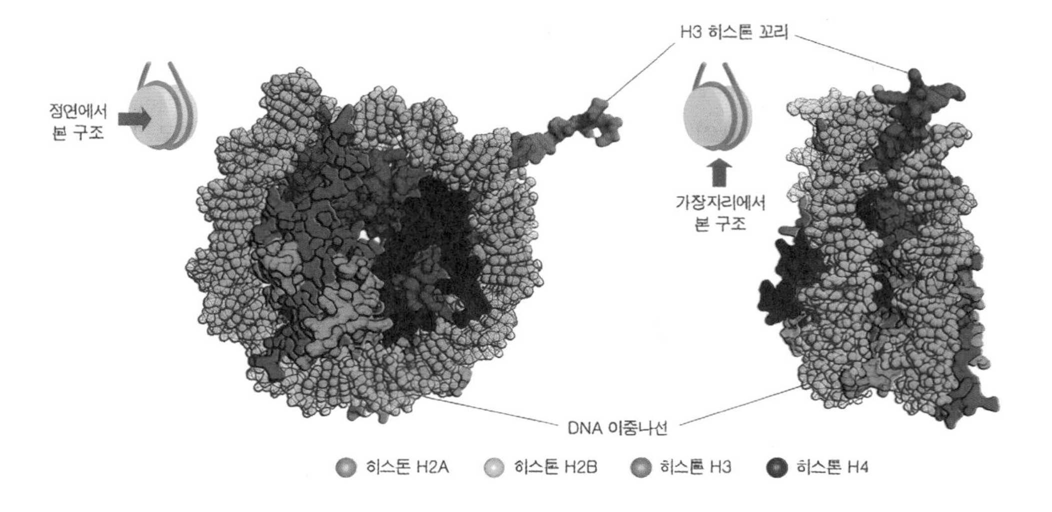

ⓐ 뉴클레오솜 핵심입자(nucleosome core particle)의 구조: 히스톤 단백질 H2A, H2B, H3, H4가 각각 2분자씩 조합되어서 146bp의 DNA가 거의 두 바퀴를 감는 구슬모양을 형성하고 있음. 히스톤은 Lys과 Arg으로 대표되는 양전하 아미노산을 많이 포함하고 있는 단백질로서 염색체 DNA 정전기적 인력을 통해 결합하여 복합체를 형성함

ⓑ 연결자(linker): 하나의 뉴클레오솜과 다음 뉴클레오솜 사이에 뻗어 있으며 H1이 결합함으로써 다음 염색질 포장 단계가 진행됨

ⓒ 30nm 염색질 섬유(30nm chromatin fiber): 솔레노이드라(solenoid)고 불리는 지름이 30nm인 똬리를 튼 구조

ⓐ H1 분자의 역할: H1 분자가 뉴클레오솜에서 DNA가 나가고 들어오는 지점과 연결자 DNA에 둘 다 결합하여 염색질 응축에 관여함

ⓑ 솔레노이드 구조의 기능: 염색질을 응축시켜 DNA를 화학적이고 기계적인 손상으로부터 보호해줌. 반대로 염색질의 유전자가 활성을 띠게 될 때에는 솔레노이드나 뉴클레오솜으로부터 거의 완전하게 풀려야만 함

ⓒ 더 상위 응축 단계: H1과 비히스톤성 단백질 골격이 염색체 응축에 관여한다고 알려져 있지만 정확한 메커니즘은 알려져 있지 않음

(2) 응축 상태에 따른 염색질 구분

응축된 상태에 따라 이질염색질과 진정염색질로 구분함

㉠ 이질염색질(heterochrmatin): 응축된 염색질로서 광학현미경에서 매우 선명하게 염색되는 염색질 부위를 가리키며 전체 간기 염색질 중 약 10%를 차지함. 이질 염색질 상의 DNA는 유전자를 거의 포함하고 있지 않거나 포함하고 있다 하더라도 유전자 발현이 저해됨

㉡ 진정염색질(euchromatin): 탈응축된 염색질로서 유전자 발현 정도가 상대적으로 높음

(3) 퍼프와 램프브러쉬 염색체

퍼프와 램프브러쉬 부위는 유전자 발현이 활발히 일어나는 부위임

㉠ 퍼프(puff): 초파리 애벌레의 침샘에는 핵분열 없이 염색체가 반복적으로 복제되어 크기가 상당히 큰 다사염색체(polytene chromosome)가 존재함. 초파리의 발생 단계별로 다사 염색체를 현미경을 통해 관찰하면 독특하게 부풀어 오른 곳을 볼 수 있는데, 이 부위를 퍼프(puff)라고 함. 톨루이딘 블루나 3H-유리딘을 이용한 방사성 자동사진법으로 RNA를 특이적으로 염색하면 다사 염색체의 퍼프에서 활발한 전사 활동이 일어나고 있지만 그 외 다른 지역에서는 일어나지 않는 것을 볼 수 있음

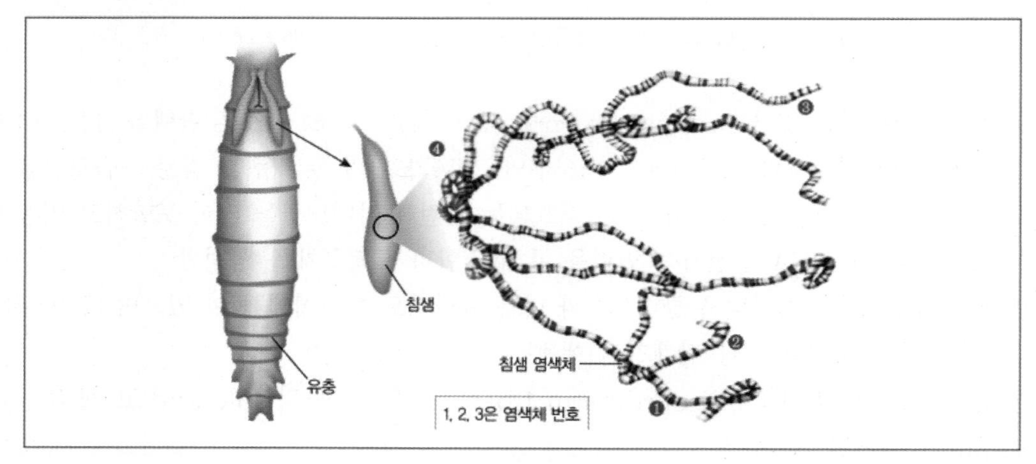

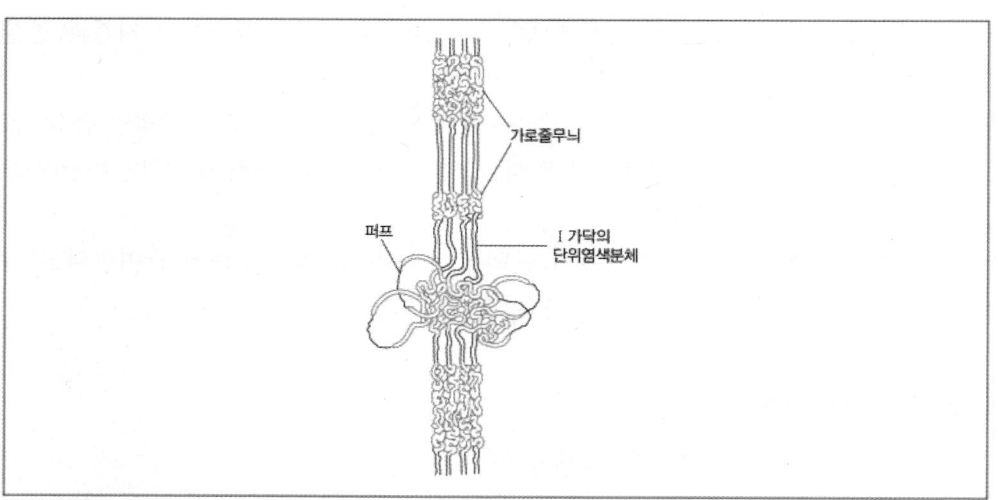

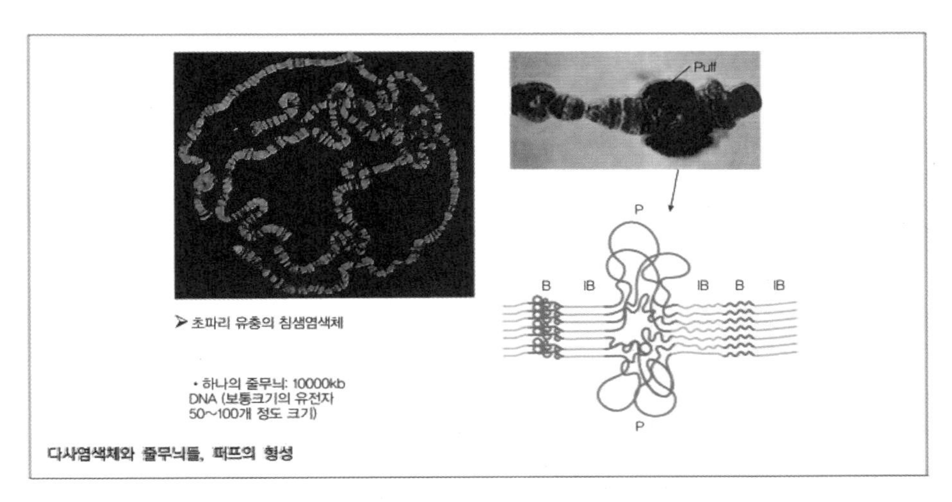

다사염색체와 줄무늬들, 퍼프의 형성

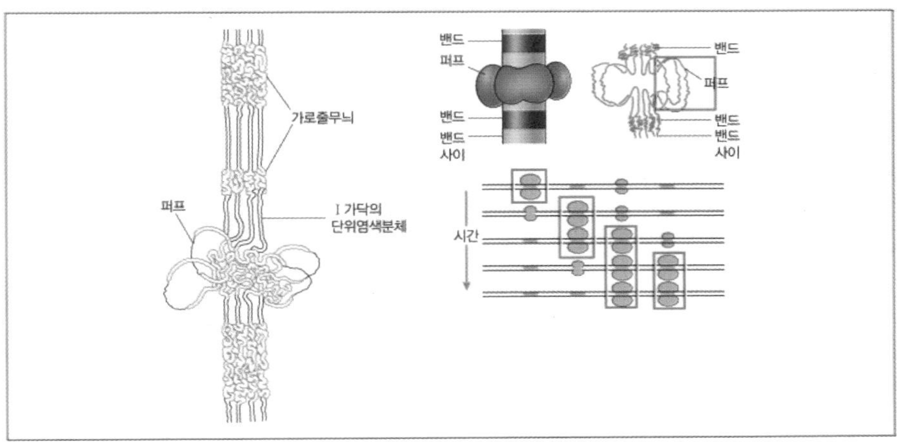

㉡ 램프브러쉬 염색체(lampbrush chromosome): 램프를 청소하는 브러쉬처럼 생긴 모습으로 인해 붙여진 이름으로 램프브러쉬 염색체의 꼬리는 RNA에 의해 덮여 있고 전사가 활발히 일어나는 장소임

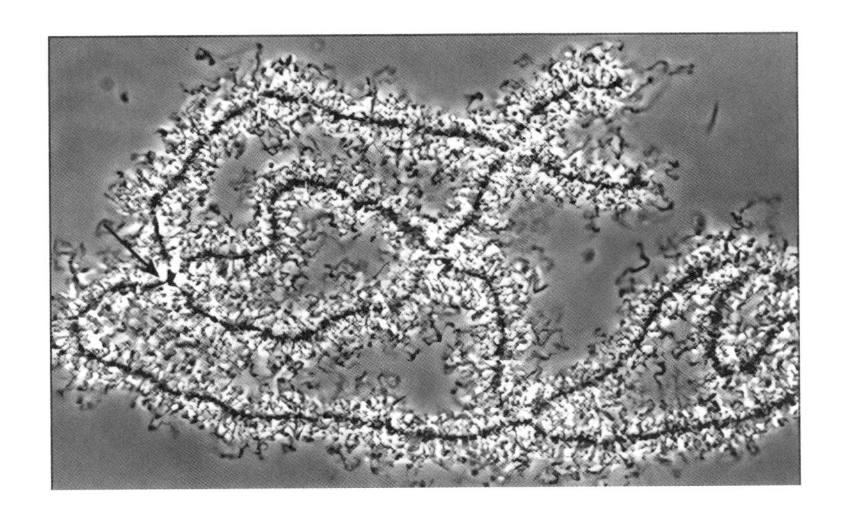

2 진핵생물의 유전자 발현 조절

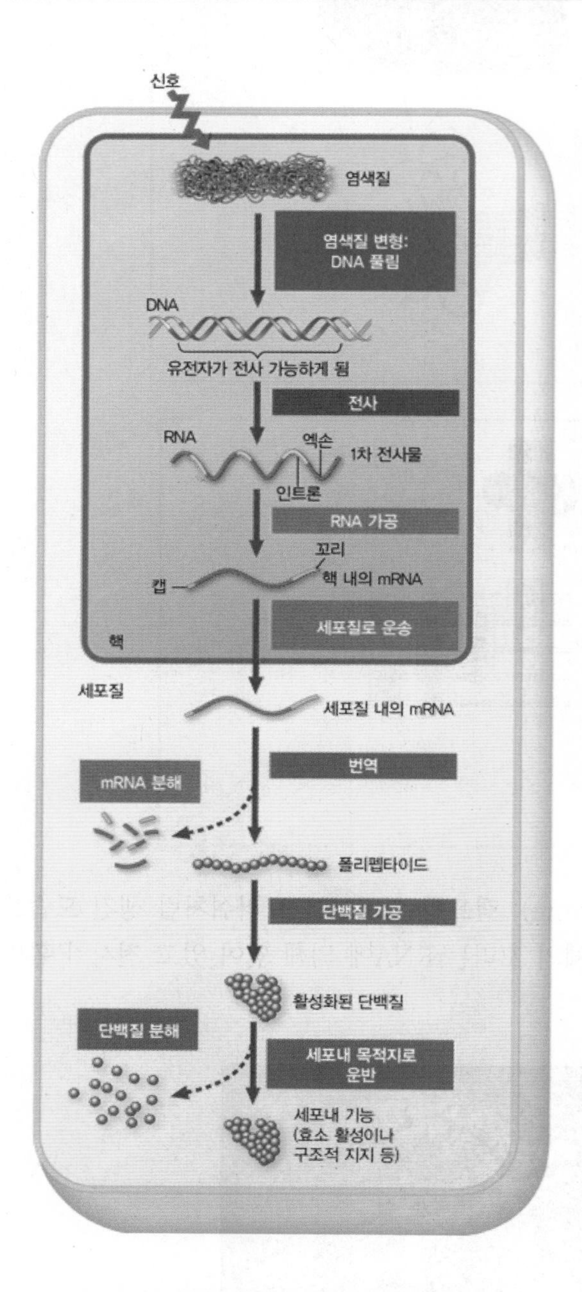

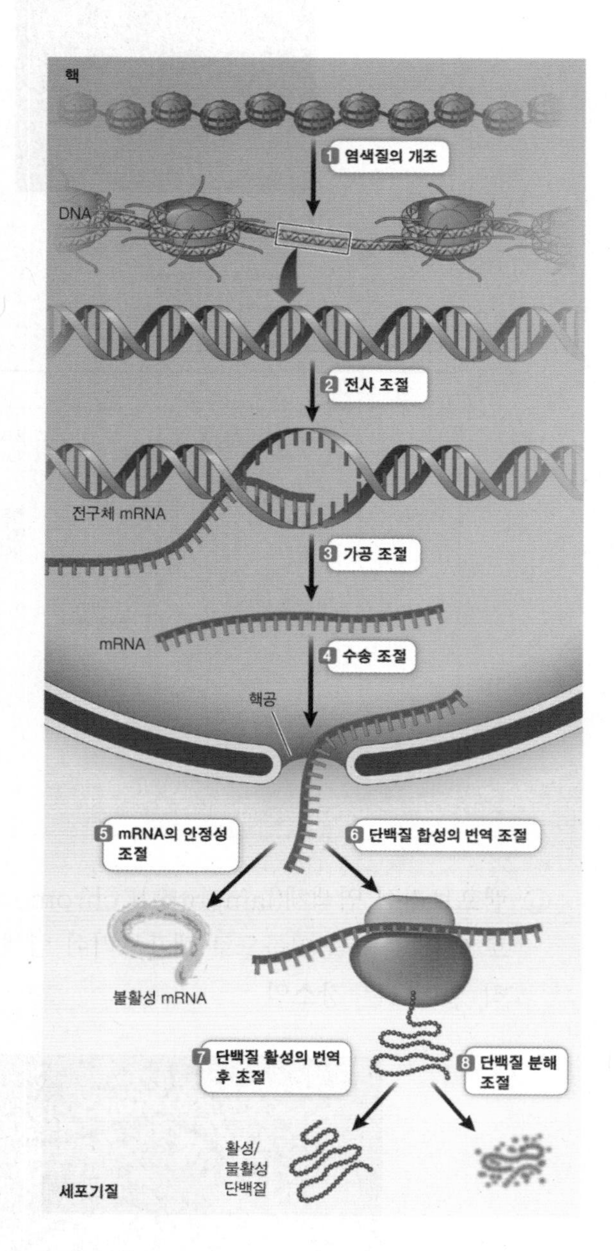

(1) 진핵생물의 유전자 발현 조절의 범주

㉠ 단기적 조절: 환경이나 생체 조건의 변화에 따라 유전자들이 빠르게 켜지거나 꺼지는 조절 현상과 관련되어 있음

㉡ 장기적 조절: 개체가 발달하거나 분화하는 데 관련된 조절기작으로서 다세포 진핵생물에서만 일어나게 됨

(2) 염색체 구조의 변화를 통한 유전자 발현 조절

㉠ 히스톤의 변형을 통한 유전자 발현 조절

ⓐ 히스톤의 아세틸화/탈아세틸화를 통한 유전자 발현 조절: 히스톤 꼬리의 리신이 아세틸화되면 양성전하가 중화되어 히스톤 꼬리는 더 이상 주변의 뉴클레오솜과 결합하지 못하여 염색질이 조금 덜 응축된 구조로 존재하게 되고 유전자 발현율이 높아지게 되나, 히스톤 꼬리의 리신이 탈아세틸화되면 뉴클레오솜 간의 결합이 더욱 강해져 염색질이 조금 더 응축되고 유전자 발현율이 낮아짐

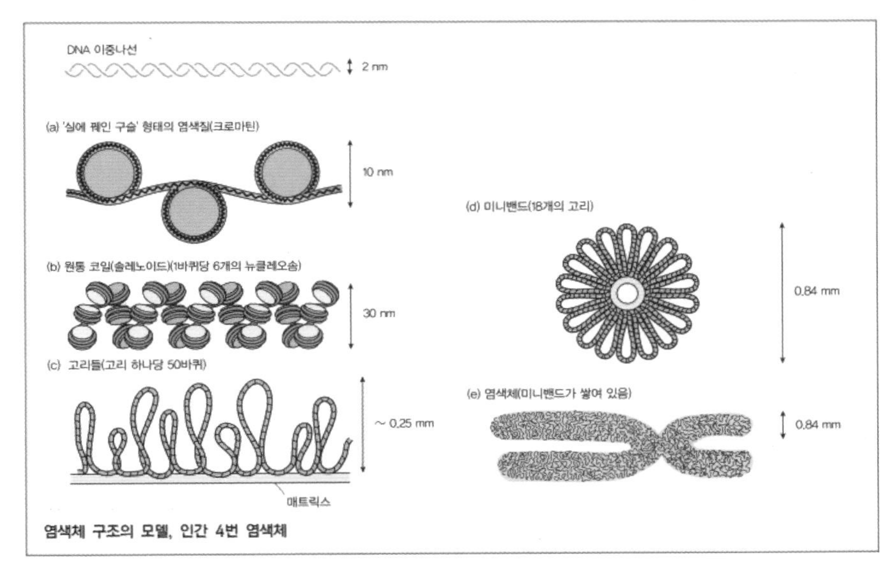

염색체 구조의 모델, 인간 4번 염색체

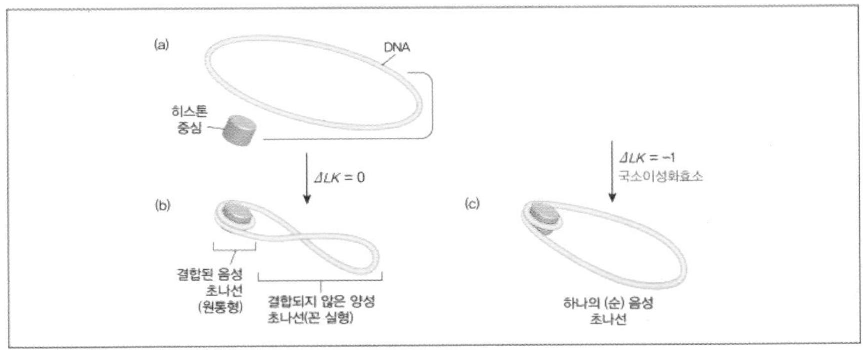

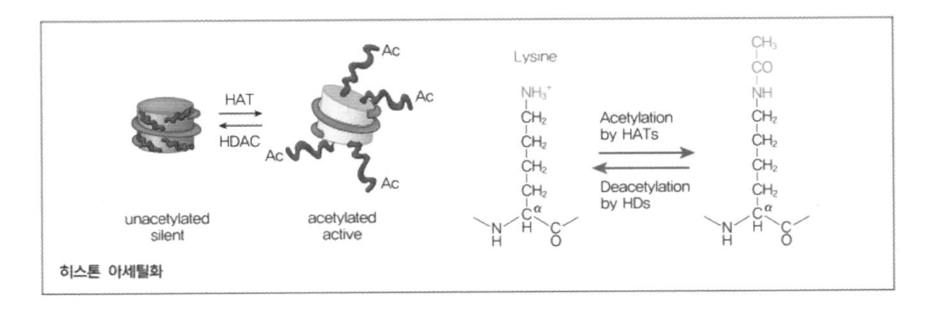

히스톤 아세틸화

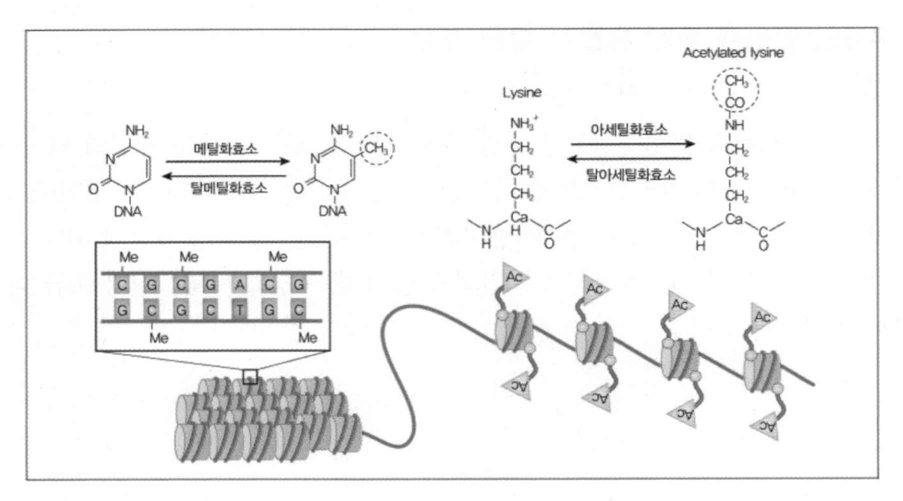

(A) 아세틸화의 기작

$$\cdots NH-CH((CH_2)_4-{}^{+}NH_3)-C(=O)\cdots + CoA-S-C(=O)-CH_3 \xrightarrow{HAT} \cdots NH-CH((CH_2)_4-HN-C(=O)-CH_3)-C(=O)\cdots + CoA-SH + H^{+}$$

히스톤의 라이신 + 아세틸 CoA → 아세틸-라이신 + CoA

(B) 히스톤 꼬리의 아세틸화

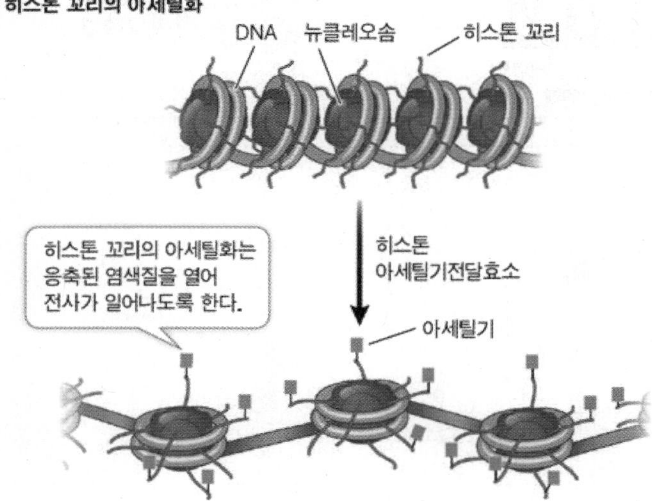

ⓑ 히스톤의 메틸화/탈메틸화를 통한 발현 조절: 히스톤 꼬리의 아미노산이 메틸화가 되면 염색질의 응축이 촉진되어 유전자 발현이 감소하게 됨

ⓛ DNA의 메틸화를 통한 유전자 발현 조절

ⓐ 메틸화된 DNA 영역은 전사율이 떨어지며 염색질의 구조를 변화시키는 단백질이나 히스톤 탈아세틸화효소가 결합하여 이웃한 유전자의 전사를 방해하는 복합체를 형성하는 것으로 생각됨

ⓑ 불활성 X 염색체는 염색체의 거의 전 영역에 메틸화가 되어 있으며 유전체 각인 현상도 DNA 메틸화를 통해서 수행되는 점을 상기하기 바람

ⓒ 염색질 재조정(chromatin remodeling): 전사인자의 접근을 용이하게 하기 위해서는 뉴클레오솜 핵심 입자를 재조정할 필요가 있음. 염색질 재조정 복합체는 인헨서나 프로모터 주변에 뉴클레오솜이 없는 부위를 형성하여 유전자 발현을 촉진하게 됨

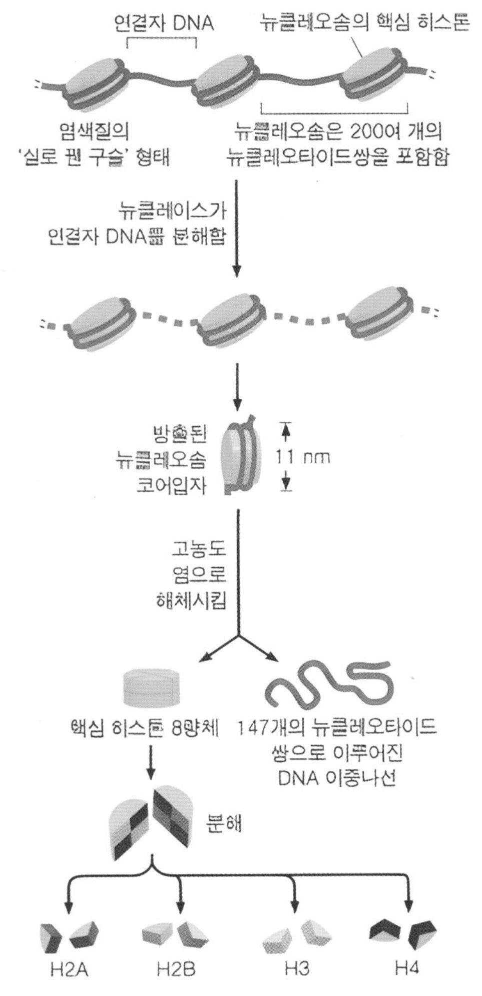

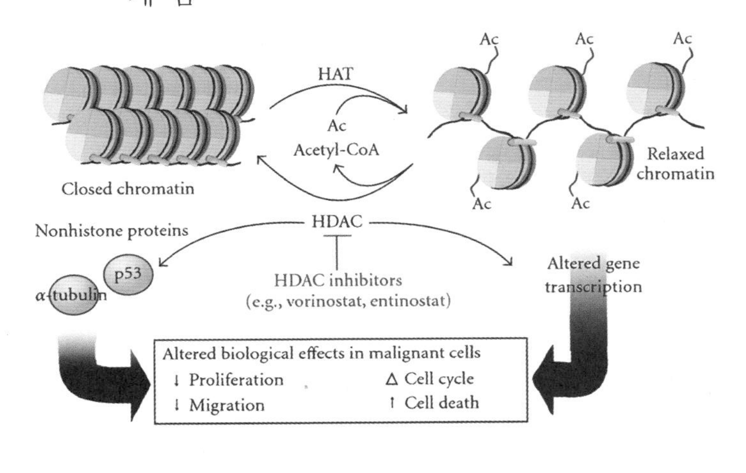

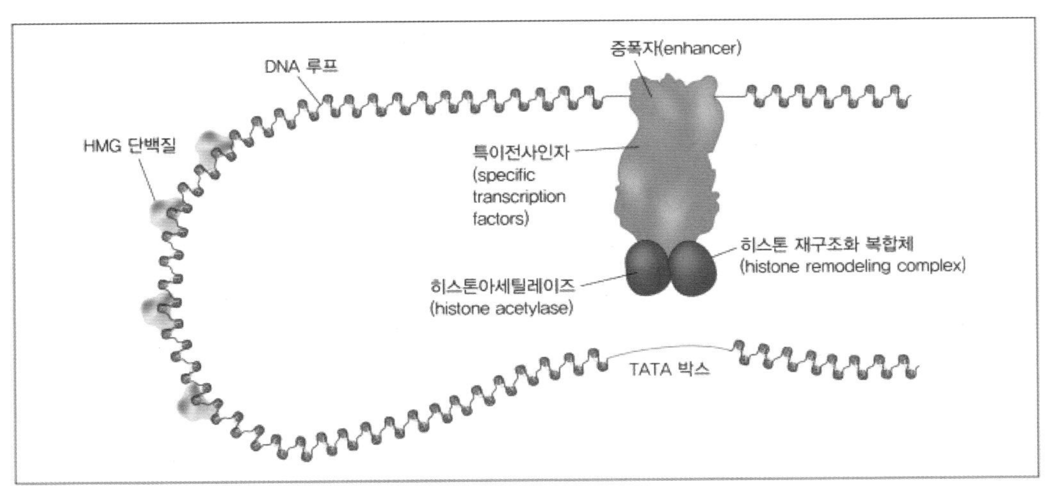

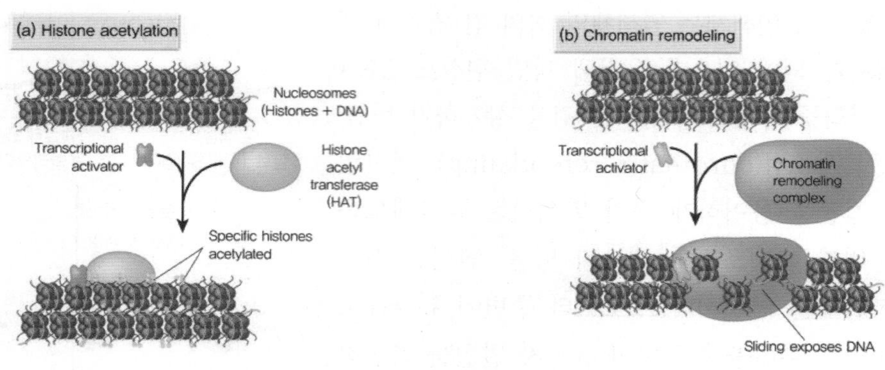

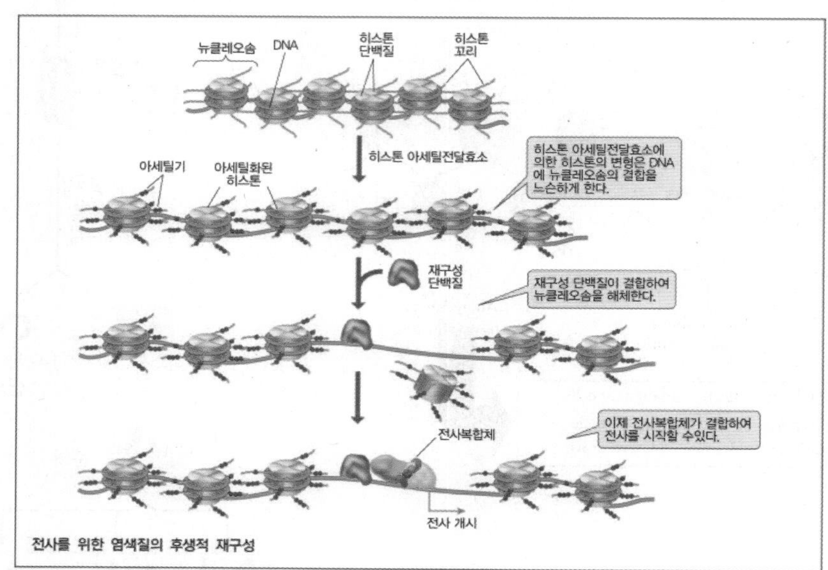

전사를 위한 염색질의 후생적 재구성

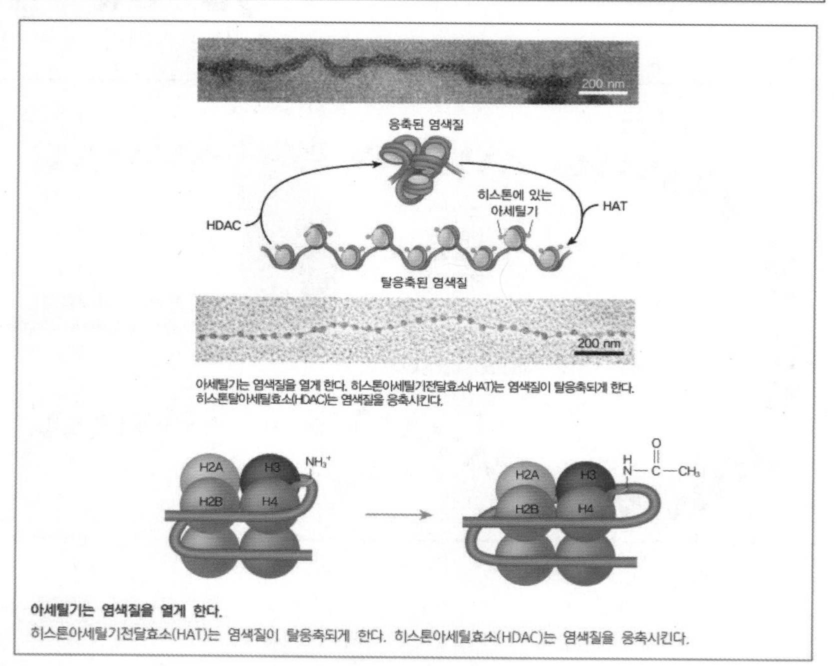

아세틸기는 염색질을 열게 한다.
히스톤아세틸기전달효소(HAT)는 염색질이 탈응축되게 한다. 히스톤아세틸효소(HDAC)는 염색질을 응축시킨다.

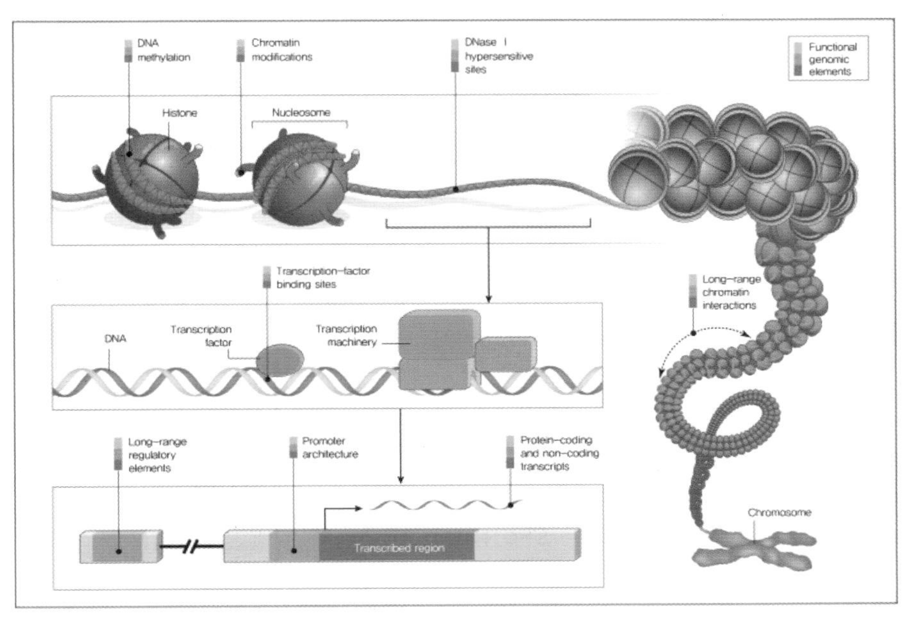

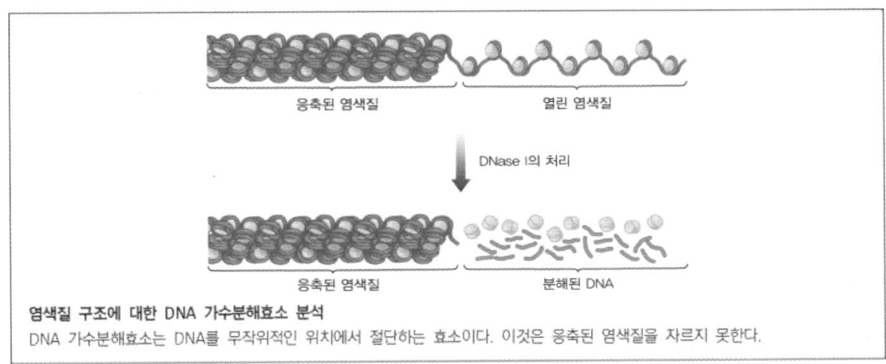

염색질 구조에 대한 DNA 가수분해효소 분석

DNA 가수분해효소는 DNA를 무작위적인 위치에서 절단하는 효소이다. 이것은 응축된 염색질을 자르지 못한다.

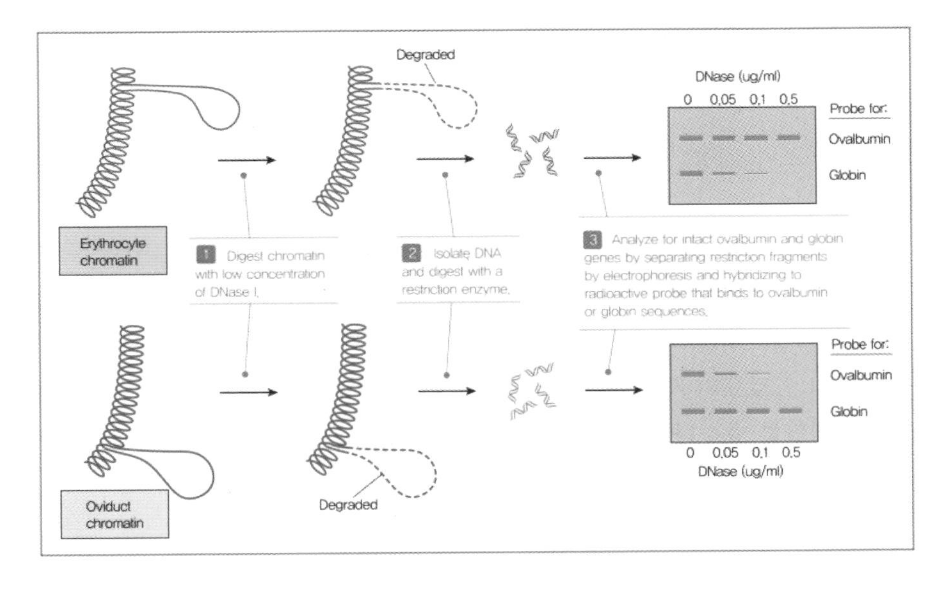

(3) 전사 조절

유전자 발현 조절의 핵심 조절 부분으로 유전자의 프로모터와 조절 부위에 결합하는 단백질이 관여함

㉠ 진핵생물의 유전체의 유전자 발현 조절 부위

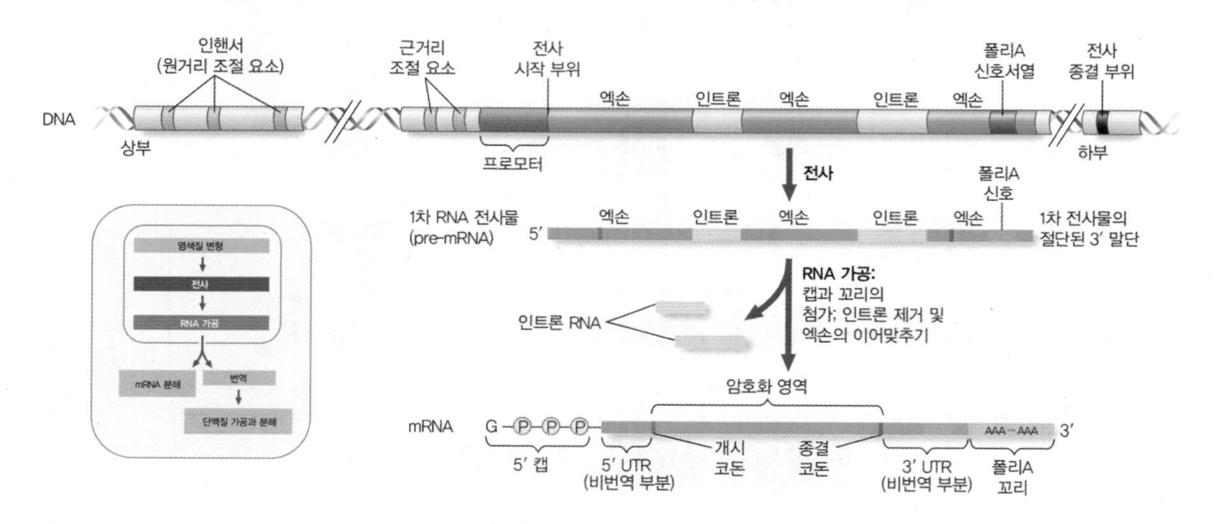

ⓐ 프로모터: RNA 중합효소 결합부위임. RNA 중합효소는 그 자체만으로는 프로모터 서열을 인식하지 못하며 대신 일반 전사인자라고 불리는 단백질들이 프로모터를 인식하고 결합하여 중합효소를 끌어들이게 됨

ⓑ 조절 요소: 유전자의 발현을 조절하는 특수 전사인자들의 결합 부위로서 근거리 조절 요소와 인헨서 등의 원거리 조절요소 등을 포함함

㉡ 전사의 활성화: 하나 이상의 유전자들의 발현을 조절하는 활성자들은 전사 속드를 증가시키기 위해 근거리 조절 요소에 결합하거나 또는 전사의 속도를 최대로 내기 위해 인헨서에 결합함

ⓐ 활성자의 구조와 기능: 활성자는 DNA에 결합하는 결합 도메인(binding domain; BD)과 활성을 가지는 활성 도메인(activator domain)으로 구성되어 있음. 결합 도메인은 특이적인 DNA 인헨서 염기서열을 인식하는 결합하는 부위임. 실험적으로 결합 도메인을 다른 활성자의 결합 도메인으로 치환하여 잡종 단백질을 형성하거나 혹은 DNA의 결합부위 염기서열에 변이를 일으키게 되면 결합 도메인은 DNA에 정상적으로 결합하지 못하게 됨. 활성자는 유전자의 프로모터 부위에 RNA 중합효소와 일반전사인자의 도입을 촉진시킬 뿐 아니라 히스톤 아세틸화 효소나 염색질 구조조정 복합체들의 도입을 촉진하여 전사개시를 촉진시키게 됨

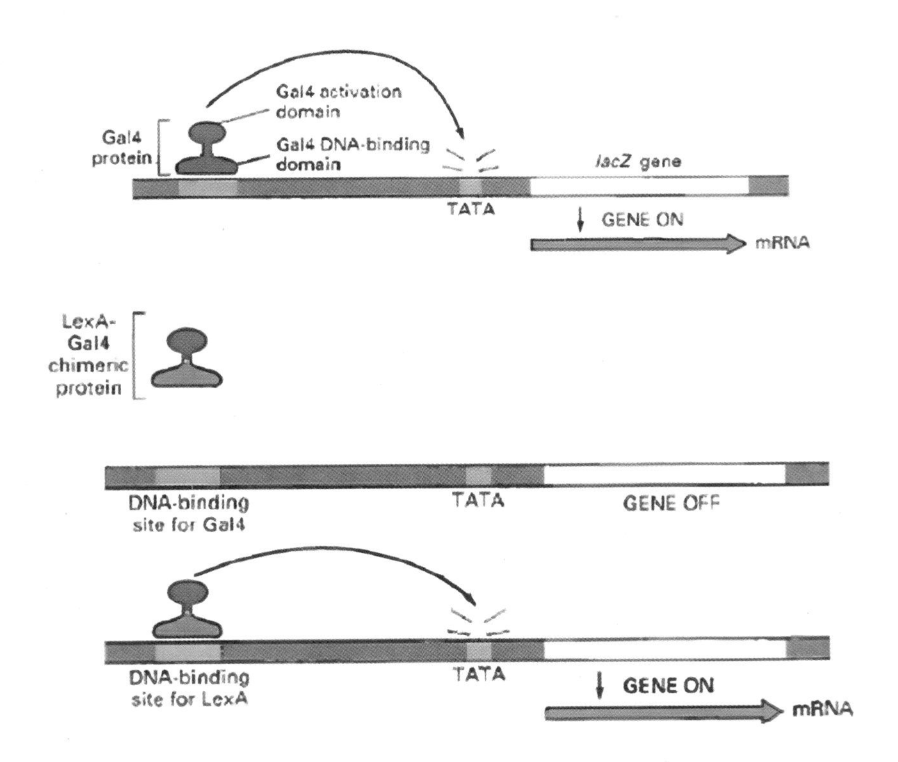

ⓑ 인헨서에 의한 유전자 발현 증폭 기작: 인헨서는 구조유전자의 앞뒤에 존재하며 수백 혹은 수천 bp가 떨어진 곳에 존재함. 따라서 인헨서에 결합된 활성자가 전사를 촉진시키기 위해 프로모터에 결합된 일반전사인자와 반응하기 위해서는 DNA 고리구조가 형성되어야 함. DNA 고리구조가 형성되면 인헨서에 결합한 활성자가 매개자를 통하거나 직접 프로모터에 결합한 일반전사인자와 결합하여 프로모터를 활성화시킴

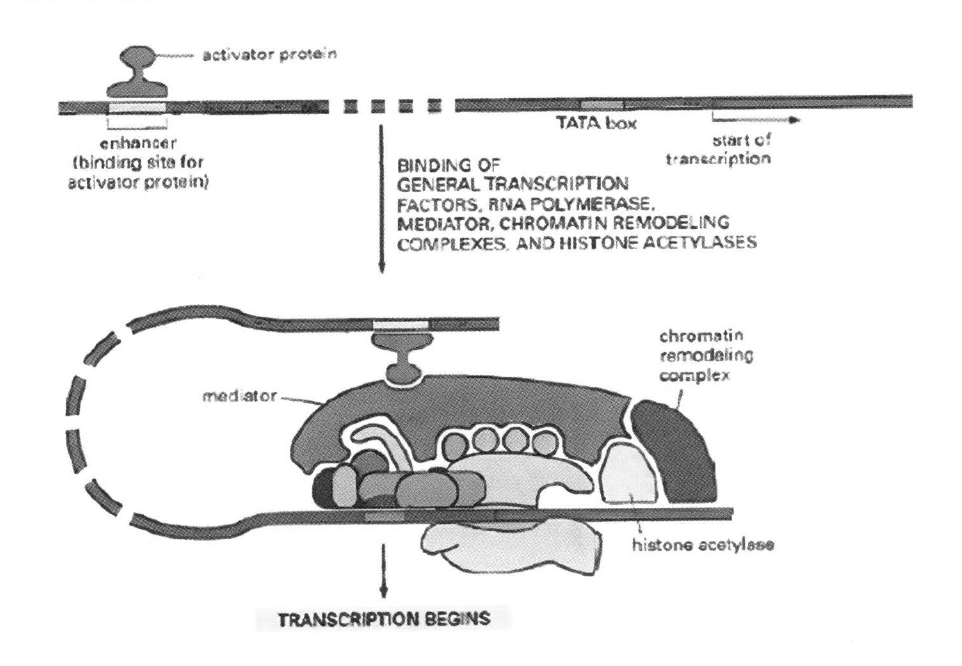

ⓒ 전사의 억제: 억제자는 활성자와 조절부위에 경쟁적으로 결합하거나 활성자의 활성 도메인과 결합하여 활성자의 활성을 억제하기도 하고 일반전사인자와 직접 결합하여 불활성화시키기도 함. 또는 염색질 구조조정 복합체의 활성을 억제하거나 혹은 히스톤 아세틸화 효소의 활성을 억제하여 전사를 억제함

ⓓ 조합적 유전자 발현 조절: 상대적으로 적은 수의 조절 단백질들이 다양한 유전자의 전사를 조절하기 위한 수단임.

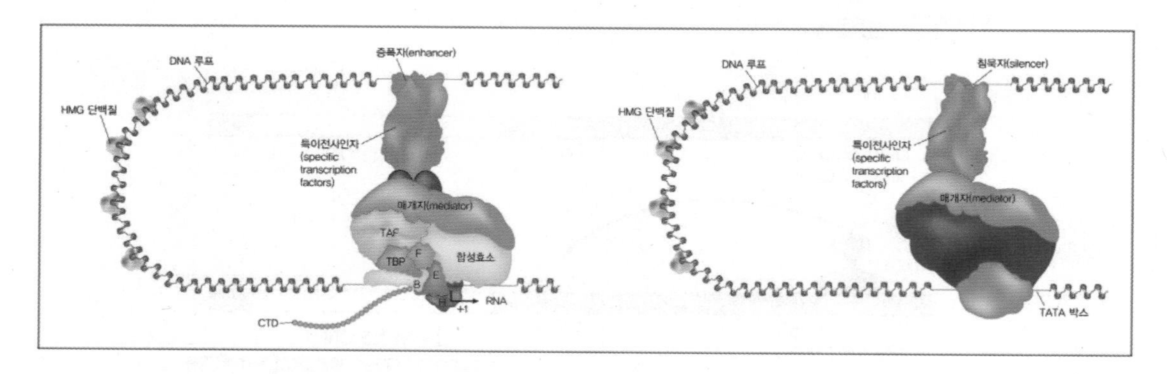

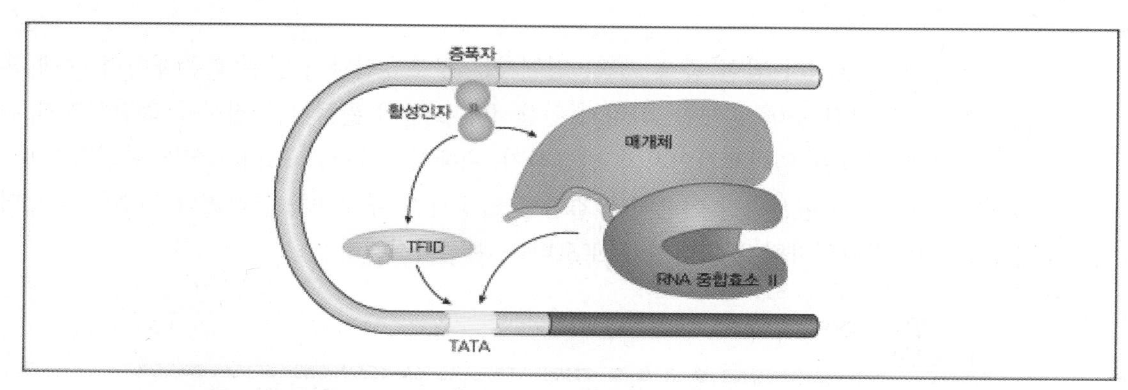

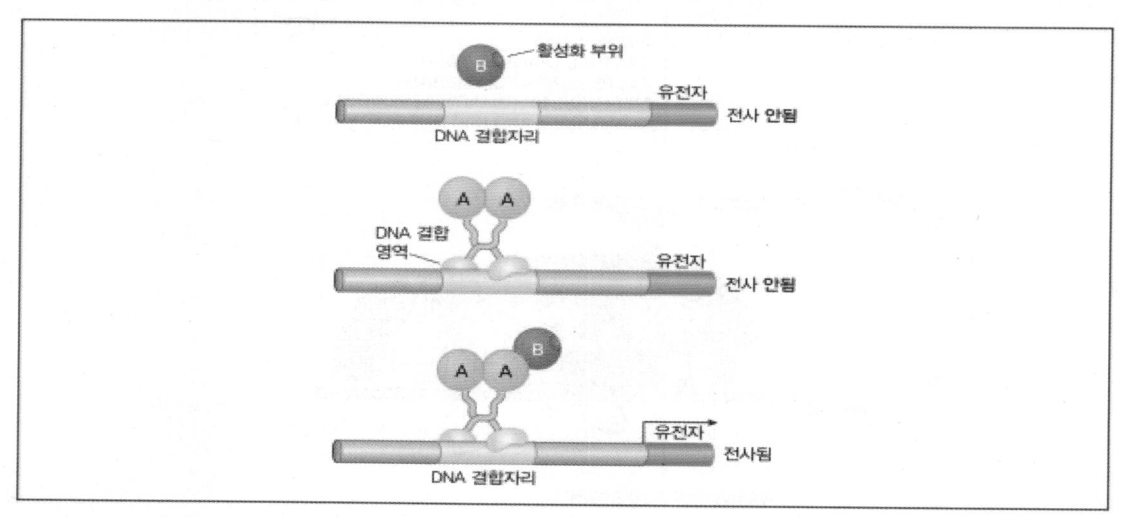

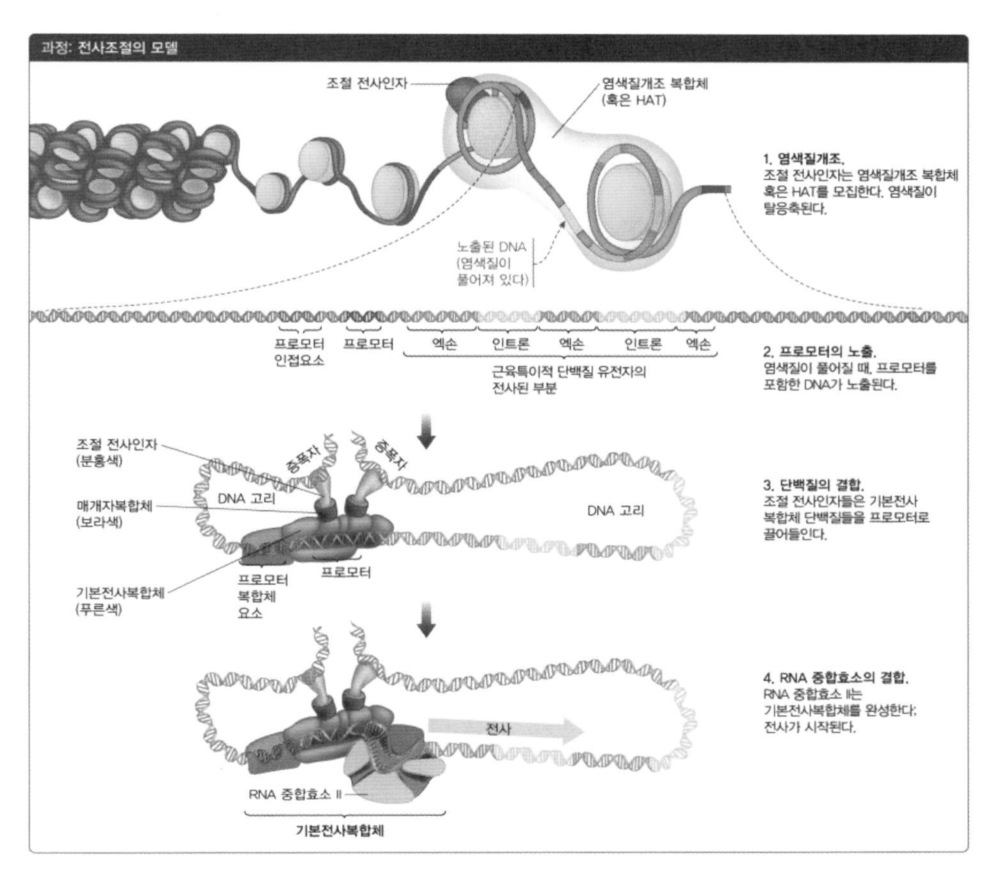
과정: 전사조절의 모델
조절 전사인자
염색질개조 복합체
(혹은 HAT)
1. 염색질개조.
조절 전사인자는 염색질개조 복합체 혹은 HAT를 모집한다. 염색질이 탈응축된다.
노출된 DNA
(염색질이 풀어져 있다)
프로모터 인접요소
프로모터
엑손
인트론
엑손
인트론
엑손
근육특이적 단백질 유전자의 전사된 부분
2. 프로모터의 노출.
염색질이 풀어질 때, 프로모터를 포함한 DNA가 노출된다.
조절 전사인자
(분홍색)
증폭자
증폭자
DNA 고리
매개자복합체
(보라색)
DNA 고리
3. 단백질의 결합.
조절 전사인자들은 기본전사 복합체 단백질들을 프로모터로 끌어들인다.
기본전사복합체
(푸른색)
프로모터 복합체 요소
프로모터
4. RNA 중합효소의 결합.
RNA 중합효소 II는 기본전사복합체를 완성한다;
전사가 시작된다.
전사
RNA 중합효소 II
기본전사복합체

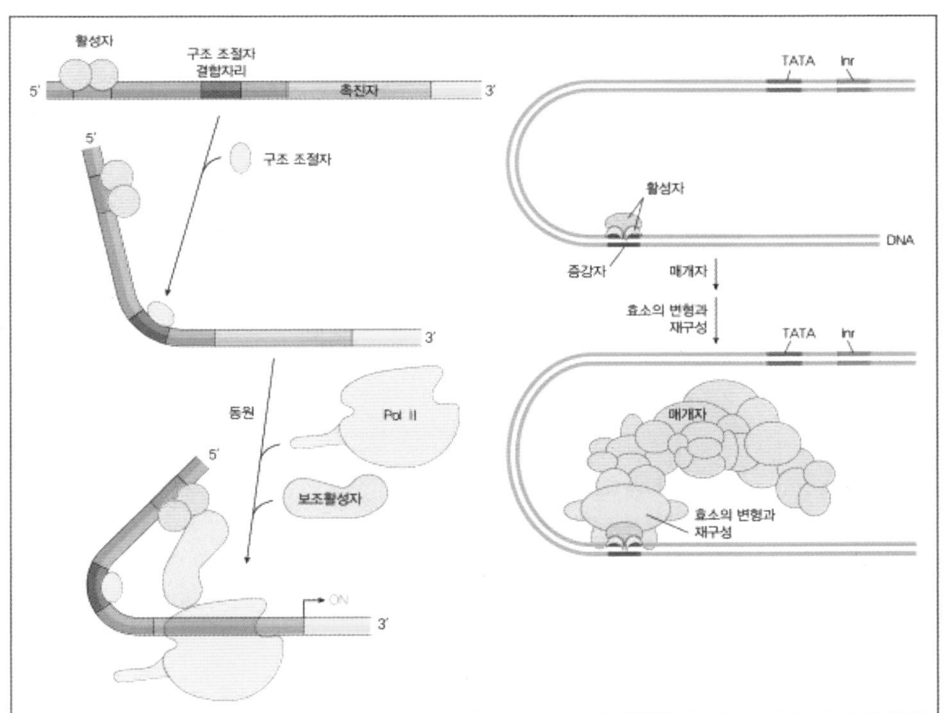
활성자
구조 조절자 결합자리
5'
촉진자
3'
5'
구조 조절자
3'
동원
Pol II
5'
보조활성자
ON
3'
TATA
Inr
활성자
DNA
증강자
매개자
효소의 변형과 재구성
TATA
Inr
매개자
효소의 변형과 재구성

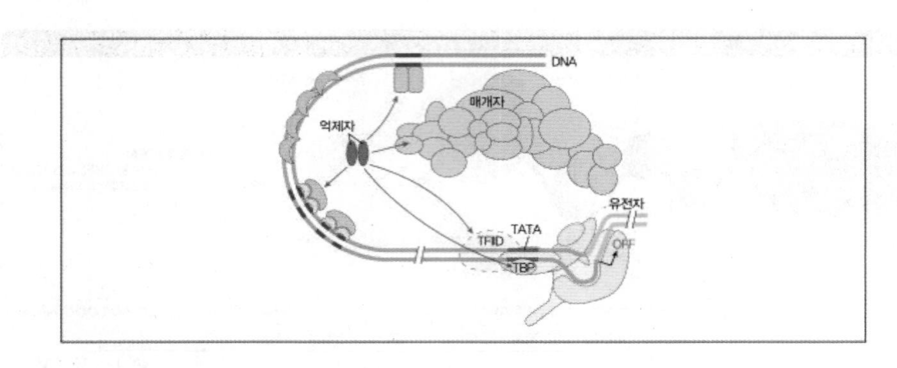
DNA
매개자
억제자
유전자
TATA
TFIID
TBP
OFF

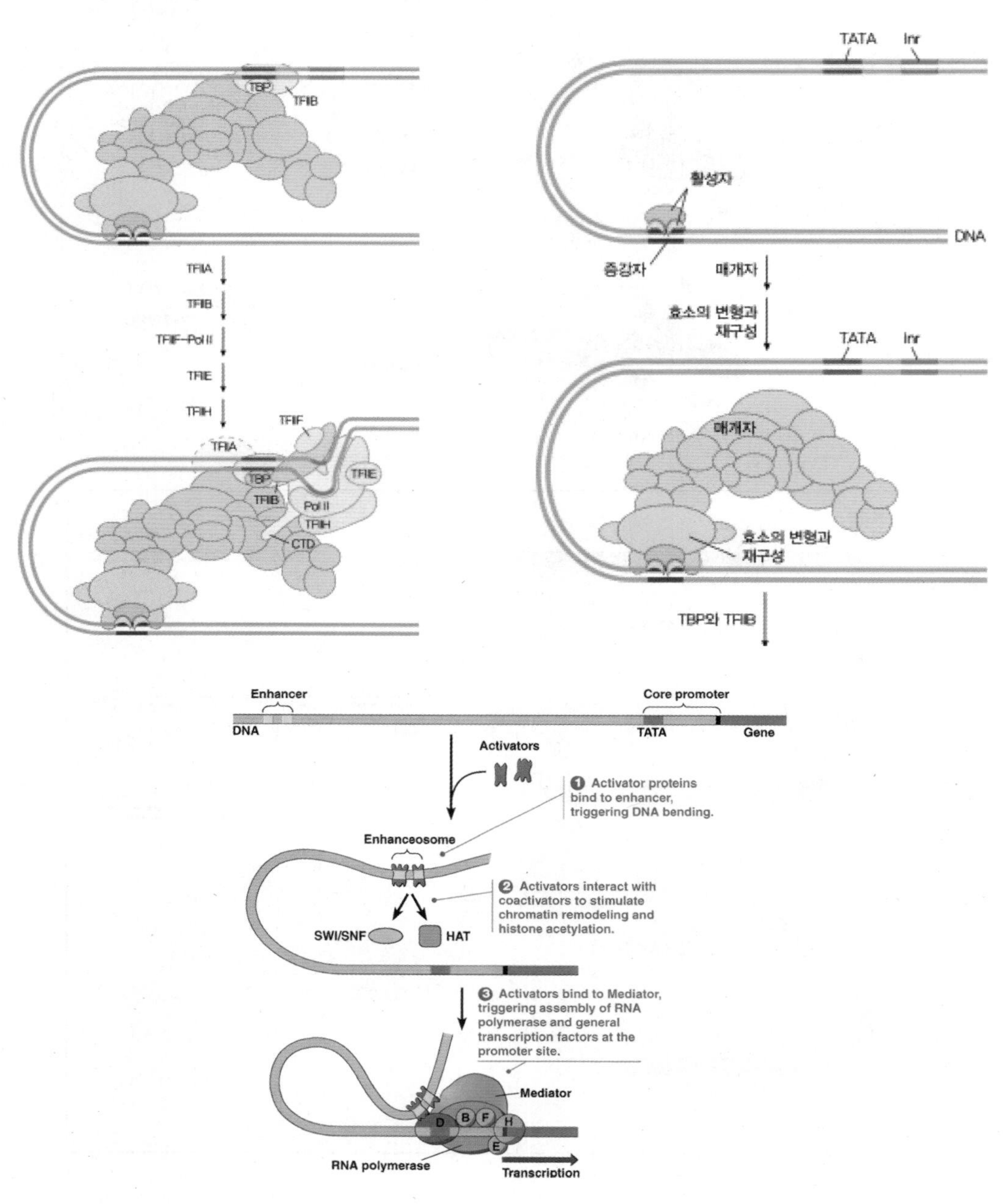
TATA
Inr
TBP
TFIIB
활성자
DNA
증강자
매개자
TFIIA
TFIIB
TFIIF–Pol II
TFIIE
TFIIH
효소의 변형과 재구성
TFIIF
TFIIA
TFIIE
Pol II
TFIIH
CTD
효소의 변형과 재구성
TBP와 TFIIB
Enhancer
Core promoter
DNA
TATA
Gene
Activators
❶ Activator proteins bind to enhancer, triggering DNA bending.
Enhanceosome
❷ Activators interact with coactivators to stimulate chromatin remodeling and histone acetylation.
SWI/SNF
HAT
❸ Activators bind to Mediator, triggering assembly of RNA polymerase and general transcription factors at the promoter site.
Mediator
D
B
F
H
E
RNA polymerase
Transcription

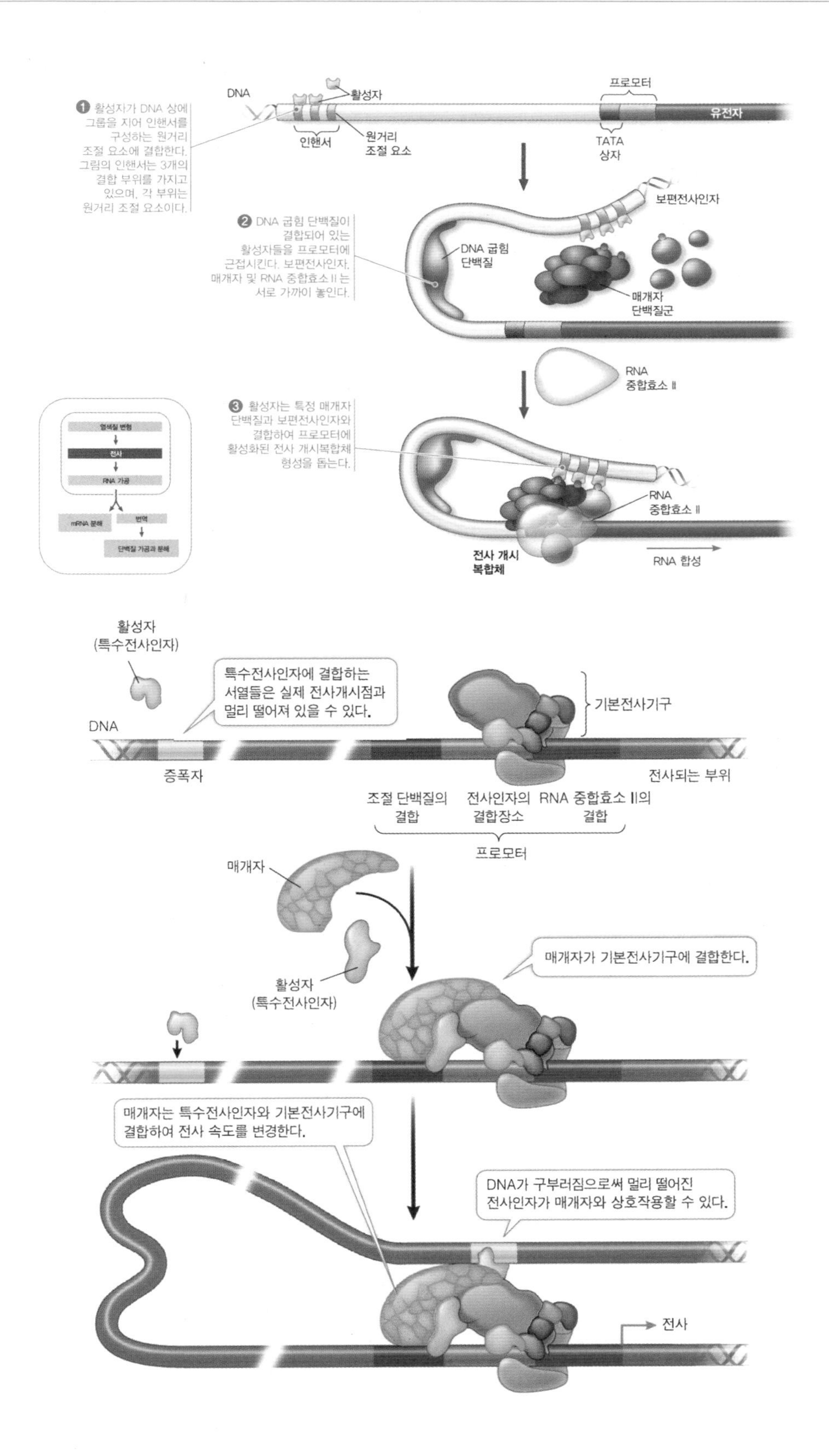
DNA
활성자
프로모터
유전자
① 활성자가 DNA 상에 그룹을 지어 인핸서를 구성하는 원거리 조절 요소에 결합한다. 그림의 인핸서는 3개의 결합 부위를 가지고 있으며, 각 부위는 원거리 조절 요소이다.
인핸서
원거리 조절 요소
TATA 상자
보편전사인자
② DNA 굽힘 단백질이 결합되어 있는 활성자들을 프로모터에 근접시킨다. 보편전사인자, 매개자 및 RNA 중합효소 II는 서로 가까이 놓인다.
DNA 굽힘 단백질
매개자 단백질군
RNA 중합효소 II
③ 활성자는 특정 매개자 단백질과 보편전사인자와 결합하여 프로모터에 활성화된 전사 개시복합체 형성을 돕는다.
RNA 중합효소 II
전사 개시 복합체
RNA 합성
활성자 (특수전사인자)
특수전사인자에 결합하는 서열들은 실제 전사개시점과 멀리 떨어져 있을 수 있다.
기본전사기구
DNA
증폭자
전사되는 부위
조절 단백질의 결합
전사인자의 결합장소
RNA 중합효소 II의 결합
프로모터
매개자
매개자가 기본전사기구에 결합한다.
활성자 (특수전사인자)
매개자는 특수전사인자와 기본전사기구에 결합하여 전사 속도를 변경한다.
DNA가 구부러짐으로써 멀리 떨어진 전사인자가 매개자와 상호작용할 수 있다.
전사

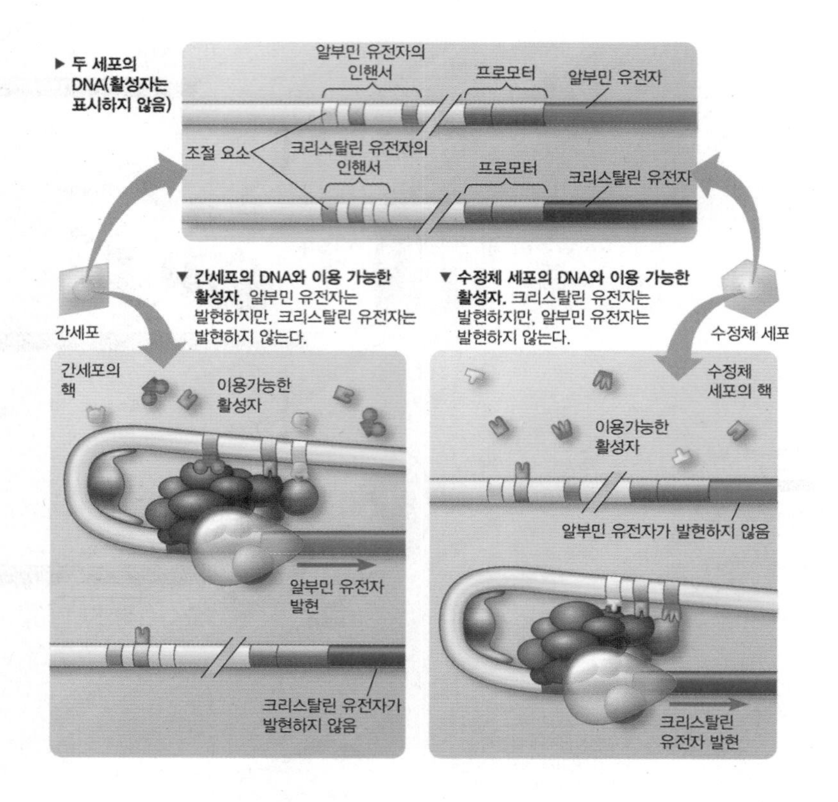
▶ 두 세포의 DNA(활성자는 표시하지 않음)
알부민 유전자의 인핸서
프로모터
알부민 유전자
조절 요소
크리스탈린 유전자의 인핸서
프로모터
크리스탈린 유전자
간세포
▼ 간세포의 DNA와 이용 가능한 활성자. 알부민 유전자는 발현하지만, 크리스탈린 유전자는 발현하지 않는다.
▼ 수정체 세포의 DNA와 이용 가능한 활성자. 크리스탈린 유전자는 발현하지만, 알부민 유전자는 발현하지 않는다.
수정체 세포
간세포의 핵
이용가능한 활성자
알부민 유전자 발현
크리스탈린 유전자가 발현하지 않음
수정체 세포의 핵
이용가능한 활성자
알부민 유전자가 발현하지 않음
크리스탈린 유전자 발현

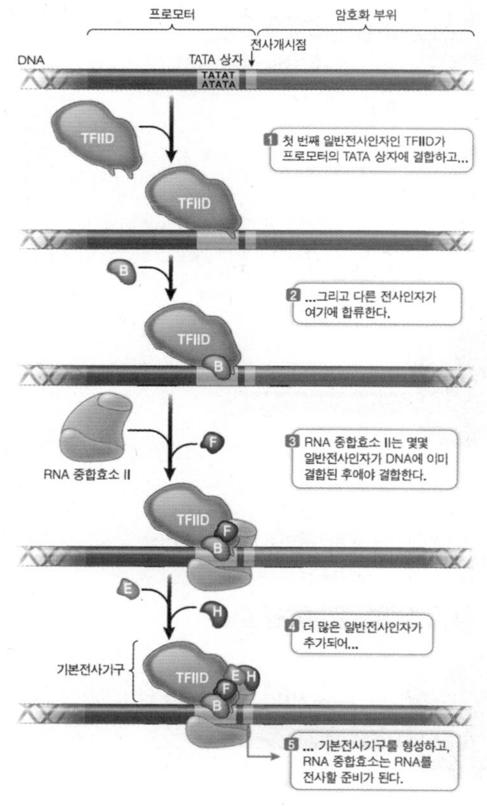
프로모터
암호화 부위
전사개시점
DNA
TATA 상자
TATAT
ATATA
TFIID
1 첫 번째 일반전사인자인 TFIID가 프로모터의 TATA 상자에 결합하고...
B
2 ...그리고 다른 전사인자가 여기에 합류한다.
F
RNA 중합효소 II
3 RNA 중합효소 II는 몇몇 일반전사인자가 DNA에 이미 결합된 후에야 결합한다.
E
H
4 더 많은 일반전사인자가 추가되어...
기본전사기구
5 ... 기본전사기구를 형성하고, RNA 중합효소는 RNA를 전사할 준비가 된다.

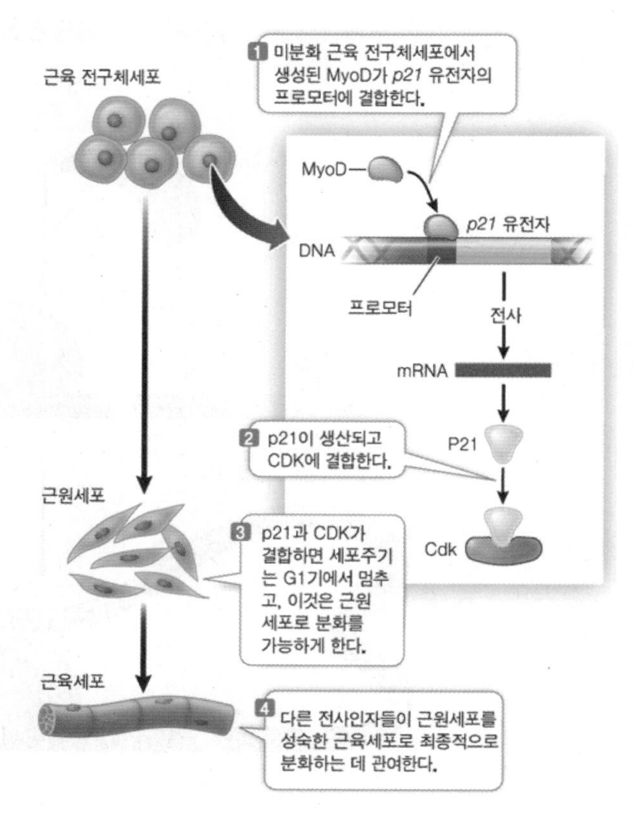
근육 전구체세포
1 미분화 근육 전구체세포에서 생성된 MyoD가 p21 유전자의 프로모터에 결합한다.
MyoD
p21 유전자
DNA
프로모터
전사
mRNA
2 p21이 생산되고 CDK에 결합한다.
P21
근원세포
3 p21과 CDK가 결합하면 세포주기는 G1기에서 멈추고, 이것은 근원세포로 분화를 가능하게 한다.
Cdk
근육세포
4 다른 전사인자들이 근원세포를 성숙한 근육세포로 최종적으로 분화하는 데 관여한다.

ⓐ 하나의 유전자의 조절 부위에는 근거리 조절 요소나 원거리 조절 요소의 조절 서열들이 하나 이상 존재함

ⓑ 각각의 조절 서열들에게는 특이적인 조절 단백질들이 결합하게 되는데 특정 유전자의 발현 조절에는 서로 다른 조합의 조절 단백질이 관여하게 됨

㉤ 관련 유전자의 통합적 조절: 함께 조절되는 유전자들은 동일한 조절서열을 가지고 있기 때문에 하나의 신호로 여러 유전자들의 전사가 동시에 통제될 수 있음

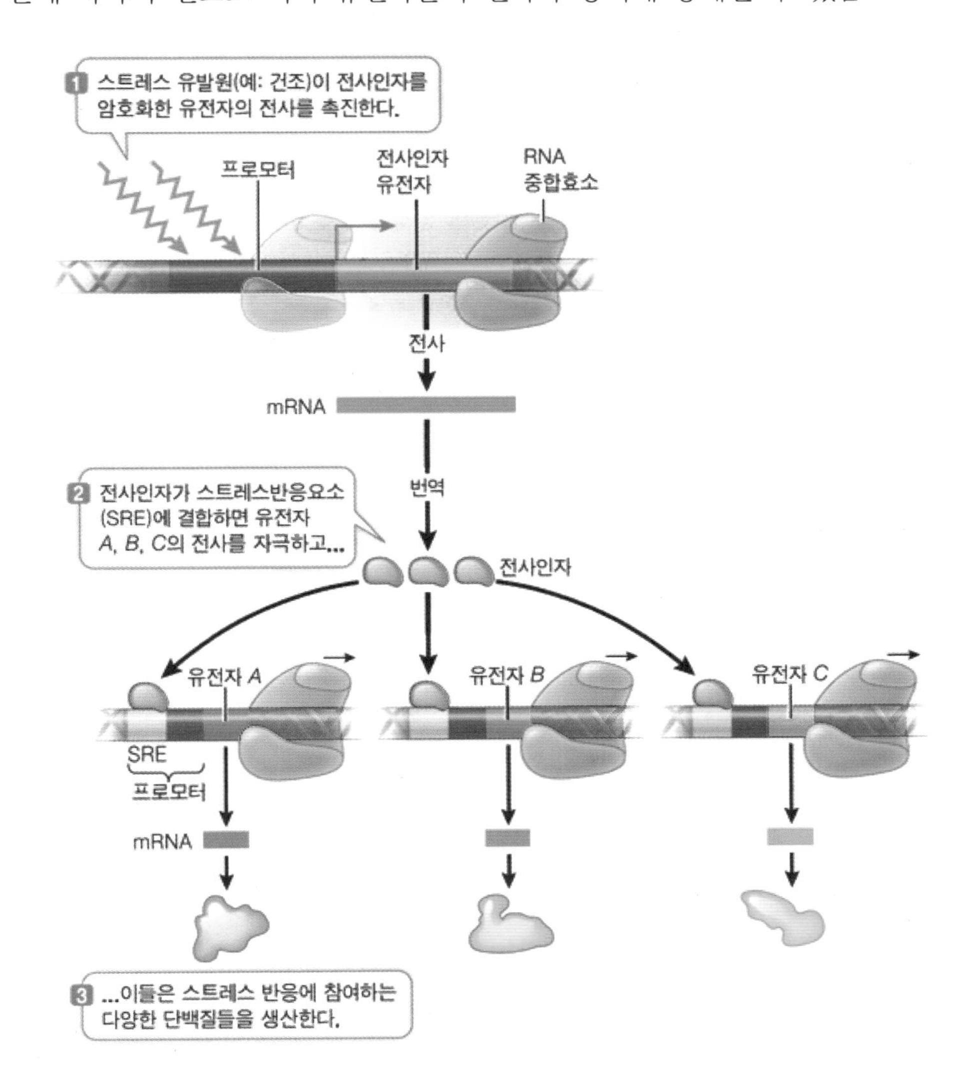

(4) 전사 후 조절

㉠ RNA 가공: RNA 전사 이후 일차 전사체를 다양한 방식으로 가공하여 한 종류의 유전자로부터 다양한 단백질이 형성될 수 있게 함

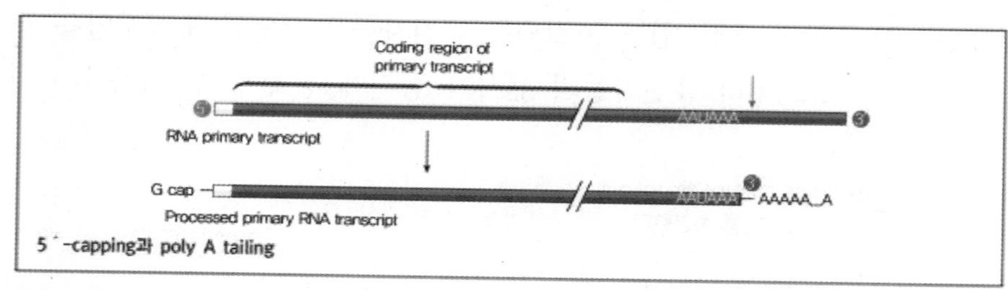

5´-capping과 poly A tailing

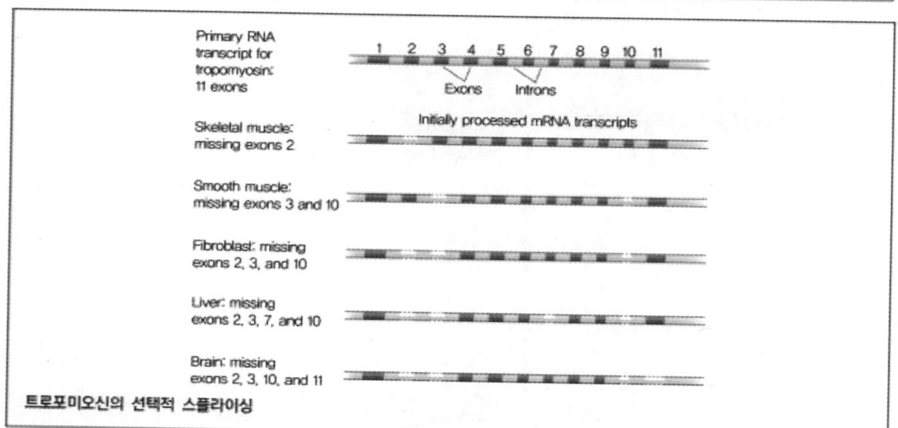

트로포미오신의 선택적 스플라이싱

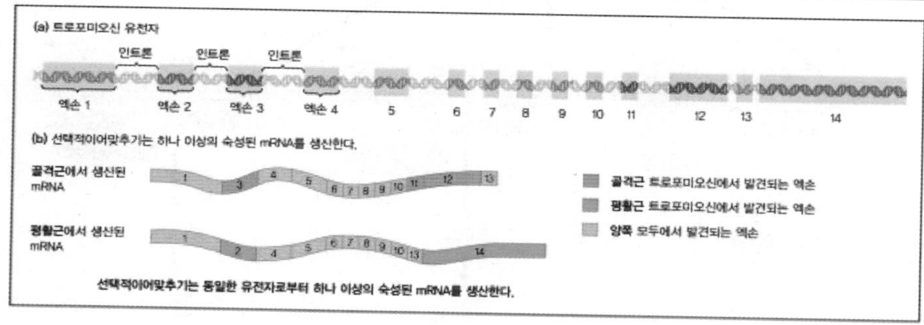

선택적이어맞추기는 동일한 유전자로부터 하나 이상의 숙성된 mRNA를 생산한다.

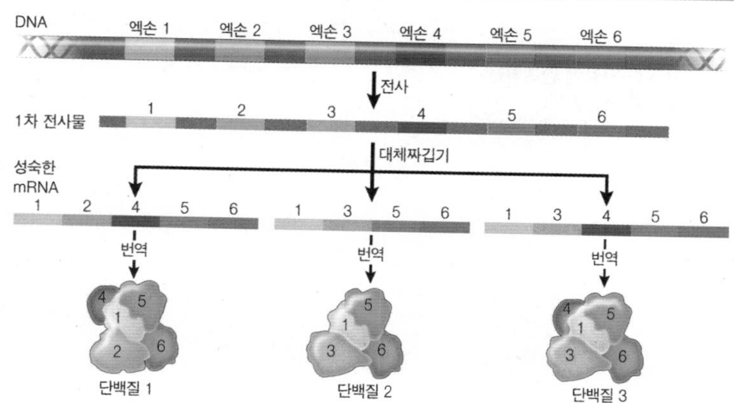

「선택적 가공」

Ⓐ 선택적 가공의 결과: 대부분의 진핵생물 mRNA 전구체들은 오직 하나의 성숙한 mRNA와 이에 해당하는 폴리펩티드를 생산하지만 일부는 다양한 mRNA를 생성하고 이에 따라 다양한 폴리펩티드르 만들 수 있도록 한 가지 이상의 처리과정을 거치게 hela. 즉, 가공과정시 양자택일 절단과 폴리아데닐화가 다양하게 일어나거나 스플라이싱이 다양하게 일어나게 되면 동일한 RNA 1차 전사체로부터 서로 다른 mRNA가 형성될 수 있음

Ⓑ 진핵생물에서 선택적 가공 과정의 두가지 기전: 양자택일 절단과 폴리아데닐화 또는 대체 스플라이싱

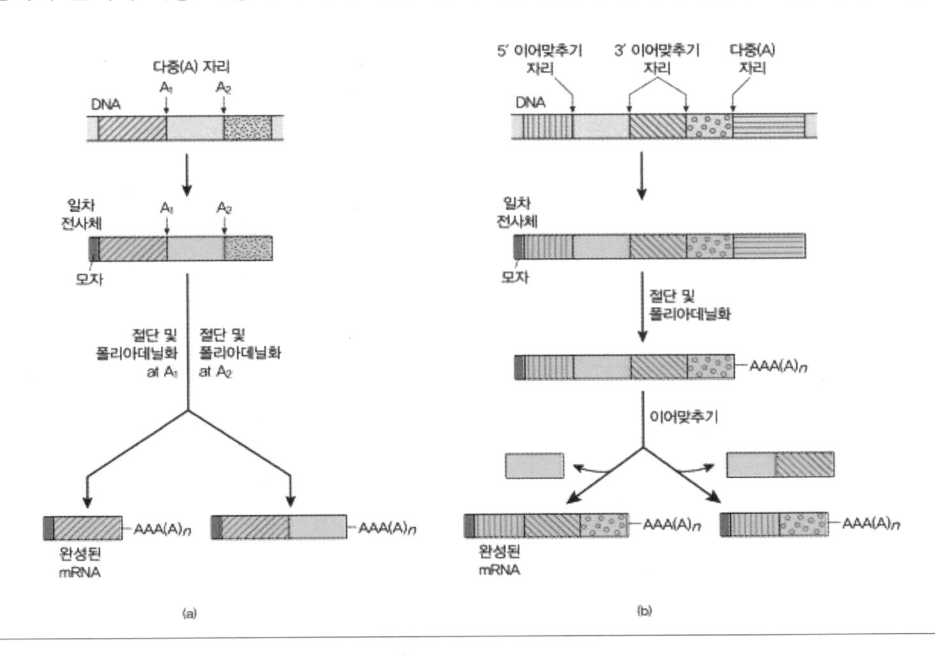

ⓛ mRNA의 분해율 조절: mRNA 분해율을 통해 mRNA의 수명을 조절하는 방식으로 원핵생물의 mRNA는 일반적으로 몇 분 이내에 분해되는데 반해 다세포 진핵생물의 mRNA는 일반적으로 몇 시간, 며칠 혹은 몇 주 동안 유지되는 경향이 있음

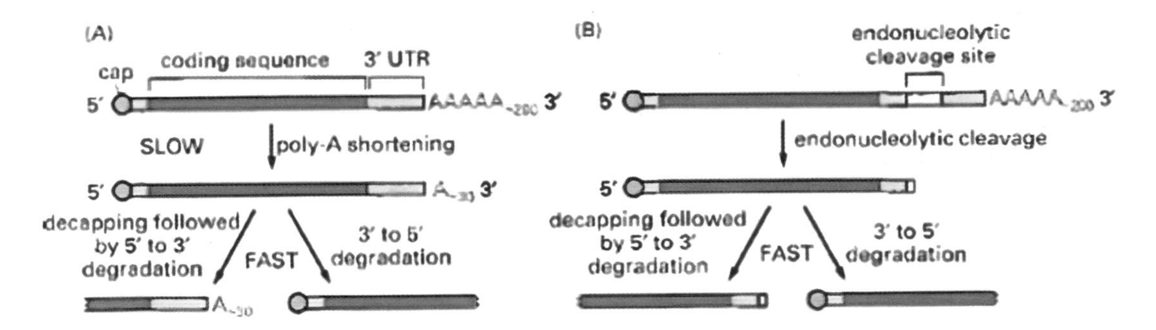

ⓐ mRNA의 분해는 폴리-A-꼬리가 짧아지가니 3‘쪽의 특정 서열이 끊어지면서 빠르게 분해되기 시작함. 3’쪽 서열의 분해는 5‘-캡을 제거하는 효소의 활성을 촉진시켜 5’으로부터의 분해 속도를 증가시키고 동시에 3‘으로부터의 분해속도도 증가함

ⓑ 본 기작에는 몇몇 호르몬과 같은 조절 분자들이 관여하는 것으로 알려져 있음. 예를 들어 쥐의 유선에서 카세인을 암호화하는 mRNA의 반감기는 대략 5시간이나 프로락틴 분비되어 존재하면 92시간까지 반감기가 증가하는 것을 볼 수 있음

ⓒ mRNA 수명에 관련된 뉴클레오티드 서열이 mRNA의 5'-UTR이나 3'-UTR에서 발견되는데 3'-UTR의 조절 단백질 결합이 mRNA의 수명을 증가시키는 경우가 있음

㉢ RNA 간섭(RNA interference; RANi): 단일가닥의 RNA에 의한 유전자 발현 억제

ⓐ 마이크로 RNA와 소형간섭 RNA

1. 마이크로 RNA(microRNA; miRNA): miRNA는 핵 내에서 발현된 비암호화 RNA가 머리핀 구조를 형성하게 된 RNA 전구체에서 비롯되는데 다이서에 의해 21~22 염기쌍 단위로 잘려져 miRNA가 형성되는 것임. 형성된 miRNA는 하나 이상의 단백지로가 복합체를 형성하여 mRNA의 분해나 해독 역제가 일어나게 됨. 사람에게는 약 250여가지의 miRNA가 존재하는 것으로 여겨지고 있음.

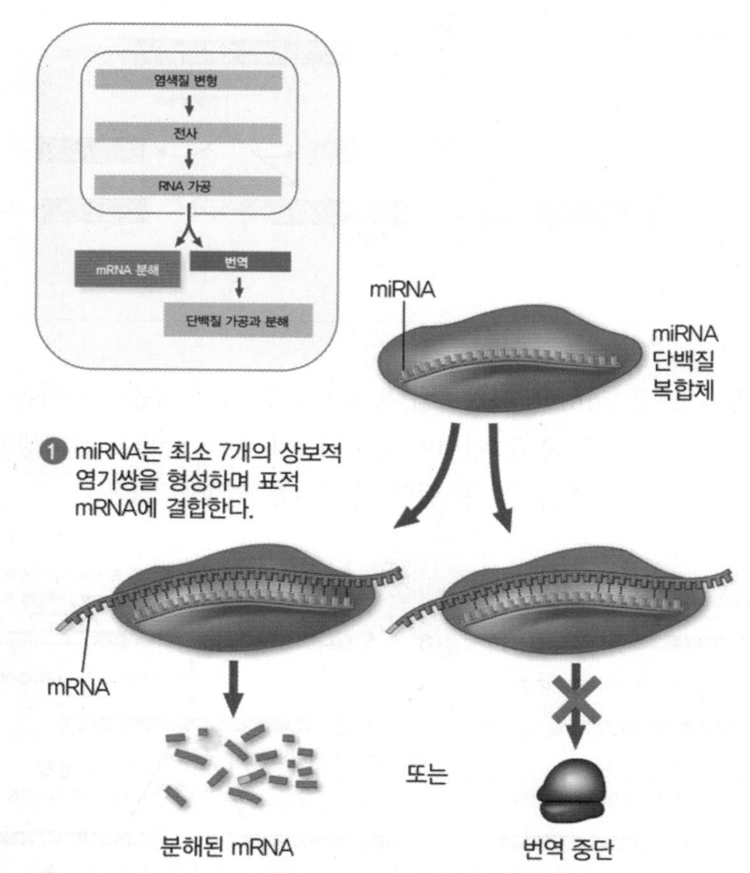

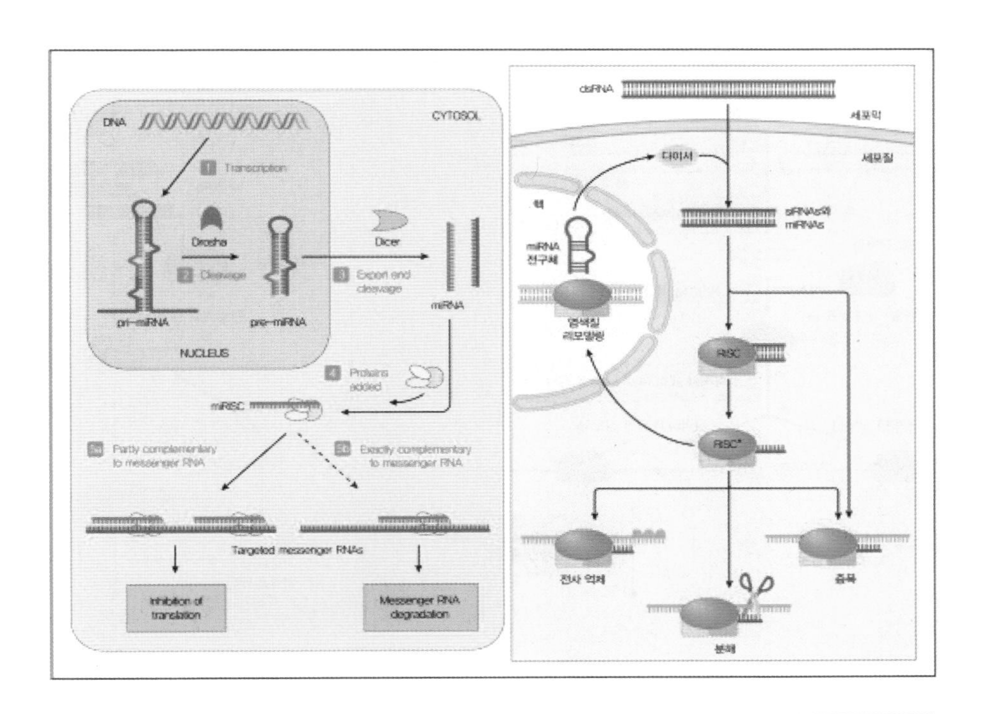

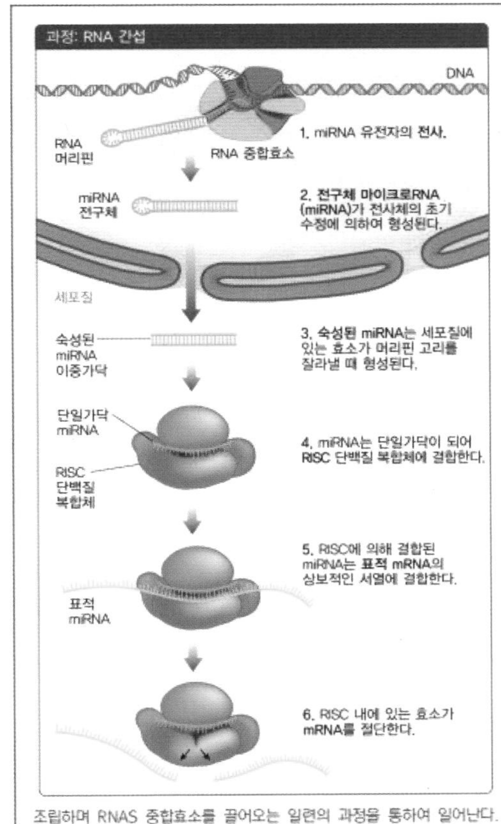

조립하며 RNAS 중합효소를 끌어오는 일련의 과정을 통하여 일어난다.

마이크로 RNA는 특정 mRNA를 파괴하기 위하여 표적으로 삼는다. 핵심 원리는 miRNA들이 상보적 염기쌍을 이루어 mRNA에 결합함으로써 RISC 단백질 복합체가 mRNA를 파괴시키는 표적을 삼는다는 것이다. miRNA를 가공하고 활성화시키는 과정들은 miRNA의 생산이 정교하게 조절되도록 하기 때문에 매우 중요하다.

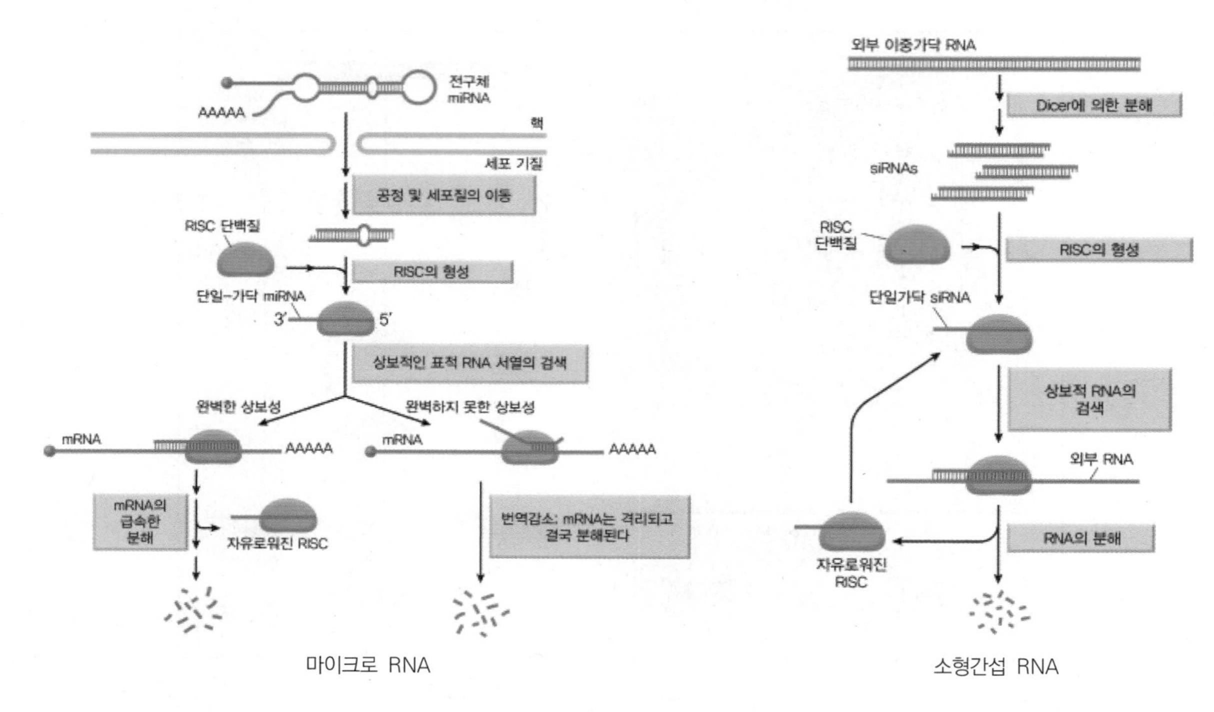

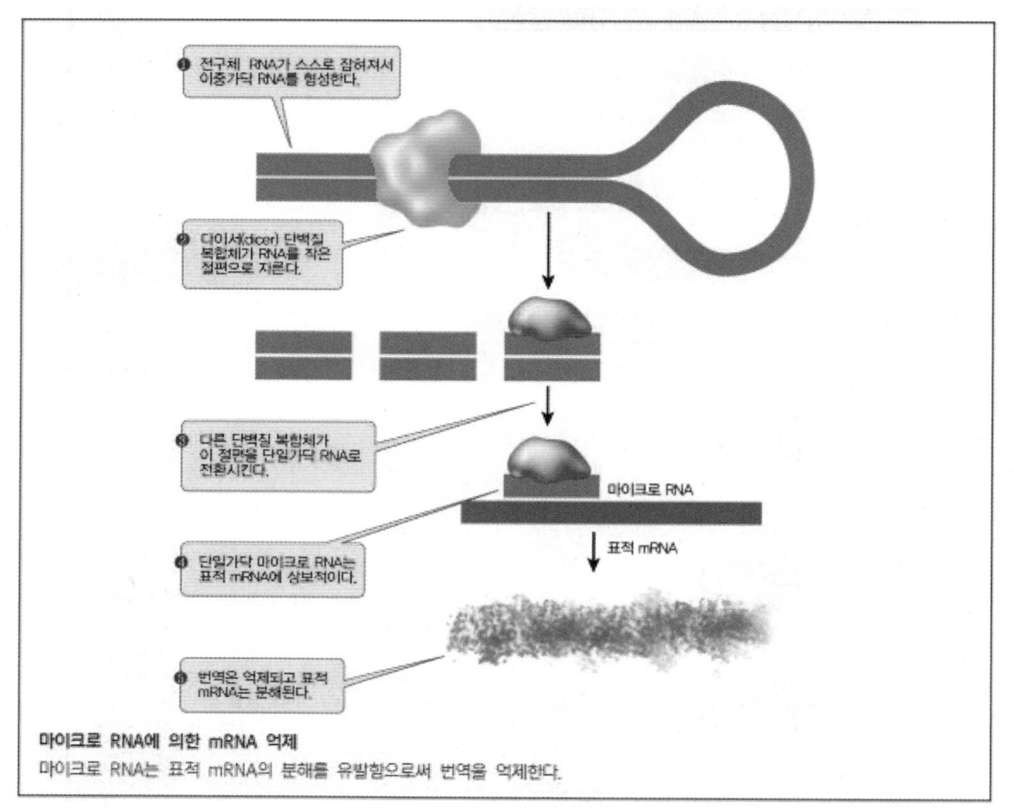

마이크로 RNA에 의한 mRNA 억제

마이크로 RNA는 표적 mRNA의 분해를 유발함으로써 번역을 억제한다.

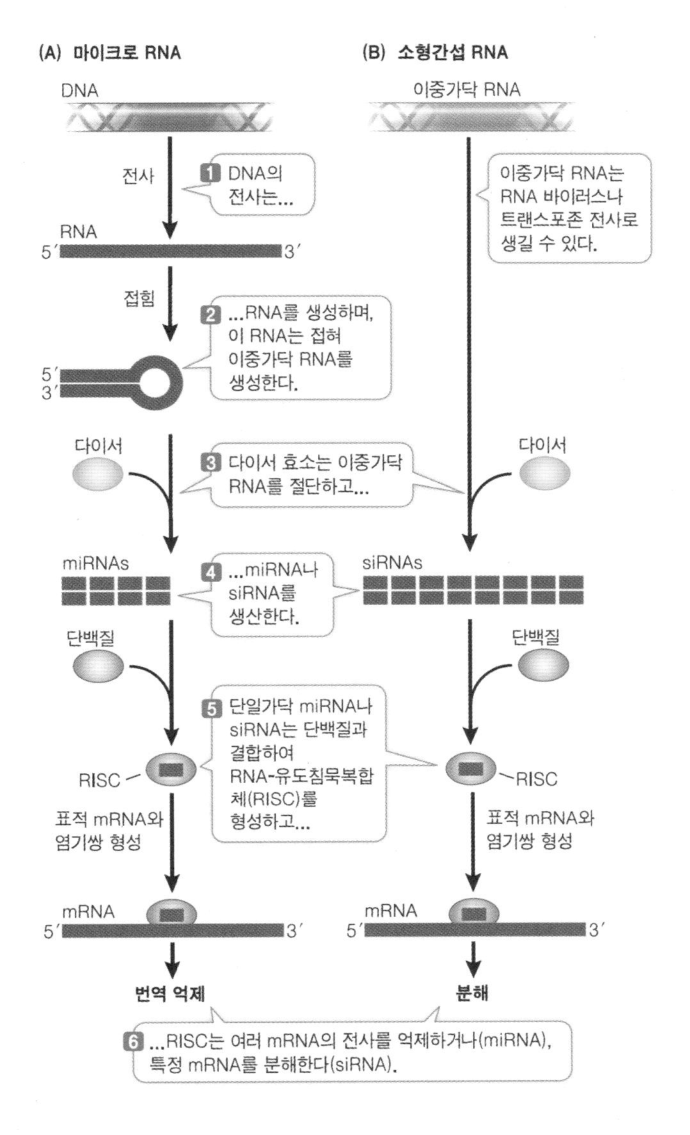

2. 소형간섭 RNA(small interfering RNA; siRNA): miRNA와 동일한 방식으로 형성되지만 그 전구체는 핵에서 발현되는 RNA가 아니며 오히려 외부에서 침투한 바이러스의 dsRNA인 경우가 많음

ⓑ RNAi를 이용한 실험: 특정 유전자의 발현을 억제시키기 위해 해당 유전자에서 전사되는 mRNA에 대한 상보적인 서열을 가지는 dsRNA를 집어 넣어 siRNA를 형성시키는 것으로서 어떤 유전자든지 발현을 억제시킬 수 있음

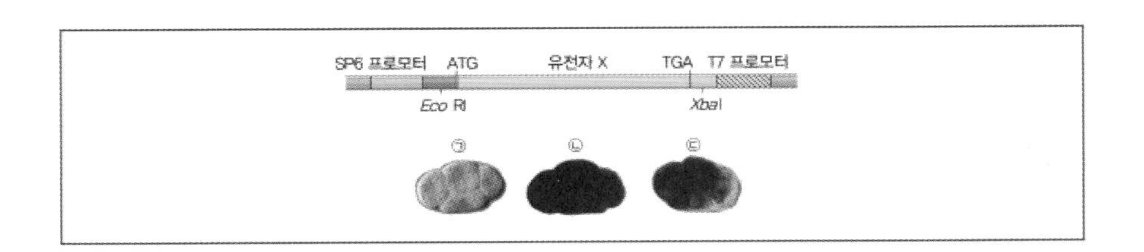

㉣ 번역 시의 조절: 번역 시의 조절 단계는 모든 생명체의 모든 세포에서 필수적으로 일어나는 과정임

ⓐ 일부 mRNA의 해독 개시는 5'-UTR에 존재하는 특정 서열이나 구조를 인지하여 결합하는 조절 단백질에 의해 억제될 수 있음

ⓑ mRNA의 poly(A)꼬리의 길이에 따라 단백질 발현량이 조절될 수 있음. 꼬리가 길어지면 변역되는 단백질의 양이 증가하게 되고 길이가 줄어들면 번역되는 양도 줄어들게 됨. 이것은 번역의 개시와 꼬리의 분해가 경쟁적으로 일어나는 것과 관련 있는 것으로 보임

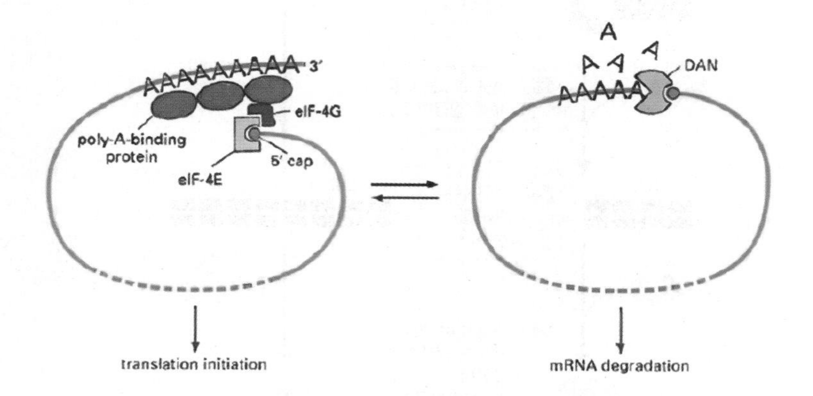

ⓒ 내부 리보솜 진입 자리(internal robosomal entry site; IRES): 캡구조가 없는 mRNA에서는 5'측에 가까운 코돈(AUG)이 반드시 개시코돈이 될 수는 없는데 IRES라는 복잡한 2차구조를 갖는 RNA가 되고 그 후의 AUG가 개시코돈이 되어 번역되는 경우가 있음

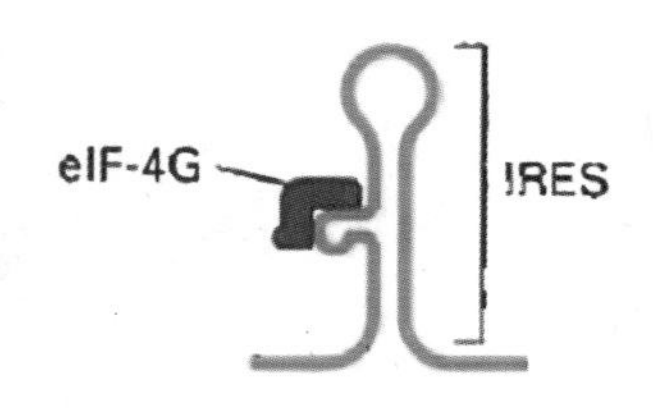

㉤ 전사 후 조절 기작 집중 연구 - 트랜스페린 수용체와 페리틴의 발현 조절

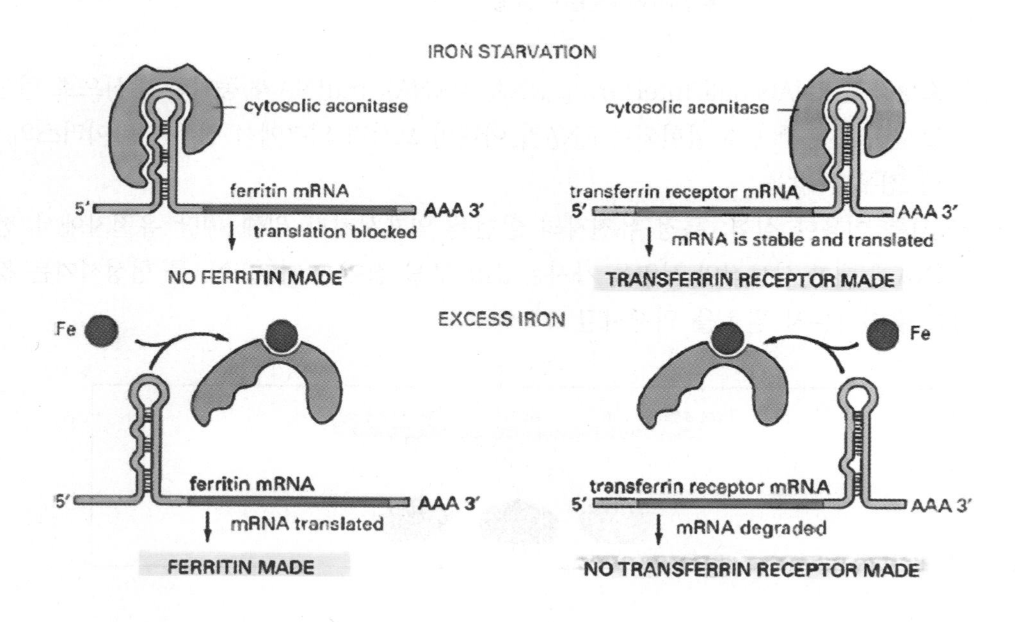

ⓐ 트랜스페린 수용체와 페리틴: 트랜스페린 수용체는 특정 세포가 철 이온을 세포 내로 들여오기 위해 필요한 수용체이며 페리틴은 세포 내의 철 저장 단백질임
ⓑ 철 이온의 농도가 낮을 때: 페리틴 mRNA의 경우 조절 단백질인 aconitase가 5'-UTR의 2차구조에 결합하여 번역 개시를 저해하지만 트랜스페린 수용체 mRNA의 경우 aconitase가 3'-UTR의 2차구조에 결합하여 mRNA의 분해를 억제함. 따라서 페리틴 단백질 합성량은 감소하며 대신 트랜스페린 수용체 단백질 합성량은 증가함
ⓒ 철 이온의 농도가 높을 때: 철 이온이 aconitase에 결합하면 aconitase가 UTR에서 떨어지게 되는데 따라서 페린틴 mRNA의 번역은 개시되고 트랜스페린 수용체 mRNA는 불안정해짐. 따라서 페리턴 단백질은 합성량은 증가하며 대신 트랜스페린 수용체 단백질 합성량은 감소함

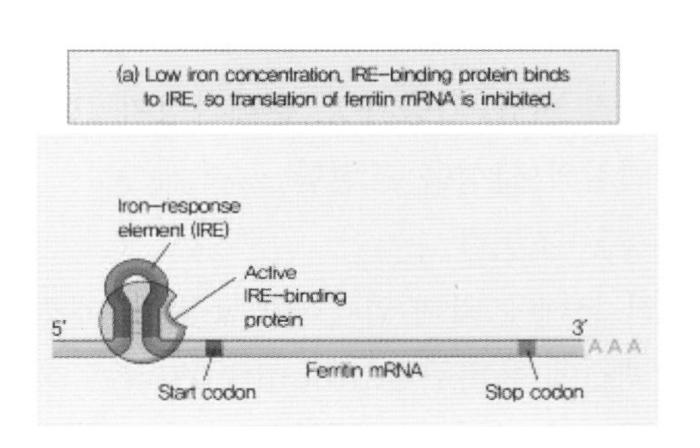

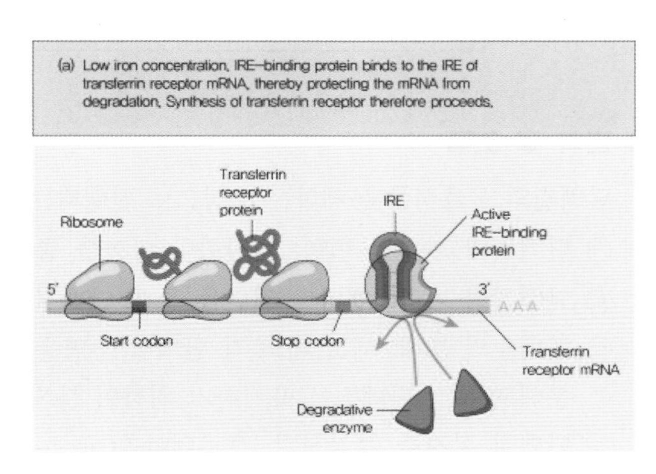

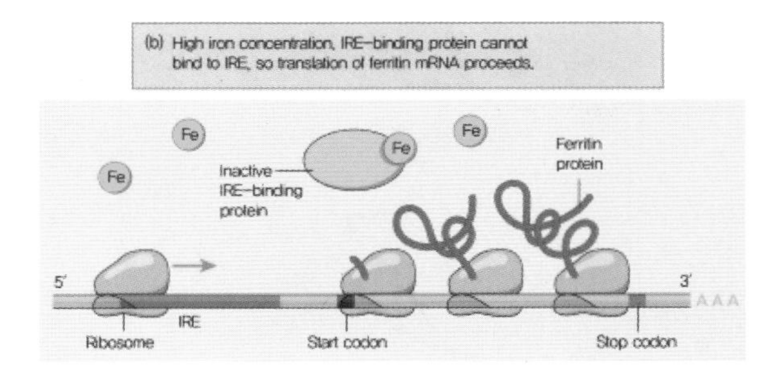

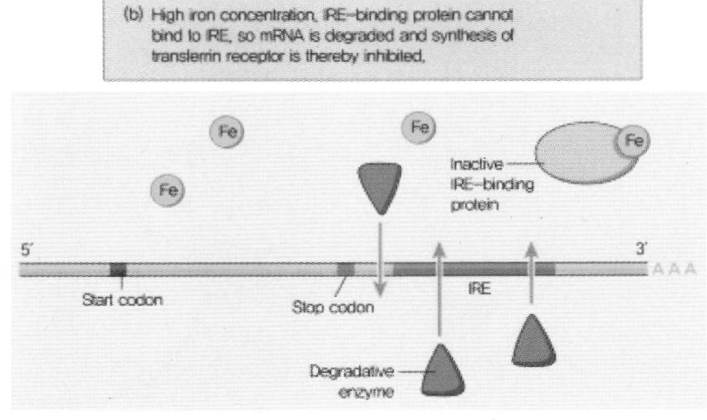

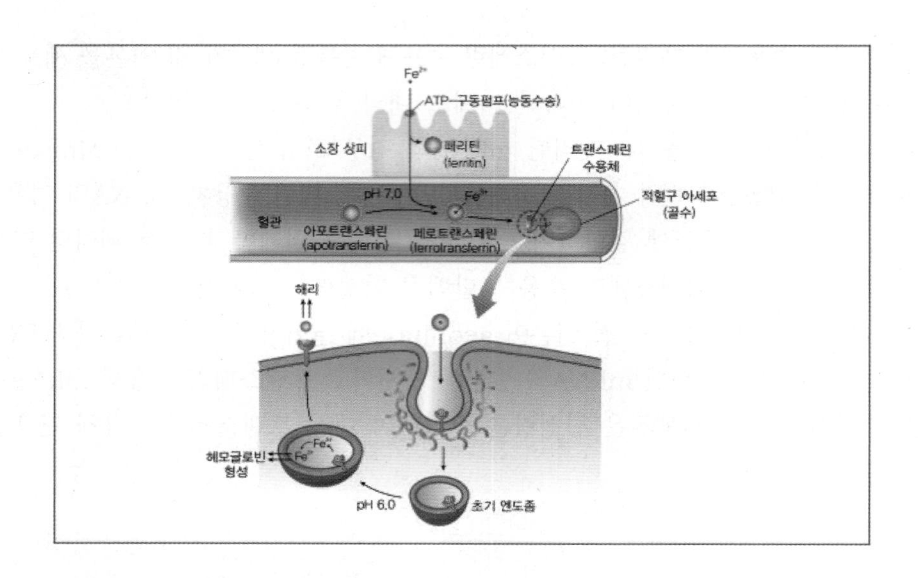

(5) 번역 후 조절

단백질의 유효성을 통제하는 방식으로 진행되는데 화학적 변형, 가공과정, 분해과정이 그것임

㉠ 단백질의 화학적 변형: 인산화나 당화를 통해 단백질의 활성을 조절함

㉡ 단백질의 가공: 펩티드 절단을 통해 단백질의 활성을 조절함

㉢ 단백질의 분해: 세포 내의 각 단백질 수명은 선택적 분해에 의해 엄격하게 조절됨. 세포는 분해될 특정 단백질을 표지하기 위하여 분해될 단백질에 유비퀴틴(ubiquitin)이라는 작은 단백질 분자를 부착시킴. 프로테아좀(proteasome)이라 불리는 거대한 단백질 복합체가 유비퀴틴이 부착된 단백질을 인지하고 분해시킴

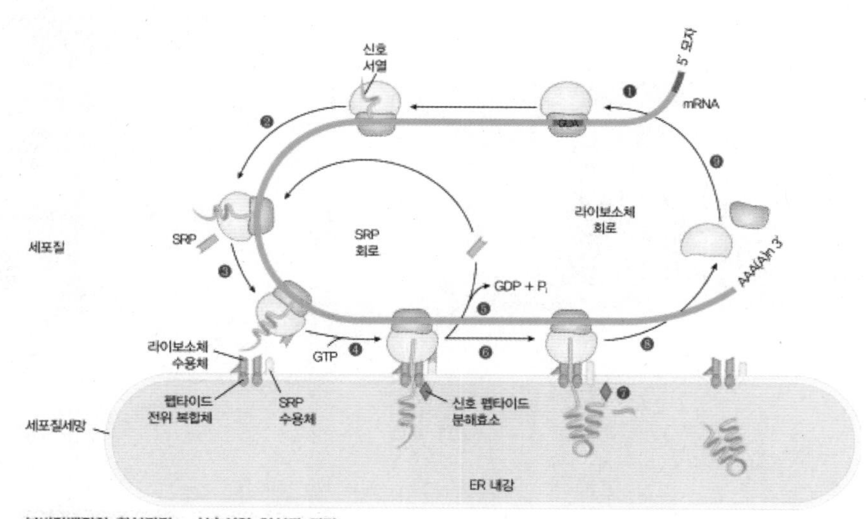

분비단백질의 합성과정 - 신호서열 인식과 전달

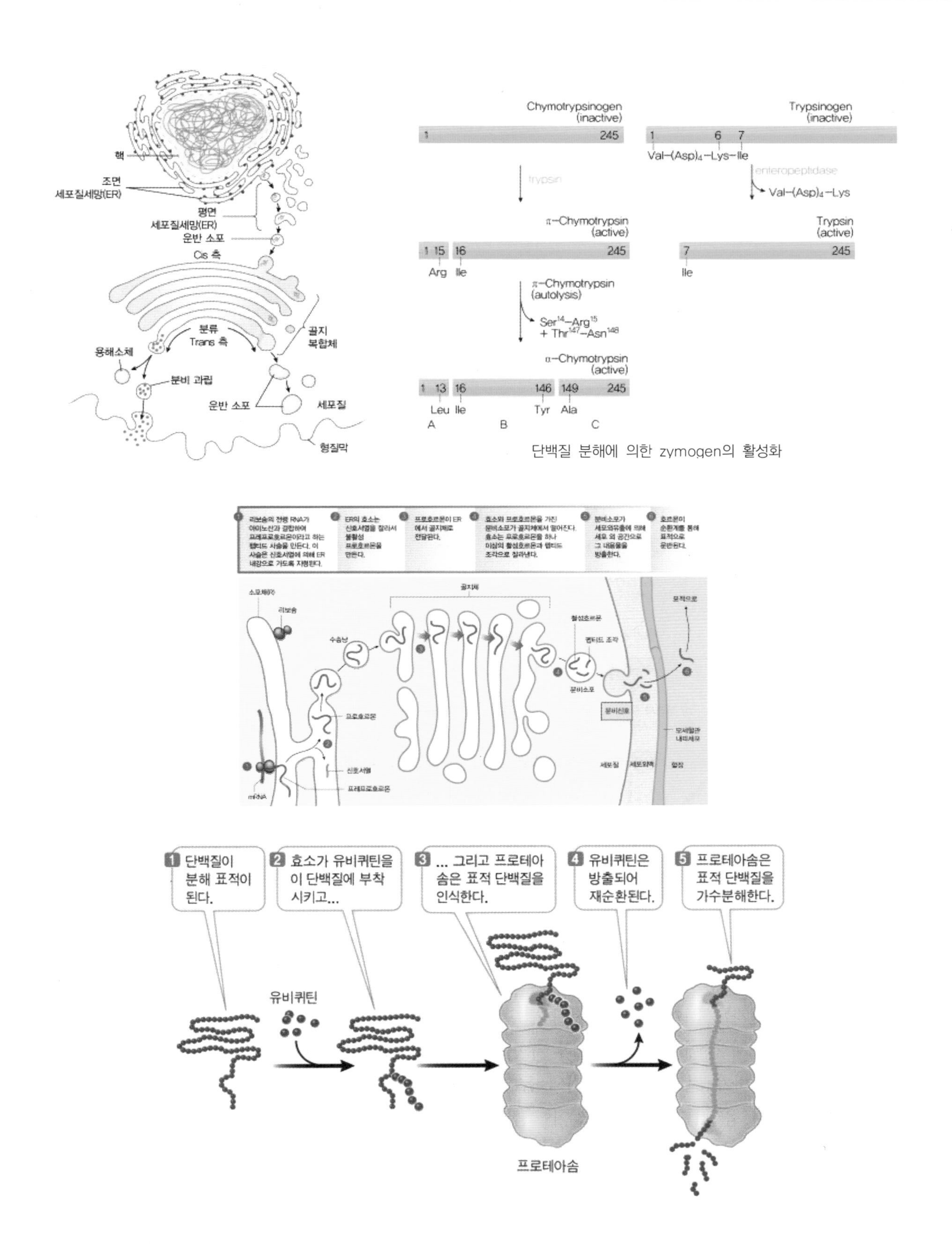

단백질 분해에 의한 zymogen의 활성화

2 암에 대한 유전적 분석

(1) 암 관련 유전자의 종류와 특성

㉠ 원발암 유전자(protooncogene): 세포 성장 및 분열을 조절하는 유전자들로 성장인자, 성장인자 수용체, 세포내 신호전달 단백질 및 DNA 단백질을 암호화하는 유전자들로 이루어짐

ⓐ 원발암 유전자가 발암 유전자로 전환되는 유전적 변이

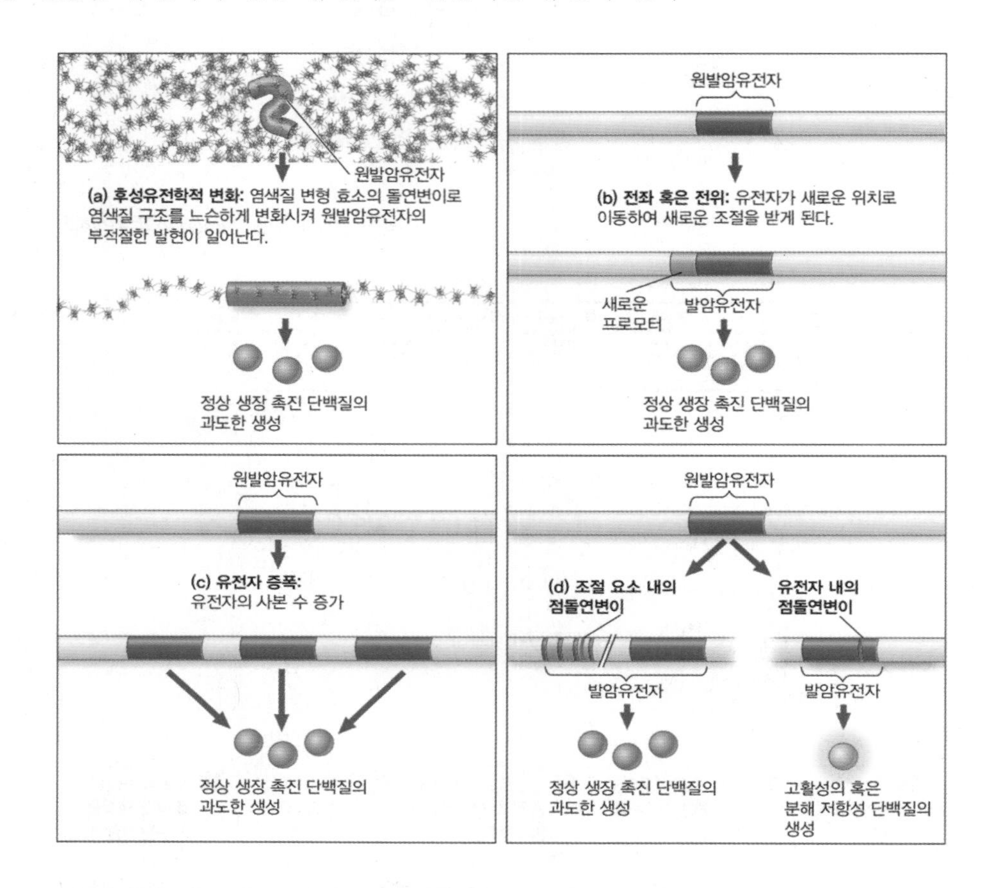

1. 유전자의 암호화 부위에 변이가 생겨 단백질의 활성이 정상보다 높거나 분해저항성 단백질이 생성되는 경우
2. 유전자 증폭에 의해 유전자 발현량이 증가하는 경우
3. 염색체 상에서 전이된 이후 주변의 조절요소에 의하여 유전자 발현량이 증가하는 경우
4. 활발하게 전사되는 유전자와 융합하여 융합 단백질이 과도하게 형성되는 경우이거나 발현된 융합 단백질의 활성이 정상보다 높은 경우

ⓑ ras 원발암 유전자의 돌연변이에 의한 비정상적 세포 신호 전달: ras 유전자에 돌연변이가 생겨 과활성 Ras 단백질이 형성되면 성장인자에 의한 신호가 약해도 세포주기 진행 신호를 생성할 수 있음

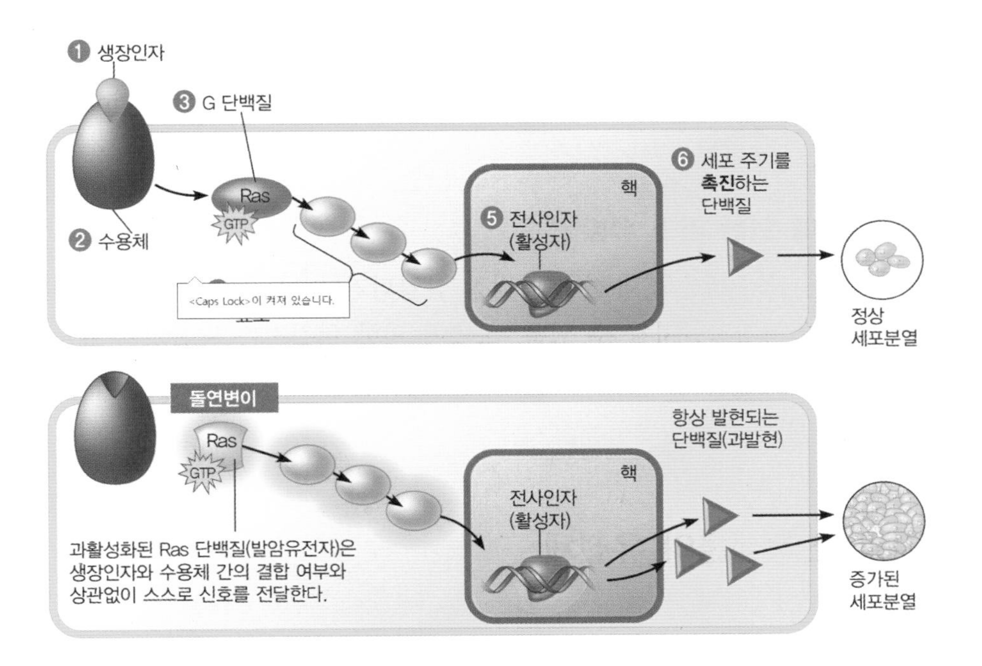

ⓒ 발암 유전자의 유전자형의 표현: 원발암 유전자의 돌연변이는 우성으로 나타남. 즉, 두 상동 염색체 중 하나에만 돌연변이가 일어난다고 하더라도 암 유발 가능성이 높아지게 됨

ⓛ 종양 억제 유전자(tumor-suppressor gene): 비정상적으로 세포분열이 일어나는 것을 억제하는 유전자로서 종양 억제 유전자의 산물은 손상된 DNA를 복구하거나 암 유발 돌연변이의 축적을 억제하거나 일부는 세포주기를 억제하는 세포신호 전달경로의 한 요소로 작용함. 종양 억제 유전자의 돌연변이는 열성으로 나타남

ⓐ p53 종양 억제 유전자의 돌연변이에 의한 비정상적 세포 신호 전달: p53 유전자에 돌연변이가 생겨 p53 단백질이 소실되면 세포주기를 중단시킬 수 있는 단백질이 합성될 수 없음

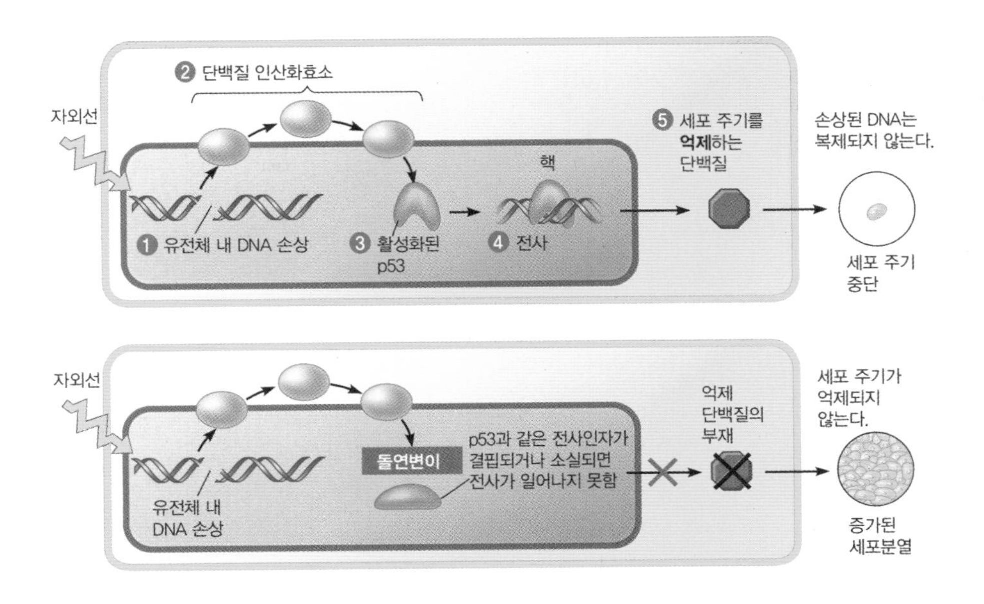

ⓑ 돌연변이가 일어난 종양 억제 유전자의 유전자형의 표현: 종양 억제 유전자의 돌연변이는 열성으로 나타남. 즉, 두 상동 염색체 모두에 돌연변이가 일어나야 암 유발 가능성이 높아지게 됨

(2) 레트로바이러스에 의한 암의 유발

레트로바이러스는 숙주세포의 유전체에 직접 삽입되거나 레트로바이러스가 가지는 발암유전자에 의해 세포를 형질전환시킬 수 있음. 삽입에 의한 형질전환은 삽입된 프로바이러스가 종양 억제 유전자를 불활성화시키거나 발암유전자를 활성화시킴으로써 일어남

3 다세포 진핵생물의 유전체

(1) 인간 유전체 내의 여러 가지 서열의 종류

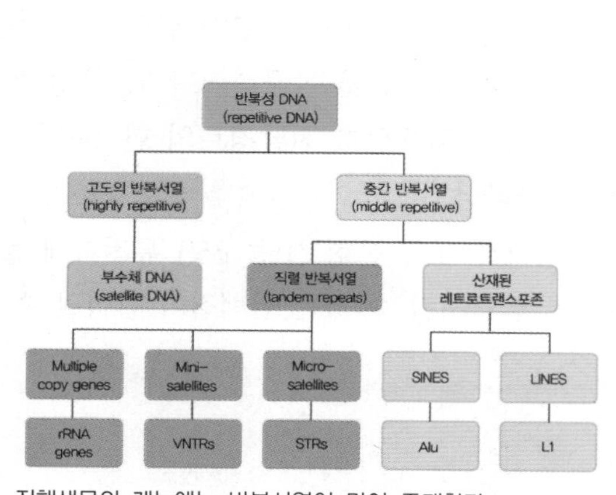

진핵생물의 게놈에는 반복서열이 많이 존재한다.

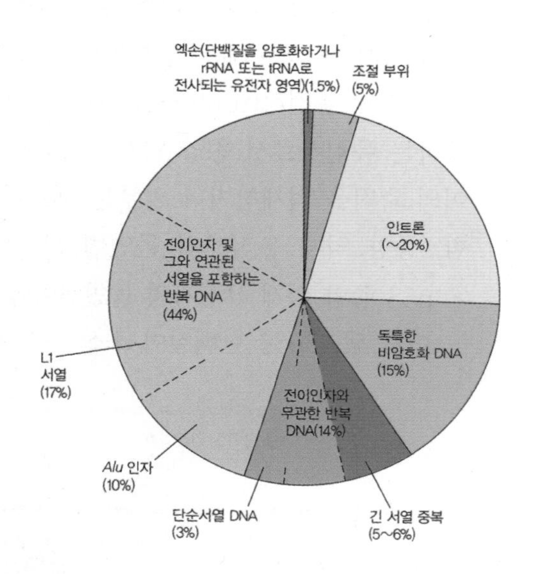

진핵생물의 유전체를 구성하는 서열의 종류

범주	전사	번역
단수 유전자		
프로모터와 유전자발현 조절서열	안됨	안됨
인트론	됨	안됨
엑손	됨	됨
중간반복서열		
rRNA와 tRNA 유전자	됨	안됨
전이인자		
Ⅰ. 역전이인자		
LTR	됨	안됨
SINE	됨	안됨
LINE	됨	됨
Ⅱ. DNA 전이인자	됨	됨
짧은 고도반복서열	안됨	안됨

㉠ 전이성 인자 및 그와 연관된 서열을 포함하는 반복서열(44%)
㉡ 전이성 인자와 무관한 반복서열(15%)
㉢ 인트론과 조절부위(24%)
㉣ 독특한 비암호화 DNA(15%)
㉤ 엑손 및 rRNA 및 tRNA로 전사되는 부위(1.5%)

(2) 반복서열(repeatitive sequence)

㉠ Tandem Repeat: 반복단위가 연속적으로 배열되어 있는 것이 특징임. 대부분은 동원체나 염색체 말단 소립에 집중 분포하고 있으며 종간에 반복단위의 서열은 유사하나 반복서열의 반복횟수는 다양함. 특히 minisatellite DNA나 microsatellite DNA의 경우 DNA fingerprinting에 이용하기에 가장 적합하다고 여겨짐

ⓐ satellite DNA: 주로 반복 단위의 길이가 5~50bp이지만 몇몇의 경우 100bp를 넘는 것도 존재하며 반복 단위의 반복횟수가 수백만회에 이르는 경우도 있음

ⓑ minisatellite DNA: 주로 반복 단위의 길이가 10~60bp이며 사람마다 그 반복서열이 상당히 다양함 ex. VNTR(variable number of tandem repeat): 반복횟수가 상당히 다양한 서열로서 genetic marker로 이용함

ⓒ microsatellite DNA: STR(short tandem repeat)이라고도 하며 반복단위의 길이가 1~6bp이며 반복 단위의 반복 횟수가 10~100회 정도임

ⓛ Interspersed Repeat: 진핵생물 유전체의 여러 부위에 걸쳐 반복되어 있음. 이 중 일부는 RNA를 매개로 하여 전이되는 레트로트랜스포존임

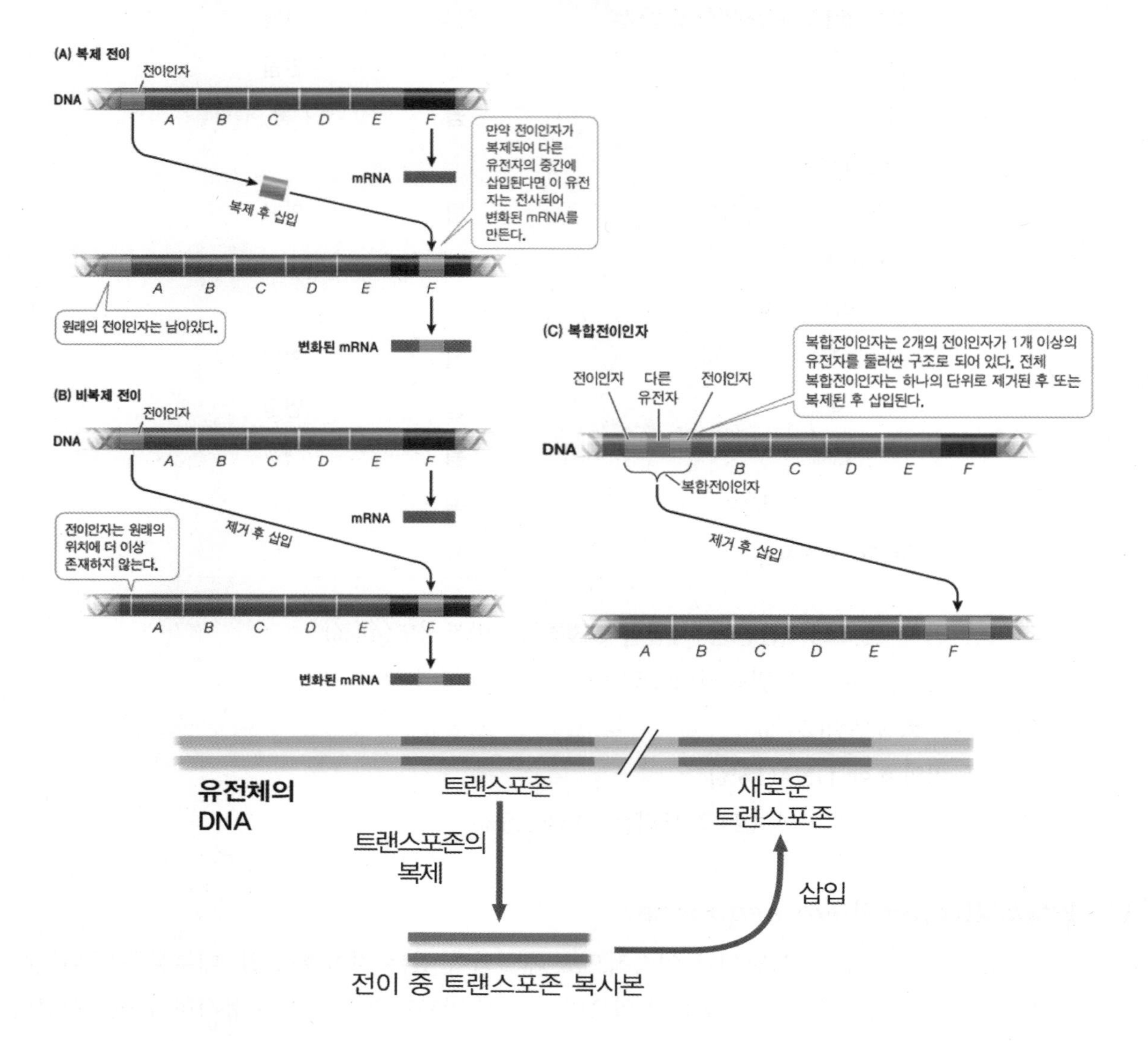

(3) 진핵생물의 전이성 인자

㉠ DNA 트랜스포존(DNA transposon): transposase를 암호화하여 DNA를 중간 매개체로 유전체 사이를 이동할 수 있는 전이성 인자로서 양 말단에 짧은 역반복 서열을 지님. 자르고 붙이기(cut-and-paste) 방식으로 기존의 위치에서 제거되어 이동하거나 복사 후 붙이기(copy-and-paste) 방식으로 기존의 위치에 트랜스포존을 남겨두고 새로운 곳으로 복제되어 이동하는 방식으로 구분함 es. P element(초파리), Ac-Ds(옥수수)

「Ac-Ds 시스템」

Ⓐ 맥클린톡(B.McClintock)은 줄무늬가 있거나 점이 있는 옥수수 알갱이는 높은 돌연변이율을 나타낸다는 것을 확인했는데 이 연구를 통해 전이성 인자의 존재를 처음 규명했으며 그녀는 이러한 업적으로 인해 노벨상을 수상하게 됨

Ⓑ Ac-Ds 시스템은 두 종류의 전이성 인자로 이루어짐. Ds는 Ac의 일부 서열이 결실된 것으로서 Ac가 유전체에 존재하기 전까지는 전이할 수 없으나 Ac가 유전체 속으로 들어가면 Ds는 전이 하여 특정 유전자의 발현을 방해하게 됨

Ⓒ 옥수수 알갱이를 나타내는 색 유전자에 전이성 인자인 Ac나 Ds가 삽입되면 해당 유전자는 발현되지 않게 되며 삽입의 경향은 상당히 임의적이기 때문에 옥수수 알갱이는 점박이처럼 보이게 됨

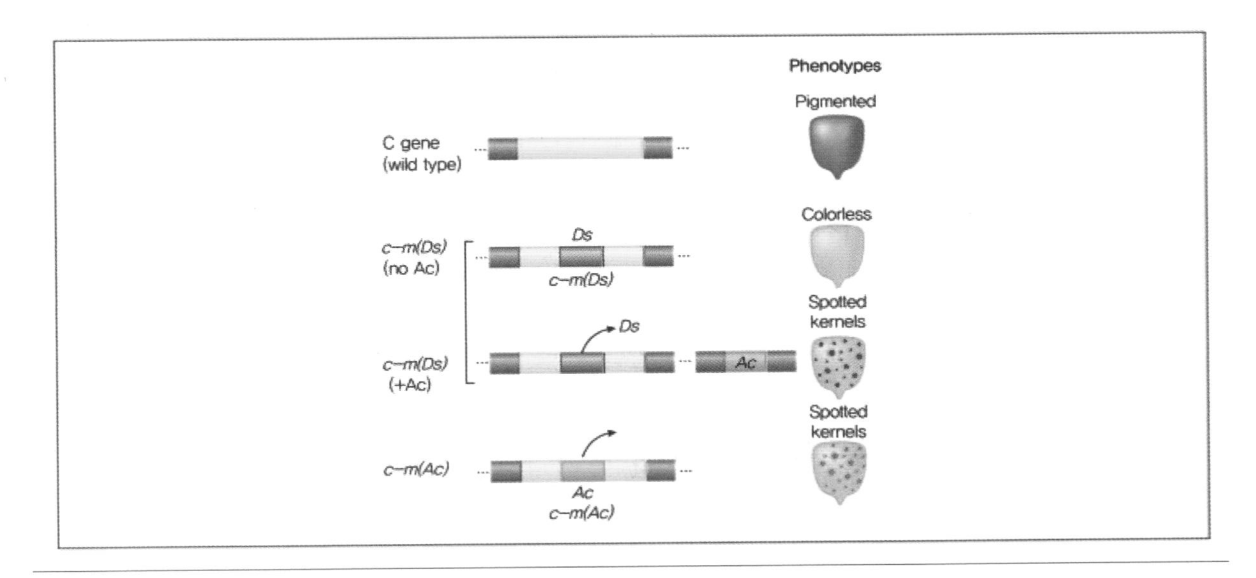

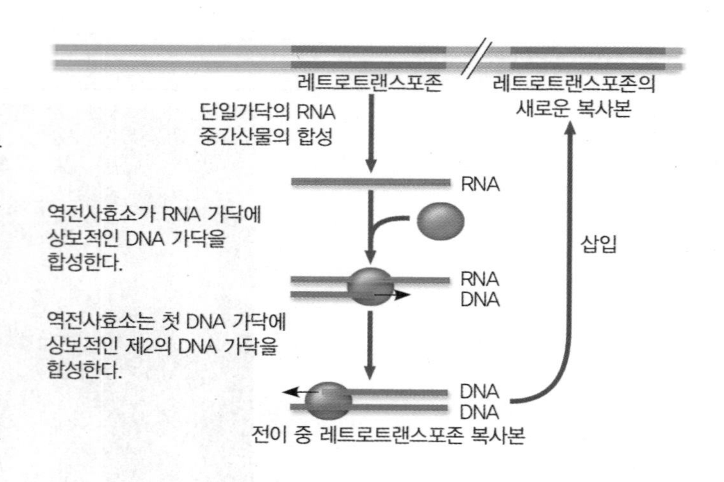

㉡ 레트로트랜스포존(retrotransposon): 레트로트랜스포존 DNA의 전사물인 RNA 중간물질을 매개로 옮겨 다니는 전이성 인자로 새로운 삽입 위치에서 RNA는 레트로트랜스포존에 의해 암호화된 역전사효소에 의해 다시 DNA로 역전사된 후 삽입됨. 진핵생물 유전체의 전이성 인자는 대부분 레트로트랜스포존임

ⓐ LTR 레트로트랜스포존: 레트로바이러스와 유사하며 양 말단에 LTR(long term repeat)을 지니며 역전사효소를 암호화하여 LTR 내의 프로모터에 의해 전사된 RNA를 역전사시켜 표적 자리로 전이됨

ⓑ Non-LTR 레트로트랜스포존: LTR을 지니지 않으며 LINE과 SINE이 속해 있음

1. LINE(long interspersed nuclear element): 5'-UTR에 존재하는 프로모터에 RNA 중합효소 II가 결합하여 전사되며 전사된 RNA는 Non-LTR 레트로트랜스포존이 발현한 레트로트랜스포존에 의해 DNA로 역전사되어 표적 자리로 전이됨. 3'-UTR에는 polyadenylation signal(AATAAA)이 존재함
2. SINE(short interspersed nuclear element): RNA 중합효소 III에 의해 전사되나 역전사 효소는 암호화하고 있지 않아서 전이를 위해서 LINE이나 레트로바이러스에 의해 발현되는 역전사효소에 의존해야 함

   ex. Alu element: 전이성 인자와는 달리 전이의 성질을 잃어버린 반복서열이며 반복 단위의 길이가 280bp 정도이며 단백질 정보는 없지만 상당수의 Alu 인자가 전사됨

㉢ 전이성 인자의 여러 가지 작용

ⓐ 유전자의 위치이동에 의한 발현 조절 - 효모의 교배형 조절

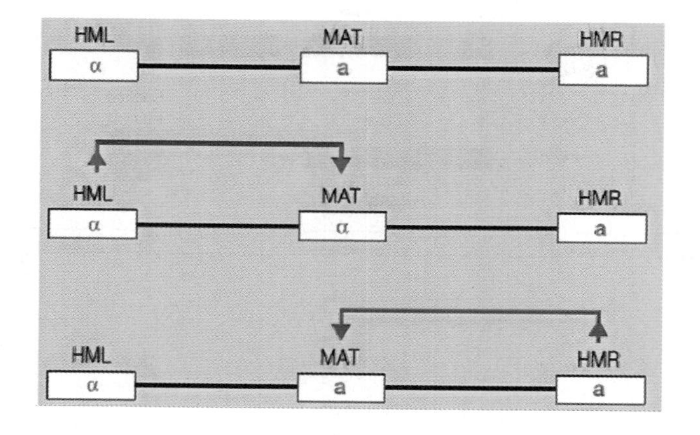

1. 반수체 효모는 a, α 두가지의 교배형이 있고, a와 α 교배형만이 수정 가능함
2. MAT 자리에 있는 a, α 유전자에 따라 교배형이 결정되는데, MAT 자리에 a 유전자가 위치하면 a 교배형이 되고, α 유전자가 위치하면 α 교배형이 됨
3. 효모는 HMR에는 α 유전자가 위치하며 HML에는 a 유전자가 위치하나 전이를 통해 MAT으로 유전자가 전이되어야만 발현됨. 이러한 과정을 카세트 기작(cassette mechanism)이라고 하는데 MAT 자리는 카세트 플레이어와 비교되고 HMR과 HML은 카세트 테이프에 비교됨. 전이는 카세트 플레이어에 새로운 카세트 테이프를 가져오는 셈이 되는 것임

ⓑ 엑손의 위치이동에 의한 새로운 기능성 단백질의 출현 - 엑손 셔플링(exon shuffling): 엑손 중에는 단백질에 있는 하나하나의 구조단위와 기능 단위들을 암호화하는 것이 많은데, 두 개 이상의 서로 다른 비 대립유전자들 사이에서 구조 요소들, 결합자리들, 촉매자리들에 대한 엑손들이 유전자 재조합을 통해 새롭게 조립되어 새로운 단백질을 만들 수 있는 새로운 유전자가 진화과정에서 형성됨. 엑손 셔플링은 기능 단위들을 그대로 보존하면서 그 기능 단위들을 새로운 방식으로 상호작용할 수 있도록 해줌

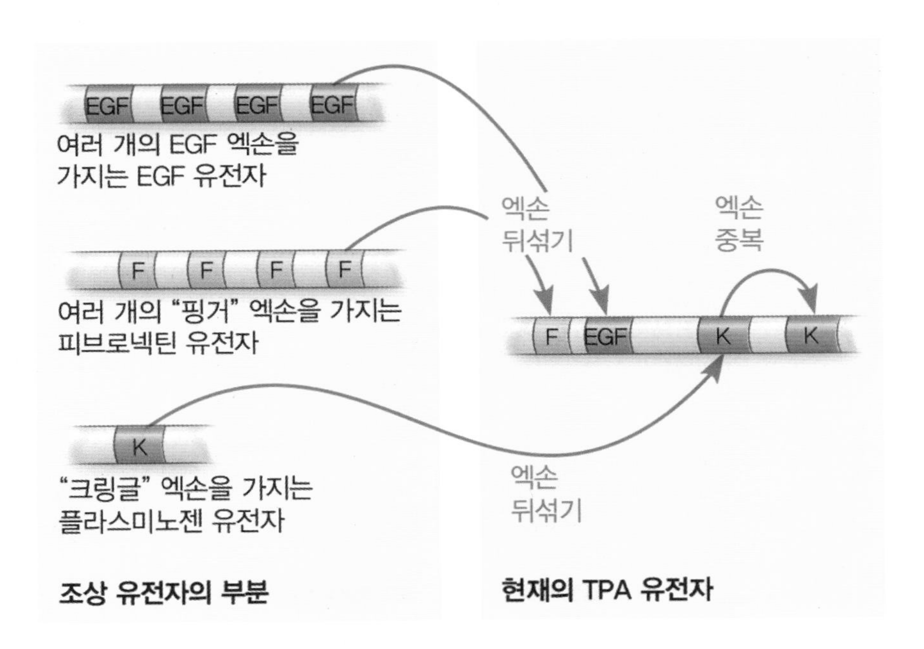

(4) 다유전자군(multigene family)

복수 유전자군으로서 유전체 내에 동일 염기서 열이나 유사 염기서열을 가진 유전자가 존재함

㉠ 동일 유전자 다유전자군: 많은 종류의 유전자는 하나의 유전자로는 세포의 필요량을 충족시키지 못하므로 많은 양의 산물을 만들 수 있게끔 다수의 유전자가 존재하게 되는데 이 경우 유전자의 수를 늘리는 과정인 유전자 증폭(gene amplification)에 의존해야 함
ex. 히스톤 유전자, rRNA 유전자

「45S rRNA 유전자」

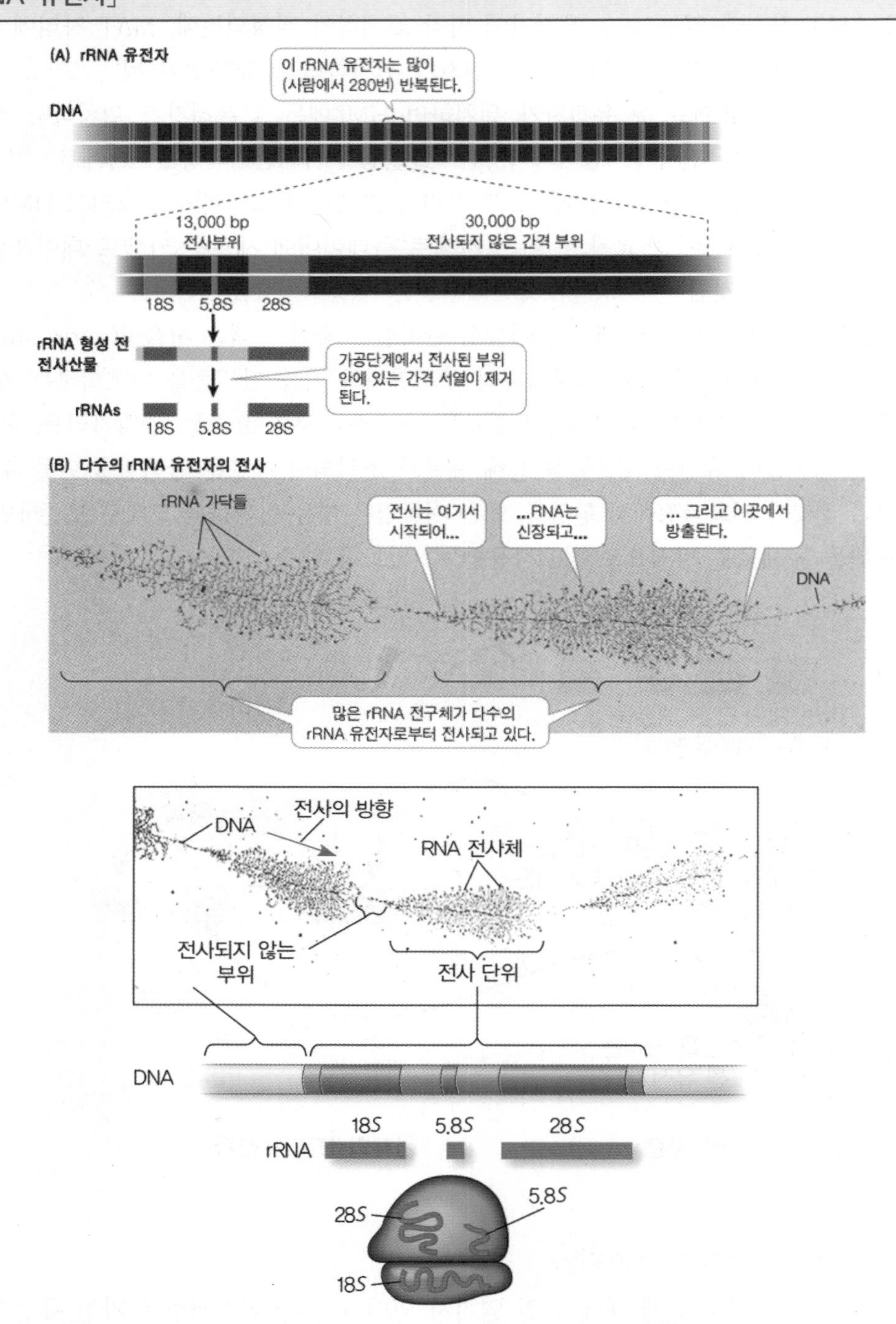

Xenopus 45S rRNA 유전자는 여러 개의 반복서열로 존재하는데 RNA 중합효소 Ⅰ에 의해 45S rRNA가 전사되고 가공과정을 거쳐 5.8S, 18S, 28S rRNA로 전환되어 리보솜 합성에 이용됨. 참고로 Xenopus의 제1난모세포는 제1감수분열 전기에 염색체가 탈응축되어 염색체의 주축에서 측면으로 확장된 많은 고리구조를 가지는데 이것을 솔염색체(lampbrush chromosome)라고 하며 이 부분은 RNA 합성이 왕성하게 일어나는 부분임

㉡ 유사 유전자 다유전자군: 중복과 변이를 통해 형성된 유사 유전자 무리

ex. 글로빈 유전자

ⓐ 사람 헤모글로빈의 종류와 발현 시기

종류	일반적으로 존재하는 시기	조성
배아	임신 8주 전후	$\zeta_2\varepsilon_2$
태아(HbF)	8주부터 출생 시까지	$\alpha_2\gamma_2$
성인(HbA)	출생 이후부터	$\alpha_2\beta_2$
성인(HbA2)	미성숙한 세포	$\alpha_2\delta_2$

ⓑ 글로빈 유전자군의 종류: α-글로빈 유전자군과 β-글로빈 유전자군으로 구분되는데 α-글로빈 유전자군은 16번 염색체에 존재하며 배아 시에 발현되는 ζ 유전자와 태아와 성인에서 발현되는 $\alpha1$, $\alpha2$ 유전자가 있고 β-글로빈 유전자군은 11번 염색체에 존재하며 배아 시에 발현되는 ε유전자와 태아시에 발현되는 $G\gamma$, $A\gamma$ 유전자가 있으며 성인 시에 발현되는 δ, β 유전자가 존재함

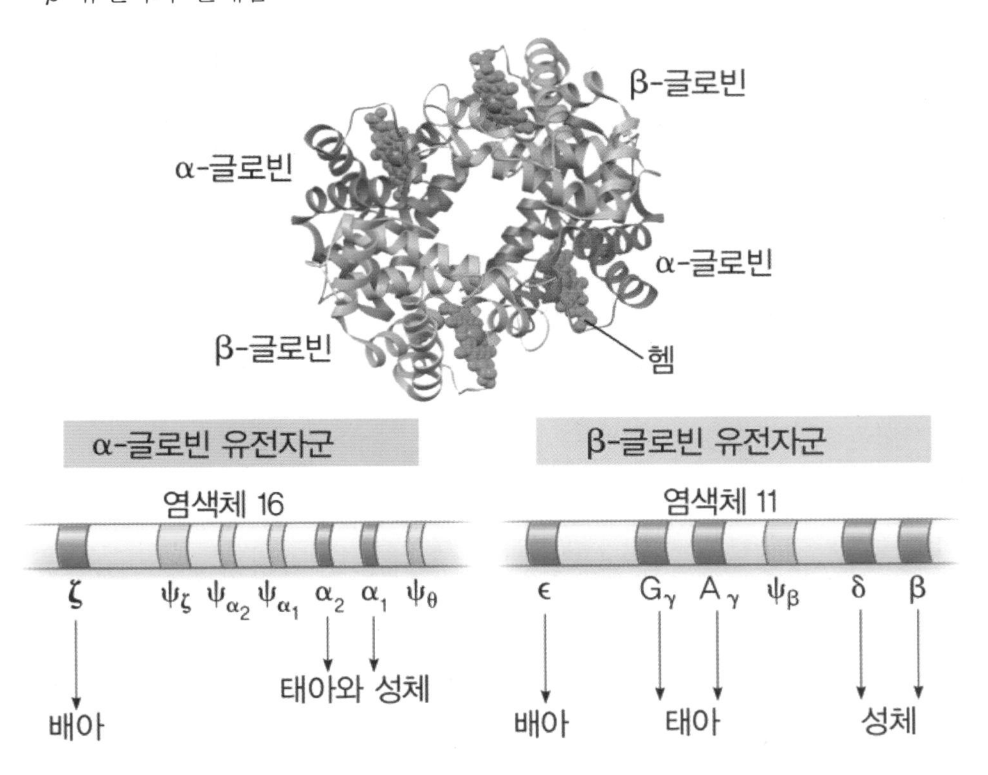

ⓒ 사람의 α 글로빈과 β 글로빈 유전자군의 진화 경로: 조상 글로빈 유전자가 중복되고 변이된 이후 서로 다른 염색체 상에서 중보고가 변이를 반복하여 오늘날의 글로빈 유전자군을 형성하게 됨. 원래의 유전자는 정상적인 기능을 수행하고 중복된 유전자는 유사한 기능을 수행하거나 일부는 기능을 잃어버리게 됨

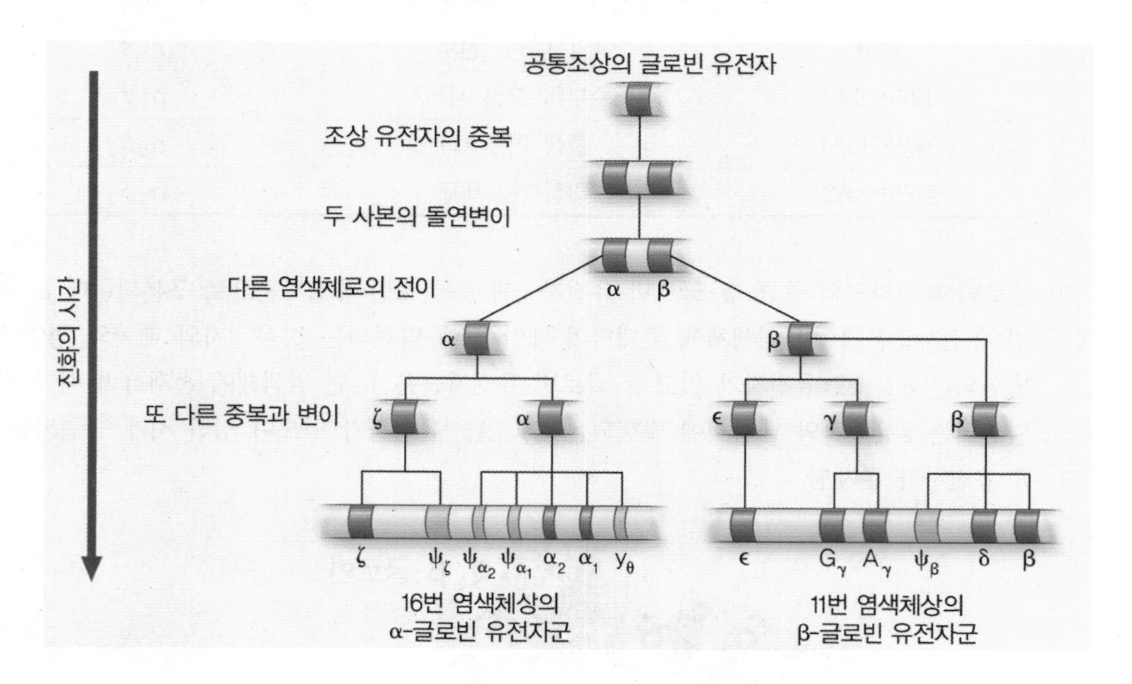

19 유전공학(genetic engineering)

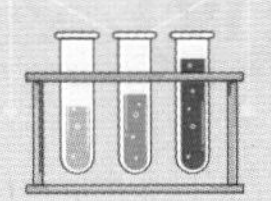

1 재조합 DNA의 형성

(1) DNA의 절단과 연결

㉠ 제한효소에 의한 DNA 절단: 제한효소(restriction site)란 핵산의 특징 염기서열만을 인식하여 절단하는 핵산내부가수분해효소(endonuclease)로서 메틸화되어 있지 않은 특정 서열을 절단하게 되는데 숙주 세포는 자신의 제한효소에 의한 자신의 DNA를 보호하는 차원에서 DNA에 메틸화를 시킴. 제한효소에 의해 잘린 절편의 말단은 접착성 말단(sticky end)이나 평활말단(blund end)의 형태를 띠게 됨. DNA 제한효소가 인식하는 DNA의 특정 염기서열을 제한자리(restriction site)라고 하며 제한자리는 회문구조(palindrome)를 이루고 있는 것이 특징임

[표] type II 제한효소의 인식자리

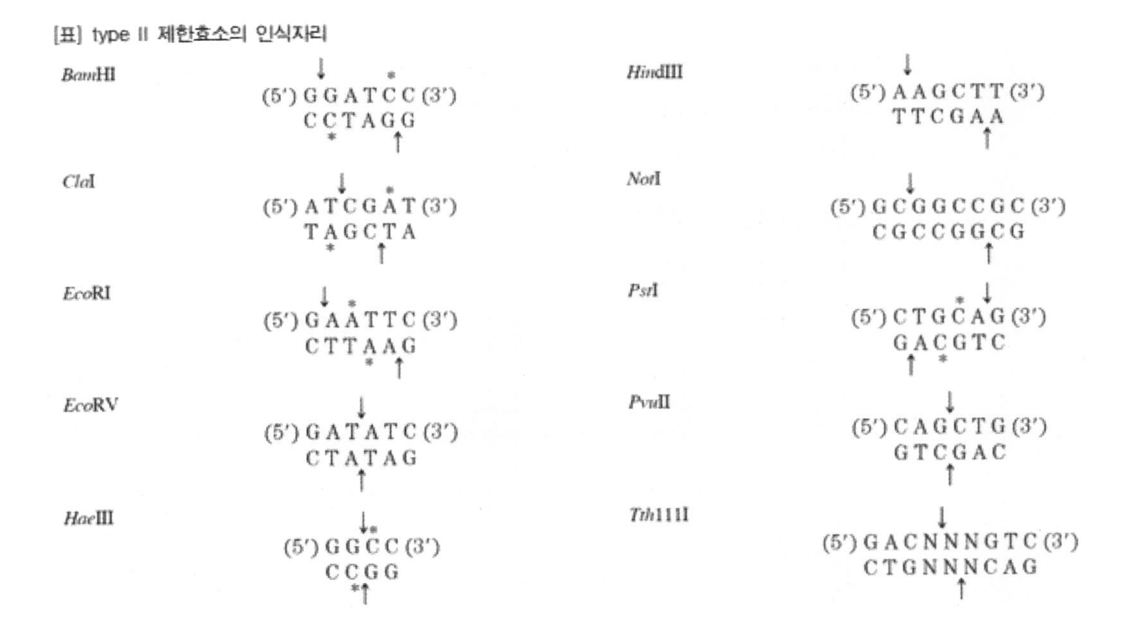

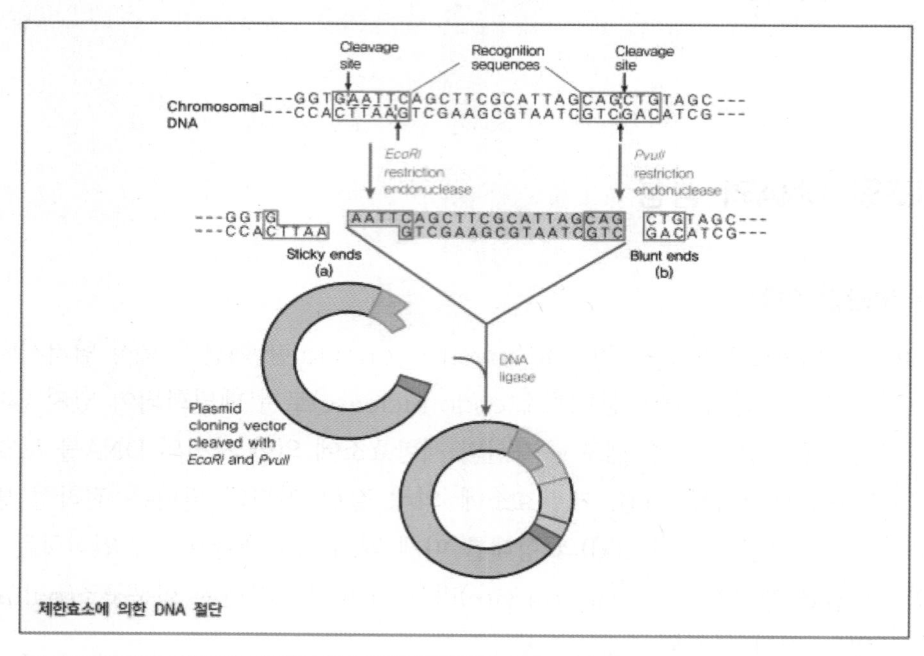

제한효소에 의한 DNA 절단

(a) Production of blunt ends

-N-N-A-G-C-T-N-N- / -N-N-T-C-G-A-N-N- → *AluI* → -N-N-A-G / -N-N-T-C C-T-N-N- / G-A-N-N-

'N'= A,G,C, or T Blunt ends

(b) Production of sticky ends

-N-N-G-A-A-T-T-C-N-N- / -N-N-C-T-T-A-A-G-N-N- → *EcoRI* → -N-N-G / -N-N-C-T-T-A-A A-A-T-T-C-N-N- / G-N-N-

Sticky ends

(c) The same sticky ends produced by different restriction endonucleases

BamHI -N-N-G / -N-N-C-C-T-A-G G-A-T-C-C-N-N- / G-N-N-

BglII -N-N-A / -N-N-T-C-T-A-G G-A-T-C-T-N-N- / A-N-N-

Sau3A -N-N-N / -N-N-N-C-T-A-G G-A-T-C-N-N-N- / N-N-N-

㉡ 리가아제(ligase): 리가아제는 두 핵산 절편 간에 인산이에스테르 결합을 형성하여 연결함

(2) 벡터(vector)

유전물질을 전달하기 위해 전달매체로 사용되는 DNA분자로서 DNA 클로닝을 목적으로 하는 클로닝 벡터와 유전자의 발현을 목적으로 하는 발현벡터로 구분됨. 하지만 대부분의 벡터는 유전자의 클로닝과 발현을 모두 목적으로 하기 때문에 구분의 의미는 크게 없다고 보아야 함

㉠ 벡터의 조건

ⓐ 클로닝 벡터의 일반적 조건

1. 재조합된 유전자를 숙주 내에서 복제하기 위해서 복제원점이 존재해야 함

2. 클로닝 자리(cloning site)가 있어야 함. 여러 클로닝 자리가 모여 있는 부위를 MCS (multiple cloning site)라고 함
3. 재조합 DNA의 형질전환 여부와 유전자의 재조합 여부를 확인할 수 있게끔 하는 선택적 표지자(selectable marker)가 있어야 함

ⓑ 발현 벡터의 추가적인 조건
1. 특정 유전자의 발현을 목적으로 하는 실험에서 유전자 발현 벡터는 프로모터를 지니고 있어야 함
2. 클로닝된 유전자의 번역을 위해 SD 서열이 개시코돈 앞에 존재해야 함

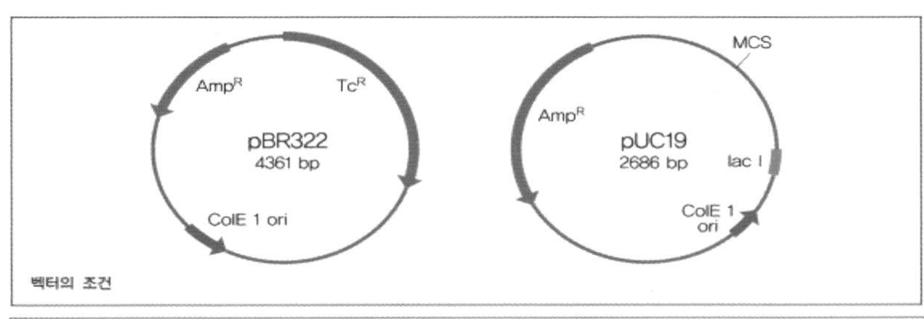

벡터의 조건

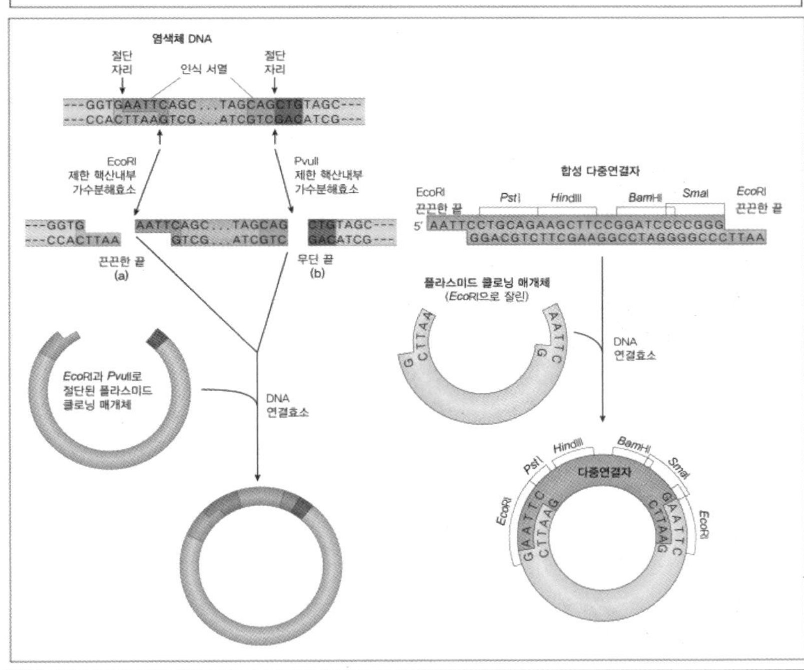

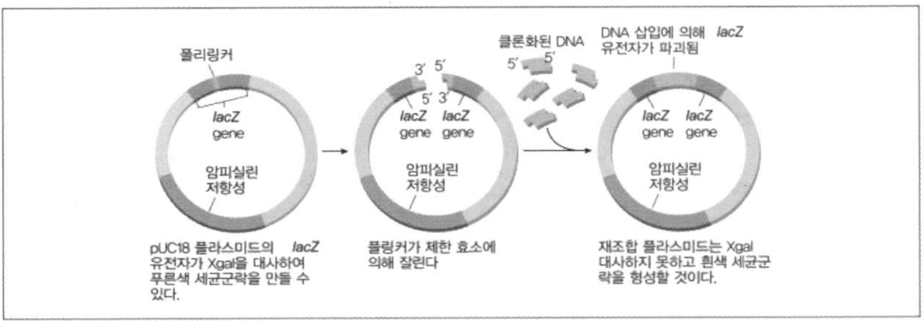

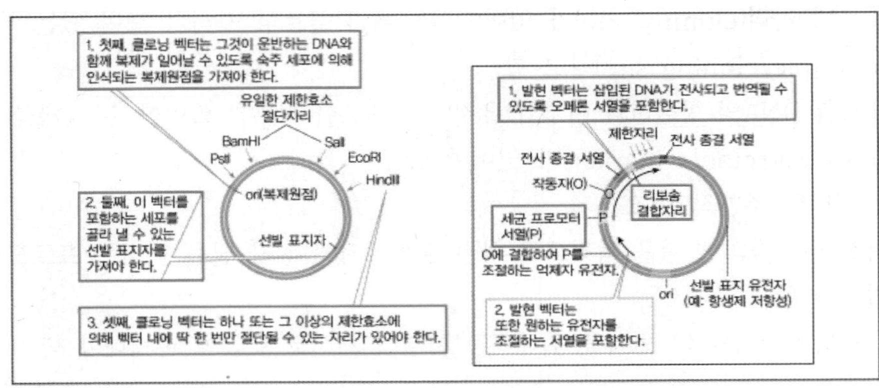
1. 첫째, 클로닝 벡터는 그것이 운반하는 DNA와 함께 복제가 일어날 수 있도록 숙주 세포에 의해 인식되는 복제원점을 가져야 한다.
유일한 제한효소 절단자리
BamHI
SalI
PstI
EcoRI
HindIII
ori(복제원점)
선발 표지자
2. 둘째, 이 벡터를 포함하는 세포를 골라 낼 수 있는 선발 표지자를 가져야 한다.
3. 셋째, 클로닝 벡터는 하나 또는 그 이상의 제한효소에 의해 벡터 내에 딱 한 번만 절단될 수 있는 자리가 있어야 한다.
1. 발현 벡터는 삽입된 DNA가 전사되고 번역될 수 있도록 오페론 서열을 포함한다.
제한자리
전사 종결 서열
전사 종결 서열
작동자(O)
리보솜 결합자리
세균 프로모터 서열(P)
O에 결합하여 P를 조절하는 억제자 유전자.
ori
선발 표지 유전자 (예: 항생제 저항성)
2. 발현 벡터는 또한 원하는 유전자를 조절하는 서열을 포함한다.

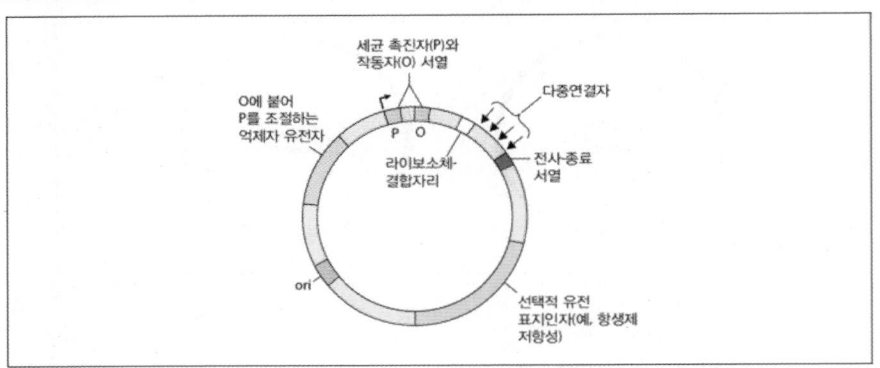
세균 촉진자(P)와 작동자(O) 서열
O에 붙어 P를 조절하는 억제자 유전자
다중연결자
P O
라이보소체-결합자리
전사-종료 서열
ori
선택적 유전 표지인자(예, 항생제 저항성)

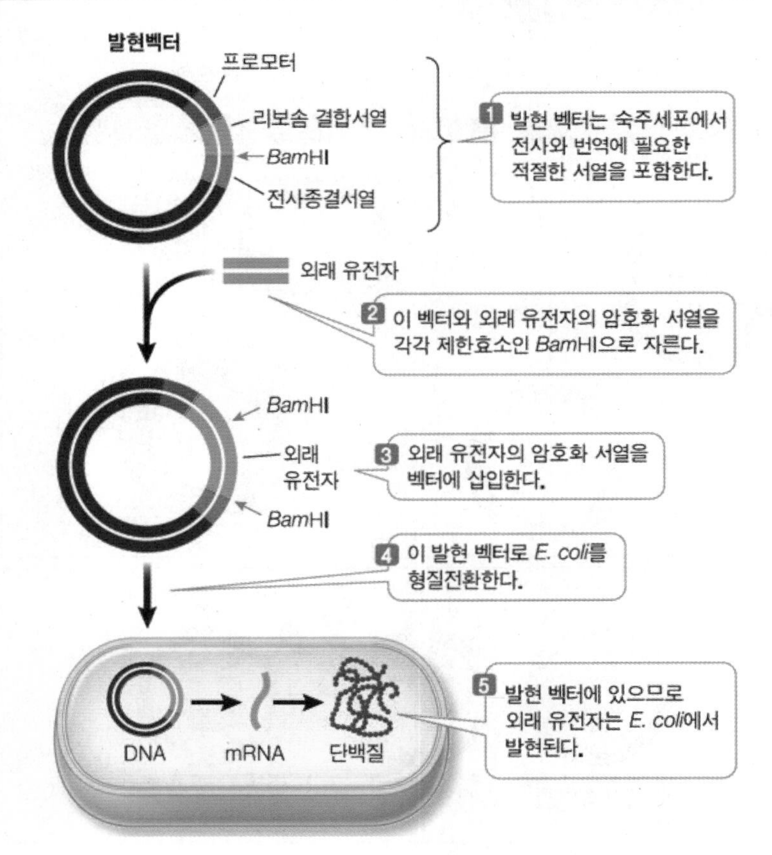
발현벡터
프로모터
리보솜 결합서열
BamHI
전사종결서열
1 발현 벡터는 숙주세포에서 전사와 번역에 필요한 적절한 서열을 포함한다.
외래 유전자
2 이 벡터와 외래 유전자의 암호화 서열을 각각 제한효소인 BamHI으로 자른다.
BamHI
외래 유전자
BamHI
3 외래 유전자의 암호화 서열을 벡터에 삽입한다.
4 이 발현 벡터로 E. coli를 형질전환한다.
DNA
mRNA
단백질
5 발현 벡터에 있으므로 외래 유전자는 E. coli에서 발현된다.

㉡ 벡터의 종류

ⓐ pBR322: 플라스미드 벡터로서 세균의 플라스미드에서 유래한 환형의 이중가닥 DNA 분자이며 클로닝할 수 있는 핵산 크기가 15kb 정도로 제한된다는 점이 단점임

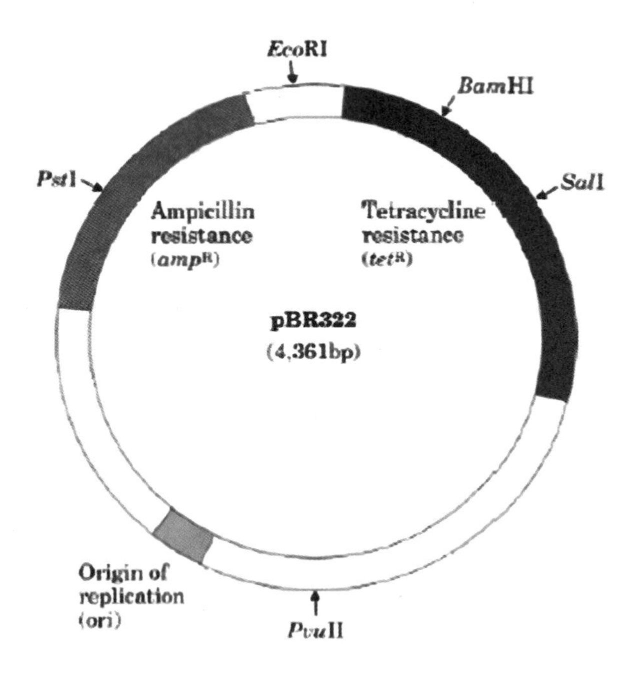

ⓑ 박테리오파지 벡터(bacteriophage vector): 박테리오파지는 세균의 DNA를 한 세포에서 다른 세포로 전달할 수 있어서 좋은 벡터 역할을 수행함. 파지는 플라스미드에 비해 몇 가지 장점이 있는데 플라스미드에 비해 세포에 대한 감염성이 좋기 때문에 파지 벡터를 이용하면 플라크 형태의 클론을 얻을 가능성이 높음

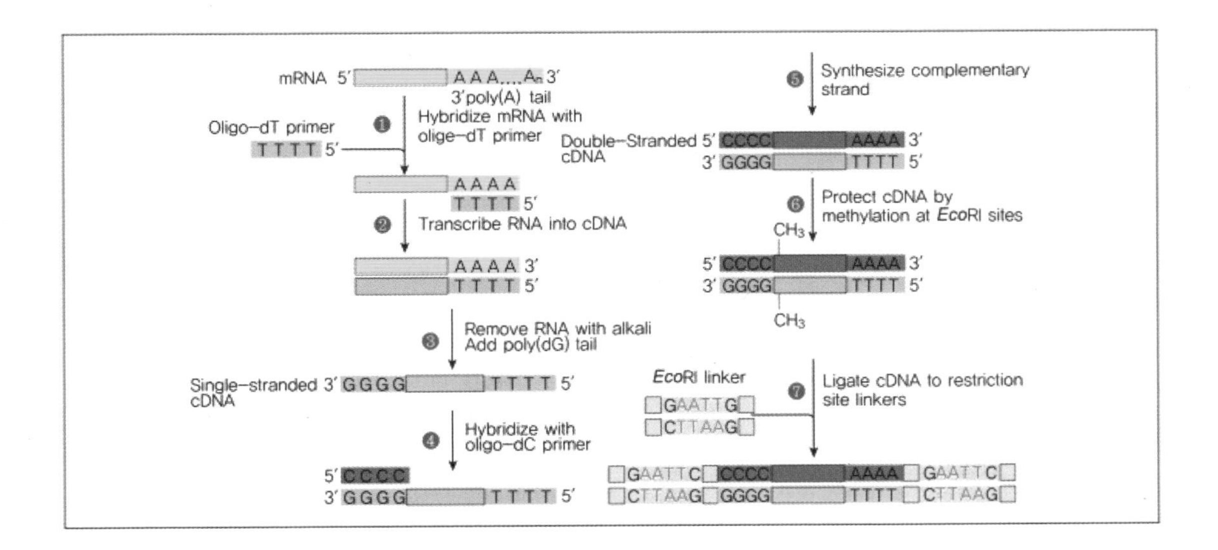

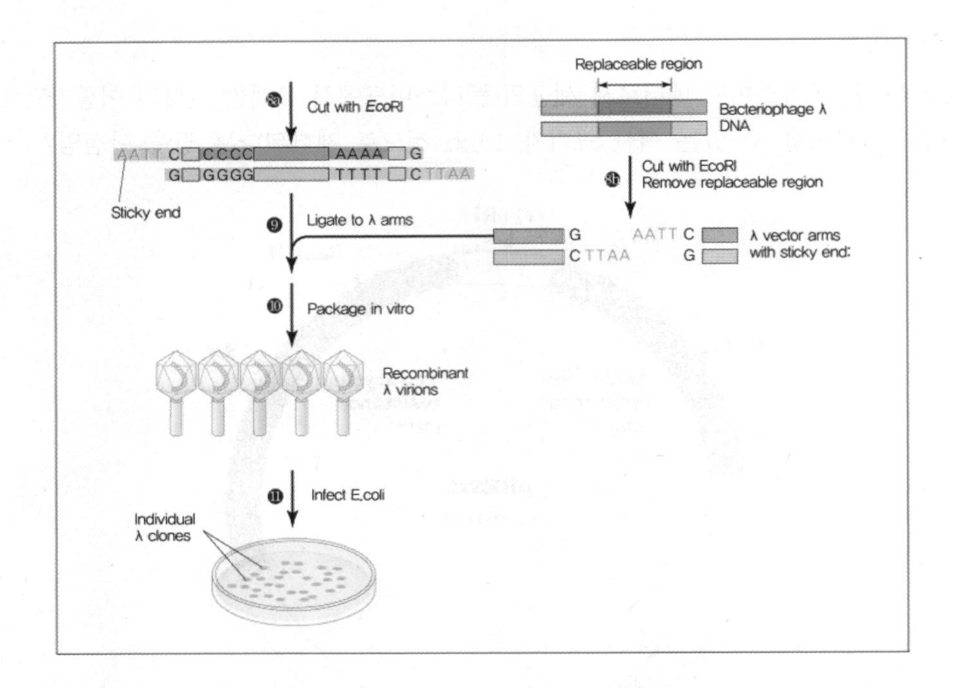

ⓒ 셔틀 벡터: 세균 내에서는 진핵생물의 유전자가 발현된다고 하더라도 원래의 정상적인 기능을 위해 요구되는 단백질 가공과정이 수행될 수 없기 때문에 진핵세포에서 유전자 발현이 가능한 벡터가 필요함. 특히 유전자를 효모에서 사용하도록 고안된 셔틀벡터는 효모의 복제원점 ARS와 pBR322의 복제원점을 모두 지니고 있어서 효모와 세균 모두에서 복제될 수 있으며 효모 발현 벡터는 강력한 효모 프로모터를 가지고 있기도 함

ⓓ 효모인공염색체(yeast artificial chromosome; YAC): 유전적으로 개발된 효모의 소염색체이며 효모의 복제원점, 효모의 동원체, 효모의 말단소립 등을 가지고 있어서 복제되어 딸세포로 분배가 가능함. 1000kb 이상의 DNA를 클로닝할 수 있기 때문에 인간 유전체 프로젝트에 이용되었음

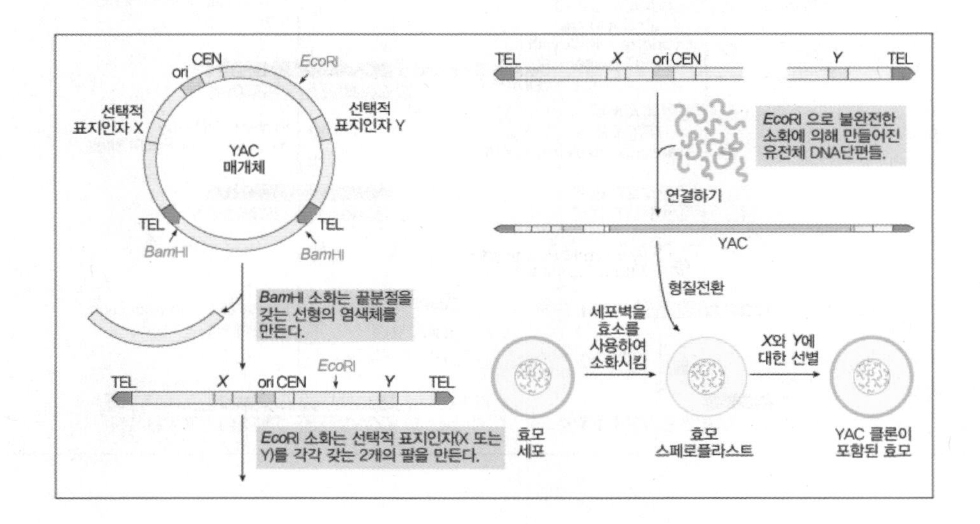

ⓔ 세균인공염색체(bacterial artificial chromosome; BAC): 선형 DNA 가닥인 YAC의 불안정성과 그 밖의 몇 가지 단점을 해소해 버린 인공 염색체로서 세균의 F인자를 기반으로 하여 제작된 것이며 YAC와는 달리 환형 DNA의 형태를 지님. 평균 150kb 정도의 DNA를 클로닝 할 수 있기 때문에 YAC와 마찬가지로 인간 유전체 프로젝트에 이용되었음

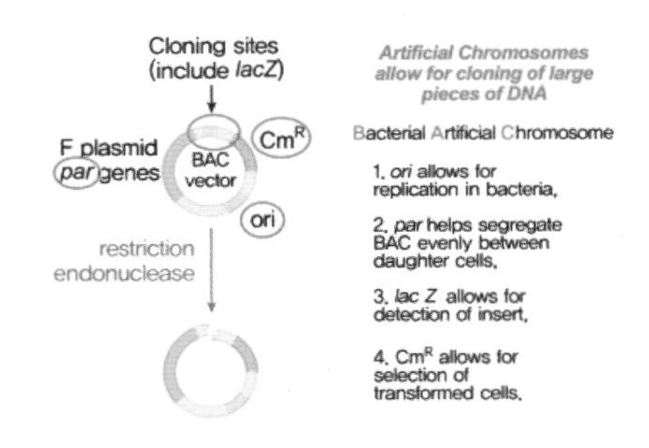

ⓕ Ti 플라스미드: 식물세포에 유전자를 도입하기 위해 필요한 벡터로서 Agrobacterium tumefaciens 세균 내에 존재하고 Ti 플라스미드의 T-DNA라는 작은 DNA 단편이 숙주 식물세포의 염색체로 통합되어 형질전환이 일어나게 됨

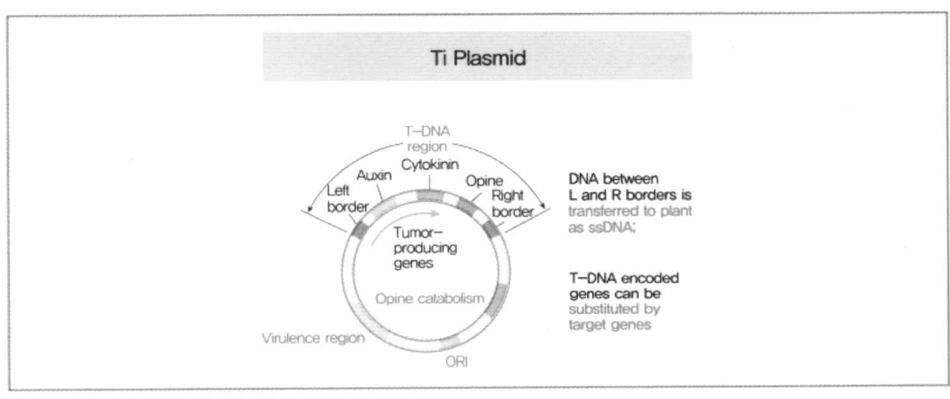

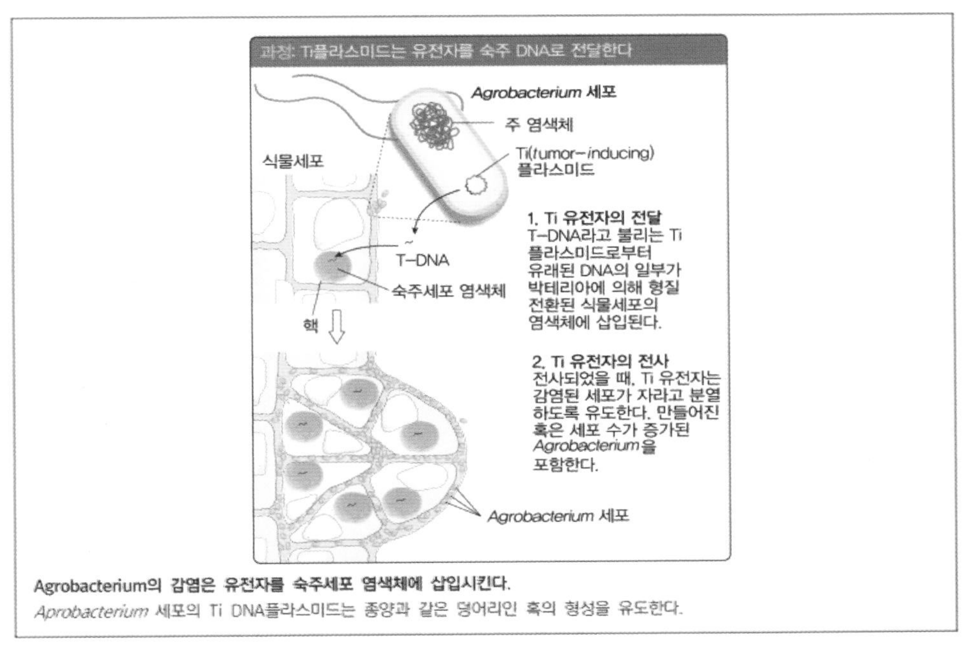

Agrobacterium의 감염은 유전자를 숙주세포 염색체에 삽입시킨다.
Aprobacterium 세포의 Ti DNA플라스미드는 종양과 같은 덩어리인 혹의 형성을 유도한다.

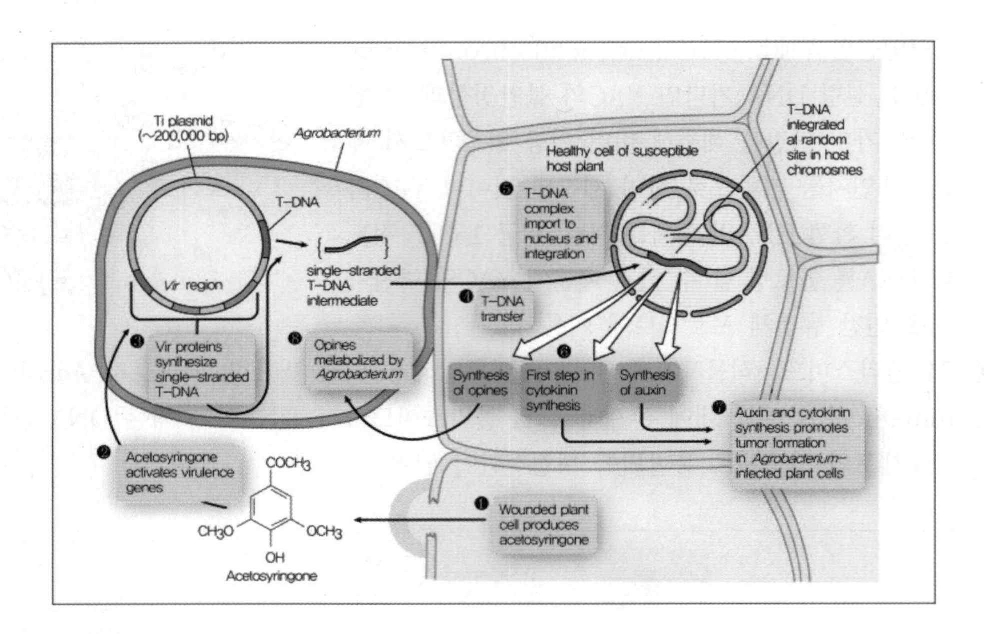

1. vir 유전자(virulence gene): vir 유전자 산물은 T-DNA 좌우편에 있는 25bp 정도의 염기서열을 인지하여 절단한 후 T-DNA를 Ti 플라스미드로부터 분리함. 이후 분리된 T-DNA는 식물 염색체 DNA에 삽입됨
2. T-DNA: 대략 20kb 크기의 영역으로서 opine 유전자, ipt 유전자 및 옥신 유전자가 존재함. ipt 유전자는 시토키닌 합성에 관련되어 있으며 옥신 유전자는 옥신 합성에 관련되어 있어서 이로 인해 대량으로 합성되는 시토키닌과 옥신은 미분화 세포덩어리를 증식시켜 종양 형성에 기여하고 opine은 아그로박테리아의 영양원으로 이용됨

2 유전자 클로닝

(1) 유전자 클로닝 과정에 대한 개관

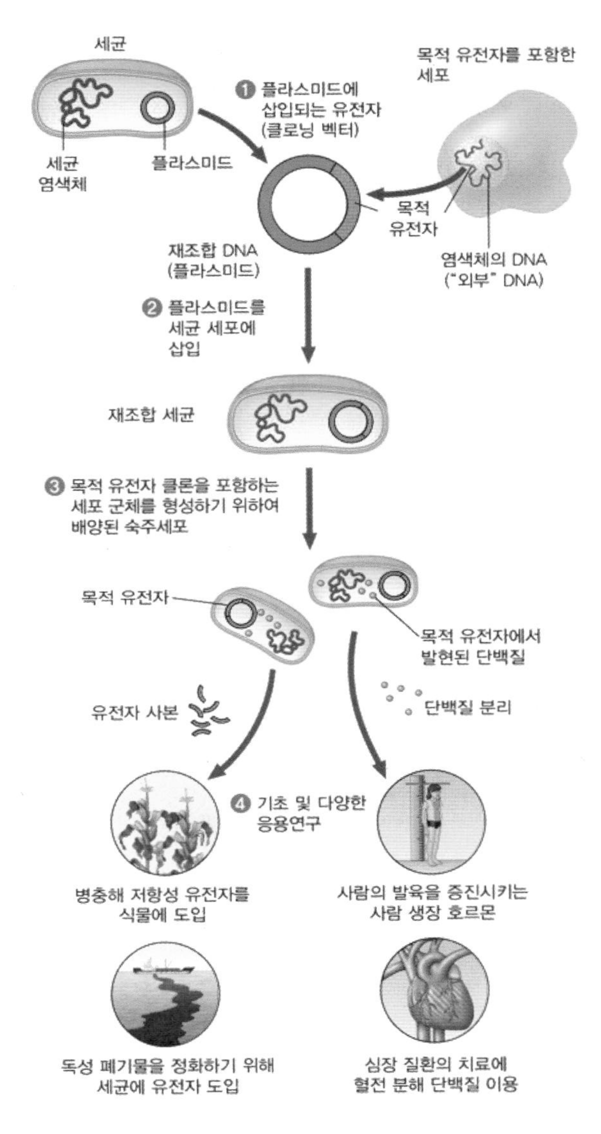

① 벡터로 사용할 세균 플라스미드와 목적 유전자를 각각의 세포로부터 분리함

② 플라스미드와 목적 유전자를 제한효소를 처리함. 한 가지 제한효소로 플라스미드와 표적 유전자를 자를 수도 있지만 어떤 경우에는 MCS의 제한자리를 인식하는 서로 다른 두 개의 제한효소로 플라스미드와 목적에 있는 서로 다른 두 개의 제한효소로 자를 수도 있음. 이 방법은 목적 유전자가 어떤 방향으로 들어갔는지를 알 수 있고 또한 벡터의 양 끝이 서로 맞지 않아 자가연결률을 낮출 수 있는 장점이 있음

③ 벡터의 자가 연결률을 낮추기 위해 알칼리성 인산가수분해효소(alkiline phosphatase)를 처리해야 함. 알칼리성 인산가수분해효소를 통해 절단된 플라스미드 5'-인산기가 존재하지 않기 때문에 자가 연결될 수 없음

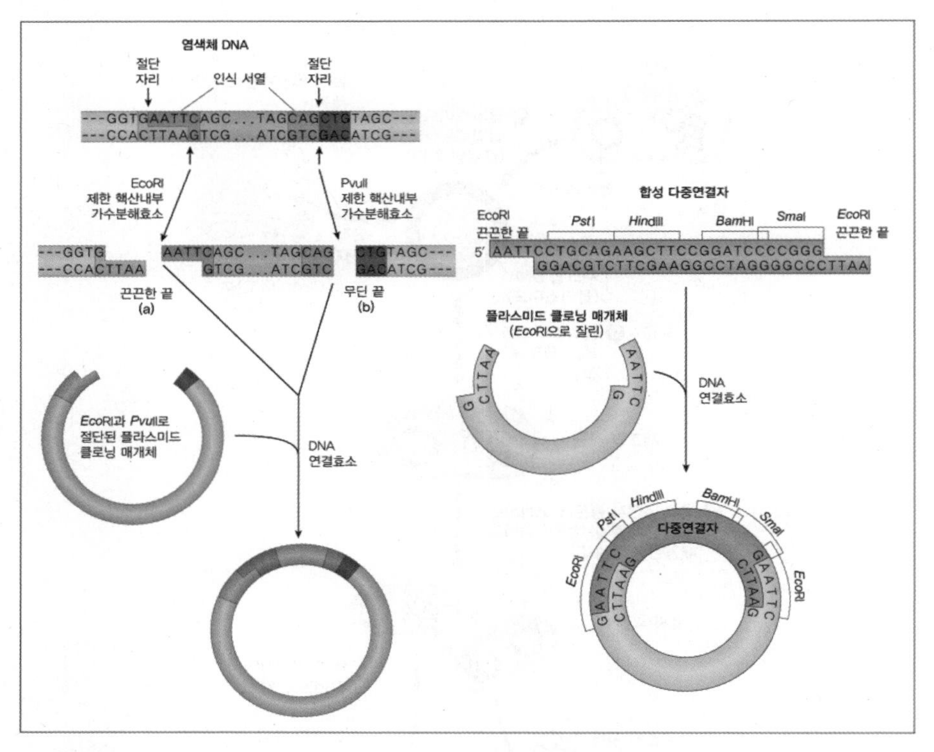

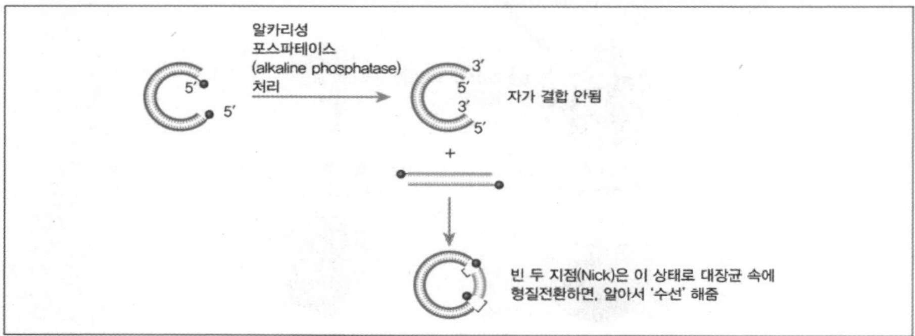

④ 목적 유전자와 절단된 플라스미드를 시험관에서 혼합함

⑤ 리가아제를 이용하여 두 DNA 분자들을 연결함. 리가아제의 활성을 위해 용액에는 ATP가 포함되어야 함

⑥ 재조합 플라스미드를 세균과 혼합하고 적당한 조건을 맞춰 주면 일부의 세균은 플라스미드 DNA로 형질전환됨

⑦ 재조합 플라스미드로 형질전환된 세균을 선별해야 함

(2) 재조합된 DNA로 형질전환된 세균의 선별 과정

원하는 클론만을 선별하는 과정을 스크리닝(screening)이라고 함

㉠ 복제평판을 이용하는 선별 과정: 재조합된 벡터 pBR322로 형질전환된 세균의 선별 과정

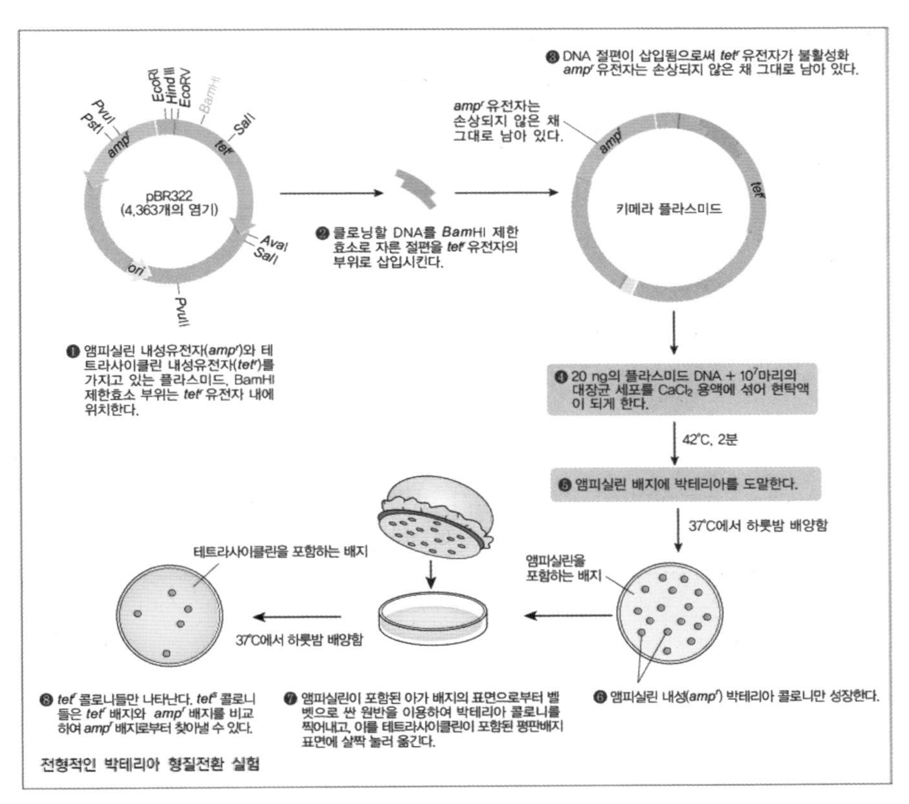

전형적인 박테리아 형질전환 실험

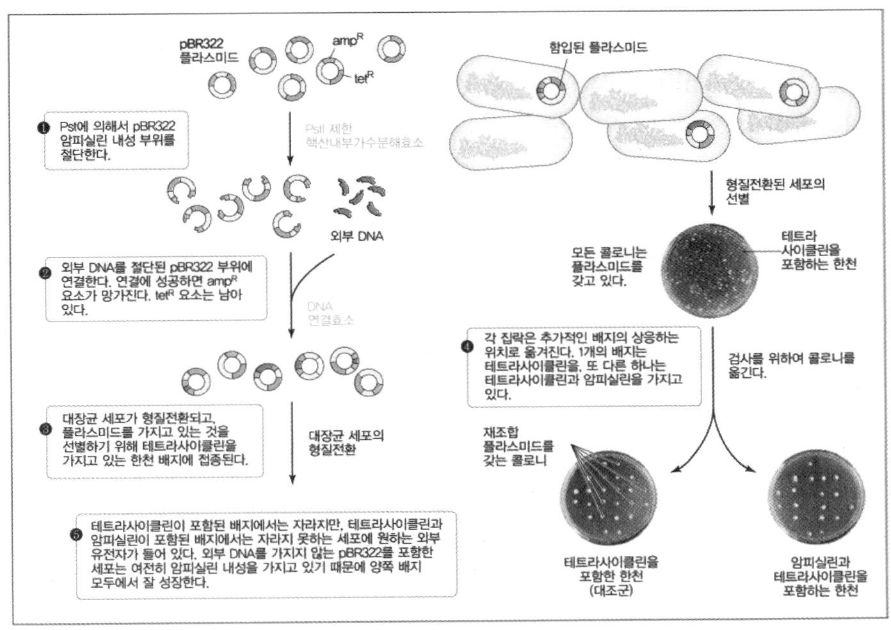

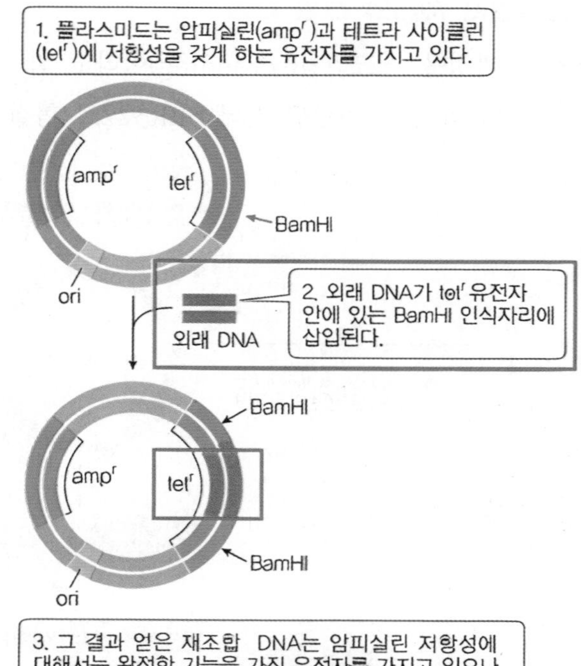

E. coli 내 포함된 DNA	Amp 처리 시 콜로니 형성 유무	Ter 처리 시 콜로니 형성 유무
어떤 DNA도 포함되지 않음		
self-ligation pBR322		
재조합 pBR322		

① 플라스미드를 세균으로부터, 목적 유전자를 특정 세포로부터 분리함

② Pst I 을 처리하여 pBR322와 목적 유전자를 자름. pBR322에는 알칼리성 인산가수분해효소를 처리하여 자가연결률을 낮춤

③ pBR322와 목적 유전자를 혼합한 후에 DNA 리가아제를 처리하여 재조합 DNA를 형성함. 그러나 목적 유전자가 결합되지 않은 자가연결된 플라스미드도 형성된다는 것을 유념해야 함

④ 일부의 세균으로 재조합되었거나 그렇지 않은 플라스미드가 도입되고 대부분의 세균은 형질전환되지 않음

⑤ 테트라사이클린이 도말된 배지에 세균을 처리함. 콜로니를 형성한 클론은 pBR322가 도입된 세균임을 의미함

⑥ 형성된 콜로니를 암피실린이 도말된 배지로 복제평판함. 암피실린이 도말된 배지에서 콜로니를 형성한다는 것은 재조합되지 않은 pBR322가 도입된 세균임을 의미함. 따라서, 테트라사이클린 도말 배지에서는 콜로니를 형성하였으나 암피실린 도말 배지에서는 콜로니를 형성하지 못하는 클론이 바로 목적 유전자로 재조합된 pBR322로 형질전환된 세균임을 의미함

㉡ 1 스텝 선별 과정: 해당 벡터는 ampicillin 저항성 유전자, MCS가 내제한 lacZ 유전자를 포함하고 있음. lacZ 유전자의 constitutive한 발현을 위해서 배지에 IPTG를 처리해야 함

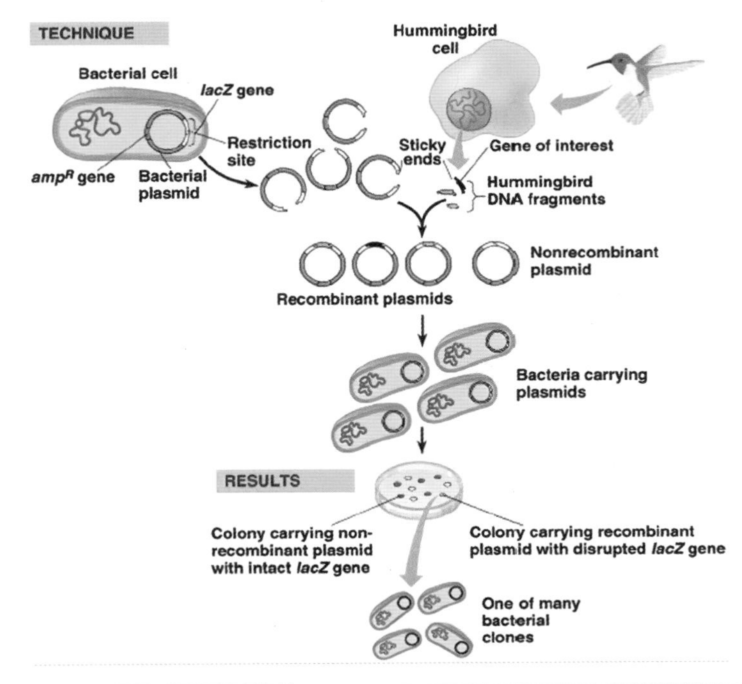

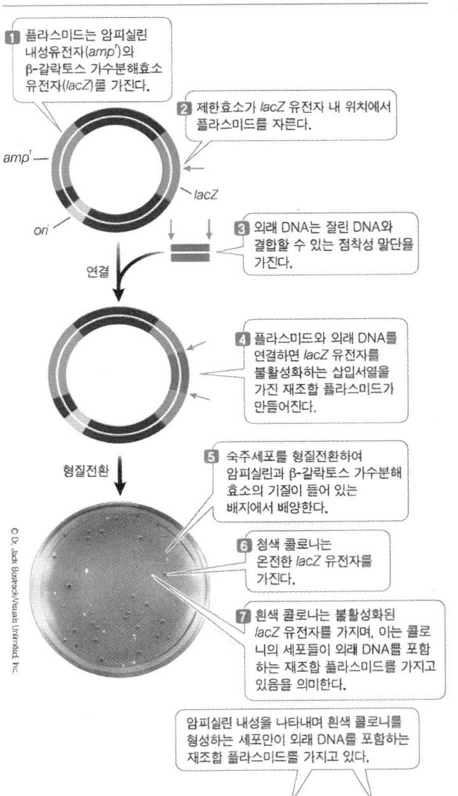

lacZ 효소가 결핍되고 암피실린에 민감한 *E. coli*가 받아들인 DNA	암피실린에 대한 표현형	*lacZ*에 대한 표현형
없음	민감성	해당 없음 (생장 못함)
외래 DNA	민감성	해당 없음 (생장 못함)
외래 DNA가 삽입되지 않은 DNA	내성	청색
외래 DNA를 포함하는 재조합 플라스미드	내성	백색

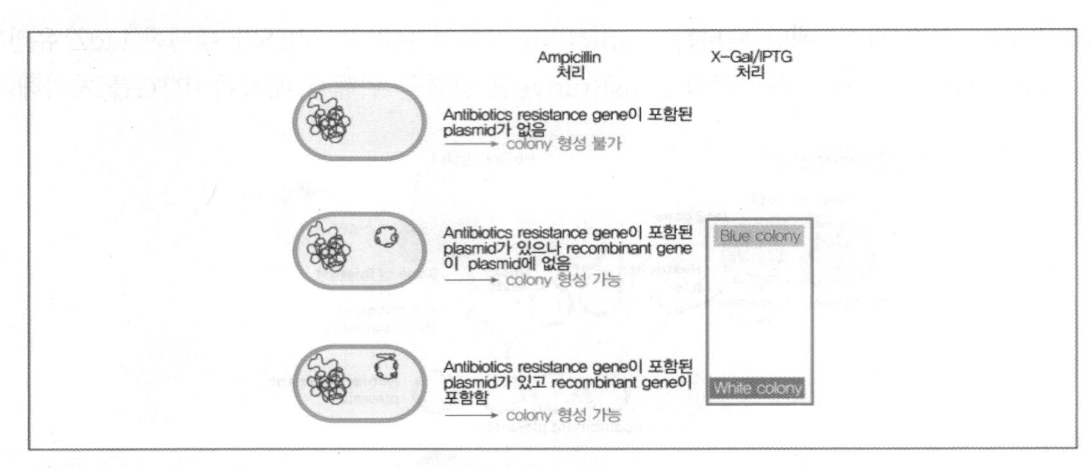

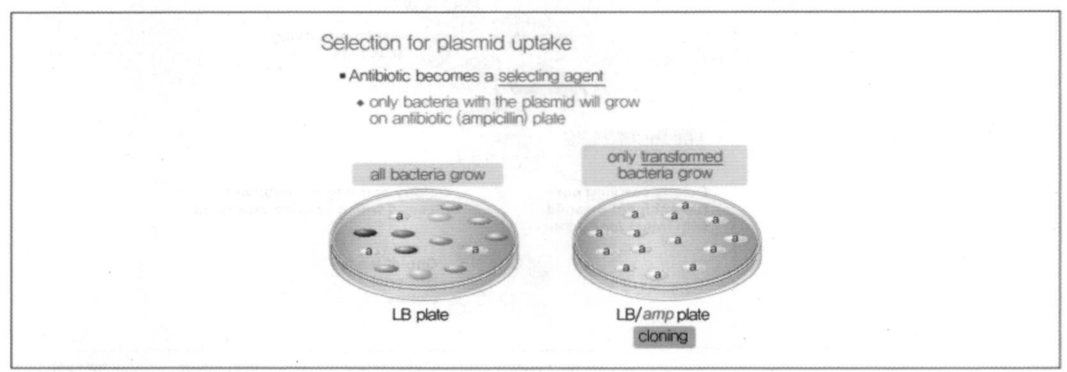

① 플라스미드를 세균으로부터, 목적 유전자를 특정 세포로부터 분리함

② 제한효소로 클로닝 벡터와 목적 유전자를 자름. 클로닝 벡터에는 알칼리성 인산가수분해효소를 처리하여 자가연결률을 낮춤

③ 클로닝 벡터와 목적 유전자를 혼합한 후에 DNA 리가아제를 처리하여 재조합 DNA를 형성함. 그러나 목적 유전자가 결합되지 않은 자가연결된 플라스미드로 형성된다는 것을 유념해야 함

④ 일부의 세균으로 재조합되었거나 그렇지 않은 플라스미드가 도입되고 대부분의 세균은 형질전환되지 않음

⑤ 암피실린, IPTG, X-gal이 도말된 배지에 세균을 처리함. 암피실린은 클로닝 벡터만 콜로니를 형성하게끔 하는 항생제로서 처리된 것이며 IPTG는 클로닝 벡터의 lacZ 발현을 유도하기 위해 처리된 것이고 X-gal은 lacZ에 의해 발현된 β-galactosidase에 의해 분해되어 푸른색을 띠는 물질로서 처리된 것임. 흰색 콜로니와 푸른색 콜로니가 형성되었다면 흰색 콜로니가 바로 목적 유전자로 클로닝된 벡터로 형질전환된 세균임을 의미함

(3) DNA 도서관(DNA library)

벡터를 통해 목적 유전자나 그 밖의 DNA 서열이 도입된 클론의 총합. 플라스미드를 도입한 세균 클론은 콜로니의 형태를 띨 것이고 파지를 이용해서 형성된 클론은 용균반의 형태를 띠게 될 것임

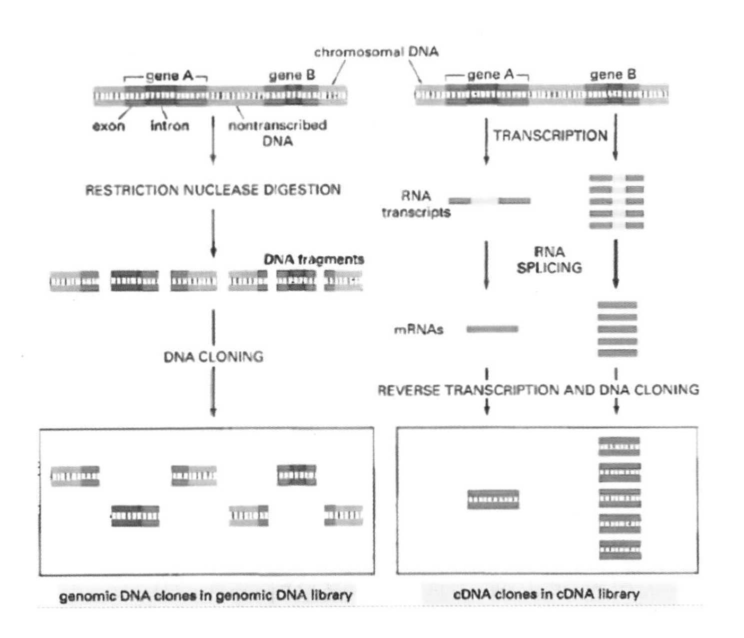

㉠ 유전체 도서관(genomic library): 한 종이 갖는 유전체의 모든 부분이 포함된 클론의 집합체를 가리킴. 유전체를 제한효소로 처리하였을 때 생긴 모든 절편들 각각을 포함하는 클론 집단인데 유전체 도서관은 특정 유전자 외에 인트론이나 조절서열에 대한 정보를 모두 지니고 있음. 특정 제한효소로 유전체를 여러 절편으로 절단한 후에 벡터에 클로닝한 뒤 세균에 도입하여 유전체 도서관을 구축함

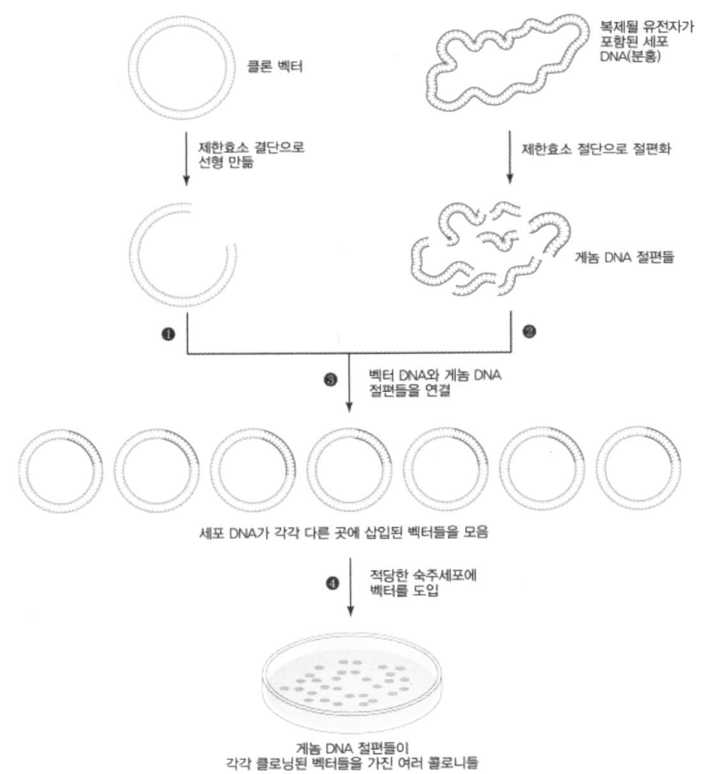

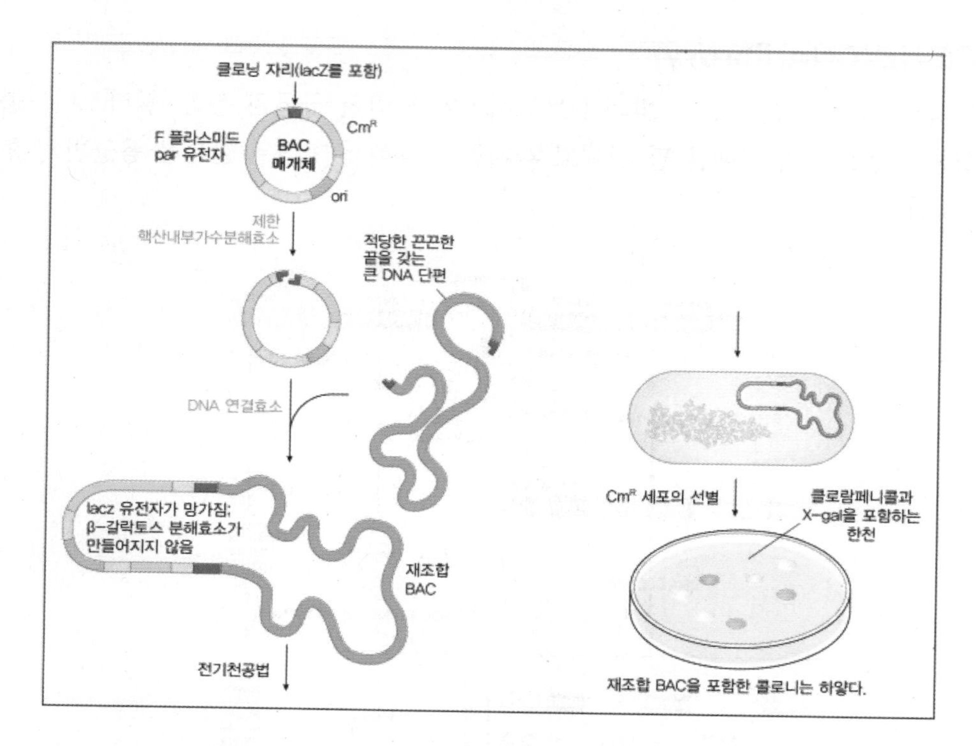

ⓛ cDNA 도서관: 특정 조직의 mRNA를 역전사한 cDNA가 도입된 클론만을 포함하며 mRNA가 출발물질이기 때문에 인트론, 프로모터 등의 서열은 cDNA 도서관에 나타나지 않음. cDNA를 만들기 위해서는 맨 먼저 mRNA를 역전사효소로 처리하여 mRNA의 복사체인 cDNA를 합성함. 일단 cDNA가 만들어지면 mRNA는 제거되고 cDNA는 DNA 중합효소와 뉴클레오티드로 처리하여 이중가닥으로 만듬. 이 이중가닥의 cDNA를 플라스미드 벡터에 연결하여 cDNA 도서관을 구축함. 아래 그림은 cDNA 도서관의 제조법을 cDNA 합성과 함께 제시한 것임

ⓐ 프라이머로 올리고(dT)와 역전사효소를 이용하여 mRNA 주형으로부터 cDNA를 합성함
ⓑ RNA 가수분해효소 H(RNase H)나 알칼리성 용액을 이용하여 부분적으로 mRNA를 분해함
ⓒ DNA 중합효소 Ⅰ를 이용하여 두 번째 cDNA 가닥을 합성함
ⓓ 왼쪽 프라이머로부터 연장되는 두 번째 cDNA 가닥은 첫 번째 cDNA 가닥의 올리고(dT) 프라이머에 상응한 올리고(dA) 방향으로 신장됨
ⓔ 이중가닥 cDNA에 접착성 말단을 제공하기 위해 말단 전달효소(terminal transferase)와 dCTP를 이용하여 올리고(dC)를 첨가함
ⓕ cDNA의 올리고(dC) 말단은 벡터의 상보적인 올리고(dG)에 결합됨. 재조합된 DNA를 세균에 형질전환시킨 뒤 세포 내에 존재하는 DNA 중합효소 Ⅰ이나 리가아제가 재조합 DNA에 존재하는 RNA를 DNA로 대체시킴.

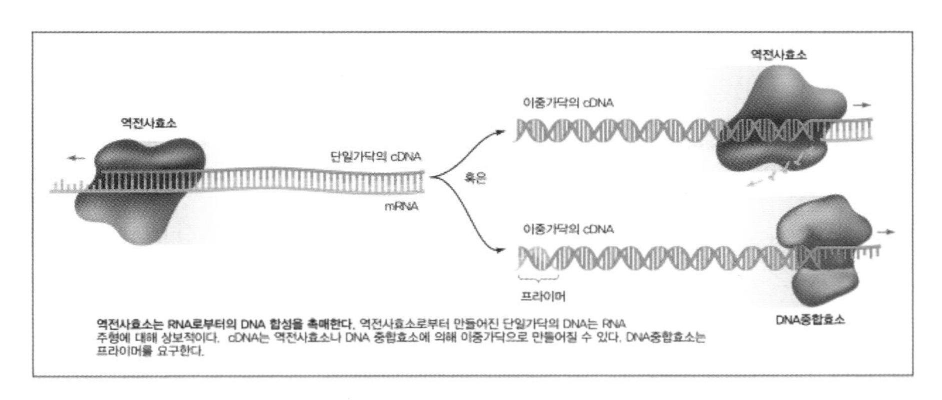

역전사효소는 RNA로부터의 DNA 합성을 촉매한다. 역전사효소로부터 만들어진 단일가닥의 DNA는 RNA 주형에 대해 상보적이다. cDNA는 역전사효소나 DNA 중합효소에 의해 이중가닥으로 만들어질 수 있다. DNA중합효소는 프라이머를 요구한다.

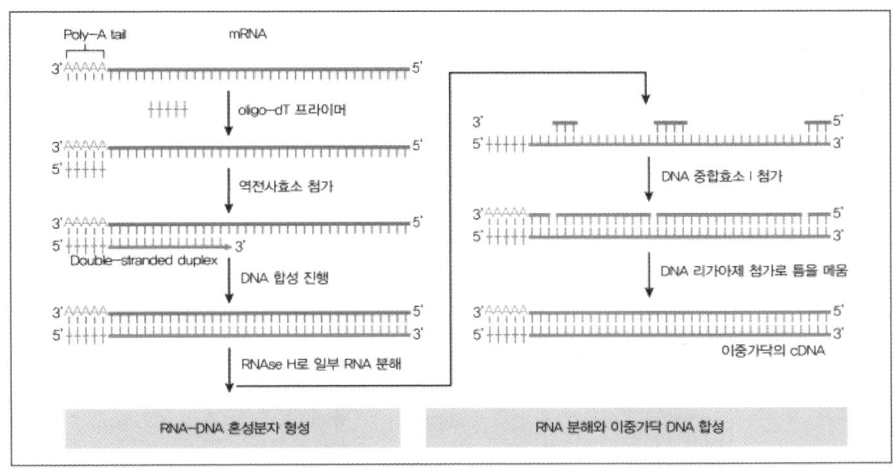

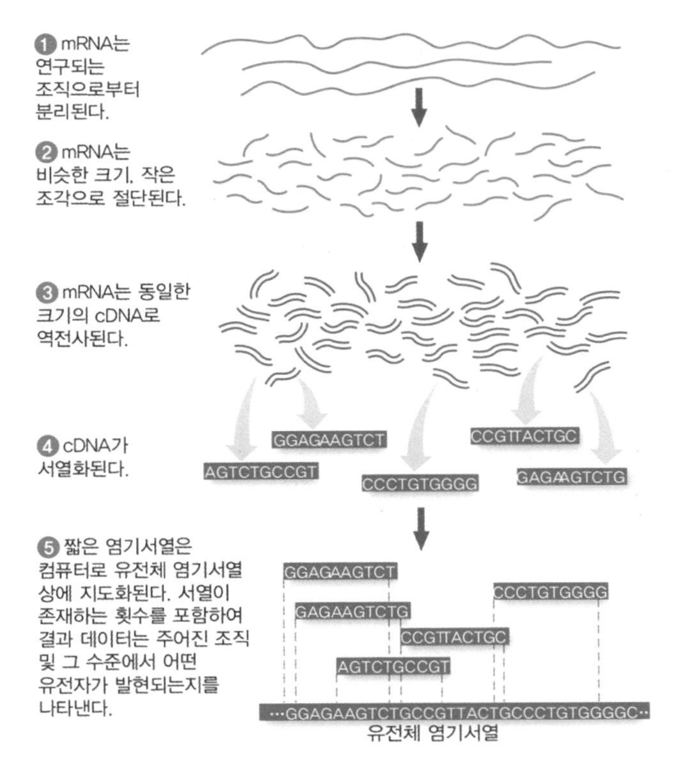

(4) 목적 유전자 탐지

혼성화(hybridization)란 상보적인 핵산끼리 서로 염기쌍을 형성하는 것을 의미하는데 이 때 목적 유전자와의 혼성화를 위해 준비한 핵산 탐침(nucleic acid)을 처리하여 목적 유전자로 형질전환된 세포를 찾아냄

㉠ 엄격성(stringency): 특정 서열에 핵산 탐침이 혼성화될 때의 상보성 정도로서 엄격성이 높다는 것은 아주 상보성이 높은 탐침만 혼성화된다는 것을 의미하여 엄격성이 낮다는 것은 상보성이 떨어지는 서열 간에도 혼성화가 잘 일어난다는 것을 의미함. 따라서 혼성화시의 엄격성을 조절하여 탐침이 목적 유전자와 적절히 혼성화될 수 있도록 해야 함

ⓐ 엄격성을 높이는 조건: 고온이나 저농도의 염 용액에서는 핵산 간의 혼성화가 잘 일어나게 되므로 엄격성을 높일 수 있음

ⓑ 엄격성을 낮추는 조건: 저온이나 고농도의 염 용액에서는 핵산 간의 혼성화가 어려우므로 엄격성을 낮출 수 있음

㉡ 목적 유전자가 도입된 클론 찾기 과정

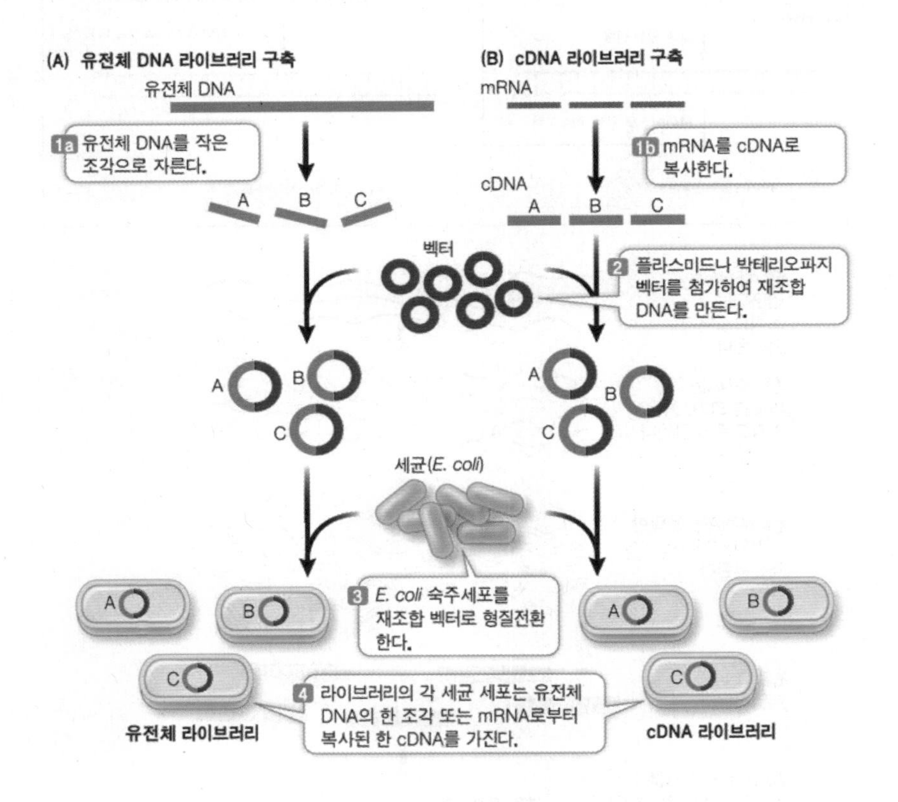

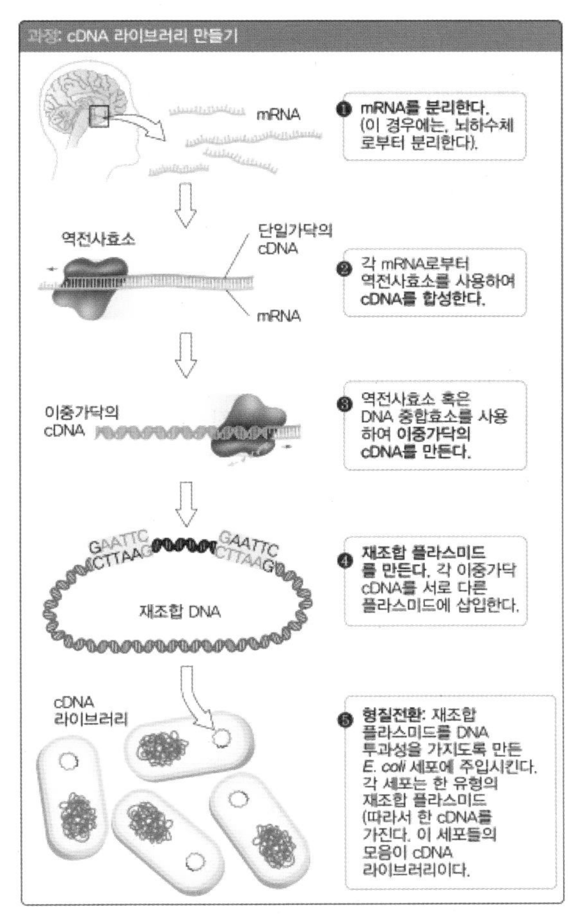

상보적 DNA(cDNA)라이브러리는 세포 mRNA의 모음을 의미한다.

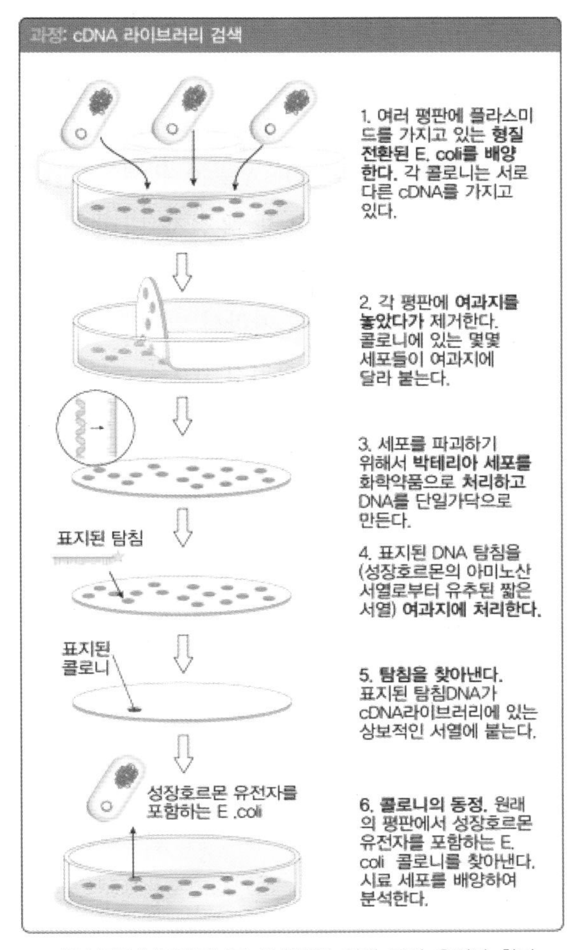

cDNA라이브러리로부터 탐침법에 의해 특정 유전자 찾기

① 고체 배지 상의 클론들을 특수제작된 나이트롤셀룰로오스 막에 전달함. 나이트로셀룰로오스 막에 옮겨진 세포를 파괴하고 알칼리성 용액을 사용하여 DNA를 변성시킴. 변성된 단일가닥 DNA는 80℃에서 나일론 막에 부착됨

② 나이트로셀룰로오스 막을 목적유전자와 상보적이면서 동위원소로 표지된 탐침 분자가 들어 있는 용액에 반응시킴. 막에 부착된 DNA는 단일가닥이므로 단일가닥 탐침은 막에 부착된 상보적 염기서열을 가진 목적유전자와 결합함. 막을 씻어 부착되지 않은 탐침들을 제거함

③ 나이트로셀룰로오스 막을 필름 아래 일정 시간 두어 필름을 방사선으로 감광시킴 (autoradiography), 검은 점은 탐침과 혼성화된 DNA가 존재하는 위치를 말해주고 있음. 세균 클론을 가지고 있는 마스터 플레이트에서 이 위치를 추적하여 목적유전자를 가지고 있는 세균을 확보함

(5) 클로닝된 유전자의 발현과 정제

클로닝된 유전자를 발현시키기 위해서는 발현벡터를 이용해야 함. 특히 클로닝할 진핵생물의 유전자가 원핵생물 내에서 발현되기 위해서는 유전체 DNA를 이용하기 보다는 인트론이 포함되어 있지 않은 cDNA를 이용해야 한다는 점을 유념해야 함

㉠ 발현벡터를 이용한 유전자 발현

ⓐ ptrpL1 발현벡터를 이용한 유전자 발현: 발현벡터의 주 기능은 유전자 산물을 되도록 많이 만드는 것인데 따라서 발현벡터는 대부분 매우 강력한 프로모터를 지니고 있어야 함. 이러한 프로모터 중 하나가 trp 프로모터임. ptrpL1 발현벡터는 trp 프로모터, 작동자, SD 서열을 가지고 있어서 Cla I 위치에 외래 유전자를 끼워 넣으면 그 단백질을 직접 발현할 수 있으며 또는 trp 조절부위를 Cla I과 HindIII로 잘라 다른 벡터의 유전자 앞에 끼워 놓은 이동용으로도 이용할 수 있음

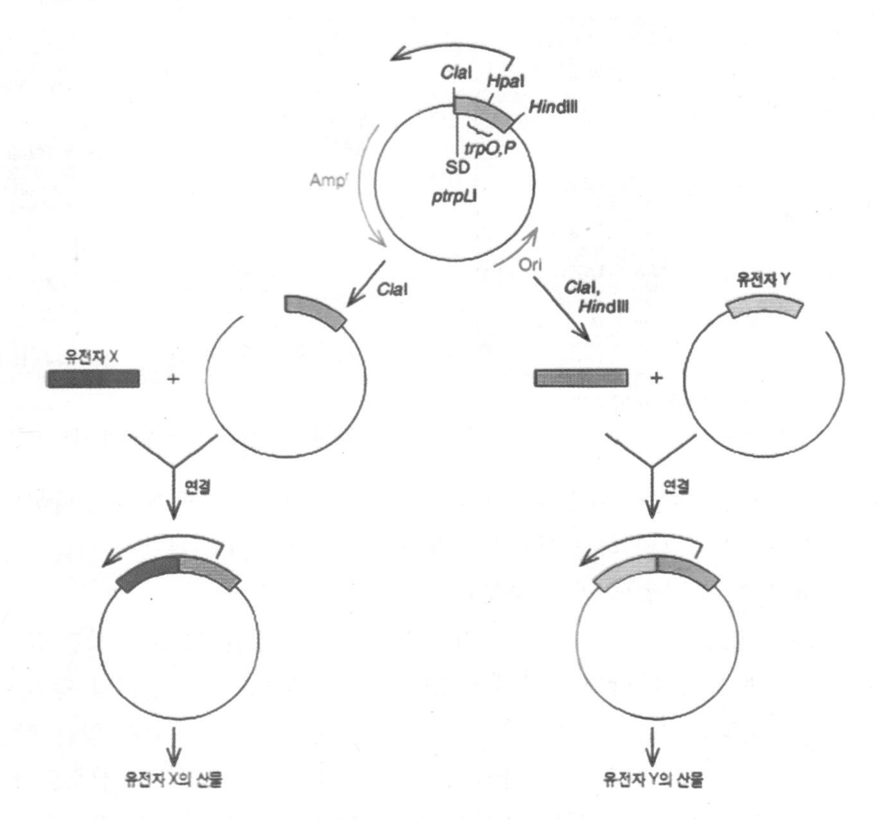

ⓑ 셔틀벡터를 이용한 진핵세포 유전자의 발현: 클론된 진핵생물 유전자로부터 발현된 단백질이 요구되는 적절한 가공과정까지 거쳐 완성되기 위해서는 숙주세포로 진핵세포를 이용해야 함. 이러한 목적에 부합하는 진핵세포가 효모인데 효모는 세균처럼 빨리 자라고 배양하기 쉬우며 단백질 접힘과 당화작용 등의 단백질 가공과정이 진행될 수 있음. 셔틀 벡터 상의 MCS 앞부분에 신호 펩티드 암호 유전자를 삽입하면 유전자 산물을 배양액으로 분비시킬 수도 있음

ⓛ 발현된 단백질의 정제 - 니켈 친화성 크로마터그래피를 이용한 융합 단백질의 정제

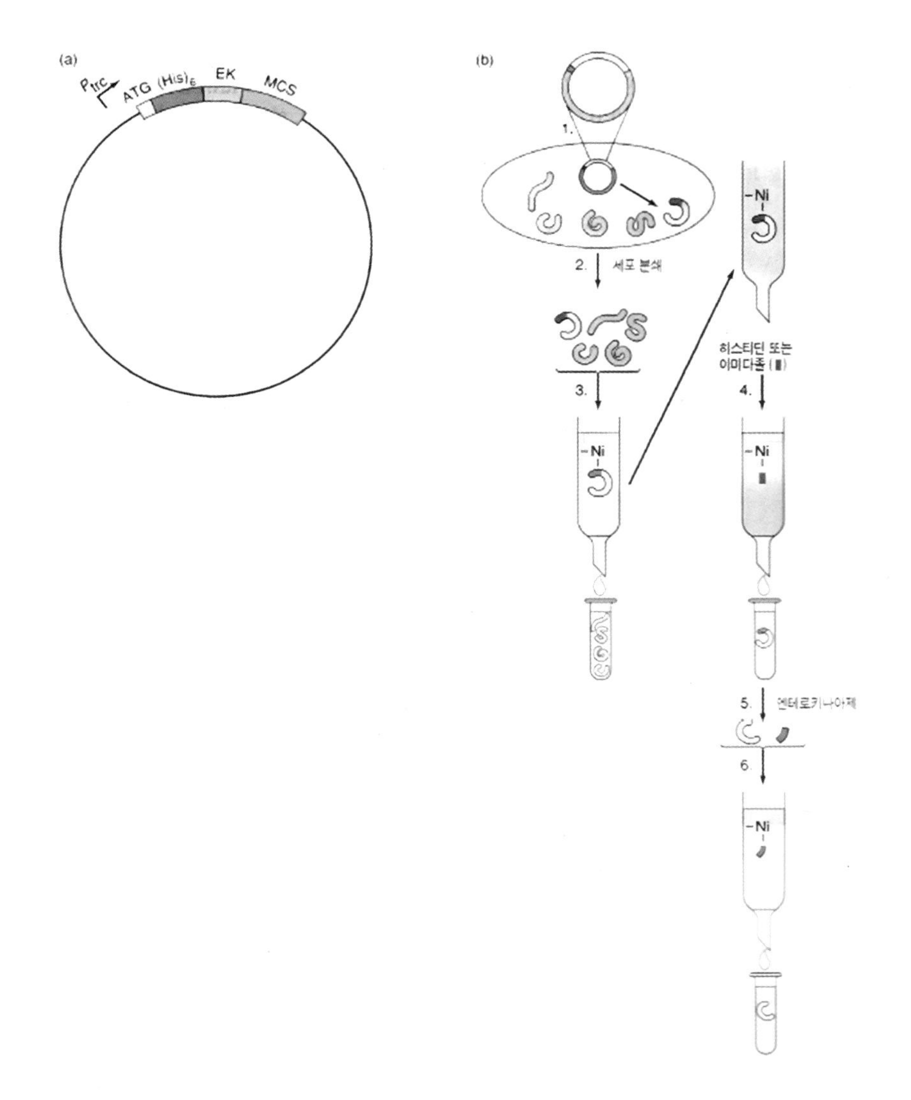

ⓐ pTrcHis 올리고-히스티딘 벡터의 지도: ATG 개시코돈 뒤에 여섯 개의 히스티딘 암호화 부위가 존재하며 뒤에 단백질 분해효소인 엔테로키나아제 인식서열과 MCS가 존재함

ⓑ 니켈 친화성 크로마토그래피를 통한 융합 단백질 정제: 본 벡터에서 만들어지는 단백질은 N-말단에 여섯 개의 히스티딘을 가진 융합단백질이 되는데 올리고 히스티딘은 니켈과 같은 금속에 높은 친화성을 갖고 결합하기 때문에 세균이 융합 단백질을 합성하면 세균을 깨고 정제되지 않은 세균 추출액을 니켈 친화성 컬럼에 첨가하여 결합하지 않은 단백질은 용출시키고 결합한 단백질은 히스티딘이나 유사물질인 이미다졸을 이용하여 분리함. 이후 분리된 엔테로키나아제를 처리하여 융합단백질로부터 올리고 히스티딘을 제거하게 됨

2 주요 유전공학 기법

(1) 중합효소연쇄반응(polymerase chain reaction; PCR)

핵산 중합효소를 이용하여 핵산의 양을 증폭시키는 기술

㉠ PCR의 의의와 primer: 증폭하고자 하는 부위의 양쪽 가장자리의 염기 서열이 알려져 있다면 어떤 DNA 분자의 어떤 부위이건 선택될 수 있음. 가장자리의 염기서열을 알아야 하는 이유는 핵산 사슬에 결합할 수 있는 두 개의 짧은 올리고뉴클레오티드가 있어야 DNA 중합효소나 역전사효소가 DNA 중합을 시작할 수 있기 때문임. primer는 보통 17~20개의 뉴클레오티드로 구성되어 있으며 증폭하고자 하는 DNA 이중 나선의 3' 끝 부위에 상보적인 배열을 갖도록 합성하여 사용하게 됨

㉡ PCR의 구분: PCR은 DNA의 특정 서열을 증폭시키는 standard PCR과 RNA와 상보적인 cDNA를 증폭시키는 RT-PCR로 구분함

ⓐ standard PCR: 변성, 프라이머 붙이기, 신장 단계로 구성됨

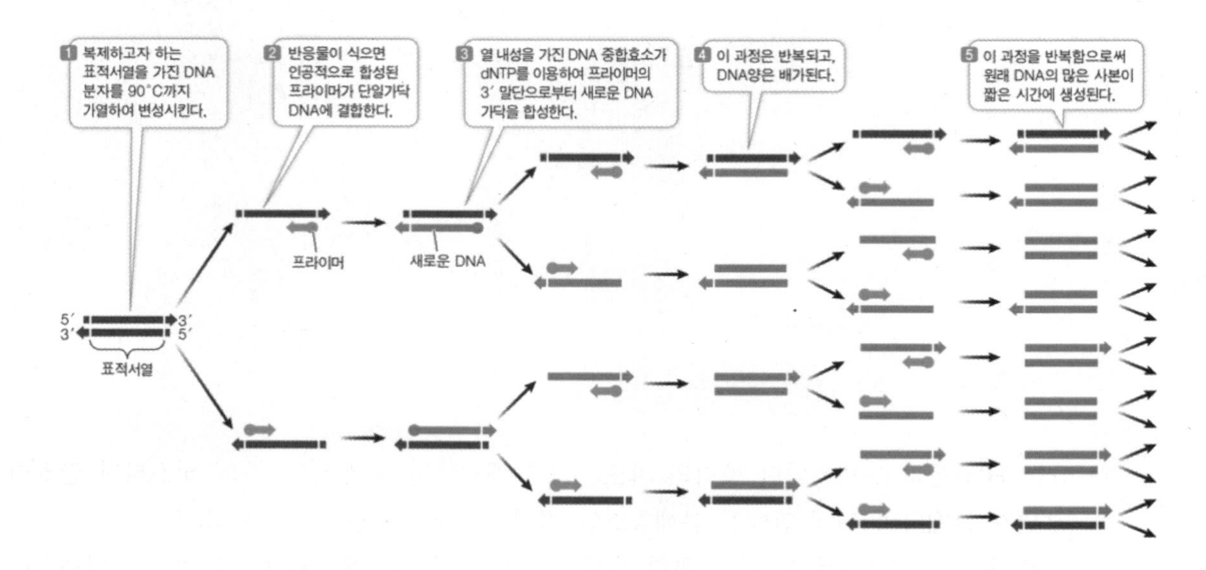

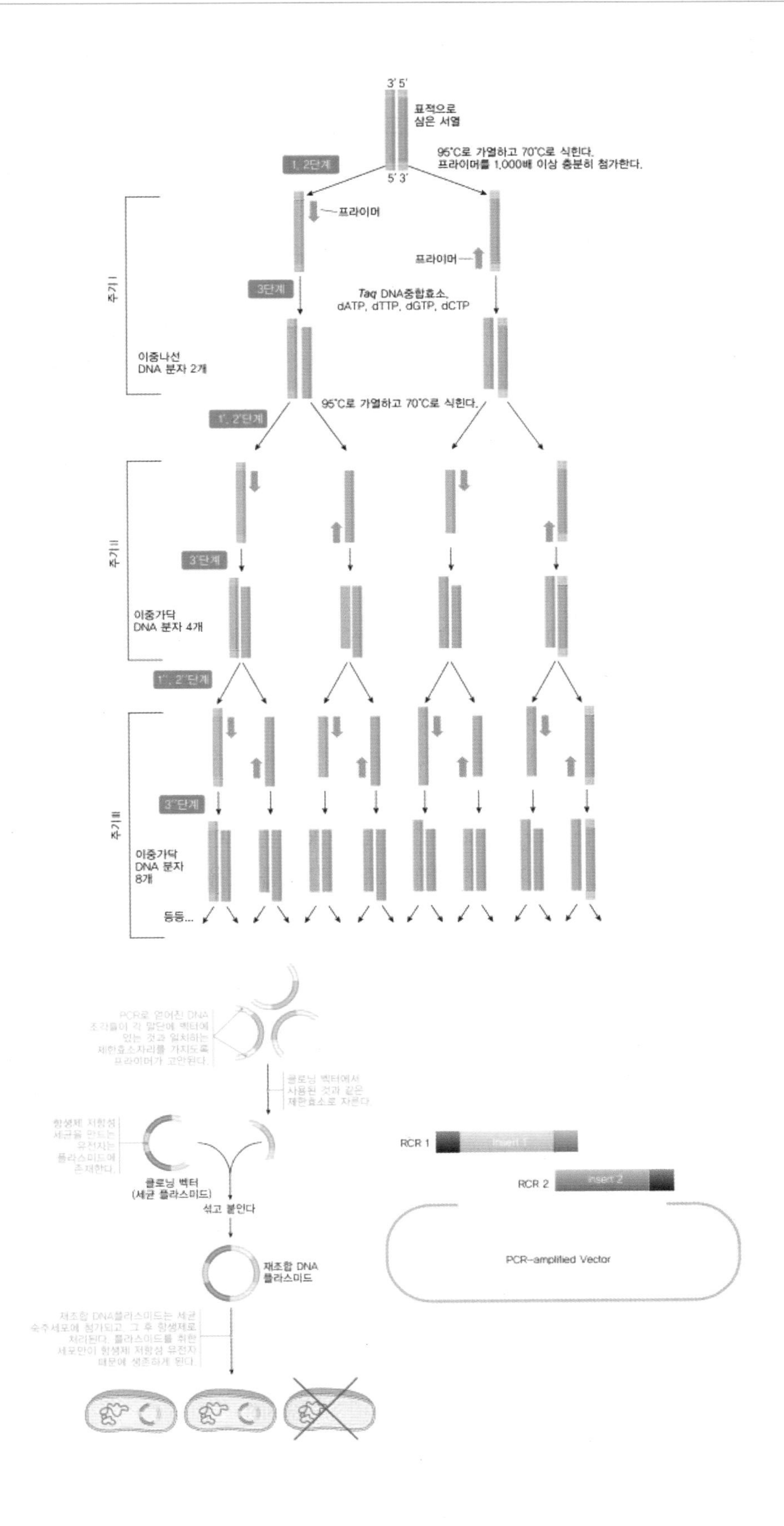

3' 5'
표적으로
삼은 서열
95°C로 가열하고 70°C로 식힌다.
프라이머를 1,000배 이상 충분히 첨가한다.
1, 2단계
5' 3'
프라이머
프라이머
주기 I
3단계
Taq DNA중합효소,
dATP, dTTP, dGTP, dCTP
이중나선
DNA 분자 2개
95°C로 가열하고 70°C로 식힌다.
1', 2'단계
주기 II
3'단계
이중가닥
DNA 분자 4개
1'', 2''단계
주기 III
3''단계
이중가닥
DNA 분자
8개
등등...
PCR로 얻어진 DNA
조각들이 각 말단에 벡터에
있는 것과 일치하는
제한효소자리를 가지도록
프라이머가 고안된다.
클로닝 벡터에서
사용된 것과 같은
제한효소로 자른다.
항생제 저항성
세균을 만드는
유전자는
플라스미드에
존재한다.
클로닝 벡터
(세균 플라스미드)
섞고 붙인다
재조합 DNA
플라스미드
재조합 DNA플라스미드는 세균
숙주세포에 첨가되고, 그 후 항생제로
처리된다. 플라스미드를 취한
세포만이 항생제 저항성 유전자
때문에 생존하게 된다.
RCR 1
Insert 1
RCR 2
Insert 2
PCR-amplified Vector

① 변성(denaturation): DNA 중합효소는 DNA 합성을 위해 단일 가닥에 부착하여 이를 주형으로 하여 이에 상보적인 새로운 개닥을 합성하게 됨. 그러므로 DNA 중합효소가 작용하기 위해서는 DNA 이중 가닥이 각각의 단일 가닥으로 풀려야만 함. DNA 이중 가닥을 단일 가닥으로 분리하기 위해 열(95℃)을 가해 주는 방법을 사용함

② 프라이머 붙이기(annealing): DNA 중합효소가 작용할 수 있도록 primer를 단일 가닥에 붙여 주는 과정으로서 상승된 온도를 T_m값보다 조금 낮은 온도로 다시 내려주어야 함. annealing 온도는 반응의 특이성에 영향을 미치는 매우 중요한 요인임. annealing 온도가 너무 높으면 primer와 주형이 서로 결합하지 못하고 분리된 상태로 남아 있게 되며 온도가 너무 낮으면 primer가 정확히 상보적인 부위에만 결합하지 않고 비특이적인 부위에까지 결합하게 됨. 그러므로 두 개의 primer는 동일한 Tm값을 갖도록 구성되어야만 함

$$T_m = (4\times[G+C]+2\times[A+T])℃$$

③ 신장(extension): DNA 중합효소가 DNA를 합성하는 단계로서 이 때의 온도는 적정온도가 74℃ 정도이며 반응 시간은 PCR product의 크기에 따라 조절이 가능함. PCR에서 사용하는 DNA 중합효소는 변성 온도인 95℃의 고온에서도 활성을 잃지 않도록 온도 안정성을 필요로 하는데 이렇게 요건을 충족할 수 있는 효소는 바로 온천에서 증식하는 세균인 Thermus aquaticus로부터 분리한 Taq 중합효소임

ⓑ RT-PCR(reverse trancriptase-PCR): RT-PCR은 일반적으로 PCR의 주형가닥으로 DNA를 이용하는 것과는 다르게 주형가닥으로 mRNA를 이용함. 이러한 점 때문에 주로 세포 내에서 mRNA가 얼마나 존재하는가를 알아낼 때 사용됨. 이것이 중요한 이유는 세포 내에서 특정 유전자가 얼마나 발현되는 지는 주로 mRNA의 양과 관계가 있고 따라서 이것을 추정하면 세포의 발현과 분화, 상태에 대한 정보를 얻을 수 있음. PCR 과정 시의 생성물인 cDNA 증폭산물의 양은 초기 주형가닥 mRNA의 농도에 따라 차이가 있는데 초기 농도가 높을수록 생성물의 양도 증가함. PCR 생성물의 양은 band의 굵기를 통해 알 수 있음

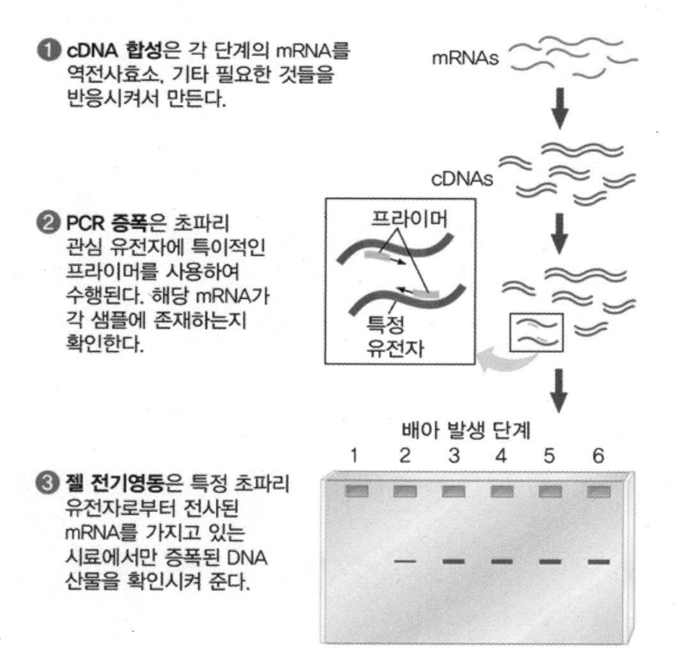

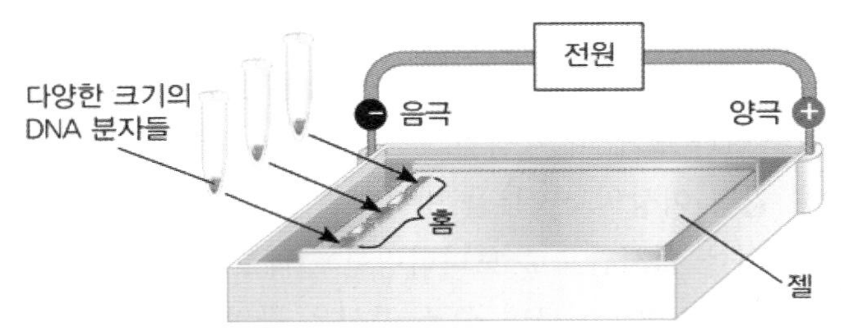

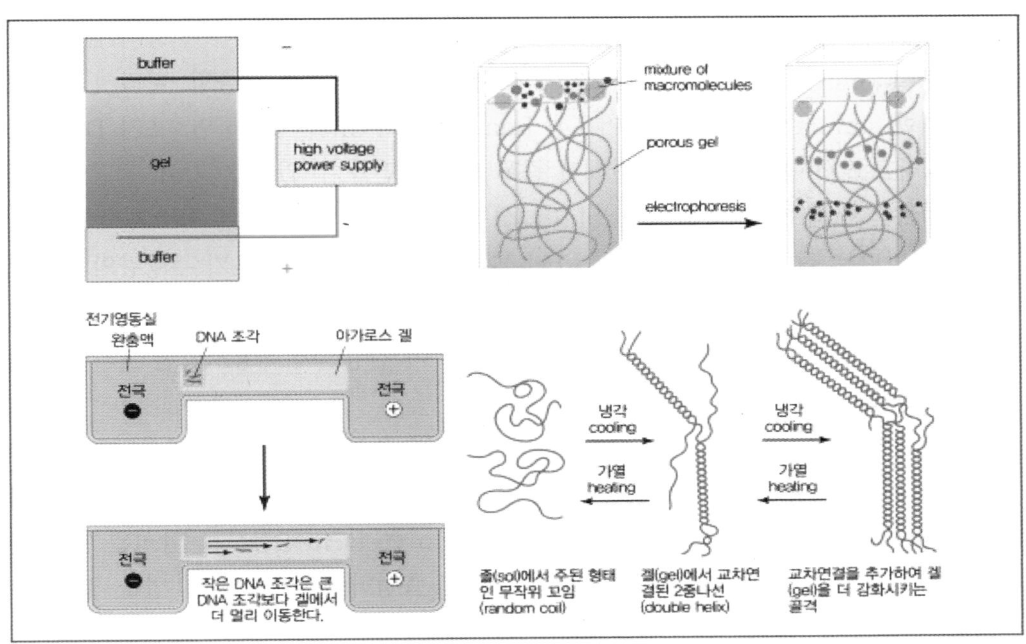

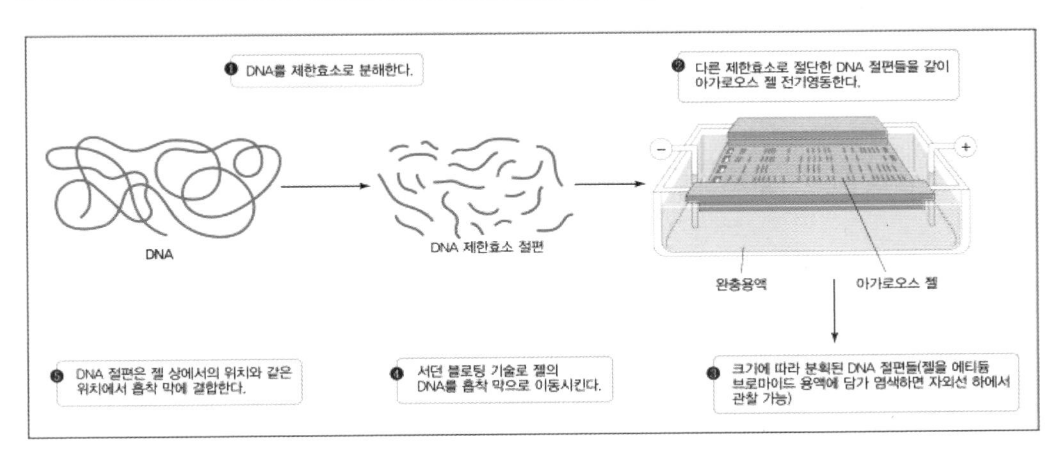

ⓒ Real Time PCR: 이론 상으로 PCR 산물은 반응당 2배씩 증가하므로 그 최종 증폭 산물의 양을 비고함으로써 target mRNA의 초기량을 추정하면 된다고 생각할 수 있지만 실제로는 샘플에 따라 상당히 불규칙한 결과가 나옴. 예를 들어 PCR 증폭이 어느 사이클 이상의 횟수를 넘어가게 되면 초기의 시작 주형가닥의 양과 상관없이 일정하게 포화되는 plateau 현상이 나타나게 되는데 이러한 점을 극복하기 위해 Real Time PCR을 수행하게 됨

1. Real Time PCR을 이용한 정량법의 원리: PCR 증폭 산물을 실시간으로 모니터링하여 지수함수적 증폭능력에 대해 정확한 정량이 가능한데 이것이 end-point로 해석하는 일반적인 RT-PCR법과 크게 다른 점임. PCR에서는 1 cycle 마다 DNA가 2배씩 지수함수적으로 증가해 일정 이상의 cycle을 반복하면 DNA 양은 plateau에 달한다. 이렇게 증폭하는 DNA의 양을 실시간으로 모니터링한 그래프가 증폭 곡선임. PCR 증폭 산물량이 형광 검출할 수 있는 양에 이르면 증폭 곡선은 급격히 상승하기 시작해 지수함수적으로 signal이 상승한 후 plateau에 이름. 초기의 DNA 양이 많을수록 증폭 산물량은 빠르게 검출 가능한 양에 다다르게 되므로 증폭 곡선이 가파르게 상승함. 따라서 단계적으로 희석한 standard sample을 이요해 Real Time PCR을 실시하면, 초기 DNA 양이 많은 차례로 일정한 간격으로 나란해진 증폭 곡선을 얻을 수 있다. 여기서, 적당한 곳에 반응을 일으키는 최소의 역가(threshold)를 설정하면 반응을 일으키는 최소의 역가와 증폭 곡선이 만나는 점인 Ct값(threshold cyle)이 산출된다. Ct값과 초기 주형량의 사이에는 직선 관계가 있어서 아래의 그림과 같은 검량선을 작성할 수 있다. 미지 샘플에 대해서도 standard sample과 같게 Ct값을 산출하여 이 검량선에 적용시키면 초기 주형량을 구할 수 있음
2. 검출방법: Real Time PCR에서는 PCR의 증폭산물을 형광을 통해 검출함. 여기서는 interchelating법을 소개하기로 함. SYBR Green Ⅰ은 이중가닥 DNA에 결합하여 형광을 나타내는 interchelator임. interchelator는 PCR 반응으로 합성된 이중가닥 DNA에 결합하여 형광을 발하며 이 형광강도를 측정하여 증폭산물의 양을 알아낼 수 있음

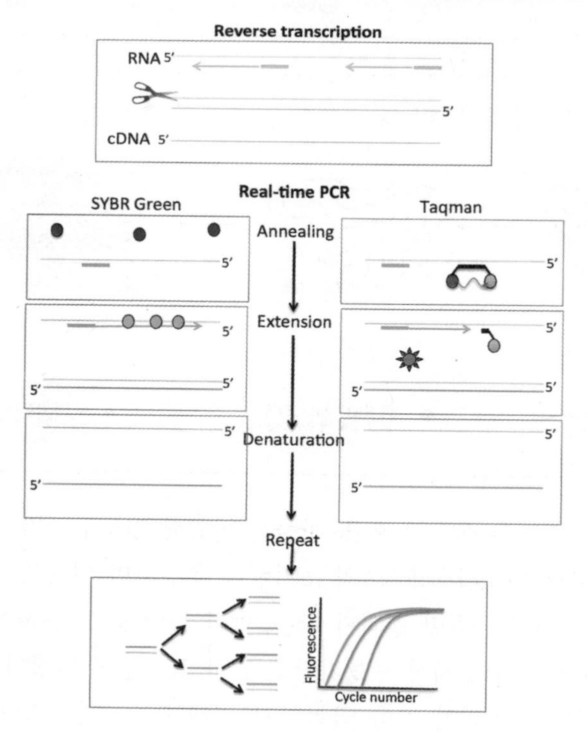

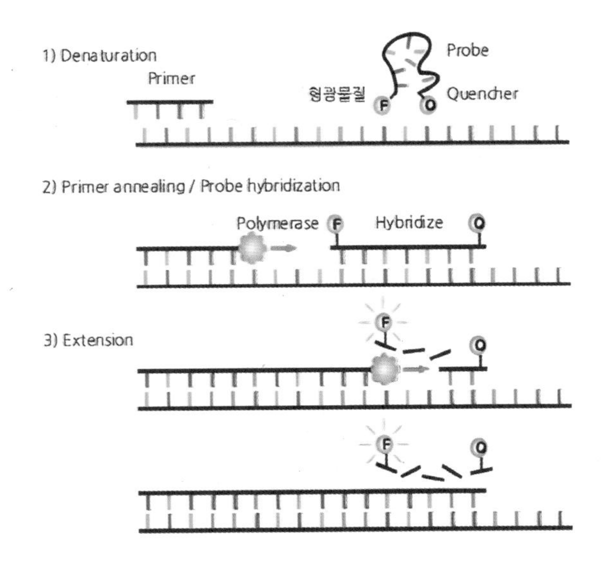

(2) 블롯팅(blotting)

핵산 혼성화를 응용한 기법으로서 전기영동된 시료를 나이트로셀룰로오스 종이나 나일론막으로 전이시켜 적절한 probe를 이용하여 혼성화시켜 목적 핵산 가닥이나 단백질을 검출하는 것을 의미함. 다만 점 블롯팅은 전기영동 단계가 없다는 점이 특징임

㉠ 점 블롯팅(dot blotting): 전기영동으로 분리하는 단계 없이 클로닝된 DNA를 혼성화하는 방식임. 클로닝된 특정 DNA를 검출하기 위해 해당 DNA와 상보적인 염기서열을 가진 방사선 원소 표지된 탐침을 사용하게 됨

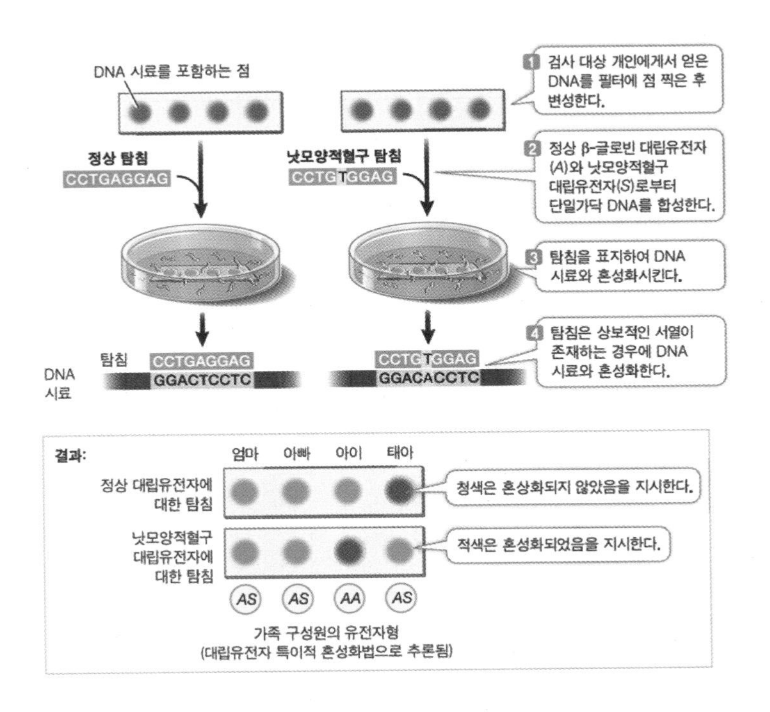

ⓒ 서던 블롯팅(Southern blotting): DNA 블롯팅으로서 특정 유전자 및 서열의 상태나 존재 여부를 확인하는데 이용됨. 최근에는 유전체 주에서 특정 부위만 증폭시킬 수 있는 발전된 PCR에 의해 대체되어 가고 있음

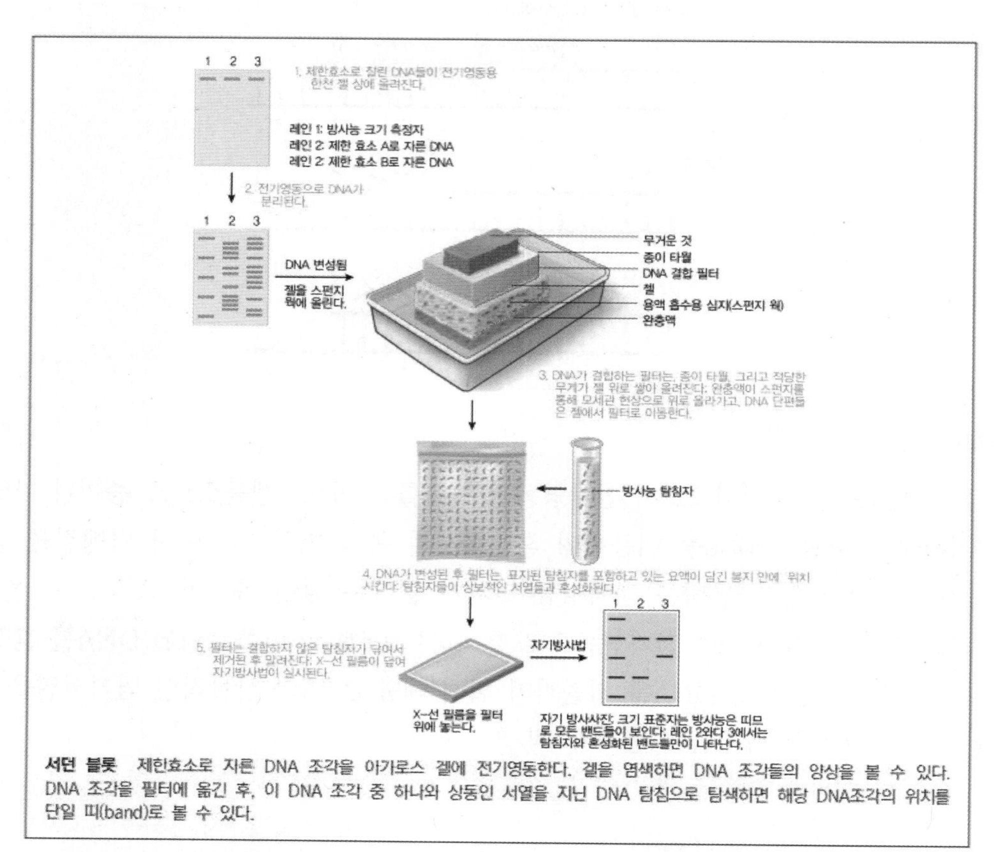

서던 블롯 제한효소로 자른 DNA 조각을 아가로스 겔에 전기영동한다. 겔을 염색하면 DNA 조각들의 양상을 볼 수 있다. DNA 조각을 필터에 옮긴 후, 이 DNA 조각 중 하나와 상동인 서열을 지닌 DNA 탐침으로 탐색하면 해당 DNA조각의 위치를 단일 띠(band)로 볼 수 있다.

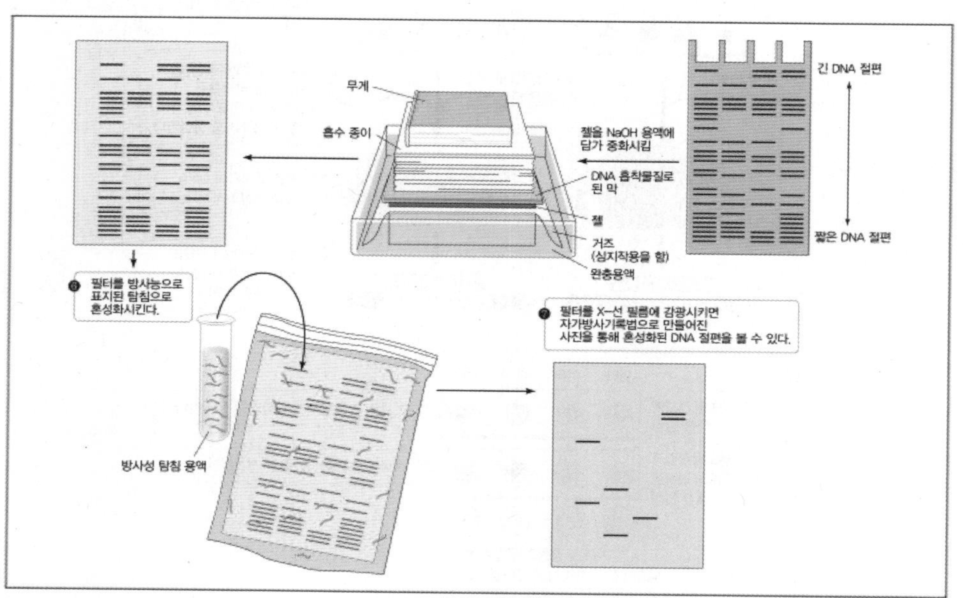

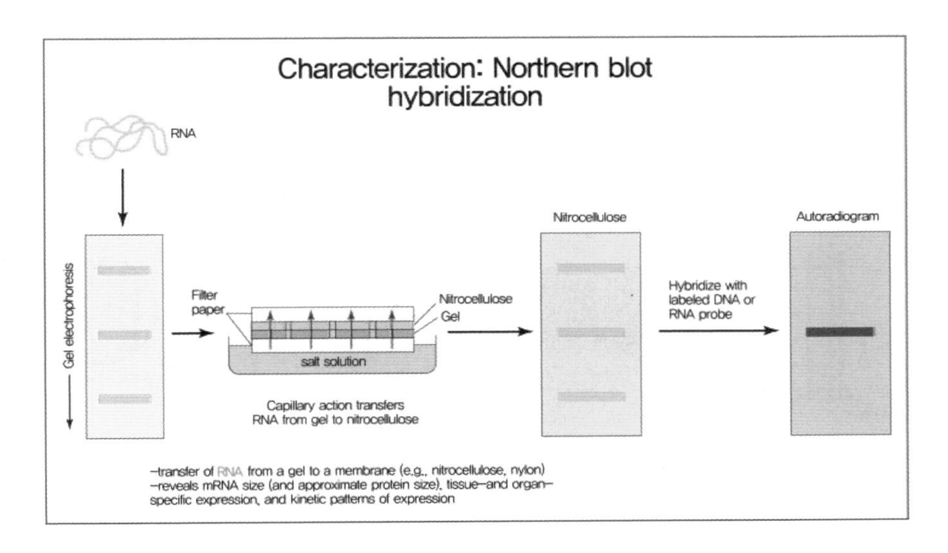

① 제한효소 절편의 준비: 각각의 DNA 시료를 같은 종류의 제한효소와 함께 섞음. 이번 예제에서는 Dde I 제한효소를 사용함. 각 시료들은 Dde I 제한효소에 의해 절단되어 수천 개의 제한효소 절편을 만들어 냄

② 젤 전기영동: 각 시료의 제한효소절편들은 전기영동에 의해 분리되고 시료에 따라 독특한 밴드 패턴을 형성함

③ DNA transfer: 모세관 현상에 따라 염기성 용액에 젤을 통과하여 위쪽으로 빨려 올라가게 되는데 이 때 DNA는 염기성 용액을 따라 나이트로셀룰로오스 종이로 이동함. 이 과정에서 이중가닥 DNA가 단일가닥 DNA로 변성됨. 나이트로셀룰로오스 종이에 붙은 DNA 가닥은 젤 상의 이들의 위치와 동일한 곳에 위치하게 됨

④ 방사선 탐침과의 혼성화: 나이트로셀룰로오스 블롯은 방사능으로 표지된 탐침을 포함하는 용액에 노출됨. 여기서 사용될 탐침은 β-글로빈 유전자에 상보적인 서열을 갖는 단일가닥 DNA임. 유전자의 일부분을 포함하는 제한효소절편과 이들 탐침분자들은 서로 염기쌍을 형성하여 붙이게 됨

⑤ 자동방사선사진법: 포토그래픽 필름을 나이트로셀룰로오스 종이 위에 덮음. 탐침에 표지된 방사선에 노출된 필름은 탐침과 염기쌍을 형성하고 있는 DNA를 포함하는 밴드와 동일한 위치에 이미지를 형성하게 됨

㉣ 웨스턴 블롯팅(Western blotting): 웨스턴 블롯 분석은 조직 또는 세포 추출물에서 특이적인 단백질을 검출하기 위해 사용하는 실험방법이며 항체를 이용하여 검출하기 때문에 코마시염색법에 비해 민감도가 커서 소량의 단백질도 확인이 가능함

① 전기영동: 세포에서 용출한 단백질들을 전기영동을 통해 분리시킴. SDS-PAGE를 수행하는 경우 비공유결합을 통해 연접되어 있는 각 소단위체들은 분리될 것임

② transfer: 시료를 젤에서 나이트로셀룰로오스 종이로 이동시킴

③ 1차 항체의 처리: 특정 단백질을 인식하여 결합하는 항체를 처리함

④ 2차 항체의 처리: 1차 항체에 특이적이고 보통 형광물질로 표지된 2차 항체가 1차 항체에 결합함으로써 특정 단백질이 검출됨

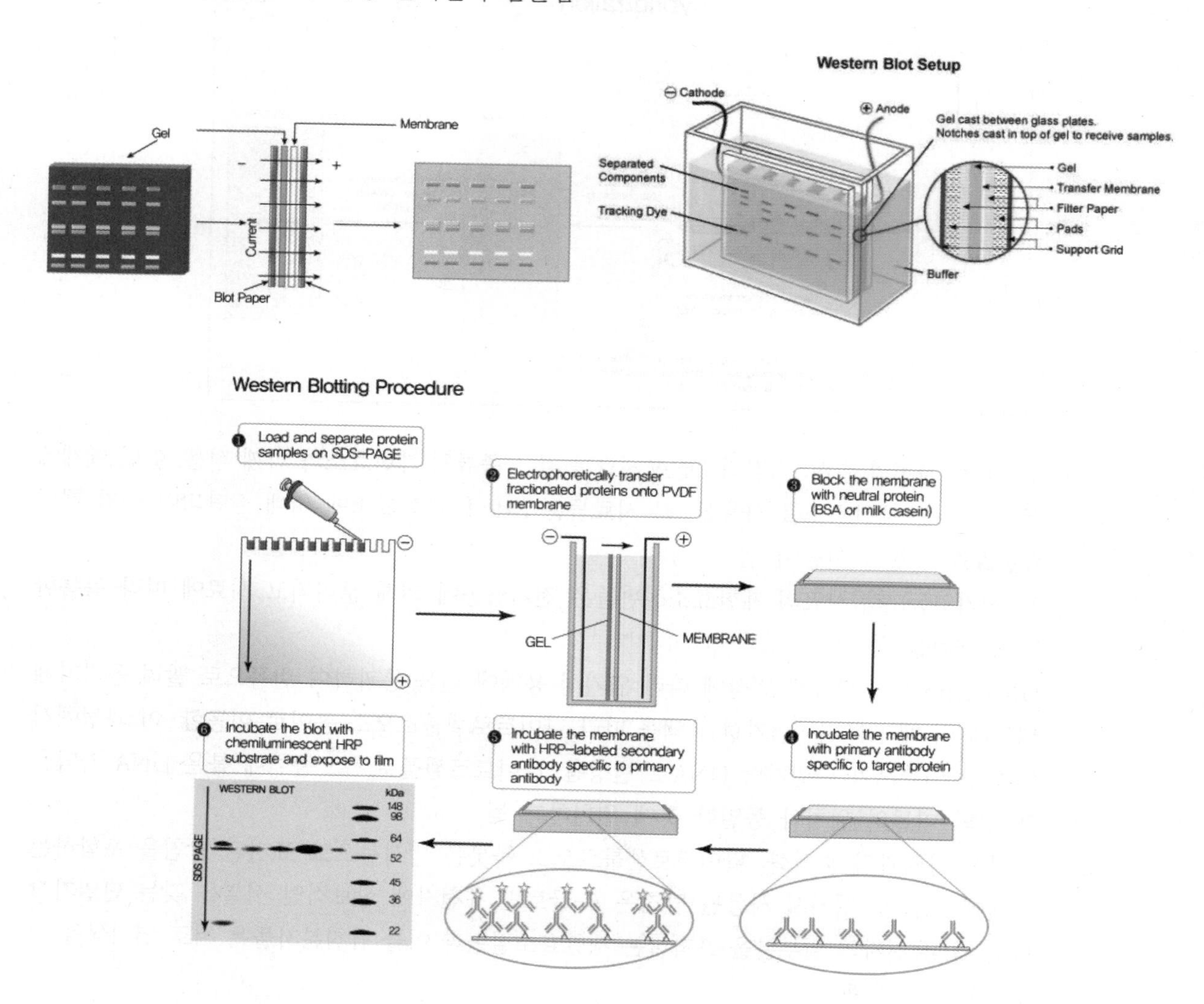

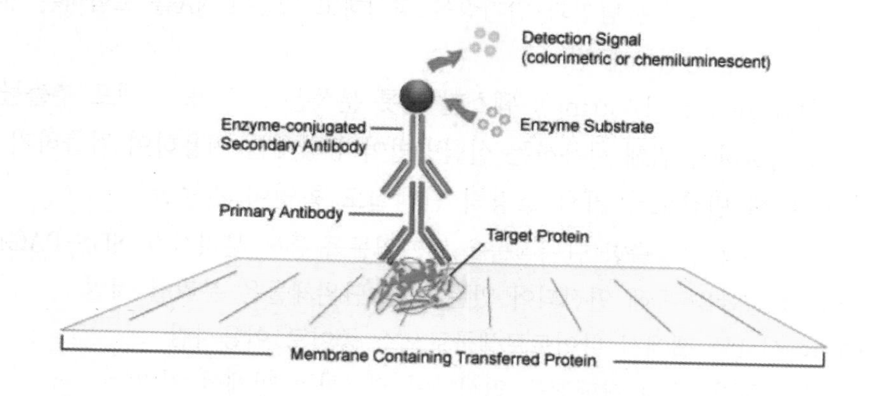

(3) 제한효소 지도(restriction map)

특정 제한효소의 인식부위를 나타내는 DNA 단편의 물리적 지도로서 전기영동을 이용하여 제한효소로 절단된 DNA 절편은 그 크기별로 분리할 수 있고 특정 유전자나 DNA 절편에서 제한부위를 찾을 수 있음. 즉, 제한효소간의 물리적인 거리를 염기쌍 단위로 나타내주는 제한효소의 인식자리 지도를 작성할 수가 있는 것임

㉠ 한 종류의 제한효소만을 이용한 제한효소 지도의 작성: 특정 유전자를 완전절단하거나 부분절단하여 형성된 DNA 절편을 전기영동하여 분석함으로써 제한효소 지도 작성이 가능함

ⓐ 분석대상 DNA 절편의 가공: A로 표시된 제한부위가 있는 원래의 절편의 양 말단을 방사성 동위원소로 표지함. 양 말단을 포함하는 DNA 절편은 자기방사법을 통해 감지될 것임

ⓑ 제한효소를 이용한 DNA 절단: 고농도의 제한효소를 처리하거나 처리 시간을 길게 해 주면 모든 제한자리가 절단될 것이고 저농도의 제한효소를 처리하거나 처리 시간을 짧게 해 주면 제한자리 중의 일부만 절단되거나 절단되지 않게 됨

ⓒ 전기영동 결과 분석: 별표는 ^{32}P로 말단부위가 표지된 것을 나타내는데 완전 절단에 의해 100bp와 200bp가 양끝의 절편임을 알 수 있음. 또한 완전 절단에 의해 50bp와 400bp 절편이 생겼으므로 단지 몇 개의 절편만이 부분 절단에 의해 생길 수 있음. 따라서 50bp 절편은 200bp 절편에 인접해 있고 400bp 절편은 100bp의 말단절편에 인접하여 위치함을 알 수 있음. 표지가 안 된 450bp 절편이 부분 절단에 의해 생기는 것은 50bp와 400bp 절편이 존재하는 것을 보여주며 따라서 최종 구조를 알 수 있게 됨. 부분 절단에 의해 생긴 모든 절편은 최종적으로 구성한 DNA 구조와 일치함

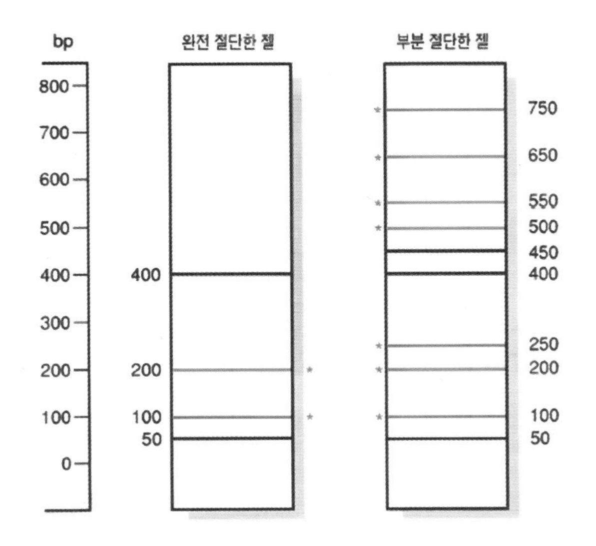

㉡ 두 종류의 제한효소를 이용한 제한효소 지도의 작성: 실제에 있어서 제한 효소 지도 작성은 보통 여러 개의 서로 다른 제한효소에 의해 이루어지게 되는데 제한자리의 순서는 원래의 DNA 절편을 두 가지 제한효소로 동시에 절단하는 이중절단에 의해 명확하게 결정될 수 있음

ⓐ 분석대상 DNA 절편의 가공: A로 표시된 제한부위가 있는 원래의 절편의 양 말단을 방사성 동위원소로 표지함. 양 말단을 포함하는 DNA 절편은 자기방사법을 통해 감지될 것임

ⓑ 제한효소를 이용한 DNA 절단: A 또는 B 제한효소를 단독으로 처리하거나 A와 B 제한효소를 동시에 처리하여 전기영동을 실시함

ⓒ 전기영동 결과 분석: 이중 절단 결과는 방사성으로 표지된 200bp 절편을 보여주므로 (a)의 순서가 올바르다는 것을 증명함. 다른 면에서 보아도(a)의 순서가 이중절단 결과와 일치하게 됨

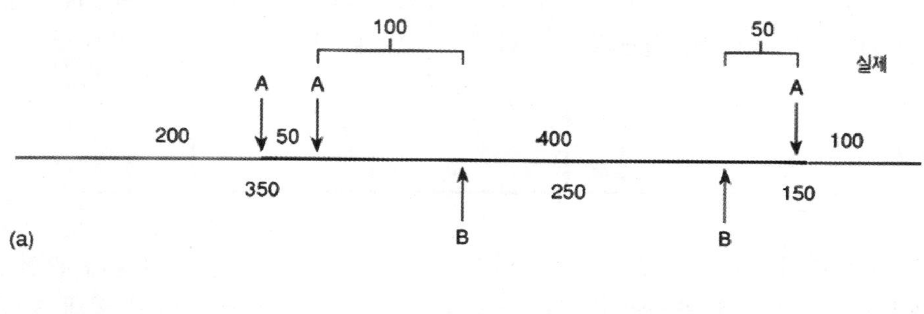

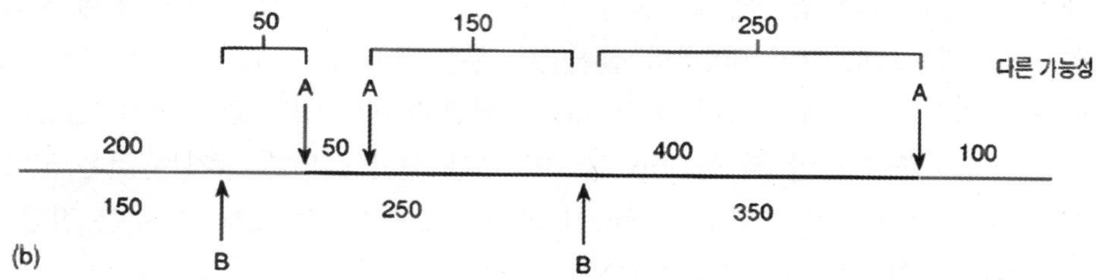

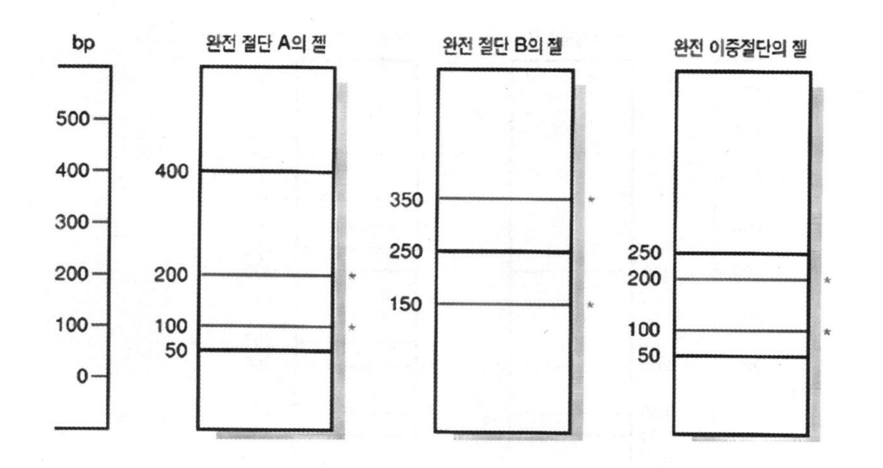

㉢ 다형성 DNA marker를 이용한 유전체 분석

ⓐ 제한효소 절편 길이 다형성(restriction fragment length polymorphism; RFLP): 제한효소 절단으로부터 얻게 된 DNA 절편이 개인에 따라 다양한 조합으로 나타나게 됨. 제한효소로 유전자의 주위와 유전자 내에 존재하는 제한자리를 절단한 후에 전기영동을 수행한 뒤 서던 블롯팅을 수행하여 유전자의 돌연변이 유무 또는 유전자형을 알 수 있게 됨

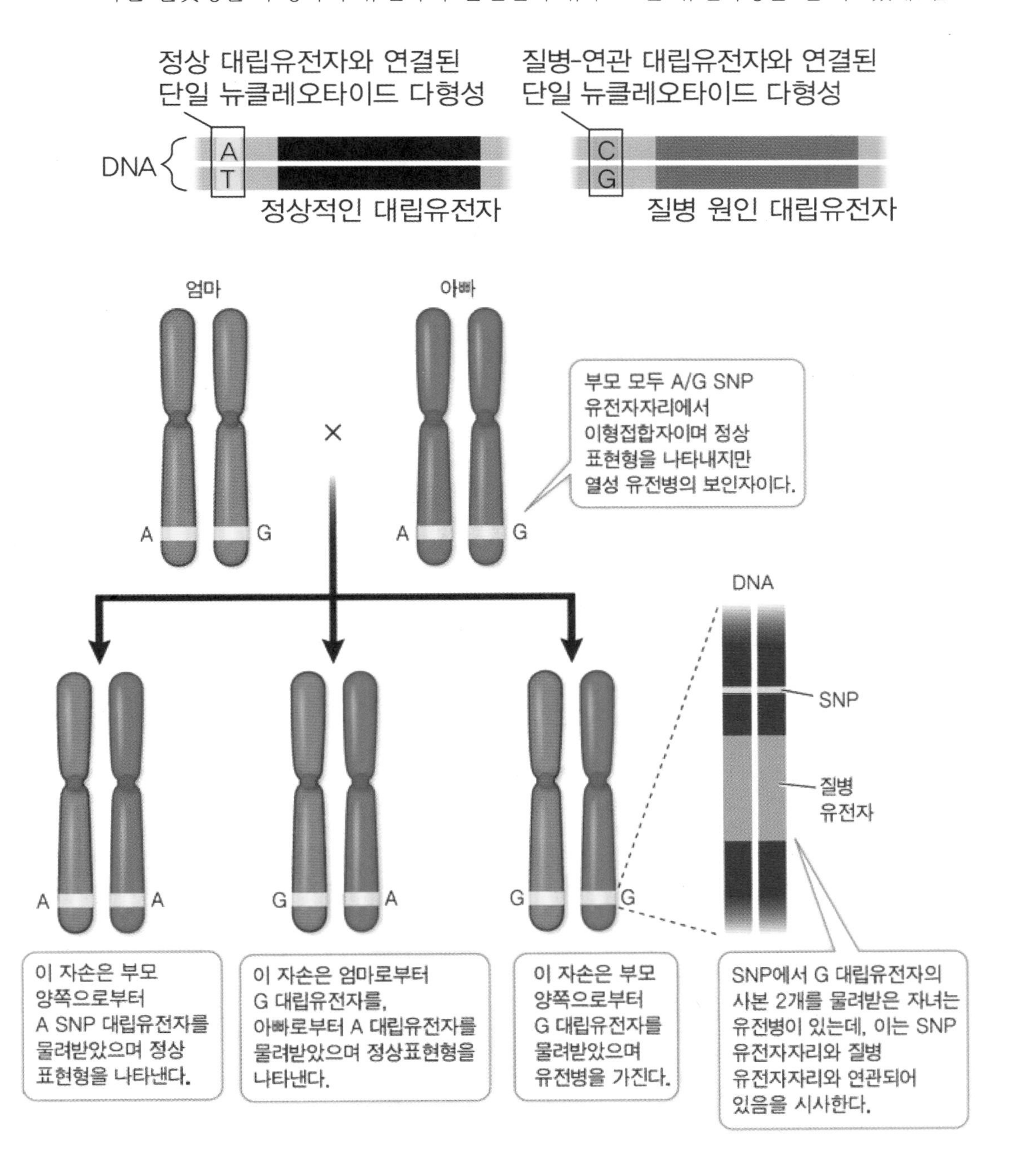

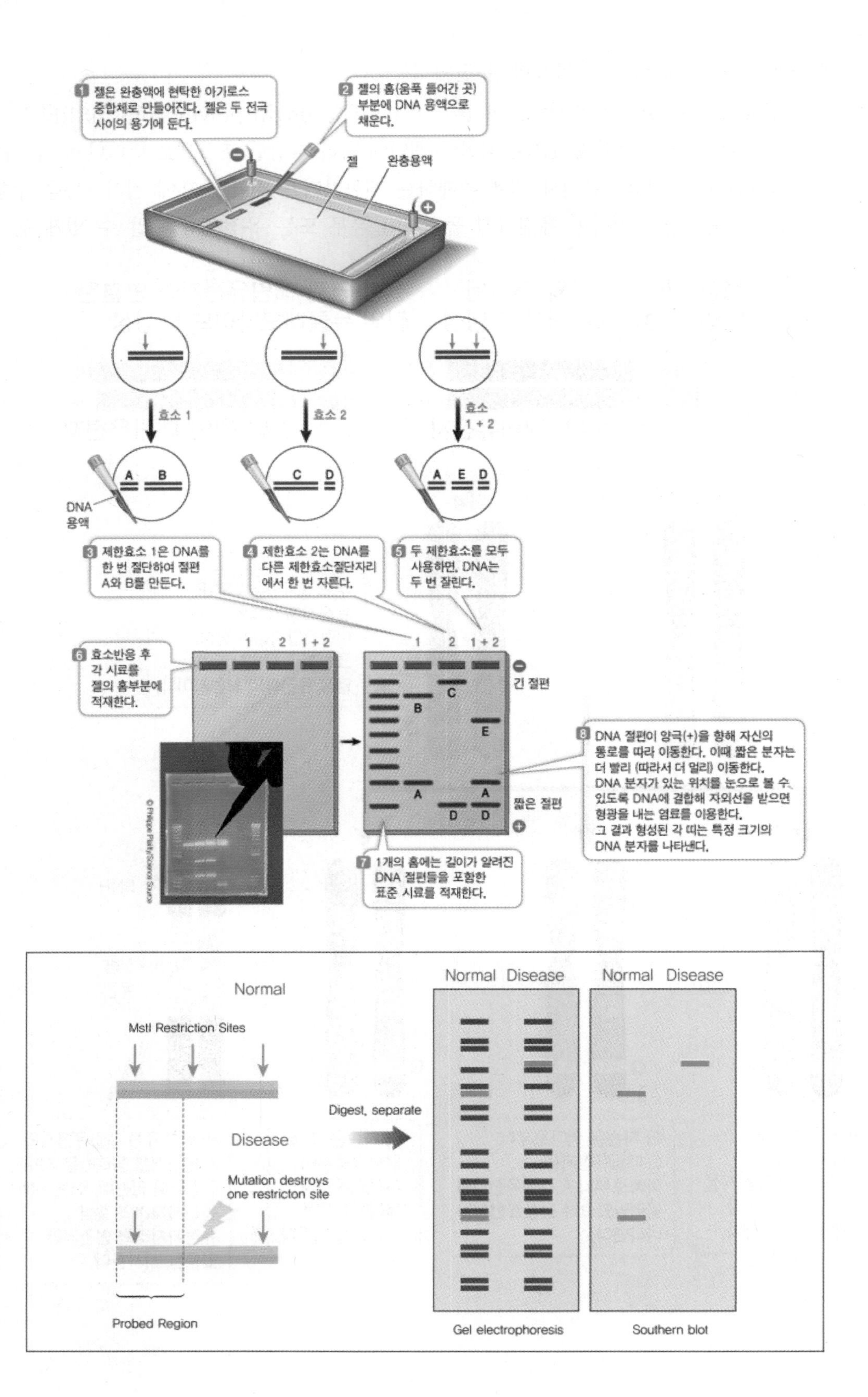
1 젤은 완충액에 현탁한 아가로스 중합체로 만들어진다. 젤은 두 전극 사이의 용기에 둔다.
2 젤의 홈(움푹 들어간 곳) 부분에 DNA 용액으로 채운다.
젤
완충용액
효소 1
효소 2
효소 1 + 2
DNA 용액
3 제한효소 1은 DNA를 한 번 절단하여 절편 A와 B를 만든다.
4 제한효소 2는 DNA를 다른 제한효소절단자리에서 한 번 자른다.
5 두 제한효소를 모두 사용하면, DNA는 두 번 잘린다.
6 효소반응 후 각 시료를 젤의 홈부분에 적재한다.
긴 절편
짧은 절편
8 DNA 절편이 양극(+)을 향해 자신의 통로를 따라 이동한다. 이때 짧은 분자는 더 빨리 (따라서 더 멀리) 이동한다. DNA 분자가 있는 위치를 눈으로 볼 수 있도록 DNA에 결합해 자외선을 받으면 형광을 내는 염료를 이용한다. 그 결과 형성된 각 띠는 특정 크기의 DNA 분자를 나타낸다.
7 1개의 홈에는 길이가 알려진 DNA 절편들을 포함한 표준 시료를 적재한다.
Normal
MstI Restriction Sites
Disease
Mutation destroys one restricton site
Probed Region
Digest, separate
Normal Disease
Normal Disease
Gel electrophoresis
Southern blot

ⓑ 가변사본 직렬반복(variable number of tandem repeat; VNTR)의 분석: VNTR 지역은 20~60bp 길이의 염기서열이 4~40회 정도 반복되는 부위로서 상동염색체인 부계염색체와 모계염색체d에서 보통 반복횟수가 다름. 따라서 이 지역의 길이는 염기서열의 반복수의 차이에 의해 길이가 다양하게 관찰되는데 따라서 VNTR 패턴은 개인의 유전자 지문으로서 기능할 수 있음

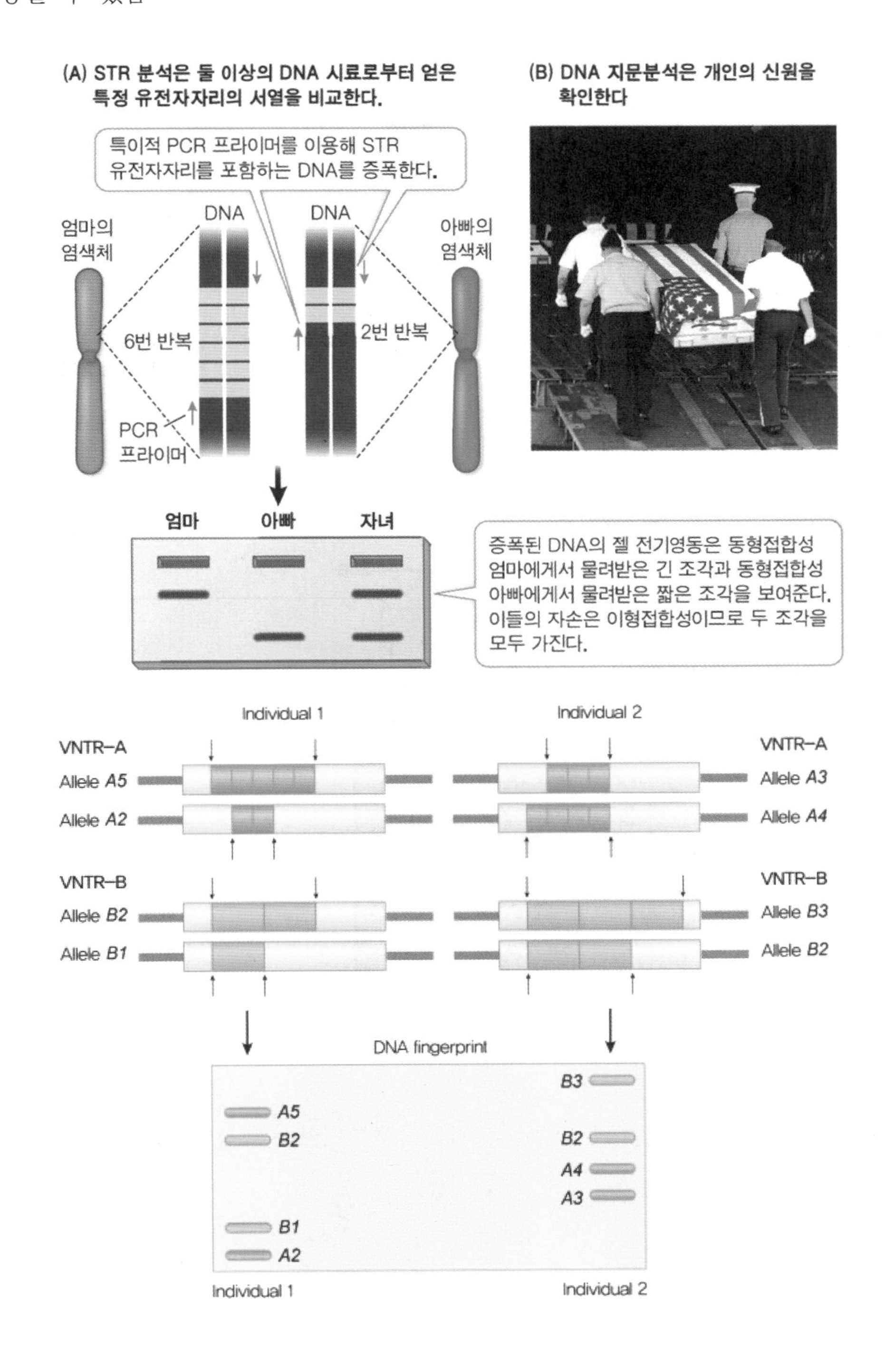

1. 제한효소를 이용한 VNTR 분석: VNTR 주위에 제한효소를 처리하게 되면 개인마다 다양한 길이의 DNA 절편이 형성되는 것을 볼 수 있음
2. PCR을 이용한 VNTR 분석: VNTR 주위의 서열을 알고 있다면 상보적인 서열의 프라이머를 이용하여 해당 VNTR을 포함하는 서열을 증폭하여 비교할 수 있음

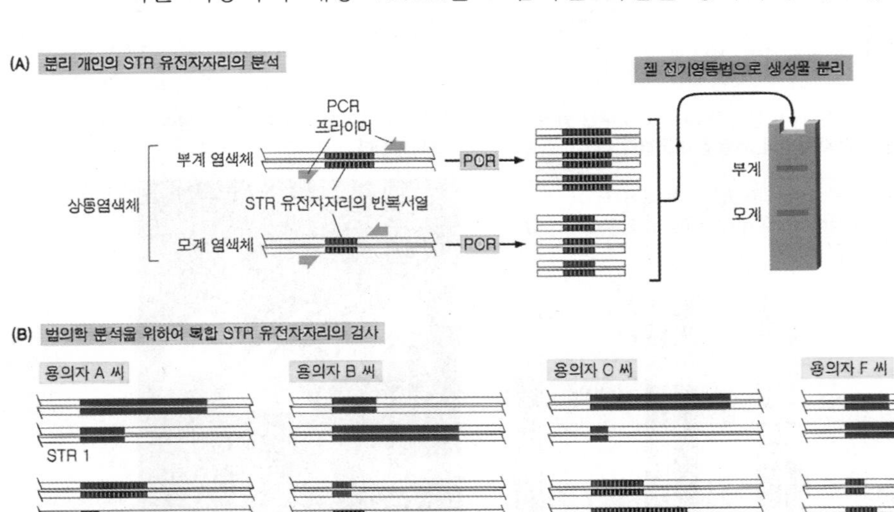

(4) DNA 염기서열 분석

전통적인 DNA 염기서열 분석 방식으로는 사슬 종결법과 Mazam-Gilbert 분석 방법이 존재하며 현재는 자동화 염기서열 분석방식이 이용되고 있음

㉠ 사슬 종결법(chain termination method; Sanger method): DNA를 중합함으로써 염기서열을 결정하는 방법임

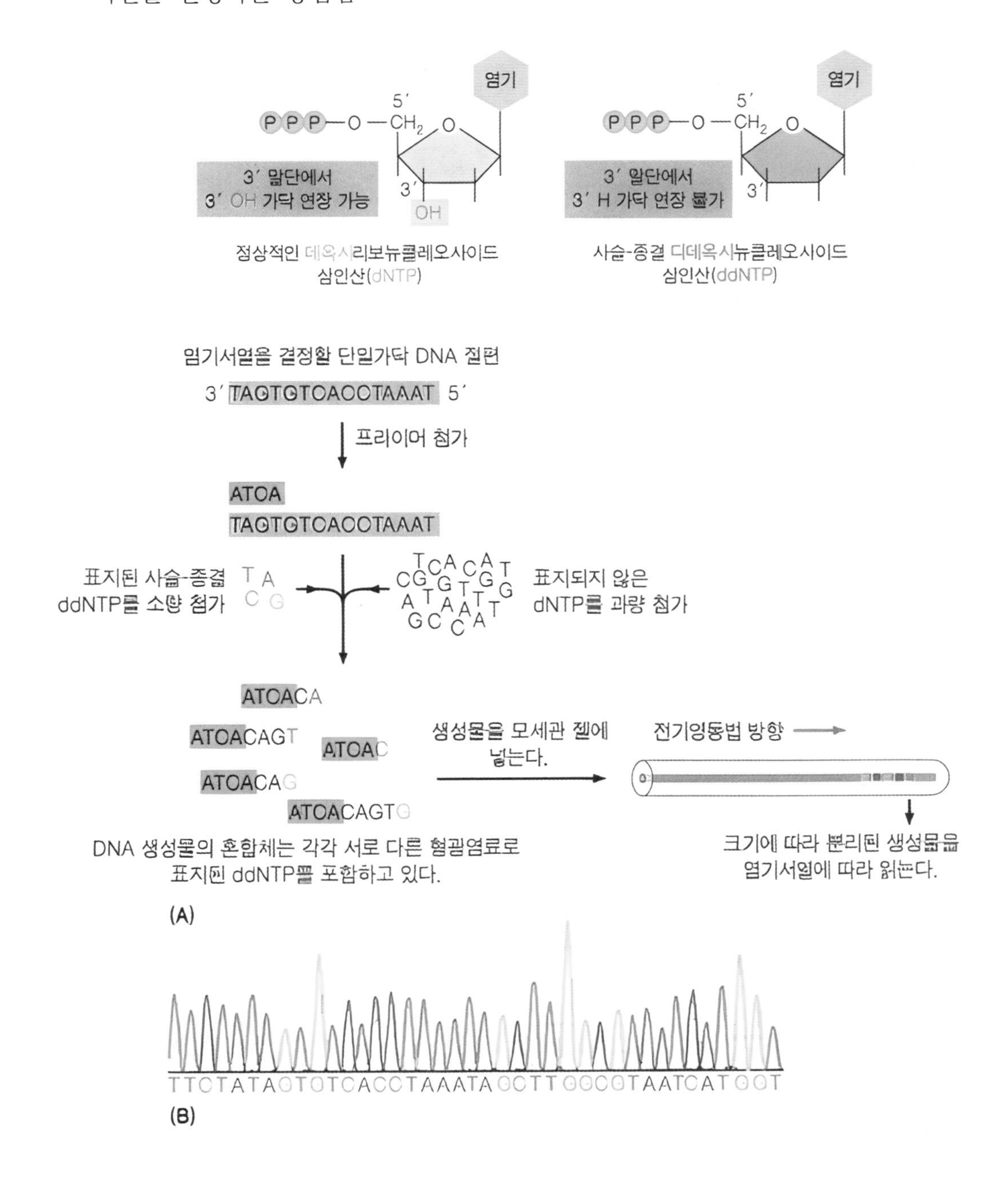

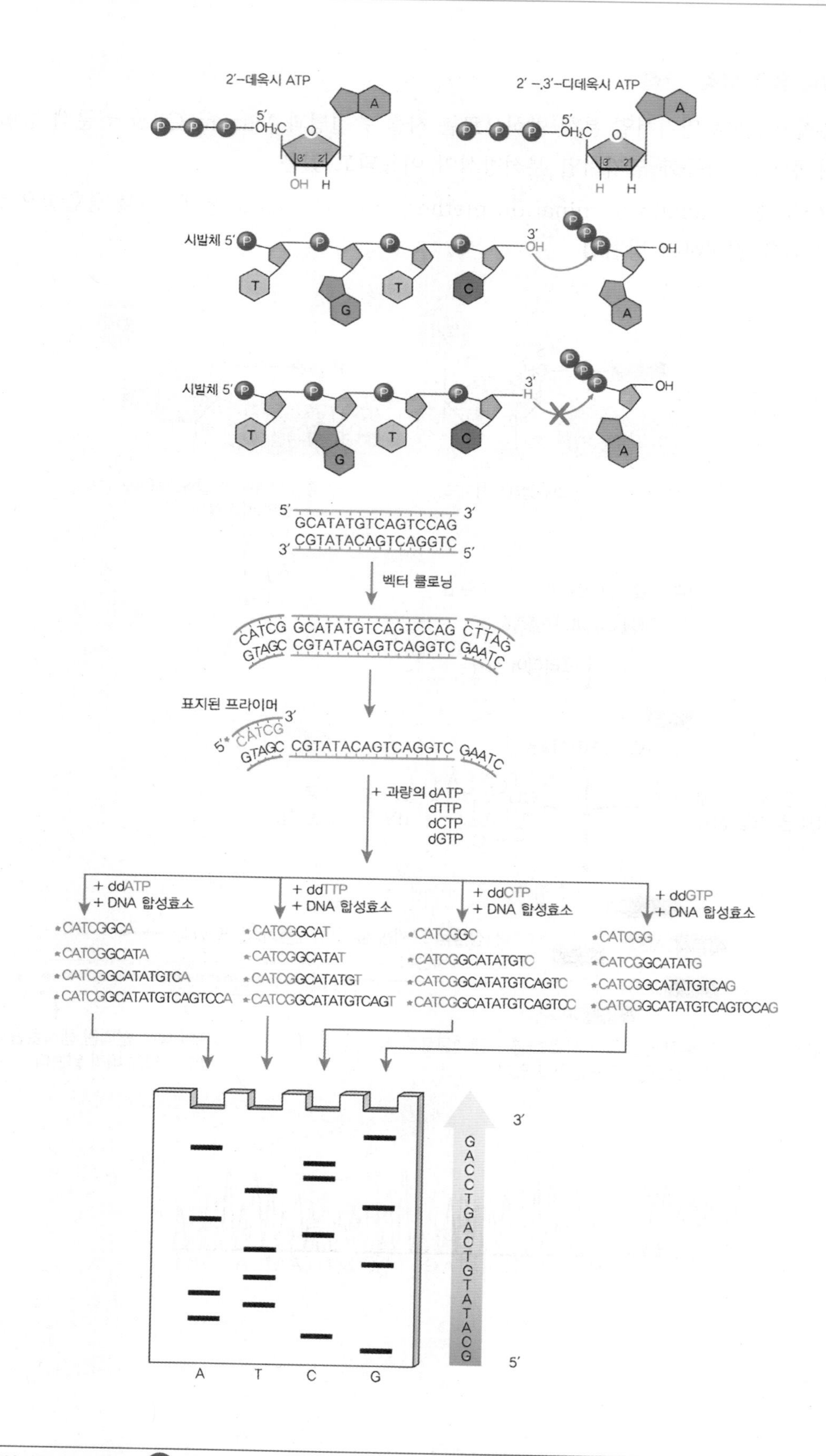

2'-데옥시 ATP
2'-,3'-디데옥시 ATP
시발체 5'
시발체 5'
GCATATGTCAGTCCAG
CGTATACAGTCAGGTC
벡터 클로닝
표지된 프라이머
+ 과량의 dATP dTTP dCTP dGTP
+ ddATP + DNA 합성효소
+ ddTTP + DNA 합성효소
+ ddCTP + DNA 합성효소
+ ddGTP + DNA 합성효소
*CATCGGCA
*CATCGGCATA
*CATCGGCATATGTCA
*CATCGGCATATGTCAGTCCA
*CATCGGCAT
*CATCGGCATAT
*CATCGGCATATGT
*CATCGGCATATGTCAGT
*CATCGGC
*CATCGGCATATGTC
*CATCGGCATATGTCAGTC
*CATCGGCATATGTCAGTCC
*CATCGG
*CATCGGCATATG
*CATCGGCATATGTCAG
*CATCGGCATATGTCAGTCCAG
GACCTGACTGTATACG
A T C G

① 파지 M13을 벡터로 삼아 염기서열을 분석하려는 DNA 가닥을 삽입한 뒤에 대장균으로 도입하여 파지를 복제함. 이후 파지 머리에서 단일가닥 DNA를 분리함

② 필수적인 다음의 성분을 포함하는 시험관에서 반응을 실시함. 시험관에는 염기서열 분석대상으로 재조합된 M13 벡터, M13 벡터의 클로닝 자리 주변에 상보적인 염기서열을 지니는 프라이머, DNA 중합효소, Mg^{2+}, 4종류의 dNTP, 32P로 표지되어 있는 서로 다른 종류의 ddNTP를 포함함

③ 새로운 DNA 가닥의 합성은 프라이머의 3'말단에서 시작되어 dNTP가 순서대로 중합됨. 이러한 과정 중에 dNTP 대신 3'-OH를 지니지 않는 ddNTP가 합성 중인 DNA 가닥에 중합되면 DNA 합성이 종료됨. 이러한 결과로 다양한 길이를 갖는 DNA 가닥들이 합성됨. 새로 합성된 DNA 가닥의 마지막 뉴클레오티드 자리에는 방사성 동위원소로 표지된 ddNTP가 위치하게 됨

④ 새로 합성된 DNA 가닥들은 폴리아크릴아마이드 젤을 통과하면서 길이에 따라 나누어짐. 길이가 작은 가닥일수록 빨리 움직임

⑤ 방사성 동위원소 표지된 ddNTP를 포함하는 DNA 가닥은 자기방사법을 통해 확인할 수 있으며 DNA 주형가닥의 전체 서열을 추론할 수 있음

(5) 유전자 기능 확인(annotation)

㉠ DNA 마이크로어레이 분석법(DNA microarray analysis): 핵산 탐침을 통해 특정한 세포가 특정한 시기에 발현하는 많은 유전자를 알아내는 데 이용하는 기술로서 여러 유전자의 DNA 조각을 단일가닥으로 만들어 유리 슬라이드 위에 바둑판 모양으로 배열하여 고정시킨 DNA chip 상에 조직으로부터 얻은 mRNA를 역전사하여 얻은 특정 형광색소로 표지된 cDNA를 가하여 세포의 유전자 발현에 대한 정보를 얻게 됨. 마이크로어레이 분석법은 유전자 상호작용과 유전자 기능에 대한 단서를 얻을 수 있는 중요한 기술임

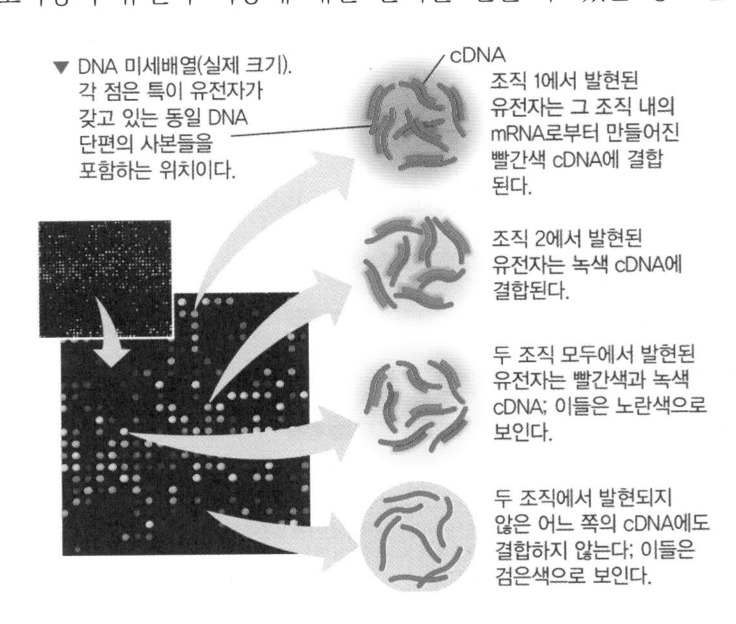

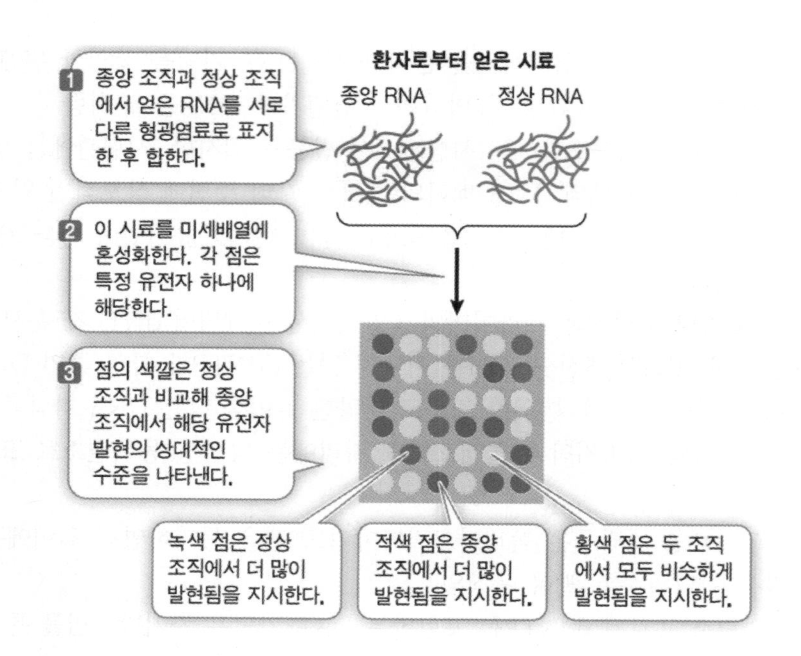

㉡ 리포터 유전자에 의한 유전자 발현 분석: 조사하려는 유전자의 조절부위를 리포터 유전자 앞에 붙여서 유전자 발현 정도를 분석하면 특정 유전자의 발현 양상과 시기를 판단할 수 있음. 리포터 단백질의 생산성과 시기, 세포 특이성은 그 단백질의 조절부위의 활성도 뿐만 아니라 원래 그 단백질의 유전자 기능에 대한 단서가 될 수 있음

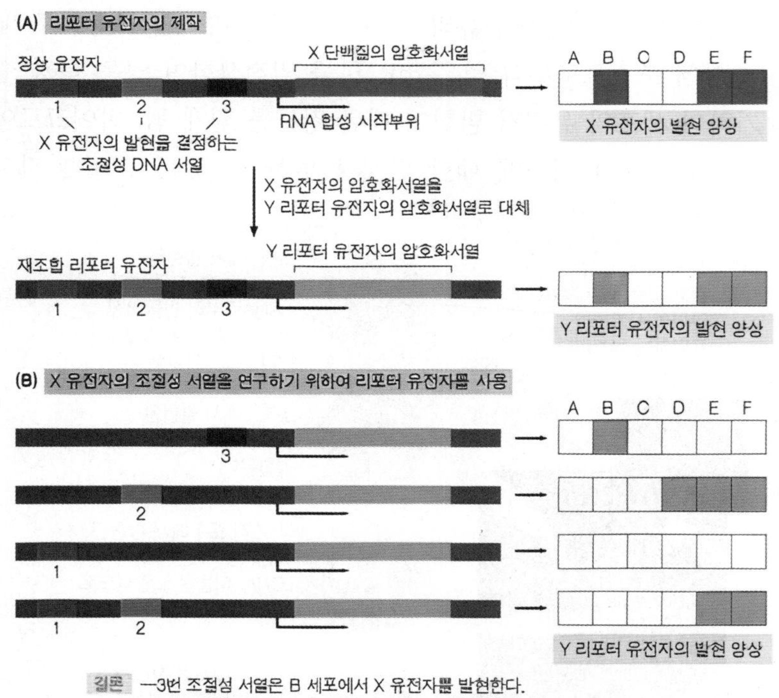

ⓐ 리포터 유전자로 lacZ를 이용하게 되는 경우: lacZ를 리포터 유전자를 이용하게 되는 경우 배지에는 X-gal을 포함해야 하며 X-gal의 색깔 발현 양상에 따라 리포터 유전자인 lacZ의 발현 정도를 알 수 있음

ⓑ 리포터 유전자로 녹색형광단백질(green fluorescent protein; GFP)을 이용하게 되는 경우: GFP 유전자로부터 발현된 GFP는 UV가 비춰지면 녹색의 형광을 발하는 단백질로서 GFP 유전자는 표적 유전자 뒤에 연결시켜 발현시키거나 표적 유전자를 제거한 후 조절 부위에 바로 GFP 유전자를 연결시켜 발현시킴

ⓒ RNA 방해(RNA interference; RNAi): 표적 유전자의 염기서열에 상보적인 이중가닥 RNA를 합성한 후 세포에 도입하여 특정 RNA를 파괴하거나 해독을 저해하여 표적 유전자의 기능을 멈추게 함으로써 표적 유전자의 정상적 기능을 추론할 수 있게 함

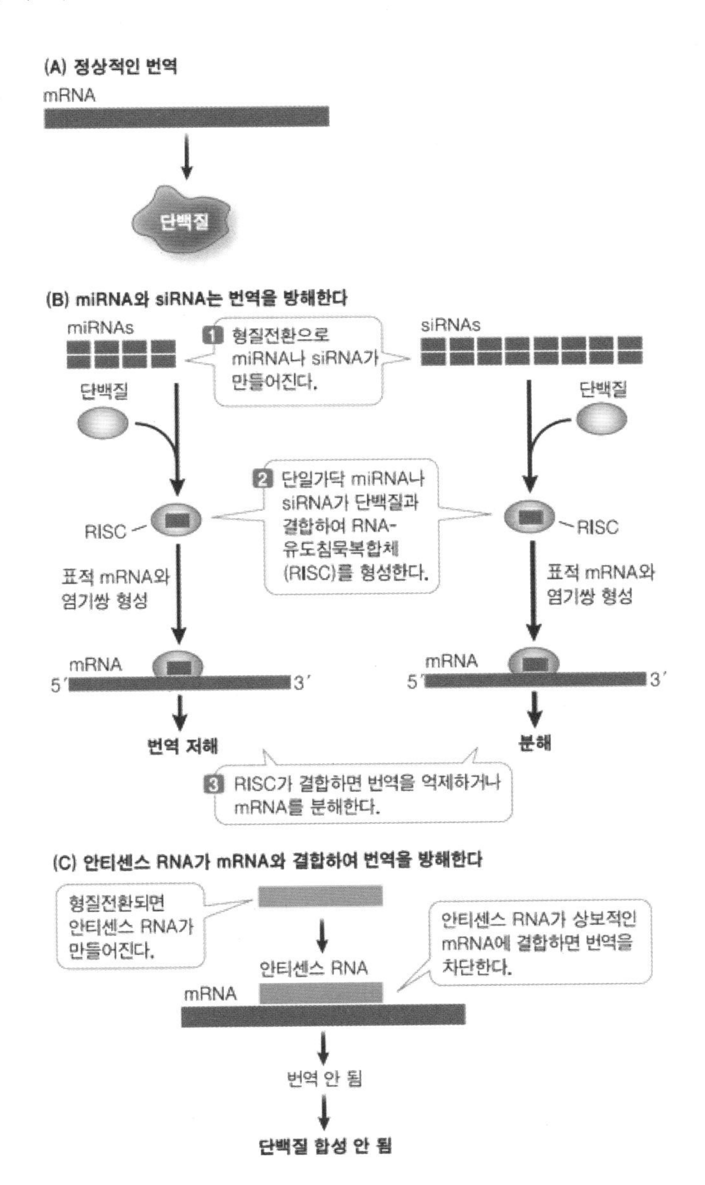

㉣ 위치 특이적 돌연변이 유발(site-directed mutagenesis): 한 유전자 내의 특정 염기를 교환함으로써 단백질 산물에서 상응하는 위치의 아미노산을 치환시킬 수 있는데 이것이 단백질 기능에 미치는 변화 효과를 관찰함으로써 해당 유전자에 대한 더욱 상세한 정보를 얻을 수 있게 됨. 위치 특이적 돌연변이 유발의 가장 보편적 방법은 PCR에 근거한 방법임. 아래에는 TAC 티로신 코돈을 TTC 페닐알라닌 코돈으로 치환시키는 위치 특이적 돌연변이 유발 방법이 소개된 것임

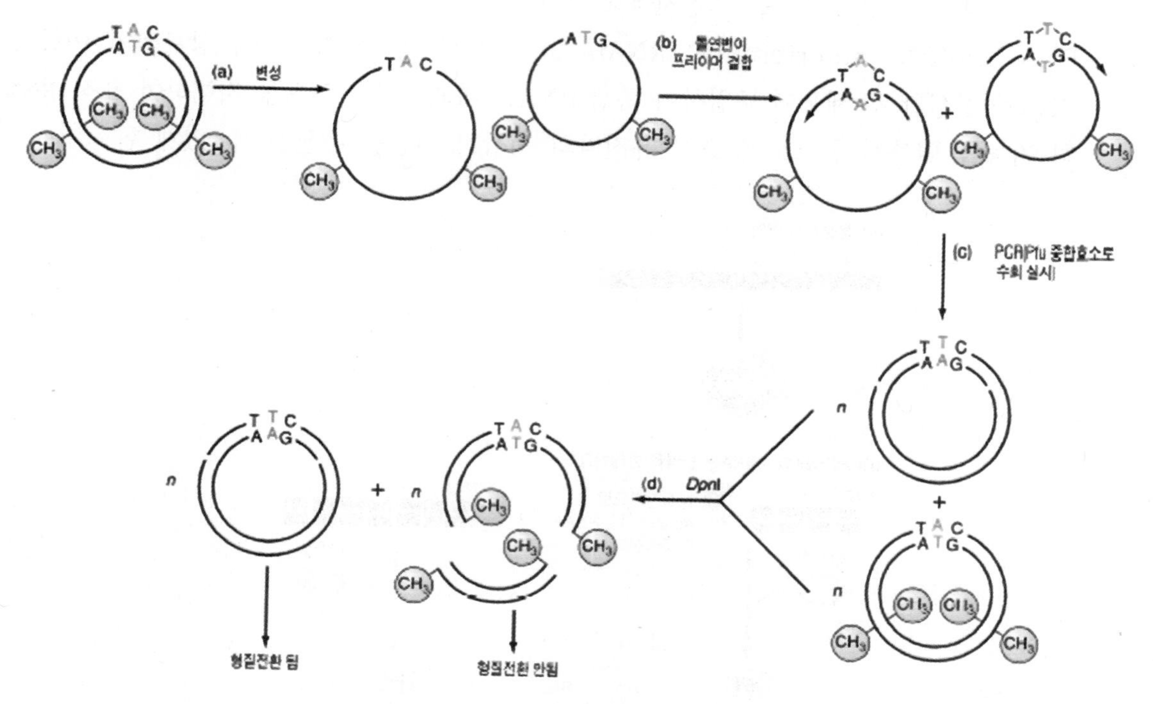

① 플라스미드 가닥을 분리하기 위해 열을 가함

② TTC 코돈 또는 상보적인 GAA를 포함하는 돌연변이 유발성 프라이머를 결합시킴

③ 돌연변이성 프라이머로 몇 회전의 PCR을 수행하여 변화된 코돈을 가진 플라스미드를 증폭시킴. Pfu 중합효소처럼 정확하고 열에 안전한 DNA 중합효소를 사용하여 플라스미드 복제 시 발생하는 실수를 최소화함

④ PCR 반응으로 만들어진 DNA를 메틸화된 야생형 DNA와 분리하기 위해 Dpn1로 절단하는데 Dpn1은 메틸화된 DNA만 절단함. PCR 산물은 시험관 내에서 만들어졌기 때문에 메틸화되지 않고 따라서 절단되지 않음

⑤ Dpn1로 절단된 DNA로 대장균을 형질전환시키는데, 돌연변이가 유발된 DNA만이 형질전환 될 것임

㉤ 유전자결실 생쥐(knockout mouse): 정상 유전자를 돌연변이 유발시키거나 인트론이나 비정상적 염기서열로 치환하여 상동 염색체 정상 유전자가 모두 치환된 쥐의 표현형 변이를 탐지하여 특정 유전자의 기능을 추적함

ⓐ 중절된 유전자를 가진 줄기세포의 형성

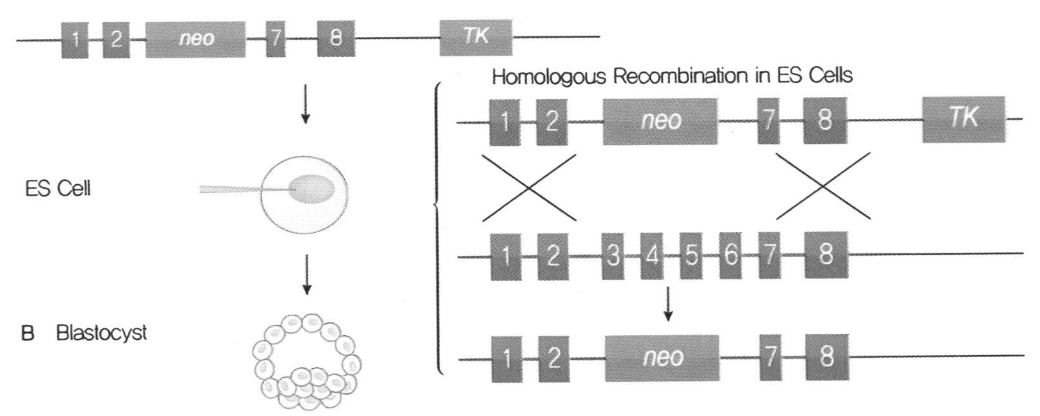

1. 티미딘 인산화효소 유전자(tk)와 불활성화하기 원하는 유전자를 포함하는 플라스미드를 이용함. 네오마이신 저항전 유전자(neo^r)를 표적 유전자 내로 삽입함으로써 표적 유전자를 파괴함
2. 갈색 생쥐 배아로붙 줄기세포를 수집함
3. 이들 세포에 중절된 표적 유전자를 포함하는 플라스미드 벡터를 도입함
4. 서로 다른 방식으로 재조합이 진행됨
5. 상동재조합이 일어나면 야생형 유전자가 교체되고 비특이적 재조합이 일어나면 무작위적으로 TK 유전자와 중절된 표적 유전자가 게놈에 삽입됨. 전혀 재조합이 일어나지 않으면 중절된 표적 유전자는 게놈 내로 삽입되지 않음
6. 서로 다른 방식으로 재조합이 진행된 3종류의 세포가 얻어짐
7. 세 형태 모두를 포함하는 형질주입된 세포를 수집함
8. 세포들을 네오마이신 유도체인 G418과 갱시클로비르(gangcyclovir)를 포함하는 배지에서 배양함. G418은 네오마이신 내성유전자가 없는 모든 세포들, 즉 재조합 사건을 경험하지 않은 세포들을 죽임. 갱시클로비르는 TK 유전자를 가진 세포들, 즉 비특이적인 재조합이 일어난 세포들을 죽임. 그 결과 상동재조합을 통해 중절된 표적 유전자를 가진 세포만 남게 됨

ⓑ 증절된 표적 유전자를 동물 세포 내로 도입하는 과정과 결과 관찰

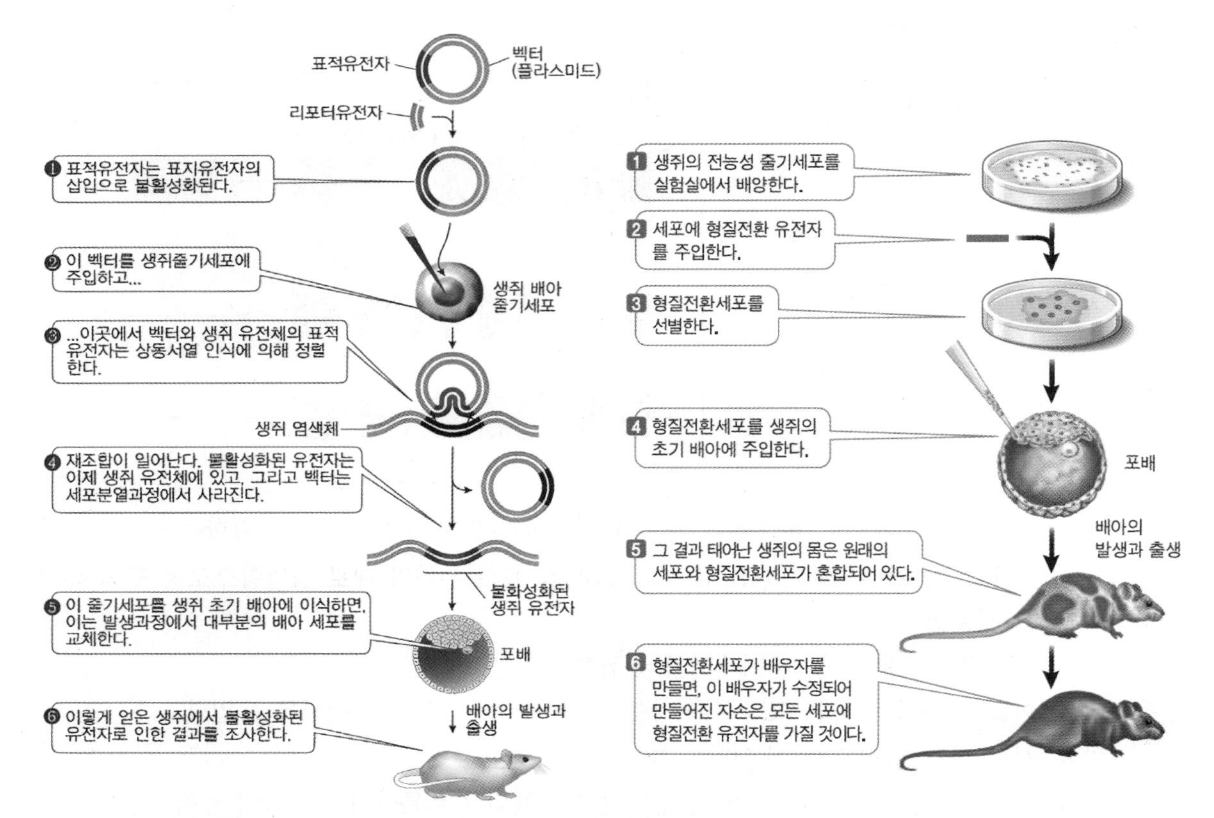

녹아웃 생쥐 만들기 돌연변이를 가진 동물은 드물다. 상동재조합을 이용하여 정상 생쥐의 유전자를 이 유전자의 불활성 사본으로 교체하고, 그럼으로써 이 유전자를 무력화시킨다. 불활성 유전자를 가진 생쥐에서 무엇이 일어나는지의 관찰은 이 유전자의 정상적인 역할을 알려준다.

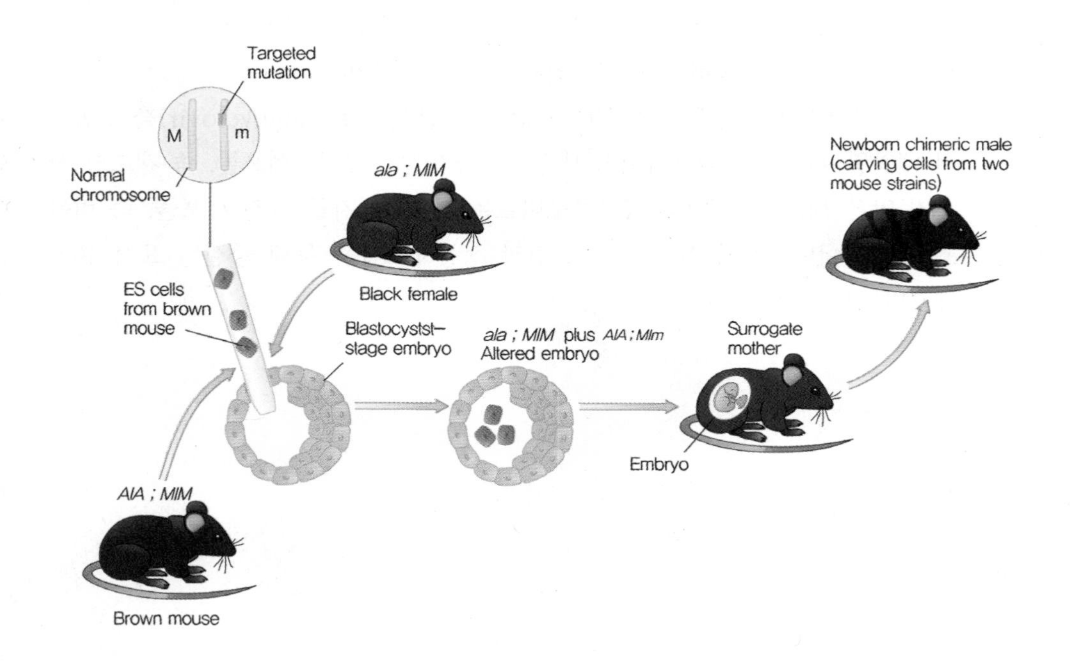

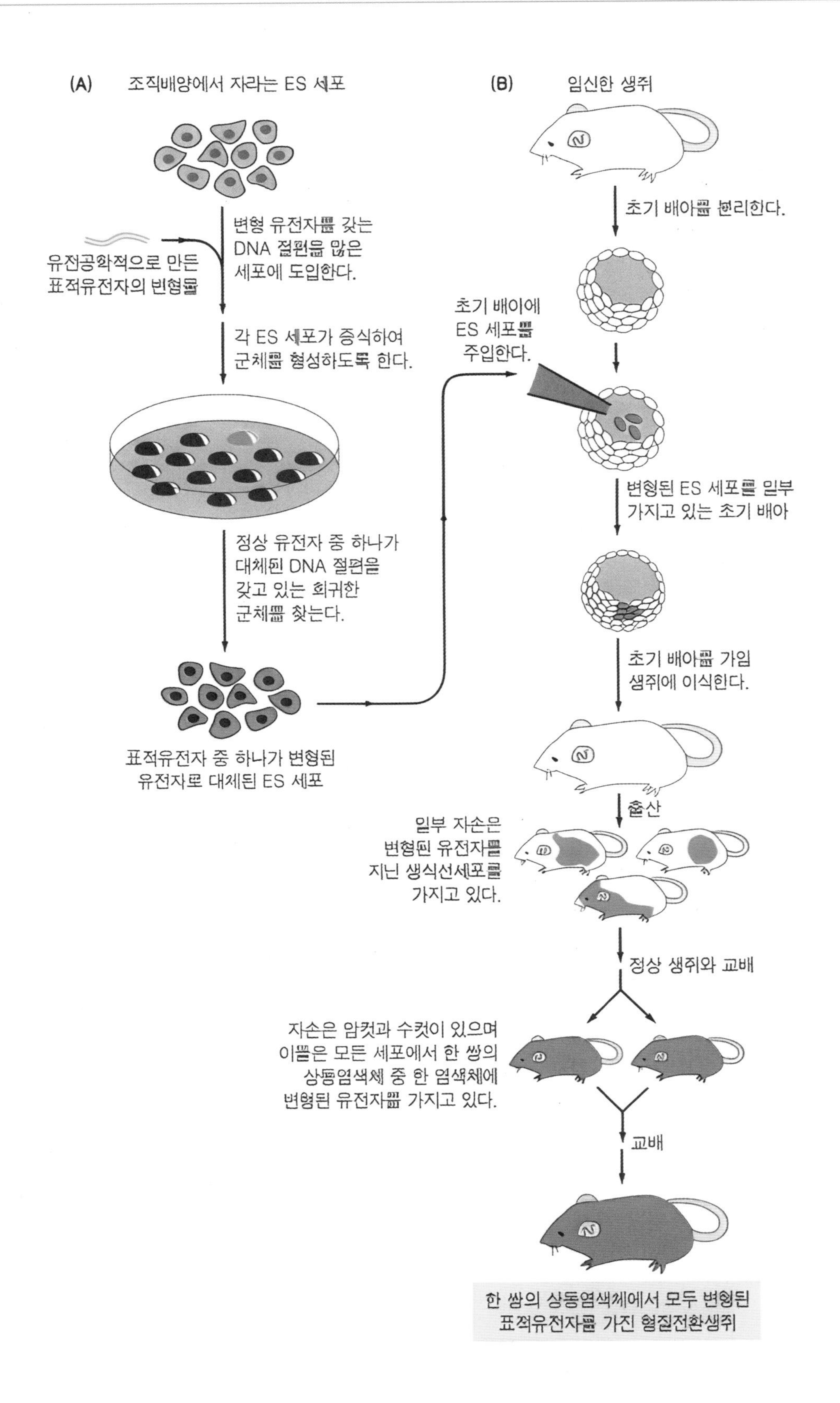
(A) 조직배양에서 자라는 ES 세포
(B) 임신한 생쥐
변형 유전자를 갖는 DNA 절편을 많은 세포에 도입한다.
유전공학적으로 만든 표적유전자의 변형물
각 ES 세포가 증식하여 군체를 형성하도록 한다.
정상 유전자 중 하나가 대체된 DNA 절편을 갖고 있는 희귀한 군체를 찾는다.
표적유전자 중 하나가 변형된 유전자로 대체된 ES 세포
초기 배아를 분리한다.
초기 배아에 ES 세포를 주입한다.
변형된 ES 세포를 일부 가지고 있는 초기 배아
초기 배아를 가임 생쥐에 이식한다.
출산
일부 자손은 변형된 유전자를 지닌 생식선세포를 가지고 있다.
정상 생쥐와 교배
자손은 암컷과 수컷이 있으며 이들은 모든 세포에서 한 쌍의 상동염색체 중 한 염색체에 변형된 유전자를 가지고 있다.
교배
한 쌍의 상동염색체에서 모두 변형된 표적유전자를 가진 형질전환생쥐

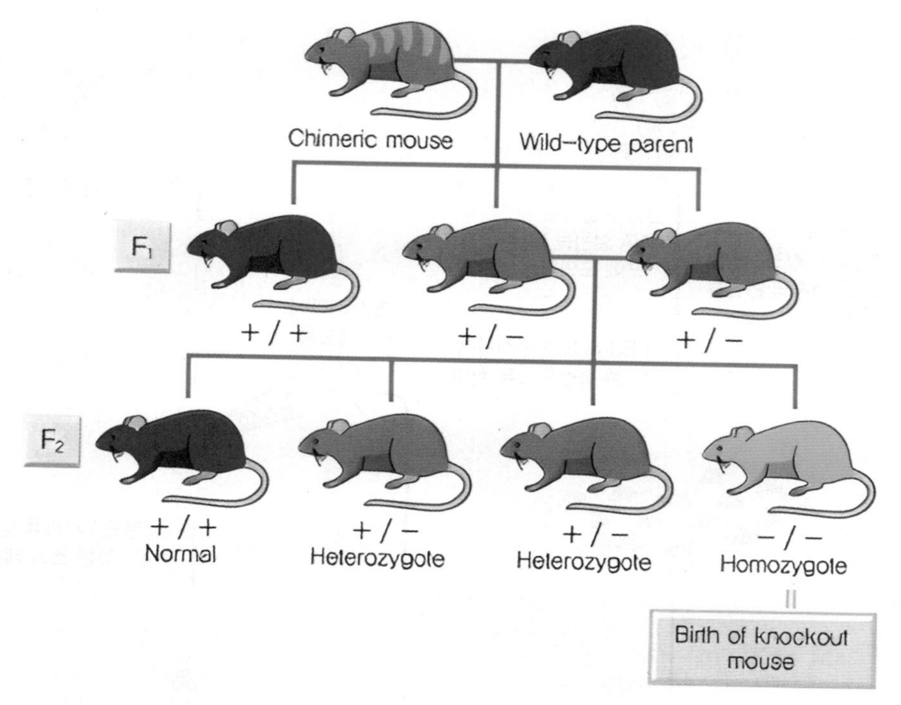

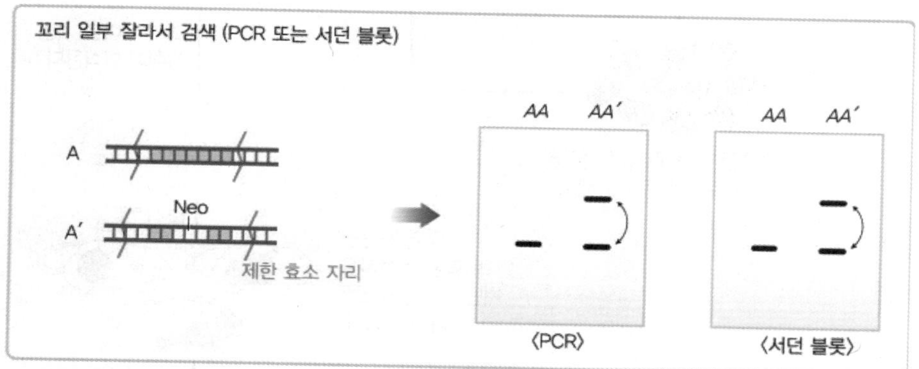

1. 중절된 표적 유전자가 도입된 세포들을 흑색 부모 생쥐로부터 얻은 포배 시기의 배아 내로 주입함
2. 이런 혼합된 배아를 대리모의 자궁에 이식함
3. 대리모는 흑색과 갈색 털에 의해 확인될 수 있는 잡종 생쥐 키메라를 출산함
4. 키메라 생쥐를 성숙시킴
5. 성숙한 키메라 생쥐를 야생형 흑색 암컷과 교배함. 야생형 포배 세포에서 유래된 흑색 자손은 모두 제외시킴. 갈색쥐만이 이식된 세포로부터 유래되었기 때문임
6. 서던 블롯팅을 통해 중절된 표적 유전자를 지닌 쥐들을 교배시킴. 다시 서던 블롯팅을 통해 갈색 자손들의 DNA를 조사하여 두 상동염색체가 모두 중절된 표적 유전자를 지닌 유전자결실 생쥐를 찾고 표현형을 관찰함

3 기타 유전공학 기법

(1) 전사체 지도작성 및 정량 분석을 위한 유전공학 기법

㉠ S1 지도작성법: RNA의 5' 또는 3' 말단의 위치를 알고 특정 시간에 세포에서의 주어진 RNA의 양을 측정하기 위해 사용됨

ⓐ 전사체의 5' 말단의 S1 지도작성법: 이미 알고 있는 몇몇 제한부위를 가진 이중가닥 DNA의 클로닝된 조각을 이용함. 전사개시부위는 두 개의 BamH I 부위들이 측면에 위치하며 시작부위의 바로 왼쪽에는 Sal I 부위가 있음

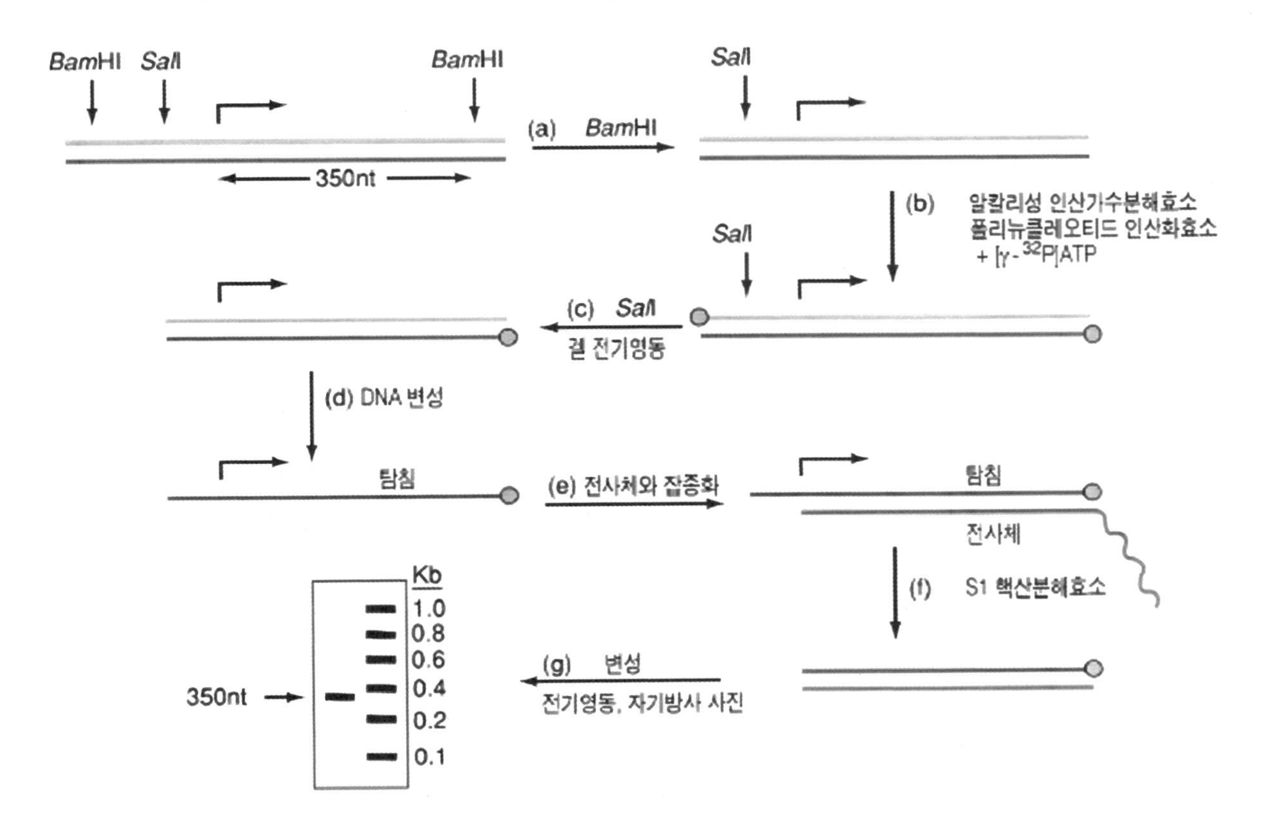

① BamH I 으로 절단하여 오른쪽 위에 보이는 BamH I 절편을 형성함

② 이 절편의 5'의 비표지된 인산기를 알칼리성 탈인산화효소를 이용하여 제거한 다음 폴리뉴클레오티드 인산화효소와 [γ-32P]ATP로 5'을 표지함

③ Sal I 으로 잘라서 전기영동을 통해 두 개의 생성절편을 분리함. 이를 통해 이중가닥 DNA의 왼쪽 말단 표지를 제거할 수 있음

④ DNA를 변성시킴

⑤ 전사체와 혼성화할 수 있는 단일가닥 탐침을 만듦

⑥ 혼상화된 가닥에 S1 핵산분해효소를 처리함

⑦ S1 핵산분효소를 처리하면 혼성화된 가닥의 왼쪽 단일가닥 DNA 부위와 오른쪽 단일가닥 RNA 부위가 분해됨

⑧ 남은 혼성화된 가닥을 변성시키고 탐침의 보호된 조각을 전기영동하여 길이를 조사함. 알고 있는 길이의 DNA 절편들을 구분된 레인에 marker로 포함시킴. 보호된 탐침의 길이를 통해 전사개시부위의 위치를 알 수 있음. 이 경우 전사개시부위는 탐침에서 표지된 BamHⅠ 부위의 위쪽으로 350bp임

ⓑ 전사체의 3' 말단의 S1 지도작성법: 원리는 5' 말단 대신 3' 말단에 탐침을 표지하는 것을 제외하고는 5' 말단 지도작성과 동일함

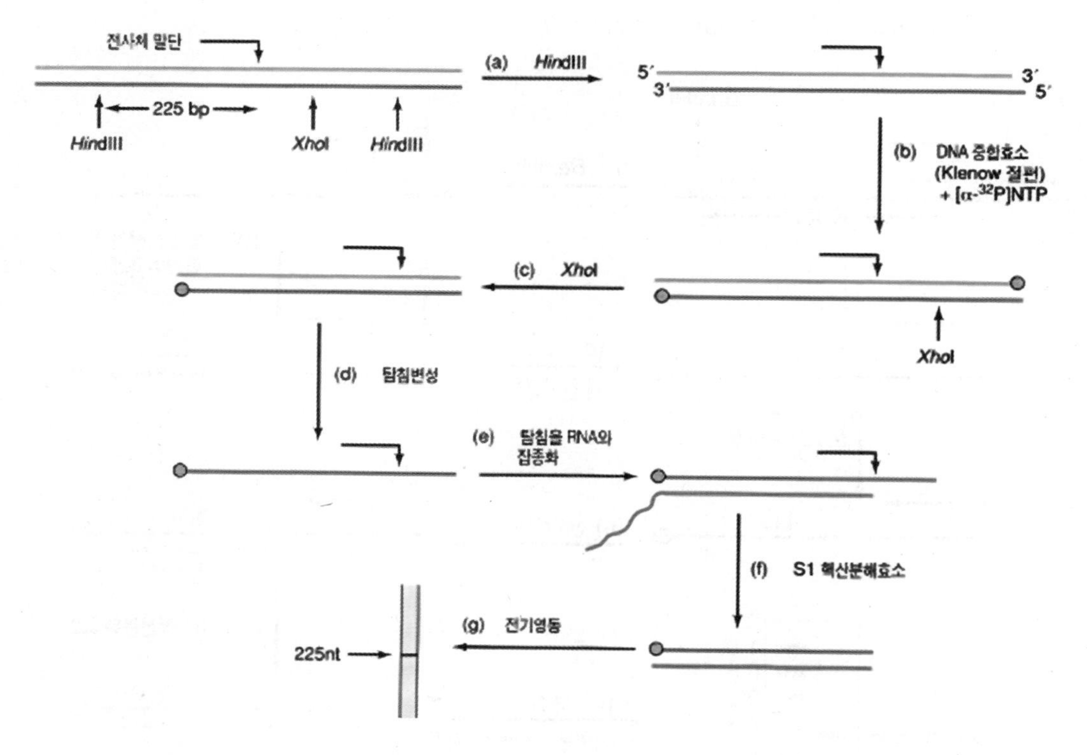

① HindⅢ로 자름

② 생성된 절편의 3' 말단을 표지함. 오목한 3' 말단을 형성하는 제한효소로 DNA를 절단하며 그 오목한 끝은 5' 말단과 같은 길이가 될 때까지 시험관 내에서 확장될 수 있음. 이런 말단 채움 반응에 표지된 뉴클레오티드를 첨가한다면 DNA의 3' 말단은 표지됨

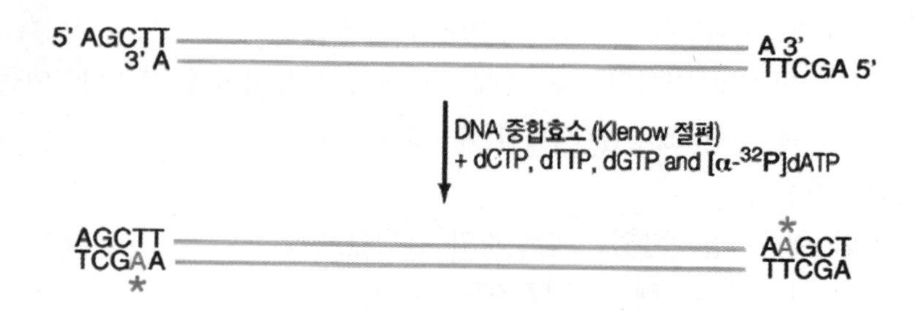

③ Xho I로 절단하고 왼쪽 표지된 절편을 전기영동을 통해 분리시킴

④ 탐침을 변성시킴

⑤ 전사체와 혼성화시킴

⑥ S1 핵산분해효소로 탐침과 RNA의 비보호된 부위를 제거함

⑦ 전기영동을 통해 보호된 탐침의 크기를 결정함. 이 경우 보호된 탐침의 길이는 225 뉴클레오티드이며 이는 전사체의 3' 말단이 탐침의 왼쪽 끝에 표지된 HindⅢ 부위의 아래쪽으로 225bp 떨어진 곳에 존재한 다는 것을 의미함

㉡ 프라이머 신장(primer extension): 상당한 정확성으로 전사체의 말단 부위를 지도작성 할 경우에 이용하는 방법이며 5' 말단을 하나의 뉴클레오티드 수준까지 밝힐 수 있음

① 전사는 세포 내에서 자연적으로 일어나므로 전사 단계를 직접 수행할 필요 없이 단지 세포성 RNA를 수집함

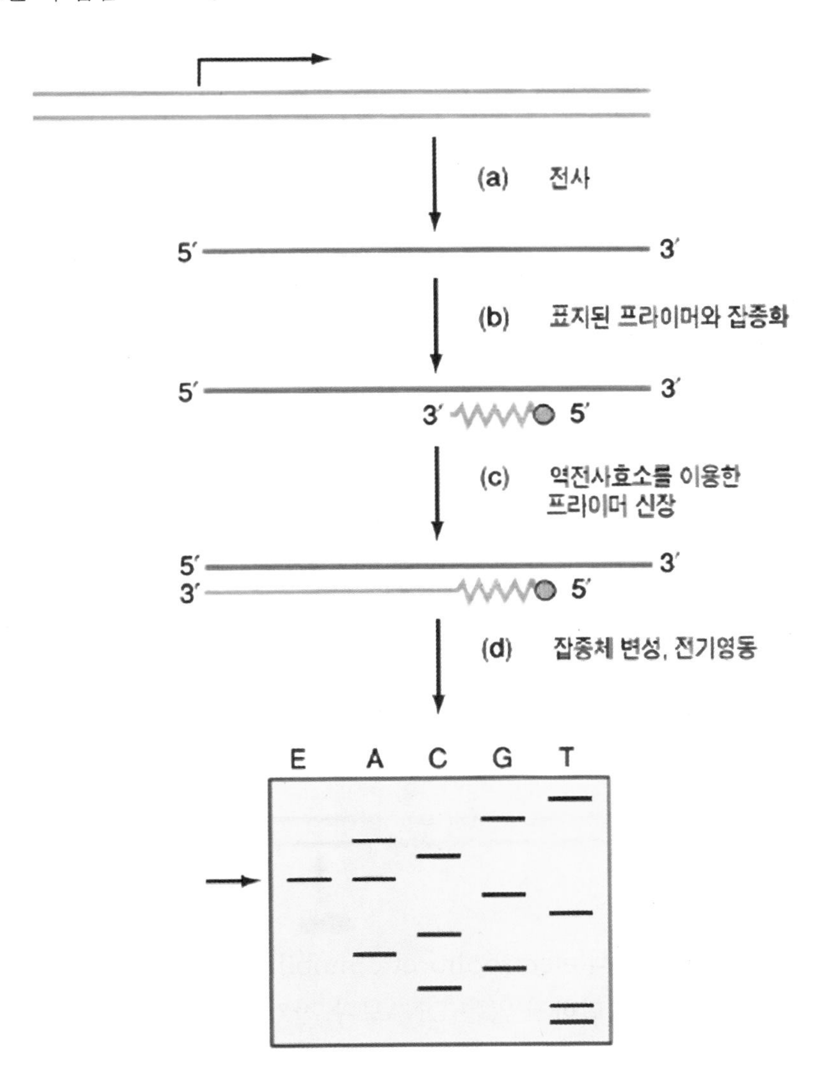

② 만약 전사체의 최소한의 서열을 알고 있따면 추정되는 5‘ 말단에서 너무 멀리 떨어져 있지 않은 한 부위에 상보적인 DNA 올리고뉴클레오티드를 합성하여 표지한 다음 전사체와 혼성화시킬 수 있을 것임. 이 올리고뉴클레오티드는 특별히 이 전사체에만 혼성화되고 다른 것들과는 혼성화되지 않음

③ 역전사효소를 이용하여 프라이머를 신장하여 5‘ 말단까지 전사체에 상보적인 DNA를 합성함. 만약 프라이머 자체가 표지되지 않거나 또는 신장 중인 프라이머에 표지를 도입하기 원하면 이 단계에서 표지된 뉴클레오티드를 포함시킬 수 있음

④ 혼성화된 가닥을 변성시켜 표지되고 신장된 프라이머를 전기영동함. 다른 레인에는 동일한 프라이머로 염기 서열분석 반응을 시켜 marker로 전기영동함. 이론상 이를 통해 정확한 전사개시부위를 알 수 있음. 이 경우 신장된 프라이머는 서열분석 A레인에 있는 절편과 함께 전기 영동함. 프라이머 신장반응과 서열분석반응에 동일한 프라이머가 이용되었기 때문에 이 전사체의 5‘ 말단은 5’-ACTGTCAGTCGAA-3’ 서열에서 T에 해당함

(2) DNA와 단백질 간의 상호작용 분석을 위한 유전공학 기법

㉠ 필터결합법: 나이트로셀룰로오스 막 필터가 이중가닥 DNA에는 결합하지 못하지만 단백질에는 결합하는 성질을 이용한 기법으로서 특정 단백질이 DNA에 결합하는지의 여부를 알 수 있음

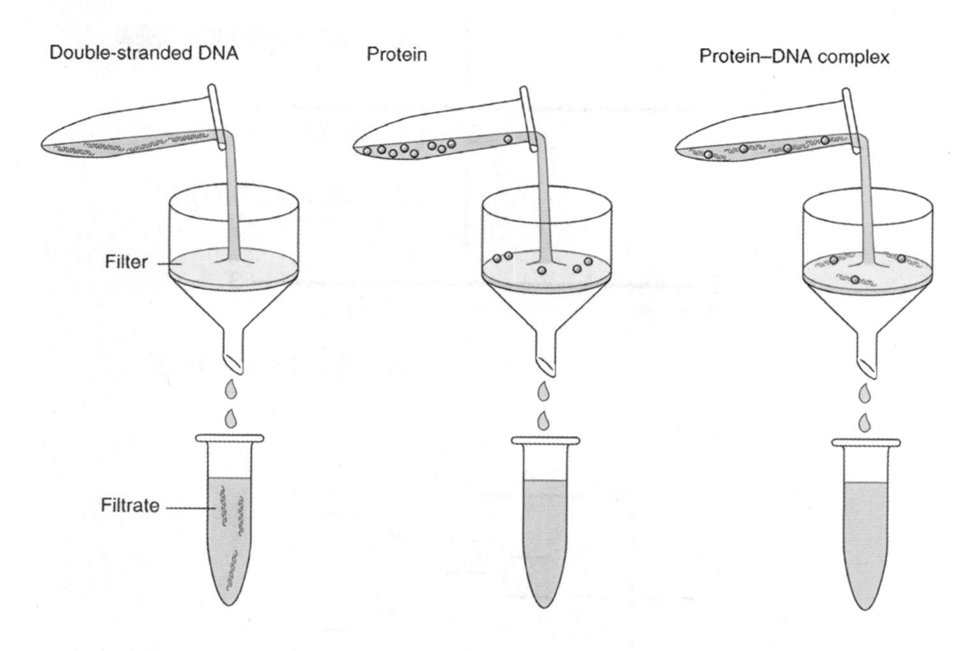

㉡ 전기영동 이동성 변화 분석(electrophoretic mobility shift assay; EMSA): 단백질에 결합한 DNA가 단백질에 결합하지 않은 DNA보다 전기영동 하에서 이동성이 떨어진다는 점을 이용한 유전공학 기술로 특정 단백질이 DNA에 결합하는지의 여부를 알 수 있음

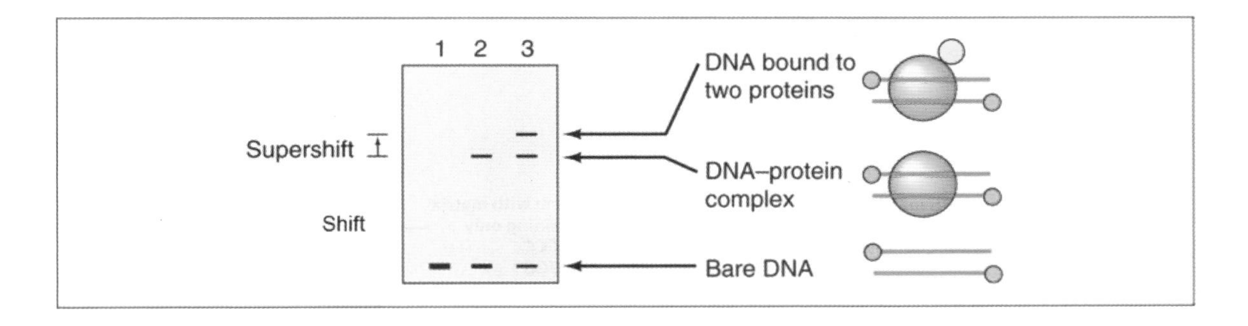

① 실험 내용: 표지된 순수 DNA 또는 DNA-단백질 복합체를 전기영동한 다음 젤을 자기방사법으로 분석하여 DNA와 단백질을 탐지함

② 1번 레인은 단백질이 없는 DNA의 높은 이동성을 보여줌. 2번 레인은 DNA에 단백질이 결합해서 일어나는 이동성의 변화를 보여줌. 3번 레인은 DNA-단백질 복합체에 두 번째 단백질이 결합함으로써 유발된 또 다른 이동성 변화를 보여줌

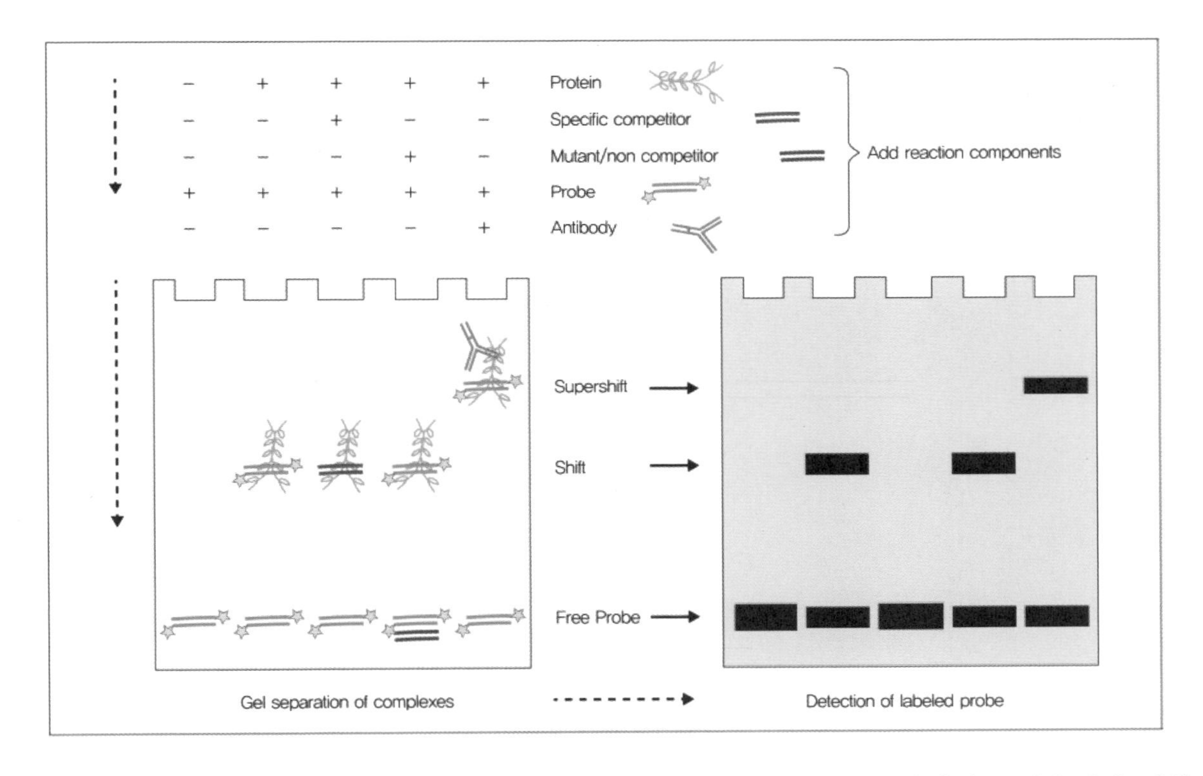

㉢ DNA affinity chromatography: DNA에 존재하는 단백질 결합자리를 이용하여 결합단백질을 분리, 정제하는 방법으로서 세포 내 단백질을 염농도가 낮은 용출액으로 washing 하여 DNA에 결합하지 않은 단백질을 걸러내고 염농도가 점점 높은 용액을 이용하여 DNA에 결합하는 단백질을 분리정제 함

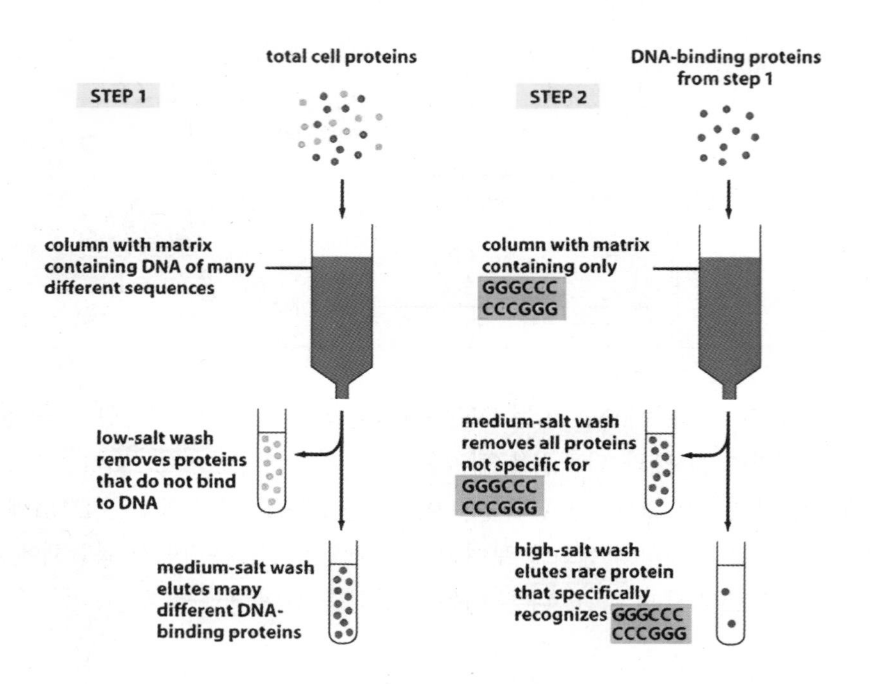

㉣ DNA footpringting technique: 단백질이 결합하는 DNA의 특정 위치를 규명하는 실험 방법으로 단백질이 DNA에 결합하면 DNase Ⅰ에 의해 절단되지 않아 결합자리만이 전기영동 밴드가 나타나지 않는점을 이용한 것임

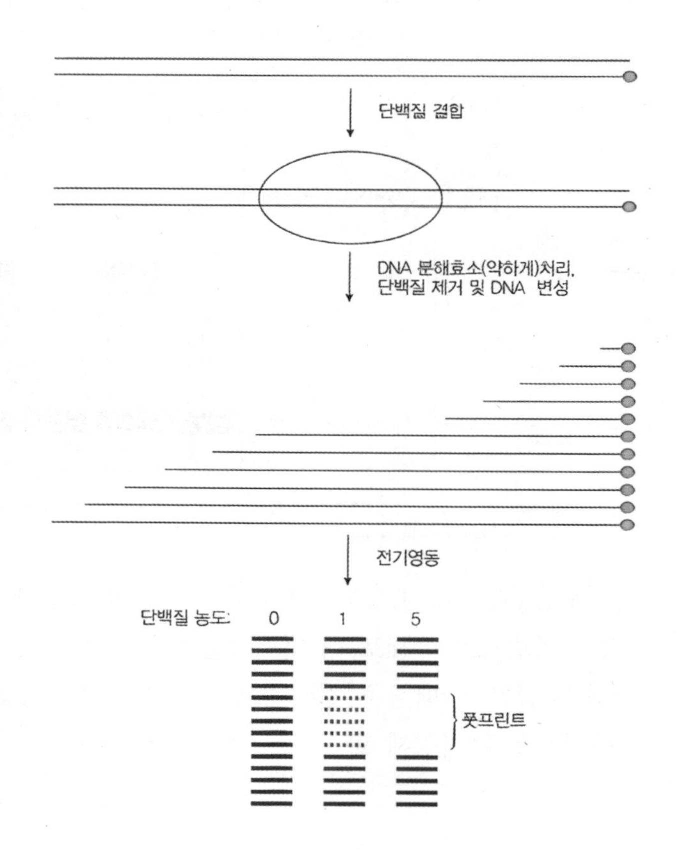

(3) 단백질과 단백질의 상호작용 분석을 위한 유전공학 기법

㉠ GST-tagged fusion protein을 이용한 단백질 분리 정제: 재조합 DNA 기술을 통해 합성한 GST-tagged 단백질 X을 글루타티온이 표면에 결합된 bead에 결합시켜 친화성 크로마토그래피를 수행하게 되면 GST와 융합되어 있는 단백질X에 결합하게 되는 또 다른 단백질을 분리 정제할 수 있게 됨. GST tagged 단백질X-단백질 복합체는 글루타티온을 첨가함으로써 용출시킬 수 있음

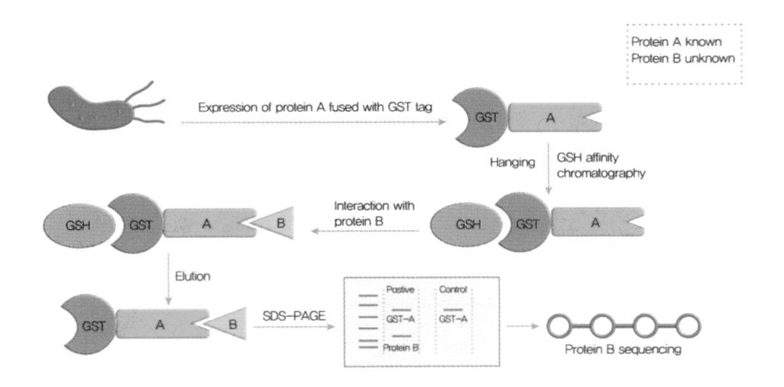

㉡ yeast two hybrid assay: 진핵세포 GAL4와 같은 전사 활성자의 성질을 이용한 실험 기법으로서 진핵세포 전사 활성자는 2개의 분리된 도메인인 특정 서열을 인식하는 DNA 결합 도메인(DNA-binding domain; BD)과 전사 활성 도메인(activator domain; AD)으로 구성되어 있음. 표적 단백질이 BD와 융합하여 'bait' 단백질을 형성하며 그것과 상호작용하는 단백질이 'prey' 단백질로서 AD와 융합됨. 리포터 유전자가 발현되었다면 'bait'의 표적 단백질과 'prey'의 상호작용하는 단백질이 결합되었다는 것을 의미하며 반대로 리포터 유전자가 발현되지 않았다면 두 단백질은 결합하지 못한다는 것을 의미함

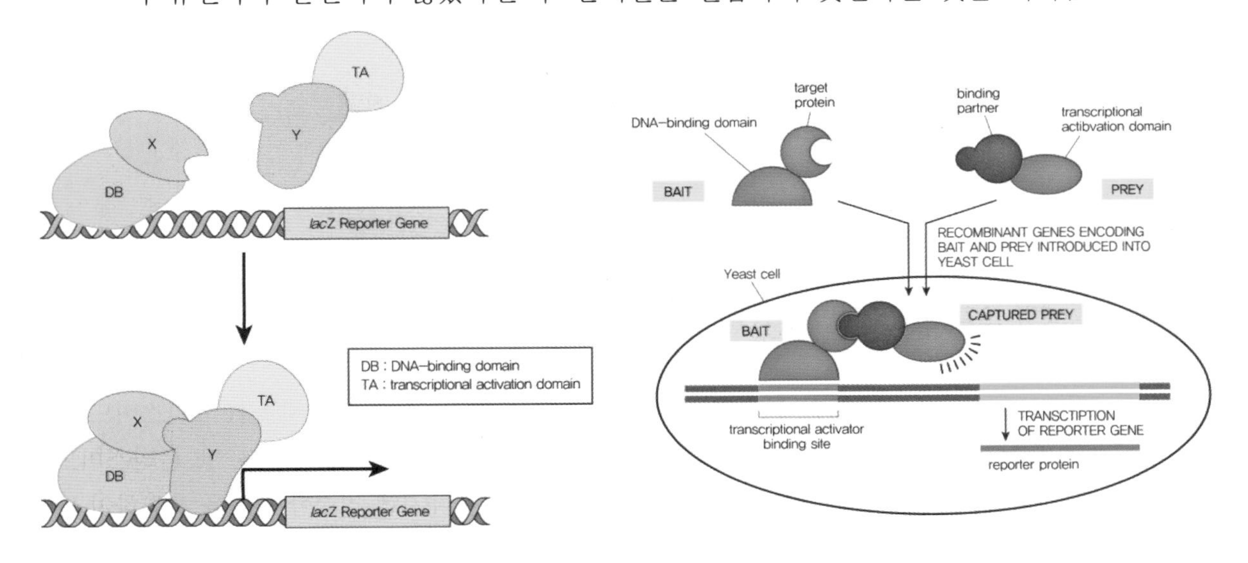

㉢ phage display method: recombinant 항체를 phage 표면에 융합단백질로서 발현시켜 항원반응 양성 phage를 얻어 monoclonal 항체를 제작함. 포유류의 배양세포계를 이용하는 보통의 monoclonal 항체에 비해 시간적인 단축이 가능함. 또한 사람 항체의 제작에 우수한 점 이외에 기존의 항체에 변이를 도입하는 것도 용이하여 항체의 특이성과의 상관관계를 해석하는 목적에도 유용함

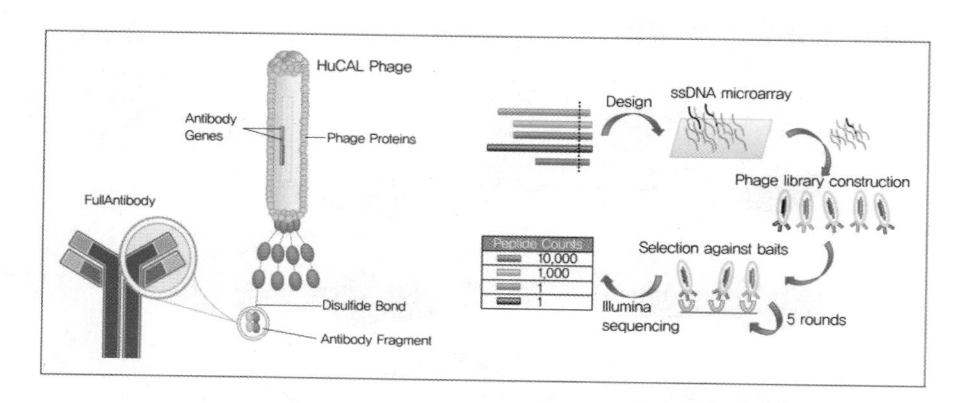

(4) 형질전환생물의 형성

㉠ Ti plasmid를 이용한 형질전환식물 형성

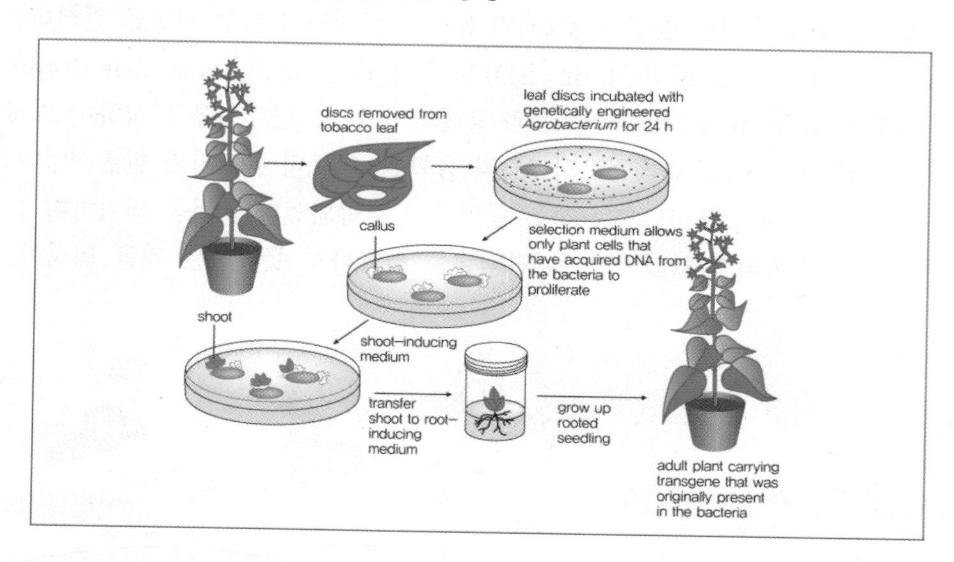

① 담뱃잎 조각을 잘라내어 목적유전자로 클로닝된 Ti 플라스미드로 형질전환된 아그로박테리아와 함께 배양함

② 아그로박테리아는 담배잎 세포로 감염하여 Ti 플라스미드를 도입하는데 Ti 플라스미드의 목적 유전자가 삽입된 T-DNA는 식물세포 핵 내의 염색체 DNA로 삽입됨. Ti 플라스미드의 T-DNA는 선택적 표지자가 존재하기 때문에 이용하는 배지에 적절한 물질을 혼합하여 배양함으로써 목적 유전자가 도입된 세포만이 분열 증식하여 callus를 형성할 수 있게 함

③ callus가 형성된 담배잎 조각을 줄기 유도 배지, 뿌리 유도 배지로 차례대로 옮겨 배양하여 형질전환 식물체를 형성하게 됨

ⓛ 핵치환 기법을 이용한 형질전환 동물 형성: 어떤 세포로부터 핵을 도려내어 이미 핵을 제거한 다른 세포에 옮기는 것을 가리킴. 이 방법은 발생·분화 과정에 있어서의 핵과 세포질의 역할을 알아내는 데 매우 유효함. 핵은 분화하더라도 그것은 비가역적이 아니라는 사실을 알 수 있는데 포유류의 난자에 핵을 이식하려는 실험이 근래에도 활발히 행해지고 있으며, 무핵 난세포에 G0 단계의 공여세포를 융합하여 형질전환 동물을 형성하게 됨

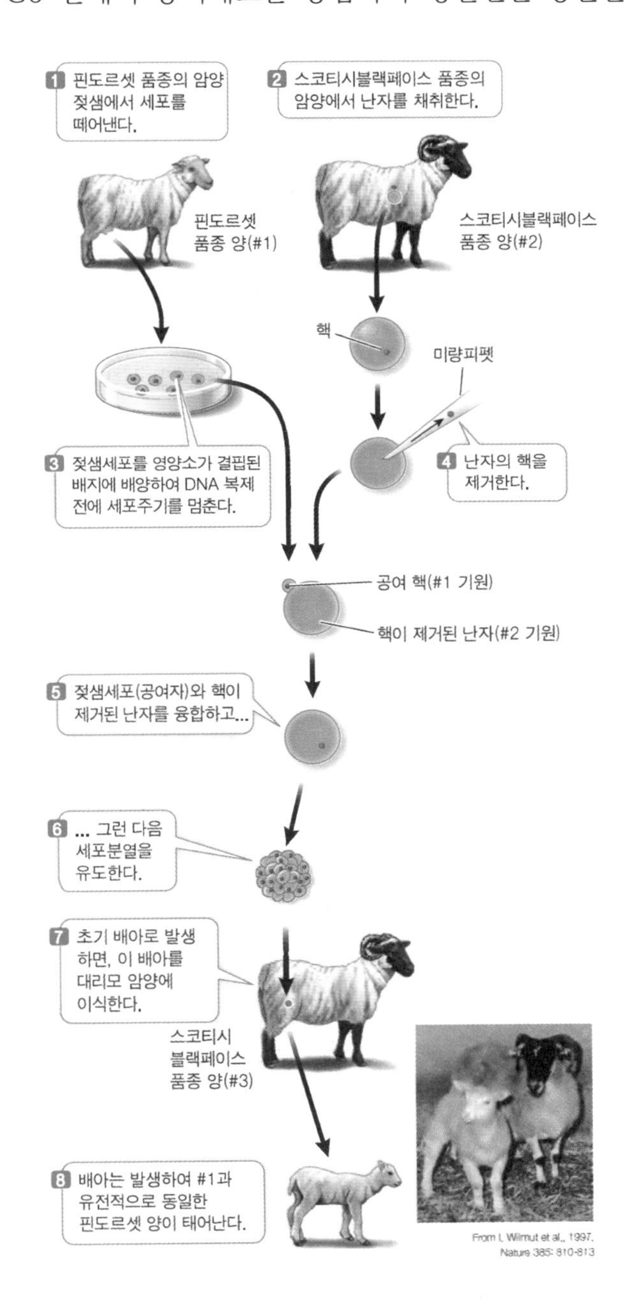

(4) 유전자 적중법을 이용한 유전자 치료

원하는 유전자를 세포 안에 넣어 형질을 발현시켜 잘못된 유전자의 기능을 대신하거나 잘못된 유전자를 대치하는 방법임

㉠ 유전자치료법의 구분: 유전자치료는 크게 체세포 유전자치료법과 생식세포 유전자치료법으로 나누어짐

ⓐ 체세포 유전자치료법: 시험관 내에서 근육세포, 간세포, 혈관 내피세포 등의 체세포에 정상 유전인자를 넣고 배양한 후 사람에게 다시 주입하는 것인데 이 방법은 체세포가 수명이 짧고 대개 세포분열이 잘 일어나는 세포가 아니므로 치료법이 영구적이지 않다는 문제점이 있음

ⓑ 생식세포 유전자치료법: 같은 원리로 수정란이나 발생 초기의 배아에 유전자를 삽입하는 것으로 일생동안 삽입된 유전자가 체내에 존재할 뿐만 아니라 그 후 자손들에게까지 지속적으로 유전됨. 이런 이유로 유럽에서는 이 방법이 1992년부터 엄격히 제한되고 있음

㉡ 유전자의 운반 방식: 운반방법은 바이러스를 쓰는 여부에 따라 크게 두 가지로 나뉨. 먼저 미세주입(microinjection), 리포좀 사용 등 바이러스를 사용하지 않고 물리적인 방법으로 세포에 유전자를 넣는 방법이 있음. 이 방법은 바이러스 유전자에 의한 숙주 세포의 부작용을 줄일 수 있는 반면에 운반된 유전자가 안정성이 떨어지기 때문에 반복적으로 유전자를 세포에 넣어주어야 하는 번거로움이 있음. 이러한 문제점 때문에 최근에는 레트로바이러스(retrovirus)나 아데노바이러스(adenovirus) 등의 바이러스를 사용하여 세포에 유전자를 넣는 방법이 가장 많이 연구되고 있음

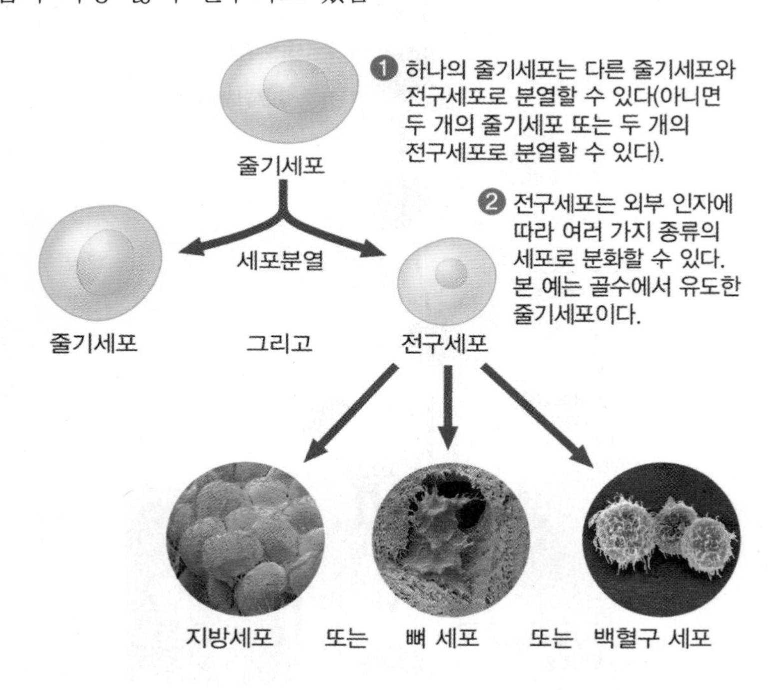

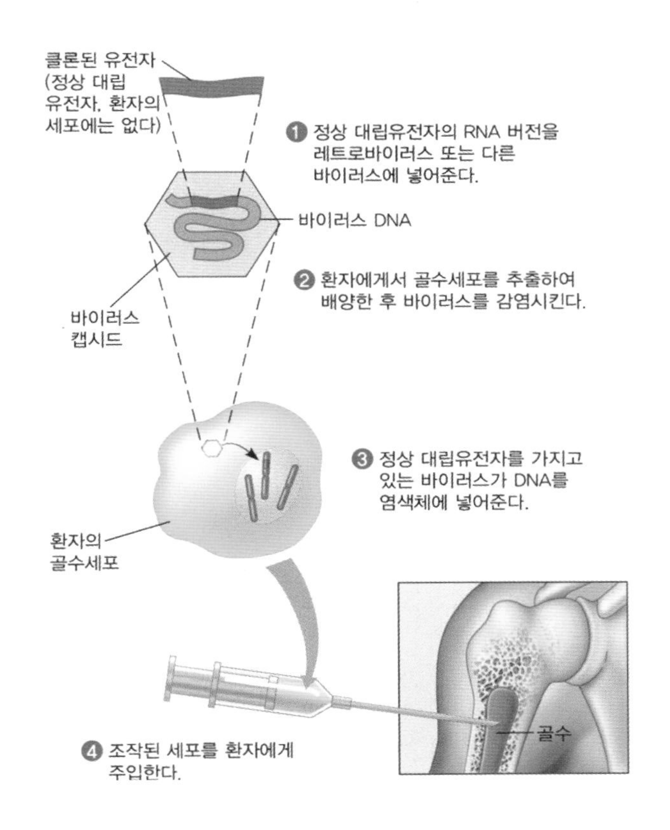

4 유전체 프로젝트

(1) 순차적 염기서열 결정법

전체 유전체를 대상으로 일정하게 분포하는 지표들을 발견하여 유전체의 지도를 작성하는 것임. 지도 유전체의 단편을 찾은 후 그것이 어디에 위치하는 지를 알아낸 뒤 그런 다음 단편의 염기서열을 결정한 후 결정된 단편을 서로 중복시켜 유전체를 하나의 단편으로 연결함

㉠ 염색체 걷기(chromosome walking)를 이용한 지도 작성: 한 클론의 작은 단편을 서브클로닝하여 탐침을 제작한 뒤 혼성화되는 클론을 찾아내고 다시 혼성화된 클론의 단편을 서브클로닝하여 탐침을 제작한 뒤 또 다른 혼성화 클론을 찾아내서 상대적으로 짧은 염색체 범위를 조사함

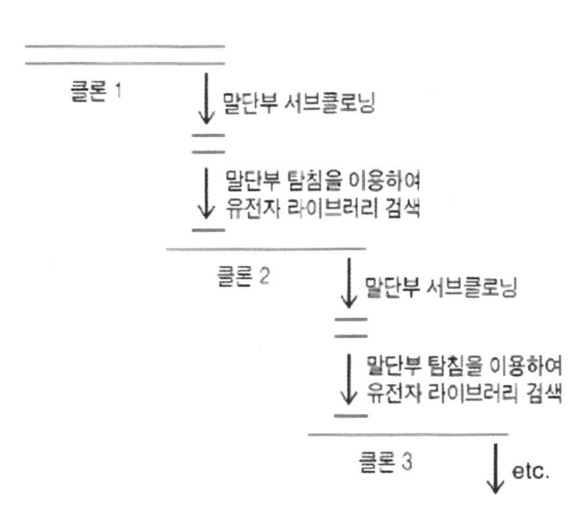

㉡ 특정 표지자를 이용한 물리적 지도 작성 - 서열 꼬리표 부위(sequenced-tagged site; STS)를 이용한 지도작성법: STS는 PCR로 확인이 가능한 약 60~1000bp 길이의 짧은 부위로 유전체상에서의 특수한 서열이며 유전체 지도 작성에 상당히 중요하게 이용됨

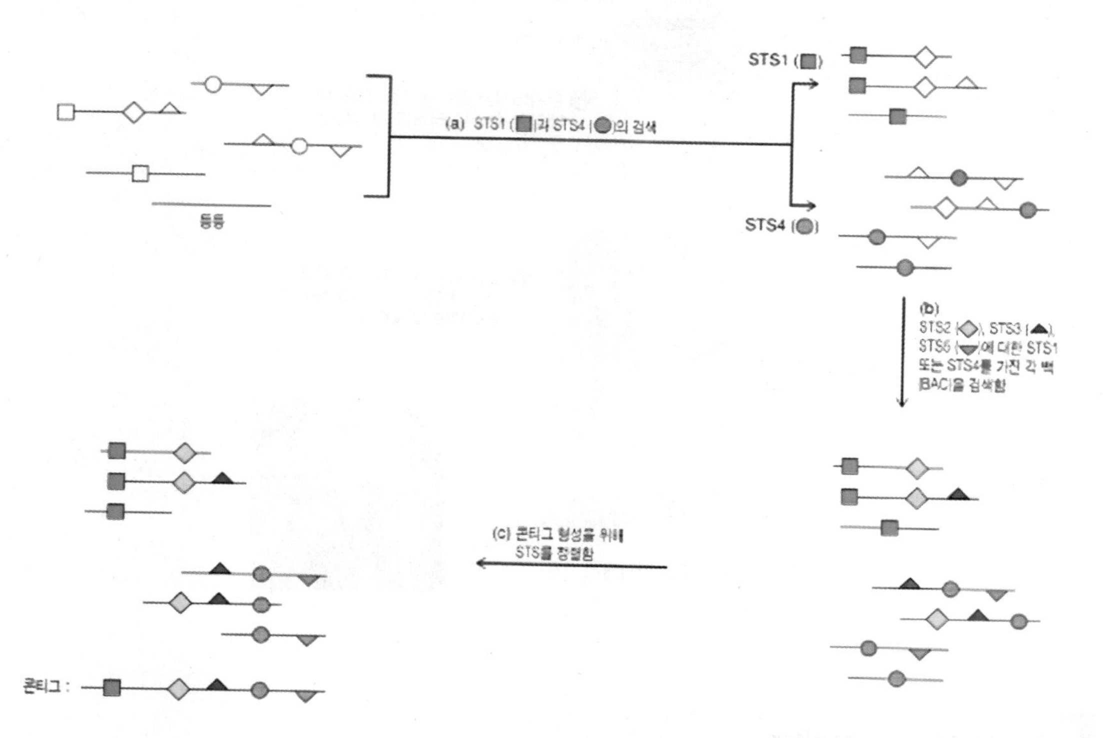

① 두 개 또는 그 이상의 상당히 멀리 떨어진 STS 클론들을 검색하는데 그림의 경우 STS1과 STS4가 그것임. 따라서 STS1과 STS4를 가진 모든 클론들이 검색되어 나옴
② 각각의 선별된 클론들을 대상으로 STS2, 3, 5 등을 포함하는지를 조사함
③ 각각의 클론이 가지고 있는 STS를 정렬시켜서 콘티그를 만듦

(2) 산탄 염기서열 결정법(shotgun sequencing)

지도작성 없이 바로 염기서열 결정 작업에 들어가도록 고안됨

① 염색체들을 조각내어서 BAC 벡터에 클로닝하여 여러 개의 클론을 얻음
② 염기서열 결정을 위해 종자 BAC를 고름
③ 종자 BAC를 플라스미드 벡터에 나누어 서브클로닝하여 플라스미드 도서고나을 형성함
④ 여러 개의 플라스미드 클론들의 염기서열을 결정하고 연결시켜 전체 길이의 BAC 염기서열을 결정함
⑤ 종자 BAC와 서로 겹치는 STC를 지닌 클론들을 찾아낸 후 핑거프린팅으로 비교하여 종자 BAC와 최소한으로 겹치는 다른 BAC를 찾아내고 이 클론의 염기서열을 결정함. BAC 워킹이라 불리는 이러한 방법을 통해 이론상 전체 염색체 크기의 콘티그를 형성할 수 있음

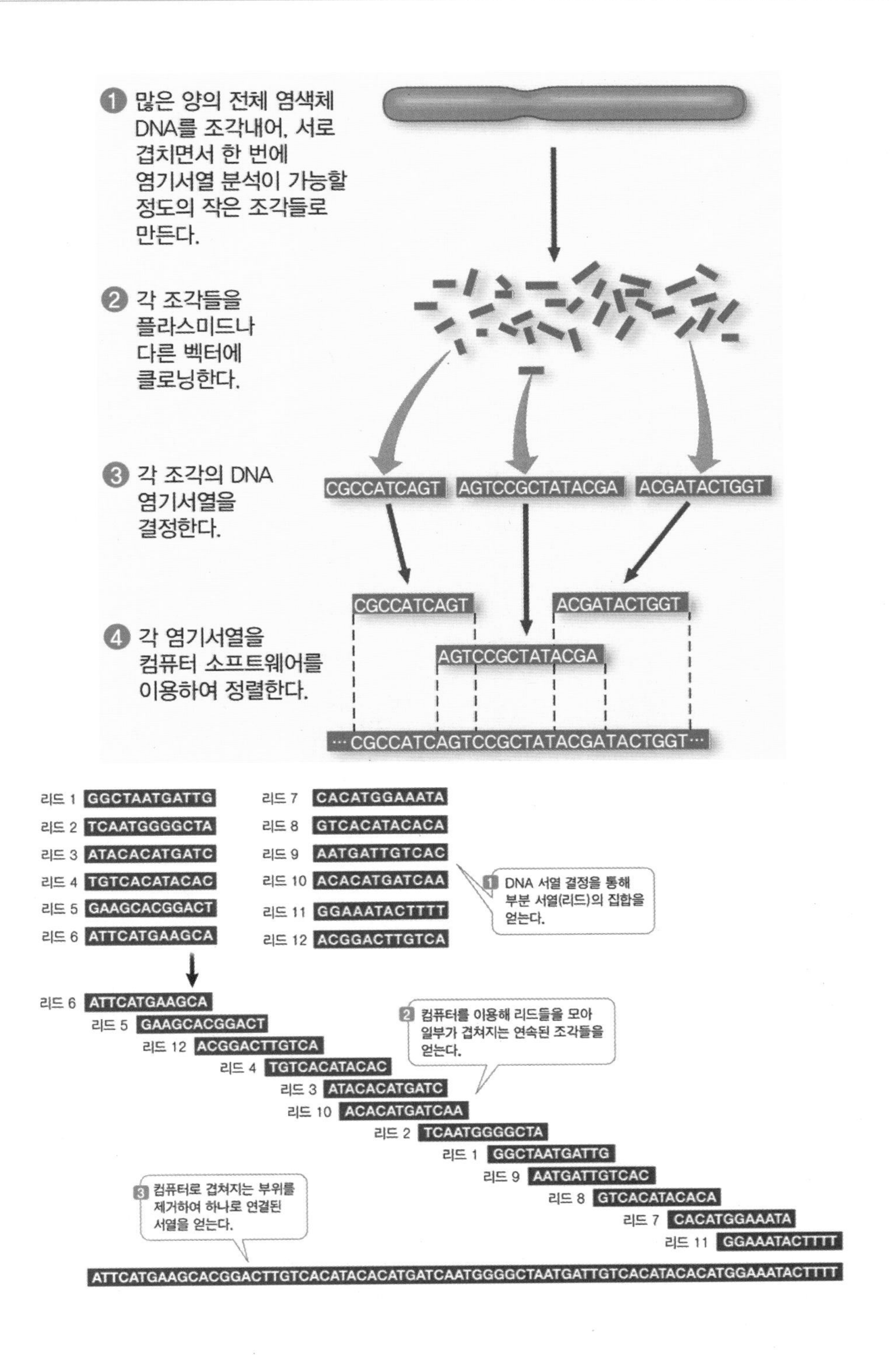

❶ 많은 양의 전체 염색체 DNA를 조각내어, 서로 겹치면서 한 번에 염기서열 분석이 가능할 정도의 작은 조각들로 만든다.
❷ 각 조각들을 플라스미드나 다른 벡터에 클로닝한다.
❸ 각 조각의 DNA 염기서열을 결정한다.
CGCCATCAGT
AGTCCGCTATACGA
ACGATACTGGT
❹ 각 염기서열을 컴퓨터 소프트웨어를 이용하여 정렬한다.
CGCCATCAGT
ACGATACTGGT
AGTCCGCTATACGA
…CGCCATCAGTCCGCTATACGATACTGGT…
리드 1 GGCTAATGATTG
리드 2 TCAATGGGGCTA
리드 3 ATACACATGATC
리드 4 TGTCACATACAC
리드 5 GAAGCACGGACT
리드 6 ATTCATGAAGCA
리드 7 CACATGGAAATA
리드 8 GTCACATACACA
리드 9 AATGATTGTCAC
리드 10 ACACATGATCAA
리드 11 GGAAATACTTTT
리드 12 ACGGACTTGTCA
1 DNA 서열 결정을 통해 부분 서열(리드)의 집합을 얻는다.
리드 6 ATTCATGAAGCA
리드 5 GAAGCACGGACT
리드 12 ACGGACTTGTCA
리드 4 TGTCACATACAC
리드 3 ATACACATGATC
리드 10 ACACATGATCAA
리드 2 TCAATGGGGCTA
리드 1 GGCTAATGATTG
리드 9 AATGATTGTCAC
리드 8 GTCACATACACA
리드 7 CACATGGAAATA
리드 11 GGAAATACTTTT
2 컴퓨터를 이용해 리드들을 모아 일부가 겹쳐지는 연속된 조각들을 얻는다.
3 컴퓨터로 겹쳐지는 부위를 제거하여 하나로 연결된 서열을 얻는다.
ATTCATGAAGCACGGACTTGTCACATACACATGATCAATGGGGCTAATGATTGTCACATACACATGGAAATACTTTT

비밀병기
심화편 ❷

PART 05

생명활동의 조절

인체생리학 길라잡이

1 동물의 몸설계(body plan)를 제한하는 요인

(1) 동물의 크기

㉠ 동물의 과도한 크기는 이동성을 제한

㉡ 동물의 크기가 클수록 물질교환을 위한 충분한 교환체계(예를 들어 순환계)가 필요

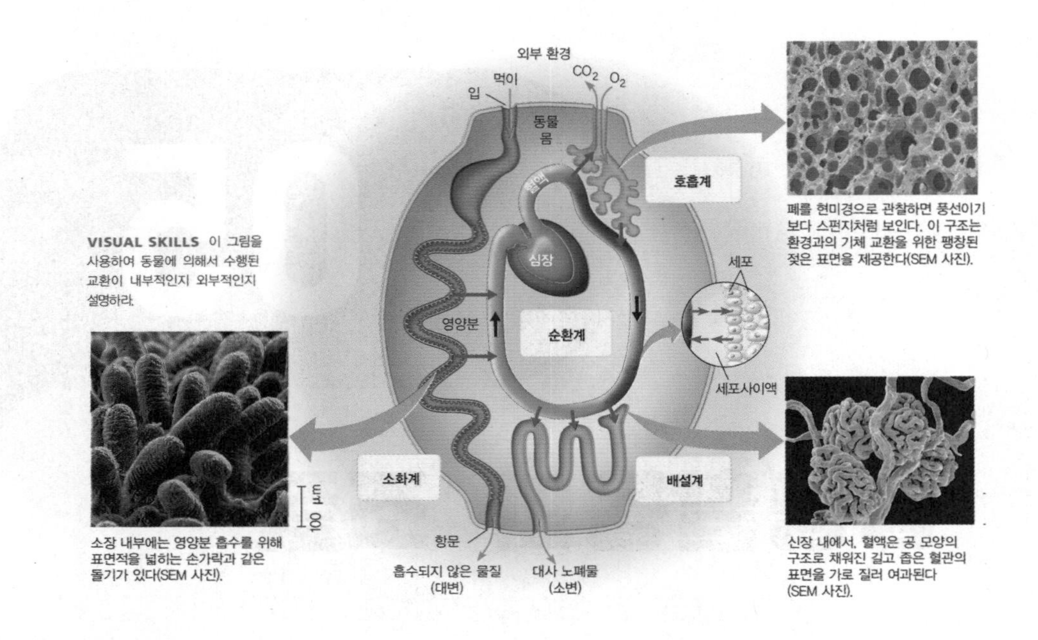

폐를 현미경으로 관찰하면 풍선이기보다 스펀지처럼 보인다. 이 구조는 환경과의 기체 교환을 위한 팽창된 젖은 표면을 제공한다(SEM 사진).

소장 내부에는 영양분 흡수를 위해 표면적을 넓히는 손가락과 같은 돌기가 있다(SEM 사진).

신장 내에서, 혈액은 공 모양의 구조로 채워진 길고 좁은 혈관의 표면을 가로 질러 여과된다 (SEM 사진).

(2) 동물의 형태

㉠ 유선형 동물 몸설계는 이동시 마찰저항을 감소시킴

㉡ 납작한 몸설계는 단위부피당 표면적이 커 물질교환에 유리

2 동물의 조직화

(1) 조직화 정도와 물질교환

㉠ 동물은 충분한 교환 표면(호흡계, 순환계)이 필요

㉡ 내부체액(혈액, 조직액)은 교환표면을 체세포와 연결; 조직액과 혈액 간의 물질교환은 몸 전체의 세포들의 영양물질 획득과 노폐물 제거에 필수적임

(2) 동물의 조직화 단계: 세포 < 조직 < 기관 < 기관계 < 개체

㉠ 세포(cell): 동물은 약 200여 종류의 세포로 구성

㉡ 조직(tissue): 유사한 모양과 공통적 기능을 지닌 세포들의 집단, 4종류의 조직(상피조직, 결합조직, 근육조직, 신경조직)으로 구분

㉢ 기관(organ): 기능적 단위들로 하나이상의 기관계에 속할 수 있음 ex. 이자: 내분비계와 소화계에 모두 중요한 기능으로 작용

㉣ 기관계(organ system): 여러 구성 기관의 조합으로 창발적 생리작용을 보임.
ex. 배설계: 물질대사, 노폐물 배출, 혈액의 삼투 평형 조절

기관계	주요 구성요소	주요 기능
소화계	입, 인두, 식도, 위장, 소장, 간, 췌장, 항문	음식 가공(섭취, 소화, 흡수, 제거)
순환계	심장, 혈관, 혈액	물질의 내부 배분
호흡계	허파, 기관	기체교환(산소, 흡입, 이산화탄소 방출)
면역계와 림프계	골수, 림프절, 흉선, 비장, 림프관, 백혈구	신체방어(감염 및 암과의 싸움)
배설계	신장, 수뇨관, 방광, 요도	물질대사 노폐물 배출, 혈액의 삼투 평형 조절
내분비계	뇌하수체, 갑상선, 췌장 부신 등의 내분비선	소화 등의 물질대사 조절
생식계	난소, 정소 등	생식
신경계	뇌, 척수, 신경, 감각기관들	몸 활동의 조절, 자극의 감지와 자극에 대한 반응 생성
피부계	피부와 피부 유도체들(털, 손발톱, 피부샘)	기계적 손상, 감염, 건조에 대한 보호, 체온 조절
골격계	골격(뼈, 인대, 힘줄, 연골)	몸 지지, 내부기관의 보호, 운동
근육계	골격근	운동, 이동

3 조직의 구조와 기능

(1) 상피조직(epithelial tissue)

기계적 손상, 병원체, 체앤 손실에 대한 장벽으로써 몸의 내부 환경 보호, 내부와 외부 환경 사이의 물질 교환 조절

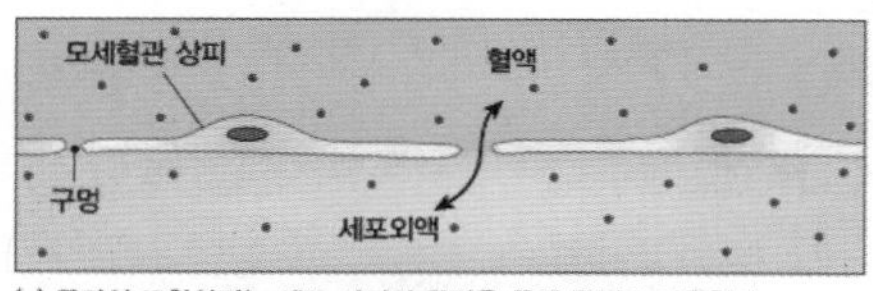

(a) 투과성 교환상피는 세포 사이의 공간을 통해 물질이 이동한다.

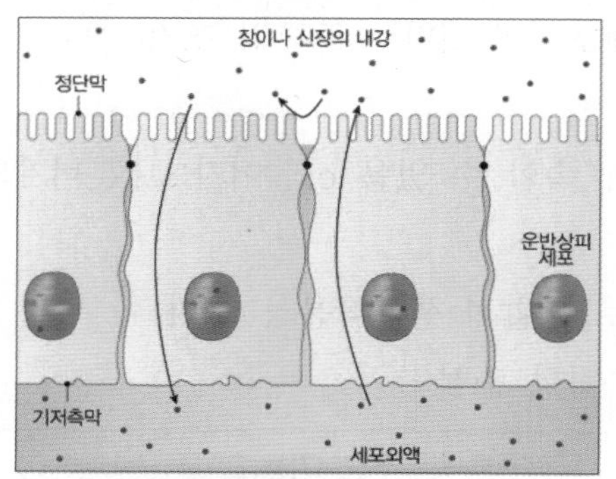

(b) 운반상피에 있는 밀착이음은 세포 사이의 물질 이동을 방해한다. 상피를 통과하기 위해서는 물질이 두 세포막을 가로질러야 한다.

밀착성과 투과성 상피 사이의 물질 이동

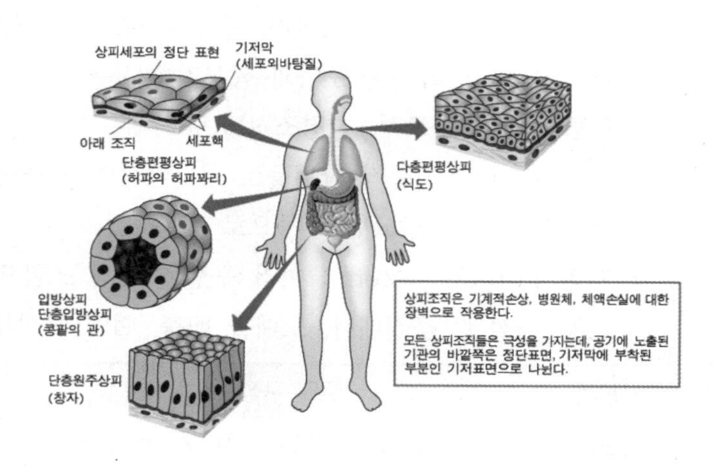

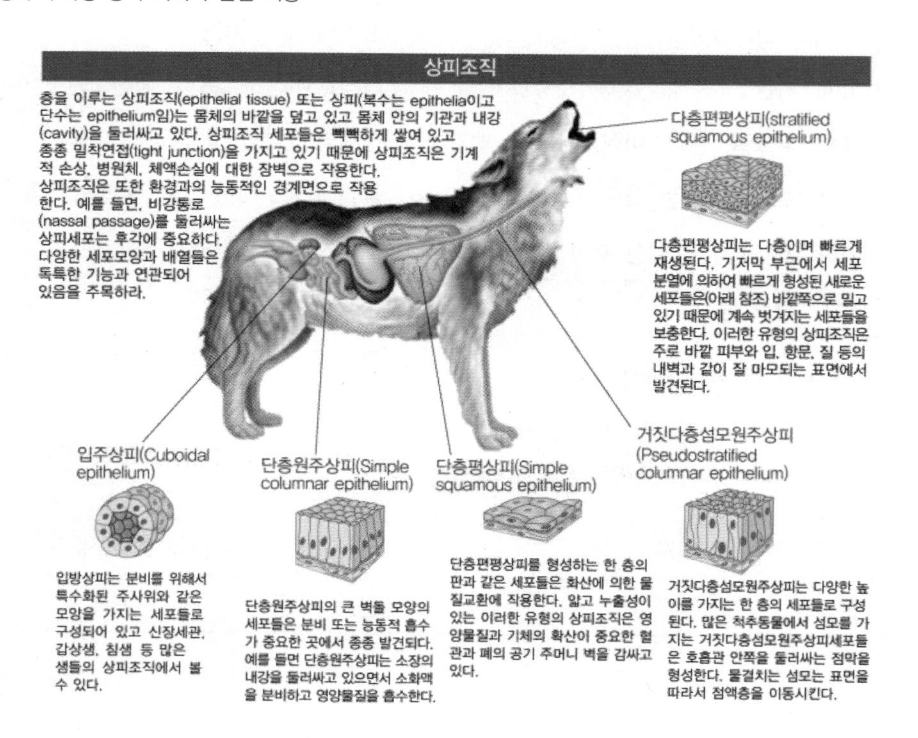

㉠ 하나 이상의 세포층이 서로 연결되어 있음

㉡ 모든 상피조직은 극성을 지님

ⓐ 정단 표면(apical surface): 호흡기나 장의 내강이나 기관 바깥을 향해 있어 액체나 공기에 노출

ex. 소장 상피세포의 정단부 미세융모: 소화된 영양소 흡수 표면적을 증가 시킨 형태를 지님

ⓑ 기저 표면(basal surface): 세포외 기질의 두꺼운 층인 기저막과 부착

㉢ 상피세포와 하부조직 사이에는 기저막(basal lamina; 기저관)이 존재함

㉣ 상피세포를 분류하는 기준

ⓐ 세포층의 수: 단층상피(simple epithelium), 거짓다층상피(pseudostratified epithelium), 다층상피(stratified epithelium)

ⓑ 노출된 표면의 세포모양: 입방형, 원주형, 편평형

ⓒ 기능: 교환, 운반, 유동, 보호, 분비

㉤ 상피조직의 종류와 형태, 그리고 기능

상피의 종류	세포층의 수	모양	기능	예
교환상피	단층	편평상피	물질 특히 기체를 빠르게 교환	혈관, 폐
운반상피	단층	원주 or 입방상피	투과성 물질에 대해 특이적	장, 신장조직
섬모상피	거짓다층	원주 or 입방상피	표면을 따라 유동물 이동	코, 기관지, 여성 수란관
보호상피	다층	표면(편평상피) 내층(다각형상피)	세포를 단단히 연결	신체의 표면, 구강입구 바로 안쪽
분비상피	단층 or 다층	원주 or 다각형상피	세포 밖이나 혈액으로 물질을 합성, 분비	외분비선, 내분비선

(2) 결합조직(connective tissue)

몸체 안에서 다른 조직들을 결합시키거나 지지하는 기능 수행, 때로는 물리적인 장벽(외부 침입자로부터의 보호 등)으로 작용

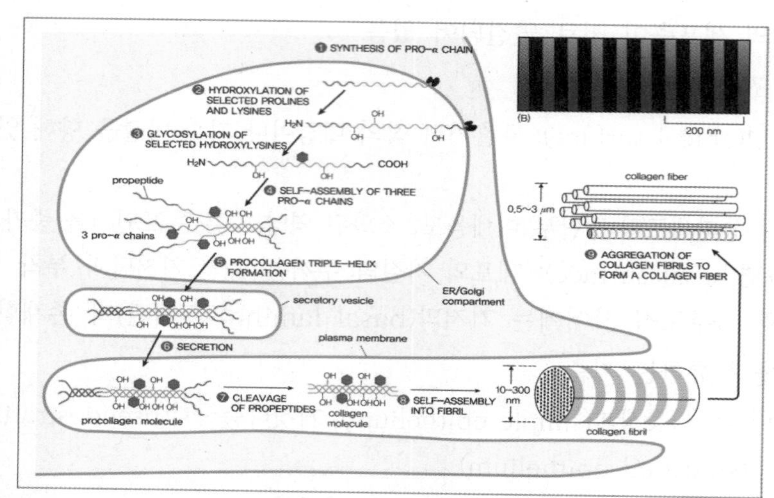

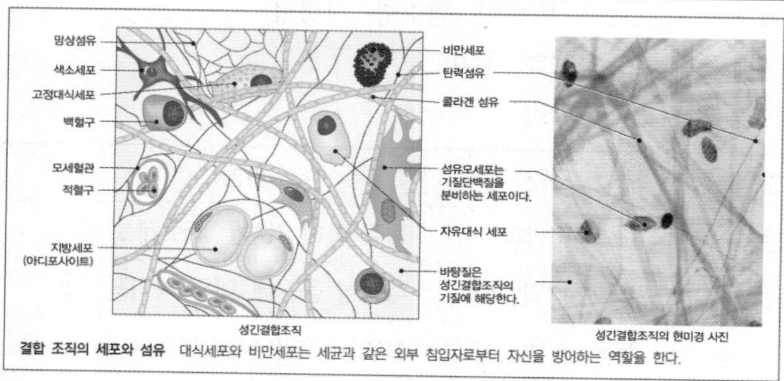

결합 조직의 세포와 섬유 대식세포와 비만세포는 세균과 같은 외부 침입자로부터 자신을 방어하는 역할을 한다.

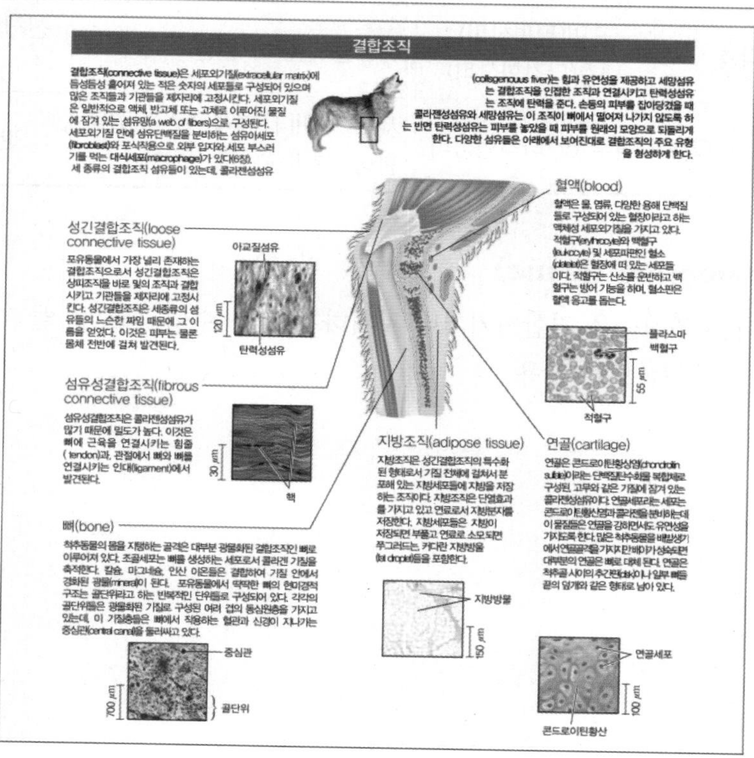

㉠ 넓게 산재해 있는 세포를 둘러싸고 있는 기질(세포의 기질; 바탕질) 풍부

㉡ 결합조직에 산재해 있는 세포의 종류

ⓐ 섬유아세포(fibroblast): 세포외 섬유의 단백질 구성성분을 분비

ⓑ 대식세포(macrophage): 미로와 같은 섬유층을 돌아다니면서 식세포작용을 통해 외래 물질과 죽은 세포 잔해를 잡아먹어 청소부 역할을 수행함

㉢ 결합조직 섬유

ⓐ 콜라겐 섬유: 신축성 無, but 강하여 잡아당겨도 쉽게 찢어지지 x, 동물계에서 가장 풍부한 단백질인 콜라겐으로 구성.

ⓑ 탄력성 섬유: 신축성과 탄력성을 지닌 엘라스틴으로 구성되어 콜라겐섬유의 비신축성 보충

ⓒ 망상섬유(세망섬유): 콜라겐으로 구성, 콜라겐 섬유와 연결되어 있으면서 결합 조직을 인접한 조직과 결합시킴

㉣ 결합조직의 종류

결합조직의 종류	바탕질	섬유종류, 배열	주요세포	위치
성긴 결합조직	젤상태 (바탕질 〉 섬유, 세포)	콜라겐섬유, 탄력섬유, 세망섬유(무작위배열)	섬유아세포	피부, 상피하 혈관, 기관주변
섬유성 결합조직	대부분 섬유	콜라겐섬유(평행배열)	섬유아세포	힘줄, 인대
지방조직	대부분 지방세포	x	갈색지방(유아), 백색지방	나이, 성별에 따라 다름
혈액	대부분 액체	x	혈구 (적혈구, 백혈구)	혈관
연골	콘드로이틴 황산염 (기질)에 아교질섬유 존재	콜라겐섬유	연골아세포	관절표면, 척추, 귀, 코, 인두
뼈	x	콜라겐섬유	골아세포, 파골세포	뼈

(3) 근육조직

모든 유형의 몸체 운동에 관련된 조직으로 에너지 소모 주요조직이며 동시에 가장 풍부한 조직

근육조직의 종류	운동양상	특징
골격근	수의적 운동	평행배열, 가로무늬 有(근절 有), 다핵
심장근	불수의적 운동	가지치기배열(세포사이원반을 통한 세포연결), 가로무늬 有, 일핵
평활근	불수의적 운동	방추형모양 가로무늬 有, 일핵

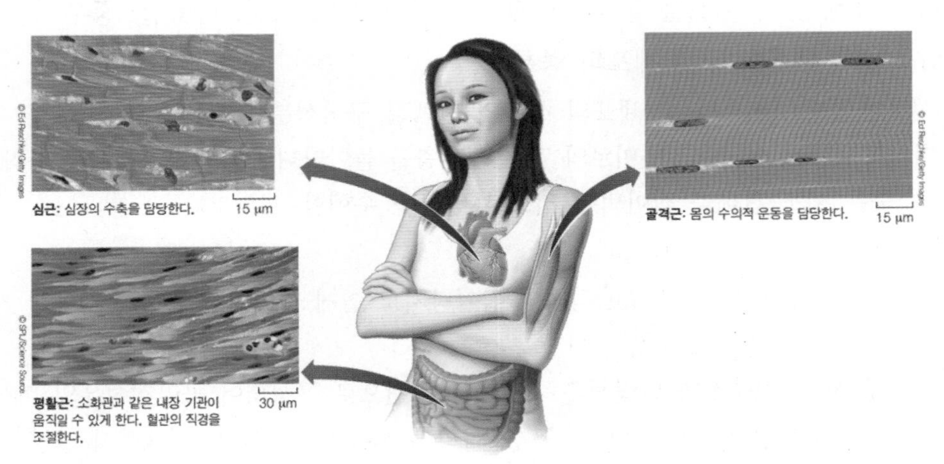

심근: 심장의 수축을 담당한다.

골격근: 몸의 수의적 운동을 담당한다.

평활근: 소화관과 같은 내장 기관이 움직일 수 있게 한다. 혈관의 직경을 조절한다.

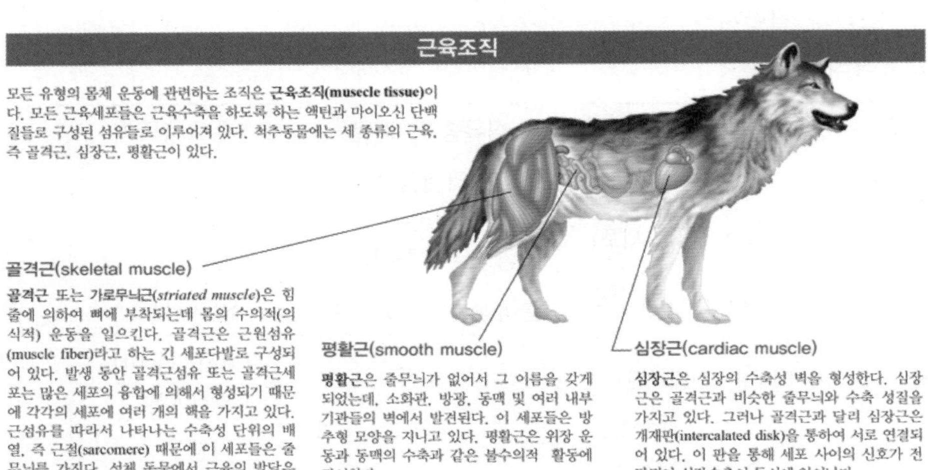

근육조직

모든 유형의 몸체 운동에 관련하는 조직은 **근육조직(musecle tissue)**이다. 모든 근육세포들은 근육수축을 하도록 하는 액틴과 마이오신 단백질들로 구성된 섬유들로 이루어져 있다. 척추동물에는 세 종류의 근육, 즉 골격근, 심장근, 평활근이 있다.

골격근(skeletal muscle)

골격근 또는 **가로무늬근**(*striated muscle*)은 힘줄에 의하여 뼈에 부착되는데 몸의 수의적(의식적) 운동을 일으킨다. 골격근은 근원섬유(muscle fiber)라고 하는 긴 세포다발로 구성되어 있다. 발생 동안 골격근섬유 또는 골격근세포는 많은 세포의 융합에 의해서 형성되기 때문에 각각의 세포에 여러 개의 핵을 가지고 있다. 근섬유를 따라서 나타나는 수축성 단위의 배열, 즉 근절(sarcomere) 때문에 이 세포들은 줄무늬를 가진다. 성체 동물에서 근육의 발달은 세포의 숫자를 증가시키는 것이 아니라 이미 존재하고 있는 세포를 크게 하는 것이다.

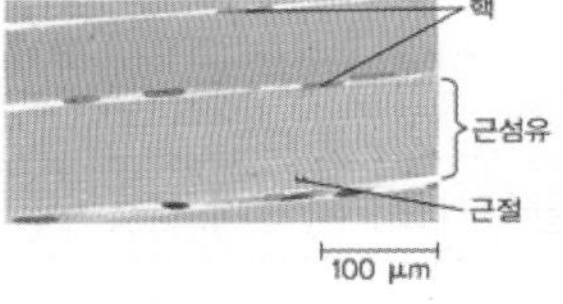

평활근(smooth muscle)

평활근은 줄무늬가 없어서 그 이름을 갖게 되었는데, 소화관, 방광, 동맥 및 여러 내부 기관들의 벽에서 발견된다. 이 세포들은 방추형 모양을 지니고 있다. 평활근은 위장 운동과 동맥의 수축과 같은 불수의적 활동에 관여한다.

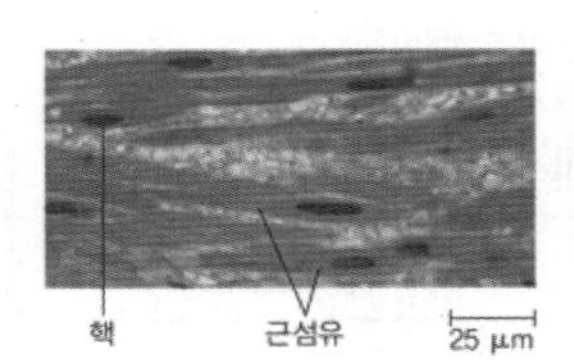

심장근(cardiac muscle)

심장근은 심장의 수축성 벽을 형성한다. 심장근은 골격근과 비슷한 줄무늬와 수축 성질을 가지고 있다. 그러나 골격근과 달리 심장근은 개재판(intercalated disk)을 통하여 서로 연결되어 있다. 이 판을 통해 세포 사이의 신호가 전달되어 심장수축이 동시에 일어난다.

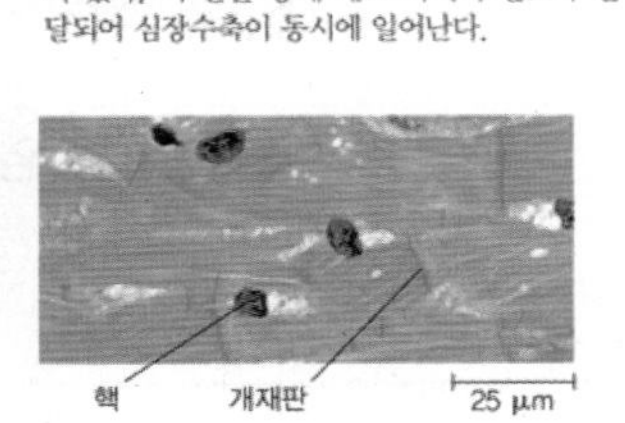

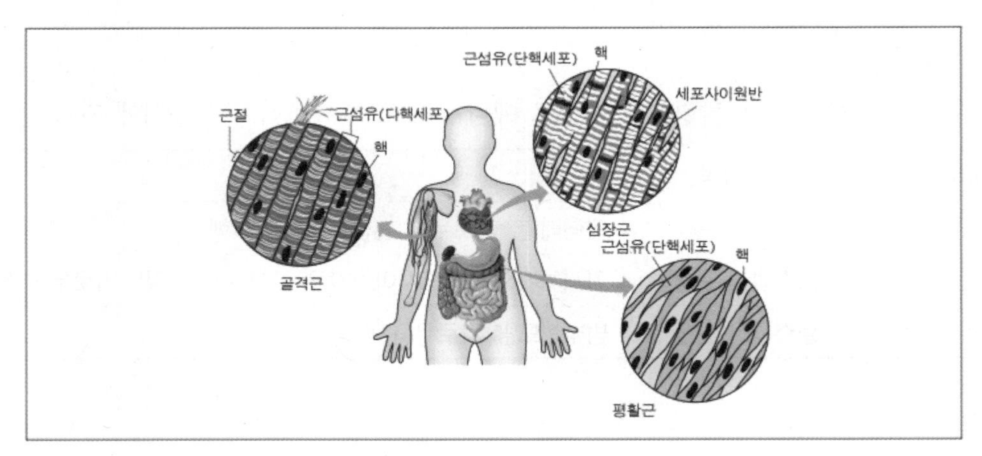

(4) 신경조직

신경보호를 동물의 한 부분에서 다른 부분으로 전달

㉠ 신경세포(뉴런): 신경자극을 전달

㉡ 신경교세포: 뉴런에 영양 공급, 절연체 제공, 뉴런 형성에 관여함

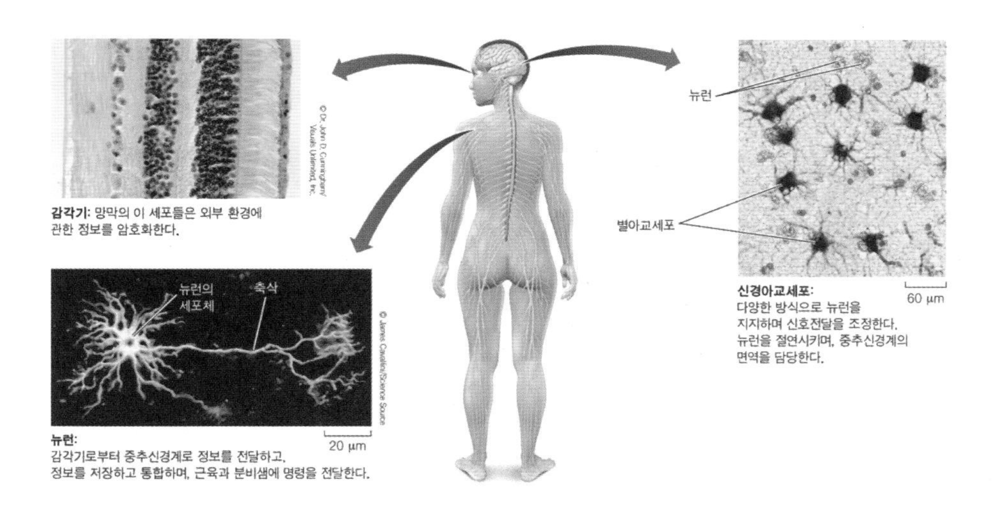

4 내부 환경의 조절

(1) 동물의 내부 환경

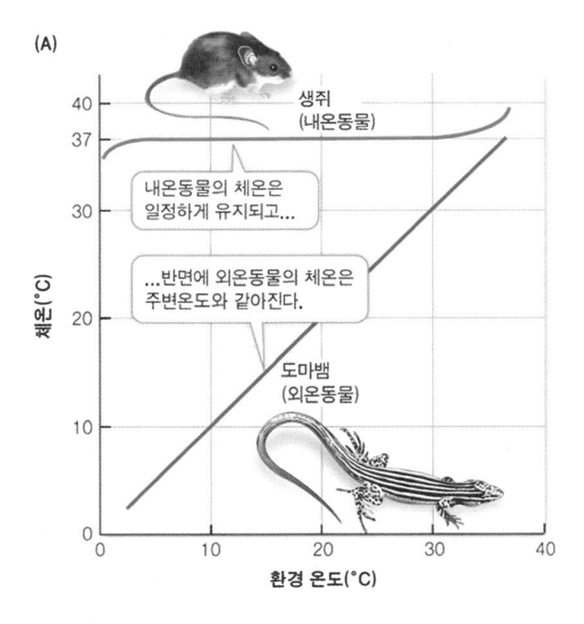

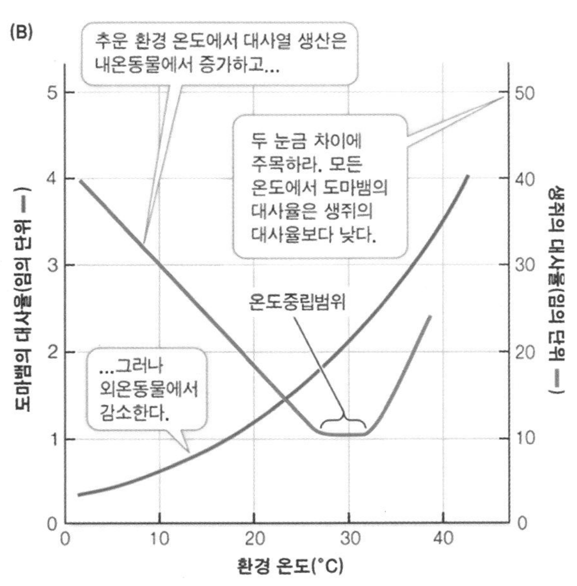

㉠ 조절자(regulator): 외부적 변동에 의한 내부변화를 줄이기 위해 내부조절기작을 이용하며 내온동물이 조절자에 속함

㉡ 순응자(conformer): 외부환경에 따라서 내부환경을 변화시키는데 외온동물이 순응자에 속함

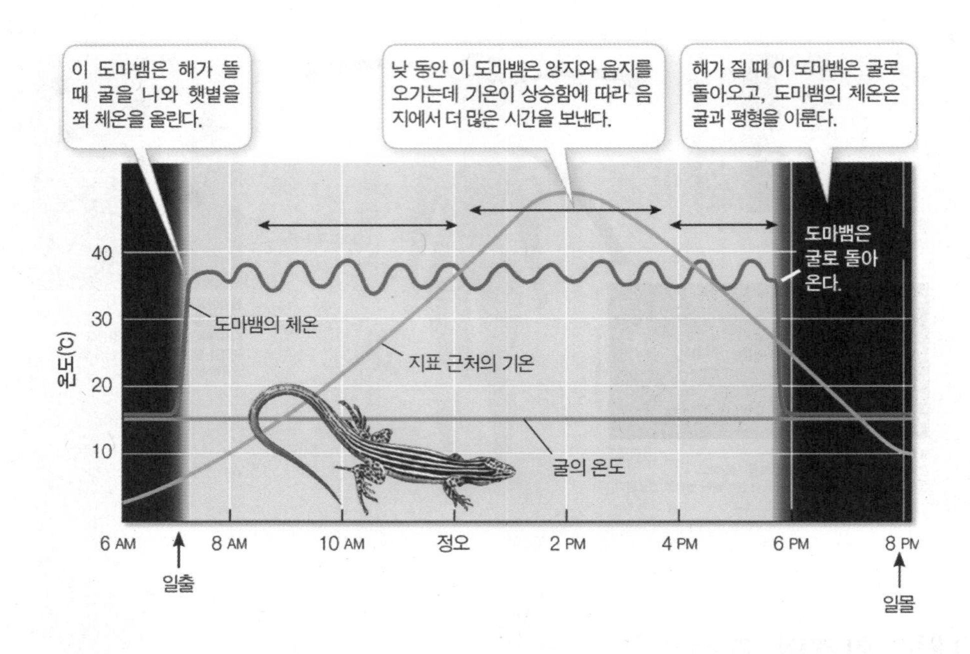

(2) 항상성 유지 기작(기능적 구성요소: 수용체, 조절중추, 효과기)

보통의 경우 음성 되먹임(negative feedback; 체내환경 변화가 변화의 요인을 제거하는 방식으로서 변화 감소기작이 됨) 기작을 통해 항상성이 유지됨

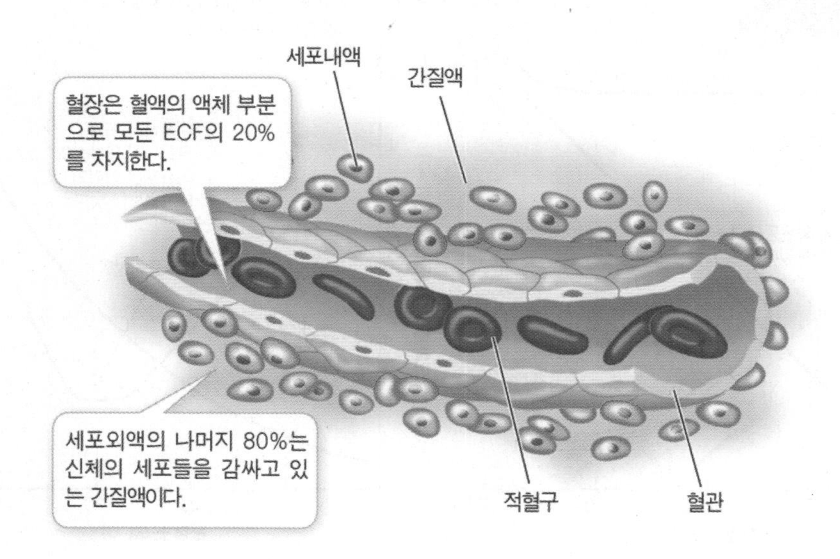

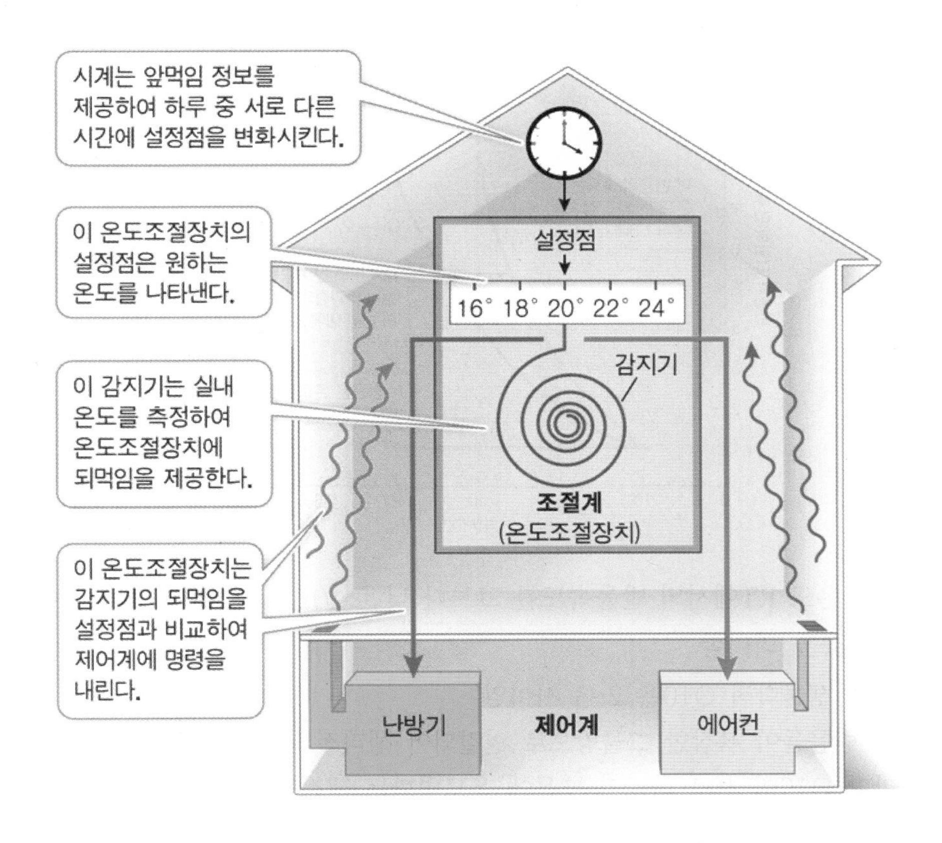

(3) 항상성의 변경

㉠ 다양한 환경에 대해서 항상성을 위한 설정점과 정상범위는 변화할 수 있음
ex. 깨어 있을 때보다 자고 있을 때 대부분의 동물들은 더 낮은 체온을 갖고 있음

㉡ 항상성의 정상적 범위가 변화하는 한 가지 방법으로 순화(acclimatization; 외부환경의 변화에 적응하는 과정)가 있음 ex. 포유동물이 해수면에서 고지대로 올라갈 때의 생리학적 변화: 허파로의 혈류량 증가, 산소를 운반하는 적혈구 생산의 증가

5 체온조절

(1) 대부분의 세포 기능은 좁은 범위의 온도 내에 제한되어 있음

㉠ 대부분의 세포는 0~45℃ 사이에서 그 기능을 수행할 수 있지만 종에 따라 이보다도 한계 범위가 훨씬 좁은 경우도 있음

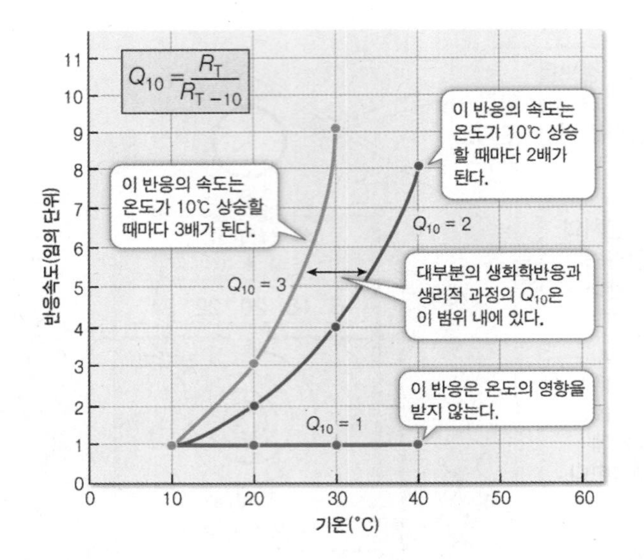

㉡ Q10: 특정 온도 RT에서의 반응속도를 그보다 낮은 10℃ 낮은 온도 RT-10에서의 반응속도로 나눈 값을 의미함

ⓐ 대부분의 생물학적 Q10은 2~3 사이임

ⓑ 생체내 반응들이 복잡한 그물망으로 연결되어 생리적 과정을 수행함

ⓒ 반응마다 Q10이 서로 다르기 때문에 온도변화는 생리적 과정에 필수적인 균형과 통합을 파괴할 수도 있음

(2) 피부와 외부환경 간의 열교환 방식: 전도, 대류, 복사, 증발

㉠ 체온조절의 핵심은 열획득률과 열손실률을 같게 하는 것임

㉡ 동물들은 전체적으로 열교환을 감소시키는데 체온조절을 수행함

(3) 열손실과 획득의 균형을 유지하는 방식

㉠ 단열: 동물과 환경 사이의 열 흐름을 감소시킴 ex. 피부를 통한 단열

피부의 구조

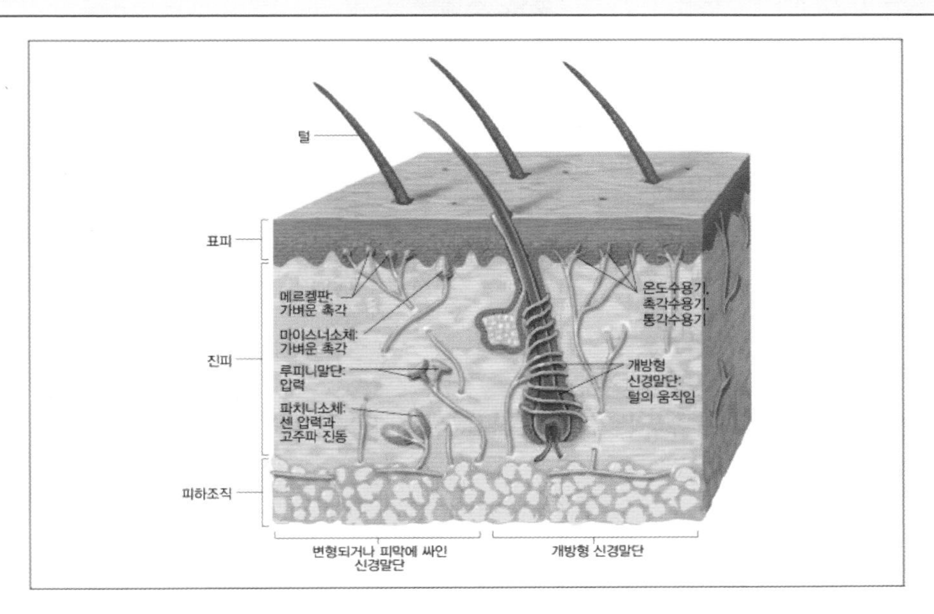

Ⓐ 피부는 표피(epidermis)와 진피(demis)로 구성됨.

Ⓑ 표피는 피부의 가장 바깥층으로서, 주로 죽은 상피세포로 구성되어 있어서 지속적으로 얇은 조각으로 떨어져 나감

Ⓒ 진피는 표피를 지지하고 모낭, 기름샘, 땀샘, 근육, 신경, 혈관을 가지고 있음

Ⓓ 피부 아래에 존재하는 하피는 지방을 저장하는 세포와 혈관을 포함하는 지방조직을 지님

㉡ 순환계 적응: 환경온도 변화에 반응하여 몸체 안쪽과 피부 사이를 흐르는 혈액량을 변경

ⓐ 혈관 이완: 피부표면으로의 혈류량 증가하여 체외로의 열손실률이 증가됨

ⓑ 혈관 수축: 피부표면으로의 혈류량 감소하여 체외로의 열손실률이 감소됨

ⓒ 역류열 교환기작: 열의 전달률을 최대화시키기 위해 서로 반대 방향으로 흐르는 인접한 혈액의 흐름. 동맥을 흐르는 혈액이 지닌 열의 일부가 정맥을 흐르는 혈액으로 유입되어 체내 중심부의 온도를 유지할 수 있는 중요한 전략적 기제가 됨

㉢ 증발을 통한 냉각: 헐떡거림, 땀흘림(많은 육상 포유동물), 침바름(일부 캥거루, 설치류), 몸 표면의 점액량 변화 등을 통한 증발 냉각 조절

㉣ 행동적 반응: 내온동물보다 외온동물은 행동에 의한 체온조절 방식에 더욱 의존 ex. 꿀벌: 사회행동에 의존하는 체온조절 기작을 이용. 추운날 무리의 밀도와 열생산을 높임. 따라서 많은 양의 에너지를 꿀의 형태로 저장해야 함

㉤ 물질대사율 조정: 온도중립범위 내에서 내온동물은 일반적으로 피부로 가는 혈액의 양을 조절하여 체온을 일정하게 유지시키나 온도중립범위 밖에서는 에너지를 사용하여 체온을 조절함. 온도중립범위는 하한임계온도와 상한임계온도에 의해 결정되는데 외부온도가 하한임계온도 아래로 떨어지면 내온동물은 환경으로 빼앗긴 열을 보상하기 위해 열을 생성해야 하며 포유류는 체온조절을 위해 떨거나 떨지 않는 방법으로 열을 생산함

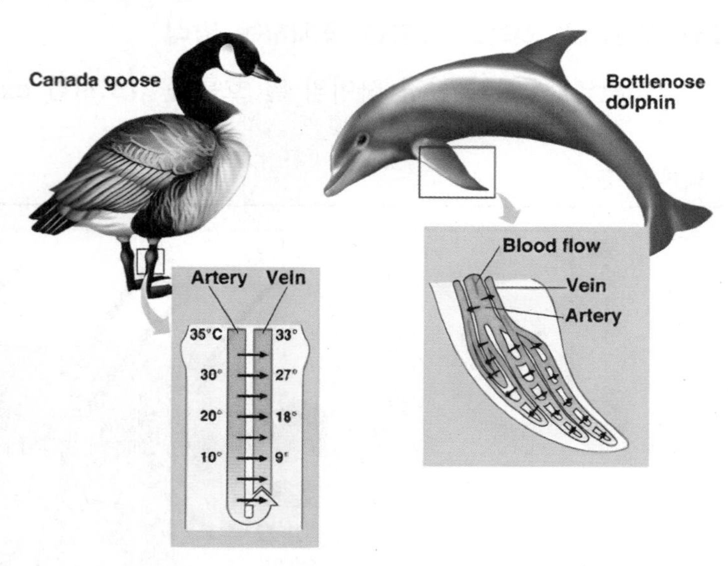

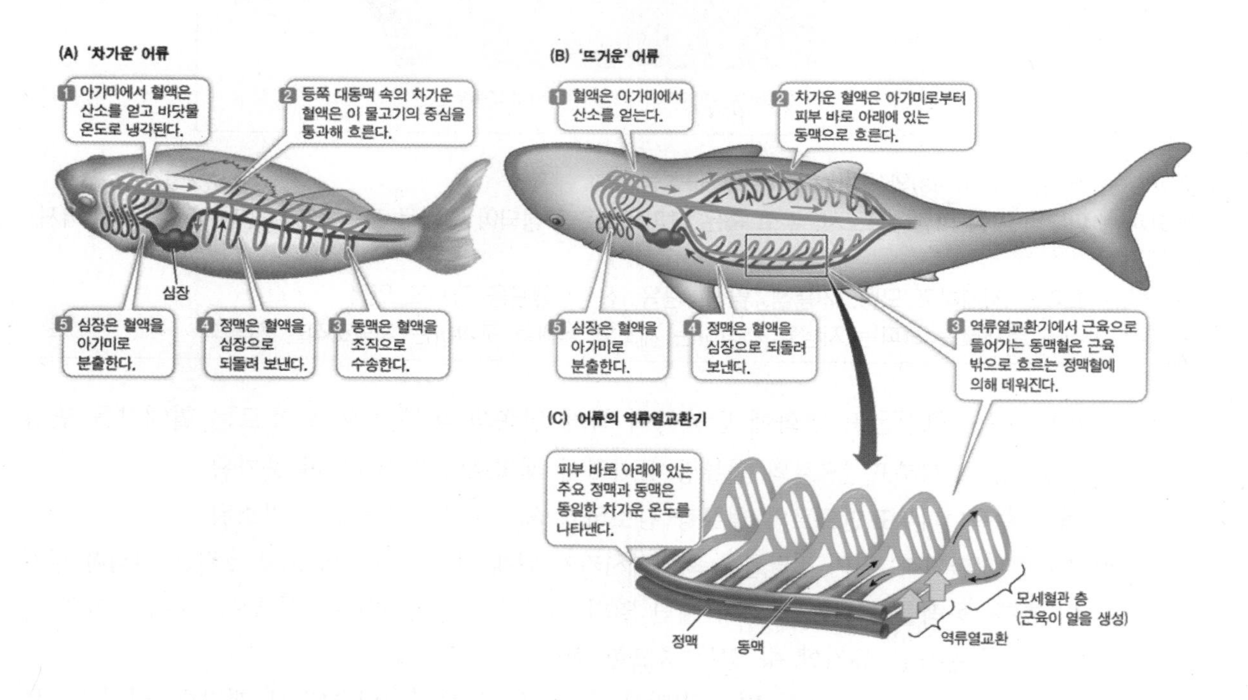

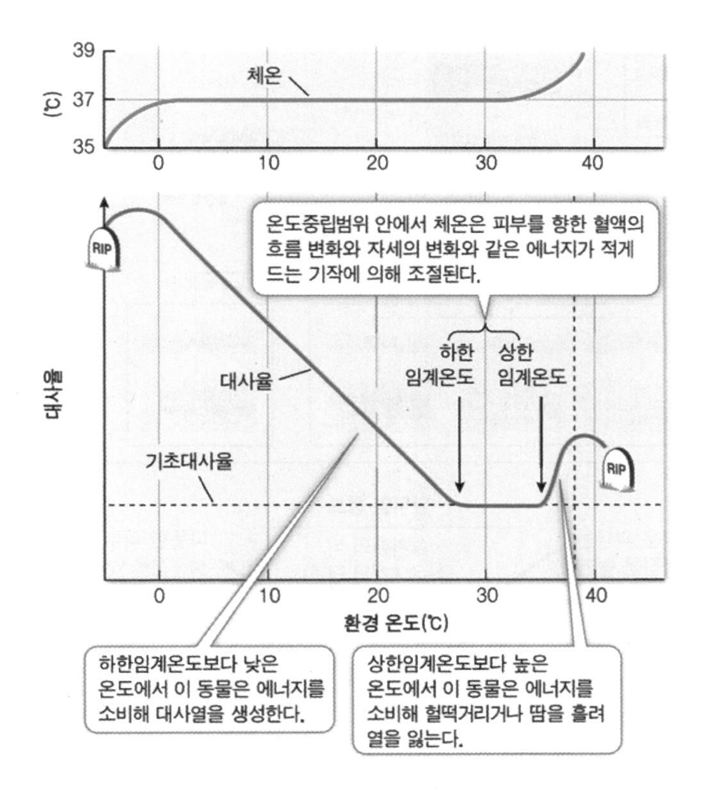

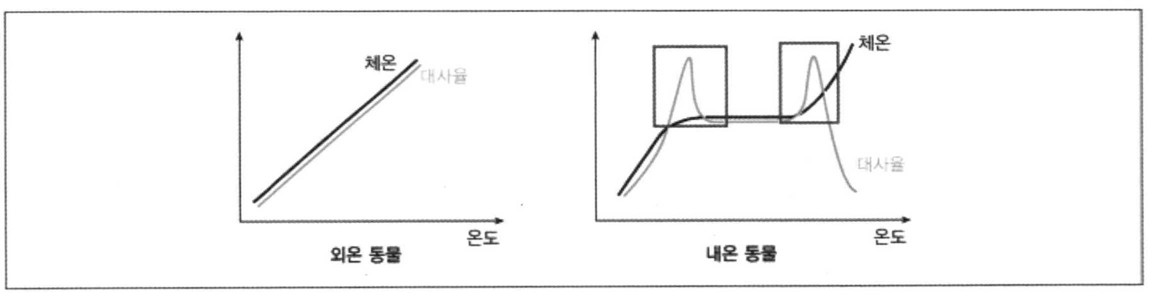

ⓐ 떨림 열생성과 비떨림 열생성: 떨림 열생성이란 움직이거나 떠는 것과 같은 근육 활동으로 인한 열생성임. 암컷 비단뱀 등의 크기가 큰 파충류 일부나 내온성 곤충도 비행근육을 작동하기 전에는 떨림을 통해 물질대사율을 증가시키는 내온성 기작을 진행함. 비떨림 열생성은 갈색지방조직 미토콘드리아에서 짝풀림 호흡이 진행되는 과정을 통해 수행되며 근육을 떨지 않고도 열발생을 할 수 있는 방식임

ⓑ 척추동물의 자동온도조절기: 시상하부의 온도 외에 다른 공급원에서 오는 정보도 함께 통합하여 체온을 유지시키는 기작을 진행함

1. 시상하부의 온도가 설정점을 넘어가거나 그 아래로 떨어지면 온도의 변화방향을 역전시키도록 온도조절반응이 활성화됨

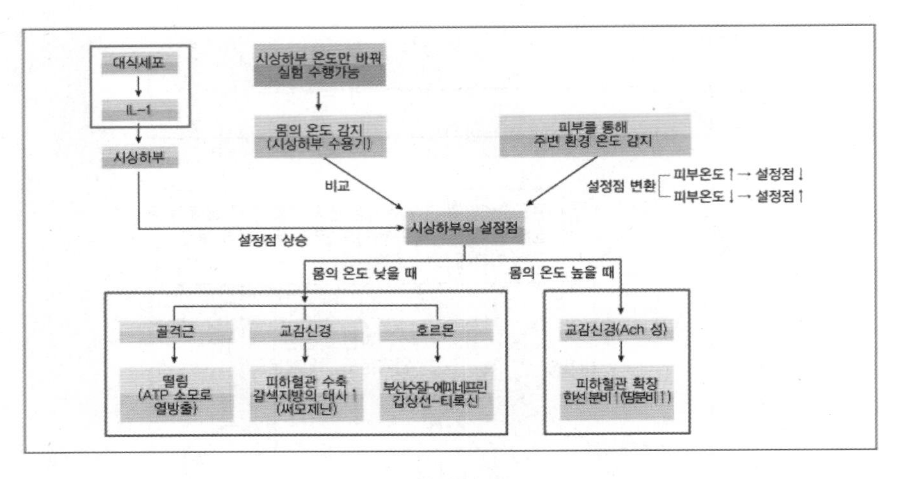

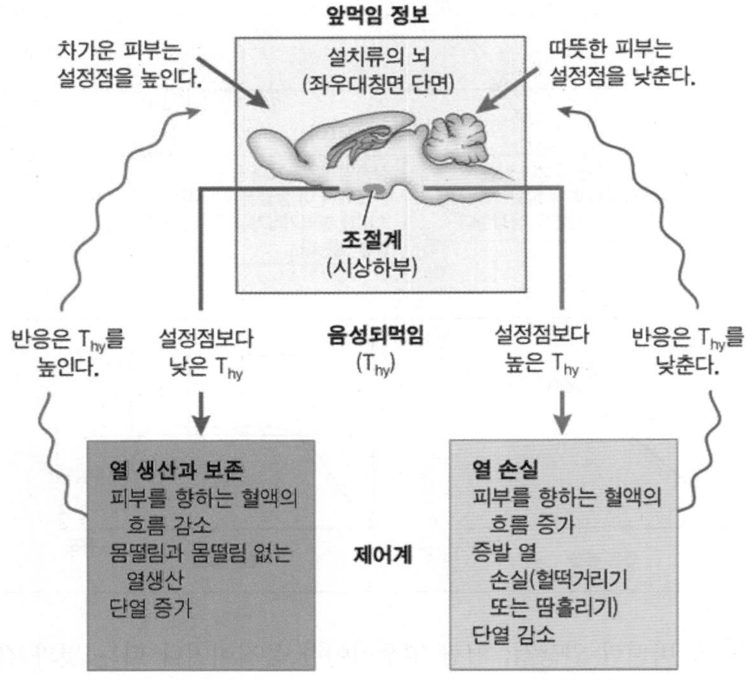

예 땅다람쥐 실험

이 실험에서 포유류의 시상하부가 직접적으로 열 조작의 대상이 되었다. 이 조작에 대한 몸의 반응은 예상대로 시상하부가 정말 포유류의 '온도조절기'임을 입증하였다.

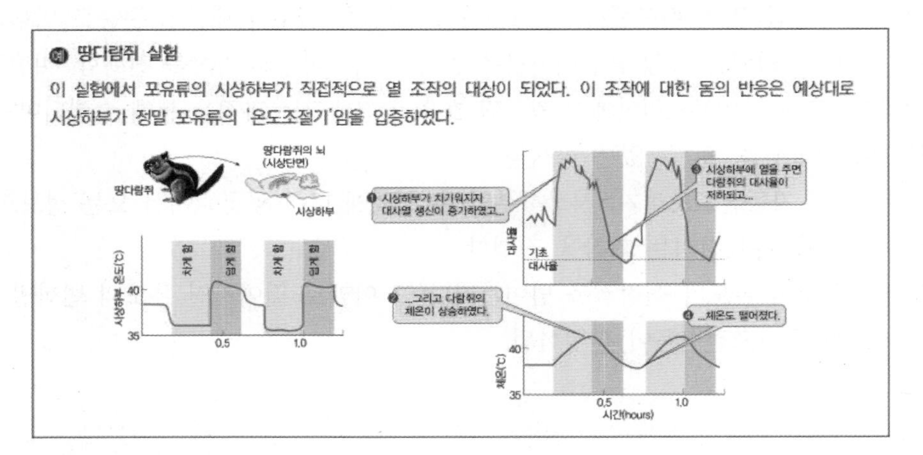

2. 피부의 온도감지기에 등록된 외부온도에 대한 정보도 사용하는데 외부온도가 변하면 시상하부의 설정점을 변화시켜 온도조절반응을 일으킴

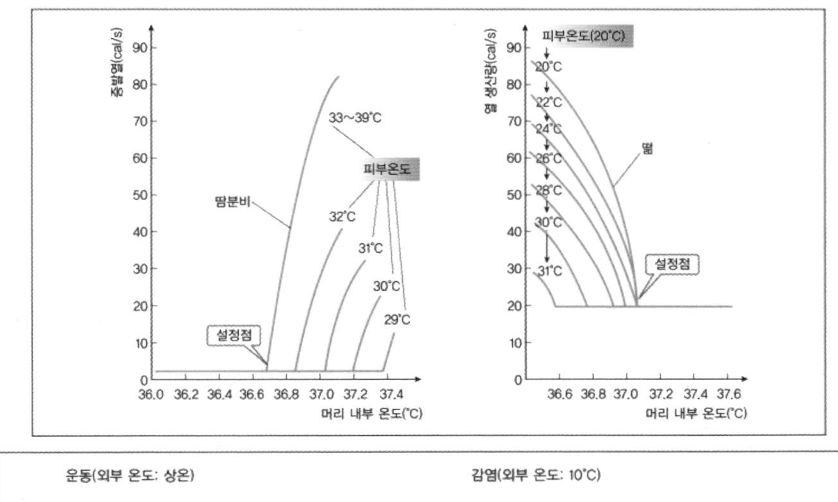

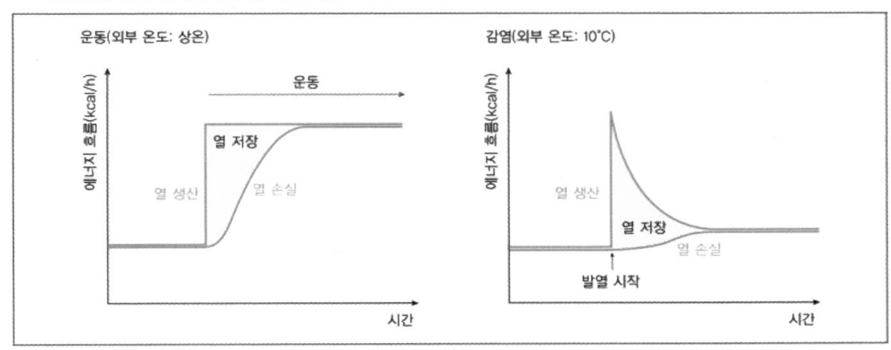

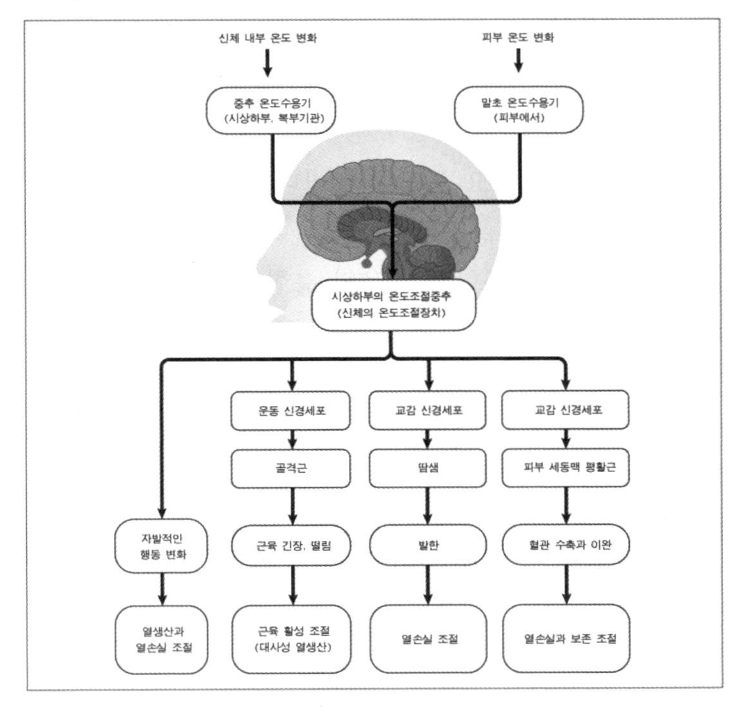

(4) 체온조절에서의 순화

㉠ 내온동물의 순화

ⓐ 단열의 정도를 조절하는 것임. 예를 들어 겨울에는 두꺼운 모피를 자라게 하고 여름에는 모피를 벗음

ⓑ 계절에 따라 물질대사를 통한 열생산능력의 변화가 나타남

㉡ 외온동물의 순화: 종종 세포수준에서의 조정 포함

ⓐ 동일한 기능을 지니지만 서로 다른 최적온도를 지니는 효소 변이체를 생성함: 물고기의 계절적 순화는 대사적 보상 기작을 만들어 냈는데 이는 온도의 영향에 맞서기 위해 생화학적 기구를 다시 조정하는 것임. 유사한 기능을 지니면서 최적 온도가 다른 효소를 시기에 맞추어 발현할 수 있다면 여름에 맞는 한 세트의 효소와 겨울에 맞는 또 다른 한 세트의 효소를 사용해 반응을 촉매함으로써 보상을 할 수가 있는 것임

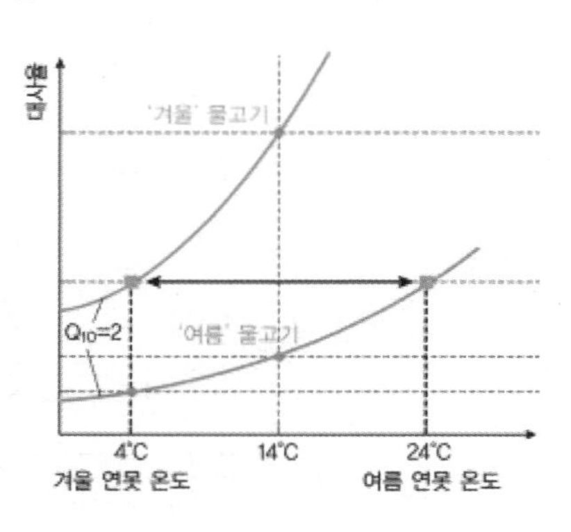

ⓑ 포화지방/불포화지방 비율의 변화를 통해 다양한 환경 온도에서 막 유동성을 유지함

ⓒ 아주 낮은 환경온도에서의 생명체의 경우 부동화합물(antifreeze)를 생성하여 어는점을 낮춤

6 동물의 에너지 이용

(1) 동물 에너지학

동물의 행동, 성장, 생식을 제한하고 동물이 얼마나 많은 음식을 필요로 하는지를 결정

㉠ 물질대사율(metabolic rate): 동물이 단위시간당 사용하는 에너지량으로 주어진 시간에 대해서 에너지를 요구하는 생화학적 반응의 총합을 의미함. cal 또는 kcal로 측정함

㉡ 에너지 전략: 일반적으로 내온동물 물질대사율이 외온동물 물질대사율보다 훨씬 큰 편임

ⓐ 내온성 동물의 에너지 전략: 물질대사를 통해 발생한 열을 이용하여 체온 유지

1. 물질대사적으로 많은 열 생성하여 외온동물에 비해서 장거리 달리기나 능동적 비행과 같은 격렬한 운동을 더 오랫동안 유지할 수 있음
2. 외부온도 변동에 대한 내분 온도변화를 더욱 잘 완충하나 일반적으로 내온동물은 외온동물에 비해서 내부온도의 변동에 대한 내성이 작고 음식섭취량도 많은 것이 단점임

ⓑ 외온성(ectothermic; 온도 순응자): 대부분 외부에서 열을 얻기 때문에 내온성 동물보다 훨씬 더 적은 에너지를 요구함

(2) 물질대사율의 측정 방법

㉠ 동물의 열 상실률 측정: 동물의 열상실을 기록하는 장치가 달려있는 폐쇄되고 단열된 방과 같은 열량계를 이용하여 측정하는 직접적인 방법임

㉡ 동물의 세포호흡동안 소모된 산소나 생성된 이산화탄소량을 측정하는 간접적인 방법임

㉢ 음식소비율과 음식의 에너지 함량 이용하여 장기간의 물질대사율을 측정하는 방법이나, 음식을 통해 얻게 된 에너지 일부 - 대변이나 소변을 통해 배출된 에너지 - 를 따로 측정해야 하는 번거로움이 있음

(3) 물질대사율에 영향을 미치는 요인

㉠ 크기: 물질대사율/체질량과 크기는 반비례함. 크기가 작아질수록, 체질량당 에너지 비용이 증가하나, 물질교환, 몸체지지, 이동을 위한 조직의 비율이 감소하며, 크기가 커질수록, 체질량당 에너지 비용이 감소하지만 물질교환, 몸체지지, 이동을 위한 조직의 비율이 증가함

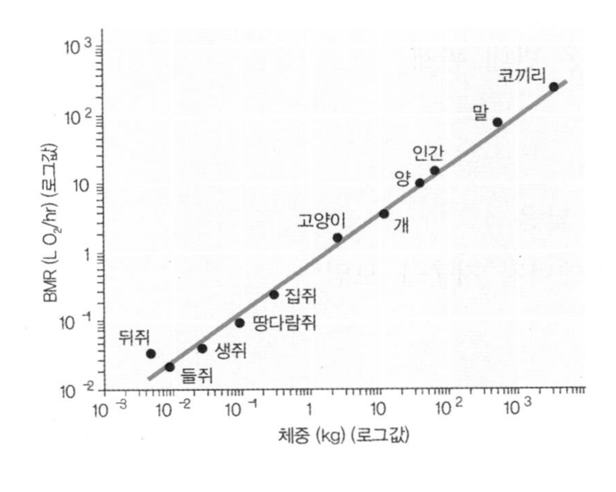

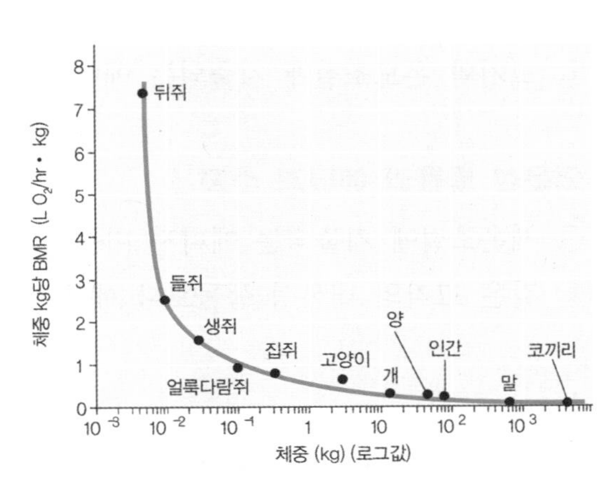

㉡ 활동

ⓐ 기초대사율(basal metabolic rate; BMR): 쉬고 있고 비어 있는 위장을 가지고 있으며 스트레스를 받지 않는 상태에서 성장하지 않는 내온동물 물질대사율(성인남성: 1600~1800 kcal/day, 성인여성: 1300~1500kcal/day)로 일정한 환경온도 범위 내에서 결정됨

ⓑ 표준대사율(standard metabolic rate; SMR): 특정한 온도에서 쉬고 있고, 음식을 먹지 않으며 스트레스를 받지 않는 외온동물의 물질 대사율로 환경온도에 따라 대사율이 변함

7 에너지 수지(에너지가 이용되는 항목의 비율)

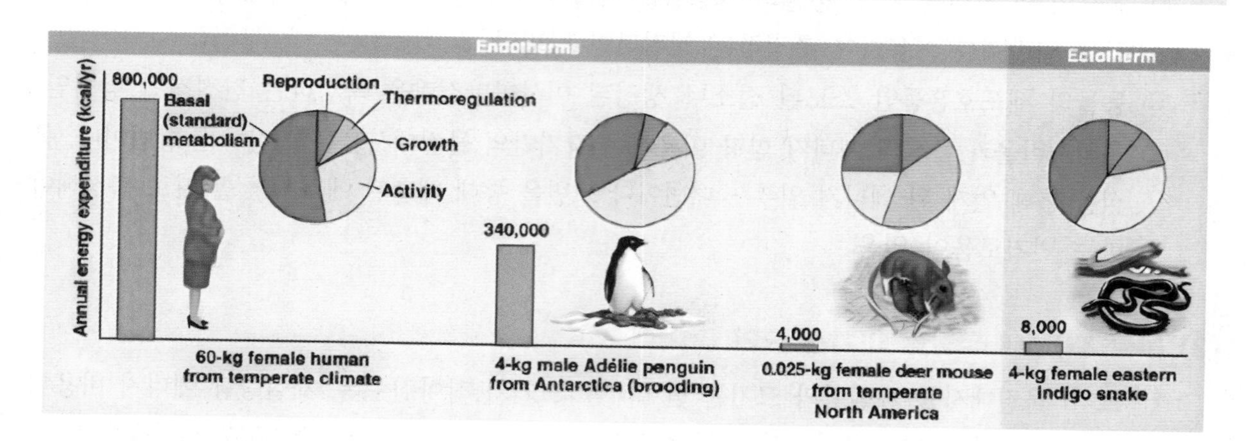

(1) 내온성 동물의 에너지 수지

㉠ 체온조절에 상당히 많은 비율의 에너지를 소모

㉡ 크기와 온도조절에 지출되는 에너지 비율은 반대 관계

(2) 외온성 동물의 에너지 수지

㉠ 체온조절에 지출되는 에너지 비율이 아주 낮음

㉡ 같은 크기의 내온성 동물보다 매우 적은 에너지 지출을 보임

8 휴면과 에너지 보존

(1) 동면(hibernation)

겨울철 추위와 음식부족에 대한 적응

ex. 벨딩땅다람쥐의 동면: 체온저하를 통해 물질대사율을 감소시킴

(2) 하면(estivation)

오랜기간의 고온과 부족한 물 공급에 대한 적응임

(3) 일중휴면(daily torpor)

일종휴면을 하는 모든 내온동물의 몸 크기가 작은데, 일중휴면은 생물학적 시계에 의해 조절되는 생득적 주기로 간주됨

ex. 뒤쥐: 밤에 섭식, 낮에 휴면, 먹이를 계속 제공해도 일중휴면에 들어감

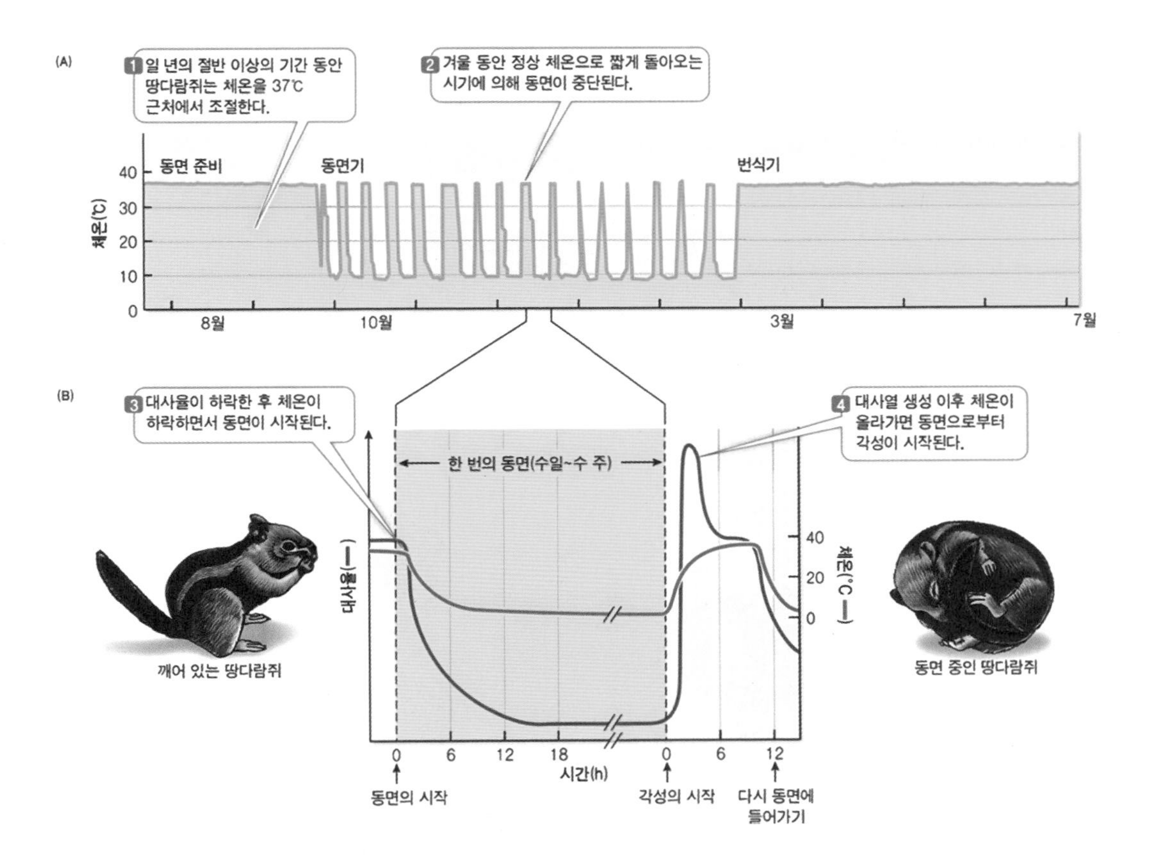

영양과 소화

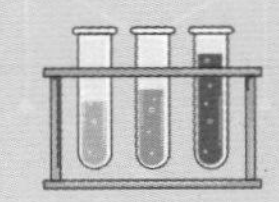

1 영양소

(1) 적절한 음식의 세가지 영양적 요구

㉠ 화학에너지: ATP 생성을 위한 에너지

㉡ 탄소골격: 인체 주요 분자의 골격 형성

㉢ 필수영양소: 생체 내에서 합성할 수 없는 영양소로 꼭 섭취를 통해 획득해야 함 ex. 필수아미노산, 필수지방산, 비타민, 무기염류

(2) 필수 영양소

㉠ 필수 아미노산: 생체 내에서 합성 불가능한 아미노산

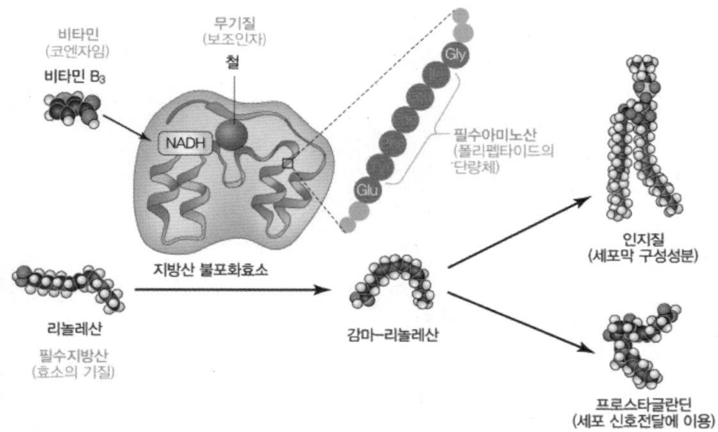

필수영양소의 역할
지방산 불포화효소에 의해 리놀레산이 감마-리놀레산으로 바뀌는데, 이는 인지질과 프로스타글란딘의 전구체이다. 이 생합성 반응은 파란색으로 표시된 네 가지 필수영양소를 필요로 한다. 지방산 불포화효소의 일부 아미노산 서열처럼 동물에 존재하는 거의 모든 효소와 단백질들은 몇 가지 필수아미노산들을 포함하고 있음에 유의하라.

ⓐ Val, Leu, Ile, Met, Thr, Lys, Phe, Trp, (His)

ⓑ 동물성 단백질에는 필수 아미노산이 모두 포함되어 있지만 식물성 단백질에는 필수 아미노산이 모두 포함되어 있는 경우가 거의 없음

㉡ 필수 지방산: 생체 내에서 합성 불가능한 지방산으로 리놀레산, 리놀렌산, 아라키돈산이 포함되는데 특히 아라키돈산은 프로스타글란딘과 같은 생체 내 중요한 신호물질의 전구체가 되므로 상당히 중요함

㉢ 비타민: 다양한 기능을 수행하는 유기분자로 아주 적은 양만 필요함

㉣ 무기염류: 간단한 무기물질로 하루에 1mg 미만에서 2500mg 정도의 적은 양만 필요함

(3) 영양소의 종류

㉠ 주영양소

ⓐ 탄수화물(4.2kcal/g): 우리 몸이 필요로 하는 에너지의 절반 이상을 공급하는 주요 에너지원이며, 일부는 몸의 구성성분을 구성함. 예를 들어 글리코칼릭스의 탄수화물은 세포 간 인식 작용에 관여하는 것으로 알려져 있음

1. 1차적 에너지원: 제일 먼저 소비되기 때문에 몸의 구성비율이 높지 않음
2. 여분은 글리코겐으로 저장(간, 근육), 나머지는 지방으로 전환되어 저장됨

ⓑ 지방(9.5kcal/g): 탄수화물과 함께 우리 몸의 중요한 에너지원이며, 원형질 성분 중, 단백질 다음으로 많은 양을 차지함

1. 주로 중성지방의 형태로서 피하지방조직에 저장
2. 에너지 필요시 중성지방은 지방조직 내에서 분해되어 에너지가 필요한 곳(간, 근육등)으로 이동함

ⓒ 단백질(4.1kcal/g): 20여 종의 아미노산이 기본 단위이며, 아미노산의 종류와 결합 순서에 따라 단백질의 종류가 달라짐

1. 에너지원보다는 신체를 구성하나, 극단적 상황 하에서는 최후의 에너지원으로 이용됨
2. 아미노산으로 구성됨

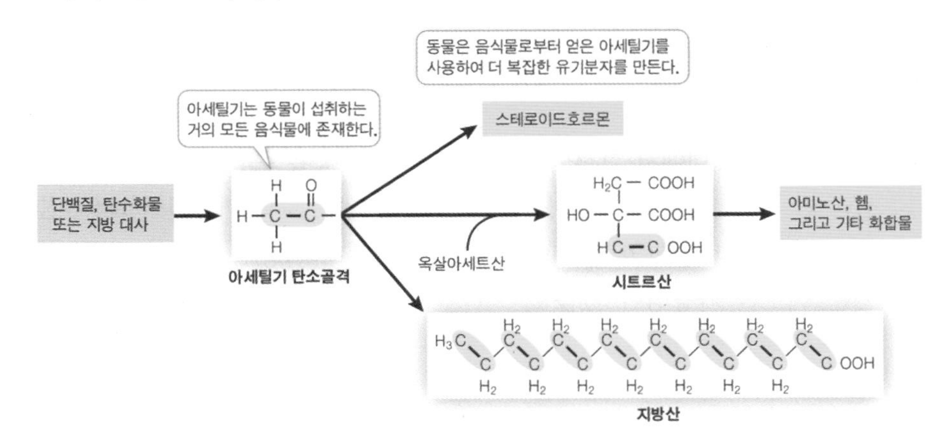

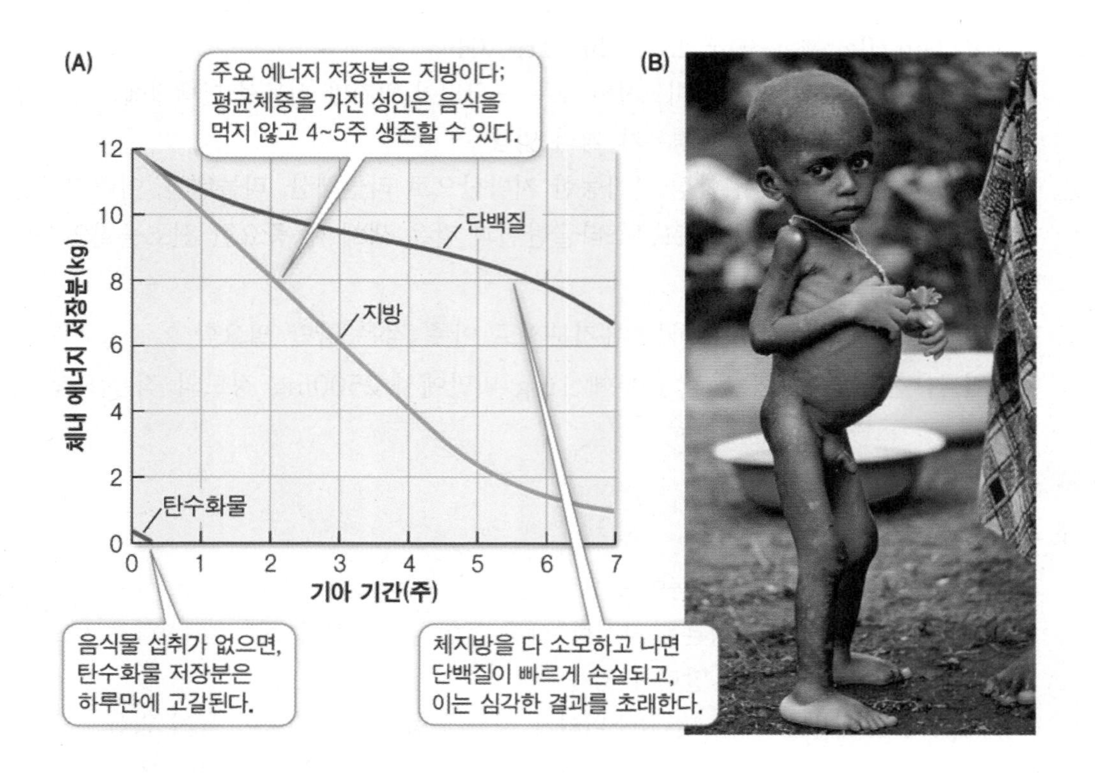

주영양소의 검출 방법

영양소	검출반응	검출시약	시약색(반응 전)	시약색(반응 후)	기타
포도당	베네딕트 반응	베네딕트 용액	청색	황적색	가열
녹말	요오드 반응	요오드-요오드화칼륨 용액	갈색	청남색	-
지방	수단Ⅲ 반응	수단Ⅲ 용액	적색	선홍색	-
단백질	뷰렛 반응	5%NaOH + 1%$CuSO_4$	청색	보라색	-
	크산토프레인 반응	진한 질산	무색	황색	가열

ⓛ 부영양소: 에너지원이 될 수 없는 영양소이나 체구성 물질이나 생체 내 생리기능을 조절하는 기능을 수행함

ⓐ 비타민(vitamin): 체내에서 합성되지 않으므로 반드시 음식물로 섭취해야 하며, 소량으로 체내의 생리 기능을 조절하나 부족하면 결핍증이 유발됨. 보통 비타민의 과용으로 인한 해로움은 없으나, 지용성 비타민의 경우 과용하게 되면 체내 지방에 축적되는 경향이 있으므로 과용 시에는 해로울 가능성이 있음

인간에게 필요한 비타민

비타민	주요 섭취원	주요 기능	결핍 시 증상
수용성 비타민			
B_1(티아민)	돼지고기, 콩류, 땅콩, 통곡물	유기물질로부터 생기는 CO_2 제거에 사용되는 조효소	각기병(저림, 협응력 저하, 심장 기능 저하)
B_2(리보플라빈)	유제품, 고기, 강화 곡물, 채소	조효소 FAD과 FMN의 구성 성분	입 주변의 갈라짐 같은 피부 병변
B_3(니아신)	견과류, 고기, 곡류	조효소 NAD^+와 $NADP^+$의 구성 성분	피부 및 위장 병변, 망상, 혼란
B_5(판토텐산)	고기, 유제품, 모든 곡류, 과일, 채소	조효소 A의 구성 성분	피로, 무감각, 손발 저림
B_6(피리독신)	고기, 채소, 모든 곡류	아미노산 대사에 사용되는 조효소	과민 반응, 경련, 근육 경련, 빈혈
B_7(비오틴)	콩류, 다른 채소, 고기	지방, 글리코겐, 아미노산 합성의 조효소	갈라진 피부의 염증, 신경근육 질환
B_9(엽산)	녹색 채소, 오렌지, 견과류, 콩류, 모든 곡류	핵산과 아미노산 대사의 조효소	빈혈, 출생 기형
B_{12}(코발라민)	고기, 달걀, 유제품	핵산과 적혈구의 생산	빈혈, 무감각, 균형 상실
C(아스코르브산)	감귤류의 과일, 브로콜리, 토마토	콜라겐 합성에 사용됨; 산화 방지제	괴혈병(피부와 치아 퇴화), 상처 치유 지연
지용성 비타민			
A(레티놀)	진한 녹색과 오렌지색의 채소와 과일, 유제품	시각 색소의 구성 성분; 상피 조직의 유지	시력 상실, 피부병, 면역 손상
D	유제품, 달걀 난황	칼슘과 인의 흡수와 사용을 도움	소아 구루병(뼈의 기형), 성인에서의 뼈 약화
E(토코페롤)	채소 기름, 견과류, 씨앗	산화 방지제; 세포막의 손상을 막는 데 도와줌	신경계 퇴화
K(필로퀴논)	녹색 채소, 차(대장균에 의해 만들어지기도 함)	혈액 응고에 중요	혈액 응고 이상

ⓑ 무기염류: 몸의 구성성분으로 여러 가지 생리작용을 조절하는데, 결핍증과 과잉증을 동시에 지님. ex. NaCl의 과잉 섭취는 고혈압 유발가능성을 높임

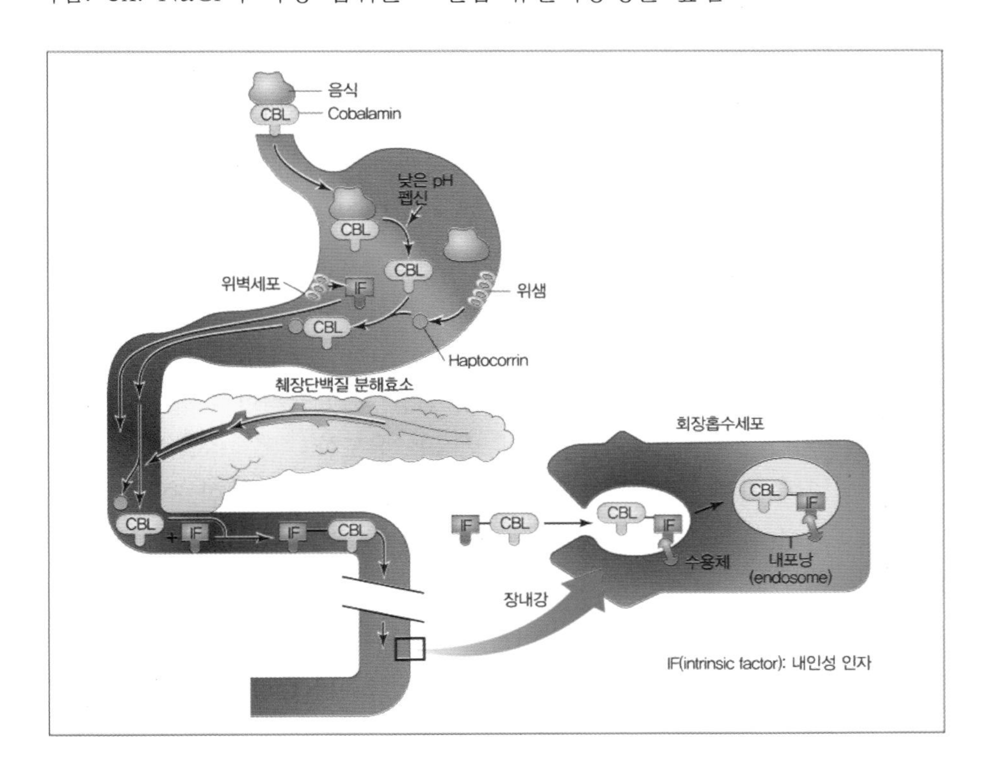

인간에게 필요한 무기물*

무기질		주요 섭취원	주요 기능	결핍 시 증상
하루에 200 mg 이상 필요함	칼슘(Ca)	유제품, 짙은 녹색 채소, 콩류	뼈와 치아 형성, 혈액 응고, 신경과 근육 기능	성장 지연, 뼈 양의 감소
	인(P)	유제품, 고기, 곡류	뼈와 치아 형성, 산-염기 균형, 뉴클레오타이드 합성	허약, 뼈로부터 무기물 유실, 칼슘 유실
	황(S)	여러 가지 단백질들	아미노산의 성분	성장 지연, 피로감, 부어오름
	포타슘(K)	고기, 유제품, 많은 과일과 채소, 곡류	산-염기 균형, 수분 균형, 신경 기능	근육 허약, 마비, 메스꺼움, 심부전
	염소(Cl)	식용 소금	산-염기 균형, 위액의 형성, 신경 기능, 삼투압 균형	근육 경련, 식욕 저하
	소듐(Na)	식용 소금	산-염기 균형, 수분 균형, 신경 기능	근육 경련, 식욕 저하
	마그네슘(Mg)	모든 곡류, 녹색 잎의 채소	효소 보조인자; ATP 생물에너지학	신경계 교란
철(Fe)		고기, 달걀, 콩류, 모든 곡류, 녹색잎의 채소	헤모글로빈과 에너지 대사에서 전자전달; 효소 보조인자	철분 결핍성 빈혈, 허약, 면역 약화
플루오르(F)		마시는 물, 차, 해산물	치아(그리고 뼈)의 구조 유지	높은 빈도의 충치
아이오딘(I)		해산물, 이온화된 소금	갑상샘 호르몬의 성분	갑상샘종(갑상샘이 커진 것)

* 소량으로 필요한 다른 무기질로는 크롬(Cr), 코발트(Co) 구리(Cu), 망간(Mn), 몰리브덴(Mo), 셀렌(Se), 아연(Zn) 등이 있다.
이 모든 무기질과 표에 있는 무기질은 과다 섭취할 경우 유해하다.

2 동물의 에너지 균형 조절

(1) 연료 대사의 호르몬 조절

㉠ 호르몬 조절 개요: 혈당을 4.5mM 전후로 유지하기 위해 인슐린, 글루카곤, 에피네프린이 협동하여 생체 조직 특히 간, 근육, 지방 조직의 대사 과정을 조절함

ⓐ 혈당 농도가 필요 이상으로 높아지면 인슐린은 이들 조직에 신호를 보내서 과잉의 혈중 포도당을 세포로 진입하게 하여 저장 물질인 글리코겐과 중성지방으로 변환시킴

ⓑ 혈당이 너무 낮으면 글루카곤이 분비되어 표적기관으로 하여금 글리코겐 분해와 포도당 신생합성, 지방 산화를 유도함

ⓒ 에피네프린은 혈액으로 방출되어 근육, 폐, 심장 등의 급격한 활동에 대비함

ⓓ 코티솔은 장기간 스트레스에 대한 인체 반응을 유도함

㉡ 혈당 조절: 이자에 의해 분비되는 호르몬은 혈당량 조절에 관여함. 이자의 랑게르한스섬의 α세포에서는 글루카곤을, β세포에서는 인슐린을, γ세포는 소마토스타틴을 분비함

ⓐ 혈당이 증가할 때의 인슐린의 작용: 이자에서의 인슐린 분비는 증가되고 글루카곤 분비는 저하됨. 이자에 의한 인슐린 분비는 이자에 공급되는 혈액 내의 포도당 농도에 의하여 조절되며 과잉의 혈당을 간과 근육의 글리코겐과 지방조직의 중성지방으로 변환시키는데 관여함

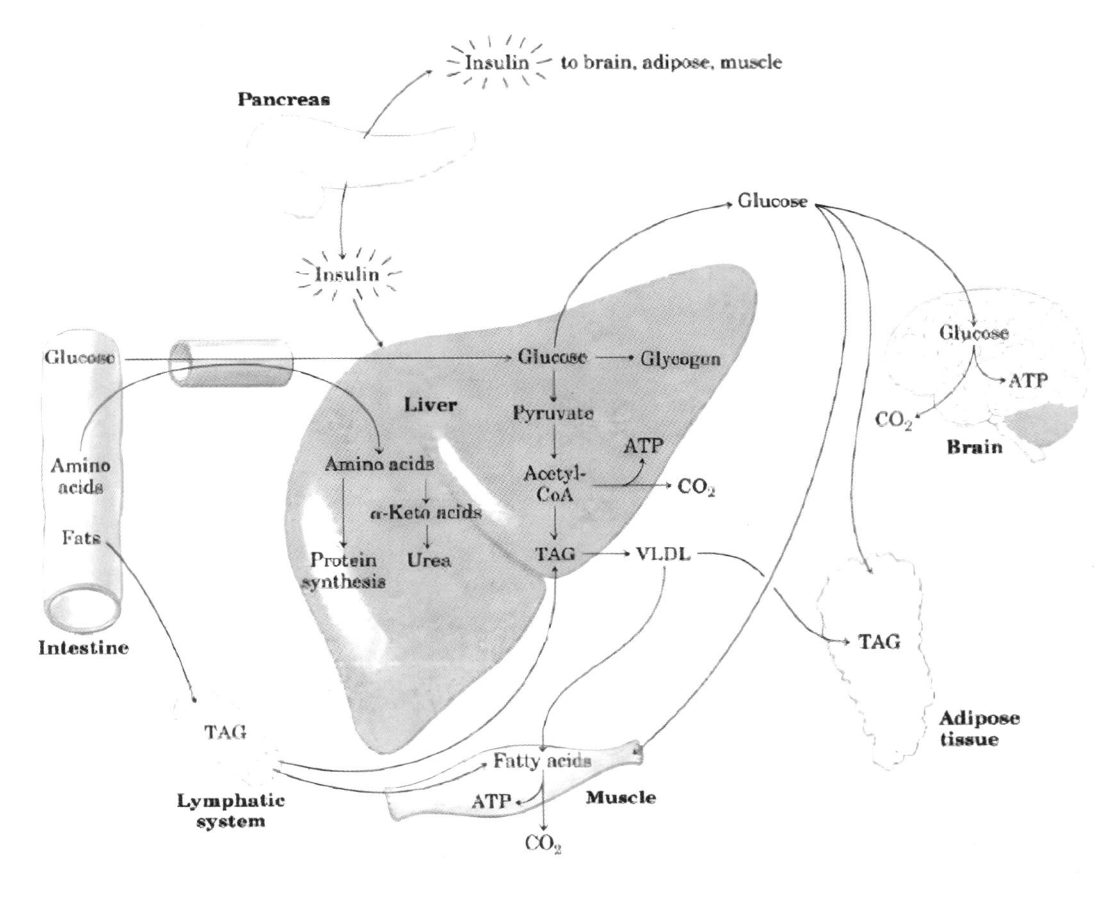

1. 포도당이 근육과 지방 조직으로 들어가도록 자극하는데 세포내로 진입한 포도당은 포도당 6인산으로 전환됨
2. 간에서 글리코겐 합성요소를 활성화시키고 글리코겐 포스포릴라아제를 불활성화시킴으로써 포도당 6인산이 글리코겐으로 합성되도록 함
3. 간에서 해당과정을 통하여 포도당 6인산이 피루브산으로 산화되는 것과 피루브산이 아세틸-CoA로 산화되는 반응을 활성화시킴. 더 이상 에너지 생성을 위해 산화될 필요가 없는 아세틸-CoA는 간에서 지방산의 합성에 이용됨. 생성된 지방산은 혈장지질단백질(VLDL)의 중성지방으로서 지방 조직으로 운반됨
4. 지방세포를 자극해서 VLDL의 중성지방에서 분비된 지방산으로부터 다시 중성지방을 합성하도록 자극함

ⓑ 혈당이 낮아질 때의 글루카곤의 작용: 혈당이 떨어지면 글루카곤이 분비되기 시작하고 인슐린 분비가 저하됨. 글루카곤의 실제 효과는 간에 의한 포도당의 합성과 방출을 자극하고 지방조직으로부터 지방산을 동원하여 뇌 외의 다른 조직이 포도당 대신 지방산을 이용하도록 하는 것임

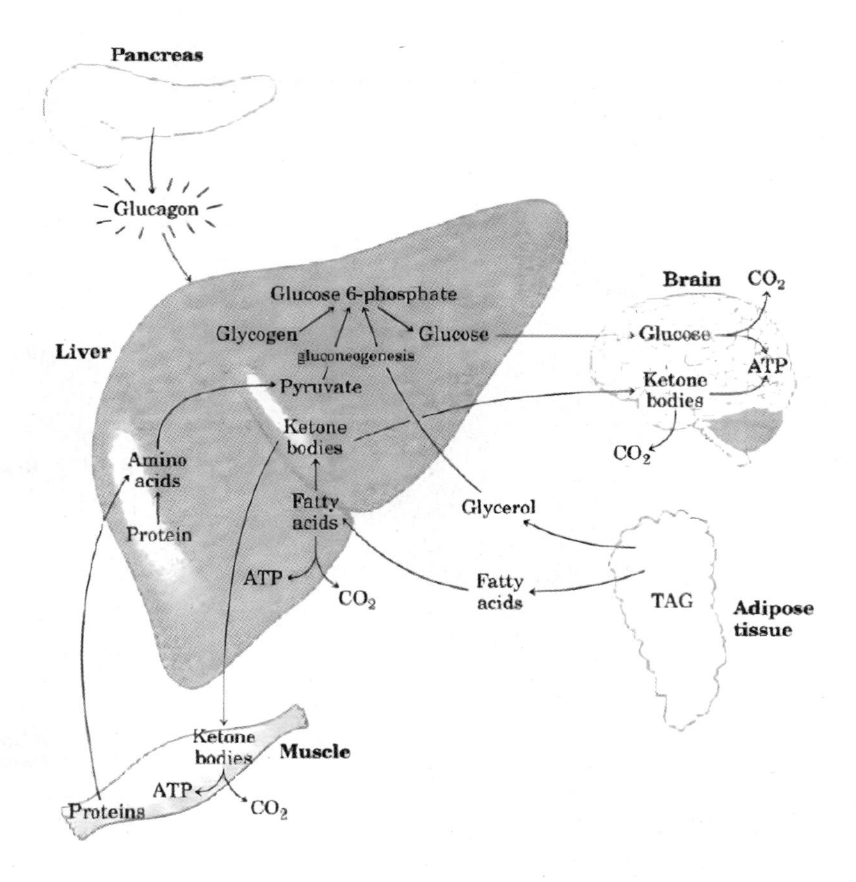

1. 에피네프린과 글리코겐 포스포릴라아제를 활성화시키고 글리코겐 합성효소를 불활성화시켜 간에 저장된 글리코겐의 실제적인 분해를 촉진시키며 이 두 효소의 효과는 cAMP에 의하여 일어나는 인산화의 결과임
2. 간에서 해당과정에 의한 포도당의 분해를 억제하고 포도당 신생합성을 통한 포도당의 합성을 자극하는데 이것은 해당과정 효소인 PFK-1과 피루브산 키나아제를 억제하고 포도당신생합성과정 효소인 PEP 카르복시카나아제 활성을 촉진함으로써 이루어지는 것임
3. 간에서 글리코겐 분해를 자극하고 해당과정을 억제하여 포도당의 이용을 저하시키며 포도당신생합성을 향진시킴으로써 포도당을 간으로부터 혈액으로 내보내도록 함
4. 지방조직에서 중성지방 리파아제(triacylglycerol lipase)와 페리리핀(perilipin)의 cAMP 의존성 인산화에 의하여 중성지방의 분해를 활성화시킴. 이 효소 작용으로 유리지방산이 해리되어 간이나 그 밖의 조직으로 보내져 연료로 이용되는데 이것은 뇌에서 사용할 포도당을 절약하는 효과를 지님

ⓒ 공복과 기아시의 대사: 정상 성인이 보유하고 있는 연료에는 3가지 형태가 있는데 간과 비교적 소량으로 근육에 저장되어 있는 글리코겐, 지방 조직에 많이 존재하는 중성지방, 그리고 연료 공급이 필요할 때 분해되는 조직 단백질 등임

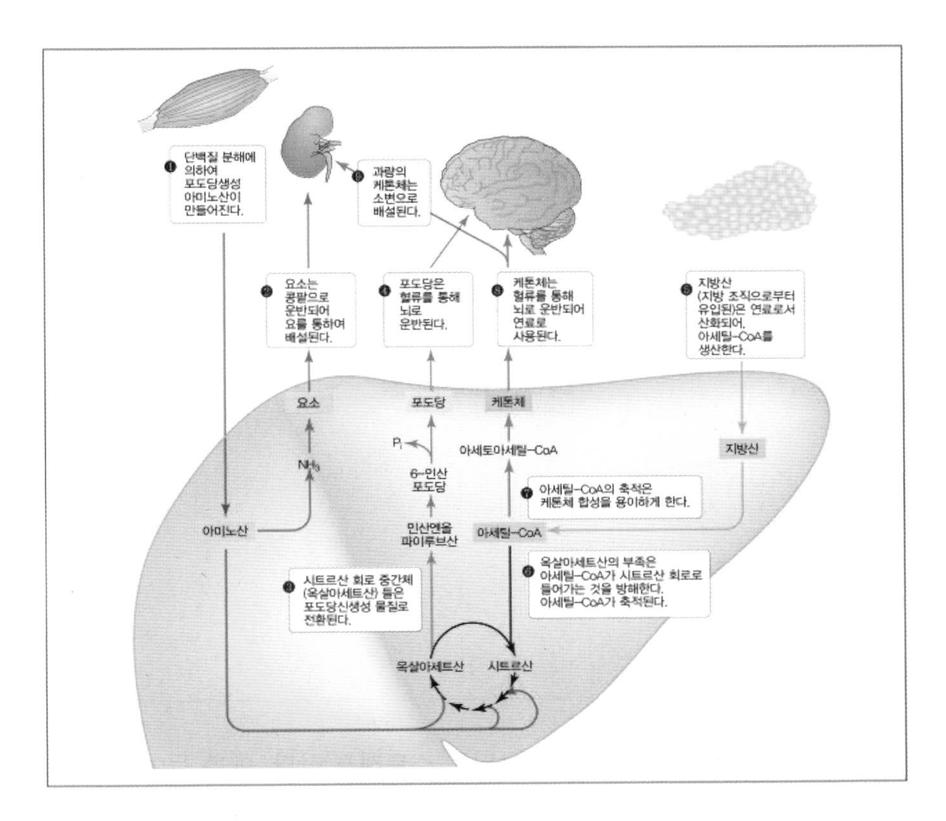

① 포도당을 뇌로 공급하기 위해서 간은 어떤 종류의 단백질을 분해한 뒤 아미노산을 탈아미노화시킴

② 아미노기는 간에서 요소로 전환되고 요소는 혈류를 따라 신장으로 운반되어 배설됨

③ 포도당생성 아미노산의 탄소 골격이 피루브산 또는 아세틸-CoA 또는 시트르산 회로의 중간체로 변환됨

④ 시트르산 회로의 옥살로아세트산이 포도당신생합성 과정을 통해 포도당으로 전환되고 포도당은 혈류를 통하여 뇌로 유출됨

⑤ 지방산은 연료로서 산화되어 아세틸-CoA를 형성함

⑥ 옥살로아세트산의 부족은 아세틸-CoA가 시트르산 회로로 들어가는 것을 저해함으로써 아세틸-CoA가 축적됨

⑦ 아세틸-CoA의 축적은 케톤체 합성을 용이케 함

⑧ 아세틸-CoA는 케톤체로 전환되며 케톤체는 혈류를 통하여 뇌로 유출되어 연료로 사용됨

ⓓ 일주일 동안의 기아 상태에서의 혈장의 지방산, 포도당, 케톤체 농도의 변화: 혈액의 포도당 농도를 유지시키려는 호르몬의 기전에도 불구하고 2일 동안의 공복 후에는 혈당이 감소하기 시작함. 케톤체의 농도는 공복 2~4일 후에 공복 전과 다르게 급격히 증가함. 이 수용성 케톤체인 아세토아세트산과 β-하이드록시부티르산은 공복 상태가 오래 지속되면 포도당을 대신하여 에너지원으로 공급됨. 지방산은 뇌혈관 장벽을 통과할 수 없어 뇌의 연료로 쓰일 수 없음

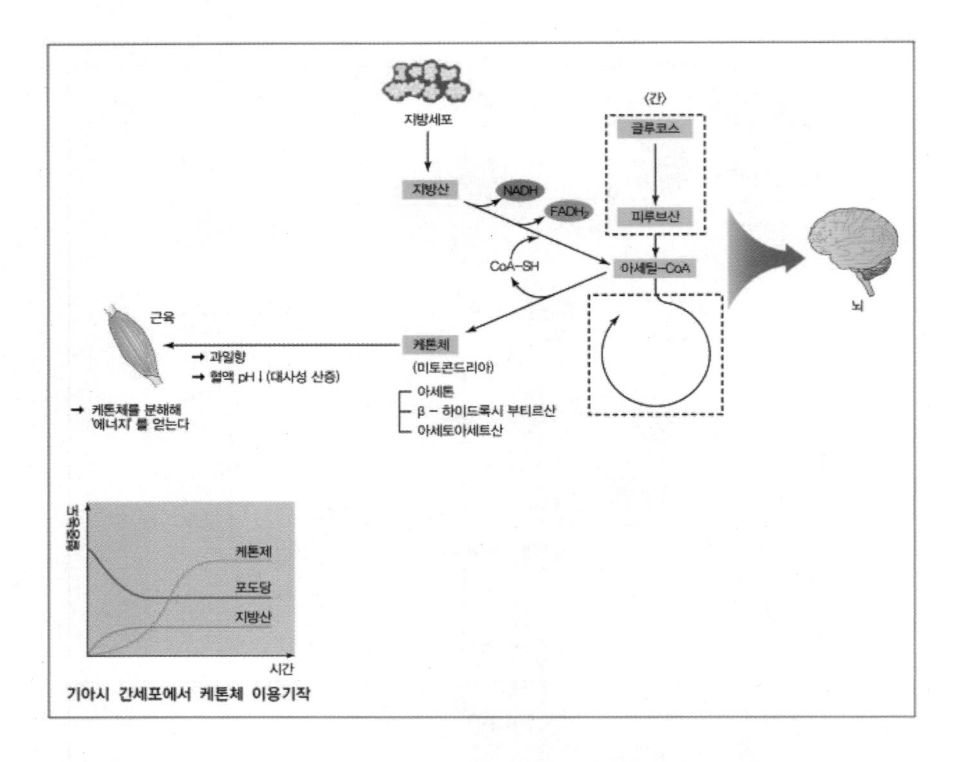

기아시 간세포에서 케톤체 이용기작

ⓔ 에피네프린의 작용: 활발한 운동이 요구되는 스트레스 상황, 예를 들어 싸움 또는 도망 같은 극단적 상황에 직면할 때 분비되어 기능을 수행하며 주로 근육, 지방조직, 간 등에 영향을 미침

1. 심박수를 높이고 혈압을 상승시켜 O_2와 연료가 조직으로 이동하는 속도를 증가시킴
2. 기도를 확장시켜 O_2가 체내로 유입되는 속도를 증가시킴
3. cAMP 의존 인산화에 의하여 글리코겐 포스포릴라아제를 활성화시키고 글리코겐 합성효소를 불활성화시켜 간에 저장된 글리코겐을 혈당으로 전환되도록 자극함
4. 골격근의 글리코겐을 젖산으로 전환시키는 발효를 항진시키고 당분해에 의한 ATP 생성을 촉진함
5. 지방 조직의 페리리핀과 중성지방 리파아제를 활성화시켜 지방 동원을 자극함
6. 글루카곤의 분비를 촉진시키고 인슐린 분비를 억제하여 연료 동원을 증가시키고 연료의 저장을 억제하는 효과를 지님

ⓕ 코티솔의 작용: 여러 가지 스트레스(불안, 공포, 통증, 출혈, 감염, 저혈당, 기아 등)는 부신수질로부터 코티솔의 분비를 촉진시키는데 코티솔은 스트레스에 대응하는 연료를 공급하기 위하여 근육, 간, 지방조직 등에 작용하며 비교적 서서히 작용하는 호르몬으로서 효소 활성을 조절하기보다는 표적 세포의 특정 효소를 새로 합성하여 대사를 변화시킴

1. 지방조직에 저장된 중성지방으로부터 지방산의 유리를 자극하는데 지방산을 여러 조직에서 연료로 사용되고 글리세롤은 간에서 포도당신생합성과정에 이용됨

2. 근육 단백질을 분해하여 생성된 아미노산을 간으로 운반하여 포도당신생합성의 전구체로 이용되도록 함. 이 경우에 코티솔은 PEP 카르복시키나아제의 합성을 자극하여 포도당의 합성을 촉진함

(2) 영양과다와 비만

영양과다에 의한 비만은 제2형 당뇨병(인슐린 비의존성 당뇨병), 대장암, 유방암, 심장마비, 뇌졸중 등을 유발함

㉠ 열량 불균형

ⓐ 영양부족(undernourishment): 열량이 만성적으로 부족하여 저장된 글리코겐과 지방을 사용하기 때문에 결국 혈장 단백질, 근육 단백질, 뇌단백질 등의 체내 단백질을 분해하게 됨. 영양부족은 주영양소의 섭취 부족에 기인함

ⓑ 영양과다(overnourishment): 과도한 열량으로 인해 비만이 유발됨

㉡ 식욕조절 호르몬

ⓐ 렙틴(지방조직에서 합성): 지방의 저장이 충분하다는 신호를 보내 연료 섭취의 감소를 촉진하고 에너지 소비의 증가를 가져옴. 시상하부에서의 랩틴-수용체 상호작용은 식욕억제에 관여하는 신경세포로 하여금 식욕억제 호르몬 생성을 유도함. 또한 교감신경계를 자극하여 혈압, 심장박동수, 지방세포 미토콘드리아에서의 짝풀림 호흡 등을 증가시키고 간이나 근육 세포가 인슐린에 대해 더 민감한 반응을 나타내도록 함. 렙틴은 Ob 유전자에 의해 암호화되어 있으며 렙틴 수용체는 Db 유전자에 의해 암호화되어 있음

병체 결합쌍

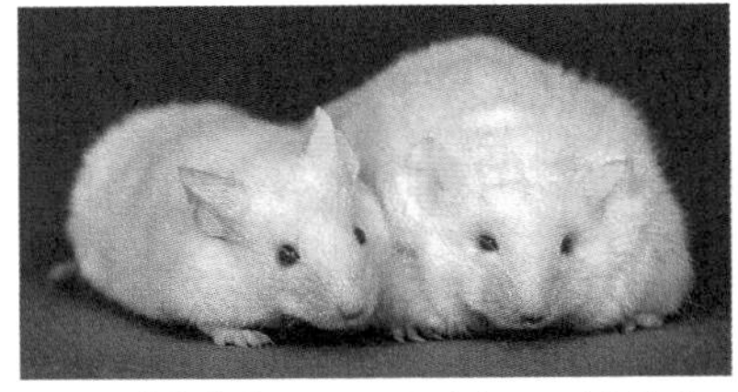

정상 생쥐 (*Ob*/− 및 *Db*/−) 유전적으로 비만 생쥐 (*ob*/*ob* 또는 *db*/*db*)

결과 ▶ 병체 결합된 *ob*/*ob* 생쥐는 상대방인 정상 생쥐로부터 렙틴을 공급받기 때문에 지방이 감소한다. 하지만 병체 결합된 *db*/*db* 생쥐는 렙틴 수용체가 없어서 상대방에서 공급받은 렙틴은 효과가 없다.

결론 ▶ 단백질 렙틴은 과식과 그로 인한 비만을 방지하는 포만감 신호이다.

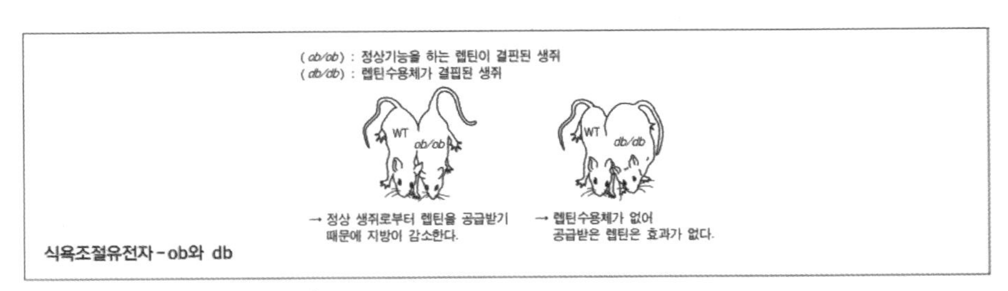

「ab, db 유전과 관련 실험」

Ⓐ 실험: 두 유전자의 역할을 연구하기 위해 여러 유전자형을 가지는 쥐를 짝을 지어 몸무게를 측정하고 수술을 통해 두 쥐의 순환계를 연결함. 이는 혈류를 타고 돌아다니는 어떤 인자가 다른 쥐에게 흘러가도록 해주기 위함. 몇 주가 지난 뒤 다시 각각의 쥐 몸무게를 측정함

Ⓑ 결과

유전자형 짝짓기(빨간 형은 돌연변이 유전자를 의미)			실험 대상 몸무게(g)의 평균 변화
	실험 대상	짝지어진 형	
(a)	ob^+/ob^+, db^+/db^+	ob^+/ob^+, db^+/db^+	8.3
(b)	ob/ob, db^+/db^+	ob/ob, db^+/db^+	38.7
(c)	ob/ob, db^+/db^+	ob^+/ob^+, db^+/db^+	8.2
(d)	ob/ob, db^+/db^+	ob^+/ob^+, db/db	–14.9*

* 극심한 체중 감소와 약화로 인해 이 그룹의 실험 대상들은 8주가 채 지나지 않아 다시 몸무게를 측정했다.

Ⓒ 결론: ob쥐가 Ob쥐와 연결된 경우 ob쥐와 연결했을 때보다 몸무게가 감소한 것을 보아 ob쥐는 섭식인자를 만드는데 실패하였으나 그 인자에 반응하는 것은 존재한다고 추론할 수 있다. ob쥐가 db쥐로부터 순환하면서 돌아다니는 인자를 받아 몸무게가 감소한 것을 설명하기 위해 그는 db 돌연변이는 섭식 인자를 생산하기는 하지만 반은할 수 없기 때문이라고 생각할 수 있다. Ob유전자의 산물은 섭식 인자인 렙틴이며, Db유전자의 산물은 렙틴의 수용체임. 렙틴과 렙틴 수용체가 결합해야만 식욕조절이 가능함

ⓑ 인슐린(이자에서 분비): 인슐린 분비는 지방 저장의 크기와 현재의 에너지 균형 두 가지를 반영하는데 시상하부에 작용하여 식욕을 억제하며 근육, 간, 지방조직 등에 신호를 보내어 이화작용을 증가시킴

ⓒ 그렐린(위벽에서 분비): 펩티드 호르몬으로 짧은 시간단위로 작용하는 강력한 식욕촉진물질임. 그렐린 수용체는 심장 근육 및 지방 조직 뿐만 아니라 뇌하수체 및 시상하부에도 존재하는데 그렐린의 혈중 농도는 식사 사이에서 현저하게 변하며 식사 직전에 최고치를 나타내고 식사 직후에는 급격하게 떨어짐

ⓓ PYY(식후 소장이나 대장에서 분비): 펩티드 호르몬으로 음식물이 위에서 창자로 들어오는 것에 반응하여 분비됨. PYY의 혈중 농도는 식후에 증가하며 몇 시간 동안 높은 수치를 유지함. 식욕증진 신경세포를 억제하여 공복감을 감소시킴

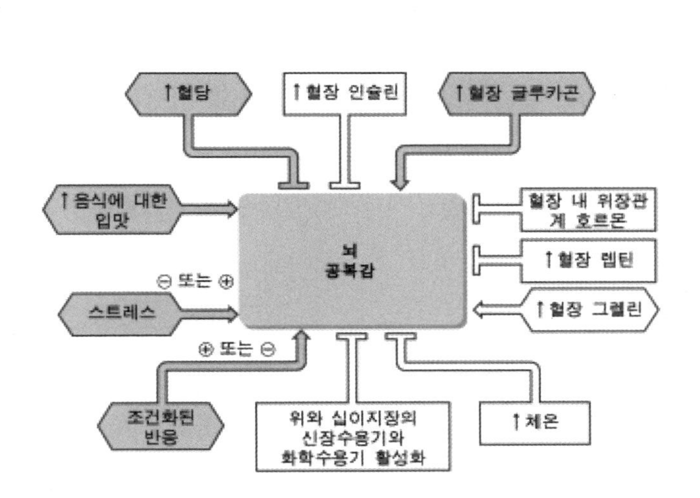

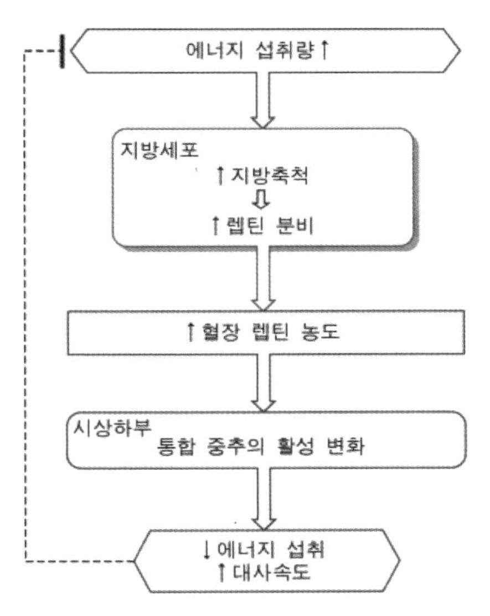

비만과 렙틴호르몬

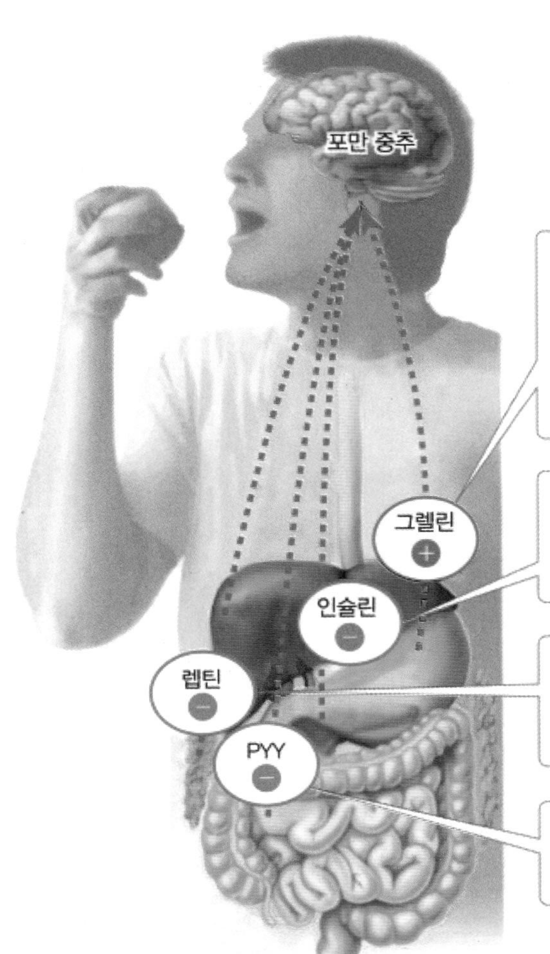

위 벽에서 분비되는 **그렐린(ghrelin)**은 식사시간이 다가올 때 허기짐을 느끼도록 하는 신호 중의 하나이다. 체중 감량을 위해 다이어트 중인 사람에게서 그렐린의 농도가 증가되어 있다. 그래서 다이어트 하는 사람들은 그렐린의 작용으로 인해 허기지게 되고 다이어트를 유지하기 어렵게 된다.

식사 후 혈중 포도당 농도의 증가는 췌장에서 **인슐린(insulin)**을 분비하도록 자극한다. 인슐린은 뇌에 작용하여 식욕을 억제하는 기능을 가지고 있다.

지방조직에서 만들어지는 **렙틴(leptin)**의 농도가 올라가면 식욕을 억제시킨다 체내 지방이 줄어들면 렙틴의 농도가 떨어져 식욕이 증가한다.

식후 소장에서 분비되는 호르몬 PYY는 식욕 억제제로 식욕을 자극하는 그렐린과 반대로 작용한다.

(3) 당뇨병(diabetes mellitus)

인슐린 분비가 부적당하게 일어나거나 비정상적인 표적세포 반응이 일어나거나 아니면 두 가지 모두에 의해 일어나는 비정상적인 고혈당증으로 특징지어짐

㉠ 제1형 당뇨병(type 1 diabetes): 전체 당뇨병 환자의 10%를 차지하며 이자의 베타세포 파괴 때문에 발생하는 인슐린 결핍에 그 원인이 있는데 가장 일반적인 자기면역질환으로 몸에 베타세포를 자기 자신으로 인식하지 못하여 백혈구에 의해 베타세포가 파괴되어 나타나는 것임

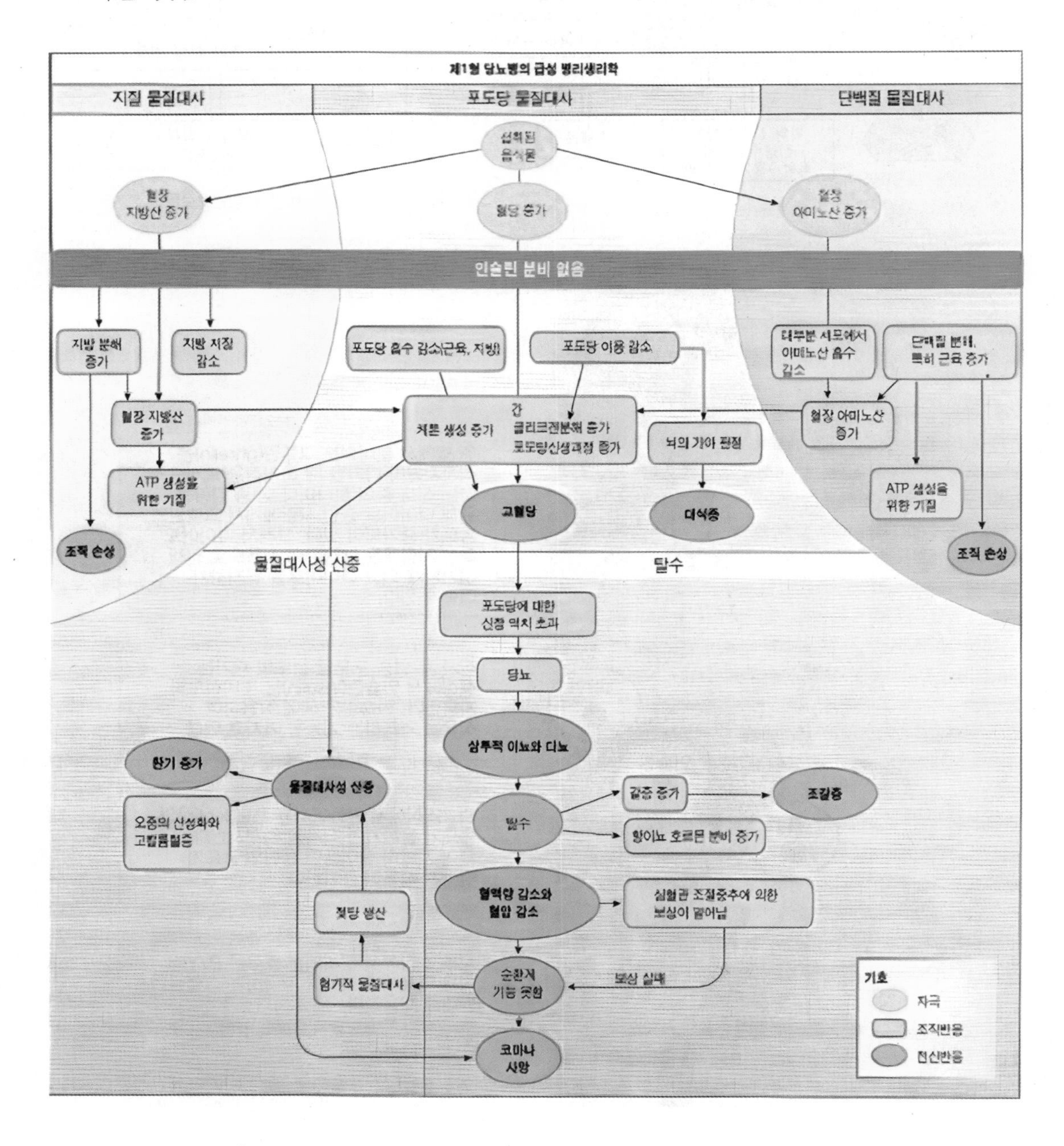

ⓐ 단백질 물질대사: 에너지와 단백질 합성을 위한 아미노산과 포도당이 없어서 근육은 ATP 생성을 위한 기질을 제공하기 위해 자신의 단백질을 분해하는데 아미노산은 근육에서 빠져나와 간으로 이동함

ⓑ 지방 물질대사: 지방조직은 저장된 지질을 분해함. 지방산은 ATP 합성을 위해 기질로 제공되고 간으로 옮겨지기 위해 혈액으로 들어감. 간에서 지방산은 베타 산화과정을 통해 분해됨. 그러나 시트르산회로를 통해 지방산을 이용하는 능력에는 한계가 있어서 초과된 지방산은 케톤으로 전환됨. 케톤은 다시 혈액으로 분비되어 ATP 합성을 위해 근육이나 뇌 등의 다른 조직에서 이용될 수 있음

ⓒ 포도당 물질대사: 인슐린이 없으면 혈액의 포도당은 혈액에 머물게 되고 혈당을 높여 고혈당증을 일으킴. 이런 포도당을 물질대사할 수 없는 간은 글리코겐 분해와 포도당신생합성과정과 같은 절식 상태의 경로를 개시함. 이 경로를 통해 글리코겐, 아미노산과 글리세롤에서 추가적으로 포도당이 생성됨. 이 포도당이 혈액을 통해 간으로 되돌아가면 고혈당증을 악화시킴

ⓓ 뇌의 물질대사: 인슐린에 의존적이지 않은 대부분의 뇌의 신경조직은 정상적인 물질대사를 수행함. 그러나 뇌의 포만중추에서 사용되는 포도당은 인슐린에 민감함. 그러므로 인슐린이 결핍되어 있을 때 포만중추는 혈장내 포도당을 세포 내로 흡수할 수 없음. 기아와 같은 상황처럼 세포내 포도당이 없는 것으로 인식하게 하여 섭식중추에서 음식섭취를 증가하게 함. 그 결과 제1형 당뇨병을 치료받지 않아서 나타나는 대표적인 증상인 다식증이 초래됨

ⓔ 삼투성 이뇨와 다뇨증: 만일 당뇨병의 고혈당증이 포도당의 신역치를 초과하면 신장의 근위세뇨관에서 포도당 흡수는 포화됨. 결과적으로 여과된 포도당은 재흡수되지 않고 소변으로 배출됨. 집합관에서 부가적인 용질의 존재는 수분 재흡수를 감소시키고 더 많은 배출을 일으키도록 함. 이것은 많은 양의 오줌을 유도하고 만일 조절되지 않으면 탈수를 초래할 것임. 재흡수가 안된 용질로 인한 소변으로의 수분 손실은 삼투성 이뇨라고 함

ⓕ 탈수: 삼투성 이뇨의 결과로 순환되는 혈액량과 혈압의 감소가 일어남. 혈압이 떨어지면 혈압을 유지하기 위해 ADH의 분비 증가와 잦은 식수 섭취를 일으키는 갈증과 심장 혈관 보상과 같은 항상성 물질대사를 일으킴

ⓖ 물질대사산증: 당뇨병의 물질대사산증은 동화작용과 케톤 생성이라는 2개의 잠정적인 원인에 의해 일어남. 만일 심혈관 보상이 안되고 말초조직의 혈액 공급이 제대로 일어나지 못할 정도까지 혈압이 감소하면 조직은 혐기성 해당과정을 통해 젖산을 형성하는데 젖산은 세포를 빠져나와 혈액으로 진입하여 물질대사산증을 유도함. 또한 간에서 생성되는 산성의 케톤체를 통해서도 혈액의 pH가 감소하게 됨

ⓛ 제2형 당뇨병(type 2 diabetes): 당뇨병 환자의 90%를 차지함

ⓐ 특성: 소화된 포도당에 대한 반응이 늦게 나타나는 인슐린 저항성(insulin resistance)이 나타남

ⓑ 치료법: 운동을 통한 체중감소가 효력이 있으며 치료제를 이용하기도 함. 제2형 당뇨병 치료제는 베타세포의 인슐린 분비를 자극하고 장에서 탄수화물의 분해를 느리게 하며 간의 포도당 유출을 억제하거나 표적조직의 인슐린에 대한 반응성을 높여주는 것임

3 인간의 소화계

(1) 소화계의 구성

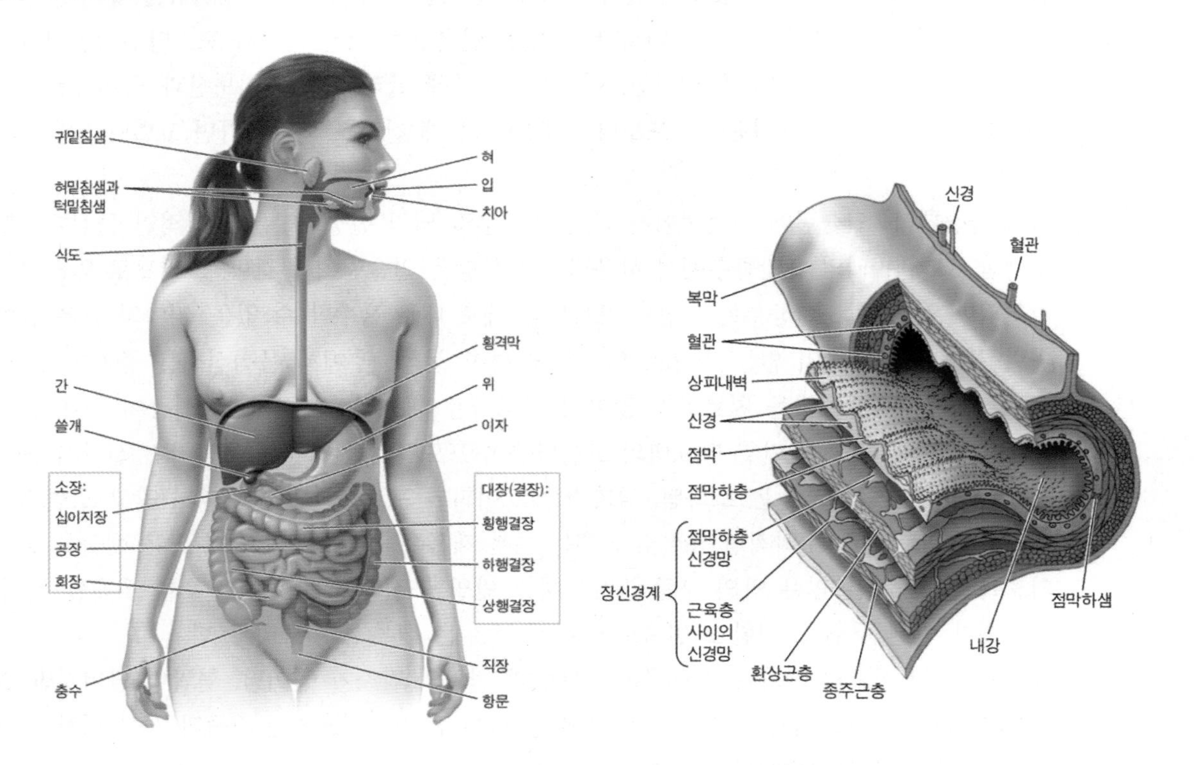

㉠ 소화관을 통한 음식물의 이동경로: 입 → 인두 → 식도 → 위 → 소장 → 대장 → 항문

㉡ 위장관(gastrointestinal tract; GI tract)

ⓐ 위장관의 전체적 구조: 길이는 약 4.5cm이고 구강에서 항문까지 뻗어 있으며 흉강을 지나 횡경막을 통과하여 복강으로 들어감

ⓑ 위장관 벽의 기본 구조: 안쪽의 점막, 중간의 점막하조직, 평활근으로 구성된 근육층, 맨 바깥의 결합조직으로 구성됨

ⓒ 위장관의 운동

1. 연동운동(peristalsis): 환상근과 종주근의 조화된 활동에 의해 일어나는데 환상근이 수축하고 종주근이 이완되면 관의 직경이 감소되어 음식물을 밀어내고 환상근이 이완되고 종

주근이 수축되면 관의 직경이 증가되어 음식물을 받아들일 준비를 하게 되어 음식물을 앞으로 밀어냄

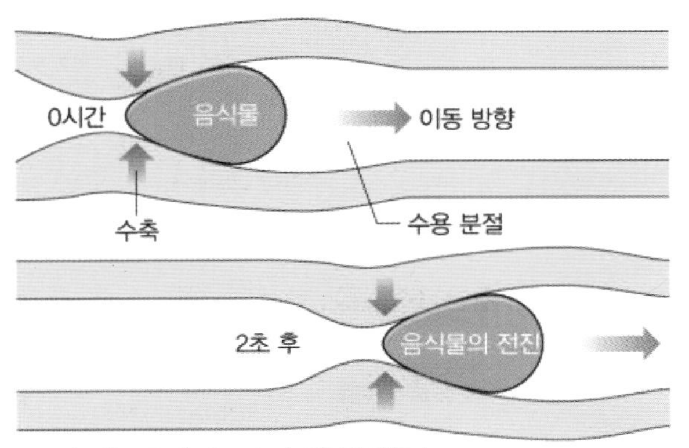

연동운동은 음식물의 전진을 담당한다.

2. 분절운동(segmentation): 음식물을 양방향으로 이동시켜 소화액과 음식물이 잘 섞일 수 있도록 하며 이와 같은 운동은 음식물의 소화를 촉진시키고 소화관 흡수 표면에 장내 음식물을 노출시켜 흡수물 촉진함

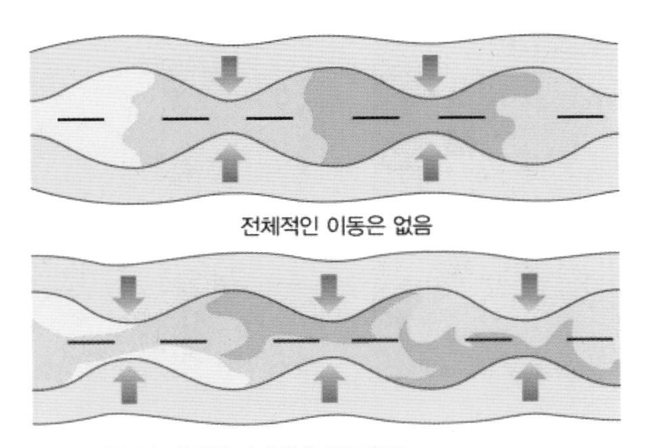

분절운동은 음식물의 혼합을 담당한다.

㉢ 부속분비기관(accessory digestive tract): 관을 통해 소화액을 분비함 ex. 침샘, 간, 이자, 담낭 등

(2) 입에서의 소화

㉠ 기계적 소화: 저작운동과 연하운동이 일어남

ⓐ 저작운동(mastication): 입 속에서 음식물을 잘게 부수어 소화를 도움

ⓑ 연하운동(deglutition): 음식물이 구강에 닿으면 반사적으로 음식물을 삼킴

ⓛ 화학적 소화: 침에 들어있는 아밀라아제에 의한 녹말을 분해하는데 입 안의 음식이 구강의 신경반사를 자극하여 들어오기 전에도 침샘의 침이 관에서 나와 구강까지 분비됨

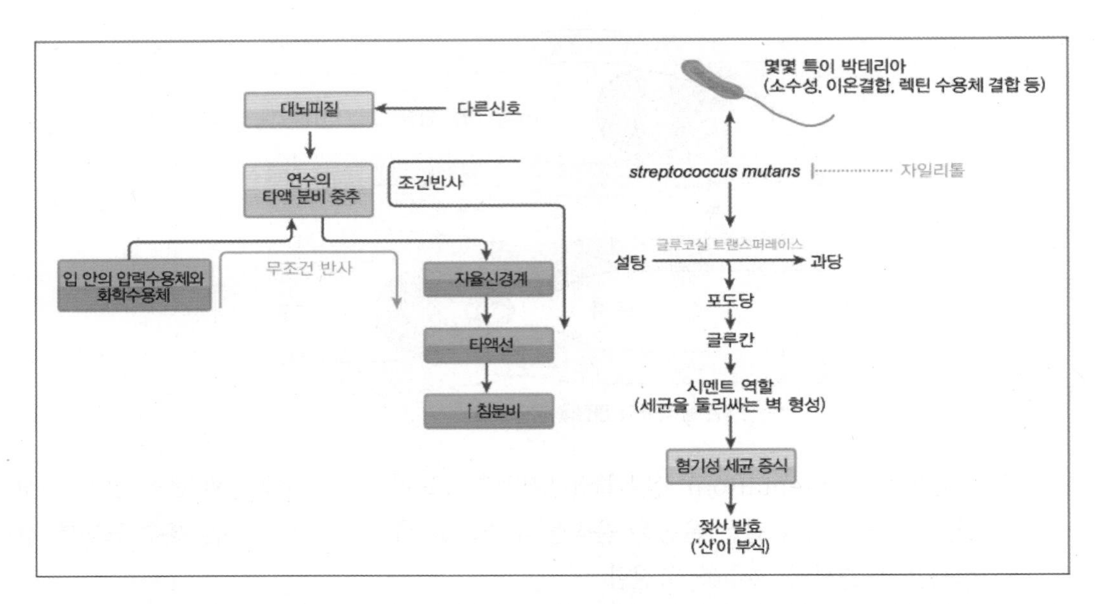

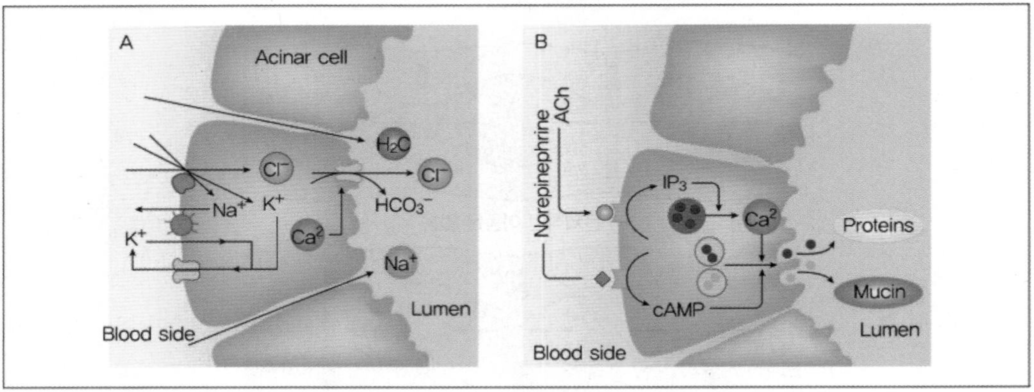

「침의 성분 분석」

Ⓐ 아밀라아제 :녹말을 엿당으로 분해

Ⓑ 리파아제: 혀의 분비선으로부터 분비되는 혀 리파아제는 중성지방을 지방산과 DAG로 분해함. 혀 리파아제는 위 속에서 활성화되어 음식물 내 중성지방을 30% 소화시킬 수 있음. 혀 리파아제에 의해 지방이 소화되면 소화산물에 의해 십이지장으로부터 콜레시스토키닌의 분비가 자극됨

Ⓒ 리소자임: 세균의 세포벽 분해

Ⓓ 뮤신(당단백질): 입안의 상피가 벗겨지는 것 방지하며 음식물을 매끄럽게 하여 쉽게 삼킬 수 있게 함

Ⓔ 완충액: 입안의 산을 중성화하여 치아가 썩는 것을 방지

Ⓕ IgA는 세균이나 바이러스에 대한 면역 작용을 수행하며 락토페린은 칠과 결합하여 정균 작용을 하고 프롤린이 풍부한 단백질은 치아의 에나멜을 보호함

(3) 인두와 식도를 통해 음식물이 위에 도달하는 과정

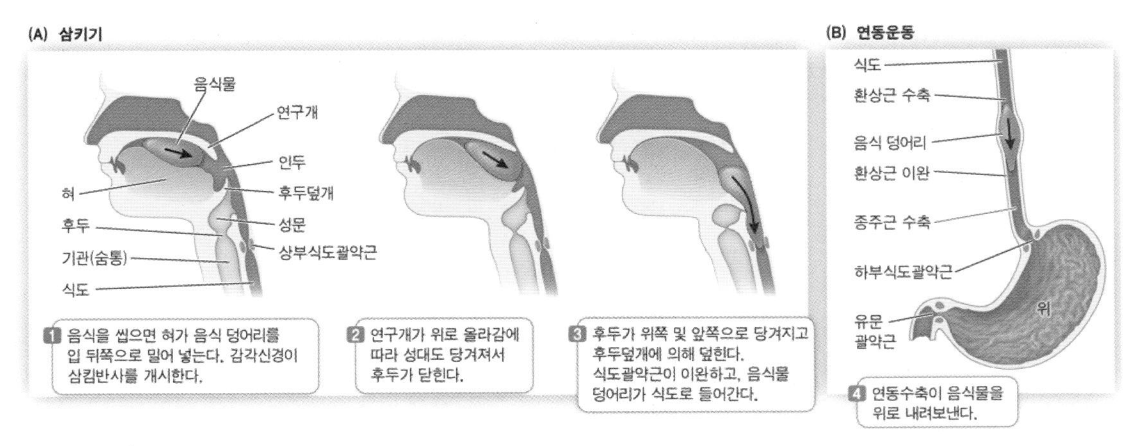

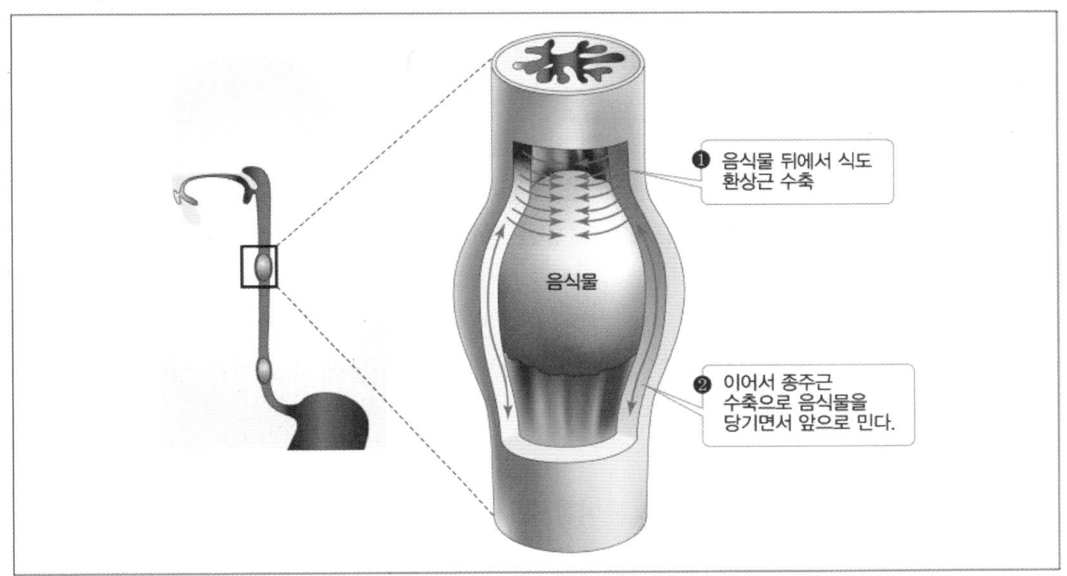

① 사람이 음식을 삼키지 않을 때는 식도의 괄약근이 수축하면서 호두개가 올라가고 성문이 열려 공기가 기관을 통해 폐로 흘러가도록 함
② 음식물 덩어리가 인두에 도달하면 구개반사가 일어남
③ 호흡관의 위쪽 부위인 후두가 위쪽으로 움직이고 후두개를 넘어뜨려 성문을 덮도록 함. 그래서 음식물이 기도로 들어가는 것을 막음
④ 식도의 괄약근이 이완되면서 덩어리가 식도로 들어가도록 함
⑤ 음식물이 식도로 들어간 후 후두는 밑으로 움직이고 호흡관이 열림
⑥ 연동운동은 덩어리를 식도 밑으로 움직여 위에 도달하도록 함

(4) 위에서의 소화

㉠ 위의 구조와 특성

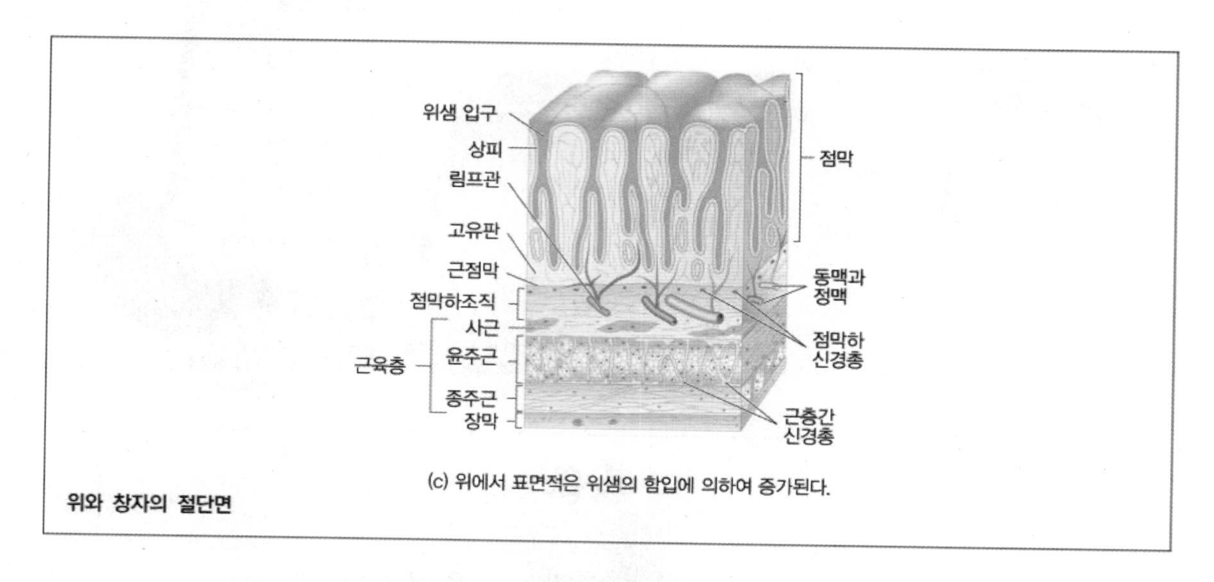

(c) 위에서 표면적은 위샘의 함입에 의하여 증가된다.

위와 창자의 절단면

ⓐ 복강의 윗부분, 횡경막 아래에 자리잡고 있음

ⓑ 알코올 등의 극히 제한된 영양소만 혈류를 통하여 흡수되며 주로 음식물을 저장하고 단백질 분해에 관여함

ⓒ 주름이 있는 위벽은 상당히 유연하며 상당한 정도로 늘어날 수 있음

ⓓ 위액이라는 소화액을 분비하고 위벽 평활근의 운동을 통해 소화액을 섞어 음식물과 소화액의 혼합물인 유미즙(chyme)을 형성함

㉡ 위에서의 화학적 소화

ⓐ 주세포(chief cell): 펩시노겐을 분비함. 펩시노겐은 HCl의 작용에 의해 펩신으로 활성화되는데 활성화된 pepsin은 자가활성화를 통해 빠른 속도로 활성화된 형태가 증가하며 폴리펩티드 내의 특정 아미노산 부근 펩티드 결합을 끊음

ⓑ 부세포(parietal cell): H^+와 Cl^-을 분비하여 위 내강에서의 HCl 형성에 관여하며 내인성 인자(intrinsic factor)를 분비하여 적혈구의 성숙에 필요한 비타민 B12의 흡수를 촉진시킴. 내인성 인자가 정상적으로 분비되지 못하면 비타민 B12의 결핍으로 인해 적혈구 생성과정이 손상되어 악성빈혈이 유발 될 수 있음

「부세포에서의 HCl 분비과정과 HCl의 기능 정리」

Ⓐ 부세포에서의 HCl 분비과정

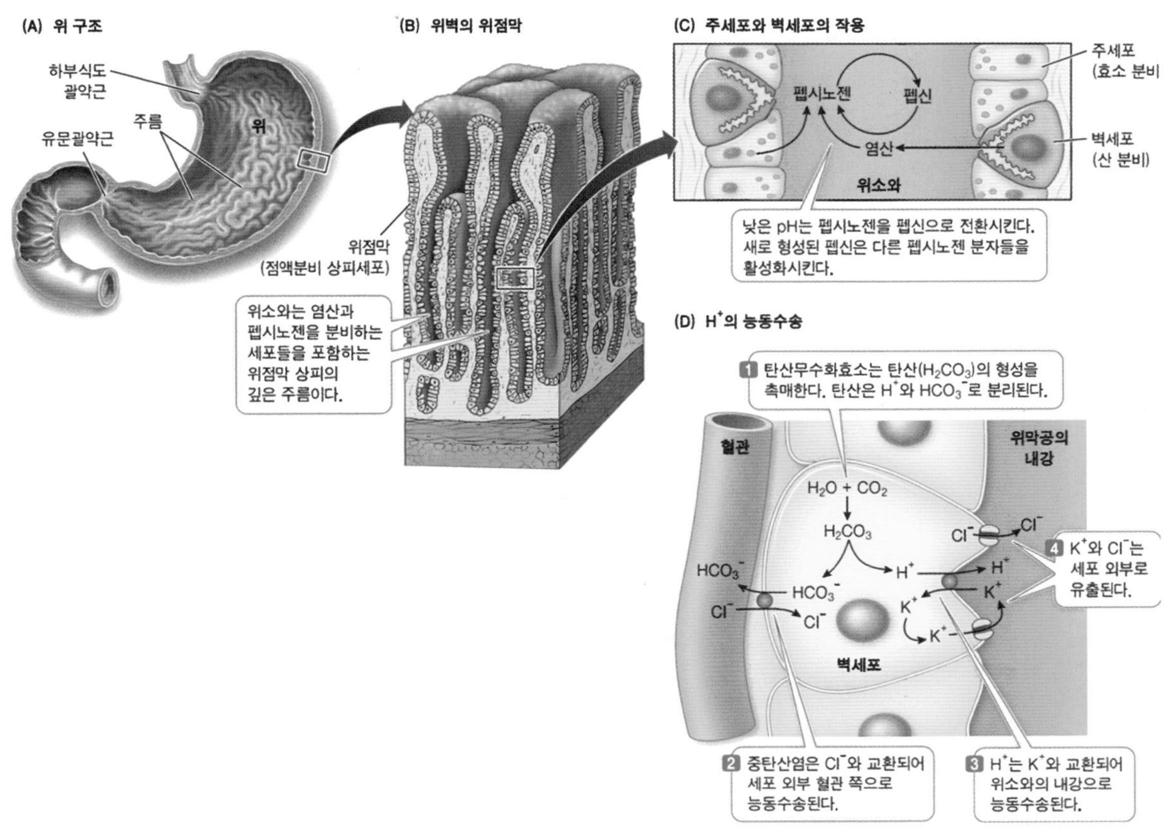

1. H^+는 ATPase에 의한 능동수송을 통해 위 내강으로 분비
2. Cl^-는 촉진확산을 통해 위 내강으로 분비됨

Ⓑ HCl의 기능

1. 동물세포나 식물세포를 결합시키는 세포외 기질을 분해
2. 음식과 함께 들어온 세균을 죽이
3. 단백질을 변성시켜 펩시에 대한 펩티드 결합 노출을 증가시킴

ⓒ 점액세포(Goblet cell): 점액과 중탄산염을 분비하는데 점액은 물리적 장벽으로 형성하며 중탄산염은 화학적 완충장벽으로 형성하여 위 내막 주변의 HCl을 중화시켜 산에 의한 손상을 막음

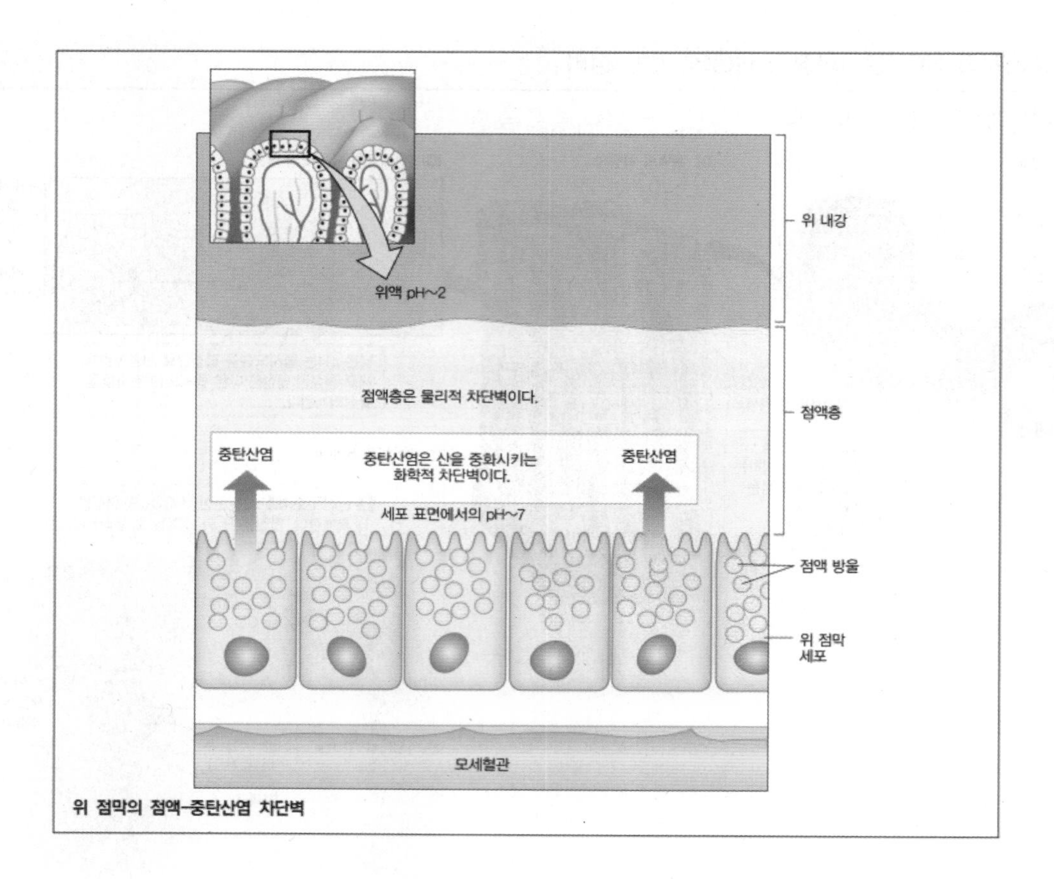

위 점막의 점액-중탄산염 차단벽

ⓓ G세포: 가스트린을 분비하여 위산의 분비를 자극하고 펩시토겐의 분비를 촉진시킴

ⓔ D세포: 소마토스타틴을 분비하여 위산, 가스트린, 펩시노겐의 분비를 억제함

ⓕ 장크롬친화성 세포: 히스타민을 분비하여 벽세포를 자극하여 HCl의 분비를 촉진시킴

㉢ 자가소화를 막는 기작

ⓐ 활성이 없는 효소원(zymogen) 상태로 소화효소를 분비함

ⓑ 점액층이 존재하여 강산성 환경으로부터 상피를 보호함

ⓒ 충분한 세포생성을 통해 3일마다 위벽세포가 완전 교체됨

㉣ 위궤양의 원인 Helicobacter pylori: 산을 중화시키는 화학물질인 암모니아를 몸 주변으로 분비하여 산성 환경에서 생존하며 감염부위에서의 염증반응을 유발함

㉤ 위에서의 분비물 조절

ⓐ 뇌상에서는 미주신경에서 나온 부교감신경이 G세포를 자극하여 가스트린을 혈류 내로 분비함. 내강에 있는 아미노산 또는 펩티드는 가스트린 분비를 위한 짧은 반사를 촉발함

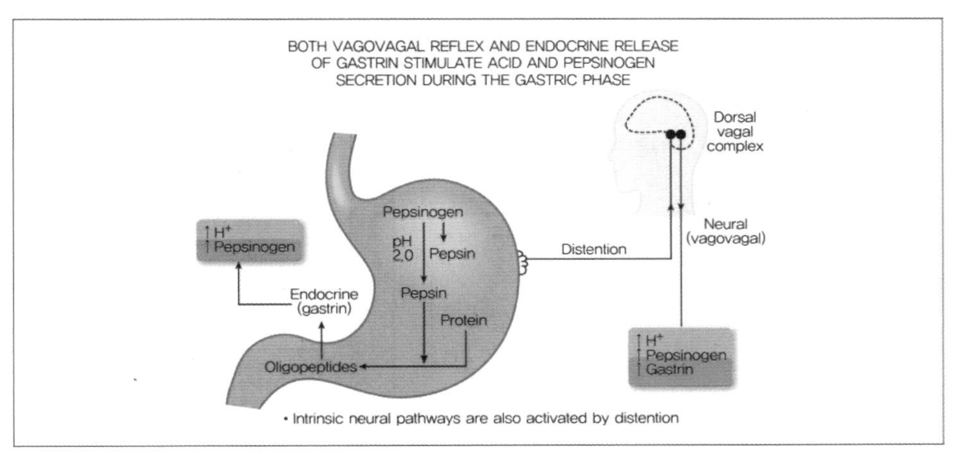

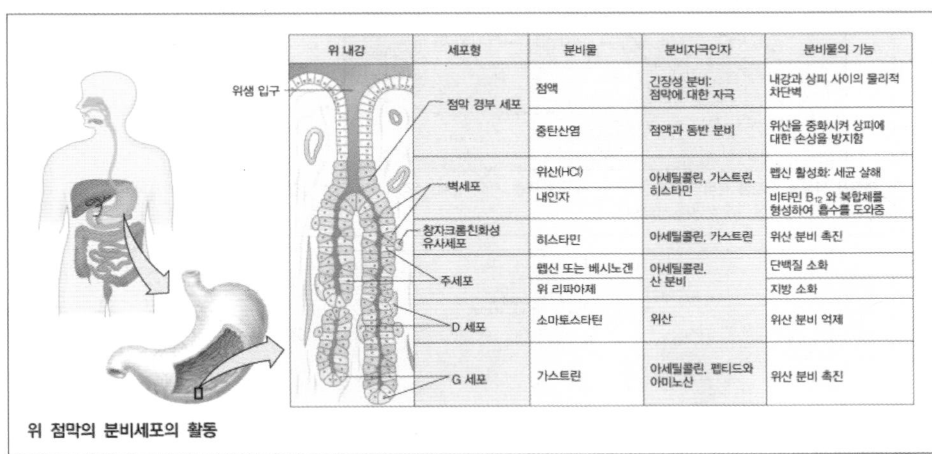

위 내강	세포형	분비물	분비자극인자	분비물의 기능
	점막 경부 세포	점액	긴장성 분비: 점막에 대한 자극	내강과 상피 사이의 물리적 차단벽
		중탄산염	점액과 동반 분비	위산을 중화시켜 상피에 대한 손상을 방지함
	벽세포	위산(HCl)	아세틸콜린, 가스트린, 히스타민	펩신 활성화: 세균 살해
		내인자		비타민 B_{12} 와 복합체를 형성하여 흡수를 도와줌
	창자크롬친화성 유사세포	히스타민	아세틸콜린, 가스트린	위산 분비 촉진
	주세포	펩신 또는 베시노겐	아세틸콜린, 산 분비	단백질 소화
		위 리파아제		지방 소화
	D 세포	소마토스타틴	위산	위산 분비 억제
	G 세포	가스트린	아세틸콜린, 펩티드와 아미노산	위산 분비 촉진

위 점막의 분비세포의 활동

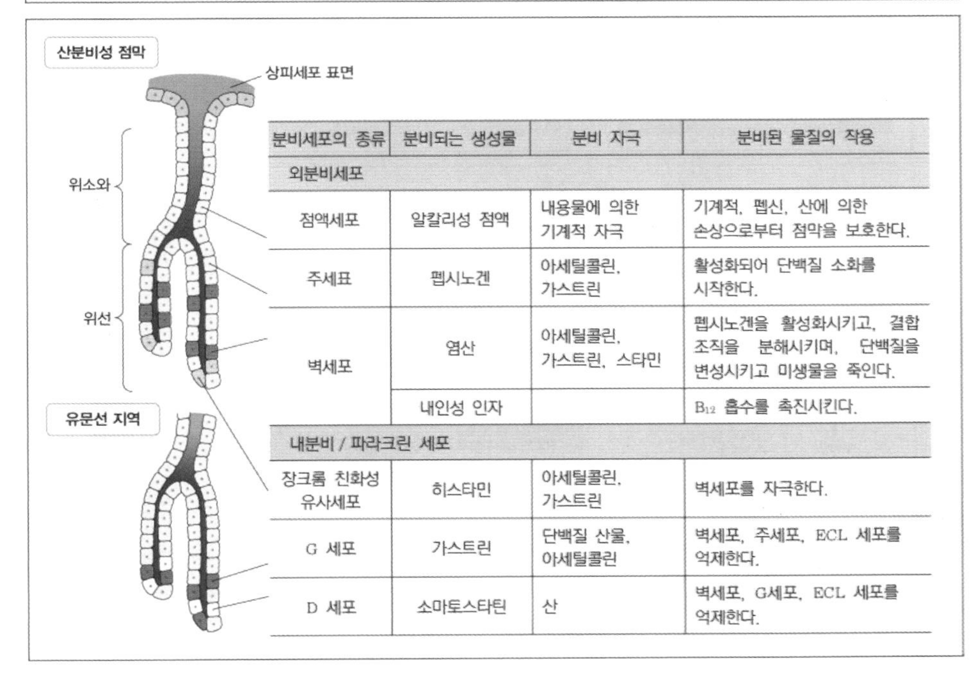

분비세포의 종류	분비되는 생성물	분비 자극	분비된 물질의 작용
외분비세포			
점액세포	알칼리성 점액	내용물에 의한 기계적 자극	기계적, 펩신, 산에 의한 손상으로부터 점막을 보호한다.
주세표	펩시노겐	아세틸콜린, 가스트린	활성화되어 단백질 소화를 시작한다.
벽세포	염산	아세틸콜린, 가스트린, 스타민	펩시노겐을 활성화시키고, 결합조직을 분해시키며, 단백질을 변성시키고 미생물을 죽인다.
	내인성 인자		B_{12} 흡수를 촉진시킨다.
내분비 / 파라크린 세포			
장크롬 친화성 유사세포	히스타민	아세틸콜린, 가스트린	벽세포를 자극한다.
G 세포	가스트린	단백질 산물, 아세틸콜린	벽세포, 주세포, ECL 세포를 억제한다.
D 세포	소마토스타틴	산	벽세포, G세포, ECL 세포를 억제한다.

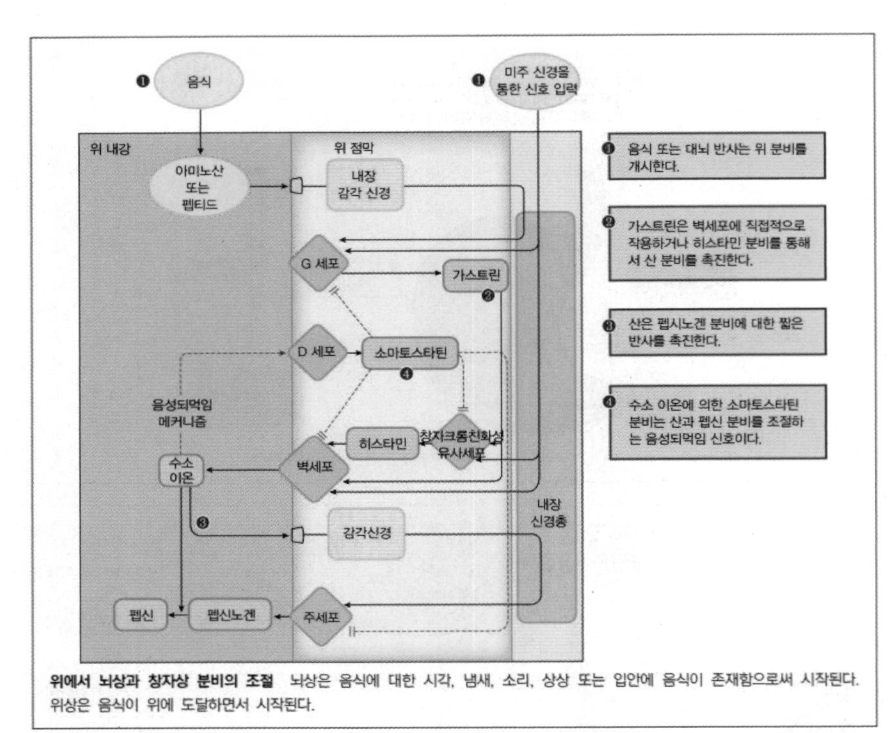

위에서 뇌상과 창자상 분비의 조절 뇌상은 음식에 대한 시각, 냄새, 소리, 상상 또는 입안에 음식이 존재함으로써 시작된다. 위상은 음식이 위에 도달하면서 시작된다.

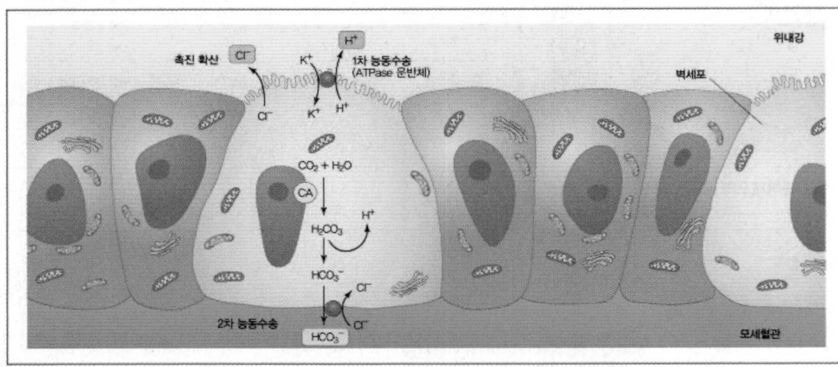

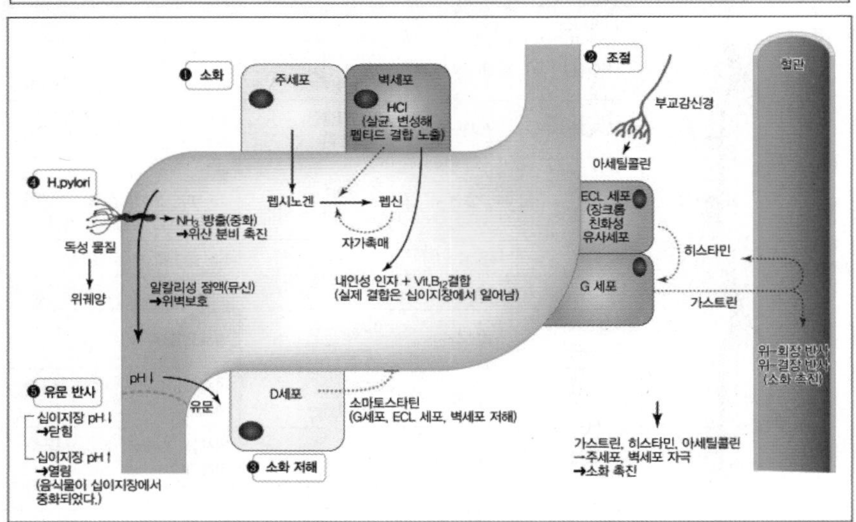

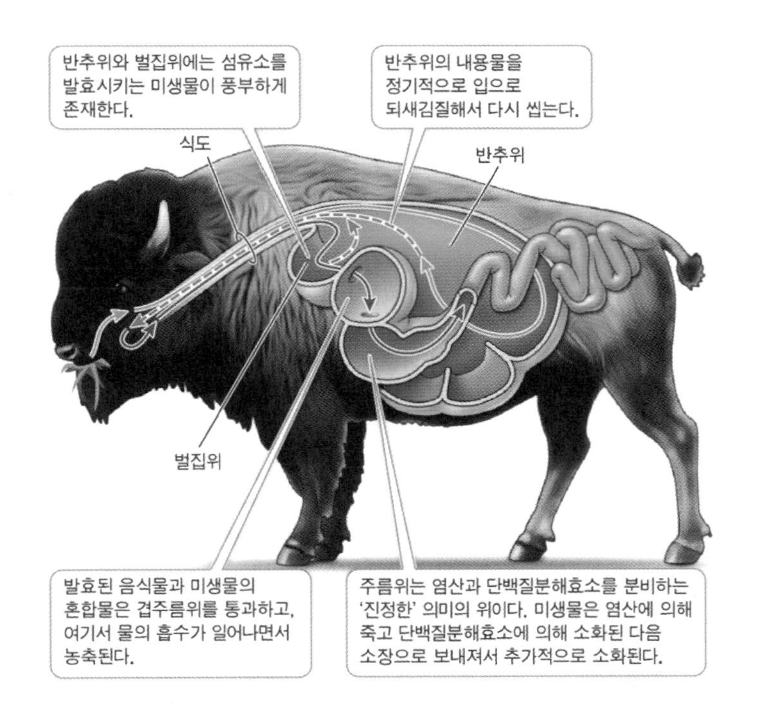

ⓑ 가스트린은 히스타민 분비를 직접적 또는 간접적으로 자극하여 산 분비를 촉진함

ⓒ ECL세포는 가스트린과 내장신경계의 아세틸콜린에 반응하여 히스타민을 분비함. 히스타민은 표적세포인 부세포로 확산되어 들어가서 산 분비를 촉진함

ⓓ 위 내강 내의 산은 짧은 반사를 경유하여 주세포에서의 펩시노겐 분비를 자극함. 내강에서 산은 펩시노겐을 펩신으로 전환시켜 단백질 소화를 시작함

ⓔ 산은 또한 D세포에서 소마토스타틴 분비를 촉진함. 소마토스타틴은 음성되먹임 작용으로 위산, 가스트린, 펩시노겐 분비를 억제함

(5) 소장에서의 소화

㉠ 소장의 구조와 특징: 소화관 중 가장 길이가 길며 십이지장, 공장, 회장 순으로 배열됨. 융모가 존재하기 때문에 흡수를 위한 표면적이 넓어 소화 산물의 흡수가 용이함

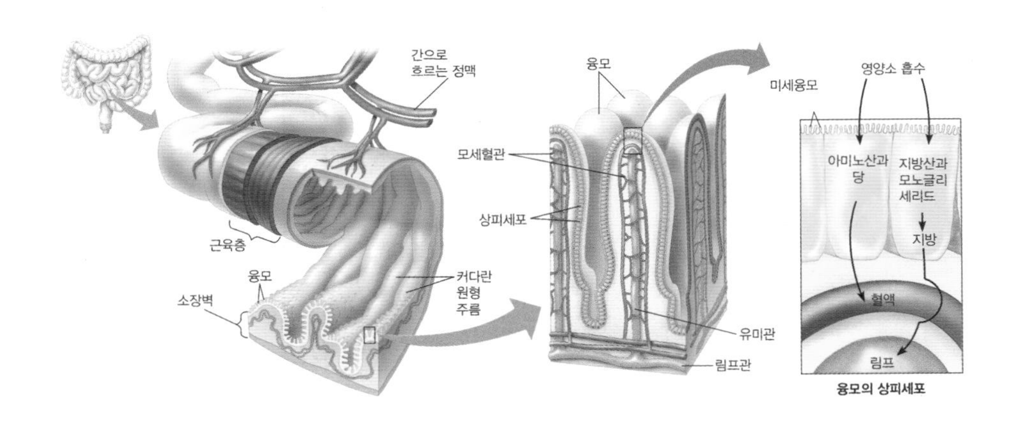

ⓐ 십이지장(duodenum): 위에 연결된 약 30cm까지의 부분으로 이자관과 쓸개관이 열려 있어 이자액과 쓸개즙이 분비됨

ⓑ 공장(jejunum): 십이지장에서 약 2m까지의 부분으로 내벽은 많은 주름이 잡혀 있고 이 주름에는 융털 돌기가 수없이 많으며 이 융털돌기 사이사이에 장샘이 열려 있어 장액이 분비되며 양분의 흡수가 일어남

㉡ 소장에서의 화학적 소화에 관여하는 부속기관

ⓐ 간: 쓸개즙을 생성함. 단, 쓸개즙의 저장과 분비는 담낭에서 수행됨. 쓸개즙의 담즙산염은 일종의 계면활성제로서 지방을 유화시켜 소화 표면적을 증가시키므로 리파아제에 의한 소화를 용이케 함

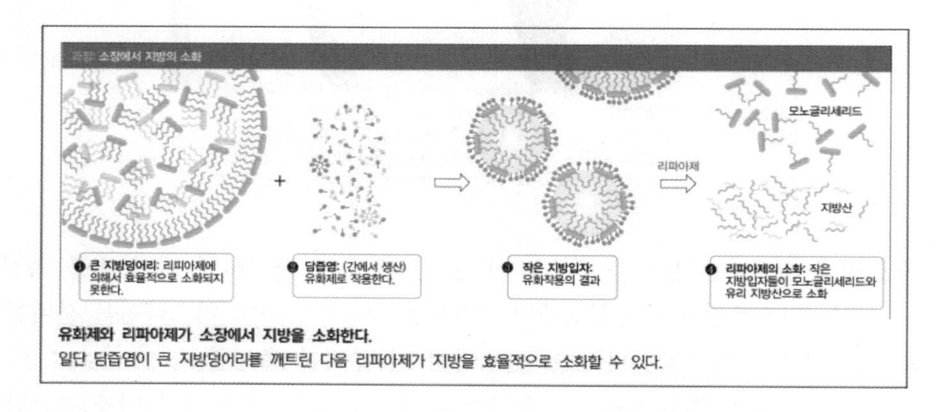

유화제와 리파아제가 소장에서 지방을 소화한다.
일단 담즙염이 큰 지빙덩어리를 깨트린 다음 리파아제가 지방을 효율적으로 소화할 수 있다.

ⓑ 이자: 외분비선과 내분비선으로 모두 작용하며 소화액을 분비하여 음식물의 화학적 소호에 관여함

1. HCO_3^- 분비: HCO_3^-는 위산이 섞인 산성 유미즙을 중화하는데 관여하는데 간질액으로부터 확산되어 진입한 이산화탄소와 물 간이 반응을 통해 HCO_3^-이 형성되며 HCO_3^-이 이자로부터 분비될수록 H^+는 간질액으로 분비되기 때문에 체액의 pH가 떨어지게 됨

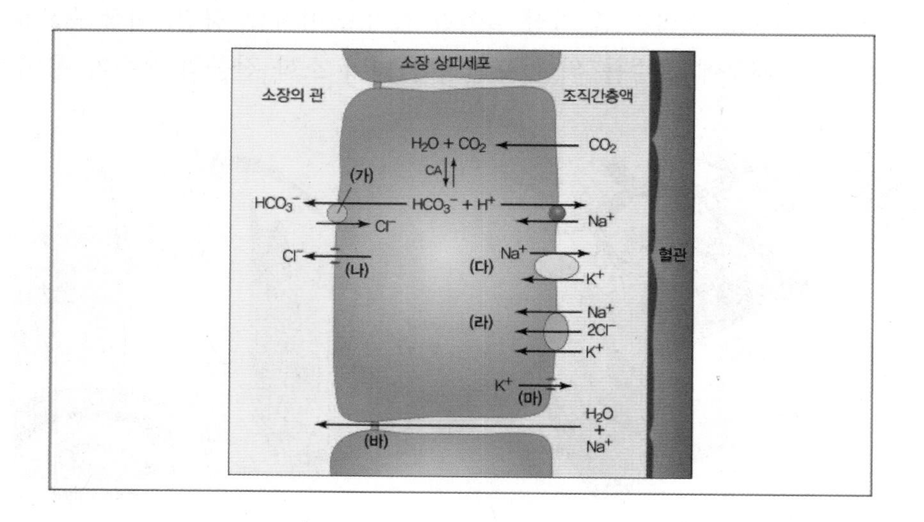

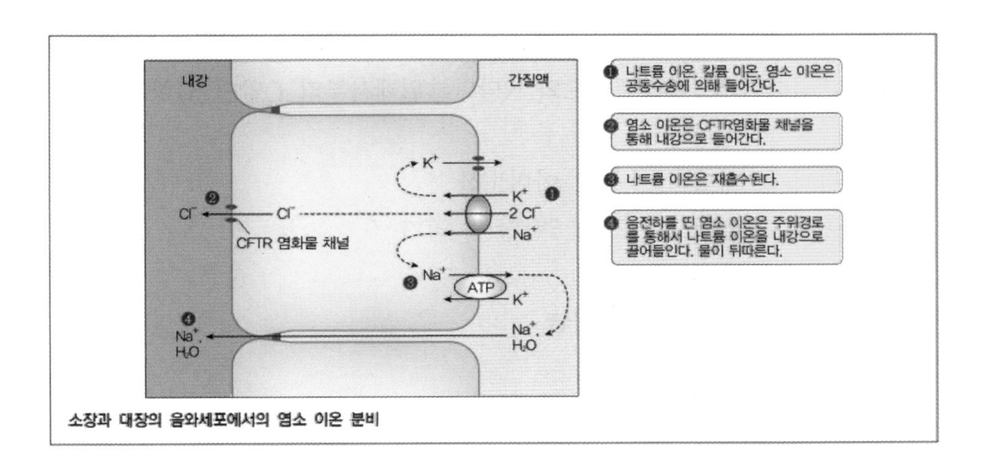

소장과 대장의 움와세포에서의 염소 이온 분비

2. 단백질 가수분해효소 분비
   - 트립신(트립신노겐 $\xrightarrow{\text{엔테로펩티다아제}}$ 트립신): 폴리펩티드 내의 특정 아미노산 부근 펩티드 결합을 끊음
   - 키모트립신(기모트립시노겐 $\xrightarrow{\text{트립신}}$ 키모트립신): 폴리펩티드 내의 특정아미노산 부근 펩티드 결합을 끊음
   - 카르복시펩티다아제(프로카르복시펩티다아제 $\xrightarrow{\text{트립신}}$ 카르복시펩티다아제): 폴리펩티드의 C 말단부위에서부터 N말단 방향으로 펩티드 결합을 끊음

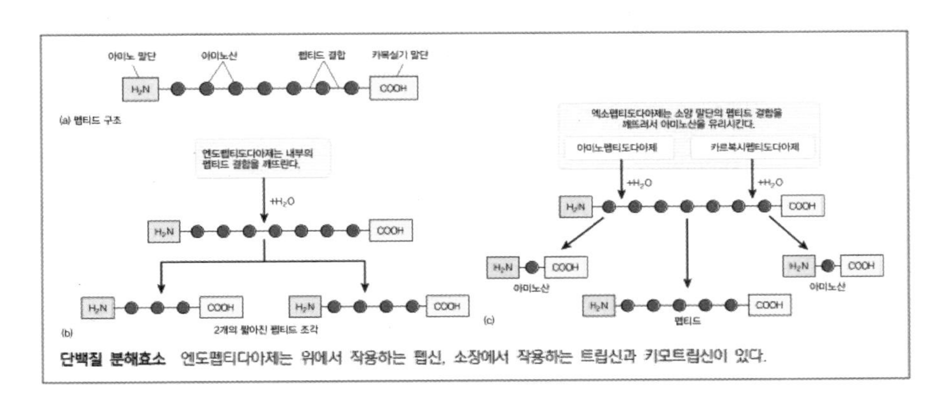

단백질 분해효소 엔도펩티다아제는 위에서 작용하는 펩신, 소장에서 작용하는 트립신과 키모트립신이 있다.

3. 핵산가수분해효소 분비: 핵산을 뉴클레오티드 단위로 분해함
4. 지방가수분해효소 분비: 중성지방을 모노글리세리드와 지방산으로 분해함
5. 아밀라아제 분비: 녹말을 엿당으로 분해함

ⓒ 장액에 포함된 소화효소를 통한 화학적 소화
1. 말타아제: 엿당 → 2 포도당
2. 수크라아제: 설탕 → 포도당 + 과당

3. 락타아제(보통 유아기까지만 분비됨): 젖당 → 포도당 + 갈락토오스
4. 아미노펩티다아제: 폴리펩티드의 N말단부위에서부터 C말단 방향으로 펩티드 결합을 끊음
5. 디펩티다아제: 디펩티드 → 2 아미노산
6. 뉴클라아제: 뉴클레오티드 → 5탄당 + 염기

(6) 소화 관련 주요 호르몬의 종류와 기능

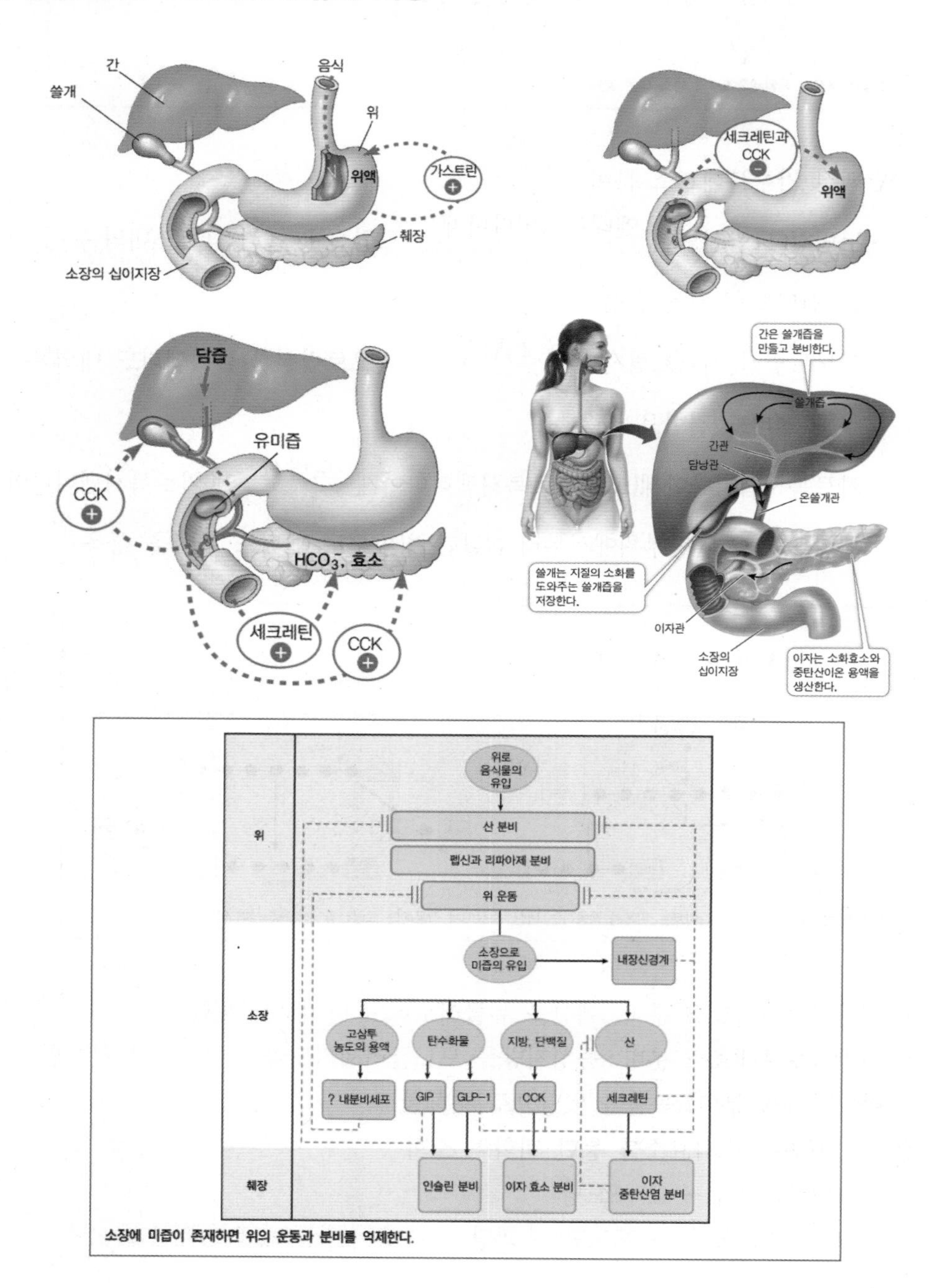

소장에 미즙이 존재하면 위의 운동과 분비를 억제한다.

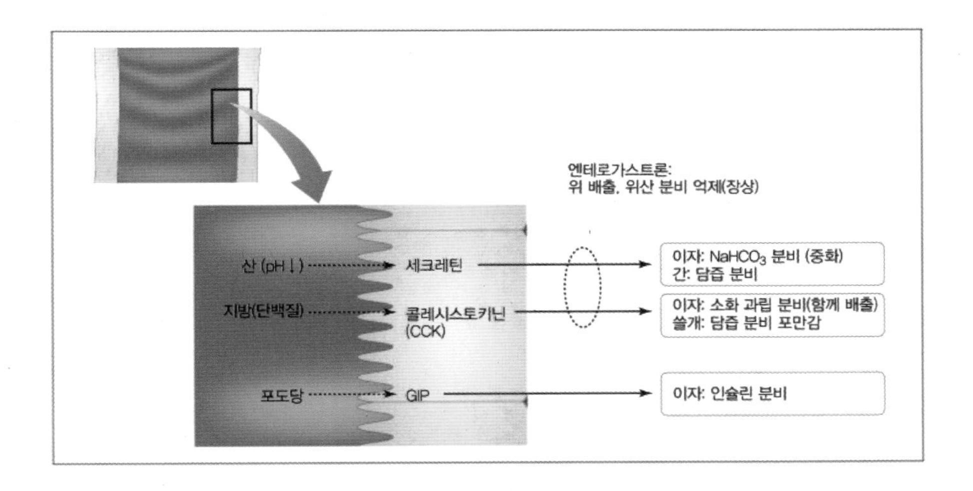

㉠ 지방이 풍부한 유미즙이 십이지장으로 들어오면 세크레틴과 콜레시스토키닌(CCK)이 위의 연동운동과 산 분비를 저해하고 따라서 소화가 느려짐

㉡ 가스트린은 혈류를 따라 순환하여 위로 돌아오는데 이는 위액의 생성을 촉진함

㉢ 세크레틴은 이자에서 탄산수소나트륨 분비를 자극함. 탄산수소나트륨은 위에서 온 산성 유미즙을 중화시킴

㉣ 아미노산과 지방산은 콜레시스토키닌(CCK)을 분비시킴. 콜레시스토키닌은 이자에서 소화효소 분비와 쓸개에서 담즙을 분비하도록 자극함

(7) 소장에서의 흡수

㉠ 물의 흡수: 매일 소장으로 유입되는 9L의 용액 중에서 대부분은 소장에서 재흡수됨. 유기영양소와 이온의 흡수는 대부분 십이지장과 공장에서 일어나며 물 흡수를 위해서 삼투성 기울기를 형성함

㉡ 탄수화물의 흡수: 포도당, 과당, 갈락토오스 등의 단당류로 분해된 후 흡수됨

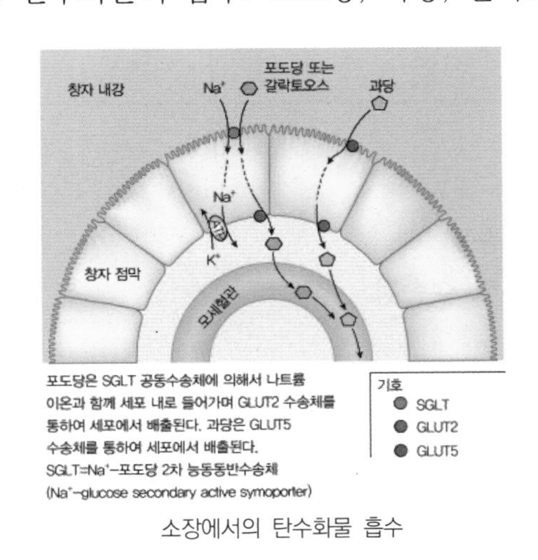

소장에서의 탄수화물 흡수

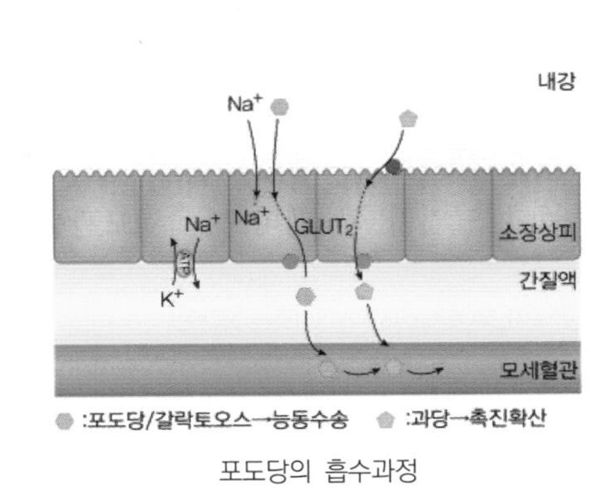

포도당의 흡수과정

ⓐ 포도당 또는 갈락토오스는 Na^{+}과 공동수송을 통해 흡수됨

ⓑ 과당은 농도기울기에 따라 촉진확산됨

ⓒ 펩티드, 아미노산: 펩티드 또는 아미노산을 여러 방식을 통해 흡수

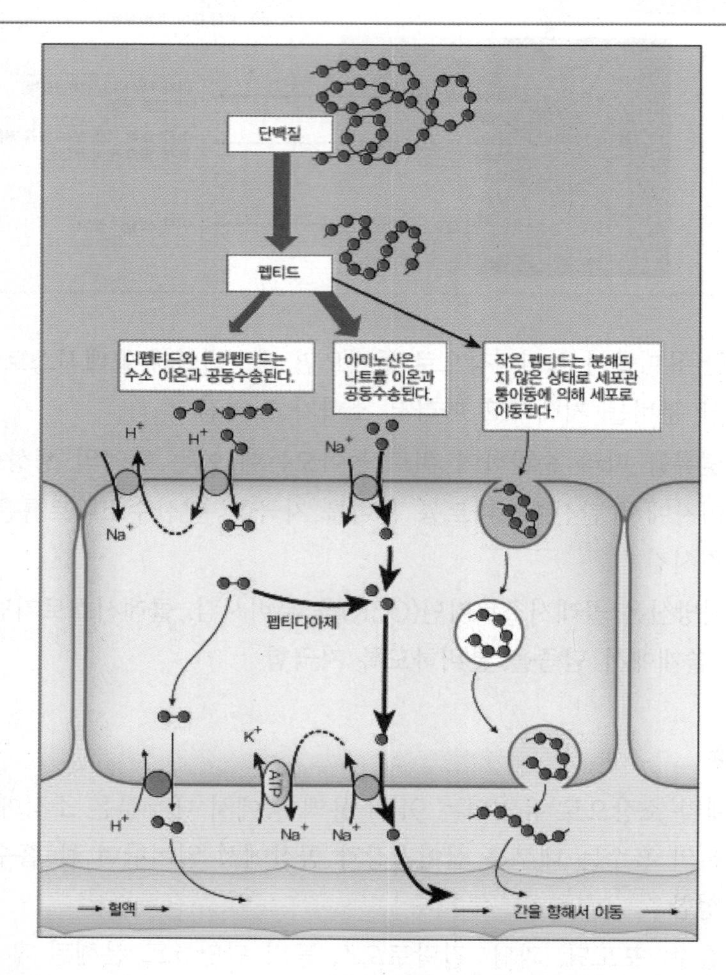

펩티드 흡수

소화 후에 단백질은 대체로 자유 아미노산이나 디펩티드, 트리펩티드 형태로 흡수된다. 트리펩티드보다 큰 일부 펩티드는 세포관통 이동에 의해 흡수될 수 있다.

ⓐ 아미노산은 나트륨 이온과 공동수송됨

ⓑ 티펩티드와 트리펩티드는 수소이온과 공동수송됨

ⓒ 보다 크기가 큰 펩티드는 세포관통이동을 통해 수송됨

㉣ 지방의 흡수: 중성지방이 모노글리세리드와 지방산으로 분해된 후 흡수

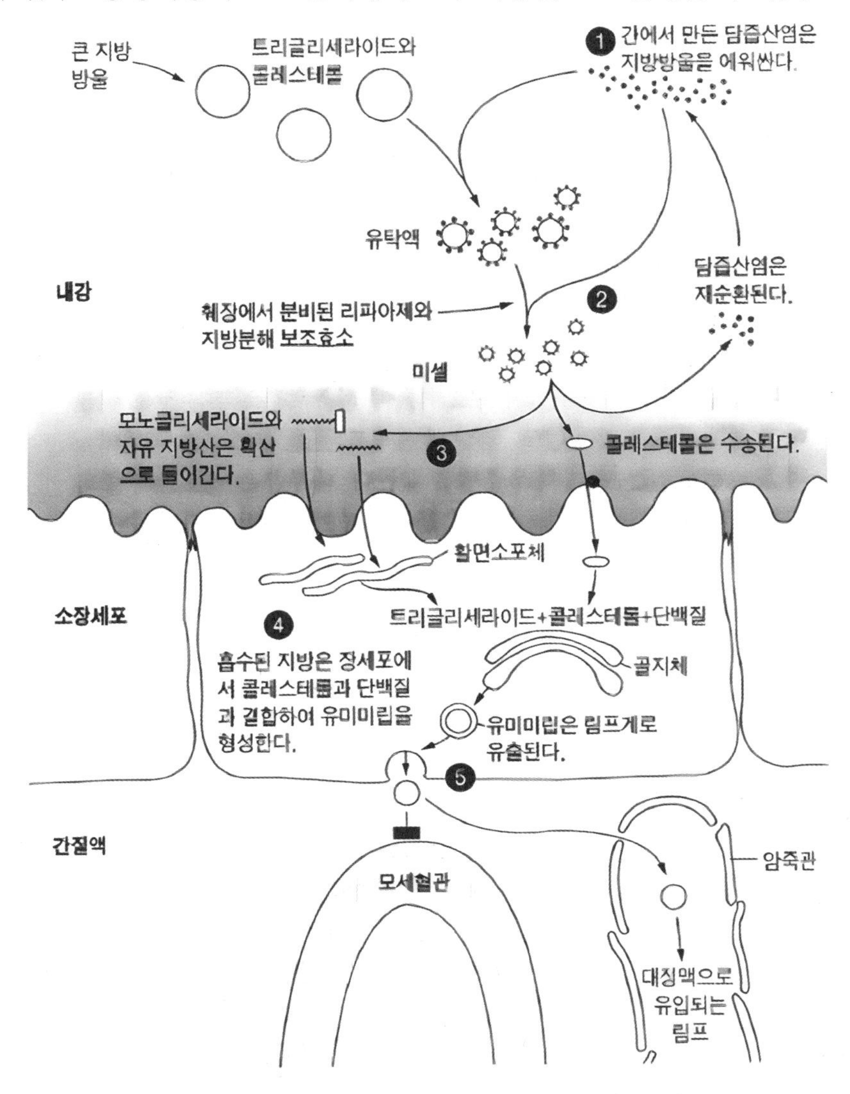

ⓐ 소장의 활면소포체에서 중성지방이 재합성되고, 골지체를 통해 중성지방은 인지질, 콜레스테롤, 단백질과 연합되어 유미입자(chylomicron)를 형성함

ⓑ 유미입자는 외포작용을 통해 간질액으로 분비되는데 유미입자의 크기가 모세혈관으로 진입하기에는 크기가 커 암죽관으로 진입함

(8) 소장으로 흡수된 영양소의 이동

㉠ 포도당, 아미노산, 수용성 비타민 등의 이동 경로: 모세혈관 → 간문맥 → 간 → 간정맥 → 하대정맥 → 심장 → 온몸

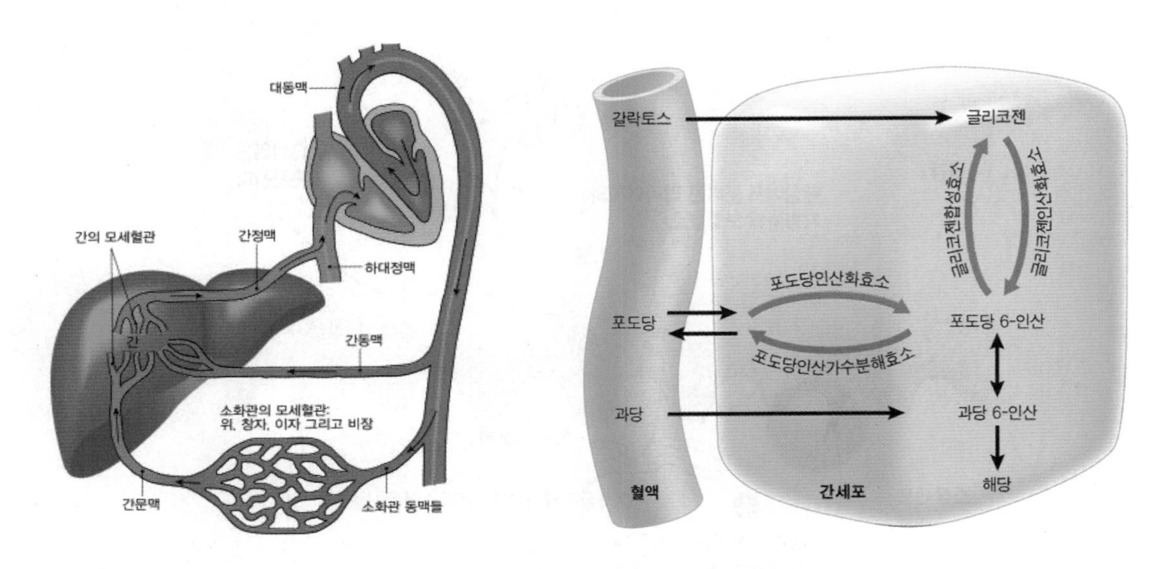

㉡ 유미입자, 지용성 비타민 등의 이동경로: 암죽관 → 가슴관 → 좌쇄골하정맥 → 상대정맥 → 심장 → 온몸

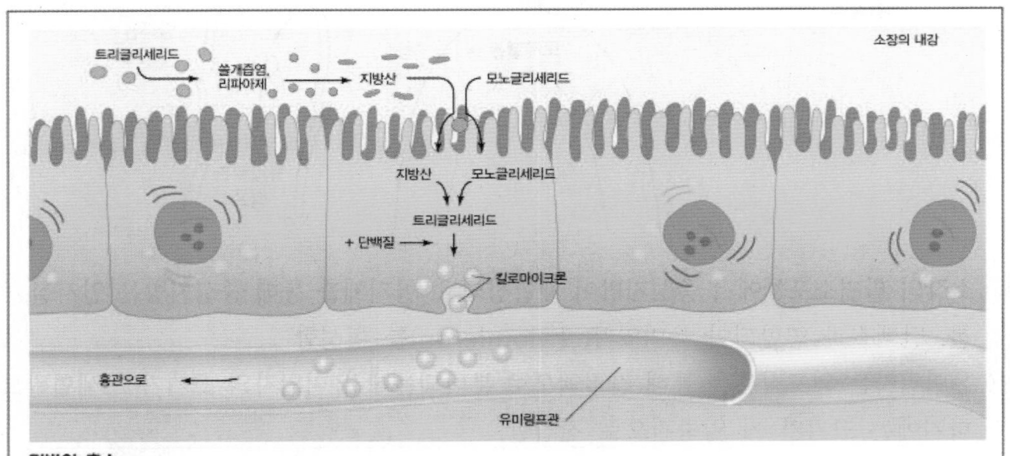

지방의 흡수

소장 내 미셀에서 유래한 지방산과 모노글리세리드는 상피세포에 의해 흡수되고 트리글리세리드로 전환된다. 이들은 단백질과 결합하여 킬로마이크론을 형성하고 융모의 유미림프관으로 들어간다. 그리고 이 림프관은 킬로마이크론을 흉관으로 킬로마이크론을 왼쪽 빗장밑정맥(쇄골하정맥, subclavian vein)의 정맥피로 방출한다.

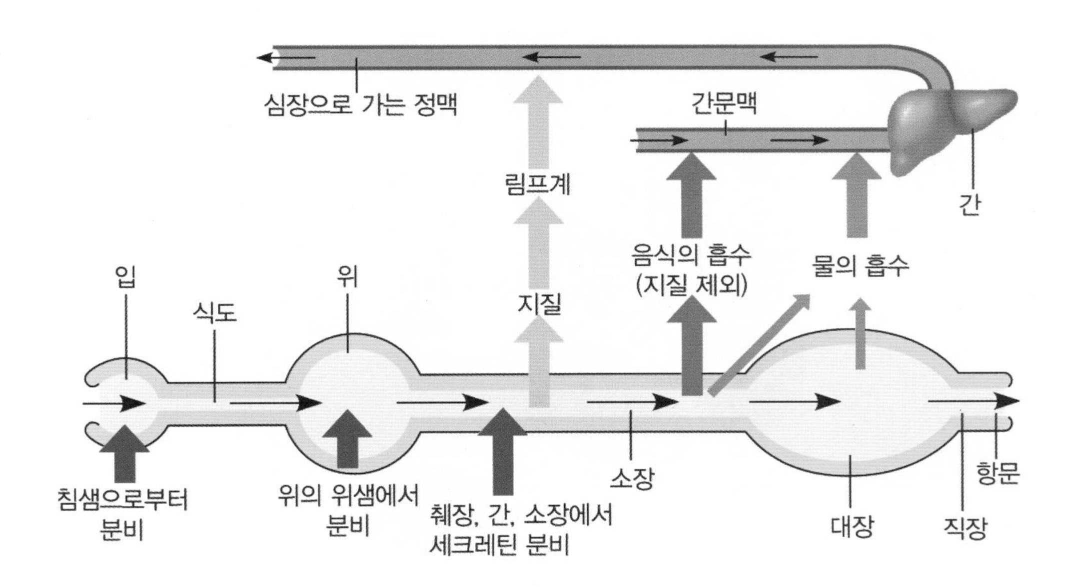

(9) 대장의 구조와 기능

㉠ 대장의 구조: 맹장, 결장, 직장 순으로 구성되며 T자 형태의 접합부에서 소장과 연결되고 이 부분의 괄약근은 음식의 이동을 조절함. 대장 점막의 내강 표면은 융모가 없어서 편평해 보임

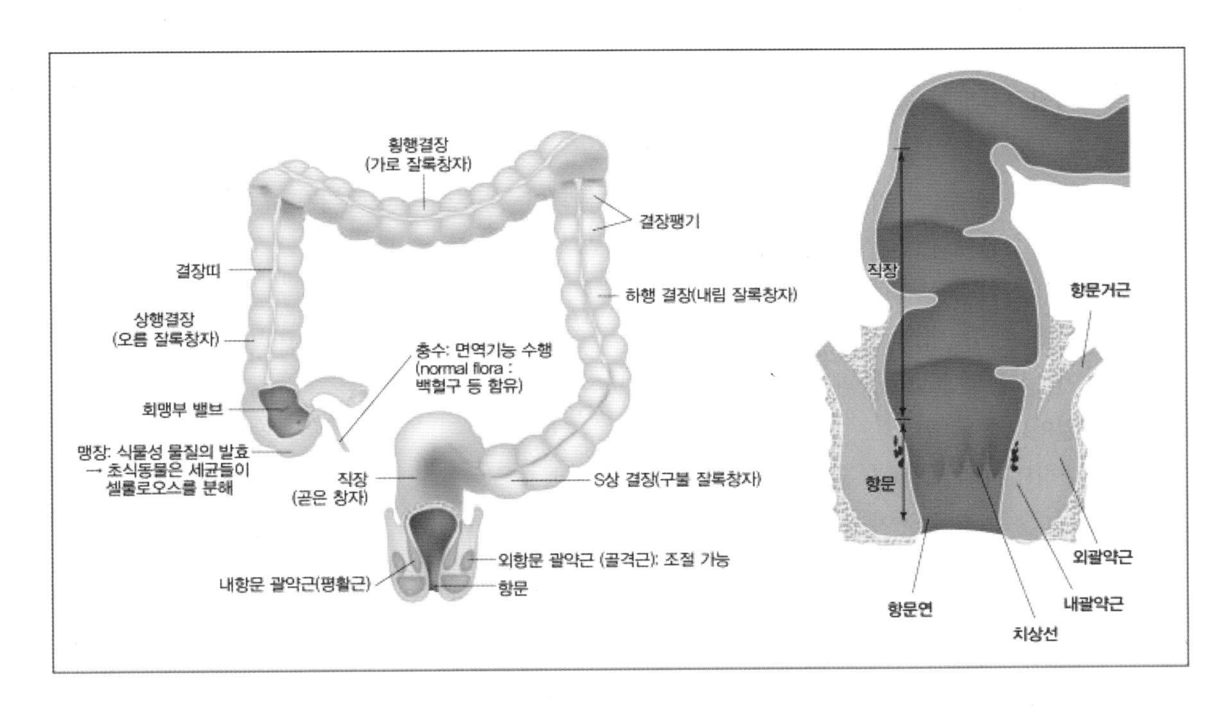

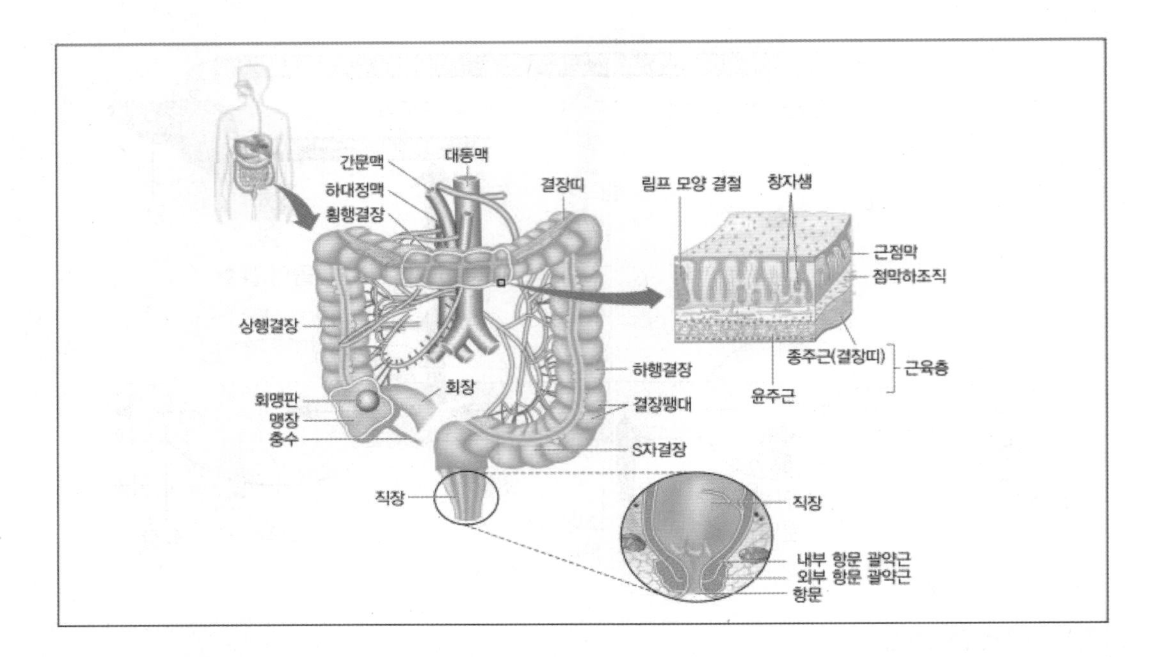

ⓐ 맹장: 소장과 대장의 연결부에 끝이 막힌 주머니 모양으로 되어 있음. 식물성 물질의 발효가 일어나는 장소로서 포유류의 경우 비교적 작은 크기의 맹장을 지니고 있음. 충수(appendix)는 맹장 중 손가락 모양으로 튀어나온 부분으로 면역반응에 일부 관여함

ⓑ 결장: 몸의 오른쪽 아래에서 위로, 다시 왼쪽으로 가로지른 후 아래로 향하는 굵고 주름진 창자로 S자 모양으로 되어 있음

ⓒ 직장: 결장의 끝으로 항문과 연결되어 있음

㉡ 주요기능

ⓐ 수분의 흡수: 다양한 소화액의 용매로 사용되어 소화관으로 들어간 수분을 재흡수함. 물의 능동수송에 대한 생물학적 기전이 없기 때문에 소금과 같은 이온을 내강 밖으로 펌프하여 생긴 삼투압으로 물의 재흡수가 일어나도록 함

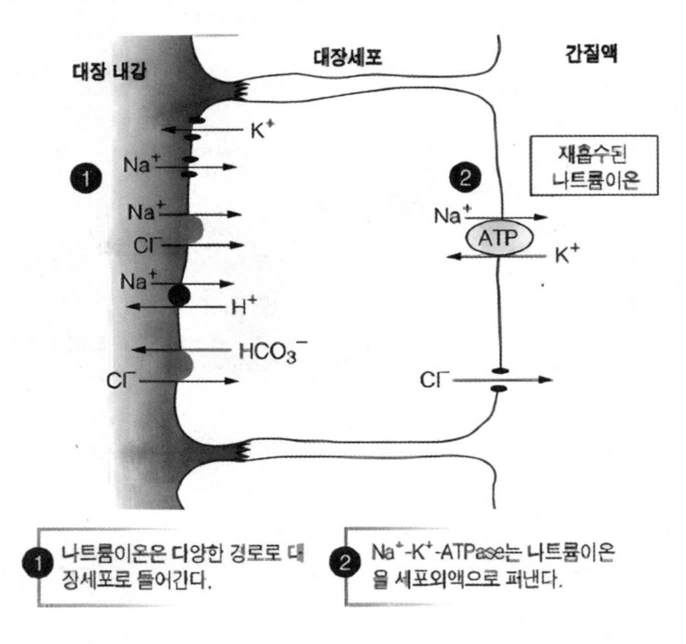

1 나트륨이온은 다양한 경로로 대장세포로 들어간다.

2 Na^+-K^+-ATPase는 나트륨이온을 세포외액으로 퍼낸다.

ⓑ 대장에서의 소화와 흡수: 대장에는 많은 대장균이 살고 있는데 이들은 음식물 속의 소화되지 않은 탄수화물과 단백질을 발효시켜 분해함. 이러한 과정을 거친 최종 산물에는 젖산이나 부티르산과 같은 짧은 지방산이 포함됨. 또한 장내세균은 비타민

K, 비오틴, 엽산 등의 결핍을 예방하는데 도움을 주며 일부 세균은 황하수소를 발생시켜 방귀를 형성하는데 관여함

ⓒ 설사의 유발: 정상적인 수분의 흡수 매커니즘이 손상되거나 젖당과 같이 흡수되지 않는 삼투성이 강한 용질이 내강에 머무르게 되는 경우, 그리고 콜레라 독소나 대장균의 내독소에 의한 분비가 촉진되면 설사가 유발됨

ⓓ 변비의 유발: 연동운동을 통해 결장을 따라 움직이면서 대변이 점점 단단해지는데 연동운동 약화되면 다량의 수분이 재흡수되어 변비가 유발됨

순환(circulation)

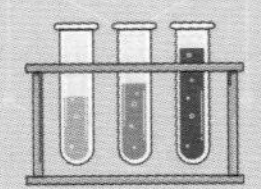

1 혈액

(1) 혈액의 조성

혈장과 혈구로 구성되는데 혈액 샘플을 채취한 뒤 원심 분리하여 분리함. 혈액응고 방지 위해 항응고제를 처리함

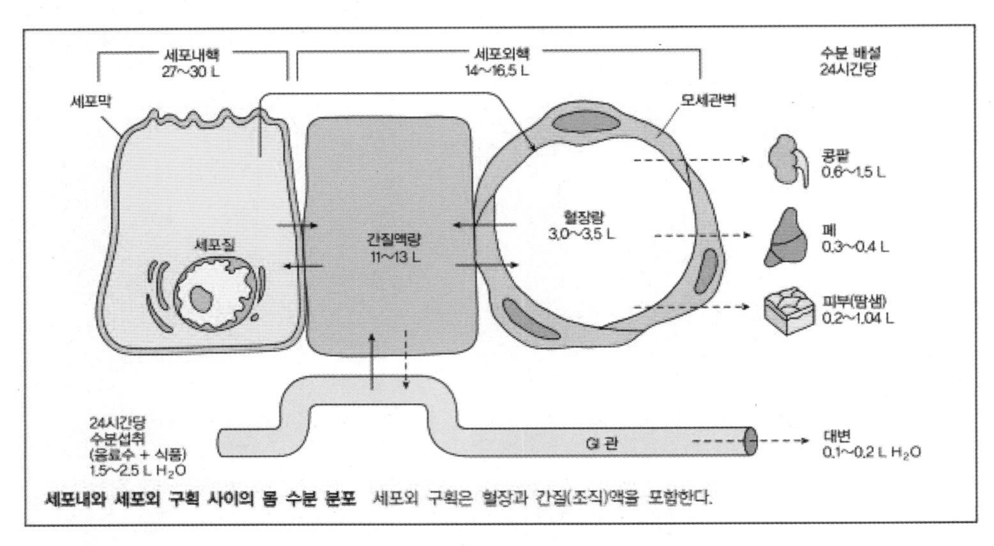

세포내와 세포외 구획 사이의 몸 수분 분포 세포외 구획은 혈장과 간질(조직)액을 포함한다.

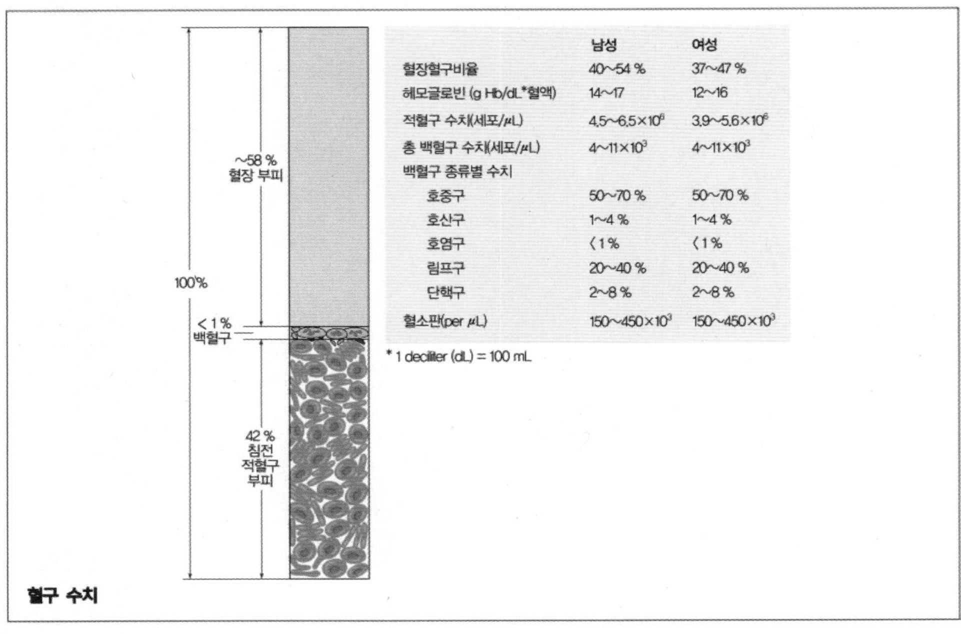

	남성	여성
혈장혈구비율	40~54 %	37~47 %
헤모글로빈 (g Hb/dL*혈액)	14~17	12~16
적혈구 수치(세포/μL)	$4.5\sim6.5\times10^6$	$3.9\sim5.6\times10^6$
총 백혈구 수치(세포/μL)	$4\sim11\times10^3$	$4\sim11\times10^3$
백혈구 종류별 수치		
호중구	50~70 %	50~70 %
호산구	1~4 %	1~4 %
호염구	〈1 %	〈1 %
림프구	20~40 %	20~40 %
단핵구	2~8 %	2~8 %
혈소판(per μL)	$150\sim450\times10^3$	$150\sim450\times10^3$

* 1 deciliter (dL) = 100 mL

혈구 수치

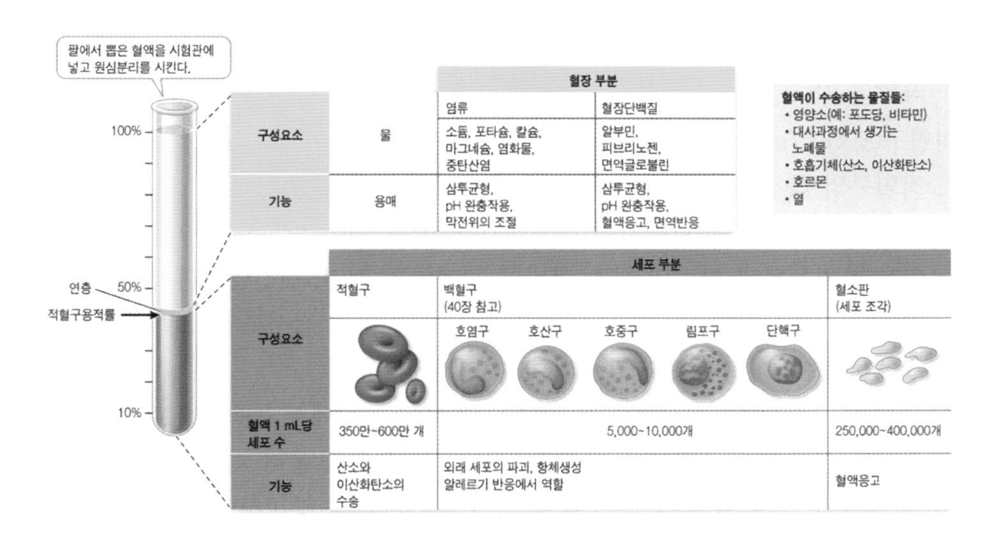

㉠ 혈장(55%): 혈액의 용액 부분으로서 물이 혈장의 대표적인 성분으로 전체 무게의 92%를 차지하고 단백질 성분이 약 7%를 차지함. 나머지 1%는 용해된 유기분자, 이온, 미량의 원소, 비타민, 용해된 O_2와 CO_2 등이 차지함

ⓐ 혈장단백질: 대부분 간에서 만들어지며 알부민, 피브리노겐, 글로불린 등이 대표적임. pH변화에 대한 완충제 역할을 하고 혈액과 세포사이액 간의 삼투 균형을 유지하며 혈액의 점성이 생기는 원인이기도 함

ⓑ 이온: Na^-, K^+, Ca^{2+}, Mg^{2+}, Cl^-, HCO_3^- 등이 이에 속하며, 삼투, pH 조절에 관여함. 혈장 내 이온의 농도는 세포사이액의 이온농도에 직접적인 영향을 주는데 이는 근육이나 신경의 정상적 작동에 중요하므로 혈장의 이온농도는 아주 좁은 범위 내에서 정확하게 유지되어야 함

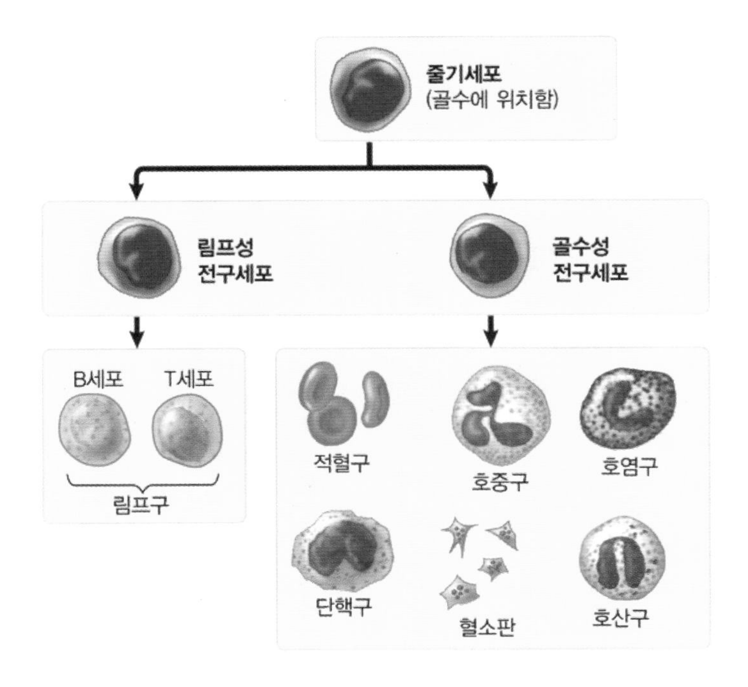

㉡ 혈구(45%): 골수에서 형성되는 혈액을 구성하는 세포 부분으로 적혈구, 백혈구, 혈소판이 이에 속함

ⓐ 적혈구(500만/mm³): 산소와 이산화탄소 운반에 관여하는 혈액 세포임

1. 적혈구의 특징: 골수의 줄기세포에서 생성되며 생성 120일 후 간이나 비장에서 파괴됨. 헤모글로빈을 다량 함유하여 산소를 운반하며 핵이 없기 때문에 많은 양의 헤모글로빈 함유가 가능하고 다량의 산소 운반에 관여하는 것임. 젖산발효를 통해 ATP 생성하기 때문에 산소소모량이 없고 바깥쪽보다 가운데가 얇은 접시모양으로 넓은 표면적을 형성할 수 있는 형태를 지니고 있어 기체교환에 유리함
2. 적혈구 관련 대사: 식사를 통해 섭취한 철분은 소장에서 능동적으로 흡수되어 헤모글로빈 형성에 이용됨. 트랜스페린 단백질이 철을 혈장으로 운며 과량의 철은 페리틴 형태로 간에 저장됨. 산소 분압이 낮은 경우 신장에서 EPO를 분비하여 골수에서의 적혈구 형성을 촉진하는데 이 때 철은 트랜스페린 단백질을 통해 골수로 유입되어 적혈구 형성에 이용됨. 오랜된 적혈구는 비장에서 파괴되는데 이 때 헤모글로빈은 빌리루빈으로 전환되고 간은 빌리루빈을 대사하여 담즙을 형성하는데 담즙은 소화작용에 이용된 뒤 소변과 대변을 통해 체외로 배출됨

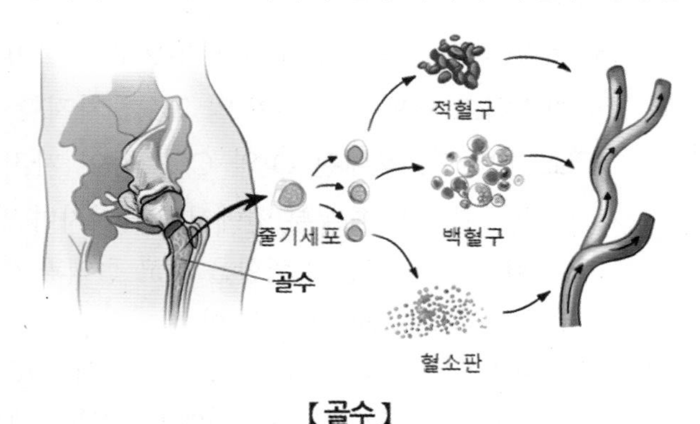

【골수】

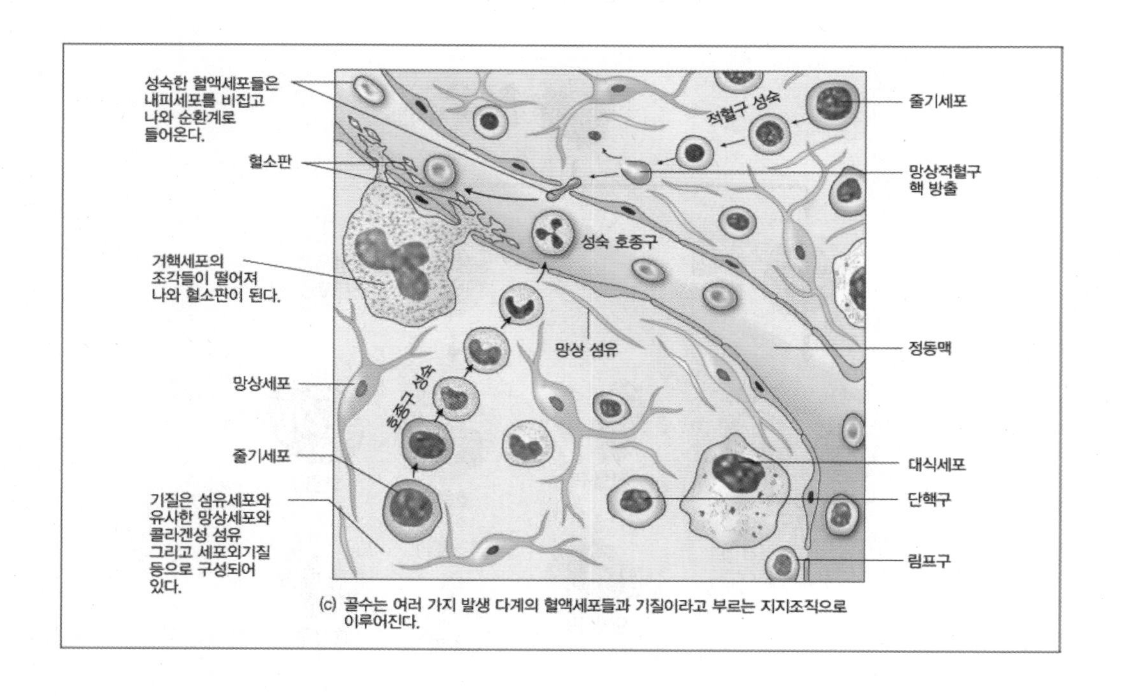

(c) 골수는 여러 가지 발생 다계의 혈액세포들과 기질이라고 부르는 지지조직으로 이루어진다.

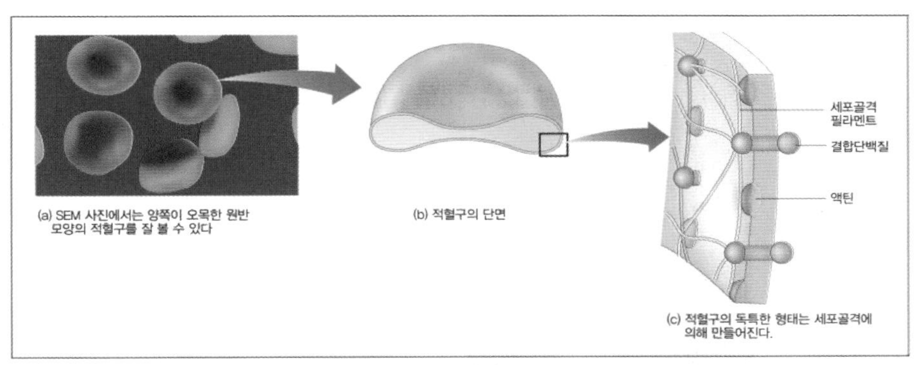

(a) SEM 사진에서는 양쪽이 오목한 원반 모양의 적혈구를 잘 볼 수 있다
(b) 적혈구의 단면
(c) 적혈구의 독특한 형태는 세포골격에 의해 만들어진다.

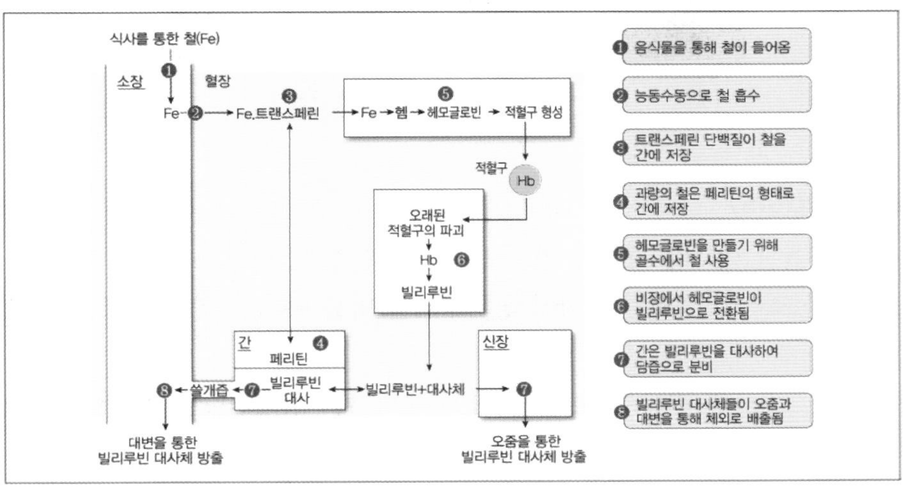

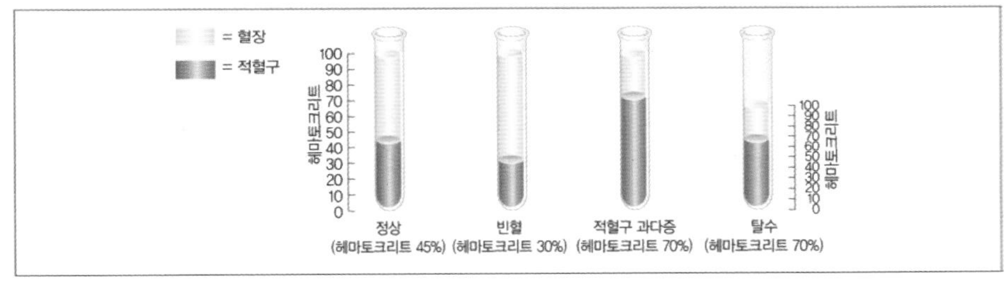

3. 빈혈의 발생: 영양성 빈혈은 식이시 적혈구 조혈작용에 필요한 철분 등의 물질을 부족하게 섭취할 때 발생하며 악성 빈혈의 경우 섭취한 비타민 B12를 적절히 흡수하지 못하는 경우에 발생하는데 비타민12는 정상 적혈구 생성과 성숙 과정에 필요한 물질임. 또한 적혈구의 세포골격 형성에 결함이 생기거나 겸상적혈구증은 용혈성 빈혈을 유발함

ⓑ 백혈구(7000/mm³): 면역반응을 수행하는 혈액 세포로서 적혈구와는 달리 혈관 밖에도 존재하며 핵이 존재하기 때문에 핵형 분석에 이용됨

ⓒ 혈소판(20~30만/mm³): 거핵세포에서 떨어져 나와 형성되며 적혈구보다 크기가 작고 무색이며 핵이 없음. 세포질에는 미토콘드리아와 활면소포체, 그리고 혈액응고 단백질과 시토카인으로 가득한 소낭이 존재함. 수명은 보통 10일 정도이며 언제나 혈액 중에 존재하지만 순환계의 벽에 손상이 생기기 전에는 활성화되지 않음

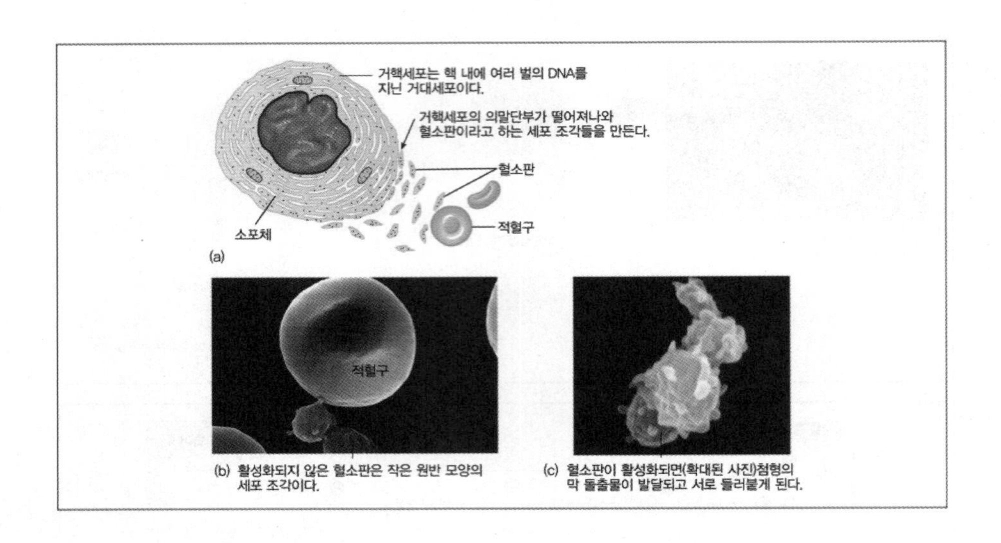

(b) 활성화되지 않은 혈소판은 작은 원반 모양의 세포 조각이다.
(c) 혈소판이 활성화되면(확대된 사진)첨형의 막 돌출물이 발달되고 서로 들러붙게 된다.

(2) 지혈(hemostasis)

혈액을 손상된 혈관 내부에 가두는 과정으로서 혈관 수축, 혈소판에 의한 손상된 부위의 일시적 봉합, 손상된 조직이 수리될 때까지 상처부위를 막을 수 있는 혈액응고 또는 혈병의 형성이 필요함

㉠ 혈관의 수축: 손상된 혈관의 내피세포에서 분비하는 신호전달물질에 의해 손상 부위 혈관의 즉각적인 수축이 일어남. 혈관 수축은 일시적으로 혈관 내부의 혈액 흐름과 압력을 완화시키고 혈소판이 손상 부위를 틀어막는 것을 용이하게 함

㉡ 혈소판 마개의 형성: 혈소판은 혈관 손상에 의해 외부로 노출된 콜라겐 단백질에 부착되고 활성화되어 상처 부위 주변으로 시토카인을 방출함. 혈소판에서 방출된 인자들은 국부적인 혈관 수축을 더욱 촉진하고 더 많은 다른 혈소판들을 활성화시켜 이들이 서로 부착하여 느슨한 형태의 혈소판 마개를 만들도록 함

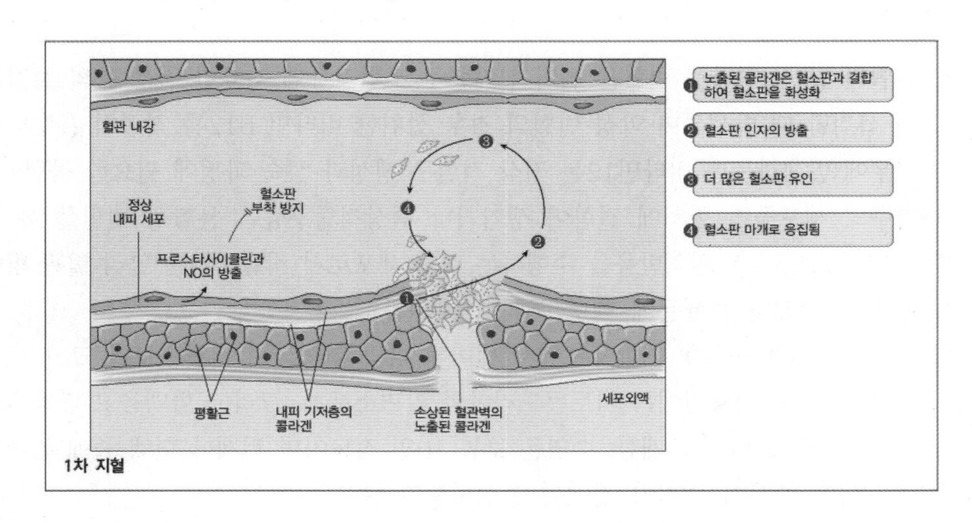

1차 지혈

㉢ 혈액응고 연쇄반응: 콜라겐과 조직인자들이 혈액응고 연쇄반응을 유도하는데 일련의 효소반응을 통하여 혈소판 마개를 단단히 고정시켜 줄 피브린 단백질의 그물을 형성하게 되며 이렇게 해서 단단해진 혈소판 마개를 혈병이라고 함. 새로운 세포의 성장과 분열로 손상된 혈관이 수리되는데 이 때 혈병은 떨어져 나오고 플라스민 효소에 의해 서서히 분해됨

ⓐ 혈소판의 활성화: 혈소판은 손상되지 않은 내피세포에는 부착되지 않는데 내피세포는 세포막 지질을 프로스타사이클린으로 전환켜서 혈소판의 부착과 응집을 저해함. 하지만 혈관벽이 손상되면 혈소판이 인테그린을 통해 콜라겐과 결합하게 되고 혈소판 내부의 과립에 저장되어 있던 물질들을 방출하도록 자극하는데, 그 안에는 세로토닌, 혈소판활성화인자(PAF)가 포함되어 있음. PAF는 또 다른 혈소판을 활성화시킴으로써 일종의 양성되먹임 고리를 형성하고 혈소판 세포막의 인산지질을 트롬복산 A2로 전환시키는데 세로토닌과 트롬복산 A_2는 혈관수축제임

ⓑ 혈액응고 연쇄반응 경로: 내인성 경로와 의인성 경로로 구분되는데 두 경로는 피브리노겐을 불용성 피브린 섬유로 전환시키는 트롬빈 생성과정에서 서로 만나 공통경로를 형성하게 됨

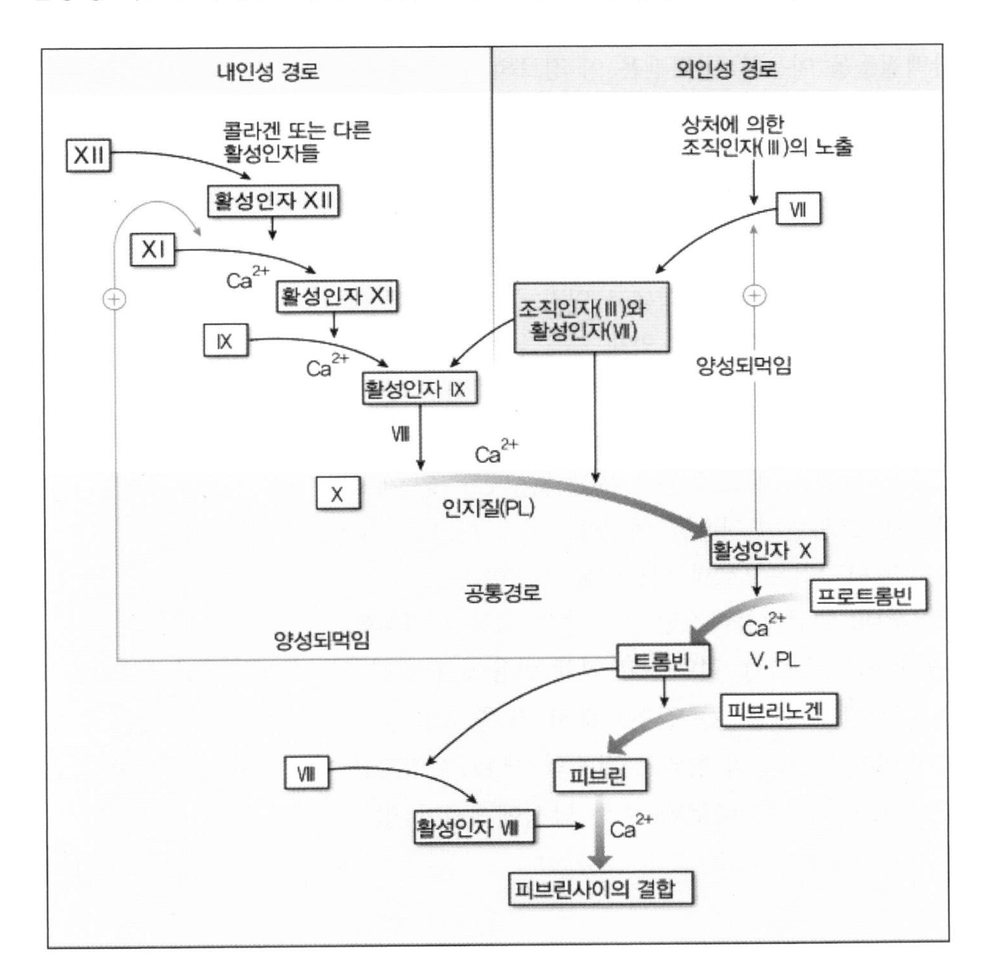

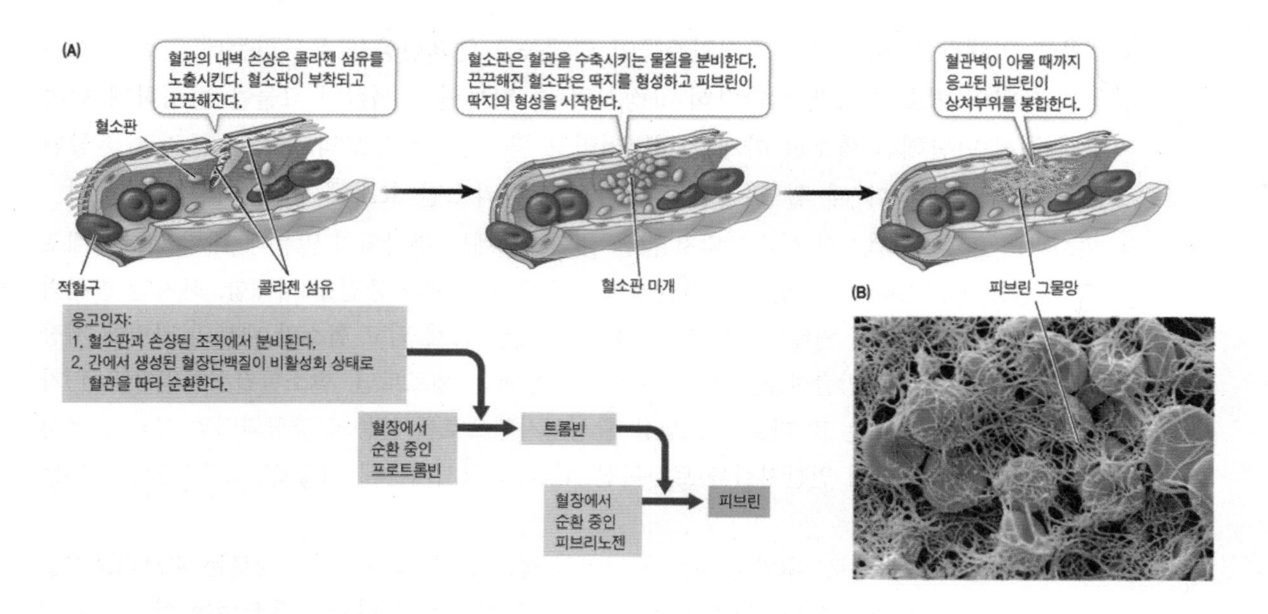

ⓐ 내인성 경로(intrinsic pathway): 콜라겐 노출에 의해 시작되며 혈장 내에 이미 존재하는 단백질들을 이용함. 콜라겐은 이 경로의 첫 번째 효소인 인자 Ⅻ를 활성화시킴으로써 일련의 반응이 개시되도록 함

ⓑ 외인성 경로(extrinsic pathway): 손상된 조직이 단백질-인산지질 복합체인 조직인자를 노출시킬 때 시작됨. 조직인자는 외인성 경로가 시작되도록 인자 Ⅶ를 활성화 시킴

㉣ 혈액응고의 억제

ⓐ 비타민K 부족: 각종 혈액응고 인자 활성화 억제

ⓑ 와파린: 비타민K의 활성 억제

ⓒ 해파린: 항트롬빈 인자 - 트롬빈 간 비가역적 결합 촉직함

ⓓ 아세틸살리실사(아스피린): 트롬복산 A_2의 합성을 촉진하는 COX 효소의 작용을 억제함

ⓔ EDTA, EGTA, 시트르산염, 옥살산염: Ca^{2-}을 제거함

ⓕ 하루딘: 트롬빈의 작용을 억제함

ⓖ 유리막대로 저음으로써 피브린을 제거함

ⓗ 저온상태: 트롬보플라스틴, 트롬빈의 작용을 억제함

㉤ 혈우병(hemophilia): 혈액응고 연쇄 반응에 관련된 인자들 중 어떤 것이라도 결함이 있거나 부족한 경우 발생하는 질환으로서 이 중 A형 혈우병은 응고인자 Ⅷ의 부족으로 발생하며 가장 흔한 혈우병의 형태로 전체의 약 80% 정도를 차지하며 X 염색체상의 열성 돌연변이에 의해 일어나기 때문에 보통 남성에게서만 발생함

2 순환계

(1) 기능

㉠ 운반: 기체(O_2, CO_2) 운반, 영양분, 호르몬, 노폐물을 운반함

㉡ 체온조절: 피부에 분포한 모세혈관 수축, 이완을 통한 열 방출속도를 조절함

㉢ 방어: 순환계의 면역세포를 통해 방어함

(2) 종류

㉠ 개방 순환계(open circulatory system): 모세혈관이 없어서 혈액과 조직액 간의 구분이 없음. 낮은 유압을 유지해도 되므로 에너지 절약 면에서 장점이 있고 모세혈관망을 형성할 필요도 없어서 순환계의 형성 및 유지가 용이함

㉡ 폐쇄 순환계(close circulatory system): 모세혈관 존재하여 혈액과 조직액이 구분됨. 유압이 높아 몸이 크거나 운동성이 높은 생물들에게 O_2나 영양분의 효율적 전달이 가능. 또한 거대분자(각종 호르몬, 헤모글로빈 등)가 잔존하여 교질삼투압을 형성하여 적적한 혈압 유지에 기여함

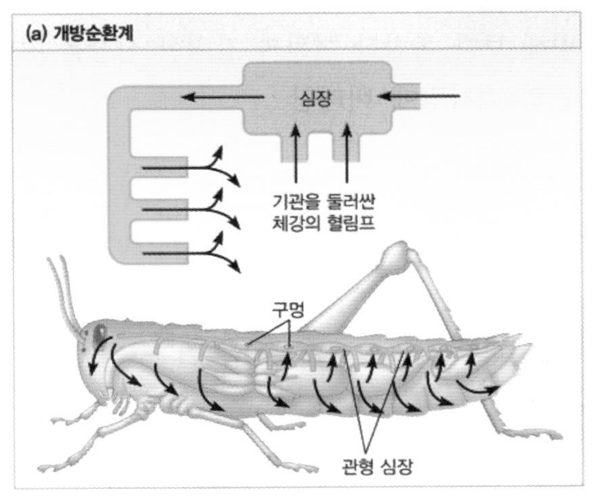

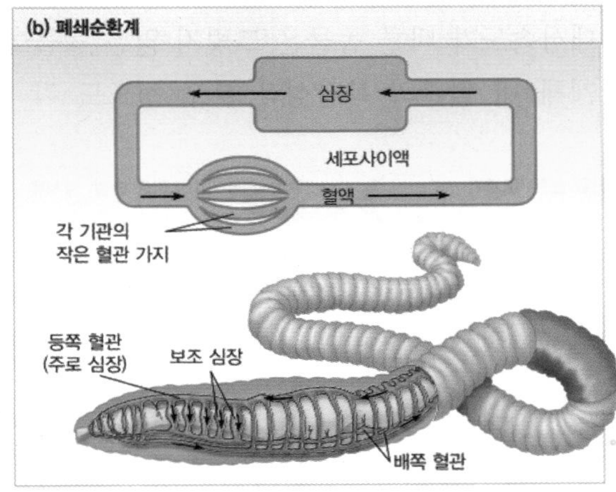

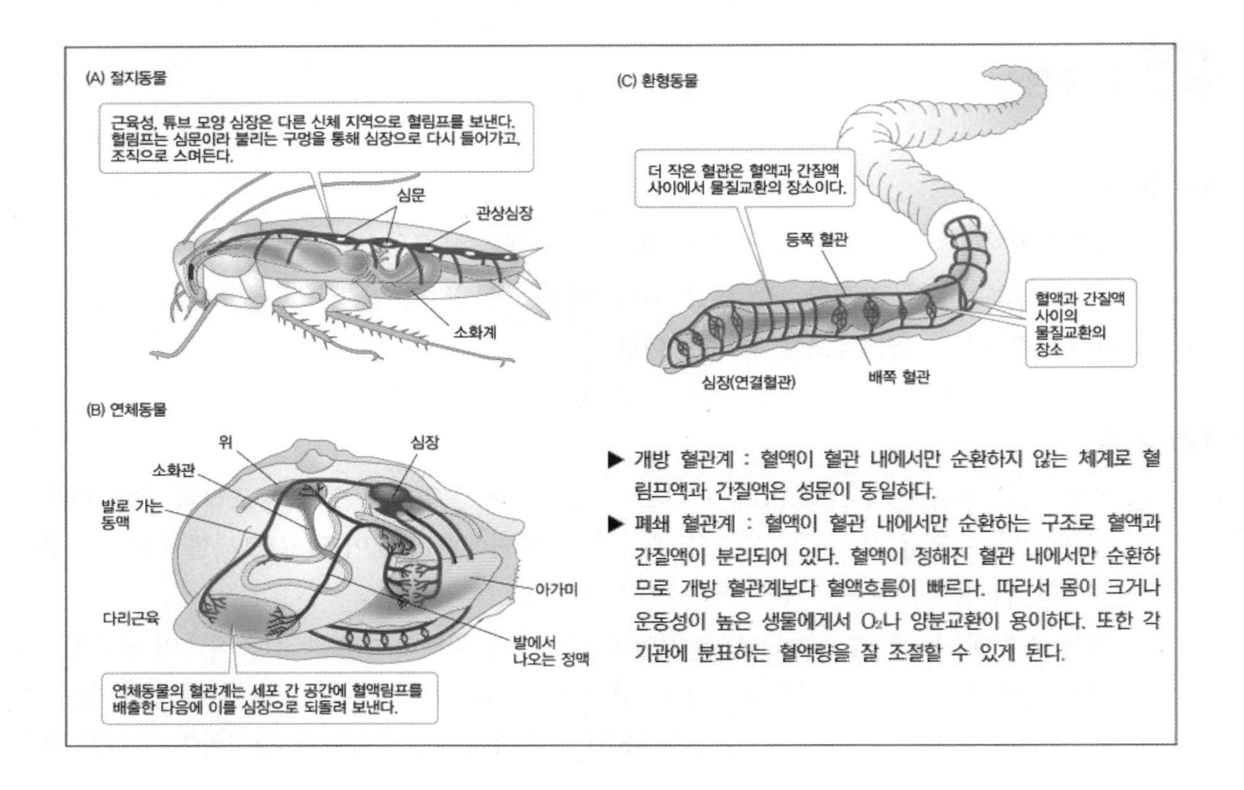

(3) 척추동물의 심혈관계

대사속도가 빠른 동물은 그렇지 않은 동물에 비해 보다 복잡한 현관과 강력한 심장을 지니며 개체 내 혈관의 복잡성과 분포 정도도 각 기관의 대사량에 비례함

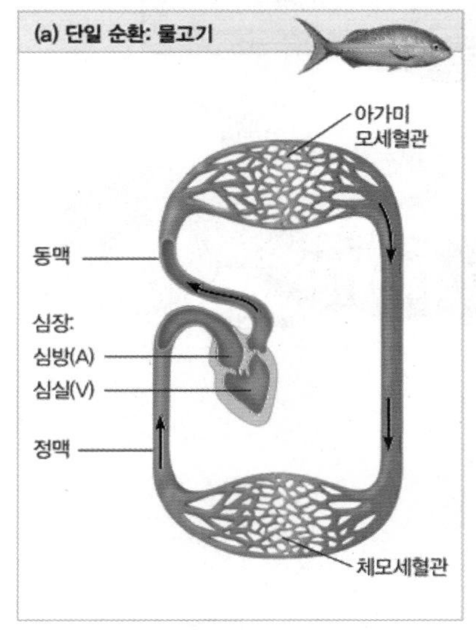

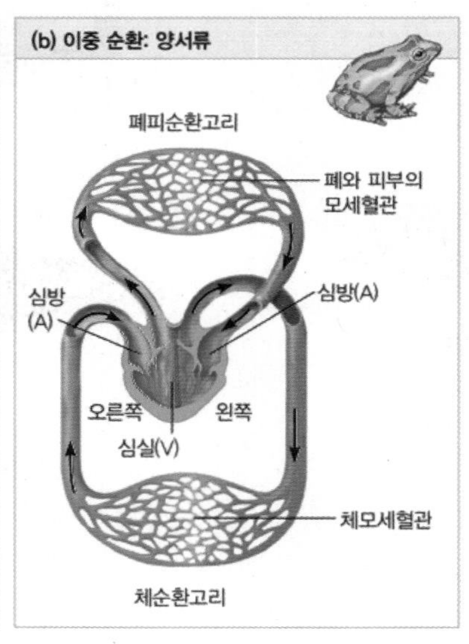

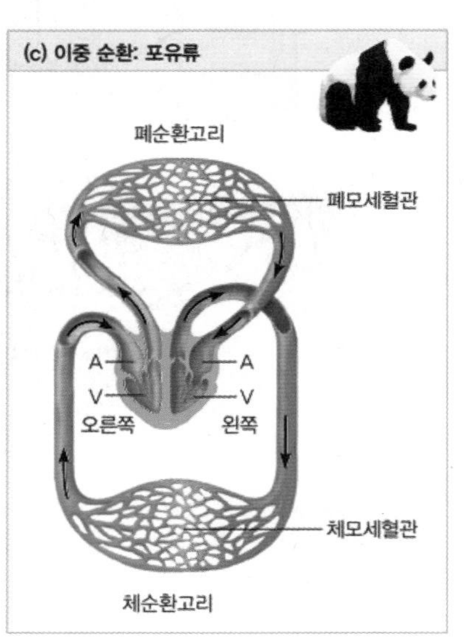

구분 ■ 고산소 혈액 ■ 저산소 혈액

(각 동물이 우리를 정면으로 보고 있을 때의 순환계를 그린 것이다. 따라서 심장 우측이 왼편에 그려져 있다.)

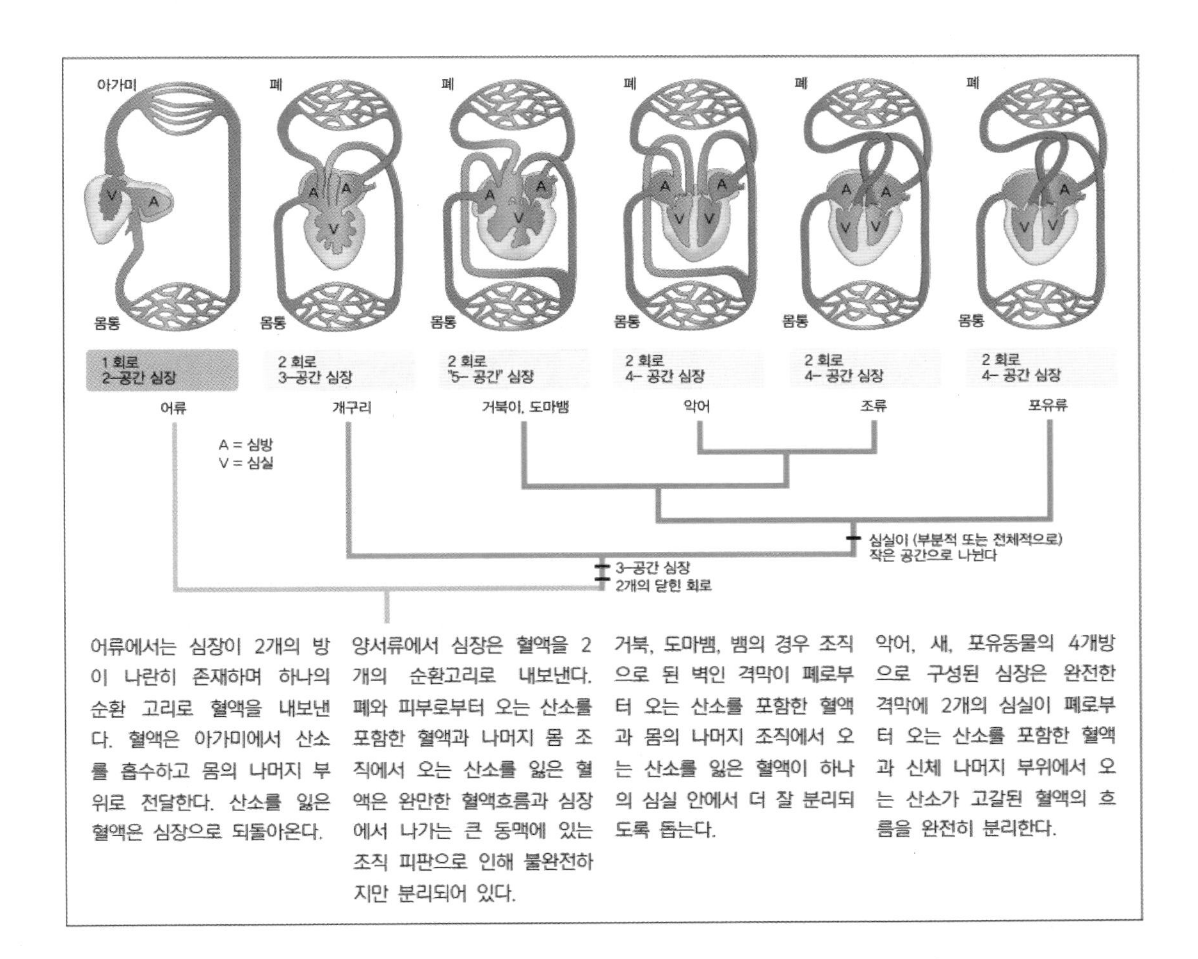

㉠ 어류(1심방 1심실): 체순환계, 폐순환계 구분이 없어서 심장으로 혈액이 돌아오기까지 두 번 모세혈관망을 지나야하기 때문에 혈류속도에 제한을 받음. but, 골격근의 운동을 통해 필요한 혈류속도를 유지. 심장에는 정맥혈만 흐름

㉡ 양서류(2심방 1심실): 체순환계, 폐순환계 구분이 생겨 뇌, 근육 등에 많은 양의 혈액 공급 가능하나, 정맥혈과 동맥혈이 섞이기 때문에 물질교환의 효율성이 제한됨

㉢ 파충류(2심방 불완전 2심실): 양서류와 마찬가지이지만, 정맥혈과 동맥혈이 섞이는 정도가 덜해 물질교환의 효율성이 증가

㉣ 조류, 포유류(2심방 2심실): 정맥혈, 동맥혈 완전히 구분되어 물질교환이 효율적임. 같은 크기의 외온동물에 비해 약 10배의 에너지를 소모하는 내온동물에게 필요한 순환계임

(4) 심장을 중심으로 한 인간 심혈관계 분석

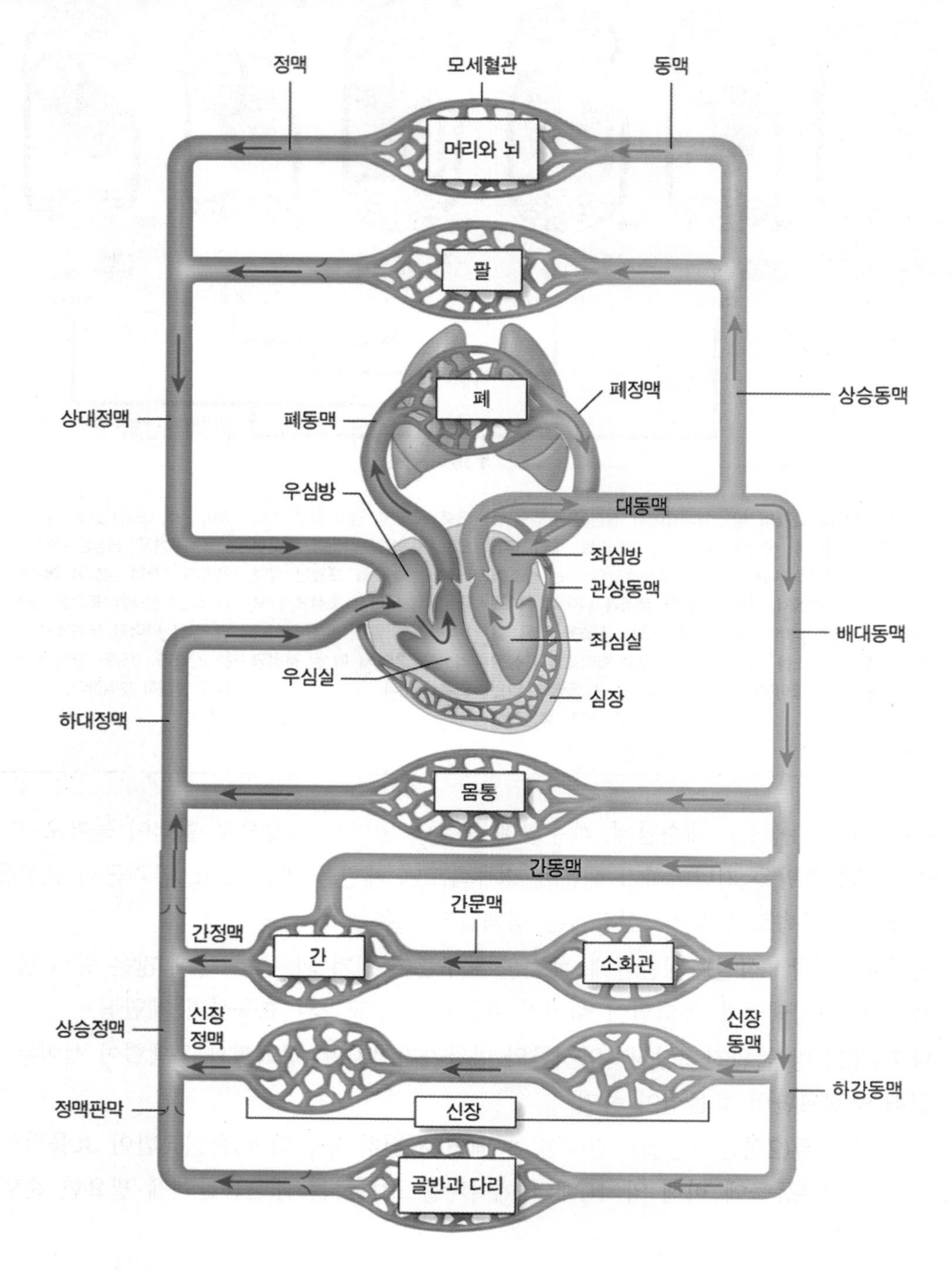

㉠ 인간의 혈액 순환 경로

ⓐ 체순환: 좌심실 → 대동맥 → 온몸(모세혈관) → 대정맥 → 우심방

ⓑ 폐순환: 우심실 → 폐동맥 → 폐(모세혈관) → 폐정맥 → 좌심방

㉡ 심장의 구조

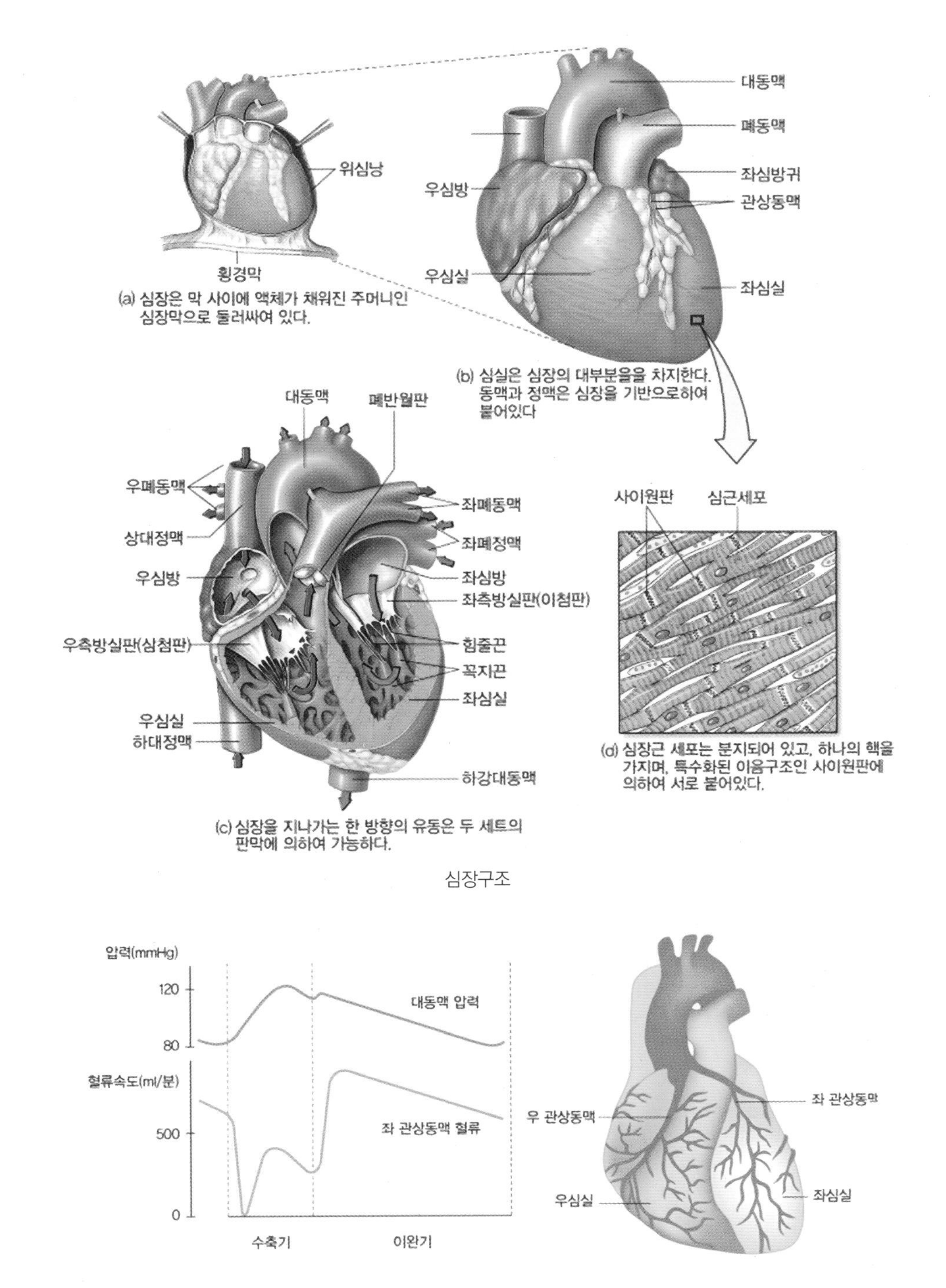

심장구조

ⓐ 흉골 밑에 위치하며, 주먹 크기 정도로 대부분 심장근으로 구성

ⓑ 혈액을 받아들이는 곳인 심방과 혈액을 내보내는 곳인 심실로 구성되며, 인간의 경우 2심방 2심실

ⓒ 심실은 심방보다 더 두꺼운 근육층을 가지며 더 강력한 수축력을 갖는데 특히 좌심실은 훨씬 강한 힘으로 수축하여 체내 각 기관으로 혈액을 보냄. 좌심실이 우심실보다 더욱 강력하게 수축하지만 한 번 수축할 때 내보내는 혈액의 양은 동일하다는 것이 특징임

ⓓ 심장에는 결합조직으로 구성된 4개의 판막이 존재하는데, 이들은 혈액이 역류하는 것을 방지하게 됨. 판막에 이상이 있는 경우, 불완전한 판막을 통해 분출되어 나오면서 심장 잡음이라고 하는 비정상적인 소리를 내기도 함

㉢ 심장에서의 전기전도 과정

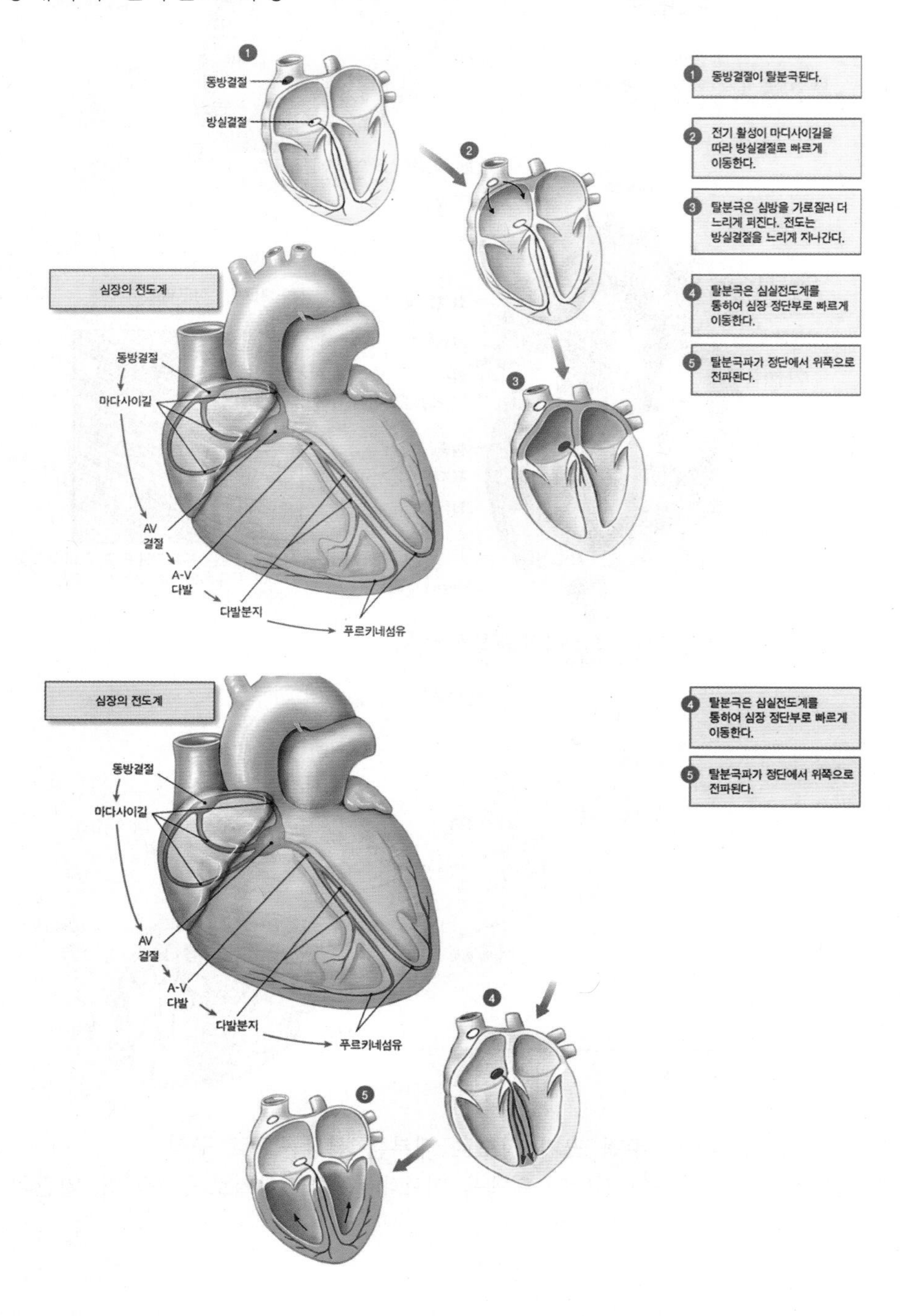

① 상대정맥과 심방이 만나는 곳에 동방결절(박동원)이 위치하며 스스로 주기적으로 탈분극되어 좌우심방이 동시에 수축함. 심장근 세포들은 간극연접으로 연결되어 있어 빠른 신호전달이 가능하므로 동시수축이 가능함
② 전기활성이 결절간 경로를 통하여 방실결절로 빠르게 이동함
③ 탈분극은 심방을 가로질러 더욱 느리게 퍼짐. 전도는 방실결절을 느리게 지나감
④ 탈분극은 심실전도계(히스색)를 통해 심장 정단부로 빠르게 이동함
⑤ 탈분극파가 푸르키네 섬유를 통해 정단에서 위쪽으로 전파함

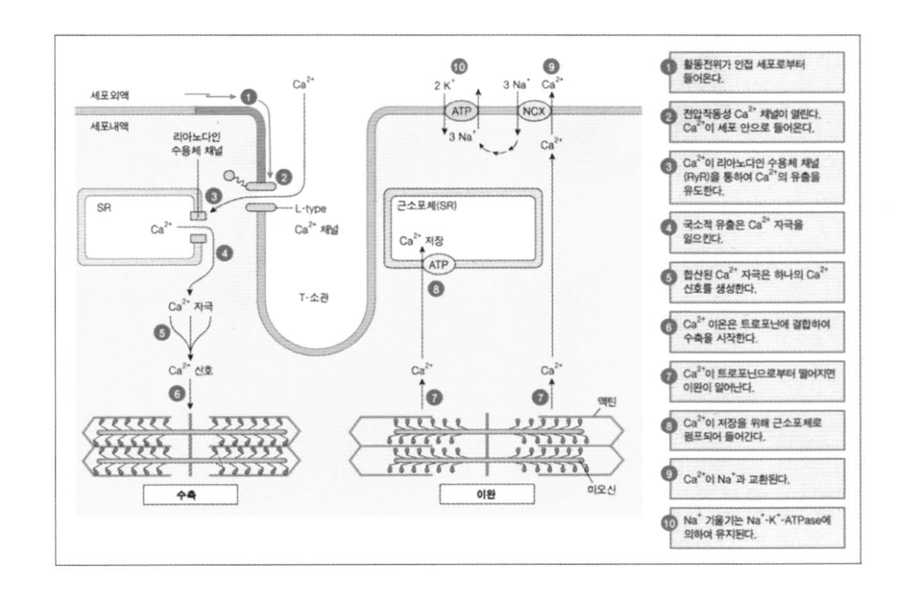

㉣ 심전도(electrocardiogram): 피부 표면 위에 전극을 올려놓고 심장의 전기활동을 기록한 것

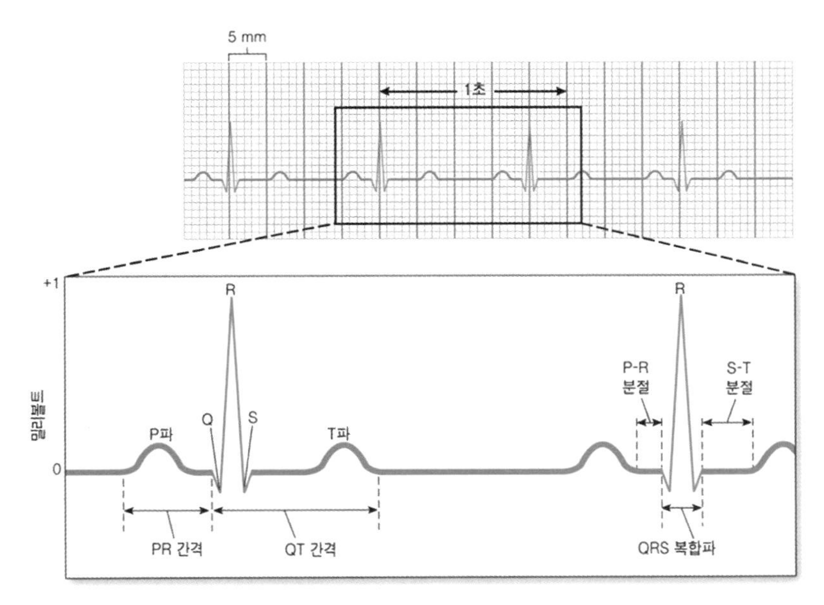

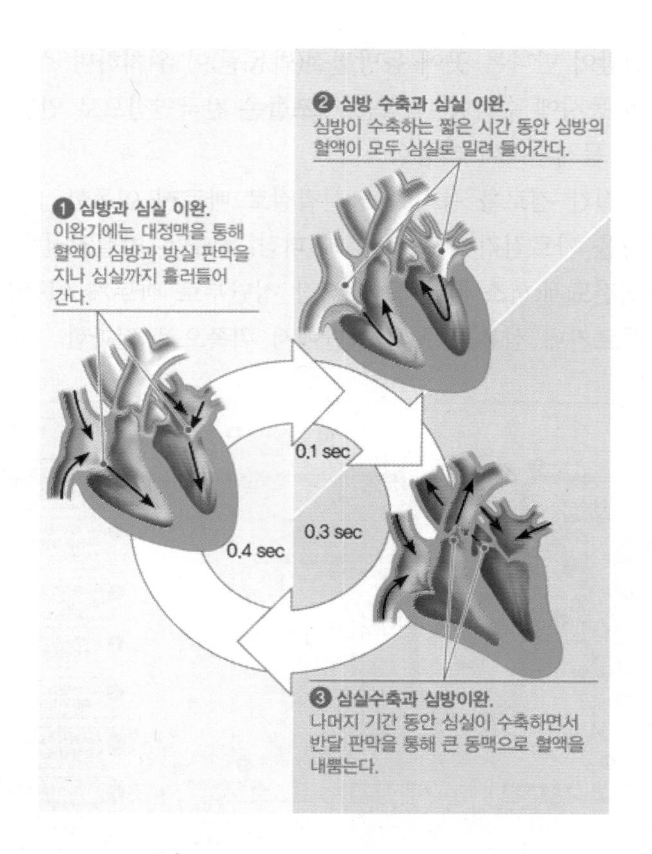

ⓐ P파: 심방의 탈분극

ⓑ PR간격: P파의 시작에서부터 Q파(심실의 최초 탈분극)의 시작까지임. 방실결절을 통과하는 전도속도에 따라 좌우됨. 방실결절의 전도가 늦어지면 PR간격은 길어짐. 심박수에 따라서도 변화함. 예를 들어 심박수가 증가하면 PR간격이 줄어듦

ⓒ QRS파: 심실의 탈분극

ⓓ QT간격: Q파의 시작부터 T파 끝까지. 심실의 탈분극 및 재분극

ⓔ ST분절(등전위): S파의 끝에서 T파의 시작부위까지의 분절. 심실이 탈분극되어 있는 기간

ⓕ T파: 심실의 재분극

ⓜ 심장주기(cardiac cycle): 심장이 혈액을 내보내고 받아들은 주기

① 심방, 심실이완: 방실판막 열림, 반월판 닫힘(0.4초)

② 심방 수축, 심실 이완: 방실판막 열림, 반월판 닫힌 상태(0.1초)

③ 심실 수축, 심방 이완: 방실판박 닫힘, 반월판 열림(0.3초)

ⓐ 심장주기의 세부 과정

1. 휴식기의 심장: 심실의 수축이 막 끝날 무렵에 심방은 정맥으로부터 온 혈액으로 채워지게 되며 심실이 이완하게 되면 심방과 심실 사이에 있는 방식판이 열려 혈액은 중력에 의하여 심방에서 심실로 이동하게 됨. 이완된 심실은 더 확장하여 많은 혈액을 수용할 수 있게 됨

2. 심방 수축: 심방이 확장되는 동안에 대부분의 혈액이 심실로 들어가지만 심방이 수축되어 혈액을 심실로 밀어낼 대 나머지 20%의 혈액이 심실로 들어가게 됨. 심방 수축기 또는 심방 수축은 심방의 아래로 탈분극파가 진행되어가면서 시작됨. 수축을 수행하기 위한 압력의 증가는 혈액을 심실로 밀어내는 작용을 수행함. 적은 양의 혈액은 정맥으로 역류하게 됨. 수축되는 동안에 정맥과의 연결구가 좁아지기도 하는데 이는 혈액의 역류를 방지하기 위한 판막이 없기 때문임
3. 초기 심실 수축: 심방이 수축하면서 탈분극과는 서서히 방실결절의 전도세포를 통하여 이동함. 그리고 난 후 푸르키네 섬유 아래쪽으로 가서 정단으로 빠르게 내려감. 심실 수축은 나선상의 근육대가 혈액을 기저부로 밀어내면서 시작함. 방실판의 아래쪽에서 위쪽으로 압력이 가해지면서 방실판을 닫게 되면 심음을 형성함. 방실판과 반월판이 닫히면 심실에 있는 혈액은 어디로도 가지 못함. 그럼에도 불구하고 심실은 계속해서 수축하기 때문에 이는 물풍선을 손으로 쥐어짜는 현상과 같이 생각해 보면 됨. 이는 근섬유가 움직이지 않고 근력만 만들어지는 제길이 수축과 비슷함. 치약의 비유로 돌아가면, 뚜껑이 닫힌 상태에서 치약을 짜는 것과 같음. 즉, 고압력이 치약통 안에서 발생하게 되고 치약은 안에 머물러 있는 상태임. 이 시기에는 심실 내부혈액의 부피 변화가 일어나지 않기 때문에 등용적성 심실 수축이라고 함. 심실이 수축하기 시작하는 동아에 심방 근섬유는 재분극되면서 이완됨. 심방의 압력은 정맥의 압력보다 낮아지고 혈액은 정맥에서 심방으로 흐르게 됨. 방실판이 닫히면 심장의 위쪽 방과 아래쪽 방은 서로 고립되고 심방으로의 혈액의 유입은 심실에서 일어나는 현상과 독립적으로 진행됨
4. 심장 펌프: 심실이 수축하면서 반월판이 열릴 만큼의 충분한 압력이 내부에서 생기게 되면 동맥으로 혈액을 밀어내게 됨. 심실 수축으로 생긴 압력은 혈류의 원동력이 됨. 고압의 혈액은 동맥으로 들어가게 되고 저압력의 동맥에 혈액이 채워져 혈액은 멀리 있는 동맥으로 보내짐. 이 시기 동안에 방실판은 닫혀 있게 되고 심방은 계속해서 혈액으로 채워지게 됨
5. 심실이완: 심실에서의 사출 끝 무렵에 심실은 재분극이 일어나며 이완하게 됨. 그렇게 되면서 심실의 알벽은 낮아짐. 심실의 압력이 동맥의 압력보다 일단 낮아지면 혈액은 심장 쪽으로 역류되기 시작함. 이러한 혈액의 역류는 반월판의 컵 모양의 첨판에 채워지게 되고 이렇게 채워진 힘은 반월판을 닫게 하며 두 번째 심음을 형성함. 일단 반월판이 닫히면 심실은 다시 닫힌 방이 됨. 비록 떨어졌다 하더라도 심실의 압력은 심방보다 높기 때문에 방실판은 닫혀 있게 됨. 이 기간은 심실이 부피가 변하지 않는 상태이기 때문에 등용적성 심실 이완이라고 함. 심실 이완으로 심실의 압력이 심방 압력보다 낮게 되기 때문에 방실판이 열리게 됨. 심실의 수축기 동안에 축적된 심방의 혈액은 심실로 들어가게 되고 새로운 심장주기가 시작됨

ⓑ 압력 - 부피 곡선을 통한 심장주기 이해

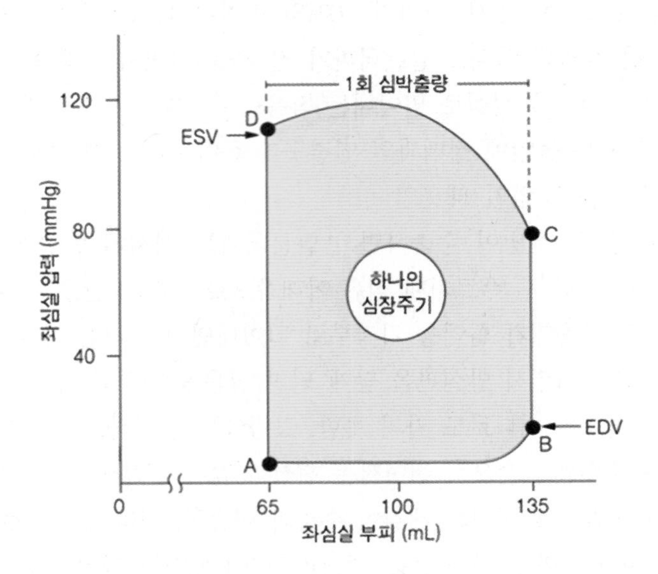

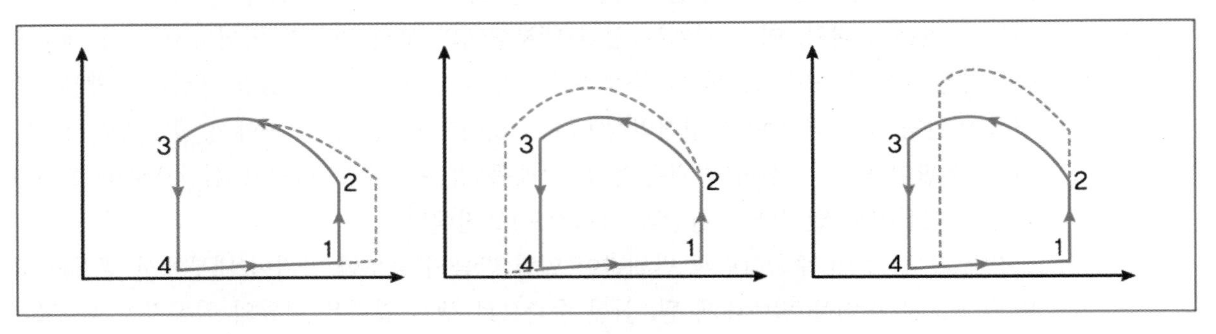

1. 심실 충만(A→B): 좌심실 압력이 좌심방 압력보다 낮아서 방실판막(이첨판)이 열리게 되고 좌심방의 혈액이 좌심실로 이동하게 됨(심실충만)
2. 등용적성 수축(B→C): 좌심실은 좌심방으로부터 들어온 혈액으로 차 있고, 부피는 대략 135mL(확장기말 용적)임. 심실근육은 이완되어 있으므로 심실압력은 낮음. 흥분하면 심실이 수축하여 심실압력이 증가. 좌심방 압력보다 좌심실 압력이 높으면 방실판막이 닫힘. 모든 판막이 닫혀 있는 상태이므로 혈액은 심실로부터 유출되지 않음
3. 심실 유출(C→D): 좌심실의 압력이 대동맥의 압력보다 높아서 C상태에서 반월판(대동맥 판막)이 열리게 됨. 혈액은 대동맥으로 유출되어 심실용적이 감소함(점 D 상태: 수출기말 용적)

일회박출량 = 확장기말 용적 - 수출기말 용적

4. 등용적성이완(D→A): 점 D에서 심실이완. 심실 압력이 대동맥 압력보다 낮기 때문에 반월판(대동맥 판막)이 닫힘

ⓒ 위거스 그림: 심장주기에 나타나는 전기적, 물리적 사건들을 요약한 그림

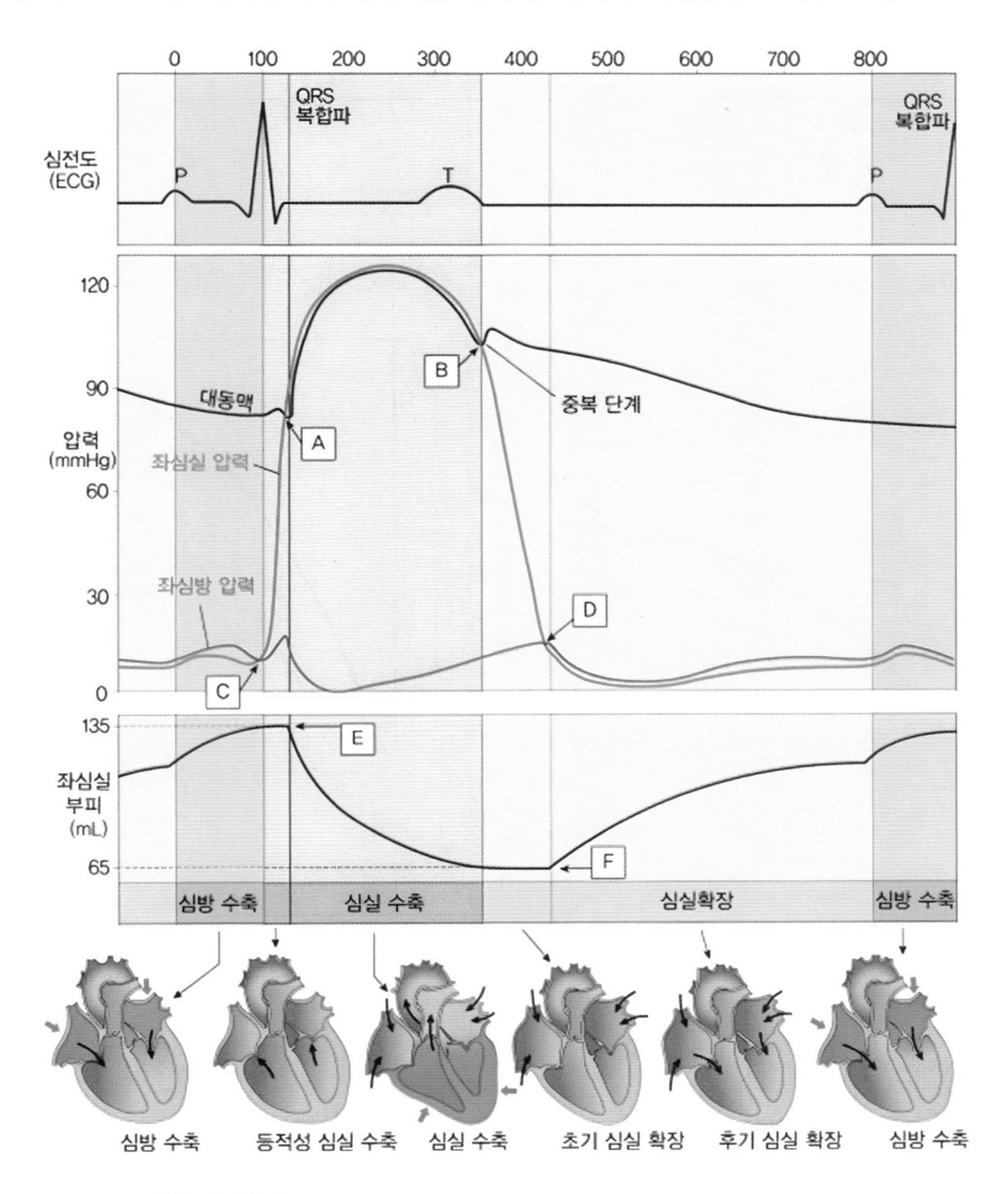

1. A - 반월판 열림
2. B - 반월판 닫힘
3. C - 방실판막(이첨판) 열림
4. D - 방실판막(이첨판) 닫힘
5. E - 확장기말 용적
6. F - 수축기말 용적

ⓑ 심박출량(cardiac output): 심장이 1분동안 체순환계로 내보내는 혈액의 양

「심박출량 계산」

- 심박출량 = 심박동수 × 1회심박출량
  = 725beat/min × 70mL/beat
  = 5.25L/min

ⓢ 심장의 수축과 장력과의 관계

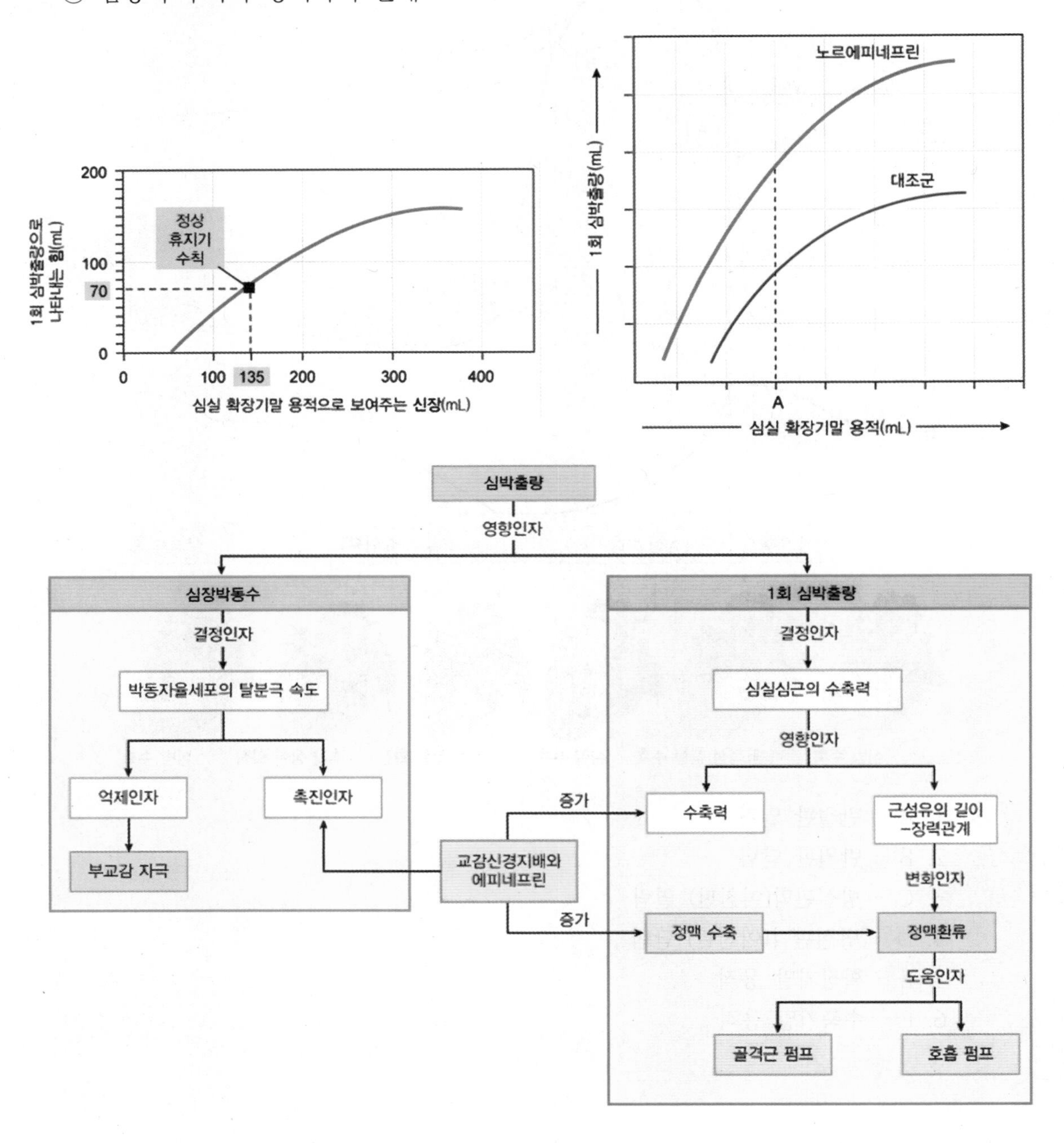

ⓐ 프랑크-스탈링의 법칙(Frank-Starling law): 심장 근육은 신장도가 증가할수록 더욱 강하게 수축함. 즉, 심장의 이완정도는 곧 수축력과 비례하는 것임. 따라서 심장이 많이 확장되어 혈액이 많으면 그만큼 더 크게 수축하여 더 많은 혈액을 방출하게 됨. 이것을 프랑크-스탈링의 법칙이라고 함

ⓑ 교감신경의 효과: 교감신경의 흥분과 에피네프린은 심근의 수축력을 증가시켜 동일한 심실 이완기말 용적에 대해 일회박출량을 증가시킴

ⓒ 정맥환류량과 1회 심박출량의 관계: 확장기말 용적은 정맥 순환을 통하여 심장으로 들어오는 정맥환류(venous return)에 의하여 결정됨. 세 가지 인자가 정맥 환류에 영향을 미치는데 1. 심장으로 되돌아가는 혈액에 대한 정맥의 압축 또는 수축 2. 호흡동안에 일어나는 복강과 흉곽의 압력변화 3. 정맥에 미치는 교감신경의 자극 등이 그 인자들임

ⓞ 심장근의 활동전위

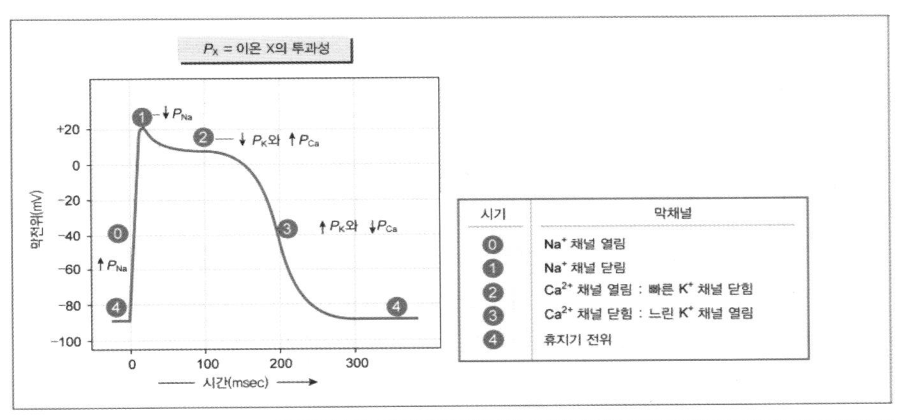

시기	막채널
0	Na^+ 채널 열림
1	Na^+ 채널 닫힘
2	Ca^{2+} 채널 열림 : 빠른 K^+ 채널 닫힘
3	Ca^{2+} 채널 닫힘 : 느린 K^+ 채널 열림
4	휴지기 전위

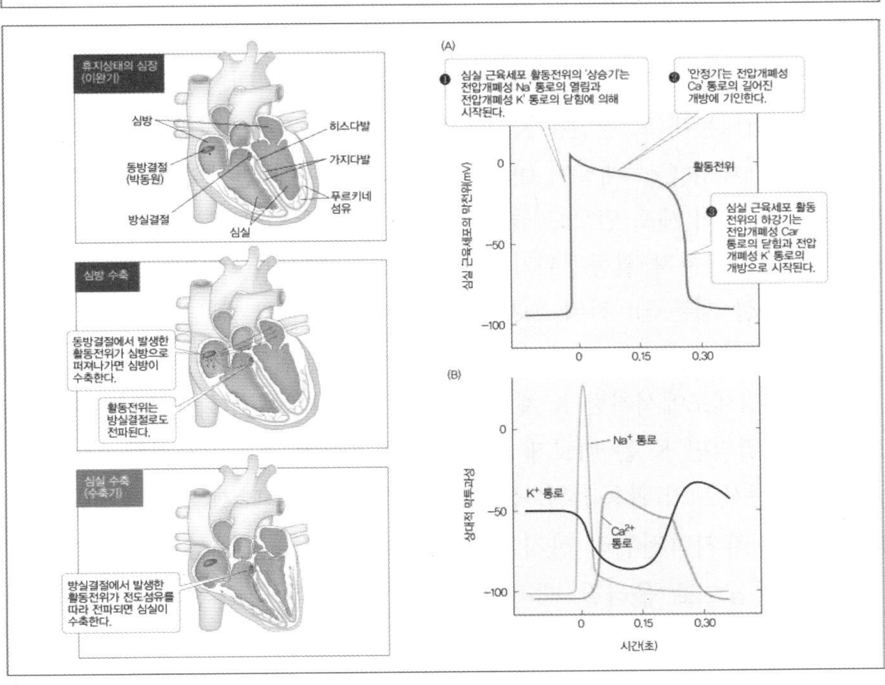

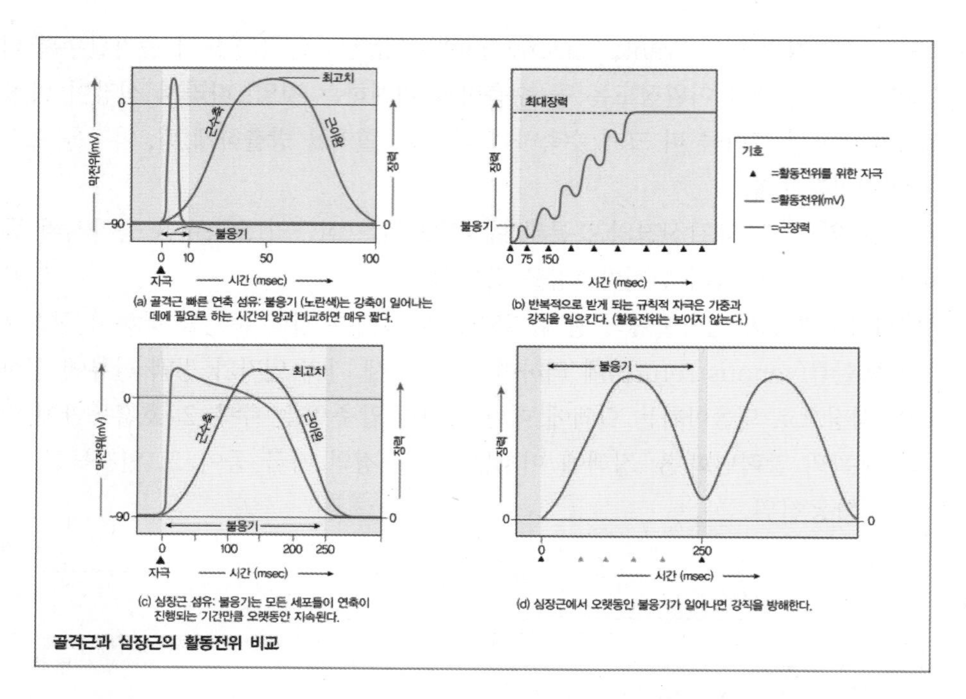

(a) 골격근 빠른 연축 섬유: 불응기 (노란색)는 강축이 일어나는 데에 필요로 하는 시간의 양과 비교하면 매우 짧다.

(b) 반복적으로 받게 되는 규칙적 자극은 가중과 강직을 일으킨다. (활동전위는 보이지 않는다.)

(c) 심장근 섬유: 불응기는 모든 세포들이 연축이 진행되는 기간만큼 오랫동안 지속된다.

(d) 심장근에서 오랫동안 불응기가 일어나면 강직을 방해한다.

골격근과 심장근의 활동전위 비교

- 4단계(휴지막 전위): 심근 수축세포는 약 -90mV의 안정된 휴지막 전위를 갖고 있음
- 0단계(탈분극): 탈분극파가 간극연접을 통해 수축세포로 이동할 때 막전위는 더 양극으로 됨. 전압작동성 Na^{+}채널이 열리면서 Na^{+}가 세포안으로 들어가게 되고 빠르게 탄분극이 일어나게 됨. 막전위가 +20mV에 도달하면 Na^{+}채널이 닫힘. 이것은 이중 작동 채널로 축삭의 전압개폐성 Na^{+}채널과 유사함
- 1단계(초기 재분극): Na^{+}채널이 닫히면 열려진 K^{+}채널을 통하여 K^{+}이온이 세포 밖으로 나가면서 재분극이 시작됨
- 2단계(일정 유지 단계): 초기 재분극은 잠깐 진행됨. 활동전위는 그 다음에 변하지 않고 그대로 유지되는데 그 원인은 K^{+}방출의 감소와 Ca^{2+}유입의 증가 때문임. 탈분극으로 활성화된 전압개폐성 Ca^{2+}채널이 0단계와 1단계 사이에 천천히 열리게 됨. 그리고는 마침내 열리면서 Ca^{2+}이 세포 안으로 들어오게 됨. 동시에 일부 K^{+}채널은 닫힘. Ca^{2-}유입과 K^{-}방출의 감소가 합쳐져 활동전위가 변하지 않고 유지되는 것임
- 3단계(신속한 재분극): 전위 유지 단계의 시기는 Ca^{2+} 채널이 닫히고 K^{+}의 투과가 다시 증가하면 전위 유지기의 시기는 종료됨. 이 시기를 담당하는 K^{+} 채널은 신경세포의 채널과 유사함. 신경세포에서처럼 K^{+}채널은 재분극에 의해 활성화되고 천천히 열림. 지연되었던 K^{-}채널이 열리면 K^{+}은 빠르게 빠져나가고 세포는 휴지막전위를 갖게 됨

㉧ 심장근 자율박동세포의 활동전위: 심근 자율박동세포는 막전위가 일정한 값으로 멈추는 일이 없기 때문에 휴지막전위라 하지 않고 막동원전위(pacemaker potential)라고 함. 막동전위가 역치 이상으로 올라갈 때마다 자율박동세포는 활동전위를 형성함

ⓐ 박동원 전위의 형성과정

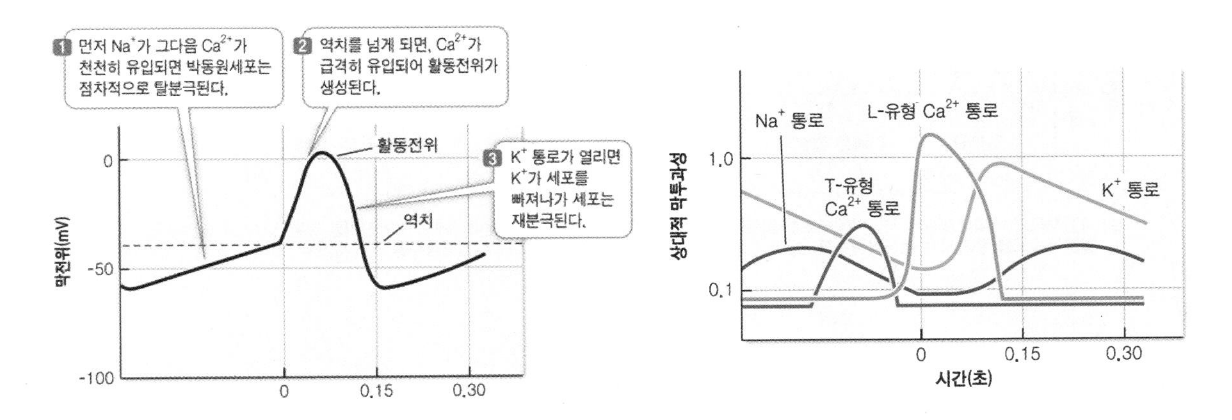

1. 세포막 전위는 -60mV이고 K^+와 Na^- 모두를 투과시킬 수 있는 채널은 열려 있음. 이 채널은 전류를 흘러가게 하기 때문에 IF채널이라고 하고 특이적 성질을 갖고 있음
2. IF채널이 음성 막전위에서 열리게 되면 Na 유입이 K 방출보다 크. 총 양성 전압이 유입되면 자율박동세포는 천천히 탈분극됨. 그리고 약간의 Ca^{2+} 채널이 열림. 지속적인 Ca^{2+}의 유입으로 탈분극이 계속해서 진행되고 막전위는 꾸준히 막전위는 꾸준히 역치 가까이로 다가가게 됨
3. 막전위가 역치에 도달하게 되면 더 많은 Ca^2 채널이 열리게 됨. 칼슘 이온이 급격히 안으로 들어오게 되면 활동전위는 급한 경사면으로 상승하게 됨. 이런 현상은 다른 흥분성 세포에서 만들어지는 탈분극이 전압개폐성 Na^+ 채널에 의해 진행된다는 점에서 다름
4. Ca^{2+} 채널이 활동전위의 정점에서 닫히게 되면 서행 K^+ 채널이 열리게 됨. 자율박동세포 활동전위의 재분극 단계에서는 K^- 방출이 그 원인이 되고 이것은 다른 형태의 흥분성 세포와 동일함

ⓑ 신경계의 심장박동 조절: 교감신경과 부교감신경에 의해 조절됨

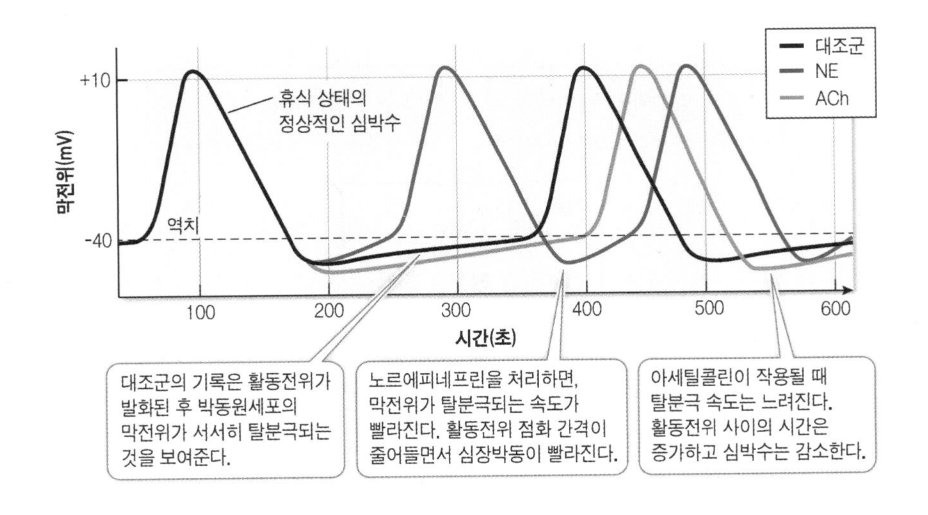

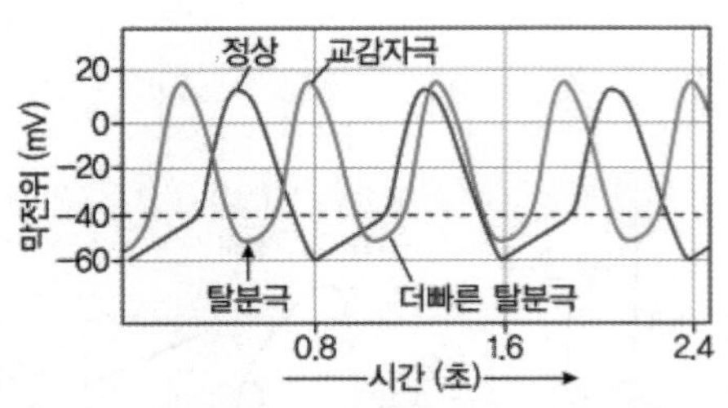

(a) 교감자극과 에피네프린은 자율박동세포를 탈분극시키고 탈분극속도를 증가시켜 심장박동수를 증가시킨다.

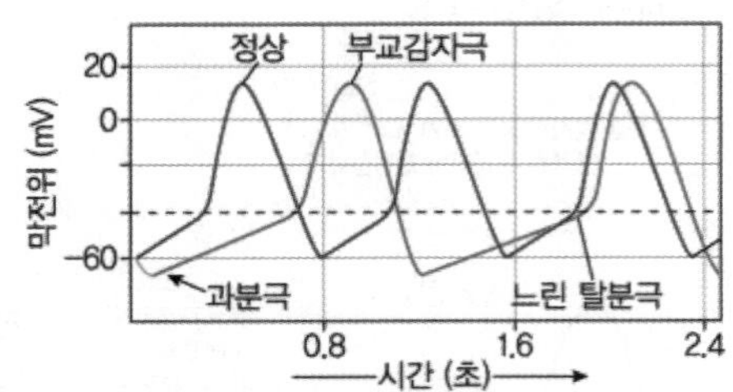

(b) 부교감자극은 자율박동세포의 막전위를 과분극시키고 탈분극을 느리게 함으로써 심장박동수를 느리게 한다.

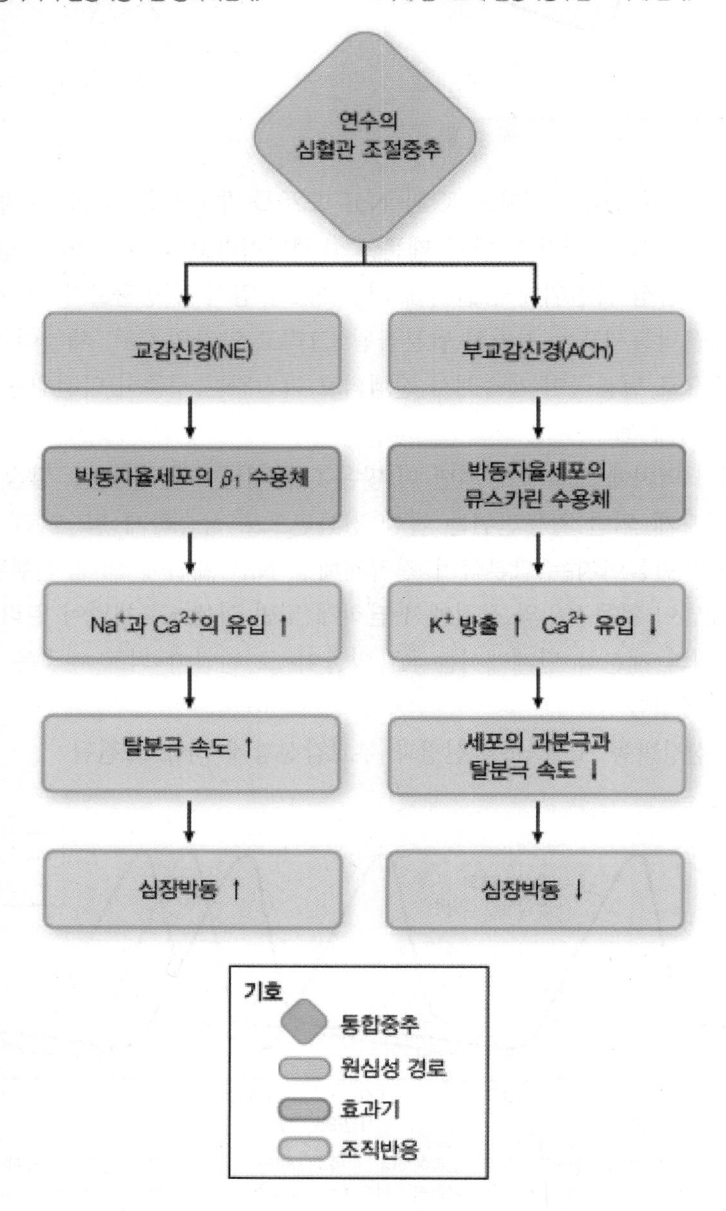

1. 심작박동수 결정요인: 박동원세포가 탈분극되는 속도는 심장이 수축하는 속도를 결정함. 활동전위 사이의 간격은 자율박동세포가 다른 이온의 투과성을 변하게 하면서 조정됨. 발동원의 활동전위 단계 동안에 Na^{+} 과 Ca^{2+}의 투과성이 증가하면 탈분극 속도도 증가하며 심장박동수는 커짐. Ca^{2+}의 투과성이 감소하거나 K^{+}의 투과성이 증가하면 탈분극은 느려지고 심장박동수도 느려짐
2. 교감신경계의 영향: 박동원세포의 교감신경 자극은 심장박동수를 증가시킴. 교감신경세포에서 나오는 노르에피네프린이나 부신 수질에서 나오는 에피네프린은 If채널이나 Ca^{2+} 채널을 통한 이온 수송을 증진시킴. 더 많은 양이온의 유입은 박동원의 탈분극 속도를 촉진시키고 이는 세포가 빠르게 역치에 도달하게 만들며 활동전위 발생속도를 증가시킴. 박동원이 활동전위를 더욱 빠르게 발생시키면 심장박동수는 증가함
3. 부교감신경의 영향: 부교감신경전달물질인 아세틸콜린은 심작박동을 느리게 함. 아세틸콜린이 수용체에 결합하게 되면 세포내 신호전달을 통해 K^{+}과 Ca^{2+}채널의 투과도에 영향을 미치게 되는데 칼륨의 투과가 증가하여 세포는 과분극이 일어나게 되어 박동원의 전위가 더욱 음극화가 되며 동시에 박동원에 있는 Ca^{2+} 무과성은 감소하여 박동원전위가 탈분극되는 속도가 감소하게 됨

(5) 혈관의 구조와 기능

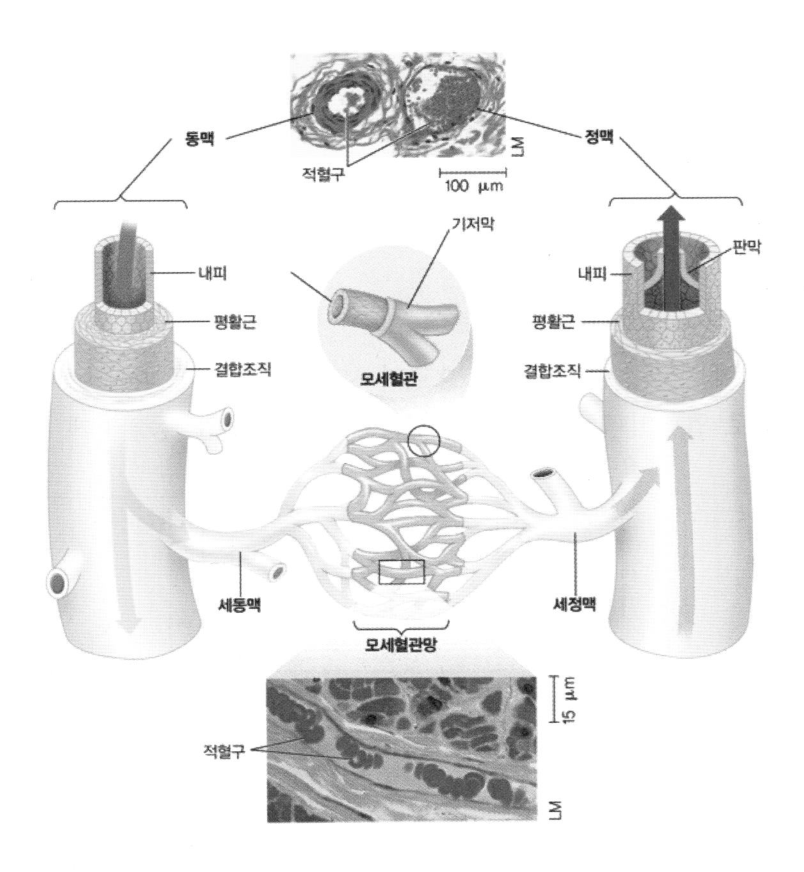

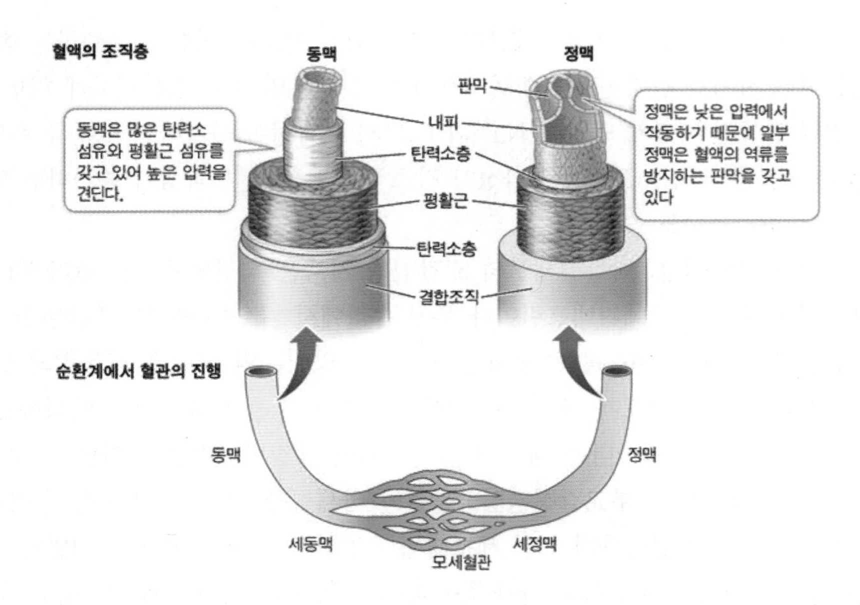

㉠ 동맥: 심장에서 나가는 혈관으로서 내피, 평활근, 결합조직으로 구성되며 탄성조직의 비율이 정맥에 비해 상대적으로 높음. 두꺼운 혈관벽으로 지녀 높은 혈압을 견딜 수 있고 동맥벽의 탄력에 의해 동맥이 원래의 상태로 돌아오면서 심장이 이완되는 시기에도 높은 혈압을 유지할 수 있음

㉡ 정맥: 심장으로 들어가는 혈관으로서 내피, 평활근, 결합조직으로 구성되며 탄성조직의 비율이 동맥에 비해 상대적으로 낮음. 동맥보다 더 많은 수로 구성되어 있으며 지름도 커서 순환계의 절반 이상의 혈액을 보유하고 있음. 동맥보다 벽이 얇고 덜 탄력적이며 혈압이 낮아 역류 막기 위해 판막이 존재함

㉢ 모세혈관: 주위 조직과 물질교환이 일어나는 혈관으로서 내피와 기저막으로 구성됨

(6) 혈압, 혈류량, 혈류속도의 상관관계 분석

㉠ 혈압: 일단 유체가 시스템을 통하여 흐르기 시작하면 거리에 따라 에너지가 마찰력에 의해서 손실되므로 압력이 감소함. 이런 현상은 순환계에서도 동일하게 적용됨

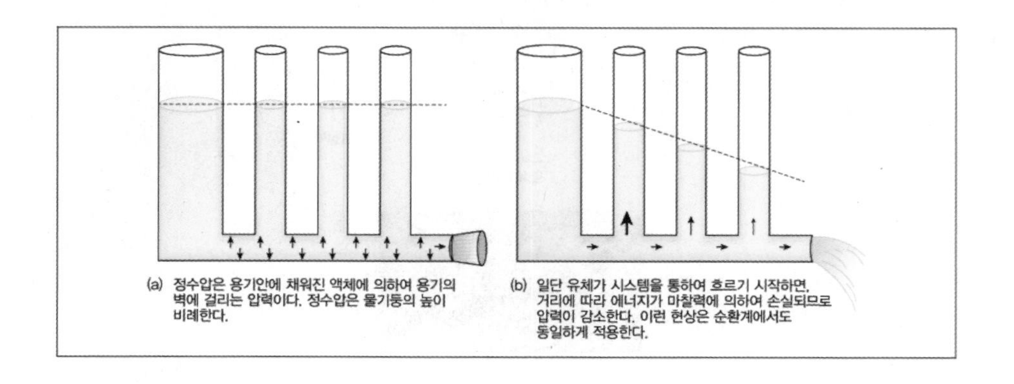
(a) 정수압은 용기안에 채워진 액체에 의하여 용기의 벽에 걸리는 압력이다. 정수압은 물기둥의 높이 비례한다.

(b) 일단 유체가 시스템을 통하여 흐르기 시작하면, 거리에 따라 에너지가 마찰력에 의하여 손실되므로 압력이 감소한다. 이런 현상은 순환계에서도 동일하게 적용한다.

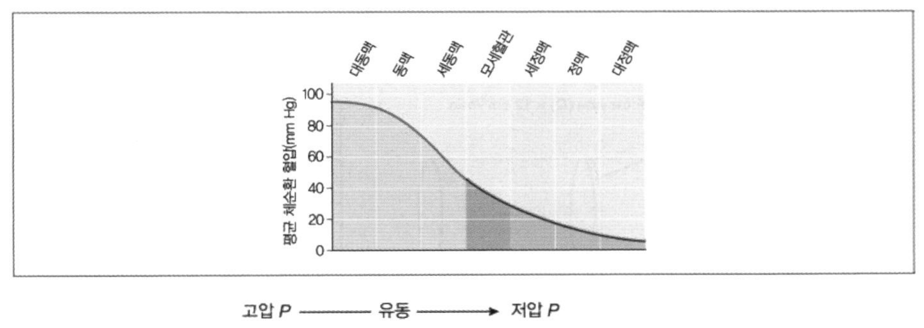

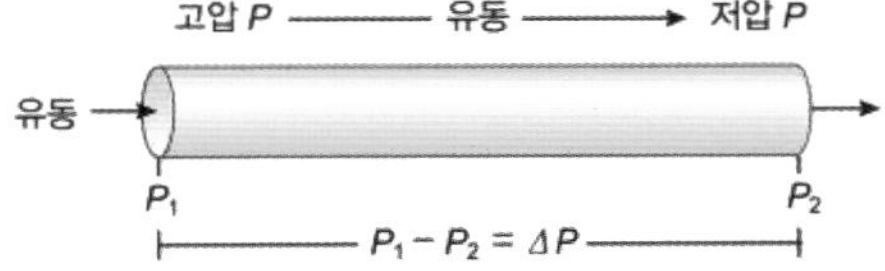

(a) 액체는 압력기울기의 차가 양의 값일 때에 유동하게 된다.

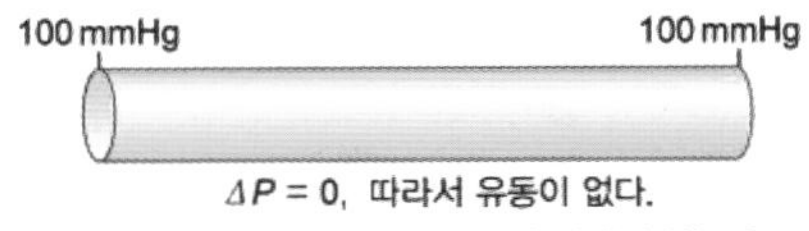

(b) 압력기울기가 없기 때문에 유동이 일어나지 않는다.

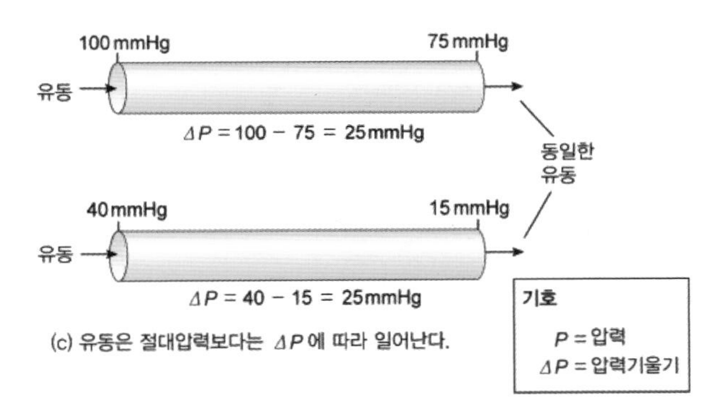

(c) 유동은 절대압력보다는 ΔP에 따라 일어난다.

㉡ 혈류량: 혈류량은 절대 압력보다는 압력차이(△P)와 비례하며 저항(R)과는 반비례 관계에 있음. 저항은 관의 지름[4]과 반비례 관계에 있음

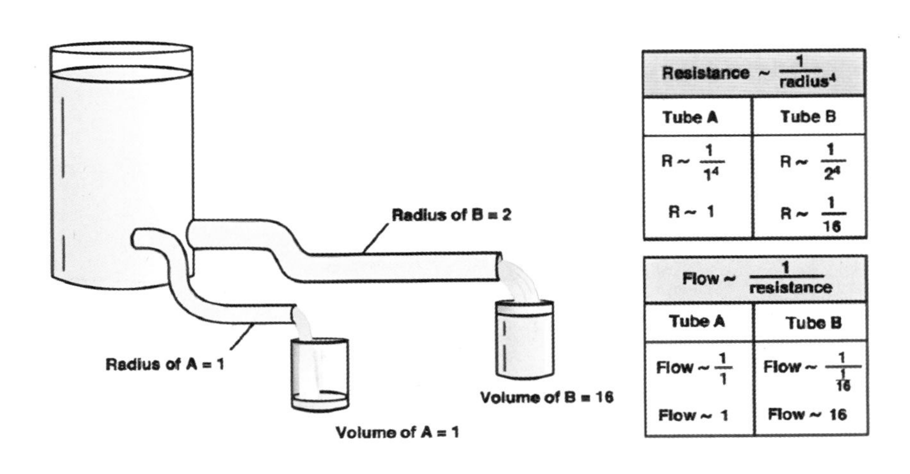

㉢ 혈류속도: 혈류량을 혈관의 총단면적으로 나눈 값이 비례함

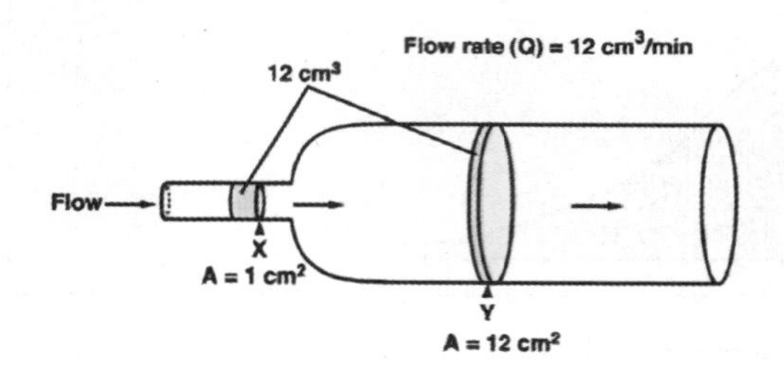

Velocity (v) = $\frac{\text{Flow rate (Q)}}{\text{Cross-sectional area (A)}}$	
At point X	At point Y
$v = \frac{12\ cm^3/min}{1\ cm^2}$ v = 12 cm/min	$v = \frac{12\ cm^3/min}{12\ cm^2}$ v = 1 cm/min

㉣ 생체의 혈류속도, 혈관 총단면적, 혈압 변화: 혈압은 심장에서 멀어질수록 낮아지게 되며 혈관의 총단면적이 클수록 혈류속도는 낮음

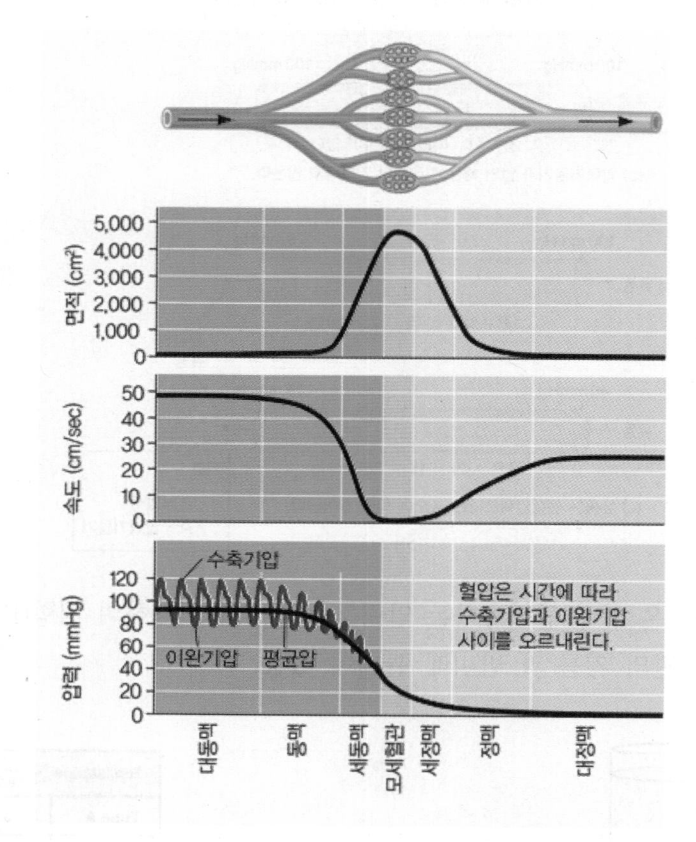

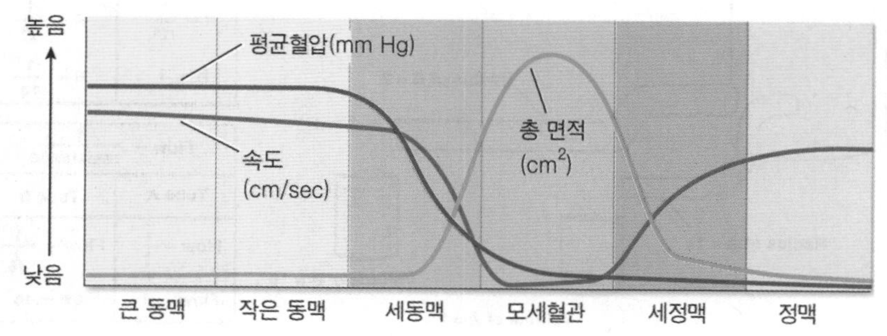

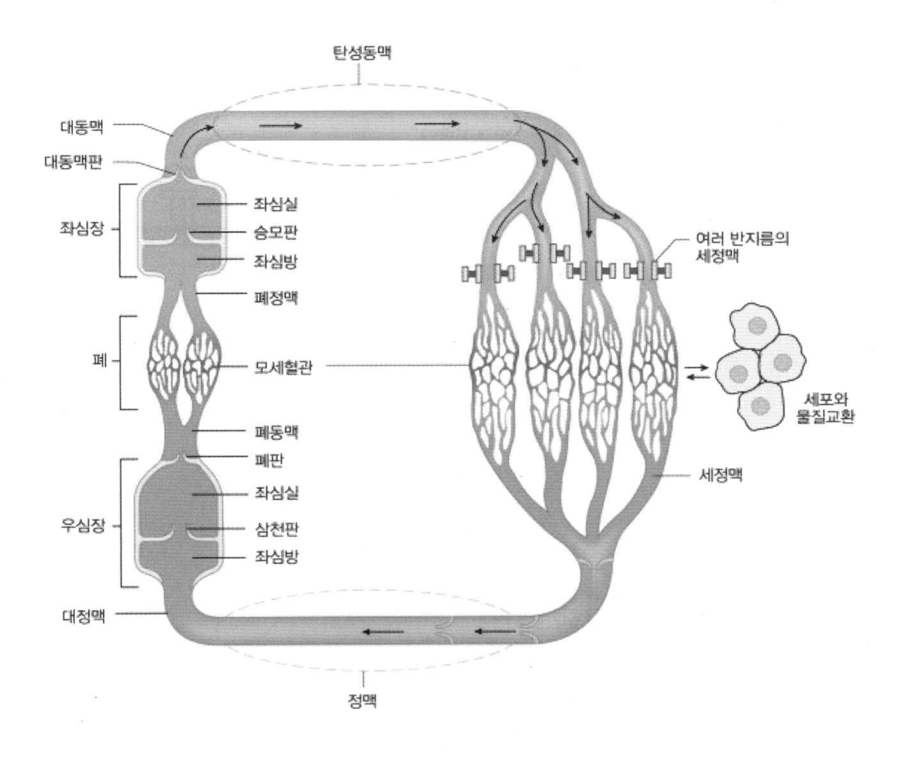

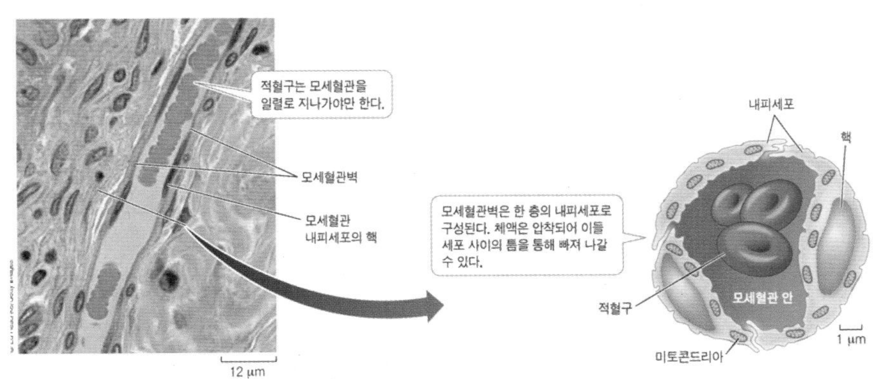

ⓐ 혈압: 동맥 〉 모세혈관 〉 정맥
ⓑ 혈류속도: 동맥 〉 정맥 〉 모세혈관
ⓒ 혈관 총단면적: 모세혈관 〉 정맥 〉 동맥

(7) 혈압

혈액은 고압력 부위에서 저압력 부위로 혈액 이동하는데 일단 혈액이 소동맥이나 모세혈관으로 돌아가면 혈관이 좁은 직경 때문에 혈류 저항이 생기고, 정맥으로 들어갈 때는 압력이 거의 사라짐

㉠ 심장주기에 따른 혈압의 변화

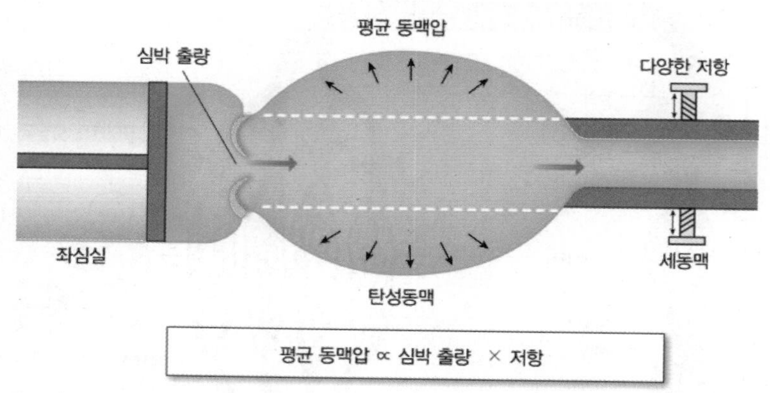

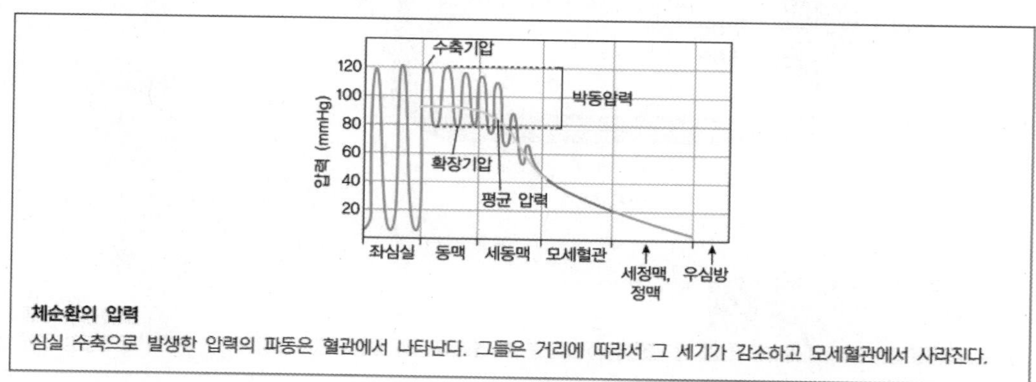

체순환의 압력
심실 수축으로 발생한 압력의 파동은 혈관에서 나타난다. 그들은 거리에 따라서 그 세기가 감소하고 모세혈관에서 사라진다.

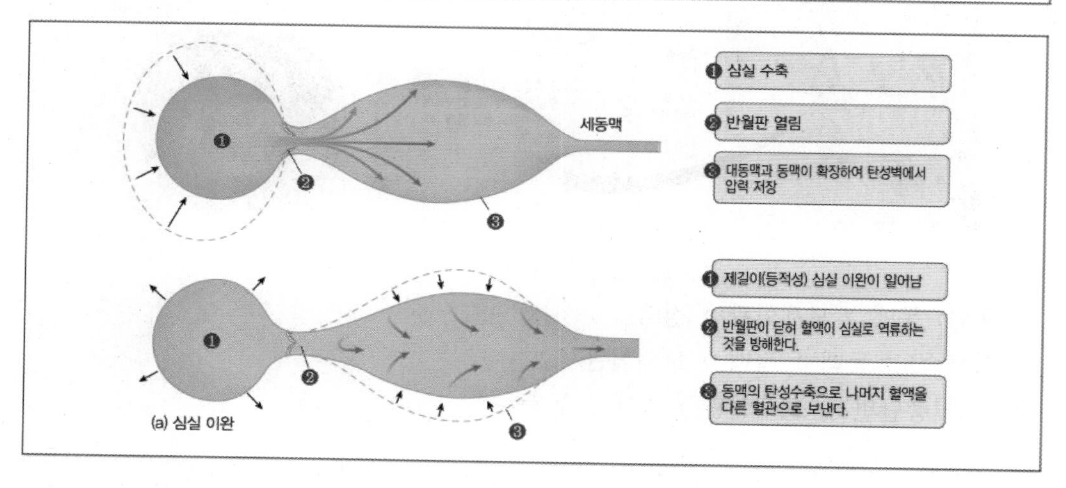

(a) 심실 이완

ⓐ 수축 기압(systolic pressure): 심실수축기 시의 동맥의 혈압

ⓑ 이완 기압(deastolic pressure): 심실이완기 시의 동맥의 혈압으로 심장의 이완기 동안에 탄력 있는 동맥벽이 빠른 속도로 원상태를 회복하기 때문에, 수축기압보다는 낮지만 그래도 상당히 높은 혈압을 유지할 수 있음

㉡ 혈압측정: 수축기압과 이완기압을 알아낼 수 있음

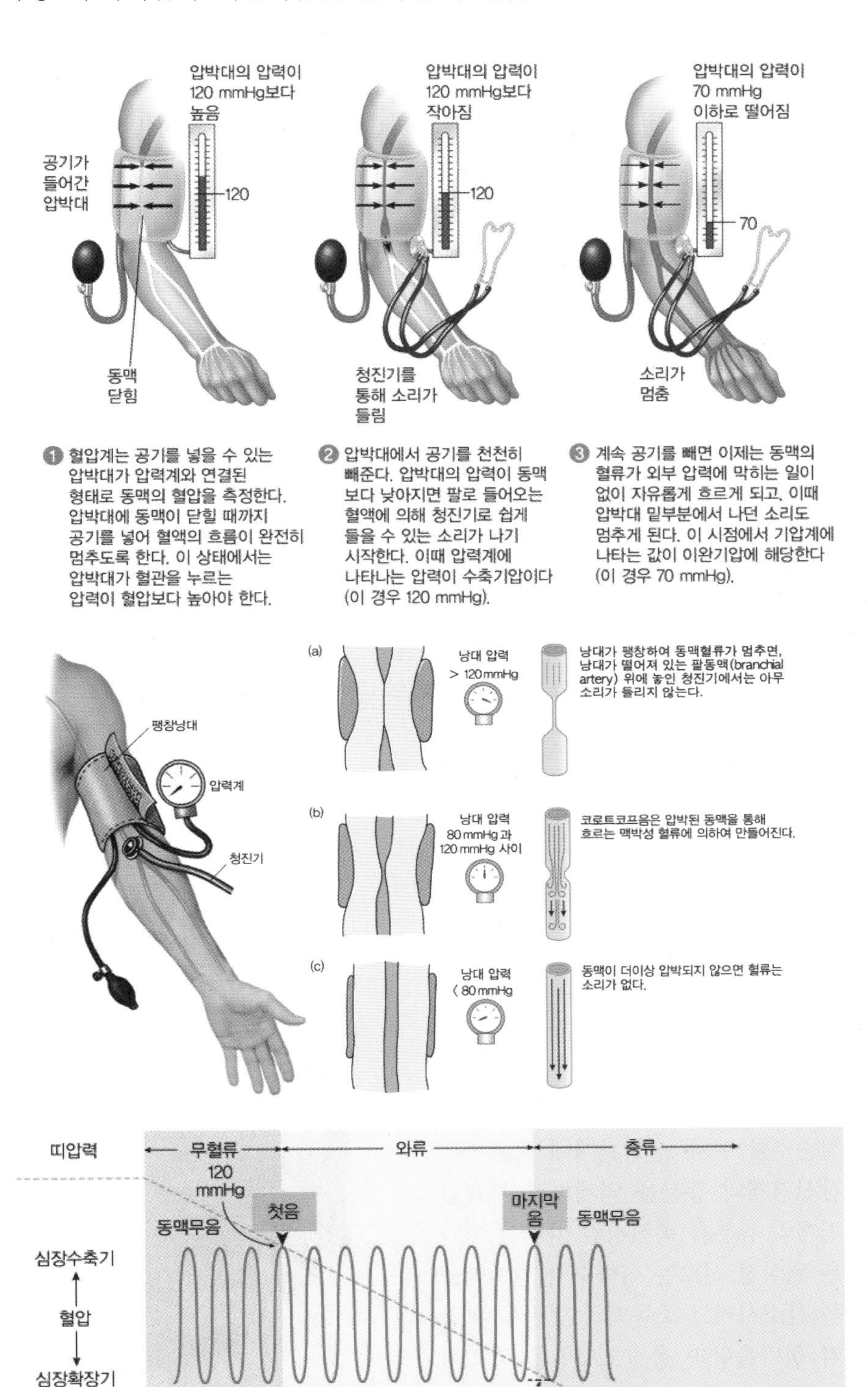

ⓒ 심박출량과 말초저항의 혈압에 대한 영향: 동맥압은 동맥으로 들어가는 혈류와 동맥에서 나가는 혈류 사이의 균형으로 들어가는 혈류가 나가는 혈류를 초과하면 혈액은 동맥에 모이게 되고 평균동맥압은 증가하지만 나가는 혈류가 들어오는 혈류를 초과하게 되면 평균 동맥압은 떨어지게 됨. 평균 동맥압은 심박출량과 세동맥 저항(말초저항)에 각각 비례함

ⓐ 심박출량이 증가하고 말초저항이 변하지 않는 경우 동맥으로 들어오는 혈류는 증가하지만 나가는 혈류는 거의 변하지 않을 것이므로 혈압은 상승함

ⓑ 심박출량이 변하지 않고 말초저항이 증가하는 경우 동맥으로 들어오는 혈류는 변하지 않고 나가는 혈류만 작아지므로 혈압은 증가함

ⓓ 중력과 혈압: 머리는 가슴에 비해 높은 곳에 있기 때문에 상대적으로 혈압이 낮아서 적절한 혈압 유지가 필수적이고 다리의 경우 혈압이 낮기 때문에 평활근이나 골격극 수축 운동에 의해 압축하여 혈액을 위로 밀어내거나 호흡운동을 통해 정맥을 팽창시켜 정맥의 혈액을 채우는 등의 작용이 수행됨

ⓔ 혈액량과 혈압: 혈액량이 증가하면 신장은 배뇨를 통하여 최초의 양으로 되돌아가게 하며 혈액량이 감소하면 신장을 잃어버린 양을 회복시킬 수 없고 단지 혈압의 더 많은 감소를 억제하기 위하여 혈액을 보존하는 정도임. 감소한 혈액의 심혈관계 보상은 심장의 교감신경 자극을 크게 하면 가능함. 동맥혈압이 떨어지면 교감신경의 활동이 커져서 정맥을 수축하고 저장능력을 감소시켜 혈액을 순환계의 동맥 족으로 재분배함

ⓕ 혈압의 조절 - 압력수용기 반사

ⓐ 압력수용기는 경동맥 압력수용기와 대동맥 압력수용기가 존재하며 이들은 평균 동맥압의 변화에 민감함

ⓑ 압력수용기는 동맥압이 증가하면 활동전위의 발생빈도가 증가하고 동맥압이 감소하면 활동전위의 발생빈도가 감소함

ⓒ 동맥압의 증가에 의해 압력수용기의 활동전위 발생빈도가 증가하면 구심성 신경으로의 발사 속도가 증가되어 심혈관 조절중추를 통해 심혈관계에 작용하는 교감신경계의 흥분을 억제하고 부교감신경계의 흥분을 촉진시킴 따라서 이와 같은 원심성 신호는 심박수와 일회박출량을 감소시키고 소동맥의 혈관을 확장시켜 심박출량과 총말초저항을 감소시킴으로써 혈압을 낮추게 됨. 동맥압의 감소는 반대의 결과를 초래함

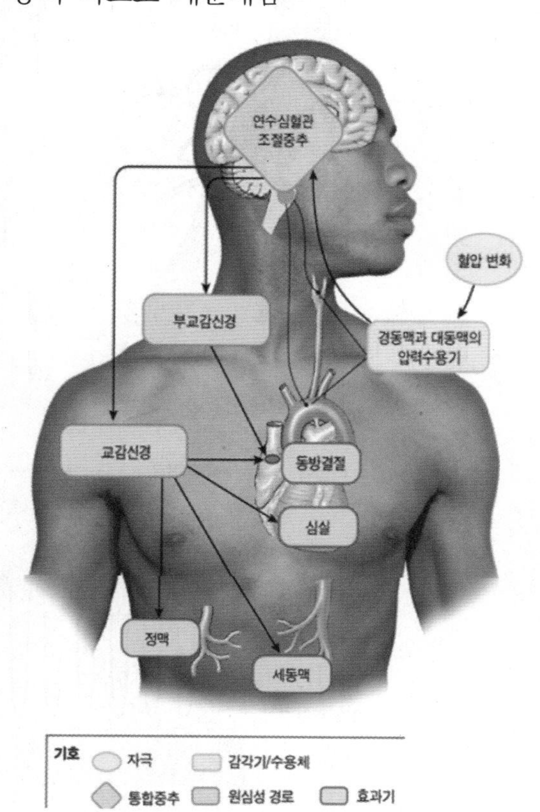

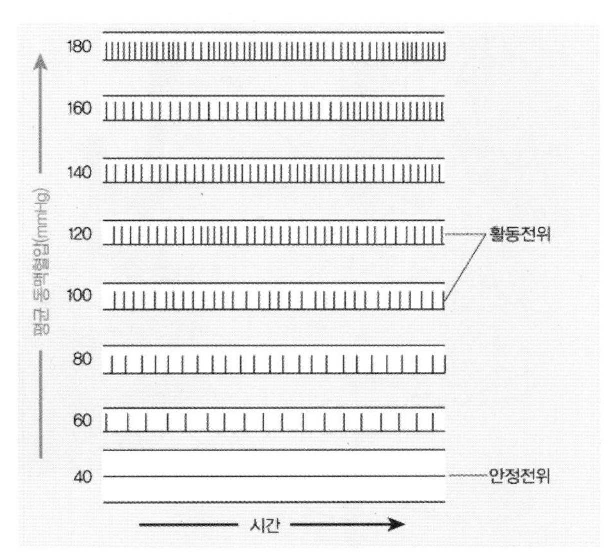

압수용체 반응에 대한 혈압의 효과 이것은 경동맥동과 대동맥궁 압수용체에서 발생하는 감각신경섬유의 활동전위 빈도에 관한 기록이다. 혈압이 증가함으로써 압수용체는 점점 더 신장된다. 이것은 연수에 있는 심장 및 혈관 운동중추에 더 높은 빈도로 활동전위를 전도시킨다.

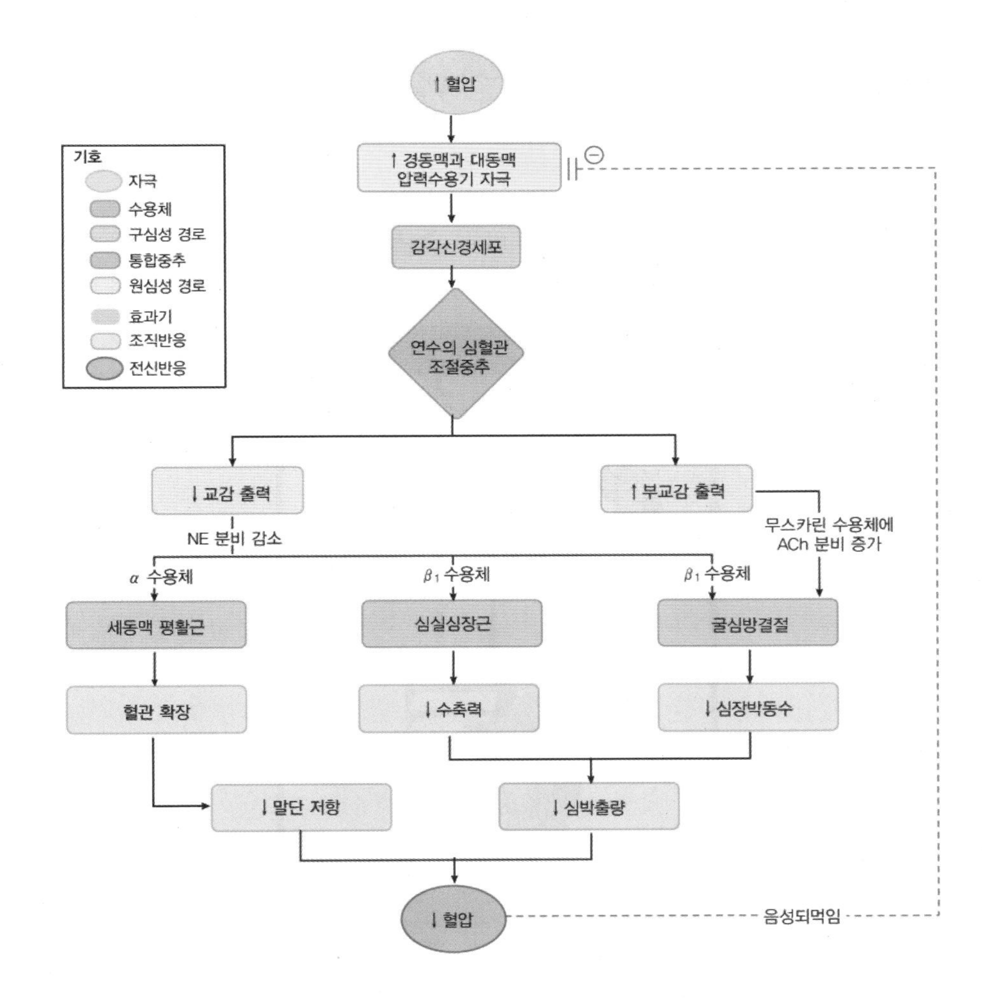

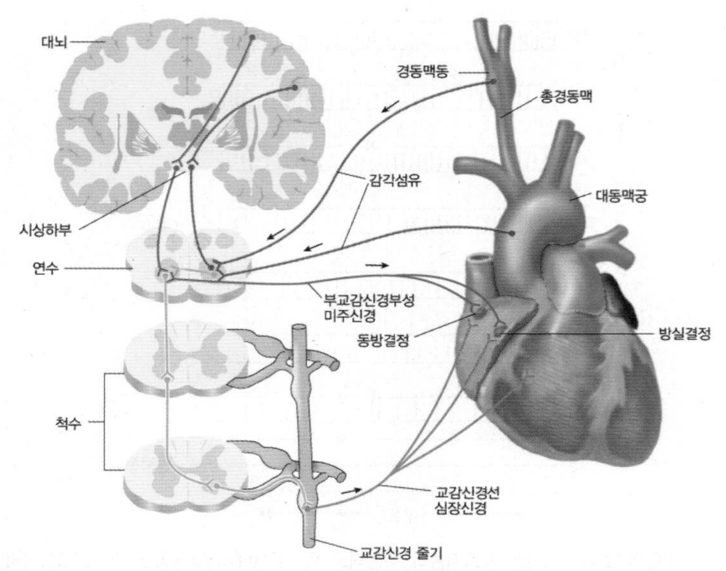

압수용체 반사에 관련된 연수 경동맥동과 대동맥구에 있는 압수용체에서 발생한 감각자극(구심성)들은 연수에 있는 조절중추를 경유하여 바로 심장에 있는 교감 및 부교감 신경섬유(원심성)의 활성에 영향을 미친다.

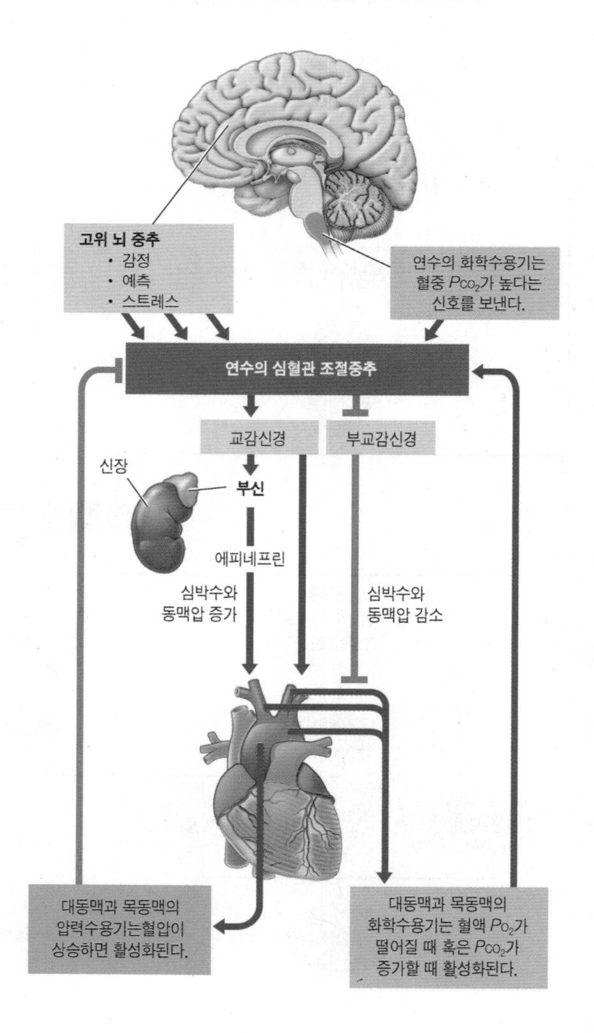

ⓢ 운동 시의 혈류량의 변화

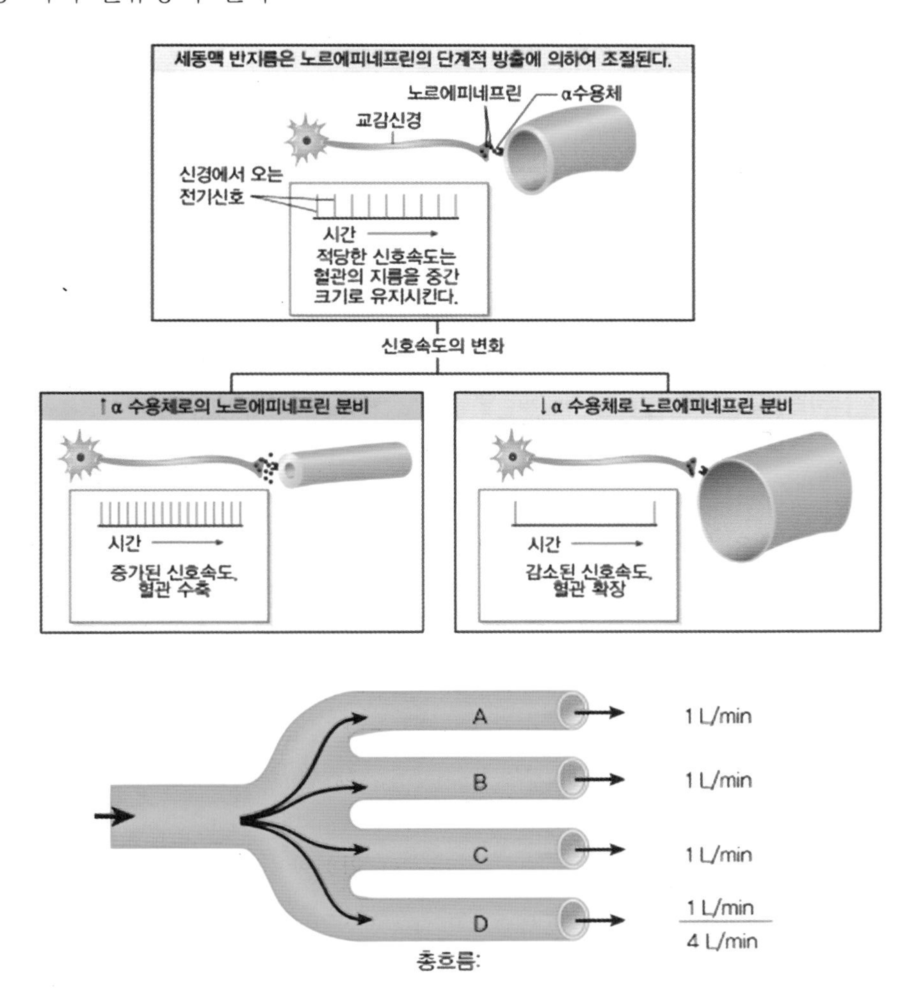

(a) 동일한 혈관 (A–D)의 혈류는 동일하다. 혈관 안으로 들어가는 총 혈액량은 나오는 혈액량과 동일하다.

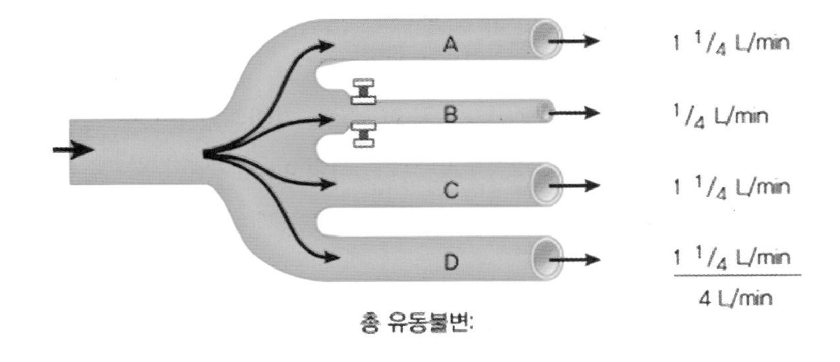

(b) 혈관 B가 수축하면, B의 저항은 증가하고 B를 통한 혈류는 감소한다. B로 들어가지 못하는 나머지 혈액은 다른 낮은 저항의 혈관 A, B, D로 나누어 흐른다.

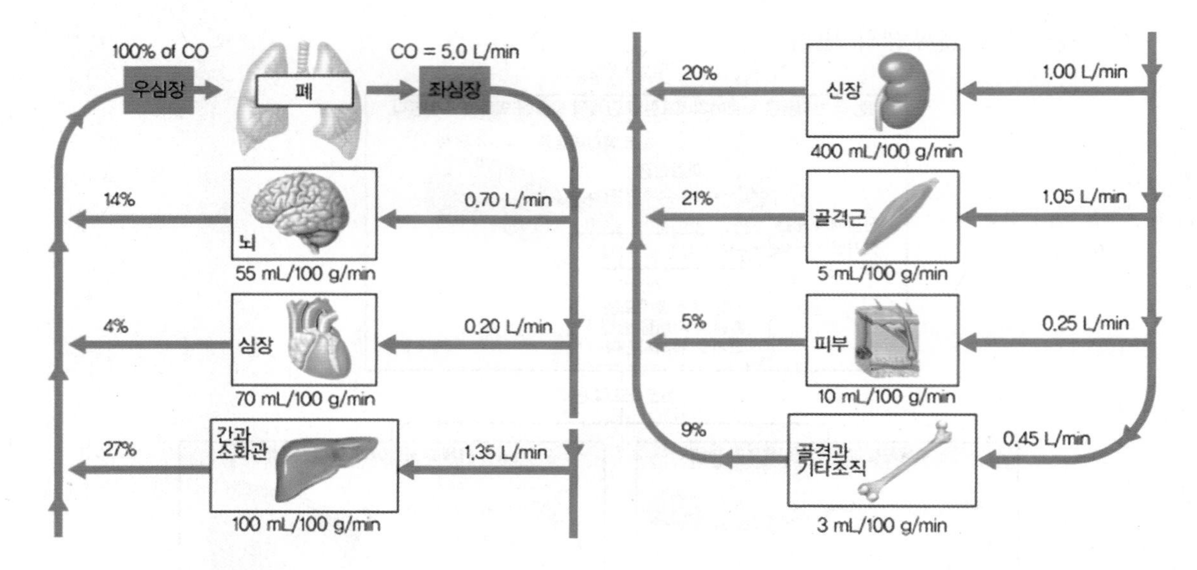

ⓐ 격렬하게 운동을 하는 동안 심박출량의 대부분은 운동하는 근육으로 공급됨. 뿐만 아니라 외부로의 열 발산을 위해 피부로의 혈류량이 증가하며, 심장의 활동 증가를 위해 심장으로의 혈류량도 증가함. 이와 같은 혈류량의 증가는 혈관 확장에 의해 일어남. 골격근과 심근 모두에서 혈관의 확장은 국소적인 대사인자들이 매개하고 피부에서의 혈관 확장은 주로 피부에 대한 교감신경의 흥분이 감소하기 때문에 일어남

ⓑ 운동시 신장과 소화기의 소동맥은 혈관수축에 의해 혈류량이 감소하. 이것은 신장과 소화기에 연결된 교감신경 흥분이 증가하기 때문임

ⓒ 운동시 심박출량의 증가는 심박수의 큰 증가와 일회박출량의 소량 증가에 의해 일어남. 심박수의 증가는 동방결절에서 부교감신경의 흥분은 감소하고 교감신경의 흥분이 증가하기 때문임

(8) 모세혈관을 통한 물질교환

모세혈관은 한 층의 단층 편평 상피세포층으로 구성되어 혈액과 조직액 간의 물질교환이 가능함

㉠ 모세혈관만을 흐르는 혈액량의 조절: 우리 몸의 모든 조직은 모세혈관을 통해 혈액의 성분을 공급받을 수 있음. 뇌, 심장, 신장, 간 등의 중요 기관은 항상 충분하게 혈액을 공급받게 되지만 기타 기관은 상황에 따라 공급받는 혈액량이 크게 달라짐

ⓐ 소동맥 평활근의 수축/이완을 통한 혈액량 조절: 소동맥의 평활근이 수축하면 단면저이 줄어서 모세혈관망으로 진입하는 혈액량이 줄어들지만 이완되면 혈류량이 늘어서 많은 양의 혈액이 모세혈관망으로 진입함

ⓑ 모세혈관전 괄약근(precapillary sphincter)의 수축/이완을 통 한 혈액량 조절

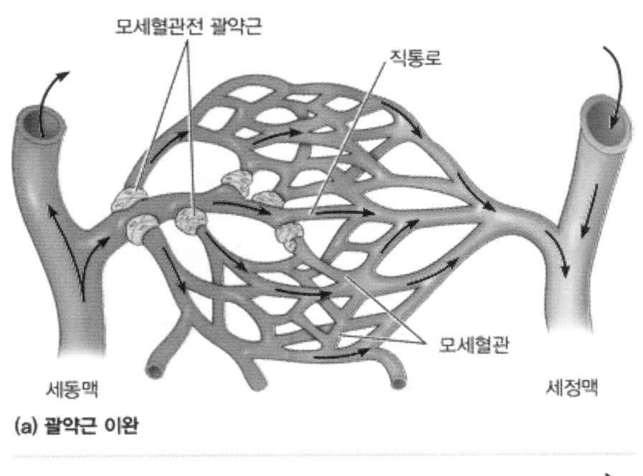

(a) 괄약근 이완

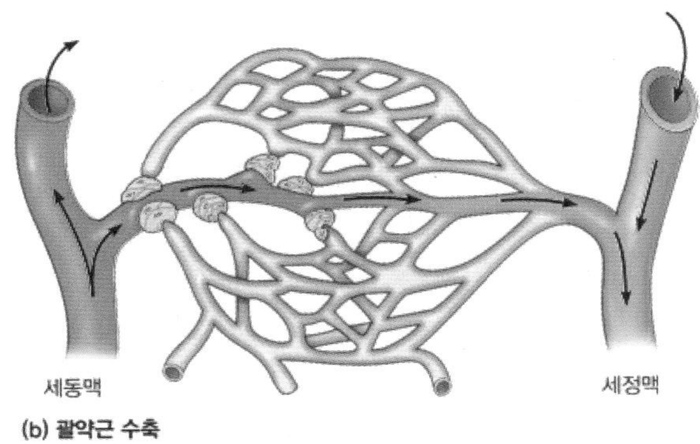

(b) 괄약근 수축

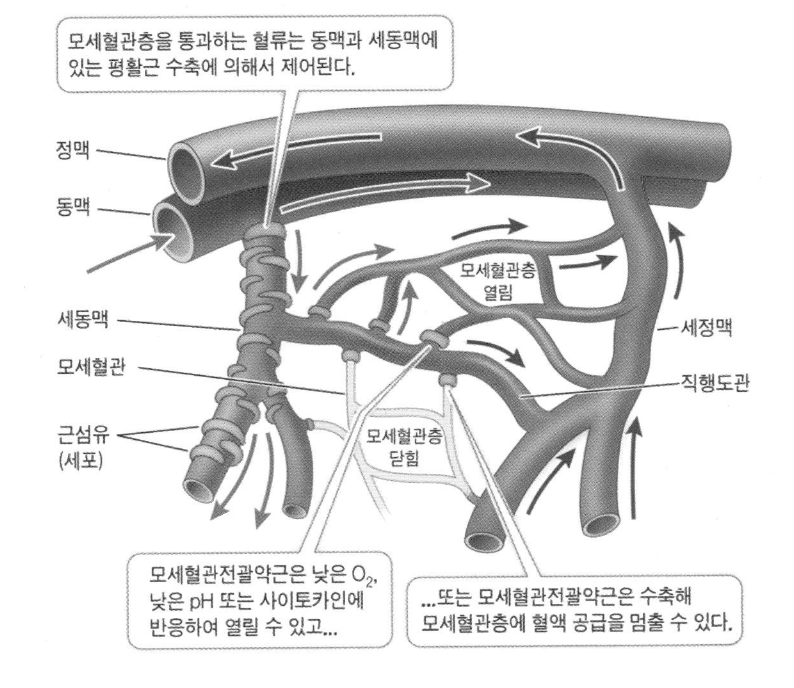

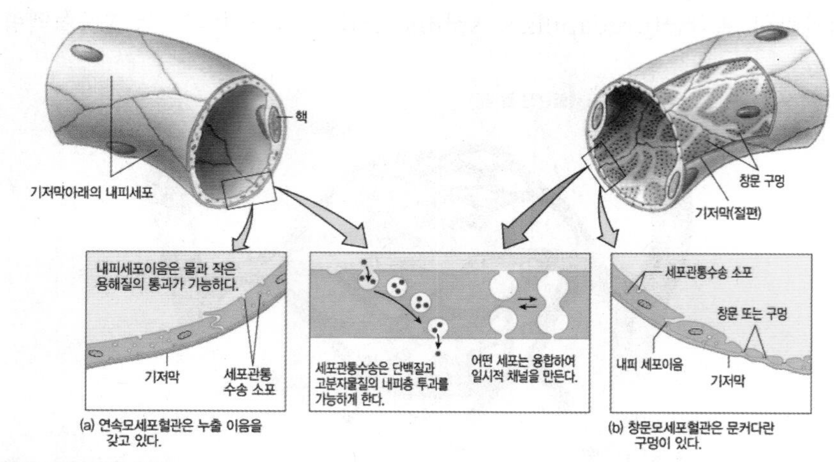

모세혈관의 물질 교환 방식

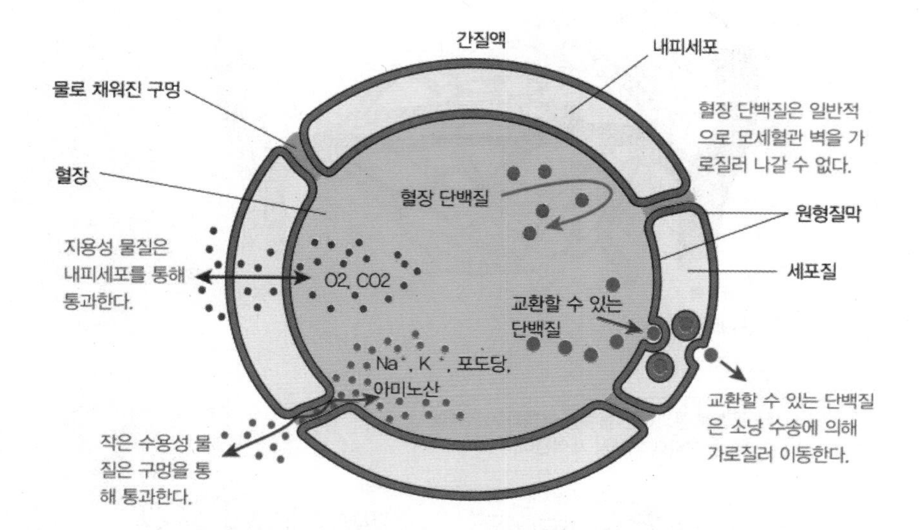

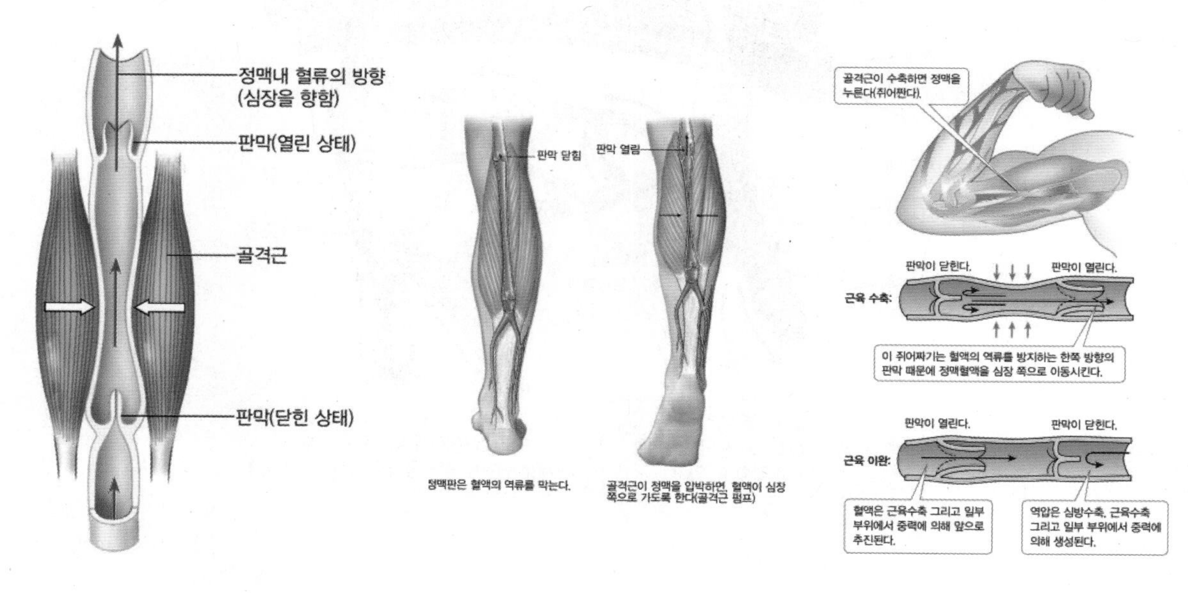

판막 후면의 압력이
클 때, 판막이 열린다.

열린 판막

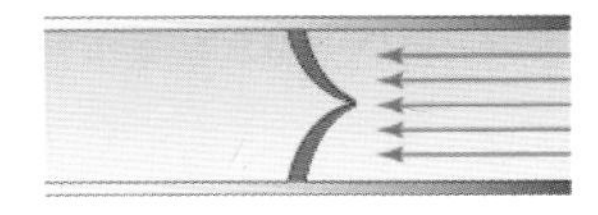

판막은 판막 앞쪽의 압력이
더 클 때 닫힌다.
그러나 반대방향으로 밀려
열리지는 않는다.
즉, 한 방향으로만 작동한다.

닫힌 판막: 반대쪽으로 열리지 않음

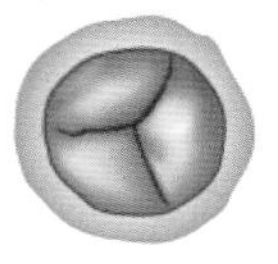

우방실판막
(삼첨판)

좌방실판막
(이첨판)

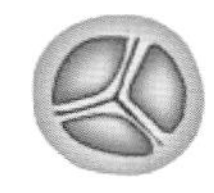

대동맥 또는 폐동맥판막
(반월판)

㉡ 모세혈관에서의 물질교환 방식 구분

ⓐ 내피세포막의 단순확산: O_2, CO_2 등의 소수성 물질의 이동하는 방식임

ⓑ 내피세포간의 간극을 통한 이동: 물, 포도당, 아미노산과 같은 크기가 작은 친수성 물질의 이동방식으로서 이러한 물질들은 작은 크기로 인해 내피세포 사이 간의 간극을 통해 통과하지만 크기가 상대적으로 큰 단백질은 통과하지 못함. 단, 간과 소장의 모세혈관 내피세포 간격은 크기 때문에 단백질의 통과가 더욱 수월함

ⓒ 세포관통이동: 크기가 큰 친수성 물질의 이동방식임

㉢ 모세혈관에서의 여과와 재흡수

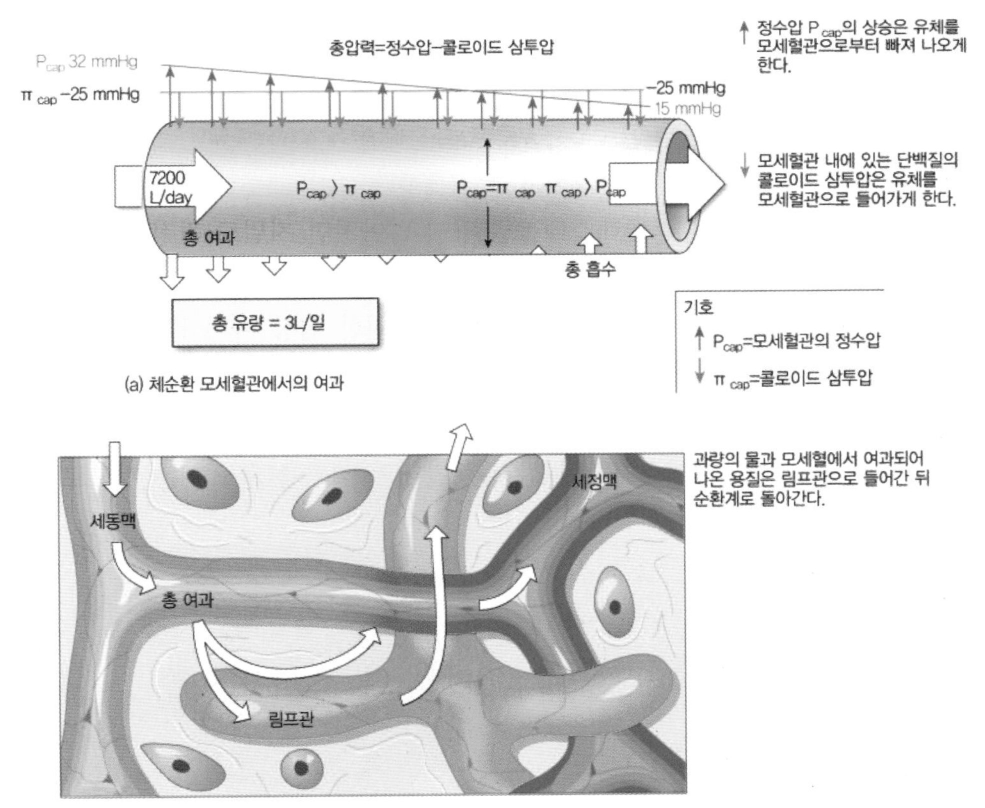

(a) 체순환 모세혈관에서의 여과

(b) 모세혈관과 림프관의 상관관계

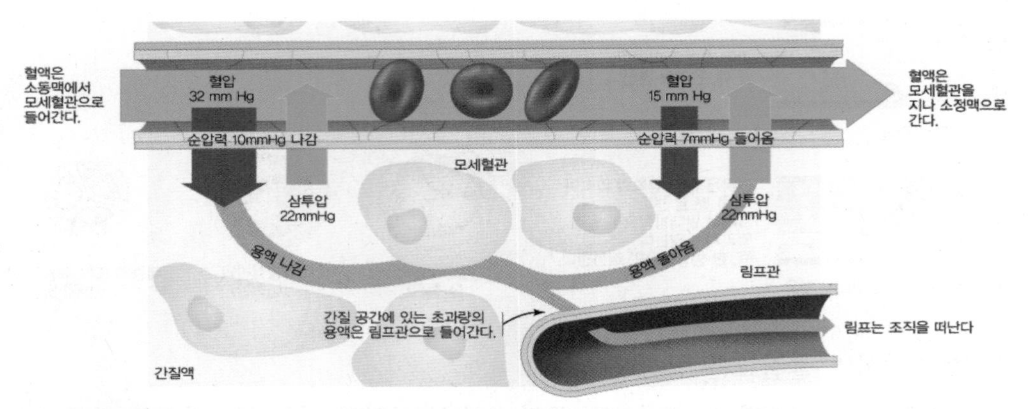

모세혈관의 압력 차이가 간질액과 림프를 만든다. 혈압과 삼투압의 균형으로 모세혈관 입구 쪽에서는 용액의 손실이, 반대쪽에서는 용액의 회수가 일어난다. 모세혈관에 의해 회수되지 않은 용액은 림프의 형태로 조직 밖으로 운반되어 최종적으로는 혈액 순환에 다시 합류한다.

ⓐ Starling 공식: $Ju = Kf(Pc - Pi) - (\pi c - \pi i)$
Pc: 모세혈관의 정수압
Pi: 조직액의 정수압
πc: 모세혈관의 삼투압
πi: 조직액의 삼투압

ⓑ 모세혈관이 여과와 흡수 균형 붕괴 요인: 모세혈관 유체정압이 증가하거나 혈장 단백질의 양이 감소하거나 조직액의 단백질량이 증가하는 경우 부종이 생김

(9) 심혈관계 질환

㉠ 동맥경화(atherosclerosis): 콜레스테롤의 양이 많아지면 저밀도 지질 단백질(low density lipoprotein; LDL) 상태로 혈관벽에 침적되어 동맥 내벽 표면이 거칠어지고 동맥경화판(플라크)이 형성되며 혈관이 좁아짐. 혈전 형성으로 인한 심장 마비나 뇌졸중 유발 가능성이 높아짐. LDL은 "나쁜 콜레스테롤"이라 불리기도 하며, 고밀도 지질 단백질(high density lipoprotein; HDL)은 "좋은 콜레스테롤"이라 불리는데 운동을 할 경우 LDL/HDL의 비율을 감소시키나, 흡연이나 트랜스지방의 섭취는 반대의 결과를 일으키는 것으로 알려져 있음

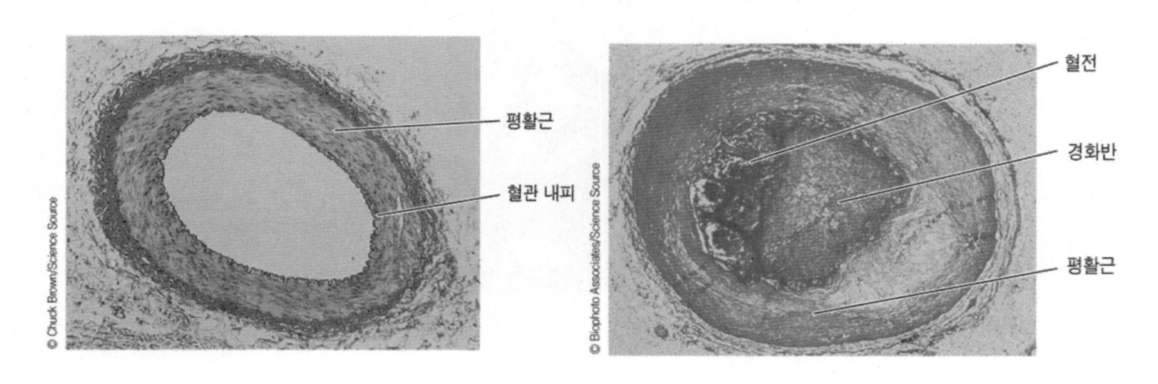

㉡ 고혈압(hypertension): 수축기압이 140mmHg 이상, 이완기압이 90mmHg 이상. 심박출량의 증가나 말초저항이 상승하는 것이 고혈압의 주된 원인으로 알려져 있음. 고혈압 환자들은 경동맥, 대동맥 압력 수용기가 고혈압 상황에 대해 적응하여서 압력수용기로부터의 정보가 존재하지 않아 연수의 심혈관중추가 고혈압을 정상으로 인식하여 안강하 반사작용을 수행하지 않는 것이 특징임

㉢ 심장마비(heart attack): 심장에 혈액을 공급하는 관상 동맥 중 하나 이상이 막혀 심장근육으로의 산소공급이 막히고 심장근 세포들이 죽는 것을 말함

㉣ 뇌졸중(stroke): 뇌혈관의 파손이나 막힘으로 인해 뇌신경조직이 O_2 부족으로 인해 죽는 것을 말함

3 림프계

(1) 림프관

㉠ 평활근이 발달되어 있지 않지만 림프관벽의 주기적인 수축과 주위 골격근 수축에 의해 림프의 유동이 촉진됨

㉡ 단방향성 판막이 존재하여 조직액은 림프관으로 유입될 수 있으나 유출은 되지 않음

㉢ 쇄골하정맥에 합류하기 때문에 혈액으로부터 여과된 용액을 다시 혈관계로 돌려줄 수가 있음. 림프 흐름이 차단되면 조직에 액성분이 누적되어 부종이 생김

㉣ 혈관에 비해 벽이 얇고 투과성이 높아 소장에서 형성된 지질단백질의 진입이 가능함. 따라서 림프관을 통해 이동하는 지질단백질은 혈관계로 돌아가며 이후 필요한 곳으로 이동하게 됨

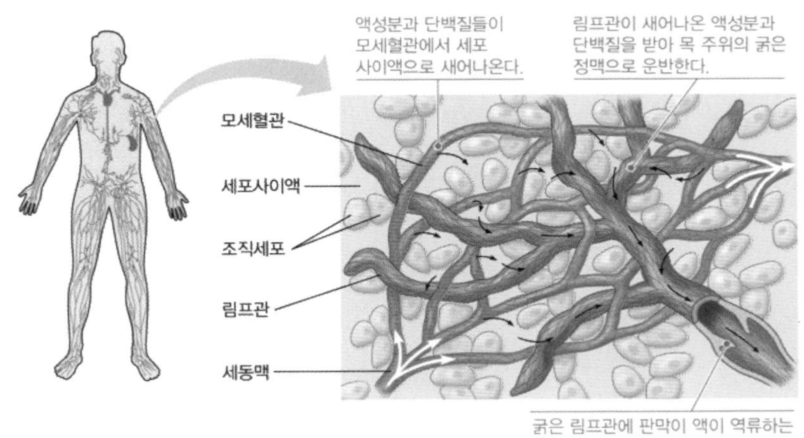

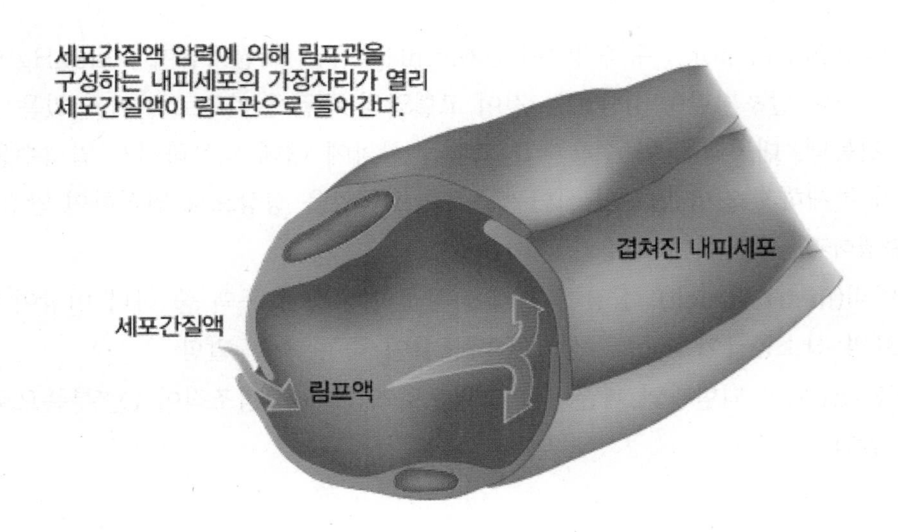

(2) 림프절

림프액을 걸러주고 바이러스와 세균을 공격하는 기능이 있음. 우리 몸에 감염이 발생하면 림프절의 백혈구들이 증식하는데 이 때 림프절이 커지고 부드러워짐

(3) 림프액

림프계로 유입된 액성분으로 혈액보다 단백질 함량이 훨씬 낮은 것이 특징임

편입생물 비밀병기 **심화편 2권**

2024년 7월 5일 초판 발행

저　　　자　노용관
발　행　인　김은영
발　행　처　오스틴북스
주　　　소　경기도 고양시 일산동구 백석동 1351번지
전　　　화　070)4123-5716
팩　　　스　031)902-5716
등 록 번 호　제396-2010-000009호
e - m a i l　ssung7805@hanmail.net
홈 페 이 지　www.austinbooks.co.kr

ISBN　979-11-93806-16-6(13470)
정 가　38,000원